机械量传感器与MEMS技术及应用

Mechanical Quantity Sensors and MEMS Technology Applications

樊尚春 编著

国防工业出版社

·北京·

内容简介

本书介绍机械量传感器及其应用，包括传感器静态、动态性能的标定与计算，传感器用基本弹性敏感元件的力学特性；机械量传感器用到的变电阻、变电容、变电感、压电式、谐振式等基本测量原理；力、力矩、速度、转速、角速度、加速度、振动、温度、压力以及流量传感器等；机械量传感器的典型应用实例。

本书可作为电子科学与技术、电气工程及其自动化、自动化、测控技术与仪器、机械工程及自动化、过程装备与控制工程、探测制导与控制技术等专业科技工作者，以及工程技术管理人员的参考书，也可供相关专业的大学高年级学生、研究生学习和参考。

图书在版编目（CIP）数据

机械量传感器与 MEMS 技术及应用 / 樊尚春编著.
北京：国防工业出版社，2024.7. --（传感器与 MEMS 技术丛书）. ISBN 978-7-118-13401-8

Ⅰ. TP212

中国国家版本馆 CIP 数据核字第 20242TJ296 号

※

国防工业出版社出版发行
（北京市海淀区紫竹院南路 23 号　邮政编码 100048）
雅迪云印（天津）科技有限公司印刷
新华书店经售

*

开本 710×1000　1/16　印张 40½　字数 724 千字
2024 年 7 月第 1 版第 1 次印刷　印数 1—3000 册　定价 248.00 元

（本书如有印装错误，我社负责调换）

国防书店：（010）88540777　　书店传真：（010）88540776
发行业务：（010）88540717　　发行传真：（010）88540762

《传感器与 MEMS 技术丛书》
编写委员会

主　　任：范茂军
副 主 任：刘晓为　戴保平　王　平
成　　员(按姓氏笔画排序)：

卜雄洙	王　旭	王　鑫	王军波	王金泽	文　海
叶一舟	冯　杰	吕宝贵	朱　真	刘　欢	刘　沁
刘玉敏	刘青松	江辉军	关　威	吴　剑	吴健德
邹旭东	汪　飞	张　磊	张　德	张宇峰	张宗军
陈青松	武学忠	罗　亮	罗　毅	周　瑜	胡　隽
胡志新	郝一龙	郭宏伟	郭源生	赵晓峰	施云波
夏善红	高国伟	高麟鹏	唐　杰	黄庆安	蒋哲琪
樊尚春	戴　杨				

总 策 划：欧阳黎明　王京涛　张冬晔

前言

本书系"传感器与 MEMS 技术丛书"分册之一。主要用于电子科学与技术、电气工程及其自动化、自动化、测控技术与仪器、机械工程及自动化、过程装备与控制工程、探测制导与控制技术等专业技术人员参考。

传感器技术是信息获取的首要环节，在当代科学技术中占有十分重要的地位。现在，所有的自动化测控系统，都需要传感器提供赖以做出实时决策的信息。随着科学技术的发展与进步，特别是系统自动化程度和复杂性的增加，对传感器测量的精度、稳定性、可靠性、实时性以及体积、功耗等方面的要求越来越高。传感器技术已经成为重要的基础性技术；掌握传感器技术，合理应用传感器几乎是科技工作者与工程技术人员必须具备的基本素养。

本书包括四部分内容。第一部分：传感器与基本弹性敏感元件的特性，包括传感器的静态特性一般描述、传感器的静态标定、传感器的主要静态性能指标及其计算；传感器的动态特性方程、传感器动态响应及动态性能指标、传感器动态特性测试与动态模型建立；机械量传感器用弹性敏感元件的基本特性、主要力学特性、弹性敏感元件常用的材料。第二部分：机械量传感器基本测量原理，包括热电阻测量原理、电位器测量原理、应变式测量原理、压阻式测量原理、变电容测量原理、变磁路测量原理、压电式测量原理、谐振式测量原理等。第三部分：典型的机械量传感器，包括力传感器、力矩传感器、速度传感器、转速传感器、角速度传感器、加速度传感器、振动传感器、温度传感器、压力传感器、流量传感器等。第四部分：机械量传感器的典型应用，包括压力传感器的典型应用、流量传感器的典型应用、温度传感器的典型应用和其他传感器的典型应用。此外还有附录，包括基本常数、国际制词冠、国际单位制（SI）的主要单位、国际单位制（SI）下空气与常见液体的物理性质。

本书注重传感器的敏感机理、整体结构组成、参数设计、误差补偿和应用特点等的介绍；注重在工业自动化领域典型的、常用传感器的介绍；注重近年来出现的新型传感器技术的介绍。

本书第 1~16 章、附录由北京航空航天大学仪器科学与光电工程学院樊尚春撰写。第 17~20 章的典型案例由来自国内高校、科研院所、企业的 14 家单位 30 多位专家学者撰写。按照案例的先后次序，有：北京控制工程研究所关威、航空工业北京长城计量测试技术研究所杨军、中国电子科技集团公司第三研究所冯杰、北京航空航天大学仪器科学与光电工程学院李成、济南大学自动化与电气工程学院王冬雪、中国计量科学研究院孟涛、航空工业计量所张永胜和刘彦军、北京化工大学史慧超、中国航空工业集团公司北京长城航空测控技术研究所李欣和黄漫国、航空工业北京长城计量测试技术研究所赵俭和赵义鎏、北京航空航天大学仪器科学与光电工程学院樊尚春、中国科学院空天信息创新研究院邹旭东、北京航空航天大学仪器科学与光电工程学院邢维巍、星河动力（北京）空间科技有限公司刘百奇、中国计量科学研究院蔡晨光、北京工业大学何存富和焦敬品、北京航空航天大学仪器科学与光电工程学院屈晓磊、上海工程技术大学电子电气工程学院曹乐、太原航空仪表有限公司王建功、北京理工大学郑德智等。

本书由北京航空航天大学樊尚春策划、校核，并统稿。

在本书编写过程中，为了充分反映国内外传感器技术的发展过程和最新进展，参考并引用了一些国内外专家学者的丛书与论著；清华大学的丁天怀教授审阅了全稿并提出了许多宝贵的意见与建议，在此一并表示衷心感谢。

传感器技术领域内容广泛且发展迅速，限于编者的学识与水平，书中难免存在错误与不妥之处，敬请读者批评指正。

主　编
2024 年 1 月

目 录

第一部分： 传感器与基本弹性敏感元件的特性

第 1 章　传感器的静态特性

1.1　传感器静态特性的一般描述 …………………………………………… 2
1.2　传感器的静态标定 ……………………………………………………… 2
　　1.2.1　静态标定条件 ……………………………………………………… 3
　　1.2.2　传感器的静态特性 ………………………………………………… 4
1.3　传感器的主要静态性能指标及其计算 ………………………………… 4
　　1.3.1　测量范围与量程 …………………………………………………… 4
　　1.3.2　静态灵敏度 ………………………………………………………… 5
　　1.3.3　分辨力与分辨率 …………………………………………………… 6
　　1.3.4　时漂与温漂 ………………………………………………………… 7
　　1.3.5　传感器的测量误差 ………………………………………………… 8
　　1.3.6　线性度 ……………………………………………………………… 8
　　1.3.7　符合度 ……………………………………………………………… 11
　　1.3.8　迟滞误差 …………………………………………………………… 12
　　1.3.9　非线性迟滞误差 …………………………………………………… 12
　　1.3.10　重复性误差 ……………………………………………………… 13
　　1.3.11　综合误差 ………………………………………………………… 15
1.4　非线性传感器静态性能指标的计算 …………………………………… 17

1.4.1　概述 ……………………………………………… 17
　　1.4.2　数据的基本处理 …………………………………… 18
　　1.4.3　误差的描述 ………………………………………… 19
　　1.4.4　符合度的计算 ……………………………………… 19
　　1.4.5　迟滞误差的计算 …………………………………… 21
　　1.4.6　符合性迟滞误差的计算 …………………………… 21
　　1.4.7　重复性误差的计算 ………………………………… 22
　　1.4.8　综合误差的计算 …………………………………… 24

第 2 章　传感器的动态特性

2.1　传感器动态特性方程 ……………………………………… 26
　　2.1.1　微分方程 …………………………………………… 26
　　2.1.2　传递函数 …………………………………………… 28
　　2.1.3　状态方程 …………………………………………… 28
2.2　传感器的动态响应及动态性能指标 ……………………… 29
　　2.2.1　时域动态性能指标 ………………………………… 30
　　2.2.2　频域动态性能指标 ………………………………… 37
2.3　传感器动态特性测试与动态模型建立 …………………… 44
　　2.3.1　传感器动态标定 …………………………………… 44
　　2.3.2　由实验阶跃响应曲线获取传感器传递函数的
　　　　　　回归分析法 ………………………………………… 46
　　2.3.3　由实验频率特性获取传感器传递函数的回归法 ……… 51

第 3 章　基本弹性敏感元件的力学特性

3.1　概述 ………………………………………………………… 54
3.2　弹性敏感元件的基本特性 ………………………………… 55
　　3.2.1　刚度与柔度 ………………………………………… 55
　　3.2.2　弹性滞后 …………………………………………… 56
　　3.2.3　弹性后效与蠕变 …………………………………… 56
　　3.2.4　弹性材料的机械品质因数 ………………………… 57
　　3.2.5　位移描述 …………………………………………… 58

3.2.6　应变描述 ……………………………………………… 59
　　3.2.7　应力描述 ……………………………………………… 62
　　3.2.8　广义胡克定律 ………………………………………… 64
　　3.2.9　固有频率 ……………………………………………… 65
　　3.2.10　弹性元件的热特性 …………………………………… 65
3.3　基本弹性敏感元件的力学特性 ………………………………… 67
　　3.3.1　弹性柱体 ……………………………………………… 67
　　3.3.2　弹性弦丝的固有振动 …………………………………… 71
　　3.3.3　悬臂梁 ………………………………………………… 72
　　3.3.4　双端固支梁 …………………………………………… 75
　　3.3.5　周边固支圆平膜片 …………………………………… 76
　　3.3.6　周边固支矩形平膜片 ………………………………… 79
　　3.3.7　周边固支波纹膜片 …………………………………… 82
　　3.3.8　E 形圆膜片 …………………………………………… 84
　　3.3.9　用于压力测量的薄壁圆柱壳体 ………………………… 88
　　3.3.10　顶端开口的圆柱壳 …………………………………… 90
　　3.3.11　顶端开口的半球壳 …………………………………… 92
　　3.3.12　弹簧管（包端管） …………………………………… 93
　　3.3.13　波纹管 ………………………………………………… 94
3.4　弹性敏感元件的材料 …………………………………………… 95

第二部分： 机械量传感器基本测量原理

第 4 章　热电阻

4.1　金属热电阻 ……………………………………………………… 98
4.2　半导体热敏电阻 ………………………………………………… 100

第 5 章　电位器式传感器

5.1　基本结构与功能 ………………………………………………… 103

5.2 线绕式电位器的特性 ·· 104
5.2.1 灵敏度 ··· 104
5.2.2 阶梯特性和阶梯误差 ······································ 105
5.2.3 分辨率 ··· 105
5.3 非线性电位器 ·· 106
5.3.1 功用 ··· 106
5.3.2 实现途径 ··· 106
5.4 电位器的负载特性及负载误差 ································ 108
5.4.1 负载特性 ··· 108
5.4.2 负载误差 ··· 110
5.4.3 减小负载误差的措施 ····································· 111
5.5 电位器的结构与材料 ······································ 112
5.5.1 电阻丝 ··· 112
5.5.2 电刷 ··· 113
5.5.3 骨架 ··· 114

第6章 应变式传感器

6.1 电阻应变片 ·· 115
6.1.1 应变式变换原理 ··· 115
6.1.2 应变片结构及应变效应 ··································· 116
6.1.3 电阻应变片的种类 ······································· 118
6.1.4 应变片的主要参数 ······································· 119
6.2 应变片的温度误差及其补偿 ································ 120
6.2.1 温度误差产生的原因 ····································· 120
6.2.2 温度误差的补偿方法 ····································· 121
6.3 四臂电桥电路 ·· 124
6.3.1 电桥电路的平衡 ··· 124
6.3.2 电桥电路的不平衡输出 ··································· 125
6.3.3 电桥电路的非线性误差 ··································· 126
6.3.4 四臂受感差动电桥电路的温度补偿 ·························· 128

第 7 章　硅压阻式传感器

7.1　硅压阻式变换原理 …………………………………… 129
7.1.1　半导体材料的压阻效应 ………………………… 129
7.1.2　单晶硅的晶向、晶面的表示 …………………… 130
7.1.3　压阻系数 ………………………………………… 132
7.2　硅压阻式传感器温度漂移的补偿 …………………… 135

第 8 章　电容式传感器

8.1　电容式敏感元件及特性 ……………………………… 138
8.1.1　电容式敏感元件 ………………………………… 138
8.1.2　变间隙电容式敏感元件 ………………………… 139
8.1.3　变面积电容式敏感元件 ………………………… 140
8.1.4　变介电常数电容式敏感元件 …………………… 142
8.2　电容式敏感元件的等效电路 ………………………… 142
8.3　电容式变换元件的信号转换电路 …………………… 143
8.3.1　运算放大器式电路 ……………………………… 143
8.3.2　交流不平衡电桥电路 …………………………… 144
8.3.3　变压器式电桥电路 ……………………………… 145
8.3.4　二极管电路 ……………………………………… 146
8.3.5　差动脉冲调宽电路 ……………………………… 146
8.4　电容式传感器的抗干扰问题 ………………………… 148
8.4.1　温度变化对结构稳定性的影响 ………………… 148
8.4.2　温度变化对介质介电常数的影响 ……………… 149
8.4.3　绝缘问题 ………………………………………… 150
8.4.4　寄生电容的干扰与防止 ………………………… 150

第 9 章　变磁路式传感器

9.1　电感式变换原理及其元件 …………………………… 152
9.1.1　简单电感式变换元件 …………………………… 152
9.1.2　差动电感式变换元件 …………………………… 155

  9.1.3 差动变压器式变换元件 …………………………… 156

9.2 磁电感应式变换原理 ……………………………………… 160

9.3 电涡流式变换原理 ………………………………………… 160

  9.3.1 电涡流效应 ……………………………………… 160

  9.3.2 等效电路分析 …………………………………… 161

  9.3.3 信号转换电路 …………………………………… 162

9.4 霍耳效应及元件 …………………………………………… 164

  9.4.1 霍耳效应 ………………………………………… 164

  9.4.2 霍耳元件 ………………………………………… 166

第10章　压电式传感器

10.1 主要压电材料及其特性 ………………………………… 167

  10.1.1 石英晶体 ………………………………………… 167

  10.1.2 压电陶瓷 ………………………………………… 173

  10.1.3 聚偏二氟乙烯 …………………………………… 174

10.2 压电元件的等效电路与信号转换电路 ………………… 175

  10.2.1 压电元件的等效电路 …………………………… 175

  10.2.2 电荷放大器与电压放大器 ……………………… 176

  10.2.3 压电元件的并联与串联 ………………………… 177

10.3 压电式传感器的抗干扰问题 …………………………… 178

  10.3.1 环境温度的影响 ………………………………… 178

  10.3.2 环境湿度的影响 ………………………………… 180

  10.3.3 横向灵敏度 ……………………………………… 180

  10.3.4 基座应变的影响 ………………………………… 181

  10.3.5 声噪声的影响 …………………………………… 181

  10.3.6 电缆噪声的影响 ………………………………… 181

  10.3.7 接地回路噪声的影响 …………………………… 182

第11章　谐振式传感器

11.1 谐振状态及其评估 ……………………………………… 183

  11.1.1 谐振现象 ………………………………………… 183

        11.1.2　谐振子的机械品质因数 Q 值 ·········· 185
　11.2　闭环自激系统的实现 ·········· 186
        11.2.1　基本结构 ·········· 186
        11.2.2　闭环系统的实现条件 ·········· 187
　11.3　测量原理及特点 ·········· 188
        11.3.1　测量原理 ·········· 188
        11.3.2　谐振式传感器的特点 ·········· 189

第三部分：机械量传感器

第12章　力和力矩传感器

　12.1　力的测量 ·········· 192
        12.1.1　机械式力平衡装置 ·········· 193
        12.1.2　磁电式力平衡装置 ·········· 194
        12.1.3　液压活塞式力传感器 ·········· 194
        12.1.4　气压式力传感器 ·········· 195
        12.1.5　位移式力传感器 ·········· 196
        12.1.6　应变式力传感器 ·········· 196
        12.1.7　压电式测力传感器 ·········· 208
        12.1.8　压磁式测力传感器 ·········· 209
　12.2　转轴转矩测量 ·········· 211
        12.2.1　电阻应变式转矩传感器 ·········· 211
        12.2.2　压磁式转矩传感器 ·········· 212
        12.2.3　扭转角式转矩传感器 ·········· 213

第13章　速度、加速度、转速、角速度和振动传感器

　13.1　速度测量 ·········· 215
        13.1.1　微积分电路法 ·········· 215

13.1.2　平均速度测量法 …………………………………… 215
　　13.1.3　磁电感应式测速度法 ……………………………… 217
　　13.1.4　激光测速法 ………………………………………… 218
13.2　加速度测量 …………………………………………………… 219
　　13.2.1　理论基础 …………………………………………… 220
　　13.2.2　位移式加速度传感器 ……………………………… 223
　　13.2.3　应变式加速度传感器 ……………………………… 227
　　13.2.4　压阻式加速度传感器 ……………………………… 230
　　13.2.5　压电式加速度传感器 ……………………………… 232
　　13.2.6　石英振梁式加速度传感器 ………………………… 235
　　13.2.7　谐振式硅微结构加速度传感器 …………………… 237
　　13.2.8　声表面波式加速度传感器 ………………………… 238
　　13.2.9　力平衡伺服式加速度传感器 ……………………… 239
13.3　转速传感器 …………………………………………………… 244
　　13.3.1　测速发电机 ………………………………………… 244
　　13.3.2　频率量输出的转速传感器 ………………………… 245
13.4　角速度传感器 ………………………………………………… 247
　　13.4.1　谐振式圆柱壳角速率传感器 ……………………… 247
　　13.4.2　半球谐振式角速率传感器 ………………………… 250
　　13.4.3　硅电容式表面微机械陀螺 ………………………… 257
　　13.4.4　输出频率的硅微机械陀螺 ………………………… 259
13.5　振动传感器 …………………………………………………… 260
　　13.5.1　振动位移（振幅）传感器 ………………………… 260
　　13.5.2　振动速度测量 ……………………………………… 263
　　13.5.3　振动传感器的组成 ………………………………… 264

第14章　温度传感器

14.1　概述 …………………………………………………………… 266
　　14.1.1　温度的概念 ………………………………………… 266
　　14.1.2　温标 ………………………………………………… 266
　　14.1.3　测温方法与测温仪器的分类 ……………………… 267

14.2 热电阻温度传感器 ……………………………………………… 268
 14.2.1 平衡电桥电路 ………………………………………… 268
 14.2.2 不平衡电桥电路 ……………………………………… 270
 14.2.3 自动平衡电桥电路 …………………………………… 271
14.3 热电偶 …………………………………………………………… 272
 14.3.1 热电效应 ……………………………………………… 272
 14.3.2 热电偶的工作原理 …………………………………… 273
 14.3.3 热电偶的基本定律 …………………………………… 274
 14.3.4 热电偶的误差及补偿 ………………………………… 276
 14.3.5 热电偶的组成、分类及特点 ………………………… 279
14.4 半导体温度传感器 ……………………………………………… 281
14.5 石英压电式温度传感器 ………………………………………… 282
14.6 非接触式温度传感器 …………………………………………… 283
 14.6.1 全辐射式温度传感器 ………………………………… 283
 14.6.2 亮度式温度传感器 …………………………………… 284
 14.6.3 比色式温度传感器 …………………………………… 285

第15章 压力传感器

15.1 概述 ……………………………………………………………… 287
 15.1.1 压力的概念 …………………………………………… 287
 15.1.2 压力的单位 …………………………………………… 288
 15.1.3 压力传感器的分类 …………………………………… 289
 15.1.4 常用压力敏感元件的结构及材料 …………………… 290
15.2 开环式压力传感器 ……………………………………………… 291
 15.2.1 电位器式压力传感器 ………………………………… 291
 15.2.2 应变式压力传感器 …………………………………… 293
 15.2.3 压阻式压力传感器 …………………………………… 297
 15.2.4 电容式压力传感器 …………………………………… 304
 15.2.5 压电式压力传感器 …………………………………… 306
 15.2.6 差动电感式压力传感器 ……………………………… 309

15.3 谐振式压力传感器 ·················· 310
 15.3.1 谐振弦式压力传感器 ············ 310
 15.3.2 谐振筒式压力传感器 ············ 312
 15.3.3 谐振膜式压力传感器 ············ 317
 15.3.4 石英谐振梁式压力传感器 ········ 319
 15.3.5 硅谐振式压力微传感器 ·········· 321
 15.3.6 声表面波式压力传感器 ·········· 328

15.4 伺服式压力传感器 ·················· 329
 15.4.1 位置反馈式压力传感器 ·········· 330
 15.4.2 力反馈式压力传感器 ············ 334

15.5 动态压力测量时的管道和容腔效应 ···· 338
 15.5.1 管道和容腔的无阻尼自振频率 ···· 338
 15.5.2 管道和容腔存在阻尼时的频率特性 · 339

15.6 压力传感器的静、动态标定 ············ 341
 15.6.1 压力传感器的静态标定 ·········· 341
 15.6.2 压力测量装置的动态标定 ········ 343

第16章 流量传感器

16.1 概述 ······························ 346

16.2 转子流量传感器 ···················· 348
 16.2.1 工作原理 ······················ 348
 16.2.2 流量方程式 ···················· 349
 16.2.3 转子流量传感器的特点 ·········· 351

16.3 节流式流量传感器 ·················· 351
 16.3.1 工作原理 ······················ 351
 16.3.2 流量方程式 ···················· 352
 16.3.3 取压方式 ······················ 354
 16.3.4 节流式流量传感器的特点 ········ 355

16.4 靶式流量传感器 ···················· 355
 16.4.1 工作原理 ······················ 355
 16.4.2 流量方程式 ···················· 356

16.4.3　靶式流量传感器的特点 ·············· 357
16.5　涡轮流量传感器 ························ 357
　　16.5.1　工作原理 ························ 357
　　16.5.2　流量方程式 ······················ 358
　　16.5.3　涡轮流量传感器的特点 ·············· 359
16.6　电磁流量传感器 ························ 360
　　16.6.1　工作原理 ························ 360
　　16.6.2　电磁流量传感器的结构 ·············· 361
　　16.6.3　电磁流量传感器的特点 ·············· 362
16.7　漩涡流量传感器 ························ 363
　　16.7.1　卡门涡街式漩涡流量传感器 ············ 363
　　16.7.2　旋进式漩涡流量传感器 ·············· 364
16.8　超声波流量传感器 ······················ 365
16.9　热式质量流量传感器 ···················· 366
　　16.9.1　工作原理 ························ 367
　　16.9.2　热式质量流量传感器的特点 ············ 368
16.10　谐振式科里奥利直接质量流量传感器 ········ 368
　　16.10.1　结构与工作原理 ·················· 369
　　16.10.2　质量流量的解算 ·················· 373
　　16.10.3　密度的测量 ···················· 374
　　16.10.4　双组分流体的测量 ················ 375
　　16.10.5　微机械科氏质量流量传感器 ············ 376
　　16.10.6　分类与应用特点 ·················· 378
16.11　声表面波式流量传感器 ·················· 381
　　16.11.1　传感器的结构与原理 ················ 381
　　16.11.2　基本方程 ······················ 381
16.12　流量标准与标定 ························ 383

第四部分：机械量传感器的典型应用

第 17 章　压力传感器的典型应用

17.1　压力传感器在空间推进系统的应用 …………………… 388
17.1.1　概述 ……………………………………………… 388
17.1.2　压力传感器在东方红四号卫星平台的应用 …… 390
17.1.3　空间推进用压力传感器的设计与验证 ………… 395
17.1.4　技术发展展望 …………………………………… 396
参考文献 ……………………………………………………… 397
17.2　航空发动机动态压力测试中的传感器系统及其校准 …………………………………………………………… 398
17.2.1　概述 ……………………………………………… 398
17.2.2　传感器应用情况 ………………………………… 401
17.2.3　技术发展展望 …………………………………… 411
参考文献 ……………………………………………………… 411
17.3　声传感器在噪声测量系统的应用 ………………………… 413
17.3.1　概述 ……………………………………………… 413
17.3.2　传感器应用情况 ………………………………… 414
17.3.3　技术发展展望 …………………………………… 422
参考文献 ……………………………………………………… 422
17.4　石墨烯膜光纤声压传感器在声探测技术的应用 ………… 423
17.4.1　概述 ……………………………………………… 423
17.4.2　传感器应用情况 ………………………………… 425
17.4.3　技术发展展望 …………………………………… 434
参考文献 ……………………………………………………… 435
17.5　压力传感器在汽车轮胎压力检测系统中的应用 ………… 436
17.5.1　概述 ……………………………………………… 436

17.5.2 传感器应用情况 …… 437
17.5.3 技术发展展望 …… 443
参考文献 …… 444

第 18 章 流量传感器的典型应用

18.1 时差法超声传感器在水轮机效率测量系统中的应用 …… 446
18.1.1 概述 …… 446
18.1.2 传感器应用情况 …… 449
18.1.3 技术发展展望 …… 458
参考文献 …… 459

18.2 差压装置在非稳态流量测量中的应用 …… 461
18.2.1 概述 …… 461
18.2.2 差压装置应用发展情况 …… 462
18.2.3 技术发展展望 …… 469
参考文献 …… 469

18.3 压力传感器在流量计标定系统中的典型应用 …… 470
18.3.1 概述 …… 470
18.3.2 传感器应用情况 …… 472
18.3.3 技术发展展望 …… 483
参考文献 …… 483

第 19 章 温度传感器的典型应用

19.1 辐照晶体温度传感器在航空发动机涡轮试验测试中的应用 …… 485
19.1.1 概述 …… 485
19.1.2 传感器应用情况 …… 486
19.1.3 技术发展展望 …… 493
参考文献 …… 493

19.2 声学温度传感器在航空制造与试验系统中的应用 …… 494
19.2.1 概述 …… 494
19.2.2 传感器应用情况 …… 496

19.2.3 技术发展展望 …………………………………… 504
参考文献 …………………………………… 505
19.3 热敏电阻在火灾报警器中的典型应用 …………………………………… 507

第20章 其他传感器的典型应用

20.1 传感器在浮空器系统的应用 …………………………………… 513
 20.1.1 概述 …………………………………… 513
 20.1.2 传感器应用情况 …………………………………… 514
 20.1.3 技术发展展望 …………………………………… 523
参考文献 …………………………………… 523

20.2 多种机械量传感器在液体火箭发动机试验系统中的应用 …………………………………… 524
 20.2.1 概述 …………………………………… 524
 20.2.2 传感器应用情况 …………………………………… 526
 20.2.3 技术发展展望 …………………………………… 533
参考文献 …………………………………… 534

20.3 行程开关传感器在航天系统中的应用 …………………………………… 535
 20.3.1 概述 …………………………………… 535
 20.3.2 应用 …………………………………… 536
 20.3.3 技术发展展望 …………………………………… 538

20.4 加速度传感器在比较法振动校准系统的应用 …………………………………… 539
 20.4.1 概述 …………………………………… 539
 20.4.2 传感器应用情况 …………………………………… 540
 20.4.3 技术发展展望 …………………………………… 547
参考文献 …………………………………… 548

20.5 压电水浸聚焦传感器在镀层材料弹性模量超声显微测量系统中的应用 …………………………………… 549
 20.5.1 概述 …………………………………… 549
 20.5.2 传感器应用情况 …………………………………… 551
 20.5.3 技术发展展望 …………………………………… 558
参考文献 …………………………………… 559

20.6 高精度液位传感器在储罐计量系统的典型应用 ·········· 560
- 20.6.1 概述 ·········· 560
- 20.6.2 传感器应用情况 ·········· 563
- 20.6.3 技术发展展望 ·········· 569

参考文献 ·········· 570

20.7 压电式传感器在乳腺超声 CT 成像系统的应用 ·········· 570
- 20.7.1 概述 ·········· 570
- 20.7.2 传感器应用情况 ·········· 573
- 20.7.3 技术发展展望 ·········· 581

参考文献 ·········· 582

20.8 惯性传感器在动物行为分析系统的应用 ·········· 583
- 20.8.1 概述 ·········· 583
- 20.8.2 传感器应用情况 ·········· 584
- 20.8.3 技术发展展望 ·········· 595

参考文献 ·········· 596

20.9 非线性弹性敏感元件在航空传感器系统的应用 ·········· 597
- 20.9.1 概述 ·········· 597
- 20.9.2 非线性弹性敏感元件应用情况 ·········· 598
- 20.9.3 技术发展展望 ·········· 608

20.10 湿度传感器在台风追踪探测系统的应用 ·········· 609
- 20.10.1 概述 ·········· 609
- 20.10.2 传感器应用情况 ·········· 612
- 20.10.3 技术发展展望 ·········· 622

参考文献 ·········· 623

第一部分

传感器与基本弹性敏感元件的特性

第1章

传感器的静态特性

1.1 传感器静态特性的一般描述

传感器的静态特性是指当被测量 x 不随时间变化，或随时间的变化程度远慢于传感器固有的最低阶运动模式的变化程度时，传感器的输出量 y 与输入量 x 之间的函数关系。通常可以描述为

$$y = f(x) = \sum_{k=0}^{N} a_k x^k \tag{1.1.1}$$

式中 N——传感器拟合曲线的阶次，$N \leq n-1 (a_N \neq 0)$；

a_k——传感器的标定系数，反映了传感器静态特性曲线的形态。

当式（1.1.1）写成

$$y = a_0 + a_1 x \tag{1.1.2}$$

时，传感器的静态特性为一条直线，称 a_0 为零位输出，a_1 为静态传递系数（或静态增益）。通常传感器的零位是可以补偿的，使传感器的静态特性变为

$$y = a_1 x \tag{1.1.3}$$

这时称传感器为线性的。

1.2 传感器的静态标定

传感器的静态特性是通过静态标定（calibration）或静态校准的过程获

得的。

静态标定就是在一定的标准条件下,利用一定等级的标定设备对传感器进行多次往复测试的过程,如图 1.2.1 所示。

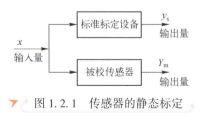

图 1.2.1 传感器的静态标定

1.2.1 静态标定条件

静态标定的标准条件主要反映在标定的环境、所用的标定设备和标定的过程上。

1. 对标定环境的要求

(1) 无加速度,无振动,无冲击;
(2) 温度在 15~25℃;
(3) 相对湿度不大于 85%;
(4) 大气压力为 0.1MPa。

2. 对所用的标定设备的要求

当标定设备和被标定的传感器的确定性系统误差较小或可以补偿,而只考虑它们的随机误差时,应满足如下条件:

$$\sigma_s \leq \frac{1}{3}\sigma_m \tag{1.2.1}$$

式中 σ_s、σ_m——标定设备的随机误差和被标定传感器的随机误差。

若标定设备和被标定的传感器的随机误差比较小,只考虑它们的系统误差时,应满足如下条件:

$$\varepsilon_s \leq \frac{1}{10}\varepsilon_m \tag{1.2.2}$$

式中 ε_s、ε_m——标定设备的系统误差和被标定传感器的系统误差。

3. 标定过程的要求

在上述条件下,在标定的范围(即被测量的输入范围)内,选择 n 个测量点 x_i, $i=1,2,\cdots,n$;共进行 m 个循环,于是可以得到 $2mn$ 个测试数据。

正行程的第 j 个循环,第 i 个测点为 (x_i, y_{uij});反行程的第 j 个循环,第 i

个测点为 (x_i, y_{dij})；$j = 1, 2, \cdots, m$，为循环数。

n 个测点 x_i 通常是等分的，根据实际需要也可以是不等分的；第一个测点 x_1 就是被测量的最小值 $x_{\min}$，第 n 个测点 x_n 就是被测量的最大值 $x_{\max}$。

1.2.2 传感器的静态特性

基于上述标定过程得到的 (x_i, y_{uij}) 和 (x_i, y_{dij})，对其进行处理便可以得到传感器的静态特性。

对于第 i 个测点，基于上述标定值，所对应的平均输出为

$$\bar{y}_i = \frac{1}{2m} \sum_{j=1}^{m} (y_{uij} + y_{dij}), \quad i = 1, 2, \cdots, n \tag{1.2.3}$$

通过式 (1.2.3) 得到了传感器 n 个测点对应的输入/输出关系 $(x_i, \bar{y}_i)$（$i = 1, 2, \cdots, n$），这就是传感器的静态特性。在具体表述形式上，可以将 n 个 $(x_i, \bar{y}_i)$ 用有关方法拟合成曲线来表述，如式（1.1.1）或图 1.2.2 所示；也可以用表格来表述。对于数字式传感器，一般直接利用上述 n 个离散的点进行分段（线性）插值来表述传感器的静态特性。

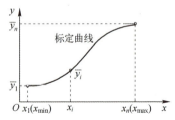

图 1.2.2 传感器的标定曲线

1.3 传感器的主要静态性能指标及其计算

1.3.1 测量范围与量程

传感器所能测量到的最小被测量（输入量）$x_{\min}$ 与最大被测量（输入量）$x_{\max}$ 之间的范围称为传感器的测量范围（measuring range），即 $(x_{\min}, x_{\max})$；传感器测量范围的上限值 $x_{\max}$ 与下限值 $x_{\min}$ 的代数差 $x_{\max} - x_{\min}$，称为量程（Span）。

例如一温度传感器的测量范围是 $-60 \sim +125℃$，那么该传感器的量程为 $185℃$。

1.3.2 静态灵敏度

传感器被测量的单位变化量引起的输出变化量称为静态灵敏度（sensitivity），如图 1.3.1 所示，其表达式为

$$S = \lim_{\Delta x \to 0}\left(\frac{\Delta y}{\Delta x}\right) = \frac{dy}{dx} \tag{1.3.1}$$

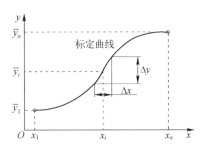

▶ 图 1.3.1 传感器的静态灵敏度

某一测点处的静态灵敏度是其静态特性曲线的斜率。线性传感器的静态灵敏度为常数；非线性传感器的静态灵敏度为变量。

静态灵敏度是重要的性能指标。它可以根据传感器的测量范围、抗干扰能力等进行选择。特别是对于传感器中的敏感元件，其灵敏度的选择尤为关键。一般来说，敏感元件不仅受被测量的影响，而且也受到其他干扰量的影响。这时在优选敏感元件的结构及其参数时，就要使敏感元件的输出对被测量的灵敏度尽可能大，而对于干扰量的灵敏度尽可能小。例如加速度敏感元件的输出量 y，理想情况下只是被测量 x 轴方向的加速度 a_x 的函数，但实际上它也与干扰量 y 轴和 z 轴方向的加速度 a_y 和 a_z 有关，即其输出为

$$y = f(a_x, a_y, a_z) \tag{1.3.2}$$

那么对该敏感元件优化设计的原则为

$$\left|\frac{S_{ax}}{S_{ay}}\right| \gg 1 \tag{1.3.3}$$

$$\left|\frac{S_{ax}}{S_{az}}\right| \gg 1 \tag{1.3.4}$$

式中 $S_{ax} = \dfrac{\partial f}{\partial a_x}$——敏感元件输出对被测量 a_x 的静态灵敏度；

$S_{ay} = \dfrac{\partial f}{\partial a_y}$ ——敏感元件输出对干扰量 a_y 的静态灵敏度；

$S_{az} = \dfrac{\partial f}{\partial a_z}$ ——敏感元件输出对干扰量 a_z 的静态灵敏度。

1.3.3　分辨力与分辨率

传感器的输入/输出关系在整个测量范围内不可能做到处处连续。输入量变化太小时，输出量不会发生变化；而当输入量变化到一定程度时，输出量才发生变化。因此，从微观来看，实际传感器的输入/输出特性有许多微小的起伏，如图 1.3.2 所示。

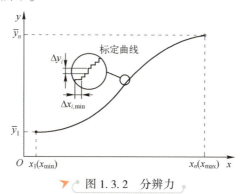

图 1.3.2　分辨力

对于实际标定过程的第 i 个测点 x_i，当有 $\Delta x_{i,\min}$ 变化时，输出就有可观测到的变化，那么 $\Delta x_{i,\min}$ 就是该测点处的分辨力（resolution），对应的分辨率为

$$r_i = \dfrac{\Delta x_{i,\min}}{x_{\max}-x_{\min}} \tag{1.3.5}$$

显然各测点处的分辨力是不一样的。在全部工作范围内，都能够产生可观测输出变化的最小输入变化量的最大值 $\max|\Delta x_{i,\min}|$（$i=1,2,\cdots,n$）就是该传感器的分辨力，而传感器的分辨率为

$$r = \dfrac{\max|\Delta x_{i,\min}|}{x_{\max}-x_{\min}} \tag{1.3.6}$$

分辨力反映了传感器检测输入微小变化的能力，对正、反行程都是适用的。造成传感器具有有限分辨力的因素很多，例如机械运动部件的干摩擦和卡塞等，电路系统中的储能元件、A/D 转换器的位数等。

传感器在最小（起始）测点处的分辨力称为阈值（threshold）或死区（dead band）。

1.3.4 时漂与温漂

当传感器的输入和环境温度不变时,输出量随时间变化的现象称为漂移(drift),又称时漂。它是由于传感器内部各个环节性能不稳定,或内部温度变化引起的,反映了传感器的稳定性指标。通常考核传感器时漂的时间范围可以是一小时、一天、一个月、半年、一年或更长时间。

零点漂移与满量程漂移分别为

$$d_0 = \frac{\Delta y_{0,\max}}{y_{FS}} \times 100\% = \frac{|y_{0,\max} - y_0|}{y_{FS}} \times 100\% \qquad (1.3.7)$$

$$d_{FS} = \frac{\Delta y_{FS,\max}}{y_{FS}} \times 100\% = \frac{|y_{FS,\max} - y_{FS}|}{y_{FS}} \times 100\% \qquad (1.3.8)$$

式中 y_0、$y_{0,\max}$、$\Delta y_{0,\max}$——初始零点输出,考核期内零点最大漂移处的输出,考核期内零点的最大漂移;

y_{FS}、$y_{FS,\max}$、$\Delta y_{FS,\max}$——初始的满量程输出,考核期内满量程最大漂移处的输出,考核期内满量程的最大漂移。

由外界环境温度变化引起的输出量变化的现象称为温漂(temperature drift)。温漂可以从两个方面来考核:一方面是零点漂移(zero drift),即传感器零点处的温漂,反映了温度变化引起传感器特性曲线平移而斜率不变的漂移;另一方面是满量程漂移(full scale drift)。对于线性传感器,满量程漂移可以用灵敏度漂移(sensitivity drift)或刻度系数漂移(scale-factor drift)表示,即引起传感器特性曲线斜率变化的漂移。

零点漂移和满量程漂移分别为

$$\nu = \frac{\bar{y}_0(t_2) - \bar{y}_0(t_1)}{\bar{y}_{FS}(t_1)(t_2 - t_1)} \times 100\% \qquad (1.3.9)$$

$$\beta = \frac{\bar{y}_{FS}(t_2) - \bar{y}_{FS}(t_1)}{\bar{y}_{FS}(t_1)(t_2 - t_1)} \times 100\% \qquad (1.3.10)$$

式中 $\bar{y}_0(t_2)$、$\bar{y}_{FS}(t_2)$——在规定的温度(高温或低温)t_2 保温一小时后,传感器零点输出的平均值和满量程输出的平均值;

$\bar{y}_0(t_1)$、$\bar{y}_{FS}(t_1)$——在室温 t_1 时,传感器零点输出的平均值和满量程输出的平均值。

1.3.5 传感器的测量误差

被测量在客观上存在一个真实的值,简称被测量的真值,记为 x_t;利用传感器对其测量就是将它作用于所选用的传感器上,并以传感器的输出值 y_t(或称响应值、实测值、指示值等)来表示被测真值的大小。因此,对传感器的根本要求就是希望通过它能够无失真地解算出被测量的大小。而实际传感器,由于其实现结构及参数、测量原理、测试方法的不完善,或由于使用环境条件的变化,致使传感器给出的输出值 y_a 不等于无失真输出值 y_t。同时由 y_a 解算出的被测量值 x_a 也不等于被测量的真值 x_t。因此,测量误差可定义为

$$\begin{cases} \Delta y = y_a - y_t \\ \Delta x = x_a - x_t \end{cases} \tag{1.3.11}$$

式中:Δy 为针对传感器输出值定义的测量误差;Δx 为针对传感器输入值,即被测量定义的测量误差。

传感器测量过程中产生的误差大小是衡量传感器水平的重要技术指标之一。

1.3.6 线性度

由式(1.1.2)描述的传感器的静态特性是一条直线。由于种种原因传感器实测的输入输出关系并不是一条直线,因此传感器实际的静态特性的校准特性曲线与某一参考直线不一致程度的最大值就是线性度(linearity),如图1.3.3所示;计算公式为

$$\xi_L = \frac{|(\Delta y_L)_{max}|}{y_{FS}} \times 100\% \tag{1.3.12}$$

$$(\Delta y_L)_{max} = \max|\Delta y_{i,L}|, \quad i=1,2,\cdots,n$$

$$\Delta y_{i,L} = \bar{y}_i - y_i$$

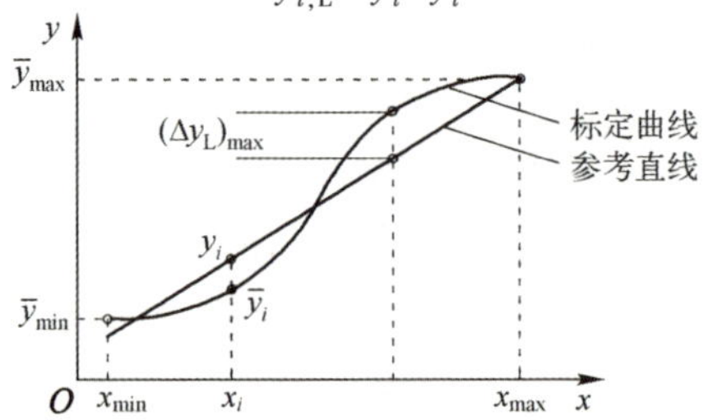

▶ 图1.3.3 线性度

式中　y_{FS}——满量程输出，$y_{FS} = |B(x_{max} - x_{min})|$；$B$ 为所选定的参考直线的斜率。

　　$\Delta y_{i,L}$——第 i 个校准点平均输出值与所选定的参考直线的偏差，称为非线性偏差；

　　$(\Delta y_L)_{max}$——n 个测点中的最大偏差。

依上述定义，选取不同的参考直线所计算出的线性度不同。下面介绍几种常用的线性度的计算方法。

1. 绝对线性度 ξ_{La}

又称理论线性度。其参考直线是事先规定好的，与实际标定过程和标定结果无关。通常这条参考直线过坐标原点 O 和所期望的最大输入值对应的输出点，如图 1.3.4 所示。

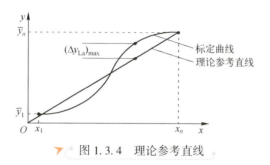

▶ 图 1.3.4　理论参考直线

2. 端基线性度 ξ_{Lt}

参考直线是标定过程获得的两个端点 $(x_1, \bar{y}_1)$ 和 $(x_n, \bar{y}_n)$ 的连线，如图 1.3.5 所示。端基参考直线为

$$y = \bar{y}_1 + \frac{\bar{y}_n - \bar{y}_1}{x_n - x_1}(x - x_1) \tag{1.3.13}$$

▶ 图 1.3.5　端基参考直线

端基参考直线只考虑了实际标定的两个端点,而没有考虑其他测点的实际分布情况,因此实测点对上述参考直线的偏差分布也不合理,最大正偏差与最大负偏差的绝对值也不会相等。为了尽可能减小最大偏差,可将端基直线平移,以使最大正、负偏差绝对值相等。从而得到"平移端基参考直线",如图1.3.6所示。按此直线计算得到的线性度就是"平移端基线性度"。

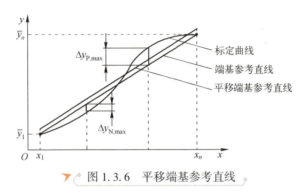

▼ 图1.3.6 平移端基参考直线

由式(1.3.13)可以计算出第 i 个校准点平均输出值与端基参考直线的偏差

$$\Delta y_i = \bar{y}_i - y_i = \bar{y}_i - \bar{y}_1 - \frac{\bar{y}_n - \bar{y}_1}{x_n - x_1}(x_i - x_1) \tag{1.3.14}$$

假设上述 n 个偏差 Δy_i 的最大正偏差为 $\Delta y_{P,\max} \geq 0$,最大负偏差为 $\Delta y_{N,\max} \leq 0$,"平移端基参考直线"为

$$y = \bar{y}_1 + \frac{\bar{y}_n - \bar{y}_1}{x_n - x_1}(x - x_1) + \frac{1}{2}(\Delta y_{P,\max} + \Delta y_{N,\max}) \tag{1.3.15}$$

n 个测点的标定值对于"平移端基参考直线"的最大正偏差与最大负偏差的绝对值是相等的,均为

$$\Delta y_{M\_BASE} = \frac{1}{2}(\Delta y_{P,\max} - \Delta y_{N,\max}) \tag{1.3.16}$$

于是"平移端基线性度"为

$$\xi_{L,M\_BASE} = \frac{\Delta y_{M\_BASE}}{y_{FS}} \times 100\% \tag{1.3.17}$$

3. 最小二乘线性度 ξ_{LS}

基于所得到的 n 个标定点 $(x_i, \bar{y}_i)$ ($i=1,2,\cdots,n$),利用偏差平方和最小来确定"最小二乘直线"。

当参考直线为
$$y = a + bx \tag{1.3.18}$$
第 i 个测点的偏差为
$$\Delta y_i = \bar{y}_i - y_i = \bar{y}_i - (a + bx_i) \tag{1.3.19}$$
总的偏差平方和为
$$J = \sum_{i=1}^{n} (\Delta y_i)^2 = \sum_{i=1}^{n} [\bar{y}_i - (a + bx_i)]^2 \tag{1.3.20}$$

利用 $\dfrac{\partial J}{\partial a} = 0$，$\dfrac{\partial J}{\partial b} = 0$，可以得到最小二乘法最佳 a, b 值

$$a = \frac{\sum_{i=1}^{n} x_i^2 \sum_{i=1}^{n} \bar{y}_i - \sum_{i=1}^{n} x_i \sum_{i=1}^{n} x_i \bar{y}_i}{n \sum_{i=1}^{n} x_i^2 - \left(\sum_{i=1}^{n} x_i\right)^2} \tag{1.3.21}$$

$$b = \frac{n \sum_{i=1}^{n} x_i \bar{y}_i - \sum_{i=1}^{n} x_i \sum_{i=1}^{n} \bar{y}_i}{n \sum_{i=1}^{n} x_i^2 - \left(\sum_{i=1}^{n} x_i\right)^2} \tag{1.3.22}$$

由式（1.3.19）可以计算出每一个测点的偏差，得到最大的偏差，进而求出最小二乘线性度。

4. 独立线性度 ξ_{Ld}

它是相对于"最佳直线"的线性度，又称最佳线性度。所谓最佳直线是指：依此直线作为参考直线时，任意改变直线的截距与斜率，得到的最大偏差是最小的。

1.3.7 符合度

对于静态特性具有明显非线性的传感器，需要用非线性曲线，而不是用直线来拟合传感器的静态特性。这样，实际标定得到的测点相对于某一非线性参考曲线的偏差程度称为符合度（conformity）。通常参考曲线的选择方式较参考直线要多，在考虑参考曲线时应当考虑以下原则：

（1）应满足所需要的拟合误差要求；
（2）函数的形式尽可能简单；
（3）选用多项式时，其阶次尽可能低。

1.3.8 迟滞误差

由于传感器的机械部分的摩擦和间隙、敏感结构材料等的缺陷以及磁性材料的磁滞等，传感器同一个输入量对应的正、反行程的输出不一致，这一现象称为"迟滞"（hysteresis）。

对于第 i 个测点，其正、反行程输出的平均校准点分别为 $(x_i, \bar{y}_{ui})$ 和 $(x_i, \bar{y}_{di})$

$$\bar{y}_{ui} = \frac{1}{m}\sum_{j=1}^{m} y_{uij} \qquad (1.3.23)$$

$$\bar{y}_{di} = \frac{1}{m}\sum_{j=1}^{m} y_{dij} \qquad (1.3.24)$$

第 i 个测点的正、反行程的偏差（如图 1.3.7 所示）为

$$\Delta y_{i,H} = |\bar{y}_{ui} - \bar{y}_{di}| \qquad (1.3.25)$$

则迟滞指标为

$$(\Delta y_H)_{\max} = \max(\Delta y_{i,H}), \quad i = 1, 2, \cdots, n \qquad (1.3.26)$$

迟滞误差为

$$\xi_H = \frac{(\Delta y_H)_{\max}}{2y_{FS}} \times 100\% \qquad (1.3.27)$$

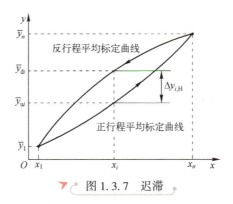

图 1.3.7 迟滞

1.3.9 非线性迟滞误差

非线性迟滞是表征传感器正行程和反行程标定曲线与参考直线不一致的程度，如图 1.3.8 所示。

对于第 i 个测点，传感器的标定点为 $(x_i, \bar{y}_i)$，相应的参考点为 (x_i, y_i)；而正、反行程输出的平均校准点分别为 $(x_i, \bar{y}_{ui})$ 和 $(x_i, \bar{y}_{di})$，则正、反行程输

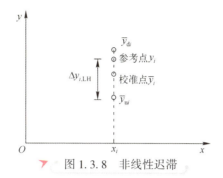

图 1.3.8 非线性迟滞

出的平均校准点对参考点 (x_i, y_i) 的偏差分别为 $\bar{y}_{ui} - y_i$ 和 $\bar{y}_{di} - y_i$。这两者中绝对值较大者就是非线性迟滞，即

$$\Delta y_{i,\text{LH}} = \max(|\bar{y}_{ui} - y_i|, |\bar{y}_{di} - y_i|) \tag{1.3.28}$$

对于第 i 个测点，非线性迟滞与非线性偏差、迟滞的关系为

$$\Delta y_{i,\text{LH}} = |\Delta y_{i,\text{L}}| + 0.5 \Delta y_{i,\text{H}} \tag{1.3.29}$$

在整个测量范围，非线性迟滞为

$$(\Delta y_{\text{LH}})_{\max} = \max(\Delta y_{i,\text{LH}}), \quad i = 1, 2, \cdots, n \tag{1.3.30}$$

非线性迟滞误差为

$$\xi_{\text{LH}} = \frac{(\Delta y_{\text{LH}})_{\max}}{y_{\text{FS}}} \times 100\% \tag{1.3.31}$$

显然，由于非线性偏差的最大值和迟滞的最大值，不一定发生在同一个测点，因此传感器的非线性迟滞小于其线性度与迟滞误差之和。

1.3.10 重复性误差

同一个测点，传感器按同一方向作全量程的多次重复测量时，每一次的输出值都不一样，其大小是随机的。为反映这一现象，引入重复性（repeatability）指标，如图 1.3.9 所示。

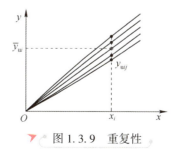

图 1.3.9 重复性

考虑正行程的第 i 个测点，其平均校准值为

$$\bar{y}_{ui} = \frac{1}{m} \sum_{j=1}^{m} y_{uij} \tag{1.3.32}$$

基于统计学的观点，将 y_{uij} 看成第 i 个测点正行程的子样，$\bar{y}_{ui}$ 则是第 i 个测点正行程输出值的数学期望值的估计值。可以利用下列方法来计算第 i 个测点的标准偏差。

1. 极差法

$$s_{ui} = \frac{W_{ui}}{d_m} \tag{1.3.33}$$

$$W_{ui} = \max(y_{uij}) - \min(y_{uij}), \quad j = 1, 2, \cdots, m$$

式中　W_{ui}——极差，即第 i 个测点正行程的 m 个标定值中的最大值与最小值之差；

　　　d_m——极差系数，取决于测量循环次数，即样本容量 m。极差系数与 m 的关系见表 1.3.1。

类似可以得到第 i 个测点反行程的极差 W_{di} 和相应的 s_{di}。

表 1.3.1　极差系数表

m	2	3	4	5	6	7	8	9	10	11	12
d_m	1.41	1.91	2.24	2.48	2.67	2.83	2.96	3.08	3.18	3.26	3.33

2. 贝赛尔（Bessel）公式

$$s_{ui}^2 = \frac{1}{m-1} \sum_{j=1}^{m} (\Delta y_{uij})^2 = \frac{1}{m-1} \sum_{j=1}^{m} (y_{uij} - \bar{y}_{ui})^2 \tag{1.3.34}$$

s_{ui} 的物理意义是：当随机测量值 y_{uij} 可以看成是正态分布时，y_{uij} 偏离期望值 $\bar{y}_{ui}$ 的范围在 $(-s_{ui}, s_{ui})$ 之间的概率为 68.27%；在 $(-2s_{ui}, 2s_{ui})$ 之间的概率为 95.45%；在 $(-3s_{ui}, 3s_{ui})$ 之间的概率为 99.73%，如图 1.3.10 所示。

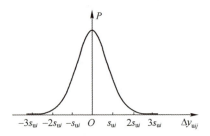

▼ 图 1.3.10　正态分布概率曲线

类似地可以给出第 i 个测点反行程的子样标准偏差 s_{di}。

对于整个测量范围，综合考虑正、反行程问题，并假设正、反行程的测量过程是等精密性的，即正行程的子样标准偏差和反行程的子样标准偏差具有相等的数学期望。这样第 i 个测点的子样标准偏差为

$$s_i = \sqrt{0.5(s_{ui}^2 + s_{di}^2)} \qquad (1.3.35)$$

对于全部 n 个测点，当认为是等精密性测量时，整个测试过程的标准偏差为

$$s = \sqrt{\frac{1}{n}\sum_{i=1}^{n} s_i^2} = \sqrt{\frac{1}{2n}\sum_{i=1}^{n}(s_{ui}^2 + s_{di}^2)} \qquad (1.3.36)$$

也可以利用 n 个测点的正、反行程子样标准偏差中的最大值来计算整个测试过程的标准偏差

$$s = \max(s_{ui}, s_{di}), \quad i = 1, 2, \cdots, n \qquad (1.3.37)$$

整个测试过程的标准偏差 s 可以描述传感器的随机误差，则传感器重复性误差为

$$\xi_R = \frac{3s}{y_{FS}} \times 100\% \qquad (1.3.38)$$

式中：3 为置信概率系数；$3s$ 为置信限或随机不确定度。其物理意义是：在整个测量范围内，传感器相对于满量程输出的随机误差不超过 ξ_R 的置信概率为 99.73%。

1.3.11 综合误差

传感器的测量误差是系统误差与随机误差的综合。它反映了传感器的实际输出在一定置信率下对其参考特性的偏离程度都不超过的一个范围。目前讨论传感器"综合误差"的方法尚不统一。下面先以线性传感器为例简要介绍几种方法。

1. 综合考虑非线性、迟滞和重复性

可以采用直接代数和或均方根来表示综合误差：

$$\xi_a = \xi_L + \xi_H + \xi_R \qquad (1.3.39)$$

$$\xi_a = \sqrt{\xi_L^2 + \xi_H^2 + \xi_R^2} \qquad (1.3.40)$$

2. 综合考虑非线性迟滞和重复性

由于非线性、迟滞同属于系统误差，可以将它们统一考虑来计算综合误差：

$$\xi_a = \xi_{LH} + \xi_R \qquad (1.3.41)$$

3. 综合考虑迟滞和重复性

考虑到传感器中应用了微处理器，可以针对校准点进行计算。以平均校准点为参考点，只考虑迟滞与重复性，综合误差为

$$\xi_a = \xi_H + \xi_R \qquad (1.3.42)$$

由于不同的参考直线将影响各分项指标的具体数值，所以在提综合误差的同时应指出使用何种参考直线。

从数学意义上说，直接代数和表明所考虑的各个分项误差是线性相关的，而均方根则表明所考虑的各个分项误差是完全独立、相互正交的。另一方面，非线性、迟滞或非线性迟滞误差属于系统误差；重复性属于随机误差。实际上系统误差与随机误差的最大值并不一定同时出现在相同的测点上。总之，上述几种处理方法虽然简单，但人为因素大。

4. 极限点法

对于第 i 个测点，其正行程输出的平均校准点为 $(x_i, \bar{y}_{ui})$，如果以 s_{ui} 记其子样标准偏差，那么随机测量值 y_{uij} 偏离期望值 $\bar{y}_{ui}$ 的范围在 $(-3s_{ui}, 3s_{ui})$ 之间的置信概率为 99.73%。则第 i 个测点的正行程输出值以 99.73% 的置信概率落在区域 $(\bar{y}_{ui} - 3s_{ui}, \bar{y}_{ui} + 3s_{ui})$。类似地，第 i 个测点的反行程输出值以 99.73% 的置信概率落在区域 $(\bar{y}_{di} - 3s_{di}, \bar{y}_{di} + 3s_{di})$，如图 1.3.11 所示。

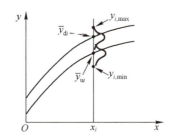

图 1.3.11 极限点法原理示意图

第 i 个测点的输出值以 99.73% 的置信概率落在区域 $(y_{i,\min}, y_{i,\max})$。其中 $y_{i,\min}$ 和 $y_{i,\max}$ 称为第 i 个测点的极限点，满足：

$$y_{i,\min} = \min(\bar{y}_{ui} - 3s_{ui}, \bar{y}_{di} - 3s_{di}) \qquad (1.3.43)$$

$$y_{i,\max} = \max(\bar{y}_{ui} + 3s_{ui}, \bar{y}_{di} + 3s_{di}) \qquad (1.3.44)$$

这样可以得到 $2n$ 个极限点，而这些极限点的置信概率都将是 99.73%，可以把上述这组数据看成是在一定置信概率意义上的"确定的"点，由它们可以限定出传感器静态特性的一个"实际不确定区域"。为此，应用逼近的概

念，可以采用一条最佳直线或曲线来拟合这组数据，以使拟合的最大偏差达到最小。可见，该方法人为规定的因素最小。

下面讨论一种针对测点的计算方法。

当考虑第 i 个测点时，如果以极限点的中间值 $0.5(y_{i,\min}+y_{i,\max})$ 为参考值，那么该点的极限点偏差为

$$\Delta y_{i,\text{ext}} = 0.5(y_{i,\max} - y_{i,\min}) \tag{1.3.45}$$

利用上述 n 个极限点偏差中的最大值 Δy_{ext} 可以给出综合误差指标

$$\xi_a = \frac{\Delta y_{\text{ext}}}{y_{\text{FS}}} \times 100\% \tag{1.3.46}$$

$$\Delta y_{\text{ext}} = \max(\Delta y_{i,\text{ext}}), \quad i=1,2,\cdots,n \tag{1.3.47}$$

$$y_{\text{FS}} = 0.5[(y_{n,\min}+y_{n,\max})-(y_{1,\min}+y_{1,\max})] \tag{1.3.48}$$

1.4 非线性传感器静态性能指标的计算

1.4.1 概述

近年来，计算机已成为自动化领域信息处理的基础，在测量、控制系统中得到了广泛的应用。因此，对于系统中使用的传感器已不再特别地追求其输入/输出特性的线性度，而更多地考虑其灵敏度、稳定性、重复性和可靠性等指标。设计、研制实用的、性能稳定的、重复性好的非线性传感器，如谐振式传感器等，受到了人们的普遍重视。同时，对于以往仅利用"线性范围"的传感器，合理地扩展其使用范围和量程成为可能，如变间隙的电容式传感器等。这些变化为传感器技术领域和自动化技术领域的研究人员、工程技术人员提供了更多的选择。

对于传感器的性能评估、指标计算方法，1.3 节给出的都是基于传感器的输出测量值进行的。但所有的测量过程，实际上希望的是，通过传感器的输出值计算得出的输入被测量的值是精确的。如要测量大气压力，无论采用什么敏感原理来实现测量，目的都是一致的，即要精确地给出输入被测压力值。如果通过输出"电压"来变换（如对于硅压阻式压力传感器、应变式压力传感器等），则希望由输出电压变换回的被测压力值精确；如果是通过输出"频率"变换的（如对于谐振筒式压力传感器、谐振膜式压力传感器、声表面波式压力传感器等），则希望由输出频率变换回的被测压力值精确。

因此，严格地说，人们关心的是传感器反映被测输入量的测量误差，而不是传感器的直接输出量；即对传感器性能指标的评估、计算，应当都针对由直接的输出测量值解算出相应的被测量值，然后由它们来评估、计算传感器的各项性能指标。

应当指出，对于静态灵敏度为常值的线性传感器，由其输出测量值计算出的性能指标，与由它们解算出的相应的输入被测量值计算得到的性能指标相差极小，可忽略。因此对于线性传感器，现有的评估、计算性能指标的方法是可行的。

但对于非线性传感器，如谐振筒式压力传感器、谐振膜式压力传感器等，由于其灵敏度不为常值，即相同的输出变化量对应的输入变化量不同，特别是当非线性程度较大时，差别更加明显。因此直接由传感器的输出测量值来评估、计算非线性传感器的性能指标，就不能准确反映传感器的特性，可以考虑采用本节提供的计算方法。

1.4.2 数据的基本处理

基于标定过程得到的传感器的实测数据对，(x_i, y_{uij}) 与 (x_i, y_{dij})（$i=1,2,\cdots,n$；$j=1,2,\cdots,m$），可以得到传感器的输入/输出关系 $(x_i, \bar{y}_i)$。利用这组点 $(x_i, \bar{y}_i)$ 可以拟合成一条曲线来表述，通常可以写成式（1.1.1）的形式，即 $y=f(x)$，也可以将其写成

$$x = g(y) \tag{1.4.1}$$

函数 $g(\cdot)$ 是函数 $f(\cdot)$ 的反函数。理论上，$g(\cdot)$ 是存在的，即为传感器实际应用时的"解算函数"。它可以是整段描述的，也可以是分段描述的，在此不作具体讨论。

实际测量过程就是根据得到的输出测量值 y，利用式（1.4.1）计算相应的输入被测量值 x。为了反映这一物理本质，称式（1.4.1）计算得到的 x 为"被测校准值"。

对于给定的第 i 个测点的输入量值 x_i，利用第 j 个循环正、反行程得到的输出测量值 y_{uij}、y_{dij} 和式（1.4.1），可以计算出相应的"被测校准值" x_{uij}、x_{dij} 为

$$\begin{cases} x_{uij} = g(y_{uij}) \\ x_{dij} = g(y_{dij}) \end{cases} \tag{1.4.2}$$

为便于讨论，假设

$$\begin{cases} y_{uij} = \bar{y}_i + \Delta y_{Uij} \\ y_{dij} = \bar{y}_i + \Delta y_{Dij} \end{cases} \qquad (1.4.3)$$

式中 $\bar{y}_i$——第 i 个测点对应的输出测量值的平均值，由式（1.2.3）确定；

Δy_{Uij}、Δy_{Dij}——第 j 个循环，正、反行程的输出测量值 y_{uij} 和 y_{dij} 与输出测量值的平均值 $\bar{y}_i$ 之间的偏差（为了区别该偏差与式（1.3.33）对应的偏差 Δy_{uij} 和 Δy_{dij}，正行程用下标 U 描述，反行程用下标 D 描述），均为小量。

故式（1.4.2）可写为

$$\begin{cases} x_{uij} \approx g(\bar{y}_i) + g'(\bar{y}_i)\Delta y_{Uij} = \bar{x}_i + g'(\bar{y}_i)\Delta y_{Uij} \\ x_{dij} \approx g(\bar{y}_i) + g'(\bar{y}_i)\Delta y_{Dij} = \bar{x}_i + g'(\bar{y}_i)\Delta y_{Dij} \end{cases} \qquad (1.4.4)$$

式中 $g(\bar{y}_i)$，$g'(\bar{y}_i)$——在传感器的输入/输出特性曲线上，以输出测量值为自变量，以输入被测量为因变量，对应于 $\bar{y}_i$ 的函数值和一阶导数值；

$\bar{x}_i$——第 i 个测点，对应于传感器输入/输出特性曲线上的"被测校准值"的平均值，$\bar{x}_i = g(\bar{y}_i)$，而且满足

$$\frac{1}{2m}\sum_{j=1}^{m}(x_{uij} + x_{dij}) = \bar{x}_i + g'(\bar{y}_i)\frac{1}{2m}\sum_{j=1}^{m}(\Delta y_{Uij} + \Delta y_{Dij}) = \bar{x}_i \qquad (1.4.5)$$

这表明：第 i 个测点的 $2m$ 个"被测校准值" x_{uij} 和 $x_{dij}(j=1,2,\cdots,m)$ 的平均值就是传感器输入/输出特性曲线上对应于 $\bar{y}_i$ 的"被测校准值" $\bar{x}_i$。

1.4.3　误差的描述

对于给定的输入被测量值 x_{sm}（注：下标 sm 代表 standard measurand，标准测量值），如果某次输出测量值为 y_m，则由式（1.4.1）计算出的"被测校准值"为

$$x_{cm} = g(y_m) \qquad (1.4.6)$$

因此，在实际测量过程中，所关心的是"被测校准值" x_{cm} 与给定的输入被测量值 x_{sm} 之间的偏差。这个偏差才是真正意义上的测量误差，如图 1.4.1 所示，可描述为

$$\Delta x_m = x_{cm} - x_{sm} \qquad (1.4.7)$$

1.4.4　符合度的计算

由式（1.4.1）描述的传感器的静态特性曲线 $x = g(y)$，是根据一组校准

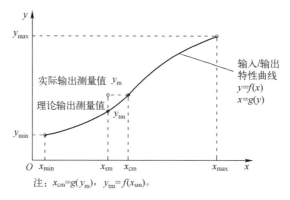

图 1.4.1 误差的描述示意图

点 $(x_i, \bar{y}_i)$ 拟合而成的，但是这些点 $(x_i, \bar{y}_i)$ 不一定在这条静态曲线上。即"被测校准值"的均值 $\bar{x}_i$ 与给定的输入被测量值 x_i 之间有偏差，这里称为符合性偏差。反映它们之间不一致程度的最大值称为符合度，如图 1.4.2 所示。计算公式为

$$\xi_C^x = \frac{|(\Delta x_C)_{max}|}{x_{FS}} \times 100\% \qquad (1.4.8)$$

$$(\Delta x_C)_{max} = \max |\Delta x_{i,C}|, \quad i = 1, 2, \cdots, n$$

式中 x_{FS}——满量程输入，$x_{FS} = x_{max} - x_{min}$；

$\Delta x_{i,C}$——符合性偏差，$\Delta x_{i,C} = \bar{x}_i - x_i$。

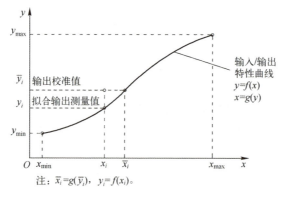

图 1.4.2 符合度偏差示意图

1.4.5 迟滞误差的计算

对于给定的第 i 个测点的输入量值 x_i，第 j 个循环正行程得到的输出测量值 y_{uij}，利用式 (1.4.4) 可以导出传感器正行程"被测校准值"的算术平均值为

$$\bar{x}_{ui} = \frac{1}{m}\sum_{j=1}^{m} x_{uij} = \bar{x}_i + g'(\bar{y}_i)\frac{1}{m}\sum_{j=1}^{m}(y_{uij} - \bar{y}_i) =$$

$$\bar{x}_i + g'(\bar{y}_i)\frac{1}{m}\sum_{j=1}^{m} y_{uij} - g'(\bar{y}_i)\bar{y}_i = \bar{x}_i + g'(\bar{y}_i)\bar{y}_{ui} - g'(\bar{y}_i)\bar{y}_i =$$

$$\bar{x}_i + g'(\bar{y}_i)(\bar{y}_{ui} - \bar{y}_i) \tag{1.4.9}$$

类似地，可以导出传感器反行程"被测校准值"的算术平均值为

$$\bar{x}_{di} = \bar{x}_i + g'(\bar{y}_i)(\bar{y}_{di} - \bar{y}_i) \tag{1.4.10}$$

于是，对于第 i 个测点，传感器正、反行程"被测校准值"的平均值的偏差，即迟滞值为

$$\Delta x_{i,H} = |\bar{x}_{ui} - \bar{x}_{di}| = |g'(\bar{y}_i)(\bar{y}_{ui} - \bar{y}_{di})| = |g'(\bar{y}_i)|\Delta y_{i,H} \tag{1.4.11}$$

则迟滞指标为

$$(\Delta x_H)_{max} = \max(\Delta x_{i,H}), \quad i = 1,2,\cdots,n \tag{1.4.12}$$

迟滞误差为

$$\xi_H^x = \frac{(\Delta x_H)_{max}}{2x_{FS}} \times 100\% \tag{1.4.13}$$

对于线性传感器，$g'(\bar{y}_i)$ 为常数，且有 $x_{FS} = |g'(\bar{y}_i)| \cdot y_{FS}$（或 $y_{FS} = |f'(\bar{x}_i)| \cdot x_{FS}$），即式 (1.3.26) 确定的 $(\Delta y_H)_{max}$ 与式 (1.4.12) 确定的 $(\Delta x_H)_{max}$ 对应着同一个测点；于是，由式 (1.4.13) 确定的"被测校准值"的迟滞误差 ξ_H^x 与式 (1.3.27) 确定的输出测量值的迟滞误差 ξ_H 是相同的，即 $\xi_H^x = \xi_H$。

1.4.6 符合性迟滞误差的计算

类似于非线性迟滞，符合性迟滞是表征传感器正行程和反行程标定曲线与参考直线不一致的程度。这里考虑一个反映传感器正、反行程"被测平均校准值" $\bar{x}_{ui}$ 和 $\bar{x}_{di}$ 与给定的标准输入被测量值 x_i 之间的误差。

对于第 i 个测点 x_i，在拟合的输入/输出特性曲线上对应的"被测校准值"为 $\bar{x}_i$；正、反行程"被测校准值"的平均值分别为 $\bar{x}_{ui}$ 和 $\bar{x}_{di}$，则正、反行程"被测校准值"的平均值对被测量值 x_i 的偏差分别为 $\bar{x}_{ui} - x_i$ 和 $\bar{x}_{di} - x_i$。这两

者中绝对值较大者就是符合性迟滞，即

$$\Delta x_{i,\mathrm{CH}} = \max(|\bar{x}_{\mathrm{u}i} - x_i|, |\bar{x}_{\mathrm{d}i} - x_i|), \quad i = 1, 2, \cdots, n \quad (1.4.14)$$

对于第 i 个测点，符合性迟滞与符合性偏差、迟滞的关系为

$$\Delta x_{i,\mathrm{CH}} = |\Delta x_{i,\mathrm{C}}| + 0.5\Delta x_{i,\mathrm{H}} \quad (1.4.15)$$

在整个测量范围，符合性迟滞为

$$(\Delta x_{\mathrm{CH}})_{\max} = \max(\Delta x_{i,\mathrm{CH}}), \quad i = 1, 2, \cdots, n \quad (1.4.16)$$

符合性迟滞误差为

$$\xi_{\mathrm{CH}}^x = \frac{(\Delta x_{\mathrm{CH}})_{\max}}{x_{\mathrm{FS}}} \times 100\% \quad (1.4.17)$$

1.4.7 重复性误差的计算

针对同一个测点，传感器按同一方向作全量程的多次重复测量时，每一次的输出值都不一样，其大小是随机的。因此，对应的被测校准值在一定的范围内变化，参见式（1.4.4）。为评估这一现象，计算其相应的重复性指标。

1. 极差法

$$s_{\mathrm{u}i}^x = \frac{W_{\mathrm{u}i}^x}{d_m} \quad (1.4.18)$$

式中 $W_{\mathrm{u}i}^x$——极差，即第 i 个测点正行程的 m 个被测校准值中的最大值与最小值之差，即：$W_{\mathrm{u}i}^x = \max(x_{\mathrm{u}ij}) - \min(x_{\mathrm{u}ij})$，$j = 1, 2, \cdots, m$；

d_m——极差系数，取决于测量循环次数，即样本容量 m。极差系数与 m 的关系见表 1.3.1。

基于传感器通常为单调的输入/输出特性的情况，结合式（1.4.4）、式（1.3.33）和式（1.4.18），有如下结论：

$$s_{\mathrm{u}i}^x = |g'(\bar{y}_i)| \frac{W_{\mathrm{u}i}}{d_m} = |g'(\bar{y}_i)| \cdot s_{\mathrm{u}i} \quad (1.4.19)$$

式中 $W_{\mathrm{u}i}$——按输出计算得到的极差，即：$W_{\mathrm{u}i} = \max(y_{\mathrm{u}ij}) - \min(y_{\mathrm{u}ij})$，$j = 1, 2, \cdots, m$。

用类似方法可以得到第 i 个测点反行程被测校准值的极差 $W_{\mathrm{d}i}^x$ 和相应的 $s_{\mathrm{d}i}^x$。

2. 贝赛尔公式

$$s_{\mathrm{u}i}^x = \sqrt{\frac{1}{m-1} \sum_{j=1}^{m} (\Delta x_{\mathrm{u}ij})^2} = \sqrt{\frac{1}{m-1} \sum_{j=1}^{m} (x_{\mathrm{u}ij} - \bar{x}_{\mathrm{u}i})^2} \quad (1.4.20)$$

进一步地，由式（1.4.4）、式（1.4.9）和式（1.4.20），可得

$$s_{ui}^x = \sqrt{\frac{1}{m-1}\sum_{j=1}^{m}[\bar{x}_i + g'(\bar{y}_i)\Delta y_{Uij} - \bar{x}_i - g'(\bar{y}_i)(\bar{y}_{ui} - \bar{y}_i)]^2} =$$

$$|g'(\bar{y}_i)| \cdot \sqrt{\frac{1}{m-1}\sum_{j=1}^{m}[\Delta y_{Uij} - (\bar{y}_{ui} - \bar{y}_i)]^2} =$$

$$|g'(\bar{y}_i)| \cdot \sqrt{\frac{1}{m-1}\sum_{j=1}^{m}[(y_{uij} - \bar{y}_i) - (\bar{y}_{ui} - \bar{y}_i)]^2} =$$

$$|g'(\bar{y}_i)| \cdot \sqrt{\frac{1}{m-1}\sum_{j=1}^{m}[(y_{uij} - \bar{y}_{ui})]^2} = |g'(\bar{y}_i)| \cdot s_{ui} \quad (1.4.21)$$

由式（1.4.18）、式（1.4.19）、式（1.4.20）或式（1.4.21）确定的 s_{ui}^x 的物理意义与利用传感器输出值计算得到的 s_{ui}（见式（1.3.33）、式（1.3.34））是一致的，此不赘述。

类似地可以给出第 i 个测点由反行程被测校准值计算得到的子样标准偏差 s_{di}^x。

$$s_{di}^x = |g'(\bar{y}_i)| \cdot s_{di} \quad (1.4.22)$$

综合考虑正、反行程问题，第 i 个测点由被测校准值计算得到的子样标准偏差为 s_i^x，由式（1.4.23）计算。

$$s_i^x = \sqrt{0.5[(s_{ui}^x)^2 + (s_{di}^x)^2]} = |g'(\bar{y}_i)| \cdot s_i \quad (1.4.23)$$

考虑整个测量范围，对于全部 n 个测点，可以用式（1.4.24）来计算整个测试过程的标准偏差。

$$s^x = \sqrt{\frac{1}{n}\sum_{i=1}^{n}(s_i^x)^2} = \sqrt{\frac{1}{2n}\sum_{i=1}^{n}[(s_{ui}^x)^2 + (s_{di}^x)^2]} =$$

$$\sqrt{\frac{1}{2n}\sum_{i=1}^{n}[g'(\bar{y}_i)]^2[(s_{ui})^2 + (s_{di})^2]} \quad (1.4.24)$$

也可以利用 n 个测点的正、反行程子样标准偏差中的最大值，计算整个测试过程的标准偏差为

$$s^x = \max(s_{ui}^x, s_{di}^x) \quad i = 1, 2, \cdots, n \quad (1.4.25)$$

整个测试过程的标准偏差 s 可以描述传感器的随机误差，则传感器的重复性误差为

$$\xi_R^x = \frac{3s^x}{x_{FS}} \times 100\% \quad (1.4.26)$$

式中，3 为置信概率系数，$3s^x$ 为置信限或随机不确定度。其物理意义是：在

整个测量范围内,传感器相对于满量程输出的随机误差不超过 ξ_R^x 的置信概率为 99.73%。

1.4.8 综合误差的计算

1. 综合考虑符合性、迟滞和重复性

可以采用直接代数和或均方根来表示"综合误差",即

$$\xi_a^x = \xi_C^x + \xi_H^x + \xi_R^x \tag{1.4.27}$$

$$\xi_a^x = \sqrt{(\xi_C^x)^2 + (\xi_H^x)^2 + (\xi_R^x)^2} \tag{1.4.28}$$

2. 综合考虑符合性迟滞和重复性

由于符合性和迟滞同属于系统误差,故可以将它们统一考虑。因此可以由式(1.4.29)计算综合误差。

$$\xi_a^x = \xi_{CH}^x + \xi_R^x \tag{1.4.29}$$

由于不同的拟合曲线 $x = g(y)$ 的表述将影响各分项指标的具体计算数值,所以在提出综合误差的同时应指出使用拟合曲线 $x = g(y)$ 的具体形式。

直接代数和表明所考虑的各个分项误差是线性相关的,而均方根则表明所考虑的各个分项误差是完全独立、相互正交的。另一方面,由于符合性、迟滞或符合性迟滞误差属于系统误差,重复性属于随机误差,实际上系统误差与随机误差的最大值并不一定同时出现在相同的测点上。总之,上述处理方法人为因素比较大,理论依据不充分。

3. 极限点法

(1) 方法一。

对于第 i 个测点,其正行程输出的平均校准点为 $(x_i, \bar{y}_{ui})$。如果以 s_{ui} 记其子样标准偏差,那么随机测量值 y_{uij} 偏离期望值 $\bar{y}_{ui}$ 的范围在 $(-3s_{ui}, 3s_{ui})$ 之间的置信概率为 99.73%,则第 i 个测点的正行程输出值以 99.73% 的置信概率落在区域 $(\bar{y}_{ui} - 3s_{ui}, \bar{y}_{ui} + 3s_{ui})$。类似地,第 i 个测点的反行程输出值以 99.73% 的置信概率落在区域 $(\bar{y}_{di} - 3s_{di}, \bar{y}_{di} + 3s_{di})$。

对于 $\bar{y}_{ui} - 3s_{ui}$、$\bar{y}_{di} - 3s_{di}$、$\bar{y}_{ui} + 3s_{ui}$ 和 $\bar{y}_{di} + 3s_{di}$,可以由式(1.4.1)确定的拟合曲线 $x = g(y)$ 计算得到相应的"被测校准值"为

$$x_{ext,ui}^{(-)} = g(\bar{y}_{ui} - 3s_{ui}) \tag{1.4.30}$$

$$x_{ext,ui}^{(+)} = g(\bar{y}_{ui} + 3s_{ui}) \tag{1.4.31}$$

$$x_{ext,di}^{(-)} = g(\bar{y}_{di} - 3s_{di}) \tag{1.4.32}$$

$$x_{ext,di}^{(+)} = g(\bar{y}_{di} + 3s_{di}) \tag{1.4.33}$$

于是，在第 i 个测点 x_i 处，由式（1.4.34）确定的误差为

$$\Delta x_{i1,\text{ext}} = \max\left[|x_{\text{ext},ui}^{(-)}-x_i|,|x_{\text{ext},ui}^{(+)}-x_i|,|x_{\text{ext},di}^{(-)}-x_i|,|x_{\text{ext},di}^{(+)}-x_i|\right] \quad i=1,2,\cdots,n$$
(1.4.34)

其置信概率为 99.73%，即由"被测校准值"确定的测量误差不超过式（1.4.34）的概率为 99.73%。

在整个测量范围，由"被测校准值"确定的最大测量误差为 $\max(\Delta x_{i1,\text{ext}})$。

$$\Delta x_{\text{ext}} = \max(\Delta x_{i1,\text{ext}}) \quad i=1,2,\cdots,n \tag{1.4.35}$$

对应的综合误差指标为

$$\xi_a^x = \frac{\Delta x_{\text{ext}}}{x_{\text{FS}}} \times 100\% \tag{1.4.36}$$

（2）方法二。

利用式（1.4.2）和式（1.4.9）以及 s_{ui}^x 的物理意义，x_{uij} 落入 $(\bar{x}_{ui}-3s_{ui}^x, \bar{x}_{ui}+3s_{ui}^x)$ 的概率为 99.73%；x_{dij} 落入 $(\bar{x}_{di}-3s_{di}^x, \bar{x}_{di}+3s_{di}^x)$ 的概率为 99.73%。因此，在第 i 个测点 x_i 处，由正、反行程的输出测量值 y_{uij} 和 y_{dij} 计算得到的任意一个"被测校准值" x_{uij} 或 x_{dij} 落入集合 $(\bar{x}_{ui}-3s_{ui}^x, \bar{x}_{ui}+3s_{ui}^x)$ 与集合 $(\bar{x}_{di}-3s_{di}^x, \bar{x}_{di}+3s_{di}^x)$ 并集的概率为 99.73%。由此可知，在第 i 个测点 x_i 处，最大测量误差为 $\bar{x}_{ui}-3s_{ui}^x$、$\bar{x}_{ui}+3s_{ui}^x$、$\bar{x}_{di}-3s_{di}^x$、$\bar{x}_{di}+3s_{di}^x$ 分别与 x_i 的差值的绝对值的最大值，即

$$\Delta x_{i2,\text{ext}} = \max\left[|(\bar{x}_{ui}-3s_{ui}^x)-x_i|,|(\bar{x}_{ui}+3s_{ui}^x)-x_i|,|(\bar{x}_{di}-3s_{di}^x)-x_i|,|(\bar{x}_{di}+3s_{di}^x)-x_i|\right]$$
$$i=1,2,\cdots,n \tag{1.4.37}$$

在整个测量范围，由"被测校准值"确定的最大测量误差为

$$\Delta x_{\text{ext}} = \max(\Delta x_{i2,\text{ext}}) \quad i=1,2,\cdots,n \tag{1.4.38}$$

对应的综合误差指标为

$$\xi_a^x = \frac{\Delta x_{\text{ext}}}{x_{\text{FS}}} \times 100\% \tag{1.4.39}$$

第2章

传感器的动态特性

2.1 传感器动态特性方程

传感器工作过程中,被测量 $x(t)$ 是不断变化的,传感器的输出 $y(t)$ 也是不断变化的。而测试的任务就是通过传感器的输出 $y(t)$ 来获取、估计输入被测量 $x(t)$。这就要求输出 $y(t)$ 能够实时地、无失真地跟踪被测量 $x(t)$ 的变化过程,因此就必须要研究传感器的动态特性。

传感器的动态特性反映的是传感器在动态测量过程中的特性。在动态测量过程中,描述传感器系统的一些特征量随时间而变化,而且变化程度与系统固有的最低阶运动模式的变化程度相比是迅速的变化过程。

传感器动态特性方程是指在动态测量时,传感器的输出量与输入被测量之间随时间变化的函数关系。它依赖于传感器本身的测量原理、结构,取决于系统内部机械的、电气的、磁性的、光学的等各种参数,而且这个特性本身不因输入量、时间和环境条件的不同而变化。为了便于分析和讨论问题,本书只针对线性传感器来讨论。

对于线性传感器,通常可以采用时域的微分方程、状态方程和复频域的传递函数来描述。

2.1.1 微分方程

通常实际应用的传感器均可看作线性系统,利用其测试原理、结构和参

数，可以建立输入/输出的微分方程

$$\sum_{i=0}^{n} a_i \frac{d^i y(t)}{dt^i} = \sum_{j=0}^{m} b_j \frac{d^j x(t)}{dt^j} \tag{2.1.1}$$

式中　$x(t)$、$y(t)$——传感器的输入量（被测量）和输出量；

　　　n——传感器的阶次，式（2.1.1）描述的为 n 阶传感器；

　　　$a_i(i=1,2,\cdots,n)$、$b_j(j=1,2,\cdots,m)$——由传感器的测试原理、结构和参数等确定的常数，一般情况下 $n \geqslant m$；同时考虑到实际传感器的物理特征，上述某些常数不能为零。

下面介绍典型传感器的微分方程为

1. 零阶传感器

$$a_0 y(t) = b_0 x(t) \tag{2.1.2}$$

$$y(t) = kx(t)$$

式中　k——传感器的静态灵敏度，或静态增益，$k = \dfrac{b_0}{a_0}$。

2. 一阶传感器

$$a_1 \frac{dy(t)}{dt} + a_0 y(t) = b_0 x(t) \tag{2.1.3}$$

$$T \frac{dy(t)}{dt} + y(t) = kx(t)$$

式中　T——传感器的时间常数（s），$T = \dfrac{a_1}{a_0}$，$a_0 a_1 \neq 0$。

3. 二阶传感器

$$a_2 \frac{d^2 y(t)}{dt^2} + a_1 \frac{dy(t)}{dt} + a_0 y(t) = b_0 x(t) \tag{2.1.4}$$

$$\frac{1}{\omega_n^2} \cdot \frac{d^2 y(t)}{dt^2} + \frac{2\zeta}{\omega_n} \cdot \frac{dy(t)}{dt} + y(t) = kx(t)$$

式中　ω_n——传感器的固有角频率（rad/s），$\omega_n^2 = \dfrac{a_0}{a_2}$，$a_0 a_2 \neq 0$；

　　　ζ——传感器的阻尼比，$\zeta = \dfrac{a_1}{2\sqrt{a_0 a_2}}$。

4. 高阶传感器

对于式（2.1.1）描述的系统，当 $n \geqslant 3$ 时称为高阶传感器。高阶传感器通常由若干个低阶系统串联或并联组合而成。

2.1.2 传递函数

对于初始条件为零的线性定常系统，对式（2.1.1）两端进行拉氏（Laplace）变换，得

$$\sum_{i=0}^{n} a_i s^i Y(s) = \sum_{j=0}^{m} b_j s^j X(s) \quad (2.1.5)$$

式中 s 为拉氏变换变量。

该系统输出量的拉氏变换 $Y(s)$ 与输入量的拉氏变换 $X(s)$ 之比称为系统的传递函数 $G(s)$，即

$$G(s) = \frac{Y(s)}{X(s)} = \frac{\sum_{j=0}^{m} b_j s^j}{\sum_{i=0}^{n} a_i s^i} \quad (2.1.6)$$

2.1.3 状态方程

利用微分方程或传递函数描述传感器时，只能了解传感器输出量与输入量之间的关系，而不能了解传感器在输入量的变化过程中，传感器的某些中间过程或中间量的变化情况。因此可以采用状态空间法来描述传感器的动态方程。

系统的"状态"，是在某一给定时间（$t=t_0$）描述该系统所具备的最小变量组。当知道了系统在 $t=t_0$ 时刻的状态（上述变量组）和 $t \geqslant t_0$ 时系统的输入变量时，就能够完全确定系统在任何时刻的特性。将描述该动态系统所必需的最小变量组称为"状态变量"；用状态变量描述的一组独立的一阶微分方程组称为"状态变量方程"或简称为"状态方程"。

为便于讨论，将式（2.1.6）描述的动态系统改写为

$$G(s) = \frac{Y(s)}{X(s)} = d_0 + \frac{\beta_1 s^{n-1} + \beta_2 s^{n-2} + \cdots + \beta_{n-1} s + \beta_n}{s^n + \alpha_1 s^{n-1} + \alpha_2 s^{n-2} + \cdots + \alpha_{n-1} s + \alpha_n} \quad (2.1.7)$$

n 阶传感器，必须用 n 个状态变量来描述。对于式（2.1.7）描述的线性传感器，可以用一个单输入、单输出状态方程来描述。

$$\dot{\boldsymbol{Z}}(t) = \boldsymbol{A}\boldsymbol{Z}(t) + \boldsymbol{b}x(t) \quad (2.1.8)$$

$$y(t) = cZ(t) + dx(t) \tag{2.1.9}$$

式中 $Z(t)$——$n \times 1$ 维状态向量;

A——$n \times n$ 维矩阵;

b——$n \times 1$ 维向量;

c——$1 \times n$ 维向量;

d——常数。

矩阵 A 和向量 b, c 的具体实现的形式并不唯一,理论上有无限多种。其可控型实现为

$$A = \begin{bmatrix} 0 & 1 & 0 & 0 & \cdots & 0 \\ 0 & 0 & 1 & 0 & \cdots & 0 \\ 0 & 0 & 0 & 1 & \cdots & 0 \\ \vdots & \vdots & \vdots & \vdots & \cdots & \vdots \\ 0 & 0 & 0 & 0 & & 1 \\ -\alpha_n & -\alpha_{n-1} & -\alpha_{n-2} & -\alpha_{n-3} & \cdots & -\alpha_1 \end{bmatrix}_{n \times n}$$

$$b = \begin{bmatrix} 0 & 0 & 0 & \cdots & 1 \end{bmatrix}_{1 \times n}^{\mathrm{T}}$$

$$c = \begin{bmatrix} \beta_n & \beta_{n-1} & \beta_{n-2} & \cdots & \beta_1 \end{bmatrix}_{1 \times n}$$

$$d = d_0$$

2.2 传感器的动态响应及动态性能指标

若传感器的单位脉冲响应函数为 $g(t)$,输入被测量为 $x(t)$,那么传感器的输出为二者的卷积,即

$$y(t) = g(t) * x(t) \tag{2.2.1}$$

若传感器的传递函数为 $G(s)$,输入被测量的拉氏变换为 $X(s)$,那么传感器在复频域的输出为

$$Y(s) = G(s) \cdot X(s) \tag{2.2.2}$$

传感器的时域输出为

$$y(t) = L^{-1}[Y(s)] = L^{-1}[G(s) \cdot X(s)] \tag{2.2.3}$$

对于传感器的动态特性,可以从时域和频域来分析。通常,在时域,主要分析传感器在阶跃输入、脉冲输入下的响应,本书只针对阶跃响应进行时域动态特性分析。在频域,主要分析传感器在正弦输入下的稳态响应,并着重从传感器的幅频特性和相频特性来讨论。

2.2.1 时域动态性能指标

当被测量为单位阶跃信号时

$$x(t) = \varepsilon(t) = \begin{cases} 1 & t \geqslant 0 \\ 0 & t < 0 \end{cases} \tag{2.2.4}$$

若要求传感器能对此信号进行无失真、无延迟测量,使其输出为

$$y(t) = k \times \varepsilon(t) \tag{2.2.5}$$

式中 k——传感器的静态增益。

这就要求传感器的特性为

$$G(s) = k \tag{2.2.6}$$

或

$$G(j\omega) = k, \quad (0 \leqslant \omega < +\infty) \tag{2.2.7}$$

在实际中要做到这一点十分困难。为了评估传感器的实际输出偏离希望的无失真输出的程度,常在实际输出响应曲线中从幅值和时间两方面找出有关的特征量,并以此作为衡量依据。

1. 一阶传感器的时域响应特性及其动态性能指标

设某一阶传感器的传递函数为

$$G(s) = \frac{k}{Ts+1} \tag{2.2.8}$$

式中 T——传感器的时间常数(s);
k——传感器的静态增益。

当输入为单位阶跃信号时,其拉氏变换为

$$X(s) = L[\varepsilon(t)] = \frac{1}{s} \tag{2.2.9}$$

传感器的输出为

$$Y(s) = G(s) \cdot X(s) = \frac{k}{Ts+1} \cdot \frac{1}{s} = \frac{k}{s} - \frac{kT}{Ts+1} \tag{2.2.10}$$

$$y(t) = k[\varepsilon(t) - e^{-\frac{t}{T}}] \tag{2.2.11}$$

图 2.2.1 给出了一阶传感器阶跃输入下的归一化响应曲线。为了便于分析传感器的动态误差,引入"相对动态误差" $\xi(t)$

$$\xi(t) = \frac{y(t) - y_s}{y_s} \times 100\% = -e^{-\frac{t}{T}} \times 100\% \tag{2.2.12}$$

式中 y_s——传感器的稳态输出，$y_s = y(\infty) = k$。

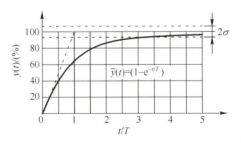

图 2.2.1 一阶传感器阶跃输入下的归一化响应曲线

图 2.2.2 给出了一阶传感器阶跃输入下的相对动态误差 $\xi(t)$。

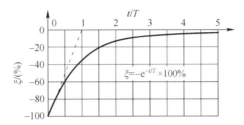

图 2.2.2 一阶传感器阶跃输入下的相对动态误差

对于传感器的实际输出特性曲线，可以选择几个特征时间点作为其时域动态性能指标。

（1）时间常数 T：输出 $y(t)$ 由零上升到稳态值 y_s 的 63% 时所需的时间。

（2）响应时间 t_s：输出 $y(t)$ 由零上升达到并保持在与稳态值 y_s 的偏差的绝对值不超过某一量值 σ 的时间（又称过渡过程时间）。σ 可以理解为传感器所允许的动态相对误差值，通常为 5%，响应时间记为 $t_{0.05}$。

（3）延迟时间 t_d：输出 $y(t)$ 由零上升到稳态值 y_s 的一半时所需要的时间。

（4）上升时间 t_r：输出 $y(t)$ 由 $0.1y_s$ 上升到 $0.9y_s$ 时所需要的时间。

对于一阶传感器，时间常数是相当重要的指标，其他指标与它的关系是

$$t_{0.05} = 3T$$
$$t_d = 0.69T$$
$$t_r = 2.20T$$

显然时间常数越大，到达稳态的时间就越长，即相对动态误差就越大，传感器的动态特性就越差。因此，应当尽可能地减小时间常数，以减小动态测试误差。

2. 二阶传感器的时域响应特性及其动态性能指标

设某二阶传感器的传递函数为

$$G(s) = \frac{k\omega_n^2}{s^2 + 2\zeta\omega_n s + \omega_n^2} \quad (2.2.13)$$

式中 k、ω_n、ζ——传感器的静态增益，固有角频率（rad/s）和阻尼比。

当输入为单位阶跃时，传感器的输出为

$$Y(s) = \frac{k\omega_n^2}{s^2 + 2\zeta\omega_n s + \omega_n^2} \cdot \frac{1}{s} \quad (2.2.14)$$

二阶传感器动态性能指标与 ω_n、ζ 有关；同时归一化输出特性曲线与其阻尼比密切相关，如图 2.2.3 所示。下面分三种情况进行讨论。

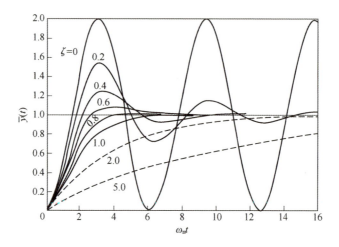

图 2.2.3 二阶传感器归一化阶跃响应曲线与阻尼比关系

（1）当 $\zeta > 1$ 时，传感器为过阻尼无振荡系统，其阶跃响应为

$$y(t) = k\left[\varepsilon(t) - \frac{(\zeta + \sqrt{\zeta^2-1})e^{(-\zeta+\sqrt{\zeta^2-1})\omega_n t}}{2\sqrt{\zeta^2-1}} + \frac{(\zeta - \sqrt{\zeta^2-1})e^{-(\zeta+\sqrt{\zeta^2-1})\omega_n t}}{2\sqrt{\zeta^2-1}}\right]$$

$$(2.2.15)$$

相对动态误差 $\xi(t)$ 为

$$\xi(t) = \left[-\frac{(\zeta + \sqrt{\zeta^2-1})e^{(-\zeta+\sqrt{\zeta^2-1})\omega_n t}}{2\sqrt{\zeta^2-1}} + \frac{(\zeta - \sqrt{\zeta^2-1})e^{-(\zeta+\sqrt{\zeta^2-1})\omega_n t}}{2\sqrt{\zeta^2-1}}\right] \times 100\%$$

$$(2.2.16)$$

考虑到 $\zeta>1$ 时传感器为过阻尼无振荡系统，因此由式（2.2.16）可以给出根据不同误差带 σ_T 对应的系统响应时间 t_s 的求解方程：

$$\sigma_T = \frac{(\zeta+\sqrt{\zeta^2-1})\,\mathrm{e}^{(-\zeta+\sqrt{\zeta^2-1})\omega_n t_s}}{2\sqrt{\zeta^2-1}} - \frac{(\zeta-\sqrt{\zeta^2-1})\,\mathrm{e}^{-(\zeta+\sqrt{\zeta^2-1})\omega_n t_s}}{2\sqrt{\zeta^2-1}} \quad (2.2.17)$$

而上升时间 t_r、延迟时间 t_d 可以近似写为

$$t_r = \frac{1+0.9\zeta+1.6\zeta^2}{\omega_n} \quad (2.2.18)$$

$$t_d = \frac{1+0.6\zeta+0.2\zeta^2}{\omega_n} \quad (2.2.19)$$

（2）当 $\zeta=1$ 时，传感器为临界阻尼无振荡系统，其阶跃响应为

$$y(t) = k\{\varepsilon(t) - (1+\omega_n t)\,\mathrm{e}^{-\omega_n t}\} \quad (2.2.20)$$

相对动态误差 $\xi(t)$ 为

$$\xi(t) = -(1+\omega_n t)\,\mathrm{e}^{-\omega_n t} \quad (2.2.21)$$

这时传感器的动态性能指标与 ω_n 有关，ω_n 越高，衰减越快。

考虑到 $\zeta=1$ 时传感器为临界阻尼无振荡系统，因此利用式（2.2.21）可以给出不同误差带 σ_T 对应的系统响应时间 t_s 的求解方程为

$$\sigma_T = (1+\omega_n t_s)\,\mathrm{e}^{-\omega_n t_s} \quad (2.2.22)$$

而上升时间 t_r、延迟时间 t_d 仍可以利用式（2.2.18）和式（2.2.19）近似计算（将 $\zeta=1$ 代入）。

（3）当 $0<\zeta<1$ 时，传感器为欠阻尼振荡系统，其归一化阶跃响应为

$$y(t) = k\left[\varepsilon(t) - \frac{1}{\sqrt{1-\zeta^2}}\mathrm{e}^{-\zeta\omega_n t}\cos(\omega_d t - \varphi)\right] \quad (2.2.23)$$

式中 ω_d——传感器的阻尼振荡角频率（rad/s），$\omega_d = \sqrt{1-\zeta^2}\,\omega_n$；其倒数的 2π 倍为阻尼振荡周期 $T_d = \dfrac{2\pi}{\omega_d}$；

φ——传感器的相位延迟，$\varphi = \arctan\left(\dfrac{\zeta}{\sqrt{1-\zeta^2}}\right)$。

这时，二阶传感器的响应以其稳态输出 $y_s = k$ 为平衡位置的衰减振荡曲线，其包络线为 $k\left(1-\dfrac{1}{\sqrt{1-\zeta^2}}\mathrm{e}^{-\zeta\omega_n t}\right)$ 和 $k\left(1+\dfrac{1}{\sqrt{1-\zeta^2}}\mathrm{e}^{-\zeta\omega_n t}\right)$，如图 2.2.4 所示。响应的振荡频率和衰减的快慢程度取决于 ω_n 和 ζ 的大小。

当 ζ 一定时，ω_n 越高，振荡角频率越高，衰减越快；当 ω_n 一定时，ζ 越

接近1，振荡角频率越低，振荡衰减部分前的系数 $\dfrac{1}{\sqrt{1-\zeta^2}}$ 也越大。这两个因素使衰减变缓。另一方面，$e^{-\zeta\omega_n t}$ 部分的衰减将加快，因此阻尼比对系统的影响比较复杂。

这时，二阶传感器的相对动态误差 $\xi(t)$ 为

$$\xi(t) = -\dfrac{1}{\sqrt{1-\zeta^2}} e^{-\zeta\omega_n t} \cos(\omega_d t - \varphi) \times 100\% \qquad (2.2.24)$$

为便于计算，相对误差的大小可以用其包络线来限定（这是较为保守的做法），即

$$|\xi(t)| \leq \dfrac{1}{\sqrt{1-\zeta^2}} e^{-\zeta\omega_n t} \qquad (2.2.25)$$

图2.2.4给出了衰减振荡二阶传感器的阶跃响应包络线和有关指标示意图。

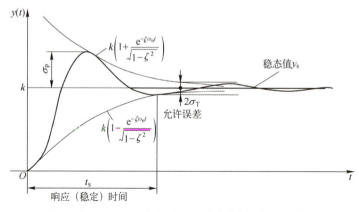

图2.2.4　二阶传感器阶跃响应包络线及指标

当 $0<\zeta<1$ 时，二阶传感器的响应过程有振荡，首先讨论一些衡量振荡的动态性能指标。

① 振荡次数 N：相对振荡误差曲线 $\xi(t)$ 的幅值超过允许误差限 σ 的次数。

② 峰值时间 t_P 和超调量 σ_P：动态误差曲线由起始点到达第一个振荡幅值点的时间间隔 t_P 称为"峰值时间"。动态误差曲线的幅值随时间的变化率为零时将出现峰值，即

$$\frac{d\xi(t)}{dt}=0 \qquad (2.2.26)$$

利用式（2.2.24）和式（2.2.26）可得

$$\sin(\omega_d t)=0 \qquad (2.2.27)$$

于是 t_P 满足

$$\omega_d t_P = \pi \qquad (2.2.28)$$

即

$$t_P = \frac{\pi}{\omega_d} = \frac{\pi}{\omega_n\sqrt{1-\zeta^2}} = \frac{T_d}{2} \qquad (2.2.29)$$

这表明峰值时间为阻尼振荡周期 T_d 的一半。

超调量是指峰值时间对应的相对动态误差值，即

$$\sigma_P = \frac{1}{\sqrt{1-\zeta^2}} e^{-\zeta\omega_n t_P} \cos(\omega_d t_P - \varphi) \times 100\% = e^{-\frac{\pi\zeta}{\sqrt{1-\zeta^2}}} \times 100\% \qquad (2.2.30)$$

图 2.2.5 给出了超调量 σ_P 与阻尼比 ζ 的近似关系曲线。ζ 越小，σ_P 越大。在实际传感器中，往往可以根据所允许的相对误差 σ_T 为系统的超调量 σ_P 的原则，来选择传感器应具有的阻尼比 ζ，并称这时的阻尼比为"时域最佳阻尼比"，用 $\zeta_{\text{best},\sigma_P}$ 表示。表 2.2.1 给出了 $\zeta_{\text{best},\sigma_P}$ 与 σ_P 的关系。可以看出：所允许的相对动态误差 σ_P 越小，时域最佳阻尼比越大。

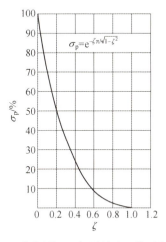

▼ 图 2.2.5 超调量 σ_P 与阻尼比 ζ 的近似关系曲线

表 2.2.1　二阶传感器阶跃响应允许相对动态误差 σ_P 与时域最佳阻尼比 ζ_{best,σ_p} 的关系

$\sigma_P(\times 0.01)$	ζ_{best,σ_p}	$\sigma_P(\times 0.01)$	ζ_{best,σ_p}	$\sigma_P(\times 0.01)$	ζ_{best,σ_p}	$\sigma_P(\times 0.01)$	ζ_{best,σ_p}
0.1	0.910	1.5	0.801	4.0	0.716	8.0	0.627
0.2	0.892	2.0	0.780	4.5	0.703	9.0	0.608
0.3	0.880	2.5	0.762	5.0	0.690	10.0	0.591
0.5	0.860	3.0	0.745	6.0	0.667	12.0	0.559
1.0	0.826	3.5	0.730	7.0	0.646	15.0	0.517

③ 振荡衰减率 d。是指相对动态误差曲线相邻两个阻尼振荡周期 T_d 的两个峰值 $\xi(t)$ 和 $\xi(t+T_d)$ 之比，如图 2.2.6 所示。

$$d = \frac{\xi(t)}{\xi(t+T_d)} = \frac{e^{-\zeta\omega_n t}}{e^{-\zeta\omega_n(t+T_d)}} = e^{\zeta\omega_n T_d} = e^{\frac{2\pi\zeta}{\sqrt{1-\zeta^2}}} \quad (2.2.31)$$

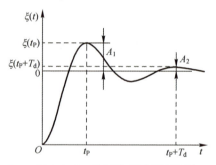

图 2.2.6　求振荡衰减率示意图

或用对数衰减率 D 描述，即

$$D = \ln d = \frac{2\pi\zeta}{\sqrt{1-\zeta^2}} \quad (2.2.32)$$

下面考虑响应时间，可以分两种情况讨论。

当超调量 $\sigma_P > \sigma_T$ 时，可以基于式（2.2.25）确定不同误差带 σ_T 对应的传感器的响应时间 t_s，即由式（2.2.33）求解：

$$\sigma_T = \frac{1}{\sqrt{1-\zeta^2}} e^{-\zeta\omega_n t_s} \quad (2.2.33)$$

即

$$t_s = \frac{-\ln(\sigma_T\sqrt{1-\zeta^2})}{\zeta\omega_n} \quad (2.2.34)$$

而当超调量 $\sigma_P \leqslant \sigma_T$ 时，应当直接基于式（2.2.24）确定不同误差带 σ_T 对应的传感器的响应时间 t_s，即由式（2.2.35）求解：

$$\sigma_T = \frac{1}{\sqrt{1-\zeta^2}} e^{-\zeta\omega_n t} \cos\left[\sqrt{1-\zeta^2}\,\omega_n t - \arctan\left(\frac{\zeta}{\sqrt{1-\zeta^2}}\right)\right] \quad (2.2.35)$$

而对于上升时间 t_r、延迟时间 t_d，可以近似写为

$$t_r = \frac{0.5 + 2.3\zeta}{\omega_n} \quad (2.2.36)$$

$$t_d = \frac{1 + 0.7\zeta}{\omega_n} \quad (2.2.37)$$

2.2.2 频域动态性能指标

当被测量为正弦函数时

$$x(t) = \sin\omega t \quad (2.2.38)$$

要求传感器能对此信号进行无失真、无延迟测量，使其输出为

$$y(t) = k \times \sin\omega t \quad (2.2.39)$$

式中 k——传感器的静态增益。

对于实际传感器不可能做到这一点，传感器的稳态输出响应曲线为

$$y(t) = k \times A(\omega) \sin[\omega t + \varphi(\omega)] \quad (2.2.40)$$

式中 $A(\omega)$、$\varphi(\omega)$——传感器的归一化幅值频率特性和相位频率特性。

为了评估传感器的频域动态性能指标，常就 $A(\omega)$ 和 $\varphi(\omega)$ 进行研究。

1. 一阶传感器的频域响应特性及其动态性能指标

设某一阶传感器的传递函数为

$$G(s) = \frac{k}{Ts+1}$$

其归一化幅值增益和相位特性分别为

$$A(\omega) = \frac{1}{\sqrt{(T\omega)^2 + 1}} \quad (2.2.41)$$

$$\varphi(\omega) = -\arctan T\omega \quad (2.2.42)$$

一阶传感器归一化幅值增益 $A(\omega)$ 与所希望的无失真的归一化幅值增益 $A(0)$ 的误差为

$$\Delta A(\omega) = A(\omega) - A(0) = \frac{1}{\sqrt{(T\omega)^2 + 1}} - 1 \quad (2.2.43)$$

一阶传感器相位差 $\varphi(\omega)$ 与所希望的无失真相位差 $\varphi(0)$ 的误差为

$$\Delta\varphi(\omega) = \varphi(\omega) - \varphi(0) = -\arctan T\omega \quad (2.2.44)$$

图 2.2.7 给出了一阶传感器的归一化幅频特性和相频特性曲线。输入被测量的角频率 ω 变化时,传感器的稳态响应的幅值增益和相位特性随之而变。当 $\omega=0$ 时,归一化幅值增益 $A(0)$ 最大,为 1,幅值误差 $\Delta A(0)=0$,相位差 $\varphi(0)=0$,相位误差 $\Delta\varphi(\omega)=0$,即传感器的输出信号并不衰减。当 ω 增大时,归一化幅值增益逐渐减小,相位差由零变负,绝对值逐渐增大。这表明传感器输出信号的幅值衰减增强,相位误差增大。特别当 $\omega\to\infty$ 时,幅值增益逐渐衰减到零,相位误差达到最大,为 $-\dfrac{\pi}{2}$。

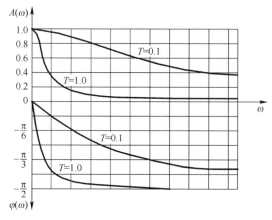

▼ 图 2.2.7 一阶传感器的归一化幅频特性和相频特性曲线

从上述分析可知:一阶传感器对于正弦周期输入信号的响应与输入信号的频率密切相关。当频率较低时,传感器的输出能够在幅值和相位上较好地跟踪输入量;当频率较高时,传感器的输出很难在幅值和相位上跟踪输入量,而出现较大的幅值衰减和相位延迟。因此就必须对输入信号的工作频率范围加以限制。

对于一阶传感器,除了幅值增益误差和相位误差以外,其动态性能指标有通频带和工作频带。

(1) 通频带 ω_B:幅值增益的对数特性衰减 3dB 处所对应的频率范围。由式 (2.2.41) 可得

$$-20\lg\left[\sqrt{(T\omega_B)^2+1}\right] = -3$$

$$\omega_B = \frac{1}{T} \quad (2.2.45)$$

（2）工作频带 ω_g：归一化幅值误差小于所规定的允许误差 σ_F 时，幅频特性曲线所对应的频率范围。

$$|\Delta A(\omega)| \leq \sigma_F \tag{2.2.46}$$

由式（2.2.43）以及一阶传感器幅值增益随角频率 ω 单调变化的规律，可得

$$1-\frac{1}{\sqrt{(T\omega_g)^2+1}} \leq \sigma_F$$

$$\omega_g = \frac{1}{T}\sqrt{\frac{1}{(1-\sigma_F)^2}-1} \tag{2.2.47}$$

式（2.2.47）表明：提高一阶传感器的工作频带的有效途径是减小其时间常数。

2. 二阶传感器的频域响应特性及其动态性能指标

设某二阶传感器的传递函数为

$$G(s) = \frac{k\omega_n^2}{s^2+2\zeta\omega_n s+\omega_n^2}$$

其归一化幅值增益和相位特性分别为

$$A(\omega) = \frac{1}{\sqrt{\left[1-\left(\frac{\omega}{\omega_n}\right)^2\right]^2+\left(2\zeta\frac{\omega}{\omega_n}\right)^2}} \tag{2.2.48}$$

$$\varphi(\omega) = \begin{cases} -\arctan\dfrac{2\zeta\dfrac{\omega}{\omega_n}}{1-\left(\dfrac{\omega}{\omega_n}\right)^2} & \omega \leq \omega_n \\ -\pi+\arctan\dfrac{2\zeta\dfrac{\omega}{\omega_n}}{\left(\dfrac{\omega}{\omega_n}\right)^2-1} & \omega > \omega_n \end{cases} \tag{2.2.49}$$

二阶传感器归一化幅值增益 $A(\omega)$ 与所希望的无失真的归一化幅值增益 $A(0)$ 的误差为

$$\Delta A(\omega) = A(\omega)-A(0) = \frac{1}{\sqrt{\left[1-\left(\frac{\omega}{\omega_n}\right)^2\right]^2+\left(2\zeta\frac{\omega}{\omega_n}\right)^2}}-1 \tag{2.2.50}$$

二阶传感器相位差 $\varphi(\omega)$ 与所希望的无失真的相位差 $\varphi(0)$ 的误差为

$$\Delta\varphi(\omega)=\varphi(\omega)-\varphi(0)=\begin{cases}-\arctan\dfrac{2\zeta\dfrac{\omega}{\omega_n}}{1-\left(\dfrac{\omega}{\omega_n}\right)^2} & \omega\leqslant\omega_n \\ -\pi+\arctan\dfrac{2\zeta\dfrac{\omega}{\omega_n}}{\left(\dfrac{\omega}{\omega_n}\right)^2-1} & \omega>\omega_n\end{cases} \quad (2.2.51)$$

图 2.2.8 给出了二阶传感器的幅频特性和相频特性曲线。输入被测量角频率 ω 变化时，传感器稳态响应的幅值增益和相位特性随之而变，且变化规律与阻尼比密切相关。由图 2.2.8 看出：

（1）当 $\omega=0$ 时，相对幅值误差 $\Delta A(\omega)=0$，相位误差 $\Delta\varphi(0)=0$，即传感器的输出信号不失真、不衰减；

（2）当 $\omega=\omega_n$ 时，相对幅值误差 $\Delta A(\omega)=\dfrac{1}{2\zeta}-1$，相位误差 $\Delta\varphi(\omega_n)=-\dfrac{\pi}{2}$；

（3）当 $\omega\to\infty$ 时，幅值增益衰减到零，相对幅值误差 $\Delta A(\omega)\to-1$，相位延迟达到最大，为 $-\pi$；

（4）幅频特性曲线是否出现峰值取决于传感器所具有的阻尼比 ζ 的大小，依 $\dfrac{\mathrm{d}A(\omega)}{\mathrm{d}\omega}=0$，可得

$$\omega_r=\omega_n\sqrt{1-2\zeta^2} \quad (2.2.52)$$

由式（2.2.52）可知：当阻尼比在 $0\leqslant\zeta<\dfrac{1}{\sqrt{2}}$ 时，幅频特性曲线才出现峰值，这时 ω_r 称为传感器的谐振角频率。谐振角频率 ω_r 对应的谐振峰值为

$$A_{\max}=A(\omega_r)=\dfrac{1}{2\zeta\sqrt{1-\zeta^2}} \quad (2.2.53)$$

相应的相角为

$$\varphi(\omega_r)=-\arctan\dfrac{\sqrt{1-2\zeta^2}}{2\zeta}\geqslant-\dfrac{\pi}{2} \quad (2.2.54)$$

从上述分析可知：二阶传感器对于正弦周期输入信号的响应，与输入信号的频率、传感器的固有频率以及阻尼比密切相关。

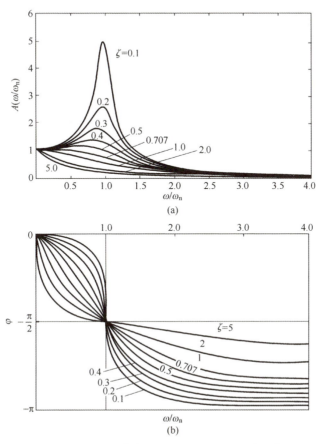

图 2.2.8 二阶传感器的幅频特性和相频特性曲线

对于二阶传感器,由于幅值增益有时会产生峰值,而且其峰值可能比较大,故二阶传感器的通频带的实际意义并不是很重要;相对而言,工作频带更确切、更有意义。

下面讨论二阶传感器的阻尼比 ζ 和固有角频率 ω_n 对其工作频带 ω_g 的影响情况。

(1) 阻尼比 ζ 的影响。

二阶传感器的固有角频率 ω_n 不变时,阻尼比 ζ 对其动态特性的影响非常大。图 2.2.9 给出了具有相同固有角频率 ω_n 而阻尼比不同,在允许的相对幅值误差不超过 σ_F 时,所对应的工作频带各不相同的示意。

由图 2.2.9 可以看出,对于相同的允许误差 σ_F,必定有一个使二阶传感器获得最大工作频带的阻尼比,称为"频域最佳阻尼比",以 $\zeta_{\text{best},\sigma_F}$ 表示。由

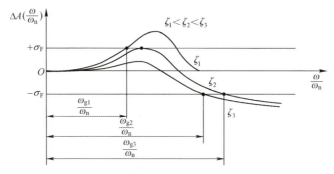

▼ 图 2.2.9 二阶传感器的阻尼比与工作频带的关系

图 2.2.8 所示的分析,$\zeta_{\text{best},\sigma_F} < \dfrac{1}{\sqrt{2}}$,即这时的二阶传感器的幅值特性曲线一定有峰值。

由该阻尼比所得的归一化幅值特性应具有峰值,且峰值为 $1+\sigma_F$。由式 (2.2.48) 可得

$$A_{\max} = A(\omega_r) = \dfrac{1}{2\zeta_{\text{best},\sigma_F}\sqrt{1-\zeta_{\text{best},\sigma_F}^2}} = 1+\sigma_F$$

即

$$\zeta_{\text{best},\sigma_F} = \sqrt{\dfrac{1}{2} - \sqrt{\dfrac{\sigma_F(2+\sigma_F)}{4(1+\sigma_F)^2}}} \approx \sqrt{\dfrac{1}{2} - \sqrt{\dfrac{\sigma_F}{2}}} \quad (2.2.55)$$

再根据最大工作频带 $\omega_{g\max}$ 应满足

$$A(\omega_{g\max}) = \dfrac{1}{\sqrt{\left[1-\left(\dfrac{\omega_{g\max}}{\omega_n}\right)^2\right]^2 + \left(2\zeta_{\text{best},\sigma_F}\dfrac{\omega_{g\max}}{\omega_n}\right)^2}} = 1-\sigma_F$$

可得

$$\dfrac{\omega_{g\max}}{\omega_n} = \sqrt{\sqrt{2\sigma_F} + \sqrt{\dfrac{\sigma_F(4-5\sigma_F+2\sigma_F^2)}{1-\sigma_F}}} \approx \sqrt{\sqrt{2\sigma_F} + \sqrt{4\sigma_F}} \approx 1.848\sqrt[4]{\sigma_F}$$

$$(2.2.56)$$

由式 (2.2.55) 和式 (2.2.56) 可知:二阶传感器所允许相对幅值误差 σ_F 增大时,其最佳的阻尼比随之减小,而最大工作频带随之增宽。表 2.2.2 给出了它们分别由式 (2.2.55) 和式 (2.2.56) 计算得到不同允许相对幅值误差 σ_F 所对应的频域最佳阻尼比 $\zeta_{\text{best},\sigma_F}$ 和二阶传感器的最大工作频带 $\omega_{g\max}$ 相

对于固有角频率 ω_n 的值 $\dfrac{\omega_{gmax}}{\omega_n}$。

表 2.2.2　二阶传感器不同的允许相对动态误差 σ_F 值下频域最佳阻尼比 ζ_{best,σ_F} 和 ω_{gmax}/ω_n

$\sigma_F(\times 0.01)$	ζ_{best,σ_F}	ω_{gmax}/ω_n	$\sigma_F(\times 0.01)$	ζ_{best,σ_F}	ω_{gmax}/ω_n	$\sigma_F(\times 0.01)$	ζ_{best,σ_F}	ω_{gmax}/ω_n
0	0.707	0	2.0	0.634	0.695	8.0	0.558	0.983
0.1	0.691	0.329	2.5	0.625	0.735	9.0	0.549	1.012
0.2	0.684	0.391	3.0	0.617	0.769	10.0	0.540	1.039
0.3	0.679	0.432	3.5	0.609	0.779	11.0	0.532	1.064
0.4	0.675	0.465	4.0	0.602	0.826	12.0	0.524	1.088
0.5	0.671	0.491	5.0	0.590	0.874	13.0	0.517	1.110
1.0	0.656	0.584	6.0	0.578	0.915	14.0	0.510	1.120
1.5	0.644	0.647	7.0	0.568	0.951	15.0	0.476	1.150

最大工作频带对应的相角误差为

$$\Delta\varphi(\omega_{gmax})=\begin{cases} -\arctan\dfrac{1+2\zeta_{best,\sigma_F}\cdot\dfrac{\omega_{gmax}}{\omega_n}}{1-\left(\dfrac{\omega_{gmax}}{\omega_n}\right)^2}\geqslant -\dfrac{\pi}{2} & (\omega_{gmax}\leqslant\omega_n) \\ \\ -\pi+\arctan\dfrac{1+2\zeta_{best,\sigma_F}\cdot\dfrac{\omega_{gmax}}{\omega_n}}{\left(\dfrac{\omega_{gmax}}{\omega_n}\right)^2-1}<-\dfrac{\pi}{2} & (\omega_{gmax}>\omega_n) \end{cases} \quad (2.2.57)$$

利用式（2.2.52）、式（2.2.53）和式（2.2.54），可得

$$\Delta\varphi(\omega_{gmax})=\begin{cases} -\arctan\dfrac{1+3.696\sqrt{\dfrac{1}{2}-\sqrt{\dfrac{\sigma_F}{2}}}\cdot\sqrt[4]{\sigma_F}}{1-3.414\sqrt{\sigma_F}} & (\sigma_F\leqslant 0.0858) \\ \\ -\pi+\arctan\dfrac{1+3.696\sqrt{\dfrac{1}{2}-\sqrt{\dfrac{\sigma_F}{2}}}\cdot\sqrt[4]{\sigma_F}}{3.414\sqrt{\sigma_F}-1} & (\sigma_F>0.0858) \end{cases}$$

$$(2.2.58)$$

这表明：当二阶传感器所允许的相对动态误差 $\sigma_F \leq 0.0858$ 时，其最大工作频带 ω_{gmax} 要比其固有角频率小，介于系统的谐振角频率和固有角频率之间，即 $\omega_n \geq \omega_{gmax} \geq \omega_r$；而当所允许的相对动态误差 $\sigma_F > 0.0858$ 时，传感器的最大工作频带 ω_{gmax} 要比其固有角频率大，即 $\omega_{gmax} \geq \omega_n > \omega_r$。

（2）固有角频率 ω_n 的影响。

当二阶传感器的阻尼比 ζ 不变时，固有频率 ω_n 越高，频带就越宽，如图 2.2.10 所示。事实上，这一结论由上面的分析也能反映出来，见式（2.2.56）。

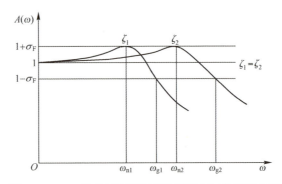

图 2.2.10　二阶传感器的固有角频率与工作频带的关系

2.3　传感器动态特性测试与动态模型建立

2.3.1　传感器动态标定

本节通过对传感器进行动态标定，建立传感器动态模型，进而研究、分析传感器的动态特性。对传感器进行动态标定的过程要比静态标定的过程复杂得多，而且目前也没有统一的方法。本书仅针对一般意义的动态标定过程，就传感器典型输入下的动态响应过程获取一阶或二阶传感器的动态模型进行讨论。

在时域，主要针对传感器在阶跃输入、回零过渡过程和脉冲输入下的瞬态响应进行分析；而在频域，则主要针对传感器在正弦输入下的稳态响应的幅值增益和相位差进行分析。通过上述传感器在时域或频域的典型响应就可以分析、获取传感器的有关动态性能指标。

对传感器进行动态标定，除了获取传感器的动态模型、动态性能指标，还有一个重要的目的，就是当传感器的动态性能不满足动态测试需求时，确定一个动态补偿环节的模型，以改善传感器的动态性能指标。

本节将重点讨论传感器是如何根据典型的实际动态输出响应来确定传感器的动态模型的；而对于传感器动态特性补偿的有关问题本书不作详细讨论，而是通过一个典型应用实例进行说明。

为了对实际的传感器进行动态标定，获取传感器在典型输入下的动态响应，必须要有合适的动态测试设备，包括合适的典型输入信号发生器、动态信号记录设备和数据采集处理系统。由于动态测试设备与实际的被标定的测量系统是连接在一起的，因此实际的输出响应包含了动态传感器和被标定的传感器响应。为了减少动态传感器对实际输出的影响，必须考虑如何选择动态测试设备。

通常为了获得较高准确度的动态测试数据，就要求动态测试设备中的所有影响动态测试过程的环节，如典型输入信号发生器、动态信号记录设备和数据采集处理系统等具有很宽的频带。例如典型信号发生器要能够产生较为理想的动态输入信号，如果要获得时域的脉冲响应，就必须保证输入能量足够大，且脉冲宽度尽可能的窄。如果要获得频域的幅值频率特性和相位频率特性，就必须保证输入信号是不失真的正弦周期信号，而不能有其他谐波信号。

对于动态信号记录设备，工作频带要足够宽，应大于被标定传感器输出响应中最高次的谐波的频率。但这一点在实际传感器系统中很难满足，因此实际动态标定中，常选择记录设备的固有角频率不低于动态传感器的固有角频率的 3~5 倍，或记录设备的工作角频率不低于被标定测试设备固有角频率的 2~3 倍，即

$$\begin{cases} \Omega_n \geqslant (3\sim5)\omega_n \\ \Omega_g \geqslant (2\sim3)\omega_n \end{cases} \tag{2.3.1}$$

式中　Ω_n、Ω_g——记录设备的固有角频率（rad/s）和工作频率（rad/s）；

ω_n——被标定传感器的固有角频率（rad/s）。

对于信号采集系统来说，为了减少其对传感器输出响应的影响，其采样频率或周期应按下式选择，即

$$f_s \geqslant 10 f_n \tag{2.3.2}$$

$$T_s \leqslant 0.1 T_n \tag{2.3.3}$$

式中 f_s、T_s——数据采集处理系统的采样频率（Hz）和周期（s）；

f_n、T_n——被标定传感器的固有频率（Hz）和周期（s）。

利用式（2.2.23），结合式（2.3.2）和式（2.3.3）给出的条件可以得出，对于二阶传感器，当其阻尼比较小时，传感器的输出响应相当于在一个衰减振荡周期内采集 10 个以上的数据；当阻尼比为 0.7 时，相当于在一个衰减振荡周期内采集 14 个以上的数据。

在动态测试过程中，为了减少干扰的影响，还应正确连接测试电路的地线和加强输入信号的强度，并适当对输出响应信号进行滤波处理。

2.3.2 由实验阶跃响应曲线获取传感器传递函数的回归分析法

对于一阶传感器来说，在阶跃输入作用下，传感器的输出响应是非周期型的。对于二阶传感器来说，在阶跃输入作用下，当阻尼比 $\zeta \geqslant 1$ 时，传感器的输出响应是非周期型的；而当 $0<\zeta<1$ 时，传感器的输出响应为衰减振荡。下面分别讨论。

1. 由非周期型阶跃响应过渡过程曲线求一阶或二阶传感器的传递函数的回归分析

（1）一阶传感器。典型一阶传感器的传递函数为

$$G(s) = \frac{k}{Ts+1}$$

传感器的阶跃响应过渡过程曲线如图 2.2.1 所示。因此，当实际的阶跃过渡过程曲线与图 2.2.1 相似时，就可以近似地认为传感器是一阶的。

由上式知：k 为传感器的静态增益，可以由静态标定获得。因此只要根据实验过渡过程曲线求出时间常数 T，就可以获得传感器的动态数学模型。

对于一阶传感器，其归一化的阶跃过渡过程为

$$y_n(t) = 1 - e^{-\frac{t}{T}} \quad (2.3.4)$$

归一化的回零过渡过程为

$$y_n(t) = e^{-\frac{t}{T}} \quad (2.3.5)$$

利用式（2.3.4）可得

$$e^{-\frac{t}{T}} = 1 - y_n(t)$$

$$-\frac{t}{T} = \ln[1 - y_n(t)]$$

取 $Y = \ln[1 - y_n(t)]$，$A = -\frac{1}{T}$，则上式可以转换为

$$Y = At \tag{2.3.6}$$

对于回零过渡过程，由式（2.3.5）可得

$$-\frac{t}{T} = \ln[y_n(t)]$$

取 $Y = \ln[y_n(t)]$，$A = -\frac{1}{T}$，则上式也可以转换为式（2.3.6）。

因此，通过求解由式（2.3.6）描述的线性特性方程，进而求解回归直线的斜率 $A\left(=-\frac{1}{T}\right)$，就可以获得回归传递函数。

将所得到的 T 代入式（2.3.4）或式（2.3.5）可以计算出 $y_n(t)$，然后与实验所得到的过渡过程曲线进行比较，检查回归效果。

（2）二阶传感器。当阻尼比 $\zeta \geqslant 1$ 时，典型二阶传感器的传递函数为

$$G(s) = \frac{k\omega_n^2}{s^2 + 2\zeta\omega_n s + \omega_n^2}$$

或

$$G(s) = \frac{k}{(T_1 s + 1)(T_2 s + 1)} = \frac{k p_1 p_2}{[s-(-p_1)][s-(-p_2)]} \tag{2.3.7}$$

式中　$-p_1$、$-p_2$——特征方程式中的两个负实根，与 T_1 和 T_2，以及 ω_n 和 ζ 的关系是

$$\begin{cases} p_1 = \dfrac{1}{T_1}, \quad p_2 = \dfrac{1}{T_2} \\ p_1 = \omega_n(\zeta - \sqrt{\zeta^2 - 1}) \\ p_2 = \omega_n(\zeta + \sqrt{\zeta^2 - 1}) \end{cases} \tag{2.3.8}$$

二阶传感器阶跃过渡过程曲线如图 2.2.3 所示。

① 当 $\zeta = 1$ 时，$p_1 = p_2 = \omega_n$，特征方程有两个相等的根。归一化单位阶跃响应为

$$y_n(t) = 1 - (1 + \omega_n t) e^{-\omega_n t} \tag{2.3.9}$$

归一化的回零过渡过程为

$$y_n(t) = (1 + \omega_n t) e^{-\omega_n t} \tag{2.3.10}$$

当 $t = \dfrac{1}{\omega_n}$ 时，由式（2.3.9）有

$$y_n\left(t = \frac{1}{\omega_n}\right) = 1 - 2e^{-1} \approx 0.264 \tag{2.3.11}$$

由式（2.3.10）有

$$y_n\left(t=\frac{1}{\omega_n}\right)=2\mathrm{e}^{-1}\approx 0.736 \tag{2.3.12}$$

基于上述分析，对于归一化单位阶跃响应曲线，$y_n(t)\approx 0.264$ 处的时间 $t_{0.264}$ 的倒数就是传感器近似的固有频率；对于归一化回零过渡过程曲线，$y_n(t)\approx 0.736$ 处的时间 $t_{0.736}$ 的倒数就是传感器近似的固有频率。

② 当 $\zeta>1$ 时，归一化单位阶跃响应为

$$y_n(t)=1+C_1\mathrm{e}^{-p_1 t}+C_2\mathrm{e}^{-p_2 t}=$$

$$1-\frac{(\zeta+\sqrt{\zeta^2-1})\mathrm{e}^{(-\zeta+\sqrt{\zeta^2-1})\omega_n t}}{2\sqrt{\zeta^2-1}}+\frac{(\zeta-\sqrt{\zeta^2-1})\mathrm{e}^{-(\zeta+\sqrt{\zeta^2-1})\omega_n t}}{2\sqrt{\zeta^2-1}} \tag{2.3.13}$$

由于这时传感器系统有两个负实根，而且一个的绝对值相对较小，$p_1=\omega_n(\zeta-\sqrt{\zeta^2-1})$；另一个的绝对值相对较大，$p_2=\omega_n(\zeta+\sqrt{\zeta^2-1})$。例如，当 $\zeta=1.5$ 时，$p_2/p_1\approx 6.85$。这样经过一段时间后，过渡过程中只有稳态值和 $p_1=\omega_n(\zeta-\sqrt{\zeta^2-1})$ 对应的暂态分量 $C_1\mathrm{e}^{-p_1 t}$。因此这时的二阶传感器阶跃响应与一阶传感器的阶跃响应相类似，即经过一段时间后，有

$$y_n(t)\approx 1+C_1\mathrm{e}^{-p_1 t}=1-\frac{(\zeta+\sqrt{\zeta^2-1})\mathrm{e}^{(-\zeta+\sqrt{\zeta^2-1})\omega_n t}}{2\sqrt{\zeta^2-1}} \tag{2.3.14}$$

当利用实际测试数据的后半段时，处理过程同一阶传感器传感器。这样可以求出系数 C_1 和 p_1。

再利用初始条件，即 $t=0$ 时，$y_n(t)=0$，$\dfrac{\mathrm{d}y_n(t)}{\mathrm{d}t}=0$，可得方程组

$$\begin{cases}1+C_1+C_2=0\\ C_1 p_1+C_2 p_2=0\end{cases} \tag{2.3.15}$$

由式（2.3.15）可得

$$\begin{cases}C_2=-1-C_1\\ p_2=\dfrac{C_1 p_1}{1+C_1}\end{cases} \tag{2.3.16}$$

对于 $\zeta>1$ 时的归一化回零过渡过程，其后半段有

$$y_n(t)\approx C_1\mathrm{e}^{-p_1 t}=-\frac{(\zeta+\sqrt{\zeta^2-1})\mathrm{e}^{(-\zeta+\sqrt{\zeta^2-1})\omega_n t}}{2\sqrt{\zeta^2-1}} \tag{2.3.17}$$

类似于一阶传感器的处理方式，可以得到 C_1,p_1；再利用初始条件，$t=0$

时，$y_n(t) = y_{n0}$，$\dfrac{dy_n(t)}{dt} = 0$，可得

$$\begin{cases} C_2 = y_{n0} - C_1 \\ p_2 = -\dfrac{C_1 p_1}{y_{n0} - C_1} \end{cases} \quad (2.3.18)$$

将所得到的 C_1、C_2、p_1、p_2 代入式（2.3.14）或式（2.3.17），可以计算出 $y_n(t)$，与实验所得到的相应的过渡过程曲线进行比较，检查回归效果。

2. 由衰减振荡型阶跃响应过渡过程曲线求二阶传感器的传递函数的回归分析

当实测得到的阶跃响应的过渡过程曲线为衰减振荡型时，其动态模型可以利用衰减振荡型的二阶传感器来回归。

振荡二阶传感器的归一化阶跃响应为

$$y(t) = 1 - \dfrac{1}{\sqrt{1-\zeta^2}} e^{-\zeta\omega_n t} \cos(\omega_d t - \varphi)$$

不同的阻尼比对应的阶跃响应差别比较大，下面根据不同情况进行讨论。

（1）阻尼比较小、振荡次数较多，如图 2.3.1（a）所示。这时实验曲线提供的信息比较多。因此可以用 A_1、A_2、T_d、t_r、t_P 来回归，可用下面任何一组来确定 ω_n 和 ζ。

第一组：利用 A_1、A_2 和 T_d。

在输出响应曲线上可量出 A_1、A_2 和振荡周期 T_d，根据衰减率 d 和动态衰减率 D 与 A_1、A_2 和 T_d 的关系，即

$$d = \dfrac{A_1}{A_2} = e^{\zeta \omega_n T_d} = e^{\dfrac{2\pi\zeta}{\sqrt{1-\zeta^2}}}$$

$$D = \ln d = \dfrac{2\pi\zeta}{\sqrt{1-\zeta^2}}$$

可以得到阻尼比 ζ，再根据振荡角频率与固有角频率的关系，即

$$\omega_d = \sqrt{1-\zeta^2}\, \omega_n$$

可以得到固有频率 ω_n。

第二组：利用 A_1 和 t_P。

利用超调量 A_1，峰值时间 t_P 与 ω_n 和 ζ 的关系，即

$$\sigma_P = A_1 = e^{-\dfrac{\pi\zeta}{\sqrt{1-\zeta^2}}}$$

$$t_P = \dfrac{\pi}{\omega_d} = \dfrac{\pi}{\omega_n \sqrt{1-\zeta^2}} = \dfrac{T_d}{2}$$

可以得到固有角频率 ω_n 和阻尼比 ζ。

第三组：利用 t_P 和 t_r。

利用峰值时间 t_P、上升时间 t_r 与 ω_n 和 ζ 的关系

$$t_P = \frac{\pi}{\omega_d} = \frac{\pi}{\omega_n\sqrt{1-\zeta^2}} = \frac{T_d}{2}$$

$$t_r = \frac{1+0.9\zeta+1.6\zeta^2}{\omega_n}$$

可以得到固有即频率 ω_n 和阻尼比 ζ。

（2）振荡次数 $0.5<N<1$，如图 2.3.1（b）所示。

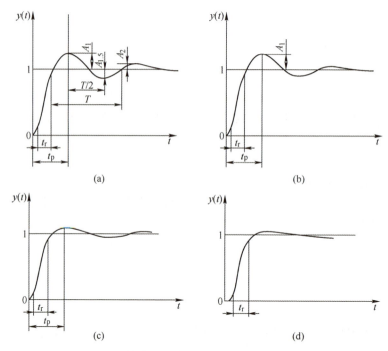

图 2.3.1 二阶传感器在单位阶跃作用下的衰减振荡响应曲线

只要在衰减振荡响应曲线上量出峰值 A_1、上升时间 t_r 和峰值时间 t_P，用上述第二组或第三组的方法可以求得 ω_n 和 ζ。

（3）振荡次数 $N \leq 0.5$，如图 2.3.1（c）所示。

这时峰值 A_1 测不准，但上升时间 t_r 和峰值时间 t_P 仍然可以准确量出，因此可以利用上述第三组的方法求得 ω_n 和 ζ。

(4) 超调很小的情况,如图 2.3.1（d）所示。

这时只能准确量出上升时间 t_r。此时阻尼比在 0.8~1.0 之间。利用式

$$t_r = \frac{1+0.9\zeta+1.6\zeta^2}{\omega_n}$$

在 0.8~1.0 之间初选阻尼比,计算 ω_n,然后利用其他信息检验回归效果。

2.3.3 由实验频率特性获取传感器传递函数的回归法

许多传感器的动态标定可以在频域进行,即通过传感器的频率特性来获取其动态性能指标。下面主要讨论如何利用传感器的幅频特性曲线获得传感器的传递函数。

1. 一阶传感器

典型的一阶传感器的传递函数为

$$G(s) = \frac{k}{Ts+1}$$

其归一化幅值频率特性为

$$A(\omega) = \frac{1}{\sqrt{(T\omega)^2+1}} \quad (2.3.19)$$

图 2.3.2 为一阶传感器幅频特性曲线示意图。$A(\omega)$ 取 0.707、0.900 和 0.950 时的角频率分别记为 $\omega_{0.707}$、$\omega_{0.900}$ 和 $\omega_{0.950}$,由式（2.3.19）可得

$$\begin{cases} \omega_{0.707} = \dfrac{1}{T} \\ \omega_{0.900} = \dfrac{0.484}{T} \\ \omega_{0.950} = \dfrac{0.329}{T} \end{cases} \quad (2.3.20)$$

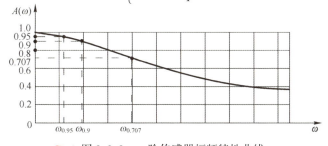

图 2.3.2 一阶传感器幅频特性曲线

一种比较实用的方法是利用 $\omega_{0.707}$、$\omega_{0.900}$ 和 $\omega_{0.950}$ 来回归一阶传感器的时间常数 T，即

$$T = \frac{1}{3}\left(\frac{1}{\omega_{0.707}} + \frac{0.484}{\omega_{0.900}} + \frac{0.329}{\omega_{0.950}}\right) \qquad (2.3.21)$$

当然也可以利用其他数据处理的方法，例如最小二乘法来回归。得到传感器的模型参数后，将利用式（2.3.19）得到的计算值与实验值进行比较，检查回归效果。

2. 二阶传感器

典型的二阶传感器的传递函数为

$$G(s) = \frac{k\omega_n^2}{s^2 + 2\zeta\omega_n s + \omega_n^2}$$

其归一化幅值频率特性为

$$A(\omega) = \frac{1}{\sqrt{\left[1-\left(\frac{\omega}{\omega_n}\right)^2\right]^2 + \left(2\zeta\frac{\omega}{\omega_n}\right)^2}} \qquad (2.3.22)$$

图 2.2.8 为二阶传感器幅频特性曲线示意图。幅频特性可以分为两类：一类为有峰值的；另一类为无峰值的。

当 $\zeta < 0.707$ 时，幅频特性有峰值，峰值大小 A_{max} 及对应的谐振角频率 ω_r 分别为

$$A_{max} - A(\omega_r) = \frac{1}{2\zeta\sqrt{1-\zeta^2}} \qquad (2.3.23)$$

$$\omega_r = \omega_n\sqrt{1-2\zeta^2} \qquad (2.3.24)$$

利用式（2.3.23）可以求得阻尼比 ζ，再利用式（2.3.24）可以求得传感器的固有角频率 ω_n。

利用所求得的 ω_n 和 ζ，由式（2.3.22）可以计算出幅频特性曲线；将其与实测得到的幅频特性曲线进行比较，以检查回归效果。

对于动态测试所得的幅频特性曲线无峰值的二阶传感器而言，在曲线上可以读出使 $A(\omega)$ 为 0.707、0.900 和 0.950 时的值 $\omega_{0.707}$、$\omega_{0.900}$ 和 $\omega_{0.950}$。由式（2.3.22）可得

$$\frac{\omega_{0.950}}{\omega_n} = \sqrt{(1-2\zeta^2) + \sqrt{(1-2\zeta^2)^2 + \left[\left(\frac{1}{A(\omega_{0.950})}\right)^2 - 1\right]}} \qquad (2.3.25)$$

$$\frac{\omega_{0.900}}{\omega_{n}} = \sqrt{(1-2\zeta^2) + \sqrt{(1-2\zeta^2)^2 + \left[\left(\frac{1}{A(\omega_{0.900})}\right)^2 - 1\right]}} \qquad (2.3.26)$$

$$\frac{\omega_{0.707}}{\omega_{n}} = \sqrt{(1-2\zeta^2) + \sqrt{(1-2\zeta^2)^2 + \left[\left(\frac{1}{A(\omega_{0.707})}\right)^2 - 1\right]}} \qquad (2.3.27)$$

由式（2.3.25）~式（2.3.27）中的任意两式，可以求得 ω_n 和 ζ。利用所得到的 ω_n 和 ζ，由式（2.3.22）就可以计算幅频特性曲线，然后与实验值进行比较，检查回归效果。

第3章

基本弹性敏感元件的力学特性

3.1 概　　述

当外界载荷（力、力矩或压力）作用于物体上时，其形状和参数将发生变化。这一过程称为物体的变形。当去掉外界载荷后，物体变形恢复到加载前的状态，这种变形称为弹性变形，这种物体称为弹性元件或弹性体。

在传感器中，通常利用弹性元件直接感受被测量，作为测量过程的最前端。这样的弹性元件称为弹性敏感元件，即利用弹性变形实现测量机理的元件就是弹性敏感元件。弹性敏感元件是传感器、仪器仪表的核心，在传感技术中具有非常重要的作用。

传感器中常用的弹性敏感元件主要有：梁、柱体、弦丝、平膜片、波纹膜片、膜盒、壳体、弹簧管、波纹管、弹性管等。在实现测量过程中，根据不同弹性敏感元件的结构特点，可以利用其在外界载荷作用下引起的位移、应变、应力的变化规律直接进行测量；也可以利用其在外界载荷作用下引起的等效刚度、等效质量或等效阻尼间接进行测量。因此，对于传感器、仪器仪表核心的弹性敏感元件而言，必须深入研究其在被测量的作用下，其位移、应变、应力的变化规律；或研究其等效刚度、等效质量、等效阻尼的变化规律，即其振动模态（频率与振型）的变化规律。通常利用被测量与弹性敏感元件的位移、应变、应力的变化规律，构成模拟式传感器；而利用被测量与等效刚度、等效质量、等效阻尼，即振动模态的变化规律，构成谐振式（准数字式）传感器。

3.2 弹性敏感元件的基本特性

作用于弹性敏感元件上的输入量（力、力矩或压力）与由它引起的输出量（位移、应变）之间的关系，称为弹性敏感元件的基本特性。

3.2.1 刚度与柔度

1. 刚度

单位输出变化量（位移、应变）所需要的输入变化量（外界载荷）即为刚度（stiffness），某一点处的刚度（如图3.2.1所示）可以表示为

$$K = \frac{\mathrm{d}F}{\mathrm{d}x} \tag{3.2.1}$$

式中 F——作用于弹性敏感元件上的输入量，通常为力、力矩或压力等；

　　　x——弹性敏感元件产生的输出量，通常为位移，应变等。

式（3.2.1）定义的刚度是一个广义概念。当刚度在一定范围内为常数时，则表明弹性敏感元件具有线性特性；否则为非线性特性。模拟式传感器中应用的弹性敏感元件，希望其工作于线性特性范围；而对于准数字式的谐振式传感器而言，有些应用场合需要线性特性，有些则需要非线性特性。

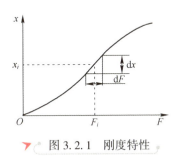

图 3.2.1 刚度特性

2. 柔度

柔度（compliance）是刚度的倒数，表示单位输入变化量（外界载荷）引起的输出变化量（位移、应变）。因此柔度就是弹性敏感元件的灵敏度。某一点处的灵敏度为

$$S = \frac{dx}{dF} \quad (3.2.2)$$

3.2.2 弹性滞后

在弹性变形范围内，加载特性（输入量逐渐增加的过程）与卸载特性（输入量逐渐减小的过程）不重合的现象称为弹性滞后，如图 3.2.2 所示。它是产生某些传感器测量过程迟滞误差的主要原因之一。引起弹性滞后的主要原因是弹性元件工作时，材料内部存在分子间的内摩擦。

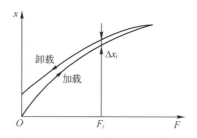

图 3.2.2 弹性敏感元件的弹性滞后

3.2.3 弹性后效与蠕变

弹性元件在阶跃载荷作用下，所产生的变形需要经过一段时间才能完成。这个过程称为弹性元件的弹性后效。当外力保持恒值时，弹性元件在较长时间范围内仍然继续缓慢变形的现象称为蠕变。如图 3.2.3 所示，当弹性元件突然作用有载荷 F_1 时，弹性敏感元件将立刻产生变形 x_1，并在较短时间段 $0 \sim t_1$，会很快地变形到 x_1'，这一过程可以看作为弹性后效；作用载荷 F_1 保持不变，在较长时间段 $t_1 \sim t_2$（$t_1 \ll t_2$），弹性元件将缓慢地继续变形到 x_1''，这一过程可以看作弹性蠕变。

基于上述物理过程分析，弹性后效是引起某些传感器测量过程重复性误差的主要原因之一，也有可能是引起测量动态误差的原因；而蠕变则是影响某些传感器测量过程稳定性的主要原因之一。

事实上，弹性后效、蠕变与弹性滞后是同时发生的，物理过程相当复杂。在设计传感器，选择弹性敏感元件的材料时，应予以充分重视；同时在传感器敏感元件结构，特别是边界结构设计和加工工艺等方面也应予以充分的重视。

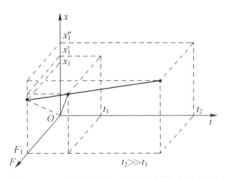

图 3.2.3　弹性敏感元件的弹性后效和蠕变

3.2.4　弹性材料的机械品质因数

实际的弹性元件在载荷作用下，其应变落后于应力，加载特性与卸载特性曲线构成弹性滞后环；除了导致时间效应外，还伴随着能量损耗。图 3.2.2 所示回线环内的面积相当于弹性材料在一个循环中单位体积形变所消耗的能量。对于处于周期振动状态的弹性元件，每一振动周期都形成一回线环而耗散振动能量。通常认为这是由于材料的内阻尼引起的。显然，对于振动状态的弹性敏感元件，这种内阻尼越小越好。这样，非常小的激励力就能维持弹性敏感元件的稳定振动状态。

处于周期振动的弹性元件，其机械品质因数（quality factor）Q 定义为

$$Q = 2\pi \frac{E_S}{E_C} \tag{3.2.3}$$

式中　E_S——弹性元件储存的总能量；

E_C——弹性元件每个周期由阻尼消耗的能量。

机械品质因数还可以用如图 3.2.4 所示的等效二阶系统的幅值频率特性曲线来说明。等效二阶系统的归一化幅频特性可以描述为

$$A(\omega) = \frac{1}{\sqrt{\left[1-\left(\dfrac{\omega}{\omega_n}\right)^2\right]^2 + \left(2\zeta\dfrac{\omega}{\omega_n}\right)^2}} \tag{3.2.4}$$

式中　ω_n——系统的固有角频率（rad/s）；

对于弱阻尼系统 $\zeta \ll 1$，由式（3.2.4）可得最大幅值增益，即

$$A_{max} = \frac{1}{2\zeta\sqrt{1-\zeta^2}} \approx \frac{1}{2\zeta} \tag{3.2.5}$$

假设对应于 $\dfrac{A_{\max}}{\sqrt{2}}$ 的角频率点为 ω_1 和 ω_2（$\omega_1<\omega_2$），称为半功率点，有如下近似公式

$$Q\approx\dfrac{1}{2\zeta}\approx\dfrac{\omega_n}{\omega_2-\omega_1} \tag{3.2.6}$$

式（3.2.6）揭示出：弹性元件的阻尼比 ζ 越小，其机械品质因数越高。机械品质因数也反映了其频率特性的陡峭程度；机械品质因数 Q 值越高，在角频率 ω_n 附近的幅频特性越陡，反之亦然。

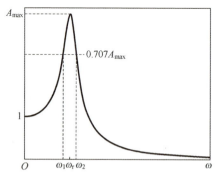

图 3.2.4　等效二阶系统的幅值频率特性

3.2.5　位移描述

弹性元件的位移（displacement）就是其位置的变化、移动。弹性元件是一个连续体，因此其位移是连续变化的。在三维直角坐标系（Cartesian coordinates），如图 3.2.5 所示，弹性元件上某一点 P 在空间的位置可以描述为

$$\boldsymbol{r}=x\boldsymbol{i}+y\boldsymbol{j}+z\boldsymbol{k} \tag{3.2.7}$$

式中　$\boldsymbol{i}$、$\boldsymbol{j}$、$\boldsymbol{k}$——直角坐标系在 x，y，z 轴的单位矢量。

P 点处的位移可以描述为

$$\boldsymbol{V}=u\boldsymbol{i}+v\boldsymbol{j}+w\boldsymbol{k} \tag{3.2.8}$$

式中　u、v、w——分别在 x、y、z 轴三个方向的位移分量，即位移矢量 $\boldsymbol{V}$ 分别在 x、y、z 轴上的投影；它们是坐标的函数。

在平面极坐标系（polar coordinates），如图 3.2.6 所示，r，θ 分别为平面极坐标系在径向和切向（周向）的坐标。

P 点处的位移可以描述为

$$\boldsymbol{V}=w\boldsymbol{e}_r+v\boldsymbol{e}_\theta \tag{3.2.9}$$

式中 e_r、e_θ——平面极坐标系在径向和切向（周向）的单位矢量；

  w、v——分别在径向和切向的位移分量，即位移矢量 V 分别在 e_r、e_θ 轴上的投影。

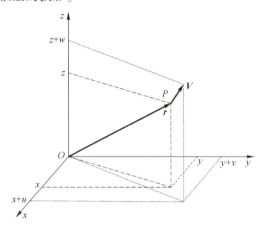

▶ 图 3.2.5 弹性元件在直角坐标系位置、位移的描述示意图

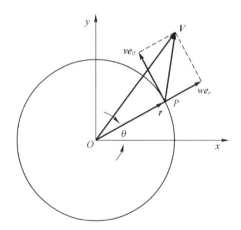

▶ 图 3.2.6 弹性元件在平面极坐标系位置、位移的描述示意图

3.2.6 应变描述

1. 应变概念

考虑一线段长度的变化，如图 3.2.7 所示。线段 AB 原长 L，有了位移后，A、B 点分别移动到了 A'、B'，其长度变为 L'，则称该线段产生了变形（deformation）。为了反映这一变形，引入正应变（normal strain）概念，有

$$\varepsilon = \frac{L'-L}{L} \tag{3.2.10}$$

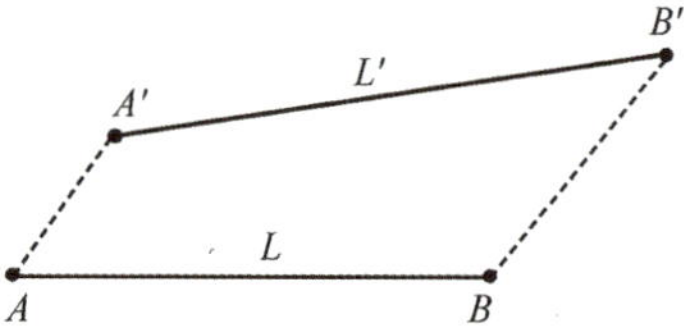

图 3.2.7　正应变的描述

考虑两线之间夹角的变化，如图 3.2.8 所示。线段 *AB* 与线段 *BC* 起始夹角为 $\alpha = \pi/2$；有了位移后，其夹角变为 α'。为了反映这一变形，引入切应变（shear strain）概念，线段 *AB* 与线段 *BC* 之间的切应变描述为

$$\gamma = \alpha - \alpha' = \frac{\pi}{2} - \alpha' \tag{3.2.11}$$

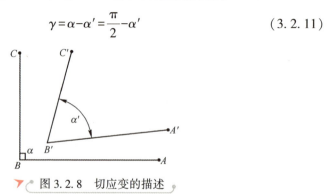

图 3.2.8　切应变的描述

2. 直角坐标系下的应变描述

在三维直角坐标系中，一点处的应变有六个独立的分量：三个正应变、三个切应变，它们与这点处的位移的关系可以描述为

$$\left.\begin{aligned}\varepsilon_x &= \frac{\partial u}{\partial x} \\ \varepsilon_y &= \frac{\partial v}{\partial y} \\ \varepsilon_z &= \frac{\partial w}{\partial z} \\ \varepsilon_{xy} &= \frac{\partial u}{\partial y} + \frac{\partial v}{\partial x} \\ \varepsilon_{yz} &= \frac{\partial v}{\partial z} + \frac{\partial w}{\partial y} \\ \varepsilon_{zx} &= \frac{\partial w}{\partial x} + \frac{\partial u}{\partial z}\end{aligned}\right\} \tag{3.2.12}$$

式中 ε_x、ε_y、ε_z——在 x、y、z 轴三个方向的正应变，它们是坐标的函数；

ε_{xy}、ε_{yz}、ε_{zx}——x 和 y 轴之间、y 和 z 轴之间、z 和 x 轴之间的切应变；

u、v、w——在 x、y、z 轴三个方向的位移分量（m）。

3. 平面极坐标系下的应变描述

在平面极坐标系下，一点处的应变有三个独立的分量：两个正应变、一个切应变。它们与这点处的位移的关系可以描述为

$$\left.\begin{array}{l}\varepsilon_r = \dfrac{\partial w}{\partial r} \\[2mm] \varepsilon_\theta = \dfrac{w}{r} + \dfrac{\partial v}{r\partial \theta} \\[2mm] \varepsilon_{r\theta} = \dfrac{\partial v}{\partial r} + \dfrac{\partial w}{r\partial \theta} - \dfrac{v}{r}\end{array}\right\} \qquad (3.2.13)$$

式中 ε_r、ε_θ——分别在径向与切向的正应变；

$\varepsilon_{r\theta}$——径向与切向之间的切应变；

w、v——在径向与切向的位移分量（m）。

4. 二维平面应力下任意方向的应变

对于实用中常见的二维平面应力问题，假设某点处的应变状态为 ε_x、ε_y 和 ε_{xy}。其中 ε_x、ε_y 为正应变，ε_{xy} 为切应变。利用位移变换关系与应变的定义可知，与 x 轴成 β 角方向的正应变 ε_β（如图 3.2.9 所示）及相关的切应变 γ_θ 与 ε_x、ε_y 和 ε_{xy} 的关系为

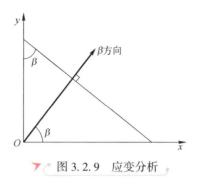

图 3.2.9　应变分析

$$\varepsilon_\beta = \cos^2\beta\varepsilon_x + \sin^2\beta\varepsilon_y + \frac{1}{2}\sin 2\beta\varepsilon_{xy} \qquad (3.2.14)$$

$$\gamma_\beta = -\sin 2\beta(\varepsilon_x - \varepsilon_y) + \cos 2\beta\varepsilon_{xy} \qquad (3.2.15)$$

式（3.2.14）为某些应变式传感器的实现提供了理论基础。

3.2.7 应力描述

1. 应力概念

考虑一弹性体某截面上的受力情况,如图 3.2.10 所示。该截面上包含点 P,ΔA(m^2)的面积上作用有 ΔQ(N)的力。于是 P 点处的应力(stress)可以描述为

$$S = \lim_{\Delta A \to 0} \frac{\Delta Q}{\Delta A} = \sigma + \tau \qquad (3.2.16)$$

式中　σ——P 点处的正应力(normal stress),即垂直于作用面的应力(Pa);

　　　τ——P 点处的切应力(shear stress),即平行于作用面的应力(Pa)。

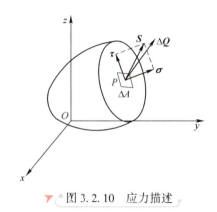

▼ 图 3.2.10　应力描述

2. 直角坐标系内的应力描述

在三维直角坐标系内,一点处有六个独立的应力分量:三个正应力 σ_x、σ_y 和 σ_z,分别沿着 x、y 和 z 轴三个方向;三个切应力 τ_{yz}、τ_{zx} 和 τ_{xy}(也可记为 σ_{yz}、σ_{zx} 和 σ_{xy}),分别为作用于 y 面,沿着 z 方向;作用于 z 面,沿着 x 方向;作用于 x 面,沿着 y 方向,如图 3.2.11 所示。

3. 平面极坐标内的应力描述

在平面极坐标系内,一点处有三个独立的应力分量:两个正应力 σ_r 和 σ_θ,分别沿着径向和切向;一个切应力 $\sigma_{r\theta}$,作用于 r 面,沿着切向(也可以看成是作用于 θ 面,沿着径向),如图 3.2.12 所示。

4. 二维平面应力下任意方向的应力

对于实用中常见的二维平面应力问题,假设某点处的应力状态为 σ_x、σ_y

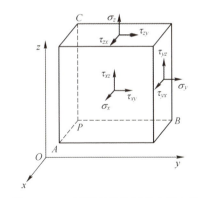

▶ 图 3.2.11　三维直角坐标系内应力描述

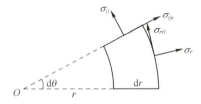

▶ 图 3.2.12　平面极坐标系内应力描述

和 σ_{xy}。其中 σ_x 和 σ_y 为正应力，σ_{xy} 为切应力，如图 3.2.13 所示。

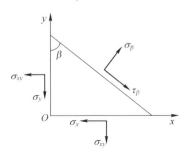

▶ 图 3.2.13　应力分析

于是基于力平衡条件可知，与 x 轴成 β 角的正应力 σ_β 和切应力 τ_β 与 σ_x、σ_y 和 σ_{xy} 的关系为

$$\sigma_\beta = \cos^2\beta\sigma_x + \sin^2\beta\sigma_y + \sin2\beta\sigma_{xy} \qquad (3.2.17)$$

$$\tau_\beta = -\sin2\beta(\sigma_x - \sigma_y) + \cos2\beta\sigma_{xy} \qquad (3.2.18)$$

式（3.2.17）为某些利用应力变化机理进行测量的传感器，提供了理论基础。

3.2.8 广义胡克定律

广义胡克定律（Hooker's law）用于描述弹性体应力、应变之间的关系。下面分别给出在三维正交坐标系下的描述和针对二维平面问题的描述。

1. 三维正交坐标系下的描述

在三维正交坐标系，应力、应变之间的关系为

$$[\sigma] = [D][\varepsilon] \qquad (3.2.19)$$

或

$$[\varepsilon] = [C][\sigma] \qquad (3.2.20)$$

$$[C] = \frac{1}{E} \begin{bmatrix} 1 & -\mu & -\mu & & & \\ -\mu & 1 & -\mu & & & \\ -\mu & -\mu & 1 & & & \\ & & & 2(1+\mu) & & \\ & & & & 2(1+\mu) & \\ & & & & & 2(1+\mu) \end{bmatrix} = [D^{-1}]$$

式中 $[\sigma]$——应力向量，$[\sigma]^T = [\sigma_x \quad \sigma_y \quad \sigma_z \quad \sigma_{xy} \quad \sigma_{yz} \quad \sigma_{zx}]$；

$[\varepsilon]$——应变向量，$[\varepsilon]^T = [\varepsilon_x \quad \varepsilon_y \quad \varepsilon_z \quad \varepsilon_{xy} \quad \varepsilon_{yz} \quad \varepsilon_{zx}]$；

E、μ——分别为弹性体材料的杨氏模量（Young's modulus）（或弹性模量）和波松比（Poisson's ratio）。

2. 二维平面问题的描述

假设 $\sigma_z = 0$，$\sigma_{zx} = 0$，$\sigma_{yz} = 0$，则在二维正交坐标系内，应力、应变之间的关系为

$$\begin{bmatrix} \varepsilon_x \\ \varepsilon_y \\ \varepsilon_{xy} \end{bmatrix} = \frac{1}{E} \begin{bmatrix} 1 & -\mu & \\ -\mu & 1 & \\ & & 2(1+\mu) \end{bmatrix} \begin{bmatrix} \sigma_x \\ \sigma_y \\ \sigma_{xy} \end{bmatrix} \qquad (3.2.21)$$

$$\left. \begin{aligned} \sigma_x &= \frac{E}{1-\mu^2}(\varepsilon_x + \mu\varepsilon_y) \\ \sigma_y &= \frac{E}{1-\mu^2}(\mu\varepsilon_x + \varepsilon_y) \\ \sigma_{xy} &= \frac{E}{2(1+\mu)}\varepsilon_{xy} = G\varepsilon_{xy} \end{aligned} \right\} \qquad (3.2.22)$$

式中 G——切变杨氏模量（Pa）。

3.2.9 固有频率

弹性敏感元件是一个具有分布参数的多自由度系统,其固有频率(natural frequency)有许多个,计算也相当复杂。而在许多实用场合主要关心弹性元件的基频,即一阶固有频率。弹性元件的一阶固有频率 $f(\text{Hz})$ 或角频率 $\omega(\text{rad/s})$ 可以分别表示为

$$f = \frac{1}{2\pi}\sqrt{\frac{k_{eq}}{m_{eq}}} \tag{3.2.23}$$

$$\omega = \sqrt{\frac{k_{eq}}{m_{eq}}} \tag{3.2.24}$$

式中　m_{eq}、k_{eq}——分别为弹性元件的一阶固有振动的等效质量(kg)和等效刚度(N/m)。

弹性敏感元件的一阶固有频率对于传感器的动态特性影响非常大。通常,为了提高传感器的动态响应能力,应当适当提高弹性敏感元件的基频,即相当于在保持其质量不变的情况下,适当增大其等效刚度。事实上,等效刚度的增大必然会降低敏感元件的灵敏度,因此必须予以综合考虑。

在直接输出频率的谐振式传感器中,则主要关心弹性元件的某一阶频率随直接被测量或间接被测量的变化规律,通常可以描述为

$$f(M) = \frac{1}{2\pi}\sqrt{\frac{k_{eq}(M)}{m_{eq}(M)}} \tag{3.2.25}$$

式中　$f(M)$——在被测量 M 作用下,敏感元件的固有频率(Hz);

M——作用于弹性敏感元件上的被测量,如压力、集中力、应力等;

$m_{eq}(M)$、$k_{eq}(M)$——考虑作用量后,弹性元件的某阶固有振动的等效质量(kg)和等效刚度(N/m)。

3.2.10 弹性元件的热特性

环境温度的变化对弹性元件有较大的影响。下面分别予以讨论。

1. 弹性元件的热胀冷缩

如果弹性元件处于均匀的温度场且在完全自由的状态下,温度变化时将产生热胀冷缩的物理过程。以弹性元件某一维结构长度为例,描述弹性元件热胀冷缩过程为

$$L_t = L_0[1 + \beta_e(t - t_0)] = L_0(1 + \beta_e \Delta t) \tag{3.2.26}$$

式中 L_0、L_t——弹性元件温度变化前、后的长度（m），即温度分别为 t_0℃ 和 t℃ 时的长度；

β_e——弹性元件的线膨胀系数（1/℃），表示单位温度变化引起的相对长度变化；

Δt——温度的变化值（℃）。

2. 弹性元件的热应变和热应力

如果弹性元件处于不均匀的温度场，则这时需要考虑弹性元件的热应变、热应力问题。以一维结构的弹性元件如杆、梁等为例，温度场引起的弹性元件的热应变为

$$\varepsilon_T(x) = -\alpha \Delta T(x) \tag{3.2.27}$$

式中 ε_T——弹性元件的热应变；

α——弹性元件材料的热应变系数（1/℃），表示单位温度变化引起的热应变；

$\Delta T(x)$——弹性元件的温度场（℃）；

x——弹性元件的坐标。

弹性元件的热应变将引起弹性元件的热应力，如对一维受力体，有

$$\sigma_T(x) = E\varepsilon_T(x) = -\alpha E \Delta T(x) \tag{3.2.28}$$

式中 σ_T——弹性元件的热应力（Pa）。

3. 杨氏模量的温度系数

环境温度的变化会引起弹性元件材料杨氏模量的改变。通常，当温度升高时，材料内部的原子的热运动加剧，结合力减弱，从而导致材料的杨氏模量随温度的升高而降低。

杨氏模量随温度的变化情况可以由杨氏模量的温度系数 β_E 表示，即

$$\beta_E = \frac{1}{E_0} \cdot \frac{E_t - E_0}{t - t_0} = \frac{\Delta E}{E_0 \Delta t} \tag{3.2.29}$$

或

$$E_t = E_0[1 + \beta_E(t - t_0)] = E_0(1 + \beta_E \Delta t) \tag{3.2.30}$$

式中 E_0、E_t——弹性元件温度变化前、后的杨氏模量，即温度分别为 t_0℃ 和 t℃ 时的杨氏模量（Pa）；

β_E——杨氏模量的温度系数（1/℃），表示单位温度变化引起的杨氏模量的相对变化；

Δt——温度的变化值（℃）。

材料的杨氏模量随温度变化的特性会引起弹性敏感元件的刚度变化，于

是在同一载荷作用下,弹性敏感元件的位移、应变、应力特性也发生相应的变化,从而引起测量误差。

4. 频率温度系数

环境温度的变化会引起弹性元件频率的改变,可用弹性元件频率温度系数 β_f 表示,即

$$\beta_f = \frac{1}{f_0} \cdot \frac{f_t - f_0}{t - t_0} = \frac{\Delta f}{f_0 \Delta t} \tag{3.2.31}$$

式中 f_0、f_t——弹性元件温度变化前、后的频率,即温度分别为 t_0℃ 和 t℃ 时的频率(Hz);

β_f——弹性元件频率温度系数(1/℃),表示单位温度变化引起的频率相对变化;

Δt——温度的变化值(℃)。

基于上述物理过程分析可知,弹性元件的温度特性是引起某些传感器测量过程温度漂移的主要原因之一。因此选择弹性敏感元件的材料时应重视其温度特性与效应。

3.3 基本弹性敏感元件的力学特性

弹性敏感元件主要有弹性柱体,弹性弦丝、梁、平膜片、波纹膜片、E形圆膜片、轴对称壳体、弹簧管和波纹管等。本节给出在传感器中常用的几种典型弹性敏感元件的主要力学特性关系。

3.3.1 弹性柱体

1. 受压缩(拉伸)的柱体

(1)基本描述。

受压缩(拉伸)弹性圆柱体(cylinder)的典型结构如图 3.3.1 所示,L、A 分别为柱体的长度(m)和横截面积(m^2);E、μ、ρ 分别为材料的杨氏模量(Pa),泊松比和密度(kg/m^3)。作为弹性柱体,其长度 L 与横截面的半径之比不能太大。

(2)边界条件。

一端($x=0$)固支,一端($x=L$)自由。

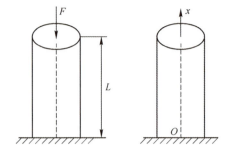

图 3.3.1　受压缩弹性圆柱体的示意图

（3）受力状态。

在自由端受轴向压缩或拉伸力 F（N，正为压缩，负为拉伸）。

（4）基本结论。

力 F 引起圆柱体的轴向应变和应力（Pa）分别为

$$\varepsilon_x = \frac{-F}{EA} \tag{3.3.1}$$

$$\sigma_x = \frac{-F}{A} \tag{3.3.2}$$

圆柱体的环向应变和应力（Pa）分别为

$$\varepsilon_\theta = \frac{\mu F}{EA} \tag{3.3.3}$$

$$\sigma_\theta = 0 \tag{3.3.4}$$

圆柱体的轴向与环向之间的切应变与切应力均为零

$$\varepsilon_{x\theta} = 0 \tag{3.3.5}$$

$$\sigma_{x\theta} = 0 \tag{3.3.6}$$

利用式（3.2.14）、式（3.2.15）、式（3.3.1）与式（3.3.3）可得，与圆柱体轴线方向成 β 角的正应变和切应变分别为

$$\varepsilon_\beta = \frac{-F}{AE}(\cos^2\beta - \mu\sin^2\beta) \tag{3.3.7}$$

$$\gamma_\beta = \frac{F(1+\mu)}{EA}\sin 2\beta \tag{3.3.8}$$

利用式（3.2.17）、式（3.2.18）、式（3.3.2）与式（3.3.4）可得，与圆柱体轴线方向成 β 角的正应力（Pa）和切应力（Pa）分别为

$$\sigma_\beta = \frac{-F\cos^2\beta}{A} \tag{3.3.9}$$

$$\tau_\beta = \frac{F\sin 2\beta}{2A} \qquad (3.3.10)$$

圆柱体沿轴线方向的位移（m）为

$$u(x) = \frac{-F}{EA}x \qquad (3.3.11)$$

在自由端处的最大位移（m）为

$$u_{\max} = u(L) = \frac{-F}{EA}L \qquad (3.3.12)$$

圆柱体拉伸振动的基频（Hz）为

$$f_{S1} = \frac{1}{4L}\sqrt{\frac{E}{\rho}} \qquad (3.3.13)$$

需要指出，由式（3.3.1）~式（3.3.3）、式（3.3.11）可知，当实心圆柱体变成空心圆柱体时，相当于改变了圆柱体的横截面积，可以有效改变由圆柱体拉伸变形作为敏感元件工作模式的传感器的灵敏度。

2. 受扭转的圆柱体

（1）基本描述。

受扭转作用的弹性圆柱体的典型结构如图3.3.2所示，L 和 R 分别为圆柱体的长度（m）和横截面半径（m）；E、μ 和 ρ 分别为材料的杨氏模量（Pa）、泊松比和密度（kg/m³）。

（2）边界条件。

一端（$x=0$）固支，一端（$x=L$）自由。

（3）受力状态。

在自由端受沿轴向的扭矩 M（N·m）。

（4）基本结论。

在扭矩 M 的作用下，只在圆柱体环向产生切应变和切应力（Pa），分别为

$$\varepsilon_{x\theta} = \frac{M \cdot r}{GJ} \qquad (3.3.14)$$

$$\sigma_{x\theta} = \frac{2M}{\pi R^4} \cdot r = \frac{M \cdot r}{J} \qquad (3.3.15)$$

式中　J——圆柱体截面对圆心的惯性矩（m⁴），$J = \frac{\pi R^4}{2}$；

　　　G——圆柱体材料的切变杨氏模量（Pa），$G = \frac{E}{2(1+\mu)}$；

r——所考虑点的半径（m）。

在圆柱体外表面（$r=R$）的切应变与切应力（Pa）达到最大值，分别为

$$\tau_{max} = \frac{M \cdot R}{J} \qquad (3.3.16)$$

$$\gamma_{max} = \frac{M \cdot R}{GJ} \qquad (3.3.17)$$

基于如图 3.3.2 所示的受力状态，利用式（3.2.14）和式（3.2.18），可得在圆柱体外柱面上与圆柱体轴线方向成 β 角的正应变和正应力（Pa），即

$$\varepsilon_\beta = \frac{M\sin 2\beta}{\pi R^3 G} \qquad (3.3.18)$$

$$\sigma_\beta = \frac{2M}{\pi R^3}\sin 2\beta \qquad (3.3.19)$$

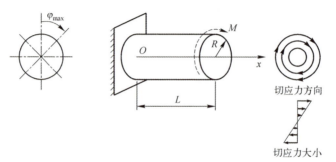

图 3.3.2 受扭转的弹性圆柱体示意图

由式（3.3.18）和式（3.3.19）可知：最大正应变为 $\frac{M}{\pi R^3 G}$，最大正应力为 $\frac{2M}{\pi R^3}$，均发生在 $\beta = \frac{\pi}{4}$ 处；最小正应变为 $\frac{-M}{\pi R^3 G}$，最小正应力为 $\frac{-2M}{\pi R^3}$，均发生在 $\beta = \frac{3\pi}{4}$ 处，如图 3.3.3 所示。

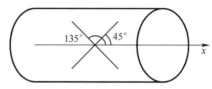

图 3.3.3 受扭转的弹性圆柱体最大、最小正应变（正应力）方向

此外,由扭矩 M 引起的,在圆柱体自由端表面的扭转角为

$$\varphi_{\max} = \frac{M \cdot L}{GJ} \tag{3.3.20}$$

式中 GJ——圆柱体的抗扭刚度($N \cdot m^2$)。

圆柱体扭转振动的基频(Hz)为

$$f_{T1} = \frac{1}{4L}\sqrt{\frac{E}{2\rho(1+\mu)}} \tag{3.3.21}$$

对比式(3.3.13)和式(3.3.21)可知:圆柱体拉伸振动的基频与其扭转振动的基频之比为 $f_{S1}/f_{T1} = \sqrt{2(1+\mu)}$。例如对于典型的恒弹合金材料,$\mu = 0.3$;则 $f_{S1}/f_{T1} \approx 1.612$。

需要指出,由式(3.3.14)~式(3.3.17)、式(3.3.20)可知,当实心圆柱体变成空心圆柱体时,相当于改变了圆柱体的惯性矩,可以有效改变由圆柱体扭转变形作为敏感元件工作模式的传感器的灵敏度。

3.3.2 弹性弦丝的固有振动

(1)基本描述。

当弹性圆杆(rod)的长度 L 远大于其截面半径 R 时,称为弹性弦丝(string),如图 3.3.4 所示。对于这样的弦丝,单位长度上的质量密度为 ρ_0(kg/m),其自身的弹性可以忽略不计,只考虑由作用于弦丝上的拉伸力 F 引起的弹性刚度。

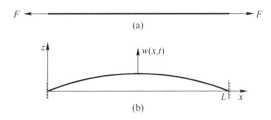

图 3.3.4 双端固支弹性弦丝振动位移示意图

(2)边界条件。

双端固定,即 $x = 0$ 或 L 时,$w(x) = 0$。

(3)受力状态。

弹性弦丝上作用有拉伸力 F,使其处于张紧状态。

(4) 基本结论。

弹性弦丝在 xoz 平面作微幅横向振动，其固有频率与相应的振型为

$$f_n = \frac{n}{2L}\sqrt{\frac{F}{\rho_0}} \quad n = 1, 2, 3, \cdots \tag{3.3.22}$$

$$w_n(x) = W_{n,\max}\sin\left(\frac{n\pi x}{L}\right) \quad n = 1, 2, 3, \cdots \tag{3.3.23}$$

式中　f_n——弹性弦丝横向振动的固有频率（Hz）；

　　　$w_n(x)$——弹性杆弯曲振动沿轴线方向分布的振型；

　　　$W_{n,\max}$——弦丝横向振动的最大位移（m）。

弦丝横向振动基频（Hz）和对应的一阶振型分别为

$$f_{TR1} = \frac{1}{2L}\sqrt{\frac{F}{\rho_0}} \tag{3.3.24}$$

$$w_1(x) = W_{1,\max}\sin\left(\frac{\pi x}{L}\right) \tag{3.3.25}$$

式中　$W_{1,\max}$——弦丝横向振动一阶振型的最大位移（m）。

3.3.3　悬臂梁

1. 等截面情况

（1）基本描述。

等截面悬臂梁（cantilever beam）如图 3.3.5（a）所示，L、b、h 分别为梁的长度（m）、宽度（m）和厚度（m）；E、ρ 分别为材料的杨氏模量（Pa）和密度（kg/m³）。作为"梁"，其长度 L、宽度 b 和厚度 h 之间的比值大约为 100∶10∶1。

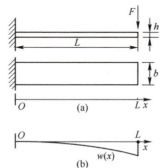

图 3.3.5　等截面悬臂梁的结构示意图

(2) 边界条件。

一端（$x=0$）固支，一端（$x=L$）自由。

(3) 受力状态。

自由端受一切向力 F（N）。

(4) 基本结论。

梁沿 x 轴（长度方向）的法线方向位移 $w(x)$（m）（如图 3.3.5（b）所示）

$$w(x) = \frac{x^2}{6EJ}(Fx - 3FL) \tag{3.3.26}$$

式中　J——梁的截面惯性矩，$J = \frac{bh^3}{12}$（m^4）；

EJ——梁的抗弯刚度（N·m^2）。

悬臂梁自由端处的位移（m）最大，为

$$W_{\max} = w(L) = \frac{-4L^3 F}{Ebh^3} \tag{3.3.27}$$

它与梁的长厚比 L/h 的三次方成正比。

梁上表面沿 x 方向的正应变为

$$\varepsilon_x(x) = \frac{Fh}{2EJ}(L-x) = \frac{6F}{Ebh^2}(L-x) \tag{3.3.28}$$

梁上表面沿 x 方向的正应力（Pa）为

$$\sigma_x(x) = E\varepsilon_x(x) = \frac{6F}{bh^2}(L-x) \tag{3.3.29}$$

由式（3.3.28）和式（3.3.29）确定的悬臂梁的应变、应力其值为正时，表示梁上表面处于拉伸状态，否则处于压缩状态。

梁弯曲振动的基频为（Hz）

$$f_{B1} = \frac{0.162h}{L^2}\sqrt{\frac{E}{\rho}} \tag{3.3.30}$$

悬臂梁的应变、应力在其根部（固支端）为最大，沿着轴线方向逐渐减小，在其自由端为零；同时，适当增大悬臂梁的长厚比 L/h，可以提高位移、应变、应力对作用力的灵敏度，但其弯曲振动频率也将降低。

2. 变截面情况（等强度梁）

(1) 几何特征。

等截面悬臂梁上沿长度方向应变、应力随其位置而变。采用如图 3.3.6

所示的变截面梁就可以实现等强度梁。这给应变式传感器的设计、实现带来了方便。L、b_0、h 分别为梁长度（m）、根部的宽度（m）和厚度（m）；E、ρ 分别为材料的杨氏模量（Pa）和密度（kg/m^3）。边界条件与受力状态和上述等截面梁的情况相同。

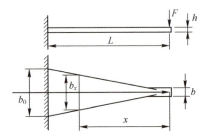

图 3.3.6　等强度梁的结构示意图

（2）基本结论。

梁沿 x 轴的法线方向位移 $w(x)$（m）为

$$w(x) = \frac{-6FLx^2}{Eb_0h^3} \tag{3.3.31}$$

自由端点处的位移（m）最大，为

$$W_{\max} = w(L) = \frac{-6L^3F}{Eb_0h^3} \tag{3.3.32}$$

梁上表面沿 x 方向的正应变为

$$\varepsilon_x(x) = \frac{6FL}{Eb_0h^2} \tag{3.3.33}$$

梁上表面沿 x 方向的正应力（Pa）为

$$\sigma_x(x) = \frac{6FL}{b_0h^2} \tag{3.3.34}$$

由式（3.3.33）和式（3.3.34）确定的悬臂梁上表面沿轴向的正应变、正应力与在梁上的位置无关。因此称为等强度梁。其值为正时，表示梁上表面处于拉伸状态；其值为负时，表示梁上表面处于压缩状态。

利用式（3.2.14）与式（3.2.15）可得，与悬臂梁轴线方向成 β 角的正应变和切应变分别为

$$\varepsilon_\beta = \frac{6FL}{Eb_0h^2}\cos^2\beta \tag{3.3.35}$$

$$\gamma_\beta = -\frac{6FL(1+\mu)}{Eb_0 h^2}\sin 2\beta \qquad (3.3.36)$$

利用式（3.2.17）与式（3.2.18）可得，与悬臂梁轴线方向成 β 角的正应力（Pa）和切应力（Pa）分别为

$$\sigma_\beta = \frac{6FL}{b_0 h^2}\cdot\cos^2\beta \qquad (3.3.37)$$

$$\tau_\beta = \frac{3FL}{b_0 h^2}\cdot\sin 2\beta \qquad (3.3.38)$$

等强度梁梁弯曲振动的基频（Hz）为

$$f_{B1} = \frac{0.316h}{L^2}\sqrt{\frac{E}{\rho}} \qquad (3.3.39)$$

3.3.4 双端固支梁

（1）基本描述。

等截面双端固支梁如图 3.3.7 所示，L、b、h 分别为梁的长度（m）、宽度（m）和厚度（m）；E 和 ρ 分别为材料的杨氏模量（Pa）和密度（kg/m³）。

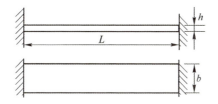

▶ 图 3.3.7 双端固支梁的结构示意图

（2）边界条件。

双端（$x=0,L$）固支。

（3）受力状态。

在端部受一拉伸（压缩）力 F_0。

（4）基本结论。

轴向力 F_0 作用下的双两端固支梁弯曲振动一、二阶固有频率（Hz）为

$$f_{B1}(F_0) = f_{B1}\sqrt{1+0.2949\frac{F_0 L^2}{Ebh^3}} \qquad (3.3.40)$$

$$f_{B2}(F_0) = f_{B2}\sqrt{1+0.1453\frac{F_0 L^2}{Ebh^3}} \qquad (3.3.41)$$

$$f_{B1} = \frac{4.730^2 h}{2\pi L^2}\sqrt{\frac{E}{12\rho}} \qquad (3.3.42)$$

$$f_{B2} = \frac{7.853^2 h}{2\pi L^2}\sqrt{\frac{E}{12\rho}} \qquad (3.3.43)$$

式中 f_{B1}、f_{B2}——轴向力为零时的双端固支梁弯曲振动一、二阶固有频率（Hz）。

3.3.5 周边固支圆平膜片

（1）基本描述。

周边固支圆平膜片（round diaphragm）如图 3.3.8 所示，R 和 H 分别为圆平膜片的半径（m）和厚度（m）；E、μ、ρ 分别为材料的杨氏模量（Pa）、泊松比和密度（kg/m³）。

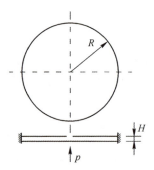

图 3.3.8　周边固支圆平膜片的结构示意图

（2）边界条件。

周边（$r=R$）固支。

（3）受力状态。

膜片下表面作用有均布压力 p（此压力也可以看成是作用于膜片下表面的压力 p_2 与上表面压力 p_1 的差：p_2-p_1）。

（4）基本结论。

均布压力引起的圆平膜片的法向位移（m）为

$$w(r) = \frac{3p(1-\mu^2)}{16EH^3}(R^2-r^2)^2 = \overline{W}_{R,\max} H\left(1-\frac{r^2}{R^2}\right)^2 \qquad (3.3.44)$$

$$\overline{W}_{R,\max} = \frac{3p(1-\mu^2)}{16E}\cdot\left(\frac{R}{H}\right)^4 \qquad (3.3.45)$$

式中 $\overline{W}_{R,max}$——圆平膜片的最大法向位移与其厚度的比值。

圆平膜片上表面的径向位移（m）为

$$u(r) = \frac{3p(1-\mu^2)(R^2-r^2)r}{8EH^2} \quad (3.3.46)$$

圆平膜片上表面应变和应力（Pa）分别为

$$\left. \begin{array}{l} \varepsilon_r = \dfrac{3p(1-\mu^2)(R^2-3r^2)}{8EH^2} \\[2mm] \varepsilon_\theta = \dfrac{3p(1-\mu^2)(R^2-r^2)}{8EH^2} \\[2mm] \varepsilon_{r\theta} = 0 \end{array} \right\} \quad (3.3.47)$$

$$\left. \begin{array}{l} \sigma_r = \dfrac{3p}{8H^2}[(1+\mu)R^2-(3+\mu)r^2] \\[2mm] \sigma_\theta = \dfrac{3p}{8H^2}[(1+\mu)R^2-(1+3\mu)r^2] \\[2mm] \sigma_{r\theta} = 0 \end{array} \right\} \quad (3.3.48)$$

均布压力引起的圆平膜片法向位移、上表面沿径向分布的应变与应力规律分别如图 3.3.9、图 3.3.10 和图 3.3.11 所示。

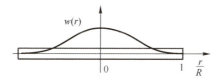

图 3.3.9　周边固支圆平膜片法向位移示意图

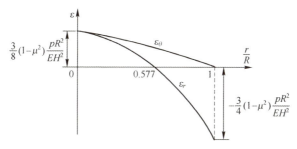

图 3.3.10　周边固支圆平膜片上表面应变示意图

利用式（3.2.14）与式（3.2.15）可得，与圆平膜片径向成 β 角的正应

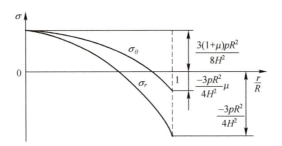

▶ 图 3.3.11　周边固支圆平膜片上表面应力示意图

变和切应变分别为

$$\varepsilon_\beta = \frac{3p(1-\mu^2)}{8EH^2}[(R^2-3r^2)\cos^2\beta+(R^2-r^2)\sin^2\beta] \qquad (3.3.49)$$

$$\gamma_\beta = \frac{3p(1-\mu^2)r^2}{4EH^2}\cdot\sin2\beta \qquad (3.3.50)$$

利用式（3.2.17）与式（3.2.18）可得，与圆平膜片径向成 β 角的正应力（Pa）和切应力（Pa）分别为

$$\sigma_\beta = \frac{3p}{8H^2}[(1+\mu)(R^2-r^2)-2r^2(\cos^2\beta+\mu\sin^2\beta)] \qquad (3.3.51)$$

$$\tau_\beta = \frac{3p(1-\mu)r^2}{8H^2}\cdot\sin2\beta \qquad (3.3.52)$$

作用于圆平膜片上的压力 p 与所对应的固有频率 $f_{R,B1}(p)$ 间的关系相当复杂，很难给出简单的解析模型。这里给出一个对应于圆平膜片最低阶固有频率的近似计算公式

$$f_{R,B1}(p) = f_{R,B1}\sqrt{1+Cp} \qquad (3.3.53)$$

$$f_{R,B1} \approx \frac{0.469H}{R^2}\sqrt{\frac{E}{\rho(1-\mu^2)}} \qquad (3.3.54)$$

$$C = \frac{(1+\mu)(173-73\mu)}{120}(\overline{W}_{R,\max})^2 \qquad (3.3.55)$$

式中　$f_{R,B1}$——压力为零时，圆平膜片最低阶固有频率（Hz）；

C——与圆平膜片材料、几何结构参数、物理参数等有关的系数（Pa^{-1}）；

$\overline{W}_{R,\max}$——圆平膜片大挠度变形情况下，正中心处的最大法向位移与其厚度之比。

由下面的式（3.3.56）或式（3.3.57）确定。

载荷较大时，圆平膜片产生大挠度变形，很难给出精确解。式（3.3.56）为采用摄动法得到的圆平膜片正中心处最大法向位移与厚度之比 $\overline{W}_{R,max}$ 的近似解析方程；式（3.3.57）为采用变分法得到的圆平膜片正中心处最大法向位移与厚度之比 $\overline{W}_{R,max}$ 的近似解析方程。

$$p = \frac{16E}{3(1-\mu^2)} \left(\frac{H}{R}\right)^4 \left[\overline{W}_{R,max} + \frac{(1+\mu)(173-73\mu)}{360}(\overline{W}_{R,max})^3\right] \quad (3.3.56)$$

或

$$p = \frac{16E}{3(1-\mu^2)} \left(\frac{H}{R}\right)^4 \left[\overline{W}_{R,max} + 0.4835(\overline{W}_{R,max})^3\right] \quad (3.3.57)$$

3.3.6　周边固支矩形平膜片

（1）基本描述。

周边固支矩形平膜片（rectangular diaphragm）如图 3.3.12 所示，A、B、H 分别为矩形平膜片在 x 轴的半边长（m）、y 轴的半边长（m）和厚度（m）。通常选 x 轴为其长度方向，y 轴为其宽度方向，即 $A \geq B$；E、μ、ρ 分别为材料的杨氏模量（Pa）、泊松比和密度（kg/m³）。

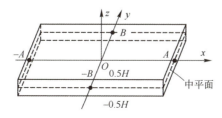

▼ 图 3.3.12　周边固支矩形膜片的结构示意图

（2）边界条件。

周边（$x = \pm A$，$y = \pm B$）固支。

（3）受力状态。

在膜片的下表面作用有均布压力 p（此压力也可以看成是作用于膜片下表面的压力 p_2 与上表面压力 p_1 的差：$p_2 - p_1$）（Pa）。

（4）基本结论。

均布压力引起的矩形平膜片的法向位移（m）为

$$w(x,y) = \overline{W}_{\text{Rec,max}} H \left(\frac{x^2}{A^2}-1\right)^2 \left(\frac{y^2}{B^2}-1\right)^2 \tag{3.3.58}$$

$$\overline{W}_{\text{Rec,max}} = \frac{147p(1-\mu^2)}{32\left(\dfrac{7}{A^4}+\dfrac{7}{B^4}+\dfrac{4}{A^2B^2}\right)EH^4} \tag{3.3.59}$$

式中 $\overline{W}_{\text{Rec,max}}$——矩形平膜片的最大法向位移与其厚度的比值，无量纲。

矩形平膜片上表面在 x 方向与 y 方向的位移（m）分别为

$$\left.\begin{aligned} u(x,y) &= -2\overline{W}_{\text{Rec,max}} \frac{H^2}{A}\left(\frac{x^2}{A^2}-1\right)\left(\frac{y^2}{B^2}-1\right)^2 \cdot \frac{x}{A} \\ v(x,y) &= -2\overline{W}_{\text{Rec,max}} \frac{H^2}{B}\left(\frac{x^2}{A^2}-1\right)^2\left(\frac{y^2}{B^2}-1\right) \cdot \frac{y}{B} \end{aligned}\right\} \tag{3.3.60}$$

均布压力引起的矩形平膜片上表面应变和应力（Pa）分别为

$$\left.\begin{aligned} \varepsilon_x &= -2\overline{W}_{\text{Rec,max}} \left(\frac{H}{A}\right)^2 \left(\frac{3x^2}{A^2}-1\right)\left(\frac{y^2}{B^2}-1\right)^2 \\ \varepsilon_y &= -2\overline{W}_{\text{Rec,max}} \left(\frac{H}{B}\right)^2 \left(\frac{x^2}{A^2}-1\right)^2\left(\frac{3y^2}{B^2}-1\right) \\ \varepsilon_{xy} &= -16\overline{W}_{\text{Rec,max}} \frac{H^2}{AB}\left(\frac{x^2}{A^2}-1\right)\left(\frac{y^2}{B^2}-1\right) \cdot \frac{xy}{AB} \end{aligned}\right\} \tag{3.3.61}$$

$$\left.\begin{aligned} \sigma_x &= \frac{-2\overline{W}_{\text{Rec,max}} E}{(1-\mu^2)}\left[\left(\frac{H}{A}\right)^2\left(\frac{3x^2}{A^2}-1\right)\left(\frac{y^2}{B^2}-1\right)^2 + \mu\left(\frac{H}{B}\right)^2\left(\frac{x^2}{A^2}-1\right)^2\left(\frac{3y^2}{B^2}-1\right)\right] \\ \sigma_y &= \frac{-2\overline{W}_{\text{Rec,max}} E}{(1-\mu^2)}\left[\left(\frac{H}{B}\right)^2\left(\frac{3y^2}{B^2}-1\right)\left(\frac{x^2}{A^2}-1\right)^2 + \mu\left(\frac{H}{A}\right)^2\left(\frac{y^2}{B^2}-1\right)^2\left(\frac{3x^2}{A^2}-1\right)\right] \\ \sigma_{xy} &= \frac{-8\overline{W}_{\text{Rec,max}} E}{1+\mu} \cdot \frac{H^2}{AB}\left(\frac{x^2}{A^2}-1\right)\left(\frac{y^2}{B^2}-1\right) \cdot \frac{xy}{AB} \end{aligned}\right\}$$

$$\tag{3.3.62}$$

利用式（3.2.14）、式（3.2.15）和式（3.3.61）可以分析矩形平膜片上表面任意一点处和任意方向的正应变、切应变；利用式（3.2.17）、式（3.2.18）和式（3.3.62）可以分析矩形平膜片上表面任意一点处和任意方向的正应力、切应力。

取 $A=B$，可以立即得到周边固支方平膜片（square diaphragm）的有关结论。

在均布压力 p 的作用下，方平膜片的法向位移（m）为

$$w(x,y) = \overline{W}_{S,\max} H \left(\frac{x^2}{A^2}-1\right)^2 \left(\frac{y^2}{A^2}-1\right)^2 \quad (3.3.63)$$

$$\overline{W}_{S,\max} = \frac{49p(1-\mu^2)}{192E}\left(\frac{A}{H}\right)^4 \quad (3.3.64)$$

式中 $\overline{W}_{S,\max}$ ——方形平膜片的最大法向位移与其厚度的比值。

方平膜片上表面在 x 方向与 y 方向的位移分别（m）为

$$\left.\begin{aligned} u(x,y) &= \frac{-49p(1-\mu^2)}{96E}\left(\frac{A}{H}\right)^2\left(\frac{x^2}{A^2}-1\right)\left(\frac{y^2}{A^2}-1\right)^2 \cdot x \\ v(x,y) &= \frac{-49p(1-\mu^2)}{96E}\left(\frac{A}{H}\right)^2\left(\frac{x^2}{A^2}-1\right)^2\left(\frac{y^2}{A^2}-1\right) \cdot y \end{aligned}\right\} \quad (3.3.65)$$

均布压力引起的方平膜片上表面应变和应力（Pa）分别为

$$\left.\begin{aligned} \varepsilon_x &= \frac{-49p(1-\mu^2)}{96E}\left(\frac{A}{H}\right)^2\left(\frac{3x^2}{A^2}-1\right)\left(\frac{y^2}{A^2}-1\right)^2 \\ \varepsilon_y &= \frac{-49p(1-\mu^2)}{96E}\left(\frac{A}{H}\right)^2\left(\frac{3y^2}{A^2}-1\right)\left(\frac{x^2}{A^2}-1\right)^2 \\ \varepsilon_{xy} &= \frac{-49p(1-\mu^2)}{12E}\left(\frac{A}{H}\right)^2\left(\frac{x^2}{A^2}-1\right)\left(\frac{y^2}{A^2}-1\right)\cdot\frac{xy}{A^2} \end{aligned}\right\} \quad (3.3.66)$$

$$\left.\begin{aligned} \sigma_x &= \frac{-49p}{96}\left(\frac{A}{H}\right)^2\left[\left(\frac{3x^2}{A^2}-1\right)\left(\frac{y^2}{A^2}-1\right)^2 + \mu\left(\frac{x^2}{A^2}-1\right)^2\left(\frac{3y^2}{A^2}-1\right)\right] \\ \sigma_y &= \frac{-49p}{96}\left(\frac{A}{H}\right)^2\left[\left(\frac{3y^2}{A^2}-1\right)\left(\frac{x^2}{A^2}-1\right)^2 + \mu\left(\frac{y^2}{A^2}-1\right)^2\left(\frac{3x^2}{A^2}-1\right)\right] \\ \sigma_{xy} &= \frac{-49(1-\mu)p}{24}\cdot\left(\frac{A}{H}\right)^2\left(\frac{x^2}{A^2}-1\right)\left(\frac{y^2}{A^2}-1\right)\cdot\frac{xy}{A^2} \end{aligned}\right\} \quad (3.3.67)$$

均布压力引起的方平膜片的法向位移、上表面沿坐标轴线方向分布的正应变 $\varepsilon_x(y=0)$ 和 $\varepsilon_y(y=0)$（相当于 $\varepsilon_x(x=0)$）与正应力 $\sigma_x(y=0)$ 和 $\sigma_y(y=0)$（相当于 $\sigma_x(x=0)$）分别如图 3.3.13、图 3.3.14 和图 3.3.15 所示。

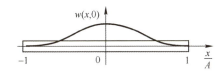

▼ 图 3.3.13　周边固支方平膜片法向位移示意图

方平膜片的弯曲振动的基频（Hz）为

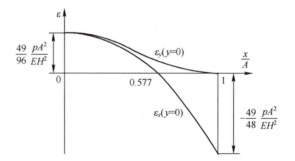

▼ 图 3.3.14 周边固支方平膜片上表面应变示意图

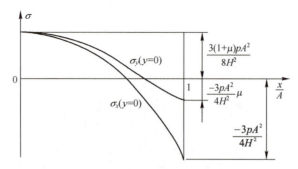

▼ 图 3.3.15 周边固支方平膜片上表面应力示意图

$$f_{S,B1} \approx \frac{0.413H}{A^2}\sqrt{\frac{E}{\rho(1-\mu^2)}} \quad (3.3.68)$$

载荷较大时方形平膜片产生大挠度变形。采用变分法可以得到方形膜片正中心处最大法向位移与厚度之比 $\overline{W}_{S,max}$ 的近似解析方程

$$p - \frac{3.9184E}{(1-\mu^2)}\left(\frac{H}{A}\right)^4\left[\overline{W}_{S,max} + \frac{6.3948+0.3854\mu-1.4424\mu^2}{9.1496-0.2715\mu}(\overline{W}_{S,max})^3\right] = 0$$

(3.3.69)

或

$$\frac{0.2552(1-\mu^2)}{E}\left(\frac{A}{H}\right)^4 p - \overline{W}_{S,max} - \frac{6.3948+0.3854\mu-1.4424\mu^2}{9.1496-0.2715\mu}(\overline{W}_{S,max})^3 = 0$$

(3.3.70)

3.3.7 周边固支波纹膜片

(1) 基本描述。

周边固支波纹膜片（corrugated diaphragm）如图 3.3.16 所示，R、h

（图中未给出）和 H 分别为波纹膜片的半径（m）、膜厚（m）和波深（m）；E、μ、ρ 分别为材料的杨氏模量（Pa）、泊松比和密度（kg/m³）。

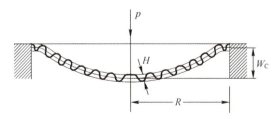

图 3.3.16 周边固支波纹膜片的结构示意图

（2）边界条件。

周边（$r=R$）固支。

（3）受力状态。

在膜片的下表面作用有均布压力 p（Pa）或在中心作用有集中力 F（N）。

（4）基本结论。

考虑小挠度情况，波纹膜片中心位移 W_C（m）与均布压力 p 的关系为

$$W_C = \frac{1}{A_p} \cdot \frac{pR^4}{Eh^3} \tag{3.3.71}$$

式中 A_p——波纹膜片无量纲弹性系数，$A_p = \frac{2(3+q)(1+q)}{3(1-\mu^2/q^2)}$；

q——波纹膜片的形面因子，$q = \sqrt{1+1.5\frac{H^2}{h^2}}$。

考虑小挠度情况，波纹膜片中心位移 W_C（m）与作用于膜片中心集中力 F 的关系为

$$W_C = \frac{1}{A_F} \cdot \frac{FR^2}{\pi Eh^3} \tag{3.3.72}$$

式中 A_F——波纹膜片无量纲弯曲力系数，$A_F = \frac{(1+q)^2}{3(1-\mu^2/q^2)}$。

波纹膜片的等效面积（m²）为

$$A_{eq} = \frac{1+q}{2(3+q)} \pi R^2 \tag{3.3.73}$$

均布压力 p 与作用于膜片中心的等效集中力 F_{eq} 之间的关系为

$$F_{eq} = A_{eq} p \tag{3.3.74}$$

波纹膜片弯曲振动的基频（Hz）为

$$f_{C,B1} \approx \frac{0.203h}{R^2}\sqrt{\frac{EA_p}{\rho}} \qquad (3.3.75)$$

3.3.8　E形圆膜片

（1）基本描述。

E形圆膜片（E-type round diaphragm）如图3.3.17所示，R_1、R_2、H分别为内、外半径（m）和膜片的厚度（m）；E和μ分别为材料的杨氏模量（Pa）和泊松比。

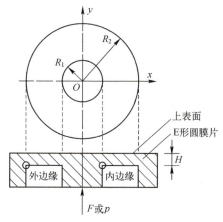

图3.3.17　E形圆膜片结构示意图

（2）边界条件。

外半径周边固支（$r=R_2$）。

（3）受力状态。

在E形圆膜片轴向作用有集中力F（N）或在E形圆膜片下表面作用有均布压力p（Pa）。

（4）基本结论。

作用于E形圆膜片的硬中心处的轴向集中力F与膜片法向位移（m）的关系为

$$w(r)=\frac{3F(1-\mu^2)R_2^2}{4\pi EH^3}[R^2(2\ln R-B-1)+2B\ln R+B+1] \qquad (3.3.76)$$

$$\overline{W}_{\text{EF,max}} = \frac{3F(1-\mu^2)R_2^2}{4\pi EH^4}[1-K^2+2B\ln K] \tag{3.3.77}$$

$$R = \frac{r}{R_2}$$

$$B = \frac{-2K^2\ln K}{1-K^2}$$

$$K = \frac{R_1}{R_2}$$

式中 $\overline{W}_{\text{EF,max}}$——轴向集中力 F 作用下的 E 形圆膜片最大法向位移与其厚度的比值。

轴向集中力引起的 E 形圆膜片上表面的径向位移（m）为

$$u(r) = \frac{-3F(1-\mu^2)R_2}{4\pi EH^2}\left(2R\ln R - BR + \frac{B}{R}\right) \tag{3.3.78}$$

轴向集中力引起的 E 型圆膜片上表面的应变、应力（Pa）分别为

$$\left.\begin{aligned}\varepsilon_r &= \frac{-3F(1-\mu^2)}{4\pi EH^2}\left(2\ln R + 2 - B - \frac{B}{R^2}\right) \\ \varepsilon_\theta &= \frac{-3F(1-\mu^2)}{4\pi EH^2}\left(2\ln R - B + \frac{B}{R^2}\right)\end{aligned}\right\} \tag{3.3.79}$$

$$\left.\begin{aligned}\sigma_r &= \frac{-3F}{4\pi H^2}\left[\left(2\ln R + 2 - B - \frac{B}{R^2}\right) + \left(2\ln R - B + \frac{B}{R^2}\right)\mu\right] \\ \sigma_\theta &= \frac{-3F}{4\pi H^2}\left[\left(2\ln R + 2 - B - \frac{B}{R^2}\right)\mu + \left(2\ln R - B + \frac{B}{R^2}\right)\right]\end{aligned}\right\} \tag{3.3.80}$$

作用于 E 形圆膜片下表面的均布压力引起的膜片法向位移（m）为

$$w(r) = \frac{3p(1-\mu^2)R_2^4}{16EH^3}[R^4 - 2(1+K^2)R^2 + 4K^2\ln R + (1+2K^2)] \tag{3.3.81}$$

$$\overline{W}_{\text{EP,max}} = \frac{3p(1-\mu^2)}{16E}\left(\frac{R_2}{H}\right)^4[1-K^4+4K^2\ln K] \tag{3.3.82}$$

式中 $\overline{W}_{\text{EP,max}}$——均布压力 p 作用下的 E 形圆膜片最大法向位移与其厚度的比值。

均布压力引起的 E 形圆膜片上表面的径向位移（m）为

$$u(r) = \frac{-3p(1-\mu^2)R_2^3}{8EH^2}\left(R^3 - R - RK^2 + \frac{K^2}{R}\right) \tag{3.3.83}$$

均布压力引起的 E 形圆膜片上表面的应变、应力（Pa）分别为

$$\left.\begin{array}{l}\varepsilon_r = \dfrac{-3p(1-\mu^2)R_2^2}{8EH^2}\left(3R^2-1-K^2-\dfrac{K^2}{R^2}\right)\\[2mm] \varepsilon_\theta = \dfrac{-3p(1-\mu^2)R_2^2}{8EH^2}\left(R^2-1-K^2+\dfrac{K^2}{R^2}\right)\\[2mm] \varepsilon_{r\theta}=0\end{array}\right\} \quad (3.3.84)$$

$$\left.\begin{array}{l}\sigma_r = \dfrac{-3pR_2^2}{8H^2}\left[(3+\mu)R^2-(1+\mu)(K^2+1)-\dfrac{(1-\mu)K^2}{R^2}\right]\\[2mm] \sigma_\theta = \dfrac{-3pR_2^2}{8H^2}\left[(1+3\mu)R^2-(1+\mu)(K^2+1)+\dfrac{(1-\mu)K^2}{R^2}\right]\\[2mm] \sigma_{r\theta}=0\end{array}\right\} \quad (3.3.85)$$

E 形圆膜片与圆平膜片相比，具有应力集中、特性设计较灵活的特点。对于承受均布压力的 E 形圆膜片，其径向应变 ε_r 与应力径向 σ_r（Pa）沿着径向分布比较均匀，而且有

$$\varepsilon_r(R_2)=-\varepsilon_r(R_1)=\frac{-3p(1-\mu^2)(1-K^2)}{4E}\left(\frac{R_2}{H}\right)^2 \quad (3.3.86)$$

$$\sigma_r(R_2)=-\sigma_r(R_1)=\frac{-3p(1-K^2)}{4H^2}\left(\frac{R_2}{H}\right)^2 \quad (3.3.87)$$

利用式 (3.2.14)、式 (3.2.15) 和式 (3.3.84) 可以分析 E 形圆膜片上表面任意一点处，任意方向的正应变、切应变；利用式 (3.2.17)、式 (3.2.18) 和式 (3.3.85) 可以分析 E 形圆膜片上表面任意一点处和任意方向的正应力、切应力。

为了掌握 E 形圆膜片在受到集中力与均布压力时的静力学特性，特针对具体结构参数给出其法向位移曲线、应变曲线和应力曲线。

算例 1 由硅材料制成且受集中力的 E 形圆膜片的有关参数为 $E=1.3\times10^{11}\text{Pa}$，$\mu=0.18$，$R_2=2.5\times10^{-3}\text{m}$，$R_1=1\times10^{-3}\text{m}$，$H=42\times10^{-6}\text{m}$。在集中力 $F=0.1N$ 时，E 形膜片的法向位移 $w(r)$ 以及上表面的应变、上表面的应力曲线如图 3.3.18、图 3.3.19 和图 3.3.20 所示。

算例 2 由硅材料制成且受集中力的 E 形圆膜片的膜厚 $H=126\times10^{-6}\text{m}$，其他参数同上。在均布压力 $P=10^5\text{Pa}$ 时，E 形膜片的法向位移 $w(r)$ 以及上表面的应变、上表面的应力曲线如图 3.3.21、图 3.3.22 和图 3.3.23 所示。

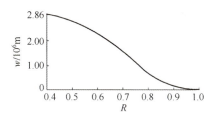

图 3.3.18　集中力作用下 E 形圆膜片法向位移曲线

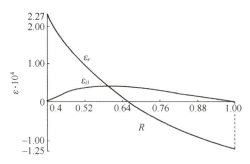

图 3.3.19　集中力作用下 E 形圆膜片应变曲线

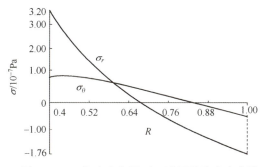

图 3.3.20　集中力作用下 E 形圆膜片应力曲线

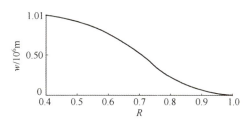

图 3.3.21　均布压力作用下 E 形圆膜片法向位移曲线

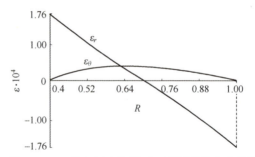

▼ 图 3.3.22　均布压力作用下 E 形圆膜片应变曲线

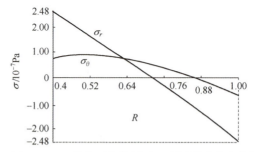

▼ 图 3.3.23　均布压力作用下 E 形圆膜片应力曲线

3.3.9　用于压力测量的薄壁圆柱壳体

（1）基本描述。

薄壁圆柱壳体（cylindrical shell）如图 3.3.24 所示，L、R、h 分别为长度（m）、中柱面半径（m）和壁厚度（m）；E、μ、ρ 分别为材料的杨氏模量（Pa）、泊松比和密度（kg/m³）。

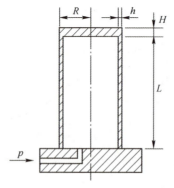

▼ 图 3.3.24　薄壁圆柱壳体结构示意图

(2) 边界条件。

一端周边固支($x=0$),一端有封闭顶盖($x=L$),顶盖厚H。

(3) 受力状态。

圆柱壳体内部作用有均布压力p(Pa)。

(4) 基本结论。

基于图 3.3.25,均布压力引起的圆柱壳体轴向拉伸应变、环向拉伸应变;以及轴向拉伸应力(Pa)、环向拉伸应力(Pa)分别为

$$\left. \begin{array}{l} \varepsilon_x = \dfrac{pR(1-2\mu)}{2Eh} \\ \varepsilon_\theta = \dfrac{pR(2-\mu)}{2Eh} \end{array} \right\} \quad (3.3.88)$$

$$\left. \begin{array}{l} \sigma_x = \dfrac{pR}{2h} \\ \sigma_\theta = \dfrac{pR}{h} \end{array} \right\} \quad (3.3.89)$$

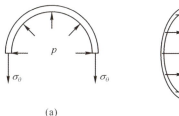
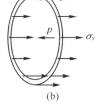

图 3.3.25 均布压力 p 引起的圆柱壳体的应力
(a) 环向拉伸应力;(b) 轴向拉伸应力。

均布压力引起的环向拉伸应力是轴向拉伸应力的 2 倍;而 $\varepsilon_\theta/\varepsilon_x = (2-\mu)/(1-2\mu)$,当 $\mu=0.3$ 时,$\varepsilon_\theta/\varepsilon_x = 4.25$,即环向应变较轴向应变大得多。

由式(3.3.88),利用式(3.2.16)与式(3.2.17)可得:与圆柱壳轴线方向成 β 角的正应变和切应变分别为

$$\varepsilon_\beta = \dfrac{pR}{2Eh}(1-\mu+\sin^2\beta-\mu\cos^2\beta) \quad (3.3.90)$$

$$\gamma_\beta = \dfrac{pR(1+\mu)}{2Eh}\sin2\beta \quad (3.3.91)$$

作用于薄壁圆柱壳体内的压力与所对应的固有频率间的关系相当复杂,这里给出一个近似计算公式:

$$f_{nm}(p) = f_{nm}(0)\sqrt{1+C_{nm}p} \qquad (3.3.92)$$

$$f_{nm}(0) = \frac{1}{2\pi}\sqrt{\frac{E}{\rho R^2(1-\mu^2)}}\sqrt{\Omega_{nm}} \qquad (3.3.93)$$

$$\Omega_{nm} = \frac{(1-\mu)^2 \lambda^4}{(\lambda^2+n^2)^2} + \alpha(\lambda^2+n^2)^2 \qquad (3.3.94)$$

$$C_{nm} = \frac{0.5\lambda^2 + n^2}{4\pi^2 f_{nm}^2(0)\rho Rh} \qquad (3.3.95)$$

$$\lambda = \frac{\pi R m}{L}$$

$$\alpha = \frac{h^2}{12R^2}$$

式中 $f_{nm}(0)$、$f_{nm}(p)$——压力分别为零和 p 时圆柱壳体的固有频率（Hz）；

m, n——振型沿圆柱壳体母线方向的半波数（$m \geq 1$）和沿圆周方向的整波数（$n \geq 2$）；

C_{nm}——与圆柱壳体材料、物理参数和振动振型波数等有关的系数（Pa^{-1}）。

关于振型沿圆柱壳体圆周方向的整波数 n 与沿圆柱壳体母线方向的半波数 m 的说明如图 3.3.26 所示。

3.3.10 顶端开口的圆柱壳

（1）基本描述。

图 3.3.27 为用于角速度测量的顶端开口、底端约束的圆柱壳结构示意图，L、L_0、r、h 分别为圆柱壳有效长度（m）、底端厚度（m）、中柱面半径（m）和壁厚（m）；E、μ、ρ 分别为材料的杨氏模量（Pa）、泊松比和密度（kg/m³）。

（2）边界条件。

底端周边固支（$x=0$），顶端开口。

（3）工作状态。

圆柱壳体用来敏感绕中心轴的角速度。

（4）基本结论。

该结构的圆柱壳，其环向波数为 n 的对称振型可写为

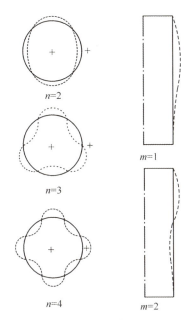

图 3.3.26 薄壁圆柱壳体振型分布示意图

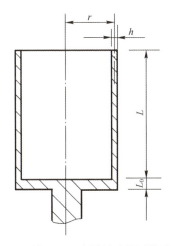

图 3.3.27 顶端开口、底端约束的圆柱壳结构示意图

$$\left.\begin{array}{l} u = u(s)\cos n\theta\cos\omega t \\ v = v(s)\sin n\theta\cos\omega t \\ w = w(s)\cos n\theta\cos\omega t \end{array}\right\} \quad (3.3.96)$$

式中 $n(s)$、$v(s)$、$w(s)$——沿圆柱壳轴线方向分布的振型;

ω——相应的固有角频率（rad/s）。

$$\left.\begin{aligned} u(s) &= A \\ v(s) &= \frac{Ans}{r} \\ w(s) &= -n\frac{An^2 s}{r} \end{aligned}\right\} \tag{3.3.97}$$

$$\omega^2 = \frac{n^2(n^2-1)^2 \left[\dfrac{n^2 L^2}{3r^2} + 2(1-\mu)\right] Eh^2}{12\rho(1-\mu^2)\left[1 + \dfrac{n^2(n^2+1)L^2}{3r^2}\right] r^4} \tag{3.3.98}$$

当 $L^2/r^2 \gg 1$ 时，式（3.3.98）变为

$$\omega^2 = \frac{n^2(n^2-1)^2 Eh^2}{12\rho(1-\mu^2)(n^2+1)r^4} \tag{3.3.99}$$

3.3.11 顶端开口的半球壳

（1）基本描述。

图 3.3.28 为用于角速度测量的顶端开口、底端约束半球壳结构示意图，R 和 h 分别为壳体中球面半径（m）和壁厚（m）；壳体两端的边界角分别为 φ_0 和 φ_F，其中 φ_0 由支承杆的半径 R_d 和球半径 R 决定，φ_F 一般取 90°；E、μ、ρ 分别为材料的杨氏模量（Pa）、泊松比和密度（kg/m³）。

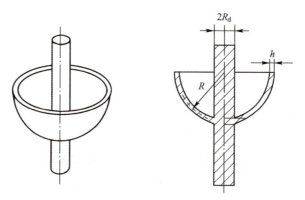

图 3.3.28 顶端开口、底端约束的半球壳结构示意图

（2）边界条件。

底端固支（φ_0），顶端开口（φ_F）。

(3) 工作状态。

半球壳体用来敏感绕中心轴的角速度。

(4) 基本结论。

半球壳不旋转时,其环向波数 n 的对数振型为

$$\left.\begin{array}{l} u = u(\varphi)\cos n\theta\cos\omega t \\ v = v(\varphi)\sin n\theta\cos\omega t \\ w = w(\varphi)\cos n\theta\cos\omega t \end{array}\right\} \quad (3.3.100)$$

式中　$u(\varphi)$、$v(\varphi)$、$w(\varphi)$——沿轴线方向的振型;

　　　ω——相应的固有角频率(rad/s)。

$$\left.\begin{array}{l} u(\varphi) = v(\varphi) = C_1\sin\varphi\tan^n\dfrac{\varphi}{2} \\ w(\varphi) = -C_1(n+\cos\varphi)\tan^n\dfrac{\varphi}{2} \end{array}\right\} \quad (3.3.101)$$

$$\omega^2 = \frac{E}{R^2(1+\mu)\rho} \cdot \frac{h^2}{12R^2} \cdot 4n^2(n^2-1)^2 \frac{I(n)}{J(n)} \quad (3.3.102)$$

$$I(n) = \int_{\varphi_0}^{\varphi_F} \frac{\tan^{2n}\dfrac{\varphi}{2}}{\sin^3\varphi} \mathrm{d}\varphi$$

$$J(n) = \int_{\varphi_0}^{\varphi_F} (n^2 + 1 + \sin^2\varphi + 2n\cos\varphi)\sin\varphi\tan^{2n}\dfrac{\varphi}{2}\mathrm{d}\varphi$$

3.3.12　弹簧管(包端管)

弹簧管又称包端管(Bourdon tube),通常是弯成 C 形的空心管子。管子端面多为椭圆形或扁圆形。管子一端封住,作为自由端(又称测量端);管子另一端开口,引入压力,作为固定端。在压力作用下,管截面将趋于圆形,从而使 C 形管趋于变直。这提供了利用弹簧管自由端位移测量压力的条件。

(1) 基本描述。

C 形弹簧管的结构及截面形状如图 3.3.29 所示。其中对于椭圆形截面的弹簧管,a、b、h(图中未给出) 分别为弹簧管的长半轴(m)、短半轴(m)和壁厚(m);R 和 γ 分别为弹簧管的曲率半径(m)和中心角;E 和 μ 分别为材料的杨氏模量(Pa)和泊松比。

(2) 边界条件。

一端固定,一端自由。

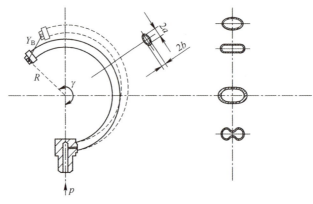

图 3.3.29　C 形弹簧管结构示意图

(3) 受力状态。

弹簧管内作用有压力 p（Pa）。

(4) 基本结论。

线性范围内，弹簧管自由端位移 Y_B（m）与所加压力 p 的关系为

$$Y_B = C_B \frac{p(1-\mu^2)}{E} \cdot \frac{R^3}{bh} \qquad (3.3.103)$$

式中　C_B——与弹簧管几何结构参数有关的一个修正系数，通常可由试验结果给出经验值。

3.3.13　波纹管

波纹管（bellow）是一种外圆柱面上有多个波纹（皱褶）的薄壁管状弹性敏感元件，主要通过测量其轴向（高度方向）的位移来感受管内压力或管外所加的集中力。

(1) 基本描述。

如图 3.3.30 所示，R_1、R_2、R、h（图中未给出）分别为波纹管的内半径（m）、外半径（m）、波纹（皱褶）圆弧半径（m）和壁厚（m）；n 和 α 分别为波纹管的波纹数和波纹的斜角（即波纹平面与水平面的夹角）；E 和 μ 分别为材料的杨氏模量（Pa）和泊松比。

(2) 边界条件。

一端固定，一端自由。

(3) 受力状态。

在波纹管轴向作用有集中力 F（N）或在波纹管内作用有均布压力 p（Pa）。

第3章 基本弹性敏感元件的力学特性

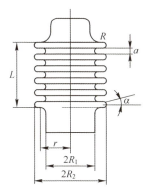

图 3.3.30 波纹管结构示意图

(4) 基本结论。

线性范围内,波纹管轴向位移 W_C(m)与所受到的轴向集中力 F 的关系可以描述为

$$W_C = C_C \frac{nF(1-\mu^2)}{E} \cdot \frac{R_2^2}{h^3} \quad (3.3.104)$$

式中 C_C——与波纹管几何结构参数有关的一个修正系数,通常可由试验结果给出经验值。

波纹管的有效面积为

$$A_{eq} = \frac{\pi}{4}(R_1+R_2)^2 \quad (3.3.105)$$

线性范围内,波纹管轴向位移 W_C(m)与内部作用的压力 p 的关系可以描述为

$$W_C = C_C \frac{npA_{eq}(1-\mu^2)}{E} \cdot \frac{R_2^2}{h^3} \quad (3.3.106)$$

3.4 弹性敏感元件的材料

弹性敏感元件的材料对于其性能有着极其重要的影响。对弹性材料的一般要求如下:

(1) 具有良好的机械性能,如强度高、抗冲击韧性好、疲劳强度高等;具有良好的机械加工与热处理性能。

(2) 具有良好的弹性性能,弹性极限高、弹性滞后、弹性后效和弹性蠕

变要小。

（3）具有良好的温度特性，杨氏模量的温度系数要小且稳定；材料的线膨胀系数要小且稳定；材料的热应变系数要小且稳定。

（4）具有良好的化学性能，抗氧化性和抗腐蚀性要好。

弹性敏感元件的材料主要有精密合金、半导体硅材料、石英晶体材料、精密陶瓷材料以及复合材料等。表3.4.1给出了常用弹性材料的主要性能及应用说明。

表3.4.1 常用弹性材料的主要性能及应用说明

材料名称	铁镍恒弹合金	锰弹簧钢	不锈钢	铍青铜	单晶硅	熔凝石英	压电陶瓷
牌号	3J53	65Mn	1Cr18Ni9Ti	QBe2	<100>Si		PZT-5
主要化学成分	Ni42.2, Cr5.2, Ti 2.5, C<0.06, Mn, S, Al 各0.4[①]	Si 0.17~0.37, C0.90~1.20, Mn 0.62~0.70, 其余为Fe	C 0.14, Mn2.0, Si 0.8, Cr17~20, Ni 8~11, 其余为Fe	Be1.9~2.2, Ni0.20~0.50, 其余为Cu	Si	SiO_2	锆钛酸铅
杨氏模量（kMPa）	196	200	200	135	130	73	117
密度×（$10^3 kg/m^3$）	7.80	7.81	7.85	8.23	2.33	2.50	7.50
泊松比	0.3	0.3	0.3	0.3	0.278	0.17~0.19	
线膨胀系数（$\times 10^{-6}/℃$）	<8	11	16.6	16.6	2.33	0.50	
抗拉强度（MPa）	1000	1000	550	1250			
屈服点（MPa）	800	800	200	1150	7000	8400	
应用说明	谐振式敏感元件、振筒、振膜	普通精度的弹性敏感元件	弹性稳定性好、高温工作	高精度、高强度	硅微机械传感器	高精密、高稳定性	高机电转换率的压电换能器

① Ni42.2, Cr5.2, Ti2.5, C<0.06, Mn, S, Al 各0.4 表示：Ni 含42.2%, Cr 含 5.2%, Ti 含 2.5%, C<0.06%, Mn, S, Al 各含 0.4%。

第二部分

机械量传感器基本测量原理

第 4 章

热电阻

物质的电阻率随温度变化的物理现象称为热阻效应。实用中主要有金属热电阻（thermal resistor）和半导体热敏电阻（semiconductor thermal resistor）两大类。

4.1 金属热电阻

大多数金属的电阻随温度的升高而增加。其原因是：温度增加时，自由电子的动能增加，这样改变自由电子的运动方式，使之做定向运动所需要的能量增加。反映在电阻上，阻值就会增加，可以描述为

$$R_t = R_0[1+\alpha(t-t_0)] \tag{4.1.1}$$

式中　R_0、R_t——分别为温度 t_0 和 t（℃）时的电阻值（Ω）；

　　　α——热电阻的电阻温度系数（1/℃），表示单位温度引起的电阻相对变化，通常在 0.3~0.6%/℃ 之间。

1. 电阻材料特性要求

用于金属热电阻的材料应该满足以下条件：

（1）电阻温度系数 α 要大且保持常数；

（2）电阻率 ρ 要大，以减少热电阻的体积，减小热惯性；

（3）使用温度范围内，材料的物理、化学特性要保持稳定；

（4）生产成本要低，便于工艺实现。

常用的金属材料有：铂、铜、镍等。

2. 铂热电阻

铂热电阻是最佳的金属热电阻。其主要优点：物理、化学性能非常稳定，特别是耐氧化能力很强，在很宽的温度范围内（1200℃以下）都能保持上述特性；电阻率较高，易于加工，可以制成非常薄的铂箔或极细的铂丝等；其主要缺点：电阻温度系数较小，成本较高，在还原性介质中易变脆等。

在实际应用中，可以利用如下模型来描述铂热电阻与温度之间的关系：

在 $-200 \sim 0℃$ 时

$$R_t = R_0 [1 + At + Bt^2 + C(t-100)t^3] \quad (4.1.2)$$

在 $0 \sim 850℃$ 时

$$R_t = R_0 [1 + At + Bt^2] \quad (4.1.3)$$

式中　R_0、R_t——温度为 0℃ 和 t（℃）时铂热电阻的电阻值（Ω）；

系数 A，B，C 分别为 $A = 3.96847 \times 10^{-3}(℃)^{-1}$，$B = -5.847 \times 10^{-7}(℃)^{-2}$，$C = -4.22 \times 10^{-12}(℃)^{-4}$。

我国常用的标准化铂热电阻主要有 Pt50、Pt100 和 Pt300。

3. 铜热电阻

铜热电阻也是一种常用的金属热电阻。主要用于测量精度要求不高而且测量温度较低的场合（如 $-50 \sim 150℃$）。其电阻温度系数较铂热电阻大，容易提纯，价格低廉。其主要缺点是电阻率较小，约为铂热电阻的 1/5.8，因而铜热电阻的电阻丝细而且长，机械强度较低，体积较大。此外铜热电阻易被氧化，不宜在侵蚀性介质中使用。

温度在 $-50 \sim 150℃$ 范围内，铜热电阻与温度之间的关系如下：

$$R_t = R_0 [1 + At + Bt^2 + Ct^3] \quad (4.1.4)$$

式中　R_0、R_t——温度为 0℃ 和 t（℃）时铜热电阻的电阻值（Ω）；

系数 A、B、C 分别为 $A = 4.28899 \times 10^{-3}(℃)^{-1}$，$B = -2.133 \times 10^{-7}(℃)^{-2}$，$C = 1.233 \times 10^{-9}(℃)^{-3}$。

我国生产的铜热电阻初始电阻 R_0 主要有 50Ω 和 100Ω 两种，即 Cu50 和 Cu100。

4. 热电阻的结构

热电阻主要由金属电阻丝绕制而成，为了避免通过交流电时产生感抗，或有交变磁场时产生感应电动势，在绕制热电阻时要采用双线无感绕制法。这样，通过这两股导线的电流方向相反，使其产生的磁通相互抵消。图 4.1.1

和图 4.1.2 分别给出了铂热电阻和铜热电阻的结构示意图。需要指出，为提高铜热电阻的性能，引入了补偿线阻。

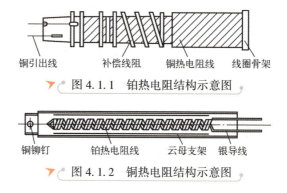

▼ 图 4.1.1　铂热电阻结构示意图

▼ 图 4.1.2　铜热电阻结构示意图

4.2　半导体热敏电阻

半导体中参与导电的载流子的密度要比金属中的自由电子的密度小得多，所以半导体的电阻率远大于金属电阻。随着温度升高，一方面，半导体中的价电子受热激发跃迁到较高能级而产生的新的电子-空穴对增加，表现出电阻率减小；另一方面，半导体中的载流子的平均运动速度升高，表现出电阻率增大。因此，半导体热敏电阻有多种类型。

1. 半导体热敏电阻类型

半导体热敏电阻有三种类型，即负温度系数（negative temperature coefficient，NTC）热敏电阻、正温度系数（positive temperature coefficient，PTC）热敏电阻和在某一特定温度下电阻值发生突然变化的临界温度电阻器（critical temperature resistor，CTR），如图 4.2.1 所示。

负温度系数热敏电阻的电阻率随温度的升高而均匀地减小。它采用负温度系数很大的固体多晶半导体氧化物的混合物制成。如用铜、铁、铝、锰、钴、镍、铼等氧化物，取其中 2~4 种，按一定比例混合烧结而成。改变其氧化物的成分和比例，可以得到不同测温范围、阻值和温度系数的 NTC 热敏电阻。

正温度系数热敏电阻的电阻率随温度的升高而增加，且当超过某一温度后急剧增加。这种电阻材料都是半导体陶瓷材料，亦称 PTC 铁电半导体陶瓷，由强电介质钛酸钡掺杂铝或锶部分取代钡离子的方法制成。改变掺杂量，可以调节 PTC 热敏电阻的使用温度范围。

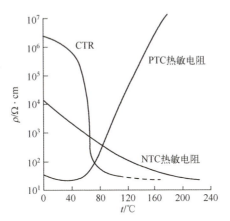

▶ 图 4.2.1 半导体热敏电阻的温度特性曲线

临界（CTR）热敏电阻当温度升高接近某一温度（如 68℃）时，电阻率大大下降，产生突变。这种热敏电阻通常由钒、钡、磷和硫化银系混合氧化物烧结而成。

PTC 热敏电阻和 CTR 随温度变化的特性为剧变型，适合在某一较窄的温度范围内用作温度开关或监测元件；而 NTC 热敏电阻随温度变化的特性为缓变型，适合在稍宽的温度范围内用作温度测量元件，也是目前使用最多的热敏电阻。

2. 负温度系数半导体热敏电阻的热电特性

NTC 热敏电阻的阻值与温度的关系近似符合指数规律，可以写为

$$R_t = R_0 e^{B(1/T - 1/T_0)} \qquad (4.2.1)$$

式中　T——被测温度（K），$T = t + 273.15$；

T_0——参考温度（K），$T_0 = t_0 + 273.15$；

R_0、R_t——温度分别为 $T_0(\text{K})$ 和 $T(\text{K})$ 时热敏电阻的电阻值（Ω）；

B——热敏电阻的材料常数（K），通常由实验获得，一般在 2000 ~ 6000K。

热敏电阻随温度变化的程度远高于金属电阻随温度变化的程度。

3. 半导体热敏电阻的伏安特性

伏安特性是指加在热敏电阻两端的电压 U 与流过热敏电阻的电流 I 之间的关系，即

$$U = f(I) \qquad (4.2.2)$$

图4.2.2所示为热敏电阻的典型伏安特性。当流过热敏电阻的电流（或功率）很小时，热敏电阻的伏安特性符合欧姆定律，即图中曲线的线性段。当电流较大时，热敏电阻自身产生较明显的温度升高，即自热，从而影响热敏电阻的阻值。特别对于NTC热敏电阻，自热使电阻减小，导致端电压下降；而且电流越大，这种自热引起的电阻减小的效应越明显。因此，在使用热敏电阻时，应尽量减小通过热敏电阻的电流（或功率）。

热敏电阻具有电阻温度系数大、体积小、结构简单、便于制成不同形状的优点，广泛用于点温、表面温度、温差和温度场的测量中。其主要缺点是同一型号产品的特性和参数差别较大，互换性较差；而且热敏电阻的灵敏度变化较大，给使用带来一定不便。

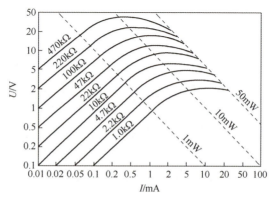

图4.2.2 热敏电阻的典型伏安特性

第 5 章

电位器式传感器

5.1 基本结构与功能

电位器（potentiometer）是一种将机械位移转换为电阻阻值变化的变换元件，主要包括电阻元件和电刷（滑动触点），如图 5.1.1 所示。依不同应用场合，电位器用作变阻器或分压器，如图 5.1.2 所示。

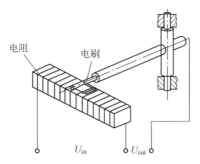

▶ 图 5.1.1 电位器基本结构

电位器的主要优点：测量范围宽、输出信号强、结构简单、参数设计灵活、输出特性稳定、可以实现线性和较为复杂的特性、受环境因素影响小、成本低等。其不足主要是触点处始终存在摩擦和损耗。由于有摩擦，就要求电位器有比较大的输入功率，否则就会降低电位器的性能。由于有摩擦和损耗，就会影响电位器的可靠性和寿命，也会降低电位器的动态性能。

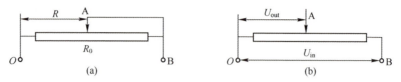

图 5.1.2　用作变阻器或分压器的电位器
（a）变阻器；（b）分压器。

5.2　线绕式电位器的特性

5.2.1　灵敏度

图 5.2.1 所示为线绕式电位器（wire-wound potentiometer）的结构示意图，骨架为矩形截面。在电位器的 x 处，骨架宽和高分别为 $b(x)$ 和 $h(x)$，每匝长度为 $2[b(x)+h(x)]$；所绕导线截面积为 $S(x)$，电阻率为 $\rho(x)$，匝与匝之间距离（定义为节距）为 $t(x)$；则在 Δx 微段上有 $\Delta x/t(x)$ 匝导线，长度为 $2[b(x)+h(x)]\Delta x/t(x)$，其电阻为

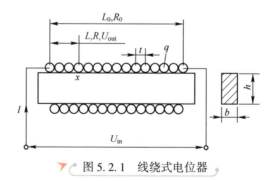

图 5.2.1　线绕式电位器

$$\Delta R(x) = 2[b(x)+h(x)]\frac{\Delta x}{t(x)} \cdot \frac{\rho(x)}{S(x)} = 2[b(x)+h(x)]\frac{\rho(x)}{S(x)t(x)}\Delta x$$

(5.2.1)

电位器的电阻灵敏度（Ω/m）为

$$\frac{\Delta R(x)}{\Delta x} = \frac{2[b(x)+h(x)]\rho(x)}{S(x)t(x)} \qquad (5.2.2)$$

若 I 为通过电位器的电流（A），则电压灵敏度（V/m）为

$$\frac{\Delta U(x)}{\Delta x} = \frac{\Delta R(x)}{\Delta x}I = \frac{2[b(x)+h(x)]\rho(x)}{S(x)t(x)}I \qquad (5.2.3)$$

5.2.2 阶梯特性和阶梯误差

对于线绕式电位器，电刷与导线的接触以一匝一匝为单位移动，因此电位器输出特性是一条如阶梯形状的折线。电刷每移动一个节距，输出电阻或输出电压都有一个微小的跳跃。当电位器有 W 匝时，其特性有 W 次跳跃，如图 5.2.2 所示。

线绕式电位器的阶梯特性带来的误差称为阶梯误差，可以用理想阶梯特性折线与理论参考输出特性之间的最大偏差同最大输出比值的百分数表示。对于总匝数 W、总电阻 R 的线性电位器，其阶梯误差为

$$\xi_S = \frac{R/(2W)}{R} = \frac{1}{2W} \times 100\% \qquad (5.2.4)$$

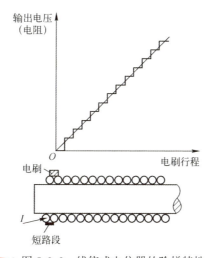

▼ 图 5.2.2 线绕式电位器的阶梯特性

5.2.3 分辨率

由电位器的阶梯特性带来的分辨率为

$$r_S = \frac{R/W}{R} = \frac{1}{W} \times 100\% \qquad (5.2.5)$$

线绕式电位器特性稳定，易于实现所要求的变换特性；但也存在着阶梯误差、分辨率低等原理误差，也决定着线绕式电位器的综合误差。减少阶梯误差、提高分辨率和测量精度的主要方式就是增加总匝数 W。此外电位器耐磨性差、寿命短、功耗大。

5.3 非线性电位器

5.3.1 功用

非线性电位器的主要功用如下：
（1）获得所需要的非线性输出，以满足测控系统的一些特殊要求；
（2）由于测量系统中有些环节出现了非线性，为了修正、补偿非线性，需要将电位器设计成非线性特性，使测量系统的输出获得所需要的线性特性；
（3）用于消除或改善负载误差。

5.3.2 实现途径

主要有两类：一类是通过改变电位器的绕制方式，另一类是通过改变电位器使用时的电路连接方式。

对于线绕式电位器，可以采用改变其不同部位的灵敏度来实现非线性。基于式（5.2.2），可以采用如图 5.3.1 所示的变骨架方式、如图 5.3.2 所示的变绕线节距方式和变电阻率的绕制方式等三种。

应用中，可采用阶梯骨架来近似代替曲线骨架。将非线性电位器的输入-输出特性曲线分成若干段，每一段近似为一直线，段数足够多时就可以使折线与原定曲线的误差控制在允许范围内。当用折线代替曲线后，每一段均为直线，都可以做成一个线性电位器，只是其斜率不同。工艺上，为了便于在相邻两段过渡，骨架结构在过渡处做成斜角，伸出尖端 2~3mm，以免导线滑落，如图 5.3.3 所示。

通过改变电位器使用时的电路连接方式主要有两种。一种是如图 5.3.4 所示的分路电阻法，另一种是如图 5.3.5 所示的电位给定法。

分路电阻非线性电位器实际上是一个带若干抽头的线性电位器，因而工艺实现的难度大大降低。同时，它不像变绕线节距或变骨架方式那样受特性曲线斜率变化范围的限制,可以实现有较大斜率变化的特性曲线。改变并联电阻的阻值和电路的连接方式,它既可以实现单调函数,也可以实现非单调函数。

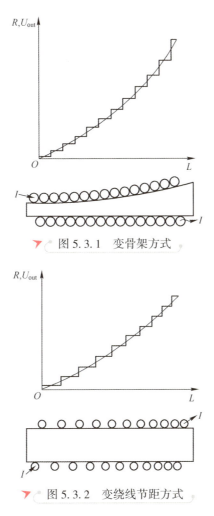

图 5.3.1　变骨架方式

图 5.3.2　变绕线节距方式

电位给定非线性电位器以折线近似曲线,根据特性分段要求,同样也做成抽头线性电位器,各抽头点的电位由其他电位器设定。图 5.3.5 中线性电位器 R_0 称为抽头电位器,电阻 $R_1 \sim R_5$ 即为给定电位器,用来确定各抽头处的电位。为了便于设计与调整参数,通常选择给定电位器的电阻阻值远小于抽头电位器的电阻阻值。显然,这种方法在实现非线性电位器的特性方面比较灵活。

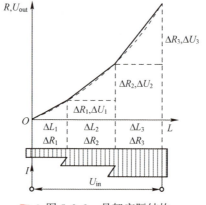

图 5.3.3　骨架实际结构

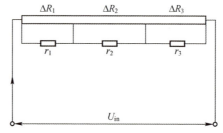

图 5.3.4　分路电阻法非线性电位器

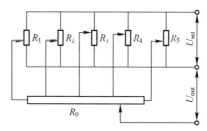

图 5.3.5　电位给定法非线性电位器

5.4　电位器的负载特性及负载误差

5.4.1　负载特性

由图 5.4.1 所示,考虑电位器输出端带有负载 R_f,其输出电压为

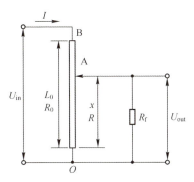

图 5.4.1 带负载的电位器

$$U_{out} = \frac{R_f R/(R_f+R)}{R_f R/(R_f+R)+(R_0-R)} U_{in} = \frac{U_{in} R R_f}{R_f R_0 + R R_0 - R^2} \quad (5.4.1)$$

式中 R_0、R——电位器的总电阻（Ω）和实际工作电阻（Ω）。

式（5.4.1）就是电位器的负载特性。

假设电位器总行程为 L_0，电刷实际行程为 x，引入电刷相对行程 $X=x/L_0$，电阻相对变化 $r=R/R_0$，电位器负载系数 $K_f=R_f/R_0$，电压相对输出 $Y=U_{out}/U_{in}$。由式（5.4.1）可得

$$Y = \frac{r}{1+r/K_f - r^2/K_f} \quad (5.4.2)$$

图 5.4.2 给出了由式（5.4.2）表述的负载特性。对于线性电位器，$r=X$，有

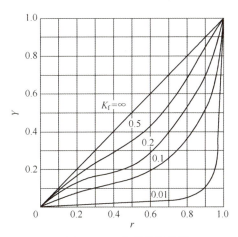

图 5.4.2 负载特性曲线

$$Y = \frac{X}{1 + X/K_f - X^2/K_f} \tag{5.4.3}$$

5.4.2 负载误差

电位器特性随负载系数 K_f 而变，当 $K_f \to \infty$ 时，为空载特性

$$Y_{kz} = r \tag{5.4.4}$$

对于线性电位器，空载特性为

$$Y_{kz} = X \tag{5.4.5}$$

负载特性与空载特性的偏差定义为负载误差。为便于分析，讨论负载误差与满量程输出的比值，由式（5.4.2）~式（5.4.4）可得相对负载误差

$$\xi_{fz} = Y - Y_{kz} = \frac{r^2(r-1)}{K_f + r - r^2} \tag{5.4.6}$$

不同负载系数 K_f 值下，相对负载误差 ξ_{fz} 与电位器电阻相对变化 r 的关系曲线如图 5.4.3 所示。显然，负载系数越大，负载误差越小。

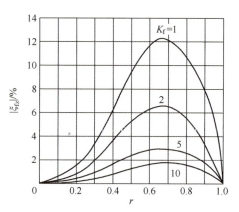

▼ 图 5.4.3 负载误差曲线

实用时，$r \in [0, 1]$，$\max(|r - r^2|) \leq 0.25$；所以当 K_f 较大时，式（5.4.6）可近似写为

$$\xi_{fz} \approx -r^2(1-r)/K_f \tag{5.4.7}$$

由式（5.4.7），利用 $d\xi_{fz}/dr = 0$，在 $r \in (0, 1)$ 范围内，可得

$$r_m = 2/3 \tag{5.4.8}$$

将式（5.4.8）代入式（5.4.6），对应的最大相对负载误差为

$$\xi_{fzmax} \approx -0.1481/(K_f + 0.2222) \tag{5.4.9}$$

可见，最大负载误差与负载系数成反比，大约发生在电阻相对变化的 0.667 处。

5.4.3 减小负载误差的措施

1. 提高负载系数 K_f

增大负载电阻 R_f 或减小电位器总电阻 R_0。

2. 限制电位器的工作范围

如图 5.4.4 所示，若通过 $r=2/3$ 的最大负载误差发生处的 M 点作 OM 连线，则负载特性曲线与 OM 线之间的偏差大幅减小。当然，这样做会导致电位器的灵敏度下降，分辨率降低，浪费电位器 1/3 的资源，参见图 5.4.4（b）。为此，可以用一个固定补偿电阻 $R_C=0.5R_0$ 代替原来电位器电阻元件不工作的部分，如图 5.4.4（c）所示。同时，为了保持原来的灵敏度，可以增大电位器两端的工作电压。这种方法的特点是简单、实用，以牺牲灵敏度和增加功耗来减小负载误差。

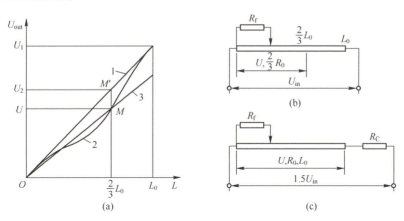

图 5.4.4　限制电位器的工作范围以减少负载误差

3. 重新设计电位器的空载特性

基于电位器负载特性，如果将电位器空载特性设计成某种上凸的非线性曲线，参见图 5.4.5。这样加上负载后就可使电位器负载特性正好落在所要求的直线特性上。由式（5.4.2）可得电位器负载情况下的特性为

$$r=\frac{(1-K_f/Y)+\sqrt{(1-K_f/Y)^2+4K_f}}{2} \tag{5.4.10}$$

可以证明，若要求电位器带有负载后的特性为 $Y=f(X)$，则电位器空载特

性应为

$$r = \frac{(1-K_f/f(X)) + \sqrt{(1-K_f/f(X))^2 + 4K_f}}{2} \tag{5.4.11}$$

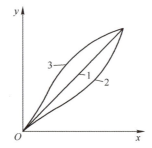

图 5.4.5　负载误差的完全补偿方式

即：若要求电位器带有负载后的特性为线性的，即 $Y=X$，则空载特性应为

$$r = \frac{(1-K_f/X) + \sqrt{(1-K_f/X)^2 + 4K_f}}{2} \tag{5.4.12}$$

对比式（5.4.10）和式（5.4.12）可知：式（5.4.10）的镜像特性为式（5.4.12），带负载的电位器如图 5.4.6 所示。

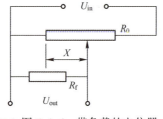

图 5.4.6　带负载的电位器

5.5　电位器的结构与材料

5.5.1　电阻丝

在线绕式电位器中，对电阻丝的主要要求是：电阻率高、电阻温度系数小、耐磨损、耐腐蚀、延展性好、便于焊接等。电阻丝直径一般在 0.02～

0.1mm 之间。

精密电位器使用贵金属合金电阻丝，能满足上述要求，也能在高温、高湿等恶劣环境下正常工作。这样就有效保证了其在较小接触压力下，实现电刷与电阻体的良好接触，降低电位器的噪声，提高可靠性与寿命。贵金属合金电阻率较低，但延展性好，可加工成直径达 0.01mm 非常细的丝材，绕制于 0.3~0.4mm 厚的骨架上而不折断；因此，电位器总匝数多，既提高了分辨率，又保证了阻值。

5.5.2 电刷

电刷是电位器式传感器中既简单又重要的零件，直径约 0.1~0.2mm。

电刷可用一根金属丝弯成适当形状，常见结构如图 5.5.1 所示。为了保证可靠接触，可由多根电刷丝构成"多指电刷"。多指电刷中各电刷丝长度不同，它们的固有频率各不相同，故不会同时谐振起来，有效保证了电刷与电阻体的接触。同时，由于形成多条接触道，有利于降低每一电刷丝的接触压力和磨损程度，提高电位器使用寿命。

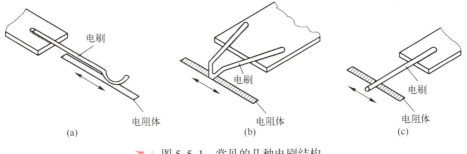

▶ 图 5.5.1　常见的几种电刷结构

电刷头部应弯成一定的圆角半径，经验表明：对于用细丝绕成的精密电位器，电刷圆角半径最好选为导线半径的 10 倍左右。圆角半径过小，易使电刷与电阻体过早磨损，甚至损坏接触道；圆角半径过大，易使电刷接触面过早磨平，并造成电位器绕组短路，从而导致电位器精度下降，增加电刷运动时的不平稳性。

为了保证电刷与电阻体之间可靠接触，电刷应有一定接触压力，通常可由电刷本身的弹性变形来产生。接触压力值的大小对于电位器的工作可靠性和寿命都有很大影响。接触压力大，接触可靠稳定，遇到振动过载时不易跳开；但同时也使摩擦力增大，磨损程度增加，寿命降低。因此，必须根据具体情况正确选择接触压力。

电刷材料与电阻体材料的匹配是关系到电位器可靠性和寿命的重要因素，相互间材料选配得好，接触电阻小而稳定，电位器噪声小，能经受数百万次以上的工作，且保持性能基本不变。电刷一般采用贵金属材料，对其材料的要求不低于对电阻体材料的要求，其硬度略高于电阻体材料的硬度。

5.5.3 骨架

在线绕式电位器中，对骨架的主要要求是：绝缘性能好，具有足够强度和刚度，耐热，抗湿，加工性好，便于制成所需形状及结构参数的骨架，并使之在空气温度和湿度变化时不致变形。

对于一般精度电位器，骨架材料多采用塑料、夹布胶木等。这些材料易于加工，但耐热性、抗湿性不够好，易于变形；塑料骨架还会分解出有机气体，污染电刷与绕组。

高精度电位器广泛采用金属骨架。为使金属骨架表面有良好绝缘性能，通常在铝合金或铝镁合金外表，通过阳极化处理生成一层绝缘薄膜。金属骨架强度大，结构参数制造精度高，遇潮不易变形，导热性好，易于散发电位器绕组中的热量，从而可提高流过绕组导线的电流强度。有些小型电位器骨架可用高强度漆包圆铜线或玻璃棒制成。

骨架结构形式主要有：环形骨架、弧形骨架、条形骨架、柱形骨架、棒形骨架和特型骨架。特型骨架多用于非线性电位器，图 5.5.2 所示为阶梯形骨架和曲线形骨架。

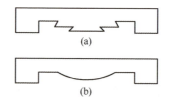

图 5.5.2　线绕式电位器中的特型骨架
(a) 阶梯形；(b) 曲线形。

一般骨架厚度 b、圆角半径 r 与电阻丝直径 d 的关系应满足

$$b \geqslant 4d \tag{5.5.1}$$

$$r \geqslant 2d \tag{5.5.2}$$

第6章 应变式传感器

6.1 电阻应变片

6.1.1 应变式变换原理

如图 6.1.1 所示的圆形金属电阻丝，长 L、横截面半径 r、电阻率 ρ 的电阻值为

$$R = \frac{L\rho}{\pi r^2} \tag{6.1.1}$$

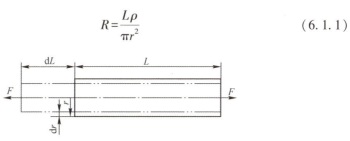

图 6.1.1　金属电阻丝的应变效应示意图

当金属电阻丝受拉力伸长 $\mathrm{d}L$ 时，其半径减少 $\mathrm{d}r$，同时电阻率因金属晶格畸变影响改变 $\mathrm{d}\rho$，则电阻变化量及相对变化量分别为

$$\mathrm{d}R = \frac{L}{\pi r^2}\mathrm{d}\rho + \frac{\rho}{\pi r^2}\mathrm{d}L - 2\frac{\rho L}{\pi r^3}\mathrm{d}r \tag{6.1.2}$$

$$\frac{dR}{R} = \frac{d\rho}{\rho} + \frac{dL}{L} - 2\frac{dr}{r} \tag{6.1.3}$$

作为一维受力的电阻丝,其轴向应变 $\varepsilon_L = dL/L$ 与径向应变 $\varepsilon_r = dr/r$ 满足

$$\varepsilon_r = -\mu\varepsilon_L \tag{6.1.4}$$

式中 μ——金属电阻丝材料的泊松比。

利用式(6.1.3)和式(6.1.4)可得

$$\frac{dR}{R} = \frac{d\rho}{\rho} + (1+2\mu)\varepsilon_L = \left[\frac{d\rho}{\varepsilon_L \rho} + (1+2\mu)\right]\varepsilon_L = K_0 \varepsilon_L \tag{6.1.5}$$

$$K_0 \stackrel{\text{def}}{=} \frac{dR/R}{\varepsilon_L} = \frac{d\rho}{\varepsilon_L \rho} + (1+2\mu)$$

式中 K_0——金属材料的应变灵敏系数,表示单位应变引起的相对电阻变化。

K_0 通常由实验确定。结果表明,在电阻丝拉伸的比例极限内,K_0 为一常数,即电阻相对变化与其轴向应变成正比。例如对康铜材料,K_0 值在 1.9~2.1;对镍铬合金材料,K_0 值在 2.1~2.3;对铂材料,K_0 值在 3~5。

6.1.2 应变片结构及应变效应

图 6.1.2 为利用应变效应制成的金属应变片 (strain gage) 的基本结构示意图,由敏感栅、基底、黏合层、引出线和覆盖层等组成。敏感栅由金属细丝制成,直径约 0.01~0.05mm,用黏合剂将其固定在基底上。为了保证应变不失真传递到敏感栅,基底应尽可能薄,一般为 0.03~0.06mm;基底应有良好的绝缘、耐热和抗潮性能,且随外界条件变化的变形小;基底材料有纸、

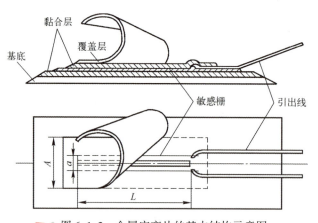

图 6.1.2 金属应变片的基本结构示意图

胶膜和玻璃纤维布等。敏感栅上面黏贴有覆盖层,用于保护敏感栅;敏感栅电阻丝两端焊接引出线,用以连接外接电路。

用于金属应变片的电阻丝通常要满足:

(1) 应变灵敏系数 K_0 要大,且在较大范围内保持为常数;
(2) 电阻率要大,这样在电阻值一定的情况下,电阻丝长度可短一些;
(3) 电阻温度系数要小;
(4) 具有优良的加工焊接性能。

由金属丝制成敏感栅构成应变片后,应变片的电阻应变效应不仅与金属电阻丝应变效应有关,也取决于应变片结构、制作工艺和工作状态。实验表明:应变片的电阻相对变化 $\Delta R/R$ 与应变片受到的轴向应变 ε_x,在很大范围内具有线性特性

$$\Delta R/R = K\varepsilon_x \tag{6.1.6}$$

式中 K——电阻应变片的灵敏系数,又称标称灵敏系数。

式(6.1.6)中的应变片灵敏系数 K 小于同种材料金属丝的灵敏系数 K_0。原因是应变片的横向效应和黏贴带来的应变传递失真。因此,应变片出厂时,需要按照一定标准进行测试,给出标称值;实际应用时也需要重新测试。

直的金属丝受单向拉伸时,其任一微段均处于相同拉伸状态,感受相同应变,线材总的电阻增加量为各微段电阻增加量之和。当同样长度的线材制成金属应变片时(参见图 6.1.3),在电阻丝的弯段,电阻的变化情况与直段不同。例如对于单向拉伸,当 x 方向应变 ε_x 为正时,y 方向应变 ε_y 为负(见图 6.1.3(b))。即产生了所谓的"横向效应"。因此,实际应变片的应变效应可以描述为

$$\Delta R/R = K_x \varepsilon_x + K_y \varepsilon_y \tag{6.1.7}$$

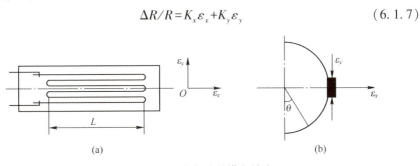

▼ 图 6.1.3 应变片的横向效应

式中　K_x——电阻应变片对轴向应变 ε_x 的应变灵敏系数；

　　　K_y——电阻应变片对横向应变 ε_y 的应变灵敏系数。

为了减小横向效应，可以采用如图 6.1.4 所示的箔式应变片。

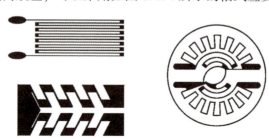

图 6.1.4　箔式应变片

6.1.3　电阻应变片的种类

目前应用的电阻应变片主要有金属丝式应变片、金属箔式应变片、薄膜式应变片以及半导体应变片。

1. 金属丝式应变片

这是一种普通的金属应变片，制作简单，性能稳定，价格低，易于黏贴。敏感栅材料直径范围为 0.01~0.05mm；其基底很薄，一般为 0.03mm 左右，能保证有效传递变形；引线多用直径为 0.15~0.3mm 的镀锡铜线与敏感栅相连。

2. 金属箔式应变片

箔式应变片是利用照相制版或光刻腐蚀法，将电阻箔材在绝缘基底上制成多种图案形成应变片（如图 6.1.4 所示）。作为敏感栅的箔片很薄，厚度为 1~10μm。

3. 薄膜式应变片

这种应变片极薄，厚度不大于 0.1μm。它采用真空蒸发或真空沉积等镀膜技术将电阻材料镀在基底上，制成多种敏感栅而形成应变片。它灵敏度高、便于批量生产。也可将应变电阻直接制作在弹性敏感元件上，免去了黏贴工艺，具有优势。

4. 半导体应变片

这种应变片基于半导体材料的"压阻效应"，即电阻率随作用应力变化的效应（详见 6.1.1 节）制成。常见的半导体应变片采用锗和硅等半导体材料制成，一般为单根状，如图 6.1.5 所示。半导体应变片的优点：体积小，灵敏度高，机械滞后小，动态特性好等；缺点：灵敏系数的温度稳定性差。

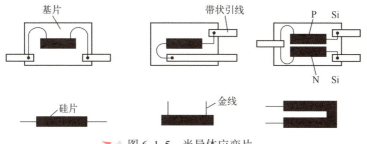

▼ 图 6.1.5　半导体应变片

6.1.4　应变片的主要参数

1. 应变片电阻值

应变片不受力时，在室温条件下测定的电阻值，也称原始阻值 R_0，有 60Ω、120Ω、350Ω、600Ω 和 1000Ω 等多种阻值。其中 120Ω 最常用。

2. 绝缘电阻

即敏感栅与基底之间的电阻值，一般应大于 10^{10}Ω。

3. 灵敏系数

灵敏系数 K 尽量大且稳定。对于金属丝式应变片，应根据实用情况进行测试。

4. 机械滞后

应变片受到增（加载）、减（卸载）循环应变时，同一应变量下应变示值的偏差。通常应变片使用前，应加、卸载多次，以减少机械滞后及对测量结果的影响。

5. 允许电流

应变片不因电流产生的热量而影响测量精度所允许通过的最大电流。静态测量时，允许电流一般为 25mA；动态测量时，可达 75~100mA。

6. 应变极限

在一定温度下，指示应变值与真实应变值的相对差值不超过规定值（如 10%）时的最大真实应变值。

7. 零漂和蠕变

应变片在一定温度下不承受应变时，其指示应变值随时间变化的特性称为零漂。而当一定温度下使应变片承受一恒定应变时，指示应变值随时间长期变化的特性称为蠕变。这两项指标用来衡量应变片特性的稳定性。

6.2　应变片的温度误差及其补偿

6.2.1　温度误差产生的原因

电阻应变片工作时，受环境温度影响，引起温度误差。下面以金属应变片为例讨论造成电阻应变片温度误差的主要原因。

1. 电阻热效应，即敏感栅金属电阻丝自身随温度产生的变化，可以写为

$$R_t = R_0(1+\alpha\Delta t) = R_0 + \Delta R_{t\alpha} \tag{6.2.1}$$

$$\Delta R_{t\alpha} = R_0 \alpha \Delta t \tag{6.2.2}$$

式中　R_0、R_t——温度 t_0 和 t 时的电阻值（Ω）；

Δt——温度的变化值（℃）；

α——应变丝的电阻温度系数（1/℃）。

2. 热胀冷缩效应，即试件与应变丝的材料线膨胀系数不一致，使应变丝产生附加变形，从而引起电阻变化，如图 6.2.1 所示。

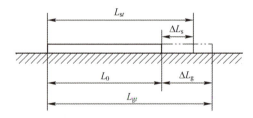

图 6.2.1　线膨胀系数不一致引起的温度误差

若电阻应变片电阻丝的初始长度为 L_0，当温度改变 Δt 时，应变丝受热自由变化到 L_{st}，而应变丝下的试件相应地由 L_0 自由变化到 L_{gt}，即有

$$L_{st} = L_0(1+\beta_s \Delta t) \tag{6.2.3}$$

$$\Delta L_s = L_{st} - L_0 = L_0 \beta_s \Delta t \tag{6.2.4}$$

$$L_{gt} = L_0(1+\beta_g \Delta t) \tag{6.2.5}$$

$$\Delta L_g = L_{gt} - L_0 = L_0 \beta_g \Delta t \tag{6.2.6}$$

式中　β_s、β_g——分别为应变丝的线膨胀系数和试件的线膨胀系数（1/℃）；

ΔL_s、ΔL_g——分别为应变丝的自由膨胀量（m）和试件的自由膨胀量（m）。

当 $\Delta L_s = \Delta L_g$ 时，应变丝与试件的相对长度变化一致；而当 $\Delta L_s \neq \Delta L_g$ 时，试件将应变丝从 "L_{st}" 拉伸至 "L_{gt}"，使应变丝产生附加变形，即

$$\Delta L_\beta = \Delta L_g - \Delta L_s = (\beta_g - \beta_s) \Delta t L_0 \tag{6.2.7}$$

于是，引起的附加应变和相应的电阻变化量分别为

$$\varepsilon_\beta = \frac{\Delta L_\beta}{L_{st}} = \frac{(\beta_g - \beta_s) \Delta t L_0}{L_0 (1 + \beta_s \Delta t)} \approx (\beta_g - \beta_s) \Delta t \tag{6.2.8}$$

$$\Delta R_{t\beta} = R_0 K \varepsilon_\beta = R_0 K (\beta_g - \beta_s) \Delta t \tag{6.2.9}$$

综上所述，总的电阻变化量、相对变化量，以及折合为相应的应变量分别为

$$\Delta R_t = \Delta R_{t\alpha} + \Delta R_{t\beta} = R_0 \alpha \Delta t + R_0 K (\beta_g - \beta_s) \Delta t \tag{6.2.10}$$

$$\Delta R_t / R_0 = \alpha \Delta t + K (\beta_g - \beta_s) \Delta t \tag{6.2.11}$$

$$\varepsilon_t = \frac{(\Delta R_t / R_0)}{K} = \left[\frac{\alpha}{K} + (\beta_g - \beta_s) \right] \Delta t \tag{6.2.12}$$

6.2.2 温度误差的补偿方法

1. 自补偿法

利用式（6.2.12）可知，若满足式（6.2.13），温度引起的附加应变为零。即合理选择应变片和测试件可使温度误差为零，但该方法的局限性很大。

$$\alpha + K (\beta_g - \beta_s) = 0 \tag{6.2.13}$$

图 6.2.2 给出了一种采用双金属敏感栅自补偿片的改进方案。两段敏感栅的电阻 R_1 和 R_2，由温度变化引起的电阻变化量分别为 ΔR_{1t} 和 ΔR_{2t}，当满足 $\Delta R_{1t} + \Delta R_{2t} = 0$，就实现了温度补偿。这种方案补偿效果较好，使用灵活。

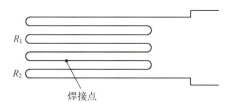

图 6.2.2 双金属敏感栅自补偿应变片

图 6.2.3 所示为另一种自补偿方案。两段敏感栅的电阻 R_1 和 R_2，R_1 是工作臂，R_2 与外接串联电阻 R_B 组成补偿臂，另两臂接入平衡电阻 R_3 和 R_4。调节 R_1、R_2 和 R_B 的阻值，满足式（6.2.14），就可以达到热补偿的目的。

$$\frac{\Delta R_{1t}}{R_1} = \frac{\Delta R_{2t}}{R_2 + R_B} \qquad (6.2.14)$$

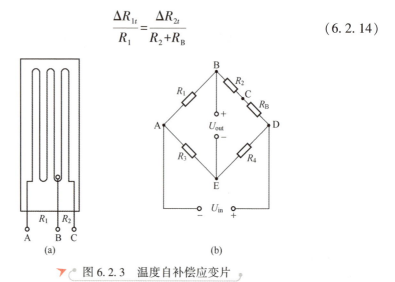

▼ 图 6.2.3　温度自补偿应变片

该方法的优点：通过调整 R_B 的阻值，可用于不同的线膨胀系数的测试件。缺点：对 R_B 的精度要求高。而且由于 R_1 和 R_2 接在相邻两臂，补偿臂会抵消工作臂的有效应变，降低测量灵敏度。因此，R_2 应选用电阻率低、温度系数 α 大的铂或铂合金，即使用尽量小的电阻值就能达到温度补偿，以减小测量灵敏度的损失。

2. 电路补偿法

选用两个相同的应变片，处于相同温度场，不同受力状态，如图 6.2.4 所示。R_1 处于受力状态，称为工作应变片；R_B 不受力，称为补偿应变片。R_1 和 R_B 分别为电桥的相邻两臂。温度变化时，工作应变片 R_1 与补偿应变片 R_B 的电阻发生相同变化。因此电桥电路输出只对应变敏感，不对温度敏感，从而起到温度补偿的作用。这种方法简单，温度变化缓慢时补偿效果较好；但当温度变化较快时，工作应变片与补偿应变片很难处于完全一致的状态，会影响补偿效果。

该方法进一步改进就形成一种理想的差动方式，如图 6.2.5 所示。$R_1 \sim R_4$ 是四个完全相同的应变片，R_1、R_4 与 R_2、R_3 处于互为相反的受力状态。当 R_1、R_4 受拉伸时，R_2、R_3 受压缩；即应变片 R_1、R_4 电阻增加，R_2、R_3 电阻减小。同时 $R_1 \sim R_4$ 处于相同温度场，温度变化带来的电阻变化相同。因此，较好地实现了补偿温度误差，同时还提高了测量灵敏度。6.3.4 节给出针对模型的讨论。

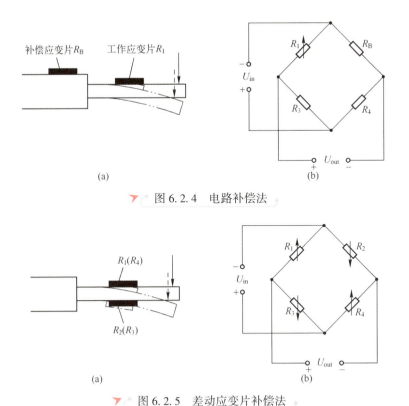

▼ 图 6.2.4　电路补偿法

▼ 图 6.2.5　差动应变片补偿法

图 6.2.6 给出了一种利用热敏电阻特性的补偿法。热敏电阻 R_t 处于与应变片相同的温度条件下。温度升高时，若应变片的灵敏度下降，电桥电路输出电压减小，与此同时，具有负温度系数的热敏电阻 R_t 的阻值下降，导致电

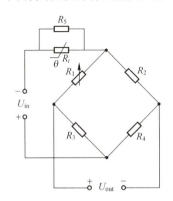

▼ 图 6.2.6　热敏电阻补偿法

桥工作电压增加，电桥电路输出增大，于是补偿了由于应变片受温度影响引起的输出电压的下降。此外，恰当选择分流电阻 R_5 的阻值，可以获得良好的补偿效果。

6.3 四臂电桥电路

利用应变片可以感受由被测量产生的应变，并得到电阻的相对变化。通常可以通过四臂电桥电路（bridge circuit）将电阻变化转变成电压变化，图 6.3.1 为单臂受感四臂电桥电路，U_{in} 为工作电压，R_1 为受感应变片，其余 R_2、R_3、R_4 为常值电阻。为便于讨论，假设电桥电路的输入电源内阻为零，输出为空载。

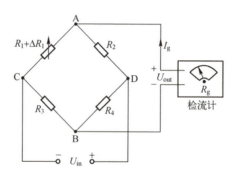

▼ 图 6.3.1　单臂受感四臂电桥电路

6.3.1　电桥电路的平衡

基于上面的假设，电桥电路输出电压为

$$U_{out} = \left(\frac{R_1}{R_1+R_2} - \frac{R_3}{R_3+R_4}\right) U_{in} = \frac{R_1 R_4 - R_2 R_3}{(R_1+R_2)(R_3+R_4)} U_{in} \quad (6.3.1)$$

电桥电路的平衡是指其输出电压 U_{out} 为零的情况。当在电路输出端接有检流计时，流过检流计的电流为零，即电桥电路平衡时满足

$$\frac{R_1}{R_2} = \frac{R_3}{R_4} \quad (6.3.2)$$

上述电桥电路中只有 R_1 为受感应变片，即单臂受感。当被测量变化引起应变片电阻产生 ΔR_1 变化时，上述平衡状态被破坏，检流计有电流通过。为建立新的平衡状态，调节 R_2 使之成为 $\Delta R_1 + \Delta R_2$，满足

$$\frac{R_1+\Delta R_1}{R_2+\Delta R_2}=\frac{R_3}{R_4} \qquad (6.3.3)$$

则电桥电路达到新的平衡。结合式（6.3.2）和式（6.3.3），有

$$\Delta R_1 = \frac{R_3}{R_4}\Delta R_2 \qquad (6.3.4)$$

可见，R_3 和 R_4 恒定时，ΔR_2 即可表示 ΔR_1 的大小；若改变 R_3 和 R_4 的比值，可以改变 ΔR_1 的测量范围。电阻 R_2 称为调节臂，可以用它刻度被测应变量。

平衡电桥电路在测量静态或准静态应变时比较理想，由于检流计对通过它的电流非常灵敏，所以测量的分辨率和精度较高。此外，测量过程中它不直接受电桥工作电压波动的影响，故有较强的抗干扰能力。但当被测量变化较快时，R_2 的调节过程跟不上电阻 R_1 的变化过程，就会引起较大的动态测量误差。

6.3.2 电桥电路的不平衡输出

电桥电路中只有 R_1 为应变片，其余为常值电阻。假设被测量为零时，应变片的电阻值为 R_1，电桥电路应处于平衡状态，即满足式（6.3.2）。当被测量变化引起应变片的电阻 R_1 产生 ΔR_1 的变化时，电桥电路产生不平衡输出

$$U_{\text{out}}=\left(\frac{R_1+\Delta R_1}{R_1+R_2+\Delta R_1}-\frac{R_3}{R_3+R_4}\right)U_{\text{in}}=\frac{\dfrac{R_4}{R_3}\cdot\dfrac{\Delta R_1}{R_1}U_{\text{in}}}{\left(1+\dfrac{R_2}{R_1}+\dfrac{\Delta R_1}{R_1}\right)\left(1+\dfrac{R_4}{R_3}\right)} \qquad (6.3.5)$$

引入电桥的桥臂比 $n=R_2/R_1=R_4/R_3$，忽略式（6.3.5）分母中的小量 $\Delta R_1/R_1$ 项，输出电压 U_{out} 与 $\Delta R_1/R_1$ 成正比，即

$$U_{\text{out}}\approx\frac{n}{(1+n)^2}\cdot\frac{\Delta R_1}{R_1}U_{\text{in}}\stackrel{\text{def}}{=}U_{\text{out0}} \qquad (6.3.6)$$

式中 U_{out0}——U_{out} 的线性描述（V）。

定义应变片单位电阻变化量引起的输出电压变化量为电桥电路的电压灵敏度

$$K_U=U_{\text{out0}}/(\Delta R_1/R_1)=\frac{n}{(1+n)^2}U_{\text{in}} \qquad (6.3.7)$$

显然，提高工作电压 U_{in} 以及选择 $n=1$（即 $R_1=R_2$ 和 $R_3=R_4$ 的对称条件或 $R_1=R_2=R_3=R_4$ 的完全对称条件），电桥电路的电压灵敏度 K_U 达到最大

$$(K_U)_{\max} = 0.25 U_{in} \qquad (6.3.8)$$

6.3.3 电桥电路的非线性误差

对于单臂受感电桥电路,输出电压 U_{out} 相对于其线性描述 U_{out0} 的非线性误差为

$$\xi_L = \frac{U_{out} - U_{out0}}{U_{out0}} = \frac{1/(R_1 + R_2 + \Delta R_1) - 1/(R_1 + R_2)}{1/(R_1 + R_2)} = \frac{-\Delta R_1}{R_1 + R_2 + \Delta R_1} \qquad (6.3.9)$$

对于对称电桥电路,$R_1 = R_2$,$R_3 = R_4$,忽略式(6.3.9)分母中的小量 ΔR_1,有

$$\xi_L \approx -0.5 \Delta R_1 / R_1 \qquad (6.3.10)$$

通常采用以下两种方法来减少非线性误差。

1. 差动电桥电路

基于被测试件的应用情况,在电桥相邻的两臂接入相同电阻应变片,一片受拉伸,一片受压缩,如图 6.3.2(a)所示。则电桥电路输出电压为

$$U_{out} = \left(\frac{R_1 + \Delta R_1}{R_1 + \Delta R_1 + R_2 - \Delta R_2} - \frac{R_3}{R_3 + R_4} \right) U_{in} \qquad (6.3.11)$$

考虑 $n = 1$,$\Delta R_1 = \Delta R_2$,则

$$U_{out} = \frac{U_{in}}{2} \cdot \frac{\Delta R_1}{R_1} \qquad (6.3.12)$$

$$K_U = 0.5 U_{in} \qquad (6.3.13)$$

不仅消除了非线性误差,还提高了电桥电路的电压灵敏度。进一步,采用四臂受感差动电桥电路,如图 6.3.2(b)所示,则有

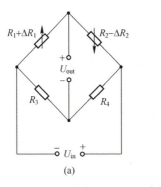
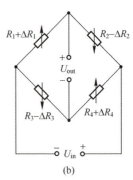

图 6.3.2 差动电桥电路输出电压

$$U_{\text{out}} = U_{\text{in}} \frac{\Delta R_1}{R_1} \quad (6.3.14)$$

$$K_U = U_{\text{in}} \quad (6.3.15)$$

2. 恒流源供电电桥电路

图 6.3.3 为恒流源供电电桥电路，供电电流为 I_0，通过两桥臂的电流分别为

$$I_1 = \frac{R_3 + R_4}{R_1 + \Delta R_1 + R_2 + R_3 + R_4} I_0 \quad (6.3.16)$$

$$I_2 = \frac{R_1 + \Delta R_1 + R_2}{R_1 + \Delta R_1 + R_2 + R_3 + R_4} I_0 \quad (6.3.17)$$

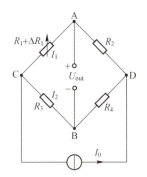

▼ 图 6.3.3 恒流源供电电桥电路

则电桥电路输出电压为

$$U_{\text{out}} = (R_1 + \Delta R_1) I_1 - I_2 R_3 = \frac{R_4 \Delta R_1 I_0}{R_1 + R_2 + R_3 + R_4 + \Delta R_1} \quad (6.3.18)$$

也有非线性问题，忽略分母中的小量 ΔR_1，得

$$U_{\text{out0}} = \frac{R_4 \Delta R_1 I_0}{R_1 + R_2 + R_3 + R_4} \quad (6.3.19)$$

则非线性误差为

$$\xi_L = \frac{U_{\text{out}} - U_{\text{out0}}}{U_{\text{out0}}} = \frac{\Delta R_1}{R_1 + R_2 + R_3 + R_4 + \Delta R_1} \quad (6.3.20)$$

与式（6.3.9）描述的恒压源供电方式相比，由于分母中多了 $R_3 + R_4$，恒流源供电方式有效减少了非线性误差。

6.3.4　四臂受感差动电桥电路的温度补偿

如图6.3.4所示。每一臂的电阻初始值均为R，被测量引起的电阻变化值为ΔR，其中两个臂的电阻值增加ΔR，另两个臂的电阻值减小ΔR。同时四个臂的电阻由于温度变化引起电阻值的增加量均为ΔR_t，则电桥电路输出电压为

$$U_{\text{out}} = \left(\frac{R+\Delta R+\Delta R_t}{2R+2\Delta R_t} - \frac{R-\Delta R+\Delta R_t}{2R+2\Delta R_t} \right) U_{\text{in}} = \frac{\Delta R U_{\text{in}}}{R+\Delta R_t} \quad (6.3.21)$$

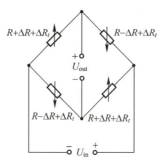

图6.3.4　差动检测方式时的温度误差补偿

不采用差动时，若考虑单臂受感情况（参见图6.3.1），电桥电路输出电压为

$$U_{\text{out}} = \left(\frac{R+\Delta R+\Delta R_t}{2R+\Delta R+\Delta R_t} - \frac{1}{2} \right) U_{\text{in}} = \frac{(\Delta R+\Delta R_t) U_{\text{in}}}{2(2R+\Delta R+\Delta R_t)} \quad (6.3.22)$$

比较式（6.3.21）与式（6.3.22）可知：差动电桥电路检测具有非常好的温度误差补偿效果。

若采用图6.3.5所示的恒流源供电方式，输出电压为

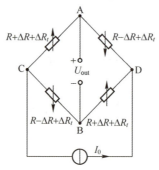

图6.3.5　恒流源供电四臂受感差动电桥电路

$$U_{\text{out}} = U_{AB} = 0.5 I_0 (R+\Delta R+\Delta R_t) - 0.5 I_0 (R-\Delta R+\Delta R_t) = \Delta R I_0 \quad (6.3.23)$$

则从原理上完全消除了温度引起的误差。

第 7 章

硅压阻式传感器

7.1 硅压阻式变换原理

7.1.1 半导体材料的压阻效应

半导体材料的压阻效应（piezoresistive effect）通常有两种应用方式：一种是利用半导体材料的体电阻制成黏贴式应变片，已在 6.1.3 节中介绍过；另一种是在半导体材料的基片上，用集成电路工艺制成扩散型压敏电阻（piezoresistor）或离子注入型压敏电阻。

对于电阻率 ρ，长度 L，横截面半径 r 的电阻，其变化率可以写成

$$\frac{\mathrm{d}R}{R} = \frac{\mathrm{d}\rho}{\rho} + \frac{\mathrm{d}L}{L} - 2\frac{\mathrm{d}r}{r}$$

对于金属电阻，电阻的相对变化与其所受的轴向应变 $\mathrm{d}L/L$ 成正比，即形成如式（6.1.5）表述的应变效应。

对于半导体材料，其电阻主要取决于有限数目的载流子、空穴和电子的迁移。其电阻率可表示为

$$\rho \propto \frac{1}{eN_i\mu_{\mathrm{av}}} \tag{7.1.1}$$

式中　N_i、μ_{av}——分别为载流子的浓度和平均迁移率；

e——电子电荷量，$e = 1.602\times10^{-19}\mathrm{C}$。

当半导体材料受到外力作用产生应力时，应力将引起载流子浓度 N_i、平均迁移率 μ_{av} 发生变化，从而使电阻率 ρ 发生变化，这就是半导体压阻效应的本质。研究表明，半导体材料电阻率的相对变化可写为

$$d\rho/\rho = \pi_L \sigma_L \tag{7.1.2}$$

式中 π_L——压阻系数（Pa^{-1}），表示单位应力引起的电阻率的相对变化量；

σ_L——应力（Pa）。

对于单向受力的半导体晶体，$\sigma_L = E\varepsilon_L$；式（7.1.2）可以写为

$$d\rho/\rho = \pi_L E \varepsilon_L \tag{7.1.3}$$

电阻变化率可写为

$$\frac{dR}{R} = \frac{d\rho}{\rho} + \frac{dL}{L} + 2\mu\frac{dL}{L} = (\pi_L E + 2\mu + 1)\varepsilon_L = K\varepsilon_L \tag{7.1.4}$$

常用半导体材料的弹性模量 E 的量值范围为 $1.3 \times 10^{11} \sim 1.9 \times 10^{11} Pa$，压阻系数 π_L 的量值范围为 $50 \times 10^{-11} \sim 138 \times 10^{-11} Pa^{-1}$，故 $\pi_L E$ 的范围为 $65 \sim 265$。因此，半导体材料压阻效应的等效应变灵敏系数远大于金属的应变灵敏系数。基于上述分析，有

$$K = \pi_L E + 2\mu + 1 \approx \pi_L E \tag{7.1.5}$$

$$dR/R \approx \pi_L \sigma_L \tag{7.1.6}$$

利用半导体材料的压阻效应可以制成硅压阻式传感器。主要优点：压阻系数高，灵敏度高，分辨率高，动态响应好，易于集成化，智能化，批量生产。主要缺点：压阻效应的温度应用范围相对较窄，温度系数大，存在较大的温度误差。

温度变化时，压阻系数的变化比较明显。例如，温度升高时，一方面载流子浓度 N_i 增加，电阻率 ρ 降低；另一方面杂散运动增大，使单向迁移率 μ_{av} 减小，电阻率 ρ 升高。与此同时，半导体受到应力作用后，电阻率的变化量（$\Delta\rho$）更小。综合考虑这些因素，电阻率的变化率（$d\rho/\rho$）减小，即压阻系数随着温度的升高而减小。因此，采取可能的措施，减小半导体压阻效应的温度系数，是压阻式传感器需要解决的关键问题。

7.1.2 单晶硅的晶向、晶面的表示

1. 基本表述

在硅压阻式传感器中，主要采用单晶硅基片。由于单晶硅材料是各向异性的，晶体不同取向决定了该方向压阻效应的大小。因此需要研究单晶硅的晶向、晶面。

晶面的法线方向就是晶向。如图7.1.1所示，ABC 平面的法线方向为 N，与 x、y、z 轴的方向余弦分别为 $\cos\alpha$、$\cos\beta$、$\cos\gamma$，在 x、y、z 轴的截距分别为 r、s、t，它们之间满足

$$\cos\alpha : \cos\beta : \cos\gamma = \frac{1}{r} : \frac{1}{s} : \frac{1}{t} = h : k : l \tag{7.1.7}$$

式中 h、k、l——密勒指数，它们为无公约数的最大整数。

这样，ABC 晶面表示为 (hkl)，相应的方向表示为 $<hkl>$。

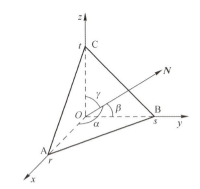

图 7.1.1 平面的截距表示法

2. 计算实例

单晶硅具有立方晶格，下面讨论如图 7.1.2 所示的单元正立方体。

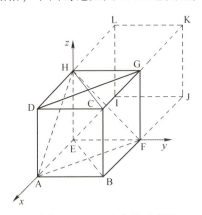

图 7.1.2 正立方体示意图

（1）ABCD 面。

该面在 x、y、z 轴的截距分别为 1、∞、∞，故有 $h:k:l=1:0:0$，于是该

晶面表述为（100），相应的晶向为<100>。

（2）ADGF 面。

该面在 x、y、z 轴的截距分别为 1、1、∞，故有 $h:k:l=1:1:0$，于是该晶面表述为（110），相应的晶向为<110>。

（3）BCHE 面。

由于该面通过 z 轴，为了便于说明问题，将该面向 y 轴的负方向平移一个单元后，在 x、y、z 轴的截距分别为 1、-1、∞，故有 $h:k:l=1:-1:0$，于是该晶面表述为 $(1\text{-}10)=(1\bar{1}0)$，相应的晶向为 $<1\bar{1}0>$。

（4）AFH 面。

该面在 x、y、z 轴的截距分别为 1、1、1，故有 $h:k:l=1:1:1$，于是该晶面表述为（111），相应的晶向为<111>。

7.1.3 压阻系数

通常，半导体电阻的压阻效应可以描述为

$$\Delta R/R = \pi_a \sigma_a + \pi_n \sigma_n \tag{7.1.8}$$

式中　π_a、π_n——纵向压阻系数和横向压阻系数（Pa^{-1}）；

σ_a、σ_n——纵向（主方向）应力和横向（副方向）应力（Pa）。

1. 压阻系数矩阵

讨论一个标准的单元微立方体，如图 7.1.3 所示，它沿着单晶硅晶粒的三个标准晶轴 1、2、3（即 x、y、z 轴）。该微立方体上有三个正应力：σ_{11}、σ_{22}、σ_{33}。记为 σ_1、σ_2、σ_3。另外有三个独立的切应力：σ_{23}、σ_{31}、σ_{12}。记为 σ_4、σ_5、σ_6。

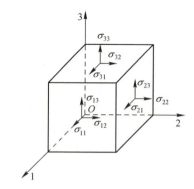

图 7.1.3　单晶硅微立方体上的应力分布

六个独立的应力 σ_1、σ_2、σ_3、σ_4、σ_5、σ_6，将引起六个独立的电阻率的相对变化量 δ_1、δ_2、δ_3、δ_4、δ_5、δ_6，有如下关系：

$$[\delta] = [\pi][\sigma] \tag{7.1.9}$$

$$[\sigma] = [\sigma_1 \quad \sigma_2 \quad \sigma_3 \quad \sigma_4 \quad \sigma_5 \quad \sigma_6]^T$$

$$[\delta] = [\delta_1 \quad \delta_2 \quad \delta_3 \quad \delta_4 \quad \delta_5 \quad \delta_6]^T$$

$$[\pi] = \begin{bmatrix} \pi_{11} & \pi_{12} & \cdots & \pi_{16} \\ \pi_{21} & \pi_{22} & \cdots & \pi_{26} \\ \vdots & \vdots & & \vdots \\ \pi_{61} & \pi_{62} & \cdots & \pi_{66} \end{bmatrix}$$

$[\pi]$ 称为压阻系数矩阵，特点如下：

(1) 切应力不引起正向压阻效应；
(2) 正应力不引起剪切压阻效应；
(3) 切应力只在自己的剪切平面内产生压阻效应，无交叉影响；
(4) 具有一定对称性，即

$\pi_{11} = \pi_{22} = \pi_{33}$，表示三个主轴方向上的轴向压阻效应相同；

$\pi_{12} = \pi_{21} = \pi_{13} = \pi_{31} = \pi_{23} = \pi_{32}$，表示横向压阻效应相同；

$\pi_{44} = \pi_{55} = \pi_{66}$，表示剪切压阻效应相同。

故压阻系数矩阵为

$$[\pi] = \begin{bmatrix} \pi_{11} & \pi_{12} & \pi_{12} & & & \\ \pi_{12} & \pi_{11} & \pi_{12} & & & \\ \pi_{12} & \pi_{12} & \pi_{11} & & & \\ & & & \pi_{44} & & \\ & & & & \pi_{44} & \\ & & & & & \pi_{44} \end{bmatrix}_{6 \times 6} \tag{7.1.10}$$

只有三个独立的压阻系数，且定义：

π_{11}——单晶硅的纵向压阻系数（Pa^{-1}）；

π_{12}——单晶硅的横向压阻系数（Pa^{-1}）；

π_{44}——单晶硅的剪切压阻系数（Pa^{-1}）。

常温下，P 型硅（空穴导电）的 π_{11}、π_{12} 可以忽略，$\pi_{44} = 138.1 \times 10^{-11} Pa^{-1}$；N 型硅（电子导电）的 π_{44} 可以忽略，π_{11}、π_{12} 较大，且有 $\pi_{12} \approx -0.5\pi_{11}$，$\pi_{11} = -102.2 \times 10^{-11} Pa^{-1}$。

2. 任意晶向的压阻系数

如图 7.1.4 所示，1、2、3 为单晶硅立方晶格的主轴方向；在任意方向形成压敏电阻条 R，P 为压敏电阻条的主方向，又称纵向，即其长度方向，也是工作时电流的方向；Q 为压敏电阻条的副方向，又称横向。P 方向与 Q 方向均在晶向为 $3'$ 方向的晶面内。P 方向记为 $1'$ 方向；Q 方向记为 $2'$ 方向。

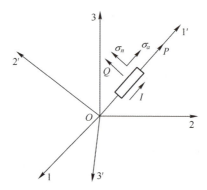

图 7.1.4　单晶硅任意方向的压阻系数计算图

定义 π_a 和 π_n 分别为纵向压阻系数（P 方向）和横向压阻系数（Q 方向）。有

$$\pi_a = \pi_{11} - 2(\pi_{11} - \pi_{12} - \pi_{44})(l_1^2 m_1^2 + m_1^2 n_1^2 + n_1^2 l_1^2) \tag{7.1.11}$$

$$\pi_n = \pi_{12} + (\pi_{11} - \pi_{12} - \pi_{44})(l_1^2 l_2^2 + m_1^2 m_2^2 + n_1^2 n_2^2) \tag{7.1.12}$$

式中　l_1、m_1、n_1——P 方向在标准立方晶格坐标系中的方向余弦；

l_2、m_2、n_2——Q 方向在标准立方晶格坐标系中的方向余弦。

讨论 P 型硅（001）面内的纵向和横向压阻系数的分布情况。如图 7.1.5（a）所示，（001）面内，所考虑的纵向 P 与 1 轴的夹角为 α，与 P 方向垂直的 Q 方向为所考虑的横向。

在（001）面，方向 P 与方向 Q 的方向余弦分别为 l_1、m_1、n_1 和 l_2、m_2、n_2，有 $l_1 = \cos\alpha$，$m_1 = \sin\alpha$，$n_1 = 0$；$l_2 = \sin\alpha$，$m_2 = -\cos\alpha$，$n_2 = 0$，则

$$\pi_a = \pi_{11} - 2(\pi_{11} - \pi_{12} - \pi_{44})\sin^2\alpha\cos^2\alpha \approx 0.5\pi_{44}\sin^2 2\alpha \tag{7.1.13}$$

$$\pi_n = \pi_{12} + (\pi_{11} - \pi_{12} - \pi_{44}) \cdot 2\sin^2\alpha\cos^2\alpha \approx -0.5\pi_{44}\sin^2 2\alpha \tag{7.1.14}$$

这时 $\pi_n = -\pi_a$。图 7.1.5（b）为纵向压阻系数 π_a 的分布图。图形关于 1 轴（<100>）和 2 轴（<010>）对称，同时关于 45°直线（<110>）和 135°直线（<$\bar{1}$10>）对称。

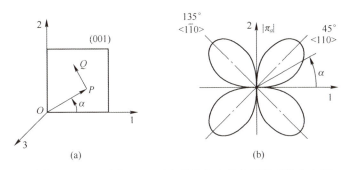

图 7.1.5　P 型硅(001)面内的纵向和横向压阻系数分布图

7.2　硅压阻式传感器温度漂移的补偿

环境温度变化时，硅压阻式传感器会产生零位温度漂移和灵敏度温度漂移。

零位温度漂移是因扩散电阻的阻值随温度变化引起的。扩散电阻值及温度系数随薄层电阻值而变化。图 7.2.1 给出了硼扩散电阻不同方块电阻值及温度系数的情况。随着表面杂质浓度的升高，薄层电阻减小，温度系数减小。温度变化时，扩散电阻变化，如果电桥的四个桥臂扩散电阻值尽可能做到一致，温度系数也一样，则电桥电路的零位温漂就可以很小，但由于工艺难度较大，必然会引起传感器的零位漂移。

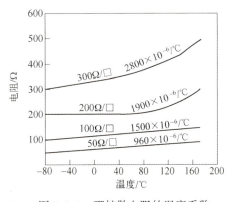

图 7.2.1　硼扩散电阻的温度系数

传感器的零位温漂一般可以采用串、并联电阻的方法进行补偿，如

图 7.2.2 给出了一种补偿方案。R_S 是串联电阻，R_P 是并联电阻，串联电阻主要用于调零，并联电阻主要用于补偿，其补偿作用的原理分析如下。

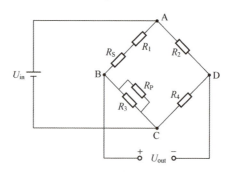

图 7.2.2　零位温度漂移的补偿

假设温度升高时，R_3 的增加比较大，则 D 点电位低于 B 点电位，于是输出产生零位温漂。要消除由于温度引起的 B、D 两点的电位差，一个简单办法是在 R_3 上并联一阻值较大、具有负温度系数的电阻 R_P，用它约束 R_3 的变化，从而达到补偿目的。当然如果在 R_4 上并联一阻值较大、具有正温度系数的电阻，也能达到补偿目的。

设 R_1'、R_2'、R_3'、R_4' 与 R_1''、R_2''、R_3''、R_4'' 为四个桥臂电阻在低温与高温下的实际值；R_S'、R_P' 与 R_S''、R_P'' 为 R_S、R_P 在低温与高温下的期望数值。根据低温与高温下 B、D 两点的电位相等的条件，可得

$$\frac{R_1'+R_S'}{R_3'R_P'/(R_3'+R_P')} = \frac{R_2'}{R_4'} \tag{7.2.1}$$

$$\frac{R_1''+R_S''}{R_3''R_P''/(R_3''+R_P'')} = \frac{R_2''}{R_4''} \tag{7.2.2}$$

根据 R_S 和 R_P 自身的温度特性，低温到高温有 Δt 的温度变化值时

$$R_S'' = R_S'(1+\alpha\Delta t) \tag{7.2.3}$$

$$R_P'' = R_P'(1+\beta\Delta t) \tag{7.2.4}$$

式中　α、β——R_S、R_P 的电阻温度系数（1/℃）；

根据式（7.2.1）~式（7.2.4）可以计算出 R_S'、R_P'、R_S''、R_P'' 四个未知数。进一步可计算出常温下 R_S、R_P 的电阻值大小。

当选择温度系数很小（可认为是零）的电阻进行补偿，则式（7.2.1）与式（7.2.2）可写为

$$\frac{R_1'+R_S}{R_3'R_P/(R_3'+R_P)} = \frac{R_2'}{R_4'} \tag{7.2.5}$$

$$\frac{R_1''+R_S}{R_3''R_P/(R_3''+R_P)}=\frac{R_2''}{R_4''} \qquad (7.2.6)$$

由式（7.2.5）与式（7.2.6）可以计算出 R_S 与 R_P。

一般薄膜电阻的温度系数可以做到 10^{-6} 数量级，近似认为等于零，且其阻值可以修正，能得到所需要的数值。因此用薄膜电阻进行补偿，可以取得较好的补偿效果。

硅压阻式传感器的灵敏度温度漂移是由于压阻系数随温度变化引起的，通常可以采用改变电源工作电压大小的方法进行补偿。如温度升高时，传感器灵敏度降低，可使电源电压提高些，让电桥电路输出增大，就能达到补偿目的；反之，温度降低时，传感器灵敏度升高，可使工作电压降低些，让电桥电路输出减小，也一样达到补偿目的。图 7.2.3 所示的两种补偿电路即可实现上述目的。图 7.2.3（a）中用正温度系数热敏电阻敏感温度，调节运算放大器输出电压，改变工作电压，实现补偿；图 7.2.3（b）中用三极管基极与发射极间的 PN 结敏感温度，调节三极管输出电流，改变管压降，使工作电压变化，实现补偿。

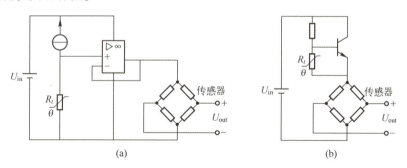

图 7.2.3　零位温度漂移的补偿

第8章 电容式传感器

8.1 电容式敏感元件及特性

8.1.1 电容式敏感元件

物体间的电容量与构成电容元件（capacitance unit）的两个极板的形状、大小、相互位置以及极板间的介电常数有关，可以描述为

$$C=f(\delta,s,\varepsilon) \qquad (8.1.1)$$

式中 C——电容元件的电容量（F）；

δ、s——分别为极板间的距离（m）和相互覆盖的面积（m^2）；

ε——极板间介质的介电常数（F/m）。

电容式敏感元件通过改变 δ、s、ε 来改变电容量 C，因此有变间隙、变面积和变介质三类电容式敏感元件；但敏感结构基本上是两种：平行板式和圆柱同轴式。

变间隙电容式敏感元件可以用来测量微小的线位移（如小到 0.01μm）；变面积电容式敏感元件可以用来测量角位移（如小到 1″）或较大的线位移；变介质电容式敏感元件常用于测量介质的某些物理特性，如湿度、密度等。

电容式敏感元件的特点主要有：非接触式测量、结构简单、灵敏度高、分辨率高、动态响应好、可在恶劣环境下工作等。其缺点主要有：受干扰影响大、易受电磁干扰、特性稳定性稍差、高阻输出状态、介电常数受温度影响大、有静电吸力等。

8.1.2 变间隙电容式敏感元件

图 8.1.1 为平行极板变间隙电容式敏感元件原理图。不考虑边缘效应的特性方程为

$$C = \frac{\varepsilon s}{\delta} = \frac{\varepsilon_r \varepsilon_0 s}{\delta} \tag{8.1.2}$$

式中 ε_0——真空中的介电常数（F/m），$\varepsilon_0 \approx 8.854 \times 10^{-12}$ F/m；

ε_r——极板间的相对介电常数，$\varepsilon_r = \varepsilon/\varepsilon_0$，对于空气约为 1。

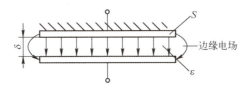

▼ 图 8.1.1 平行极板变间隙电容式敏感元件

由式（8.1.2）可知：电容量 C 与极板间的间隙 δ 成反比，具有较大的非线性。因此在工作时，动极板一般只能在较小的范围内工作。

当间隙 δ 减小 $\Delta\delta$，变为 $\delta - \Delta\delta$ 时，电容量 C 的增量 ΔC 和相对增量分别为

$$\Delta C = \frac{\varepsilon s}{\delta - \Delta\delta} - \frac{\varepsilon s}{\delta} \tag{8.1.3}$$

$$\frac{\Delta C}{C} = \frac{\Delta\delta/\delta}{1 - \Delta\delta/\delta} \tag{8.1.4}$$

当 $|\Delta\delta/\delta| \ll 1$ 时，将式（8.1.4）展为级数形式，有

$$\frac{\Delta C}{C} = \frac{\Delta\delta}{\delta}\left[1 + \frac{\Delta\delta}{\delta} + \left(\frac{\Delta\delta}{\delta}\right)^2 + \cdots\right] \tag{8.1.5}$$

为改善非线性，可以采用差动方式，如图 8.1.2 所示。一个电容增加，另一个电容减小。结合适当的信号变换电路形式，可得到非常好的特性，详见 8.2.3 节。

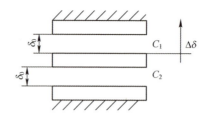

图 8.1.2 变间隙差动电容式敏感元件

8.1.3 变面积电容式敏感元件

图 8.1.3 为平行极板变面积电容式敏感元件原理图。不考虑边缘效应的特性方程为

$$C = \frac{\varepsilon b(a-\Delta x)}{\delta} = C_0 - \frac{\varepsilon b \Delta x}{\delta} \quad (8.1.6)$$

$$\Delta C = \frac{\varepsilon b}{\delta} \Delta x \quad (8.1.7)$$

变面积电容式敏感元件的电容变化量与位移变化量是线性关系,增大 b 或减小 δ 时,灵敏度增大;极板参数 a 不影响灵敏度,但影响边缘效应。

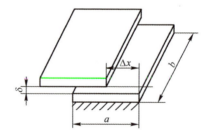

图 8.1.3 平行极板变面积电容式敏感元件

图 8.1.4 为圆筒型变"面积"电容式敏感元件原理图。不考虑边缘效应的特性方程为

$$C = \frac{2\pi\varepsilon_0(h-x)}{\ln R_2 - \ln R_1} + \frac{2\pi\varepsilon_1 x}{\ln R_2 - \ln R_1} = C_0 + \Delta C \quad (8.1.8)$$

$$C_0 = \frac{2\pi\varepsilon_0 h}{\ln R_2 - \ln R_1} \quad (8.1.9)$$

$$\Delta C = \frac{2\pi(\varepsilon_1 - \varepsilon_0)x}{\ln R_2 - \ln R_1} \quad (8.1.10)$$

式中 ε_1——某一种介质（如液体）的介电常数（F/m）；
ε_0——空气的介电常数（F/m）；
h——极板的总高度（m）；
R_1、R_2——内电极的外半径（m）和外电极的内半径（m）；
x——介质 ε_1 的物位高度（m）。

由上述模型可知：圆筒型电容式敏感元件介电常数为 ε_1 部分的高度为被测量 x，介电常数为 ε_0 的空气部分的高度为 $(h-x)$。被测量物位 x 变化时，对应于介电常数为 ε_1 部分的面积是变化的。此外，由式（8.1.10）可知：电容变化量 ΔC 与 x 成正比，通过对 ΔC 的测量可以实现对介电常数 ε_1 介质的物位高度 x 的测量。

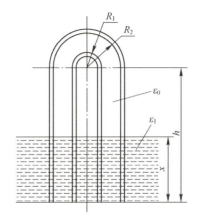

图 8.1.4 圆筒型变"面积"电容式敏感元件

图 8.1.5 为在 MEMS 传感器中应用的一种梳齿电容结构示意图。它可以有两种不同的工作模式：一种是梳齿上下的相对运动，相当于电容处于"变间隙"工作模式；另一种是梳齿左右的相对运动，相当于电容处于"变面积"工作模式。由于 MEMS 传感器结构参数十分微小，前者"变间隙"工作模式容易产生较大的电场力的变化和较大的压膜阻尼的变化，从而引起传感器特性的变化，使传感器性能变差；而后者的"变面积"工作模式，由于间隙没有变化，不会产生电场力的变化和压膜阻尼的变化，只有梳齿之间滑膜阻尼的微小变化，不会引起传感器特性的变化，也不会使传感器性能变差。因此，在 MEMS 传感器中，图 8.1.5 所示的梳齿电容结构应工作于"变面积"模式。

图 8.1.5　MEMS 传感器中的一种梳齿电容结构示意图

8.1.4　变介电常数电容式敏感元件

一些高分子陶瓷材料，其介电常数与环境温度、绝对湿度等有确定的函数关系。图 8.1.6 为一种变介电常数电容式敏感元件的结构示意图。介质厚度 d 保持不变，而相对介电常数 ε_r 受温度或湿度影响，导致电容变化。依此原理可以制成温度传感器或湿度传感器。

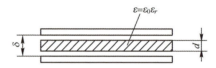

图 8.1.6　变介电常数的电容式敏感元件结构示意图

8.2　电容式敏感元件的等效电路

图 8.2.1 为电容式敏感元件的等效电路的原理图。R_P 为低频参数，表示在电容上的低频耗损；R_C、L 为高频参数，表示导线电阻、极板电阻以及导线间的动态电感。

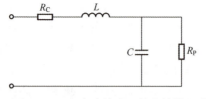

图 8.2.1　电容式敏感元件的等效电路

考虑到 R_P 与并联的 $X_C = 1/(\omega C)$ 相比很大，故忽略并联大电阻 R_P；同时 R_C 与串联的 $X_L = \omega L$ 相比很小，故忽略串联小电阻 R_C，则

$$j\omega L + \frac{1}{j\omega C} = \frac{1}{j\omega C_{eq}} \qquad (8.2.1)$$

$$C_{eq} = \frac{C}{1-\omega^2 LC} \qquad (8.2.2)$$

当 $1>\omega^2 LC$，L 和 C 确定后，等效电容是角频率 ω 的单调增加函数，且有

$$dC_{eq} = \frac{d}{dC}\left(\frac{C}{1-\omega^2 LC}\right)dC = \frac{dC}{(1-\omega^2 LC)^2} = C_{eq}\frac{dC}{C(1-\omega^2 LC)} \qquad (8.2.3)$$

则等效电容的相对变化量为

$$\frac{dC_{eq}}{C_{eq}} = \frac{dC}{C} \cdot \frac{1}{1-\omega^2 LC} > \frac{dC}{C} \qquad (8.2.4)$$

8.3　电容式变换元件的信号转换电路

电容式变换元件将被测量的变化转换为电容变化后，需要采用一定信号转换电路将其转换为电压、电流或频率信号。下面介绍几种典型的信号转换电路。

8.3.1　运算放大器式电路

图 8.3.1 为运算放大器式电路的原理图。假设运算放大器是理想的，其开环增益足够大，输入阻抗足够高，则输出电压为

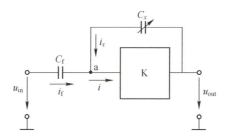

▼ 图 8.3.1　运算放大器式电路

$$u_{out} = (-C_f/C_x)u_{in} \qquad (8.3.1)$$

对于变间隙电容式敏感元件，$C_x = \varepsilon s/\delta$，则

$$u_{out} = -\frac{C_f}{\varepsilon s}u_{in}\delta = K\delta \qquad (8.3.2)$$

$$K = -\frac{C_f u_{in}}{\varepsilon s}$$

输出电压 u_{out} 与电极板的间隙成正比,很好地解决了单个变间隙电容式敏感元件的非线性问题。该方法特别适合于微结构传感器。

8.3.2 交流不平衡电桥电路

图 8.3.2 为交流电桥电路原理图。该电桥电路平衡条件为

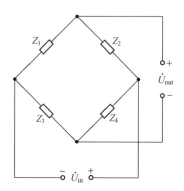

图 8.3.2 交流电桥电路

$$Z_1/Z_2 = Z_3/Z_4 \tag{8.3.3}$$

引入复阻抗:$Z_i = r_i + jX_i = z_i e^{j\phi_i} (i=1,2,3,4)$,j 为虚数单位;$r_i$ 和 X_i 分别为桥臂的电阻和电抗;z_i 和 ϕ_i 分别为 Z_i 的复阻抗的模值和幅角。

由式 (8.3.3) 可以得到

$$\begin{cases} z_1/z_2 = z_3/z_4 \\ \varphi_1 + \varphi_4 = \varphi_2 + \varphi_3 \end{cases} \tag{8.3.4}$$

$$\begin{cases} r_1 r_4 - r_2 r_3 = X_1 X_4 - X_2 X_3 \\ r_1 X_4 + r_4 X_1 = r_2 X_3 + r_3 X_2 \end{cases} \tag{8.3.5}$$

交流电桥电路的平衡条件远比直流电桥电路复杂,既有幅值要求,又有相角要求。

当交流电桥桥臂的阻抗有 $\Delta Z_i (i=1,2,3,4)$ 的增量,且有 $|\Delta Z_i / Z_i| \ll 1$,则

$$\dot{U}_{out} \approx \dot{U}_{in} \frac{Z_1 Z_2}{(Z_1 + Z_2)^2} \left(\frac{\Delta Z_1}{Z_1} + \frac{\Delta Z_4}{Z_4} - \frac{\Delta Z_2}{Z_2} - \frac{\Delta Z_3}{Z_3} \right) \tag{8.3.6}$$

8.3.3 变压器式电桥电路

图 8.3.3 为变压器式电桥电路的原理图，图 8.3.4 为相应的等效电路图。电容 C_1 和 C_2 可以是差动组合方式，即被测量变化时，C_1 和 C_2 中的一个增大，另一个减小；也可以一个是固定电容，另一个是受感电容；Z_f 为放大器输入阻抗，电桥电路输出电压可以表述为

$$\dot{U}_{\text{out}} = \dot{I}_f Z_f = \frac{(\dot{E}_1 C_1 - \dot{E}_2 C_2)\mathrm{j}\omega}{1 + Z_f(C_1 + C_2)\mathrm{j}\omega} Z_f \tag{8.3.7}$$

由式（8.3.7）可知：平衡条件为

$$\dot{E}_1 C_1 = \dot{E}_2 C_2 \tag{8.3.8}$$

$$\dot{E}_1 / \dot{E}_2 = C_2 / C_1 \tag{8.3.9}$$

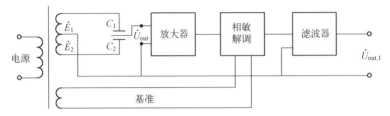

▼ 图 8.3.3　变压器式电桥电路

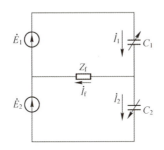

▼ 图 8.3.4　变压器式电桥等效电路

讨论一种典型的应用情况：$\dot{E}_1 \dot{E}_2 \dot{E}$，电容 C_1 和 C_2 为如图 8.1.2 所示的差动电容。显然，初始平衡时，$C_1 = C_2 = C$，输出电压为零。

假设 $Z_f = R_f \to \infty$，利用式（8.3.7），可得

$$\dot{U}_{\text{out}} = \frac{\dot{E}(C_1 - C_2)}{C_1 + C_2} \tag{8.3.10}$$

对于平行板式电容敏感元件,有
$$C_1 = \varepsilon s/(\delta_0 - \Delta\delta), \quad C_2 = \varepsilon s/(\delta_0 + \Delta\delta)$$
则
$$\dot{U}_{out} = \dot{E}\Delta\delta/\delta_0 \tag{8.3.11}$$

输出电压与$\Delta\delta/\delta_0$成正比。即图8.3.3给出的变压器式电桥电路输出电压信号$\dot{U}_{out}$,经放大、相敏解调、滤波后得到输出信号$\dot{U}_{out,1}$,既可得到$\Delta\delta$的大小,又可得到其方向。

8.3.4 二极管电路

图8.3.5为二极管电路的原理图,工作电压u_{in}是一幅值为E的高频(MHz级)方波振荡源;电容C_1、C_2为差动组合方式;R_f为输出负载;D_1、D_2为两个二极管;R为常值电阻。该电路的输出平均电压为

$$\overline{U}_{out} = \overline{I}_f R_f \approx \frac{EfRR_f(R+2R_f)(C_1-C_2)}{(R+R_f)^2} \tag{8.3.12}$$

输出电压$\overline{U}_{out}$与工作电源电压幅值E、频率f有关,故要求稳压、稳频。同时输出电压与(C_1-C_2)有关,因此对于改变极板间隙的差动电容式检测方式,该电路可减少非线性。

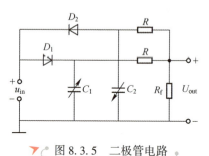

▼ 图8.3.5 二极管电路

8.3.5 差动脉冲调宽电路

图8.3.6为差动脉冲调宽电路的原理图,主要包括比较器A_1和A_2,双稳态触发器及差动电容C_1和C_2组成的充放电回路等。双稳态触发器的两个输出端用作整个电路的输出。如果电源接通时,双稳态触发器的A端为高电位,B端为低电位,则A点通过R_1对C_1充电,直至M点的电位等于直流参考电压U_{ref}时,比较器A_1产生一脉冲,触发双稳态触发器翻转,A端为低电位,B端

为高电位。此时 M 点电位经二极管 D_1 从 U_{ref} 迅速放电至零；而同时 B 点的高电位经 R_2 对 C_2 充电，直至 N 点的电位充至参考电压 U_{ref} 时，比较器 A_2 产生一脉冲，触发双稳态触发器翻转，A 端为高电位，B 端为低电位，又重复上述过程。如此周而复始，在双稳态触发器的两端各自产生一宽度受电容 C_1 和 C_2 调制的脉冲方波。

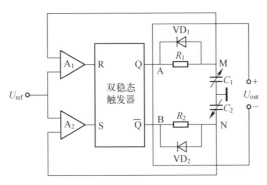

图 8.3.6　差动脉冲调宽电路

当 $C_1 = C_2$ 时，电路上各点电压信号如图 8.3.7（a）所示，A 和 B 两点间平均电压为零。

当 $C_1 > C_2$ 时，电容 C_1 和 C_2 的充放电时间常数发生变化，电路上各点电压信号波形如图 8.3.7（b）所示，A 和 B 两点间的平均电压不为零。输出电压 U_{out} 经低通滤波后获得，等于 A 和 B 两点的电压平均值 $\overline{U}_A$ 与 $\overline{U}_B$ 之差。

$$\overline{U}_A = \frac{T_1}{T_1 + T_2} U_1 \tag{8.3.13}$$

$$\overline{U}_B = \frac{T_2}{T_1 + T_2} U_1 \tag{8.3.14}$$

$$U_{out} = \overline{U}_A - \overline{U}_B = \frac{T_1 - T_2}{T_1 + T_2} U_1 \tag{8.3.15}$$

$$T_1 = R_1 C_1 \ln \frac{U_1}{U_1 - U_{ref}}; \quad T_2 = R_2 C_2 \ln \frac{U_1}{U_1 - U_{ref}}$$

式中　U_1——触发器输出的高电平（V）。

当充电电阻 $R_1 = R_2 = R$ 时，式（8.3.15）可改写为

$$U_{out} = \frac{C_1 - C_2}{C_1 + C_2} U_1 \tag{8.3.16}$$

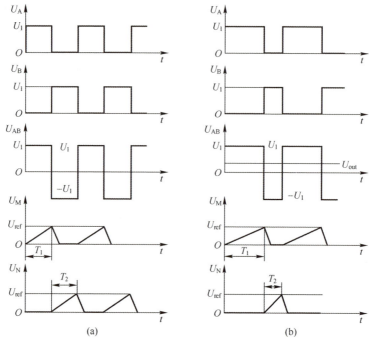

图 8.3.7 电压信号波形图

8.4 电容式传感器的抗干扰问题

8.4.1 温度变化对结构稳定性的影响

温度变化能引起电容式传感器各组成零件几何参数的变化,从而导致电容极板间隙或面积发生改变,产生附加电容变化。以如图 8.4.1 所示的一种电容式压力传感器的结构为例进行简要讨论。

假设温度 t_0 时,固定极板厚为 h_0,绝缘件厚为 b_0,膜片至绝缘底部之间的壳体长度为 a_0;它们的线膨胀系数分别为 α_h、α_b、α_a;则极板间隙 δ_0 和温度改变 Δt 时引起的变化量分别为

$$\delta_0 = a_0 - b_0 - h_0 \tag{8.4.1}$$

$$\Delta\delta_t = \delta_t - \delta_0 = (a_0\alpha_a - b_0\alpha_b - h_0\alpha_h)\Delta t \tag{8.4.2}$$

式中 δ_t ——温度改变 Δt 时,电容极板的间隙。

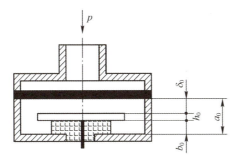

图 8.4.1 温度变化对结构稳定性的影响

因此,温度变化导致间隙改变引起的电容相对变化为

$$\xi_t = \frac{C_t - C_0}{C_0} = \frac{\varepsilon S/\delta_t - \varepsilon S/\delta_0}{\varepsilon S/\delta_0} = \frac{\delta_0 - \delta_t}{\delta_t} = \frac{-(a_0\alpha_a - b_0\alpha_b - h_0\alpha_h)\Delta t}{\delta_0 + (a_0\alpha_a - b_0\alpha_b - h_0\alpha_h)\Delta t} \quad (8.4.3)$$

式中 ε、S——分别为电容极板间的介电常数和极板间的相对面积（m^2）。

可见,温度引起的电容相对变化与组成零件的几何参数、零件材料的线膨胀系数有关。因此,在设计结构时,应尽量减少热膨胀尺寸链的组成环节数目及其几何参数,选用膨胀系数小、几何参数稳定的材料。高质量电容式传感器的绝缘材料多采用石英、陶瓷和玻璃等;而金属材料则选用低膨胀系数的镍铁合金。极板可直接在陶瓷、石英等绝缘材料上蒸镀一层金属薄膜来实现,这样既可消除或减小极板几何参数的影响,又可减少电容的边缘效应。此外,尽可能采用差动对称结构,并在测量电路中引入温度补偿机制。

8.4.2 温度变化对介质介电常数的影响

温度变化还能引起电容极板间介质介电常数的变化,使敏感结构电容量改变,带来温度误差。温度对介电常数的影响随介质不同而异。对于以空气或云母为介质的传感器,这项误差很小,一般不考虑。但电容式液位传感器用于燃油测量中,煤油介电常数的温度系数可达 $0.07\%/℃$,因此如环境温度变化 $100℃$（$-40 \sim +60℃$）,带来约 7% 的变化,必须进行补偿。燃油的介电常数 ε_t 随温度升高而近似线性地减小,可描述为

$$\varepsilon_t = \varepsilon_{t0}(1 + \alpha_\varepsilon \Delta t) \quad (8.4.4)$$

式中 ε_{t0}、ε_t——分别为初始温度和温度改变 Δt 时的燃油的介电常数;

α_ε——燃油介电常数的温度系数,如对于煤油,$\alpha_\varepsilon \approx -0.000684/℃$。

对于圆筒形电容式传感器,液面高度为 x 时,借助于式（8.1.10）和式（8.4.4）可知:温度变化导致 ε_t 改变引起电容量的变化为

$$\Delta C_t = \frac{2\pi(\varepsilon_t - \varepsilon_0)x}{\ln R_2 - \ln R_1} - \frac{2\pi(\varepsilon_{t0} - \varepsilon_0)x}{\ln R_2 - \ln R_1} = \frac{2\pi \varepsilon_{t0} \alpha_\varepsilon x \Delta t}{\ln R_2 - \ln R_1} \tag{8.4.5}$$

可见，ΔC_t 与 ε_{t0}、α_ε、x、Δt 等成正比，与 $(\ln R_2 - \ln R_1)$ 成反比。

8.4.3　绝缘问题

电容式敏感元件的电容量一般都很小，通常为几皮法~几百皮法。如果电源频率较低，则电容式传感器本身的容抗就高达几兆欧~几百兆欧，因此，必须解决好绝缘问题。考虑漏电阻的电容式传感器的等效电路如图 8.4.2 所示，漏电阻将与传感器电容构成一复阻抗而加入到测量电路中影响输出。当绝缘材料性能不好时，绝缘电阻随着环境温度和湿度而变化，导致电容式传感器的输出产生缓慢的零位漂移。因此对所选绝缘材料，要求其具有高的绝缘电阻、高的表面电阻、低的吸潮性、低的膨胀系数、高的几何参数长期稳定性。通常选用玻璃、石英、陶瓷和尼龙等绝缘材料。为防止水汽进入使绝缘电阻降低，可将表壳密封。此外，采用高电源频率（~数兆赫兹），以降低传感器的内阻抗。

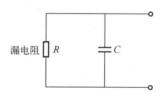

图 8.4.2　考虑漏电阻的电容式传感器的等效电路

8.4.4　寄生电容的干扰与防止

电容式传感器的工作电极会与仪器中各种元件甚至人体之间产生电容联系，形成寄生电容，引起传感器电容量的变化。由于传感器自身电容量很小，加之寄生电容极不稳定，从而对传感器产生严重干扰，导致传感器特性不稳定，甚至无法正常工作。

为了克服寄生电容的影响，必须对传感器及其引出导线采取屏蔽措施，即将传感器放在金属壳体内，并将壳体接地。传感器的引出线应采用屏蔽线，与壳体相连，无断开的不屏蔽间隙；屏蔽线外套也应良好接地。

尽管如此，实用中，电容式传感器仍然存在"电缆寄生电容"问题。

（1）屏蔽线本身电容量大，在几皮法/米~几百皮法/米。由于电容式传感器本身电容量亦仅几皮法~几百皮法甚至还小，当屏蔽线较长且其电容与传感器电容相并联时,明显降低了传感器电容的相对变化量,即会降低传感器的有效灵敏度。

(2) 由于电缆本身的电容量随放置位置和其形状的改变而明显变化,导致传感器特性不稳定。严重时,有用电容信号将被寄生电容噪声所淹没,使传感器无法正常工作。

电缆寄生电容的影响一直是电容式传感器难于解决的技术问题,阻碍着电容式传感器的发展和应用。微电子技术的发展,为解决该问题创造了良好的技术条件。

一个可行的解决方案是将测量电路的前级或全部与传感器组装在一起,构成整体式或有源式传感器,以便从根本上消除长电缆的影响。

另外一种情况,如传感器工作在低温、强辐射等恶劣环境下。当半导体器件经受不住这样恶劣的环境条件而必须将电容敏感部分与测量电路分开然后通过电缆连接时,为解决电缆寄生电容问题,可以采用"双层屏蔽等电位传输技术"或"驱动电缆技术"。

这种技术的基本思路是:采用内、外双层屏蔽连接电缆,使内屏蔽与被屏蔽的导线电位相同,这样引线与内屏蔽之间的电缆电容将不起作用,外屏蔽仍接地而起屏蔽作用。其原理如图 8.4.3 所示。图中电容式传感器的输出引线采用双层屏蔽电缆,电缆引线将电容极板上的电压输出至测量电路的同时,再输入至一个放大倍数严格为 1 的放大器,因而在此放大器的输出端得到一个与输入完全相同的输出电压,然后将其加到内屏蔽上。由于内屏蔽与引线之间处于等电位,因而两者之间没有容性电流存在。这就等效于消除了引线与内屏蔽之间的电容联系。而外屏蔽接地后,内、外屏蔽之间的电容将成为"1:1"放大器的负载,而不再与传感器电容相并联。这样,无论电缆形状和位置如何变化,都不会对传感器的工作产生影响。采用这种方法,可以有效保障电容式传感器稳定工作。

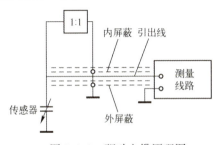

图 8.4.3 驱动电缆原理图

第 9 章

变磁路式传感器

9.1 电感式变换原理及其元件

9.1.1 简单电感式变换元件

1. 基本特性

电感式变换元件主要由线圈、铁芯和活动衔铁三部分组成,主要有Π形、E形和螺管型三种实现方式。图 9.1.1 为一种简单电感式变换元件的原理图。其中铁芯和活动衔铁均由导磁性材料如硅钢片或坡莫合金制成,衔铁和铁芯

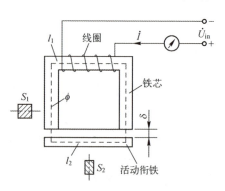

图 9.1.1 电感式变换元件

之间有空气隙。当衔铁移动时，磁路发生变化，即气隙磁阻发生变化，引起线圈电感的变化。

线圈匝数为 W 的电感量为

$$L = W^2 / R_M \tag{9.1.1}$$

$$R_M = R_F + R_\delta \tag{9.1.2}$$

$$R_F = \frac{l_1}{\mu_1 S_1} + \frac{l_2}{\mu_2 S_2} \tag{9.1.3}$$

$$R_\delta = \frac{2\delta}{\mu_0 S} \tag{9.1.4}$$

式中　R_M——电感元件的总磁阻（H^{-1}），为铁芯部分磁阻 R_F（H^{-1}）与空气隙部分磁阻 R_δ（H^{-1}）之和；

　　　l_1、l_2——磁通通过铁芯的长度（m）和通过衔铁的长度（m）；

　　　S_1、S_2——铁芯的横截面积（m^2）和衔铁的横截面积（m^2）；

　　　μ_1、μ_2——铁芯的导磁率（H/m）和衔铁的导磁率（H/m）；

　　　δ、S——空气隙的长度（m）和横截面积（m^2）；

　　　μ_0——空气的导磁率（H/m），$\mu_0 = 4\pi \times 10^{-7}$ H/m。

由于铁芯的导磁率 μ_1 与衔铁的导磁率 μ_2 远大于空气的导磁率 μ_0，因此 $R_F \ll R_\delta$，则

$$L \approx \frac{W^2}{R_\delta} = \frac{W^2 \mu_0 S}{2\delta} \tag{9.1.5}$$

假设电感式变换元件气隙长度的初始值为 δ_0，由式（9.1.5）可得初始电感

$$L_0 = \frac{W^2 \mu_0 S}{2\delta_0} \tag{9.1.6}$$

当衔铁产生位移，气隙长度 δ_0 减少 $\Delta\delta$ 时，电感量为

$$L = \frac{W^2 \mu_0 S}{2(\delta_0 - \Delta\delta)} \tag{9.1.7}$$

电感的变化量和相对变化量分别为

$$\Delta L = L - L_0 = \left(\frac{\Delta\delta}{\delta_0 - \Delta\delta}\right) L_0 \tag{9.1.8}$$

$$\frac{\Delta L}{L_0} = \frac{\Delta\delta}{\delta_0 - \Delta\delta} = \frac{\Delta\delta}{\delta_0} \left(\frac{1}{1 - \Delta\delta/\delta_0}\right) \tag{9.1.9}$$

当 $|\Delta\delta/\delta_0| \ll 1$，将式（9.1.9）展为级数形式，即

$$\frac{\Delta L}{L_0} = \frac{\Delta \delta}{\delta_0} + \left(\frac{\Delta \delta}{\delta_0}\right)^2 + \left(\frac{\Delta \delta}{\delta_0}\right)^3 + \cdots \qquad (9.1.10)$$

2. 等效电路

理想情况下，电感式变换元件相对于一个电感 L，其阻抗为

$$X_L = \omega L \qquad (9.1.11)$$

电感式变换元件不可能是纯电感，还包括铜损电阻 R_C、铁芯的涡流损耗电阻 R_e、磁滞损耗电阻 R_h 和线圈的寄生电容 C。其等效电路如图 9.1.2 所示。

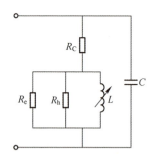

图 9.1.2 电感式变换元件的等效电路

电感式变换元件的阻抗为

$$Z_P = \frac{(R' + j\omega L')[1/(j\omega C)]}{R' + j\omega L' + 1/(j\omega C)} = \frac{R' + j\omega[(1 - \omega^2 L'C)L' - R'^2 C]}{(\omega R'C)^2 + (1 - \omega^2 L'C)^2} = R_P + j\omega L_P$$

$$(9.1.12)$$

$$R_P = \frac{R'}{(\omega R'C)^2 + (1 - \omega^2 L'C)^2} \qquad (9.1.13)$$

$$L_P = \frac{(1 - \omega^2 L'C)L' - R'^2 C}{(\omega R'C)^2 + (1 - \omega^2 L'C)^2} \qquad (9.1.14)$$

$$R' = R_C + \frac{R_m \omega^2 L^2}{R_m^2 + \omega^2 L^2} \qquad (9.1.15)$$

$$L' = \frac{R_m^2 L}{R_m^2 + \omega^2 L^2} \qquad (9.1.16)$$

$$R_m = R_e R_h / (R_e + R_h) \qquad (9.1.17)$$

式中　R_m——等效铁损电阻，综合考虑了铁芯的涡流损耗和磁滞损耗。

为了反映各种电阻带来的耗损影响，引入电感式变换元件的品质因数

$$Q_P = \frac{\omega L_P}{R_P} = \frac{\omega(1 - \omega^2 L'C)L' - R'^2 C}{R'} \qquad (9.1.18)$$

3. 信号转换电路

如图 9.1.1 所示，忽略铁芯磁阻 R_F、电感线圈的铜电阻 R_C、电感线圈的寄生电容 C 和铁损电阻 R_m 时，输出电流与气隙长度 δ 的关系为

$$\dot{I}_{out} = \frac{2\dot{U}_{in}\delta}{\mu_0 \omega W^2 S} \tag{9.1.19}$$

式中 ω——交流电压信号的角频率（rad/s）。

由式（9.1.19）可知：输出电流与气隙长度成正比，参见图 9.1.3。图中的虚直线是理想特性，实际特性是一条不过零点的曲线。这是由于气隙长度为零时仍存在有起始电流 I_n。同时，简单电感式变换元件与交流电磁铁一样，有电磁力作用在活动衔铁上，力图将衔铁吸向铁芯，从而引起一定测量误差。另外，简单电感式变换元件易受电源电压和频率的波动、温度变化等外界干扰因素的影响。

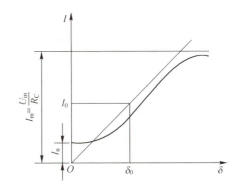

▶ 图 9.1.3 简单电感式测量电路的特性

9.1.2　差动电感式变换元件

1. 结构特点

两只完全对称的简单电感式变换元件共用一个活动衔铁便构成了差动电感式变换元件。图 9.1.4（a）和图 9.1.4（b）分别为 E 形和螺管型差动电感式变换元件的结构原理图。其特点是上、下两个导磁体的几何参数、材料参数完全相同，上、下两只线圈的铜电阻、匝数也完全一致。

图 9.1.4（c）为差动电感式变换元件接线图。变换元件的两只电感线圈接成交流电桥电路的相邻两个桥臂，另外两个桥臂是相同的常值电阻。

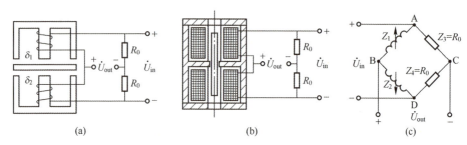

图 9.1.4 差动电感式变换元件的原理和接线图

2. 变换原理

初始位置时,衔铁处于中间位置,两边气隙长度相等,$\delta_1 = \delta_2 = \delta_0$,即

$$L_1 = L_2 = L_0 = \frac{W^2 \mu_0 S}{2\delta_0} \quad (9.1.20)$$

式中 L_1、L_2——分别为差动电感式变换元件上半部和下半部的电感(H)。

这时,上、下两部分的阻抗相等,$Z_1 = Z_2$;电桥电路输出电压为零。

当衔铁偏离中间位置向上移动 $\Delta\delta$,即

$$\begin{cases} \delta_1 = \delta_0 - \Delta\delta \\ \delta_2 = \delta_0 + \Delta\delta \end{cases} \quad (9.1.21)$$

差动电感式变换元件上、下两部分的阻抗分别为

$$\begin{cases} Z_1 = j\omega L_1 = j\omega \dfrac{W^2 \mu_0 S}{2(\delta_0 - \Delta\delta)} \\ Z_2 = j\omega L_2 = j\omega \dfrac{W^2 \mu_0 S}{2(\delta_0 + \Delta\delta)} \end{cases} \quad (9.1.22)$$

于是,电桥电路输出电压为

$$\dot{U}_{out} = \dot{U}_B - \dot{U}_C = \left(\frac{Z_1}{Z_1 + Z_2} - \frac{1}{2} \right) \dot{U}_{in} = \left[\frac{1/(\delta_0 - \Delta\delta)}{1/(\delta_0 - \Delta\delta) + 1/(\delta_0 + \Delta\delta)} - \frac{1}{2} \right] \dot{U}_{in} = \frac{\Delta\delta}{2\delta_0} \dot{U}_{in}$$

(9.1.23)

可见,电桥电路输出电压的幅值与衔铁相对移动量的大小成正比,当 $\Delta\delta > 0$ 时,$\dot{U}_{out}$ 与 $\dot{U}_{in}$ 同相;当 $\Delta\delta < 0$ 时,$\dot{U}_{out}$ 与 $\dot{U}_{in}$ 反相。所以本方案可以测量位移的大小和方向。

9.1.3 差动变压器式变换元件

差动变压器式变换元件简称差动变压器。其结构与上述差动电感式变换

元件完全一样，也是由铁芯、衔铁和线圈三个主要部分组成。不同处在于，差动变压器上、下两只铁芯均有一个一次侧绕组 1（又称激磁线圈）和一个二次侧绕组 2（也称输出线圈）。衔铁置于两铁芯的中间，上、下两只一次侧绕组串联后接激磁电压 $\dot{U}_{in}$，两只二次侧绕组则按电势反相串接。图 9.1.5 为差动变压器的几种典型结构形式。图 9.1.5（a）和图 9.1.5（b）的衔铁为平板形，灵敏度高，用于测量几微米~几百微米的位移；图 9.1.5（c）和图 9.1.5（d）的衔铁为圆柱形螺管，用于测量 1 毫米~上百毫米的位移；图 9.1.5（e）和图 9.1.5（f）用于测量转角位移，通常可测几角秒的微小角位移，输出线性范围在±10°左右。

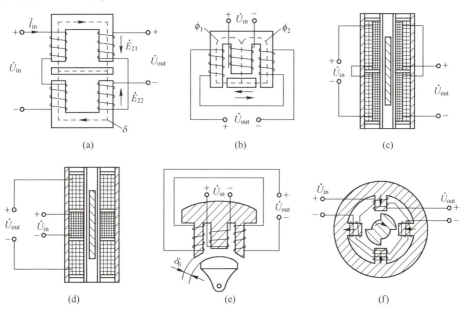

图 9.1.5　各种差动变压器的结构示意图

下面以图 9.1.5（a）的 Π 形差动变压器为例进行讨论。

1. 磁路分析

假设变压器原边的匝数为 W_1，衔铁与 Π 形铁芯 1（上部）和 Π 形铁芯 2（下部）的气隙长度分别为 δ_{11} 和 δ_{21}，均为 δ_1，激磁输入电压 $\dot{U}_{in}$，对应的工作电流为 $\dot{I}_{in}$；变压器副边的匝数为 W_2，衔铁与 Π 形铁芯 1 与 Π 形铁芯 2 的间隙分别为 δ_{12} 和 δ_{22}，均为 δ_2，输出电压为 $\dot{U}_{out}$。需要指出：该变压器的原边同相串接，副边反向串接。

考虑理想情况,忽略铁损,忽略漏磁,空载输出。衔铁初始处于中间位置,两边气隙长度相等,$\delta_1 = \delta_2 = \delta_0$。因此两只电感线圈的阻抗相等,电桥电路输出电压为零。

当衔铁偏离中间位置,向上(铁芯1)移动 $\Delta\delta$,即

$$\begin{cases} \delta_1 = \delta_0 - \Delta\delta \\ \delta_2 = \delta_0 + \Delta\delta \end{cases} \tag{9.1.24}$$

图 9.1.6 为 Π 形差动变压器的等效磁路图。G_{11}、G_{12}、G_{21}、G_{22} 为气隙长度分别 δ_{11}、δ_{12}、δ_{21}、δ_{22} 引起的磁导(磁阻的倒数),则

$$G_{11} = G_{12} = \mu_0 S / \delta_{11} = \mu_0 S / \delta_1 \tag{9.1.25}$$

$$G_{21} = G_{22} = \mu_0 S / \delta_{21} = \mu_0 S / \delta_2 \tag{9.1.26}$$

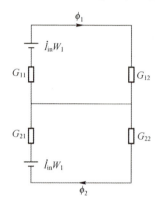

图 9.1.6　Π 形差动变压器的等效磁路图

Π 形铁芯 1、Π 形铁芯 2 的原边与副边之间的互感(H)分别为

$$M_1 = W_1 W_2 \frac{G_{11} G_{12}}{G_{11} + G_{12}} \tag{9.1.27}$$

$$M_2 = W_1 W_2 \frac{G_{21} G_{22}}{G_{21} + G_{22}} \tag{9.1.28}$$

于是,输出电压为

$$\dot{U}_{\text{out}} = \dot{E}_{21} - \dot{E}_{22} = -j\omega \dot{I}_{\text{in}}(M_1 - M_2) \tag{9.1.29}$$

式中　$\dot{E}_{21}$、$\dot{E}_{22}$——Π 形铁芯 1 二次侧绕组,Π 形铁芯 2 二次侧绕组感应出的电势(V)。

利用式 (9.1.24)~式 (9.1.29),可得

$$\dot{U}_{\text{out}} = \frac{-\mathrm{j}\omega W_2}{\sqrt{2}}(\Phi_{1m} - \Phi_{2m}) = -\mathrm{j}\omega W_1 W_2 \dot{I}_{\text{in}} \frac{\mu_0 S}{2} \cdot \frac{2\Delta\delta}{\delta_0^2 - \Delta\delta^2} \qquad (9.1.30)$$

2. 电路分析

根据图9.1.6（a），Π形差动变压器的一次侧绕组上、下部分的自感（H）分别为

$$L_{11} = W_1^2 G_{11} = \frac{W_1^2 \mu_0 S}{2\delta_1} = \frac{W_1^2 \mu_0 S}{2(\delta_0 - \Delta\delta)} \qquad (9.1.31)$$

$$L_{21} = W_1^2 G_{21} = \frac{W_1^2 \mu_0 S}{2\delta_2} = \frac{W_1^2 \mu_0 S}{2(\delta_0 + \Delta\delta)} \qquad (9.1.32)$$

一次侧绕组上、下部分的阻抗（Ω）分别为

$$\begin{cases} Z_{11} = R_{11} + \mathrm{j}\omega L_{11} \\ Z_{21} = R_{21} + \mathrm{j}\omega L_{21} \end{cases} \qquad (9.1.33)$$

则一次侧绕组中的输入电压与激磁电流的关系为

$$\dot{U}_{\text{in}} = \dot{I}_{\text{in}}(Z_{11} + Z_{21}) = \dot{I}_{\text{in}} \left[R_{11} + R_{21} + \mathrm{j}\omega W_1^2 \frac{\mu_0 S}{2} \left(\frac{2\delta_0}{\delta_0^2 - \Delta\delta^2} \right) \right] \qquad (9.1.34)$$

式中　R_{11}、R_{21}——一次侧绕组的上部分的等效电阻（Ω）和下部分的等效电阻（Ω）。

选择 $R_{11} = R_{21} = R_0$，而且考虑到 $\delta_0^2 \gg \Delta\delta^2$，由式（9.1.30）和式（9.1.34），可得

$$\dot{U}_{\text{out}} = -\mathrm{j}\omega \frac{W_2}{W_1} L_0 \left(\frac{\Delta\delta}{\delta_0} \right) \frac{\dot{U}_{\text{in}}}{R_0 + \mathrm{j}\omega L_0} \qquad (9.1.35)$$

式中　L_0——衔铁处于中间位置时一次侧绕组上（下）部分的自感（H），$L_0 = \frac{W_1^2 \mu_0 S}{2\delta_0}$。

通常线圈的 Q 值 $\omega L_0/R_0$ 比较大，则式（9.1.35）可以改写为

$$\dot{U}_{\text{out}} = -\frac{W_2}{W_1} \left(\frac{\Delta\delta}{\delta_0} \right) \dot{U}_{\text{in}} \qquad (9.1.36)$$

可见，副边输出电压与气隙长度的相对变化成正比，与变压器二次侧绕组和一次侧绕组的匝数比成正比。当 $\Delta\delta > 0$ 时，输出电压 $\dot{U}_{\text{out}}$ 与输入电压 $\dot{U}_{\text{in}}$ 反相；当 $\Delta\delta < 0$ 时，输出电压 $\dot{U}_{\text{out}}$ 与输入电压 $\dot{U}_{\text{in}}$ 同相。

9.2 磁电感应式变换原理

当金属导体和磁场相对运动时，在导体中将产生感应电势。例如，一个 W 匝的线圈，通过该线圈的磁通 ϕ（Wb）发生变化时，产生的感应电动势为

$$e = -W\frac{\mathrm{d}\phi}{\mathrm{d}t} \quad (9.2.1)$$

即线圈产生的感应电动势的大小与匝数和穿过线圈的磁通对时间的变化率成正比。通常，可以通过改变磁场强度、磁路电阻、线圈运动速度等来实现。

若线圈在恒定磁场中作直线运动切割磁力线时，线圈中产生的感应电动势为

$$e = WBLv\sin\theta \quad (9.2.2)$$

式中　B——磁场的磁感应强度（T）；
　　　L——单匝线圈的有效长度（m）；
　　　v——线圈与磁场的相对运动速度（m/s）；
　　　θ——线圈平面与磁场方向之间的夹角。

若线圈相对磁场作旋转运动，并切割磁力线时，则线圈中产生的感应电动势为

$$e = WBS\omega\sin\theta \quad (9.2.3)$$

式中　S——每匝线圈的截面积（m^2）；
　　　ω——线圈旋转运动的相对角速度（rad/s）。

可见，磁电感应式变换原理是一种基于磁场，将机械能转变为电能的非接触式变换方式。该方式直接输出电信号，不需要供电电源，电路简单、输出阻抗小、输出信号强、工作可靠、性价比较高；但体积相对较大。

9.3 电涡流式变换原理

9.3.1 电涡流效应

一块导磁性金属导体放置于一个扁平线圈附近，相互不接触，如图 9.3.1 所示。当线圈中通有高频电流 i_1 时，在线圈周围产生交变磁场 ϕ_1；交变磁场

ϕ_1将通过金属导体产生电涡流i_2，同时产生交变磁场ϕ_2，且ϕ_2与ϕ_1方向相反。ϕ_2对ϕ_1有反作用，使线圈中的电流i_1的大小和相位均发生变化，即线圈的等效阻抗发生变化。这就是电涡流效应。线圈阻抗的变化与电涡流效应密切相关，即与线圈半径r、激磁电流i_1的幅值I_{1m}、角频率ω、金属导体的电阻率ρ、导磁率μ以及线圈到导体的距离x有关，可以写为

$$Z = f(r, I_{1m}, \omega, \rho, \mu, x) \tag{9.3.1}$$

实用时，改变上述其中一个参数，控制其他参数，则线圈阻抗的变化就成为这个参数的单值函数，从而实现测量。

利用电涡流效应制成的变换元件的优点主要有：非接触式测量，结构简单，灵敏度高，抗干扰能力强，不受油污等介质的影响等。这类元件常用于测量位移、振幅、厚度、工件表面粗糙度、导体温度、材质的鉴别以及金属表面裂纹等无损检测中。

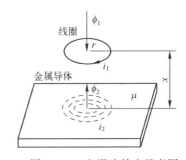

图 9.3.1　电涡流效应示意图

9.3.2　等效电路分析

电涡流式变换元件的等效电路如图 9.3.2 所示。图中 R_1 和 L_1 分别为通电线圈的电阻和电感，R_2 和 L_2 分别为金属导体的电阻和电感，M 为线圈与金属导体之间的互感系数，$\dot{U}_{in}$ 为高频激磁电压。由柯希霍夫定律可写出方程

$$\begin{cases}(R_1 + j\omega L_1)\dot{I}_1 - j\omega M \dot{I}_2 = \dot{U}_{in} \\ -j\omega M \dot{I}_1 + (R_2 + j\omega L_2)\dot{I}_2 = 0\end{cases} \tag{9.3.2}$$

由式 (9.3.2) 可得线圈的等效阻抗 (Ω) 为

$$Z_{eq} = \frac{\dot{U}_{in}}{\dot{I}_1} = R_1 + R_2\frac{\omega^2 M^2}{R_2^2 + \omega^2 L_2^2} + j\omega\left(L_1 - L_2\frac{\omega^2 M^2}{R_2^2 + \omega^2 L_2^2}\right) = R_{eq} + j\omega L_{eq} \tag{9.3.3}$$

$$R_{eq} = R_1 + R_2 \frac{\omega^2 M^2}{R_2^2 + \omega^2 L_2^2} \qquad (9.3.4)$$

$$L_{eq} = L_1 - L_2 \frac{\omega^2 M^2}{R_2^2 + \omega^2 L_2^2} \qquad (9.3.5)$$

式中 R_{eq}、L_{eq}——考虑电涡流效应时线圈的等效电阻（Ω）和等效电感（H）；

可见，涡流效应使线圈等效阻抗的实部（等效电阻）增大，虚部（等效电感）减少，也即电涡流效应将消耗电能，在导体上产生热量。

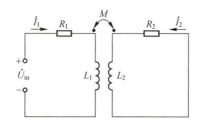

图 9.3.2　电涡流效应等效电路图

9.3.3　信号转换电路

1. 调频信号转换电路

调频电路相对简单，电路中将 LC 谐振回路和放大器结合构成 LC 振荡器，其频率等于谐振频率，幅值为谐振曲线的峰值，即

$$f_0 = \frac{1}{2\pi\sqrt{L_{eq}C}} \qquad (9.3.6)$$

$$\dot{U}_{out} = \dot{I}_{in} \frac{L_{eq}}{R_{eq}C} \qquad (9.3.7)$$

涡流效应增大时，等效电感 L_{eq} 减小，相应的谐振频率 f_0 升高，输出幅值变小。

解算时可采用两种方式。一种是调频鉴幅式，利用频率与幅值同时变化的特点，测出图 9.3.3（a）的峰点值，其特性如图中谐振曲线的包络线。另一种是直接输出频率，如图 9.3.3（b）所示，信号转换电路中的鉴频器将调频信号转换为电压输出。

2. 定频调幅信号转换电路

如图 9.3.4（a）所示，由高频激磁电流对一并联的 LC 电路供电。图中

L_1 表示电涡流变换元件的激磁线圈，它是等效电感 L_{eq} 与等效电阻 R_{eq} 的串联。在确定角频率 ω_0、恒定电流 $\dot{I}_{in}$ 激励下，输出电压为

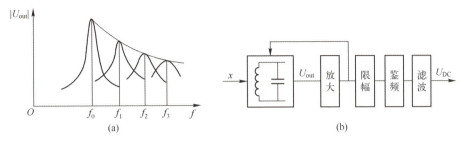

图 9.3.3 调频信号转换电路
(a) 调频鉴幅式的谐振曲线；(b) 直接输出频率的系统框图。

$$\dot{U}_{out} = \dot{I}_{in} Z = \dot{I}_{in} \left[\frac{(R_{eq}+j\omega_0 L_{eq})(1/(j\omega_0 C))}{(R_{eq}+j\omega_0 L_{eq})+1/(j\omega_0 C)} \right] \quad (9.3.8)$$

假设激磁电流频率 $f_0 = \dfrac{\omega_0}{2\pi}$ 足够高，满足 $R_{eq} \ll \omega_0 L_{eq}$，则由式（9.3.8）可得

$$U_{out,max} \approx I_{in,max} \frac{L_{eq}/(R_{eq}C)}{\sqrt{1+[(L_{eq}/R_{eq})(\omega_0^2-\omega^2)/\omega_0]^2}} \approx \frac{I_{in,max}L_{eq}}{R_{eq}C\sqrt{1+(2L_{eq}\Delta\omega/R_{eq})^2}} \quad (9.3.9)$$

式中 ω——激磁线圈自身的谐振角频率（rad/s），$\omega = 1/\sqrt{L_{eq}C}$；

$\Delta\omega$——失谐角频率偏移量（rad/s），$\Delta\omega = \omega_0 - \omega$；

$U_{out,max}$——$\dot{U}_{out}$ 的幅值；

$I_{in,max}$——$\dot{I}_{in}$ 的幅值。

基于上面讨论，可知：

（1）当 $\omega_0 \approx \omega$ 时，输出达到最大，为

$$U_{out,max} \approx I_{in,max} L_{eq}/(R_{eq}C) \quad (9.3.10)$$

（2）涡流效应增大时，L_{eq} 减小、R_{eq} 增大，谐振频率及谐振曲线向高频方向移动，如图 9.3.4（b）所示。

这种方式多用于测量位移，图 9.3.4（c）给出了信号转换系统框图。

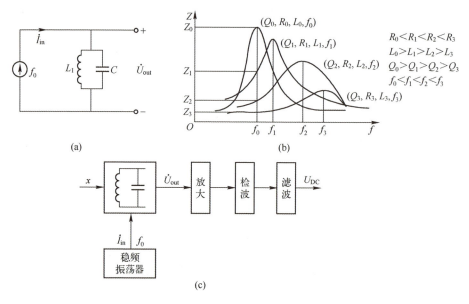

图 9.3.4 定频调幅信号转换电路
（a）电路图；（b）谐振曲线；（c）系统框图。

9.4　霍耳效应及元件

9.4.1　霍耳效应

如图 9.4.1 所示的金属或半导体薄片，若在其两端通以控制电流 I，并在薄片的垂直方向上施加磁感应强度 B 的磁场，则在垂直于电流和磁场的方向上产生电势 U_H，称为霍耳电势。这种现象称为霍耳效应。

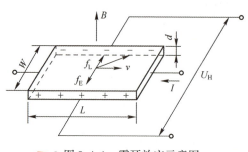

图 9.4.1　霍耳效应示意图

霍耳效应的产生是由于运动电荷在磁场中受洛伦兹力作用的结果。当运动电荷为正电粒子时，其受到的洛伦兹力为

$$f_L = ev \times B \tag{9.4.1}$$

式中 f_L——洛伦兹力矢量（N）；

v——运动电荷速度矢量（m/s）；

B——磁感应强度矢量（T）；

e——单位电荷电量（C），$e = 1.602 \times 10^{-19}$ C。

当运动电荷为负电粒子时，其受到的洛伦兹力为

$$f_L = -ev \times B \tag{9.4.2}$$

假设在 N 型半导体薄片的控制电流端通以电流 I，半导体中的载流子（电子）将沿着和电流相反的方向运动。在垂直于半导体薄片平面方向磁场 B 的作用下，产生洛伦兹力 f_L，使电子向由式（9.4.2）确定的一边偏转，形成电子积累；而另一边则积累正电荷，于是产生电场。该电场阻止运动电子继续偏转。当电场作用在运动电子上的力 f_E 与洛伦兹力 f_L 相等时，电子积累便达到动态平衡。在薄片两横端面之间建立霍耳电场 E_H，形成霍耳电势

$$U_H = \frac{R_H I B}{d} = K_H I B \tag{9.4.3}$$

$$K_H = R_H / d \tag{9.4.4}$$

式中 R_H——霍耳常数（$m^3 \cdot C^{-1}$）；

I——控制电流（A）；

B——磁感应强度（T）；

d——霍耳元件的厚度（m）；

K_H——霍耳元件的灵敏度（$m^2 \cdot C^{-1}$）。

可见，霍耳电势的大小与霍耳元件的灵敏度 K_H、控制电流 I 和磁感应强度 B 成正比。灵敏度 K_H 是一个表征在单位磁感应强度和单位控制电流时输出霍耳电势大小的参数，与元件材料性质和几何参数有关的重要参数。N 型半导体材料制作的霍耳元件的霍耳常数 R_H 相对较大，元件厚度 d 越薄，灵敏度越高；所以实用中，多采用 N 型半导体材料制作薄片型霍耳元件。

事实上，自然界还存在着反常霍耳效应，即不加外磁场也有霍耳效应。反常霍耳效应与普通霍耳效应在本质上完全不同，不存在外磁场对电子的洛伦兹力而产生的运动轨道偏转，它是由于材料本身的自发磁化而产生的，是另一类重要的物理效应。最新研究表明，反常霍耳效应还具有量子化，即存在着量子反常霍耳效应。这或许为新型传感技术的实现提供新的理论基础。

9.4.2　霍耳元件

霍耳元件一般用 N 型的锗、锑化铟和砷化铟等半导体单晶材料制成。锗元件的输出较小，温度性能和线性度比较好；锑化铟元件的输出较大，但受温度的影响也较大；砷化铟元件的输出信号没有锑化铟元件大，但是受温度的影响却比锑化铟要小，而且线性度也较好。在高精度测量中，大多采用锗和砷化铟元件。

霍耳元件的结构简单，由霍耳片、引线和壳体组成。霍耳片是一块矩形半导体薄片，如图 9.4.2 所示。在元件长边的两个端面上设置两根控制电流端引线（图中的 1-1），在元件短边的中间设置两根霍耳输出端引线（图中的 2-2）。霍耳片一般用非磁性金属、陶瓷或环氧树脂封装。

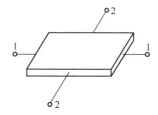

图 9.4.2　霍耳元件示意图

第10章 压电式传感器

10.1 主要压电材料及其特性

某些电介质,当沿一定方向对其施加外力导致材料发生变形时,其内部发生极化现象,同时在其某些表面产生电荷,实现机械能到电能的转变;当去掉外力后,又重新回到不带电状态。这种将机械能转变成电能的现象称为"正压电效应"。反之,在电介质极化方向施加电场,它会产生机械变形,实现电能到机械能的转变;当外加电场去掉后,电介质的变形随之消失。这种将电能转变成机械能的现象称为"逆压电效应"。电介质的"正压电效应"与"逆压电效应"统称压电效应(piezoelectric effect)。从传感器输出可用电信号角度考虑,对于压电式传感器(piezoelectric transducer/sensor)而言,重点讨论正压电效应。

具有压电特性的材料称为压电材料,分为天然的压电晶体材料和人工合成的压电材料。自然界中,压电晶体的种类很多,石英晶体是一种最具实用价值的天然压电晶体材料。人工合成的压电材料主要有压电陶瓷和压电膜。

10.1.1 石英晶体

1. 压电机理

图10.1.1为右旋石英晶体的理想外形,具有规则的几何形状。石英晶体

有三个晶轴，如图 10.1.2 所示。其中 z 为光轴，利用光学方法确定，没有压电特性；经过晶体的棱线，并垂直于光轴的 x 轴称为电轴；垂直于 zx 平面的 y 轴称为机械轴。

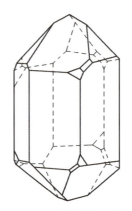

图 10.1.1　石英晶体的理想外形

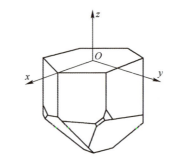

图 10.1.2　石英晶体的直角坐标系

石英晶体的压电特性与其内部结构有关。为了直观了解其压电特性，将组成石英（SiO_2）晶体的硅离子和氧离子排列在垂直于晶体 z 轴的 xy 平面（z 面）上的投影，等效为图 10.1.3（a）中的正六边形排列。图中"⊕"代表 Si^{+4}，"⊖"代表 $2O^{-2}$。

石英晶体未受外力作用时，如图 10.1.3（a）所示，Si^{+4} 和 $2O^{-2}$ 正好分布在正六边形的顶角上，形成三个大小相等、互成 120°夹角的电偶极矩 $\boldsymbol{p}_1$、$\boldsymbol{p}_2$ 和 $\boldsymbol{p}_3$。电偶极矩的大小为 $p=ql$，q 为电荷量，l 为正、负电荷之间的距离；电偶极矩的方向由负电荷指向正电荷。因此，石英晶体未受外力作用时，电偶极矩的矢量和 $\boldsymbol{p}_1+\boldsymbol{p}_2+\boldsymbol{p}_3=0$，晶体表面不产生电荷，石英晶体呈电中性。

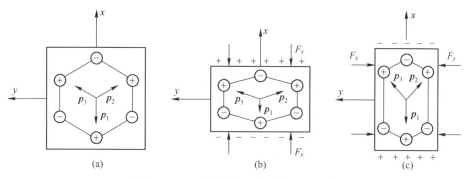

图 10.1.3　石英晶体压电效应机理示意图

当石英晶体受到沿 x 轴方向的压缩力作用时，如图 10.1.3（b）所示，晶体沿 x 轴方向产生压缩变形，正、负离子的相对位置随之变动。电偶极矩在三个坐标轴上的分量分别为

$$p_x = (\boldsymbol{p}_1 + \boldsymbol{p}_2 + \boldsymbol{p}_3)_x > 0$$
$$p_y = (\boldsymbol{p}_1 + \boldsymbol{p}_2 + \boldsymbol{p}_3)_y = 0$$
$$p_z = (\boldsymbol{p}_1 + \boldsymbol{p}_2 + \boldsymbol{p}_3)_z = 0$$

于是，在 x 轴正方向的晶面上出现正电荷，在垂直于 y 轴和 z 轴晶面上不出现电荷。这种沿 x 轴方向施加作用力，在垂直于此轴晶面上产生电荷的现象，称为"纵向压电效应"。

当石英晶体受到沿 y 轴方向的压缩力作用时，如图 10.1.3（c）所示，晶体沿 x 轴方向产生拉伸变形，正、负离子的相对位置随之变动。电偶极矩在三个坐标轴上的分量分别为

$$p_x = (\boldsymbol{p}_1 + \boldsymbol{p}_2 + \boldsymbol{p}_3)_x < 0$$
$$p_y = (\boldsymbol{p}_1 + \boldsymbol{p}_2 + \boldsymbol{p}_3)_y = 0$$
$$p_z = (\boldsymbol{p}_1 + \boldsymbol{p}_2 + \boldsymbol{p}_3)_z = 0$$

于是，在 x 轴正方向的晶面上出现负电荷，在垂直于 y 轴和 z 轴晶面上不出现电荷。这种沿 y 轴方向施加作用力，而在垂直于 x 轴晶面上产生电荷的现象，称为"横向压电效应"。

当石英晶体受到沿 z 轴方向的力，由于晶体在 x 轴方向和 y 轴方向的变形相同，电偶极矩在 x 轴方向和 y 轴方向的分量等于零，所以沿 z 轴（光轴）方向施加作用力，石英晶体不会产生压电效应。

当石英晶体各个方向同时受到均等的作用力时（如液体压力），石英晶体将保持电中性，即石英晶体没有体积变形的压电效应。

2. 压电常数

从石英晶体上取出一平行六面体晶片，其晶面方向分别沿着 x 轴、y 轴和 z 轴，几何参数分别为 h、L、W，如图 10.1.4 所示。

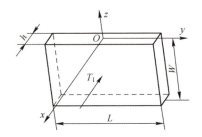

▼ 图 10.1.4 石英晶体平行六面体切片

石英晶体的正压电效应可以表述为

$$[\sigma] = [D_Q][T] \tag{10.1.1}$$

$$[D_Q] = \begin{bmatrix} d_{11} & -d_{11} & 0 & d_{14} & 0 & 0 \\ 0 & 0 & 0 & 0 & -d_{14} & -2d_{11} \\ 0 & 0 & 0 & 0 & 0 & 0 \end{bmatrix}$$

式中 $[D_Q]$——石英晶片的压电常数矩阵；

$[\sigma]$——压电效应引起的电荷密度矢量，$[\sigma] = [\sigma_1 \quad \sigma_2 \quad \sigma_3]^T$；

$[T]$——作用于石英晶片上的应力矢量，

$$[T] = [T_1 \quad T_2 \quad T_3 \quad T_4 \quad T_5 \quad T_6]^T 。$$

石英晶体只有两个独立的压电常数，即

$$d_{11} = \pm 2.31 \times 10^{-12} \text{C/N}$$

$$d_{14} = \pm 0.73 \times 10^{-12} \text{C/N}$$

左旋石英晶体的 d_{11} 和 d_{14} 取正号；右旋石英晶体的 d_{11} 和 d_{14} 取负号。

压电常数 d_{11}，表示晶片在 x 方向承受正应力时，单位压缩正应力在垂直于 x 轴晶面上所产生的电荷密度；压电常数 d_{14}，表示晶片在 x 面承受切应力时，单位切应力在垂直于 x 轴晶面上所产生的电荷密度。

基于式（10.1.1），对于石英晶体来说：选择恰当的石英晶片形状（又称晶片的切型）、受力状态和变形方式很重要，它们直接影响着石英晶体元件的压电效应和机电能量转换效率。例如在 x 晶面上，能引起压电效应产生电荷的应力分量为：作用于 x 轴的正应力 T_1、作用于 y 轴的正应力 T_2、作用于 x 面上的切应力 T_4；在 y 晶面上，能引起压电效应产生电荷的应力分量为：作

用于 y 面上的切应力 T_5、作用于 z 面上的切应力 T_6；而在 z 晶面上，没有压电效应。

可见，石英晶体的压电效应有四种基本应用方式

（1）厚度变形：通过 d_{11} 产生 x 方向的纵向压电效应。

（2）长度变形：通过 $-d_{11}$ 产生 y 方向的横向压电效应。

（3）面剪切变形：晶体受剪切力的面与产生电荷的面相同。如对于 x 切晶片，通过 d_{14} 将 x 面上的剪切应力转变成 x 面上的电荷；对于 y 切晶片，通过 $-d_{14}$ 将垂直于 y 面上的剪切应力转变成 y 面上的电荷。

（4）厚度剪切变形：晶体受剪切力的面与产生电荷的面不共面。如对于 y 切晶片，在 z 面上作用剪切应力时，通过 $-2d_{11}$ 在 y 面上产生电荷。

对于第（1）种厚度变形，基于式（10.1.1）可得在 x 面上产生的电荷：

$$q_{11} = \sigma_{11}LW = d_{11}T_1LW = d_{11}F_1 \tag{10.1.2}$$

式中的 F_1 即为沿晶轴 x 方向的作用力（N），这表明：石英晶片在 x 晶面上所产生的电荷量 q_{11} 正比于作用于该晶面上的力 F_1，所产生的电荷极性如图 10.1.5（a）所示。当石英晶片在 x 轴方向受到拉伸力时，在 x 晶面上产生的电荷极性与受压缩的情况相反，如图 10.1.5（b）所示。

类似地，可以分析其他变形工作模式。

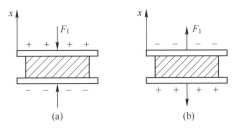

▼ 图 10.1.5　石英晶片厚度变形电荷生成机理示意图

3. 几何切型的分类

石英晶体是各向异性材料，在 $Oxyz$ 直角坐标系中，沿不同方位进行切割，可以得到不同的几何切型，主要分为 X 切族和 Y 切族，如图 10.1.6 所示。

X 切族是以厚度方向平行于晶体 x 轴、长度方向平行于 y 轴、宽度方向平行于 z 轴这一原始位置，旋转出来的各种不同的几何切型。

Y 切族是以厚度方向平行于晶体 y 轴、长度方向平行于 x 轴、宽度方向平行于 z 轴这一原始位置，旋转出来的各种不同的几何切型。

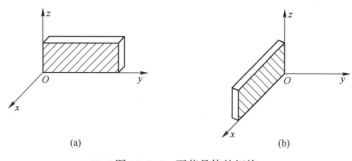

图 10.1.6 石英晶体的切族

4. 主要特性

石英晶体是一种天然的、性能优良的压电晶体。介电常数和压电常数的温度稳定性非常好。在 20～200℃ 范围内，温度升高 1℃，压电常数仅减少 0.016%；温度上升到 400℃，压电常数 d_{11} 仅减小 5%；温度上升到 500℃，d_{11} 急剧下降；当温度达到 573℃，石英晶体失去压电特性，这时的温度称为居里温度点。

此外，石英晶体压电特性较弱，但长期稳定性非常好、机械强度高、绝缘性能好。石英晶体元件的迟滞小、重复性好、固有频率高、动态响应好。

5. 石英压电谐振器的热敏感性

由于材料的各向异性，石英晶体的某些切型具有热敏感性，即压电石英谐振器的谐振频率随温度而变化的特性。研究表明：在 -200～+200℃ 温度范围内，石英谐振器的温度-频率特性可表示为

$$f(t)=f_0\left[1+\sum_{n=1}^{3}\frac{1}{n!}\frac{\partial^n f}{f_0 \partial t^n}\bigg|_{t=t_0}(t-t_0)^n\right]$$

$$=f_0\left[1+T_f^{(1)}(t-t_0)+T_f^{(2)}(t-t_0)^2+T_f^{(3)}(t-t_0)^3\right] \quad (10.1.3)$$

式中　f_0——温度为 t_0（一般取 $t_0=25$℃）时的谐振频率（Hz）；

$T_f^{(1)}$——一阶频率温度系数，$T_f^{(1)}=\dfrac{\partial f}{f_0 \partial t}\bigg|_{t=t_0}$；

$T_f^{(2)}$——二阶频率温度系数，$T_f^{(2)}=\dfrac{\partial^2 f}{2f_0 \partial t^2}\bigg|_{t=t_0}$；

$T_f^{(3)}$——三阶频率温度系数，$T_f^{(3)}=\dfrac{\partial^3 f}{6f_0 \partial t^3}\bigg|_{t=t_0}$。

石英晶体材料的温度系数与压电元件的取向、振动模态密切相关。对于非敏感温度的压电石英元件，应选择适当的切型和工作模式，尽可能对被测

量敏感，降低其频率温度系数；而对于敏感温度的压电式石英元件，应选择恰当的频率温度系数。

10.1.2 压电陶瓷

1. 压电机理

压电陶瓷是人工合成的多晶压电材料，由无数细微的电畴组成。这些电畴实际上是自发极化的小区域。自发极化的方向是任意排列的，如图 10.1.7（a）所示。无外电场作用时，从整体上看，这些电畴的极化效应相互抵消，使原始的压电陶瓷呈电中性，不具有压电性质。

为了使压电陶瓷具有压电效应，需进行极化处理，即在一定温度下对压电陶瓷施加强电场（如 20~30kV/cm 的直流电场），经过 2~3h 后，陶瓷内部电畴的极化方向都趋向于电场方向，如图 10.1.7（b）所示。经过极化处理的压电陶瓷就呈现出压电效应。

图 10.1.7 压电陶瓷的电畴示意图

2. 压电常数

压电陶瓷的极化方向通常取 z 轴方向，在垂直于 z 轴平面上可以任意设定相互垂直的 x 轴和 y 轴。压电特性对于 x 轴和 y 轴是等效的。研究表明，压电陶瓷通常有三个独立的压电常数，即 d_{33}、d_{31} 和 d_{15}。如钛酸钡压电陶瓷的压电常数矩阵为

$$[D_P] = \begin{bmatrix} 0 & 0 & 0 & 0 & d_{15} & 0 \\ 0 & 0 & 0 & -d_{15} & 0 & 0 \\ d_{31} & d_{31} & d_{33} & 0 & 0 & 0 \end{bmatrix} \quad (10.1.4)$$

$$d_{33} = 190 \times 10^{-12} \text{C/N}$$
$$d_{31} = -0.41 d_{33} = -78 \times 10^{-12} \text{C/N}$$
$$d_{15} = 250 \times 10^{-12} \text{C/N}$$

由式（10.1.4）可知：钛酸钡压电陶瓷可以利用厚度变形、长度变形和剪切变形获得压电效应，也可以利用体积变形获得压电效应。

3. 常用压电陶瓷

（1）钛酸钡压电陶瓷。

钛酸钡的压电常数 d_{33} 是石英晶体的压电常数 d_{11} 的几十倍，介电常数和体电阻率也都比较高；但温度稳定性、长期稳定性以及机械强度都不如石英晶体；而且工作温度较低，居里温度点为 115℃，最高使用温度约为 80℃。

（2）锆钛酸铅压电陶瓷。

锆钛酸铅压电陶瓷（PZT）是由锆酸铅和钛酸铅组成的固溶体。它具有很高的介电常数，各项机电参数随温度和时间等外界因素的变化较小。根据不同用途，在锆钛酸铅材料中再添加一种或两种其他微量元素，如铌（Nb）、锑（Sb）、锡（Sn）、锰（Mn）、钨（W）等，可获得不同性能的 PZT 压电陶瓷，参见表 10.1.1。为便于比较，表中同时列出了石英晶体的有关参数。PZT 的居里温度点比钛酸钡要高，其最高使用温度可达 250℃ 左右。由于 PZT 的压电性能和温度稳定性等方面均优于钛酸钡压电陶瓷，故它是目前应用最普遍的一种压电陶瓷材料。

表 10.1.1　常用压电材料的性能参数

	石英	钛酸钡	锆钛酸铅 PZT-4	锆钛酸铅 PZT-5	锆钛酸铅 PZT-8
压电常数（PC/N）	$d_{11}=2.31$ $d_{14}=0.73$	$d_{33}=190$ $d_{31}=-78$ $d_{15}=250$	$d_{33}=200$ $d_{31}=-100$ $d_{15}=410$	$d_{33}=415$ $d_{31}=-185$ $d_{15}=670$	$d_{33}=200$ $d_{31}=-90$ $d_{15}=410$
相对介电常数（ε_r）	4.5	1 200	1 050	2 100	1 000
居里温度点（℃）	573	115	310	260	300
最高使用温度（℃）	550	80	250	250	250
密度（$10^3 kg/m^3$）	2.65	5.5	7.45	7.5	7.45
弹性模量（$10^9 Pa$）	80	110	83.3	117	123
机械品质因数	$10^5 \sim 10^6$	—	≥500	80	≥800
最大安全应力（$10^6 Pa$）	95~100	81	76	76	83
体积电阻率（$\Omega \cdot m$）	$>10^{12}$	10^{10}（25℃）	$>10^{10}$	10^{11}（25℃）	—
最高允许湿度（%RH）	100	100	100	100	—

10.1.3　聚偏二氟乙烯

聚偏二氟乙烯（PVF2）是一种高分子半晶态聚合物。所制成的压电薄膜具有较高的电压灵敏度，比 PZT 大 17 倍。其动态品质非常好，在 10^{-5} Hz ~

500MHz 频率范围内具有平坦的响应特性，特别适合利用正压电效应输出电信号。此外，它还具有机械强度高、柔软、耐冲击、易于加工成大面积元件和阵列元件、价格便宜等优点。

PVF2 压电薄膜在拉伸方向的压电常数最大（$d_{31}=20\times10^{-12}$C/N），而垂直于拉伸方向的压电常数 d_{32} 最小（$d_{32}\approx0.2d_{31}$）。因此，在测量小于 1MHz 的动态量时，多利用 PVF2 压电薄膜受拉伸或弯曲产生的横向压电效应。

PVF2 压电薄膜在超声和水声探测方面有优势。其声阻抗与水的声阻抗非常接近，两者具有良好的声学匹配关系。因此，PVF2 压电薄膜在水中是一种透明的材料，可以用超声回波法直接检测信号；同时也可用于加速度和动态压力的测量。

10.2　压电元件的等效电路与信号转换电路

10.2.1　压电元件的等效电路

当压电元件受到外力作用时，在压电元件一定方向的两个表面（即电极面）上产生电荷：在一个表面上聚集正电荷，在另一个表面上聚集负电荷。因此可把用作正压电效应的压电元件看作一个电荷发生器，等效于一个电容器，其电容量为

$$C_a = \varepsilon_r \varepsilon_0 S/\delta \qquad (10.2.1)$$

式中　S、δ——分别为压电元件电极面的面积（m²）和厚度（m）；

　　　ε_0、ε——分别为真空中的介电常数（F/m）和极板电极间的相对介电常数。

图 10.2.1（a）为考虑直流漏电阻（又称体电阻）时的等效电路，正常使用时 R_p 很大，可以忽略。因此可以把压电元件理想地等效于一个电荷源与一个电容相并联的电荷等效电路，如图 10.2.1（b）所示；或等效于一个电压源和一个串联电容表示的电压等效电路，如图 10.2.1（c）所示。

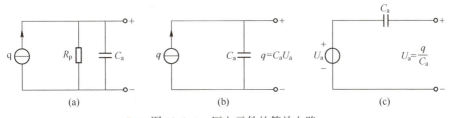

图 10.2.1　压电元件的等效电路

10.2.2 电荷放大器与电压放大器

基于上述对压电元件等效电路的分析，压电元件相当于一个"电容器"，所产生的直接输出是电荷量，而且压电元件等效电容的电容量很小，输出阻抗高，易受引线等干扰影响。为此，通常可以采用如图 10.2.2 所示的电荷放大器。

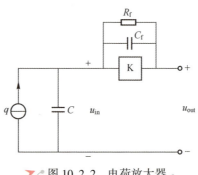

图 10.2.2 电荷放大器

考虑到实际情况，电路的等效输入电容为

$$C = C_a + \Delta C \tag{10.2.2}$$

式中 C_a——压电元件的电容量（F）；

ΔC——总的干扰电容量（F）。

由图 10.2.2 可得

$$u_{in} = q/C \tag{10.2.3}$$

$$Z_{in} = 1/(sC) \tag{10.2.4}$$

$$Z_f = \frac{1/(sC_f) \cdot R_f}{1/(sC_f) + R_f} = \frac{R_f}{1 + R_f C_f s} \tag{10.2.5}$$

由式（10.2.3）~式（10.2.5），根据运算放大器的特性，可得

$$u_{out} = -\frac{Z_f}{Z_{in}} u_{in} = -\frac{R_f q s}{1 + R_f C_f s} \tag{10.2.6}$$

可见，电荷放大器的输出只与压电元件产生的电荷不变量和反馈阻抗有关，而与电路的等效输入电容（含干扰电容）无关。这是电荷放大器的一个重要优点。

压电元件的信号转换电路还可以采用如图 10.2.3 所示的电压放大器。图中 C_a 和 R_a 分别为压电元件的电容量和绝缘电阻；C_c 和 C_{in} 分别为电缆电容和前

置放大器的输入电容；R_{in}为前置放大器的输入电阻。显然这种电路易受电缆干扰电容影响。

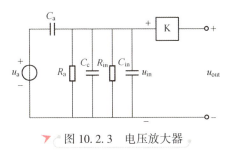

图 10.2.3 电压放大器

10.2.3 压电元件的并联与串联

为了提高灵敏度，可以把两片压电元件重叠放置并按并联（对应于电荷放大器）或串联（对应于电压放大器）方式连接，如图 10.2.4 所示。

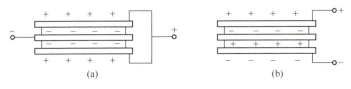

图 10.2.4 压电元件的连接方式
(a) 并联；(b) 串联。

对于如图 10.2.4（a）所示的并联结构

$$\begin{cases} q_p = 2q \\ u_{ap} = u_a \\ C_{ap} = 2C_a \end{cases} \quad (10.2.7)$$

因此，当采用电荷放大器转换压电元件上的输出电荷 q_p 时，并联方式可以提高传感器的灵敏度。

对于如图 10.2.4（b）所示的串联结构

$$\begin{cases} q_s = q \\ u_{as} = 2u_a \\ C_{as} = 0.5C_a \end{cases} \quad (10.2.8)$$

因此，当采用电压放大器转换压电元件上的输出电压 u_{as} 时，串联方式可以提高传感器的灵敏度。

10.3 压电式传感器的抗干扰问题

10.3.1 环境温度的影响

环境温度的变化会引起压电材料的压电常数、介电常数、体电阻和弹性模量等参数的变化。通常，温度升高时，压电元件的等效电容量增大，体电阻减小。电容量增大使传感器的电荷灵敏度增加，电压灵敏度降低；体电阻减小使传感器的时间常数减小，低频响应变差。

环境温度缓慢变化时，压电陶瓷内部的极化强度会随温度变化产生明显的热释电效应，从而导致采用压电陶瓷的传感器低频特性变差。而石英晶体对缓变温度不敏感，因此可应用于很低频率被测信号的测量。

环境温度瞬变时，对压电式传感器的影响比较大。瞬变温度在传感器壳体和基座等部件内产生温度梯度，引起热应力传递给压电元件，并产生干扰输出信号。此外，压电式传感器的线性度也会因预紧力受瞬变温度变化而变差。

瞬变温度引起的热电输出信号的频率较高，幅度较大，有时大到使放大器输出饱和。因此，在高温环境进行小信号测量时，热电干扰输出可能会淹没有用信号。为此，应设法补偿瞬变温度引起的误差，通常可采用以下四种方法。

1. 采用剪切型结构

剪切型传感器由于压电元件与壳体隔离，壳体的热应力不会传递到压电元件上；而基座热应力通过中心柱隔离，温度梯度不会导致明显的热电输出。因此，剪切型传感器受瞬变温度的影响很小。

2. 采用隔热片

在测量爆炸冲击波压力时，冲击波前沿的瞬态温度很高。为了隔离和缓冲高温对压电元件的冲击，减小热梯度的影响，可在压电式压力传感器的膜片与压电元件之间放置氧化铝陶瓷片等导热率低的绝热垫片，如图 10.3.1 所示。

3. 采用温度补偿片

在压电元件与膜片之间放置适当材料及尺寸的温度补偿片，如由陶瓷及铁镍铍青铜两种材料组成的温度补偿片，如图10.3.2所示。温度补偿片的热膨胀系数比壳体等材料的热膨胀系数大。在高温环境中，温度补偿片的热膨胀变形可以抵消壳体等部件的热膨胀变形，使压电元件的预紧力不变，从而消除温度引起的传感器输出漂移。

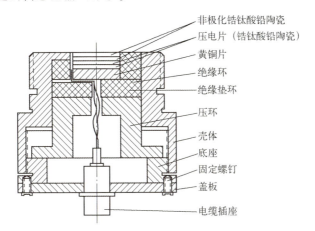

图10.3.1 具有隔热片的压电式压力传感器

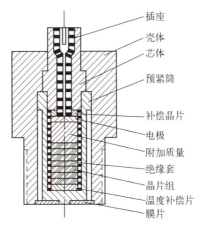

图10.3.2 具有温度和加速度补偿的压电式压力传感器

4. 采用冷却措施

对于应用于高温介质动态压力测量的压电式压力传感器，可采用强制冷却的措施，即在传感器内部注入循环冷却水，以降低压电元件和传感器各部件的温度。也可以采取外冷却措施，将传感器装入冷却套中，冷却套内注入循环的冷却水。

10.3.2 环境湿度的影响

环境湿度对压电式传感器性能的影响也很大。如果传感器长期在高湿度环境中工作，则传感器的绝缘电阻会减小，使传感器低频响应变坏。为此，传感器的有关部分一定要选用绝缘性能好的绝缘材料，并采取防潮密封措施。

10.3.3 横向灵敏度

以一个压电式加速度传感器为例进行说明。理想的加速度传感器，只感受主轴方向的加速度。然而，实际的压电式加速度传感器在横向加速度的作用下都会有一定输出，通常将这一输出信号与横向加速度之比称为传感器的横向灵敏度。

产生横向灵敏度的主要原因是：晶片切割时切角的定向误差、压电陶瓷极化方向的偏差；压电元件表面粗糙或两表面不平行；基座平面或安装表面与压电元件的最大灵敏度轴线不垂直；压电元件上作用的静态预压缩应力偏离极化方向等。这些原因使传感器最大灵敏度方向与主轴线方向不重合，横向作用的加速度在最大灵敏度方向上的分量不为零，引起传感器的输出误差，如图 10.3.3 所示。

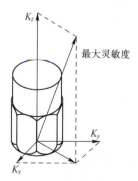

图 10.3.3 横向灵敏度的图解说明

横向灵敏度与加速度方向有关。图 10.3.4 所示为一种典型的横向灵敏度与加速度方向的关系曲线。假设沿 0°方向或 180°方向作用有横向加速度时，横向灵敏度最大，则沿 90°方向或 270°方向作用有横向加速度时，横向灵敏度最小。根据这一特点，在测量时需仔细调整传感器的位置，使传感器的最小横向灵敏度方向对准最大横向加速度方向，从而使横向加速度引起的输出误差为最小。

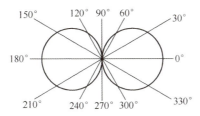

图 10.3.4　横向灵敏度与加速度方向的关系

10.3.4　基座应变的影响

安装传感器的基座产生应变时，该应变会直接传递到压电元件上引起附加应力，产生误差信号输出。这个误差与传感器的结构形式有关。一般压缩型传感器，由于压电元件直接放置在基座上，所以基座应变的影响较大。剪切型传感器因其压电元件不与基座直接接触，因此基座应变的影响比一般压缩型传感器要小得多。

10.3.5　声噪声的影响

高强度声场通过空气传播会使构件产生较明显的振动。当压电式加速度传感器置于高强度声场中时，会产生一定的寄生信号输出，但比较弱。研究表明：即使 140dB 的高强度噪声引起的传感器的噪声输出，也只相当于几个 m/s^2 的加速度值。因此，通常声噪声的影响可以忽略。

10.3.6　电缆噪声的影响

电缆噪声由电缆自身产生。普通的同轴电缆由带挤压聚乙烯或聚四氟乙烯材料作绝缘保护层的多股绞线组成。外部屏蔽套是一个编织的多股的镀银金属网套，如图 10.3.5 所示。当电缆受到突然的弯曲或振动时，电缆芯线与绝缘体之间，以及绝缘体和金属屏蔽套之间就可能发生相对移动，在它们之间形成一个空隙。当相对移动很快时，在空隙中将因相互摩擦而产生静电感应电荷，此电荷直接叠加到压电元件的输出，并馈送到放大器中，从而在主信号中混杂有较大的电缆噪声。

为了减小电缆噪声，可选用特制的低噪声电缆，如电缆芯线与绝缘体之间以及绝缘体与屏蔽套之间加入石墨层，以减小相互摩擦；同时在测量过程中还应将电缆固紧，以避免引起相对运动，如图 10.3.6 所示。

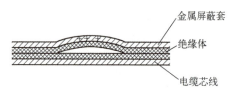

▼ 图 10.3.5　同轴电缆芯线和绝缘体分离现象示意图

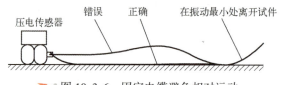

▼ 图 10.3.6　固定电缆避免相对运动

10.3.7　接地回路噪声的影响

在振动测量中，一般测量仪器比较多。如果各仪器和传感器各自接地，由于不同的接地点之间存在电位差，这样就会在接地回路中形成回路电流，导致在测量系统中产生噪声信号。防止接地回路中产生噪声信号的有效办法是：使整个测试系统在一点接地，不形成接地回路。

一般合适的接地点在指示器的输入端。为此，要将传感器和放大器采取隔离措施实现对地隔离。传感器的简单隔离方法是电气绝缘，可以用绝缘螺栓和云母垫片将传感器与它所安装的构件绝缘。

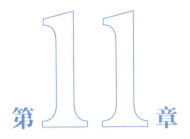

第11章 谐振式传感器

11.1 谐振状态及其评估

11.1.1 谐振现象

谐振式传感器利用处于谐振状态的敏感元件（即谐振子）自身的振动特性受被测参数的影响规律实现测量。谐振敏感元件工作时，可以等效为一个单自由度系统，见图 11.1.1 (a)，其动力学方程为

$$m\ddot{x} + c\dot{x} + kx - f(t) = 0 \qquad (11.1.1)$$

式中　m、c、k——分别为振动系统的等效质量（kg），等效阻尼系数（N·s/m）和等效刚度（N/m）；

$f(t)$——激励外力（N）。

$m\ddot{x}$、$c\dot{x}$ 和 kx 分别反映了振动系统的惯性力、阻尼力和弹性力，参见图 11.1.1 (b)。当上述振动系统处于谐振状态时，激励外力应当与系统的阻尼力相平衡；惯性力应当与弹性力相平衡，系统以其固有频率振动，即

$$\begin{cases} c\dot{x} - f(t) = 0 \\ m\ddot{x} + kx = 0 \end{cases} \qquad (11.1.2)$$

这时振动系统的外力超前位移矢量90°，与速度矢量同相位。弹性力与惯性力之和为零，利用这个条件可以得到系统的固有角频率（rad/s）为

$$\omega_n = \sqrt{k/m} \qquad (11.1.3)$$

由于实际的阻尼力很难确定,这是一个理想情况。

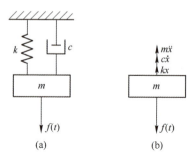

图 11.1.1　单自由度振动系统

当式(11.1.1)中的外力 $f(t)$ 是周期信号时有

$$f(t) = F_m \sin\omega t \qquad (11.1.4)$$

则振动系统的归一化幅值响应和相位响应分别为

$$A(\omega) = \frac{1}{\sqrt{[1-(\omega/\omega_n)^2]^2 + [2\zeta(\omega/\omega_n)]^2}} \qquad (11.1.5)$$

$$\varphi(\omega) = \begin{cases} -\arctan\dfrac{2\zeta(\omega/\omega_n)}{1-(\omega/\omega_n)^2} & \omega/\omega_n \leq 1 \\ -\pi + \arctan\dfrac{2\zeta(\omega/\omega_n)}{(\omega/\omega_n)^2-1} & \omega/\omega_n > 1 \end{cases} \qquad (11.1.6)$$

式中　ζ——系统的阻尼比,$\zeta = \dfrac{c}{2\sqrt{km}}$;对谐振子而言,$\zeta = 1$,为弱阻尼系统。

图 11.1.2 为系统的幅频特性曲线(见(a))和相频特性曲线(见(b))。当 $\omega_r = \sqrt{1-2\zeta^2}\,\omega_n$ 时,$A(\omega)$ 达到最大值

$$A_{max} = \frac{1}{2\zeta\sqrt{1-2\zeta^2}} \approx \frac{1}{2\zeta} \qquad (11.1.7)$$

这时系统的相位为

$$\varphi = -\arctan\frac{2\zeta\sqrt{1-2\zeta^2}}{2\zeta^2} \approx -\arctan\frac{1}{\zeta} \approx -\frac{\pi}{2} \qquad (11.1.8)$$

工程上将振动系统的幅值增益达到最大值时的工作情况定义为谐振状态,相应的激励角频率 ω_r 定义为系统的谐振角频率。

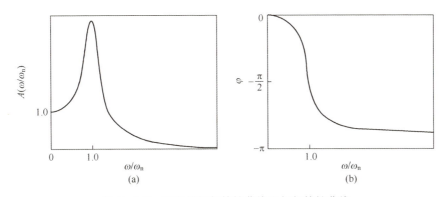

图 11.1.2 系统的幅频特性曲线和相频特性曲线
（a）幅频特性曲线；（b）相频特性曲线。

11.1.2 谐振子的机械品质因数 Q 值

根据上述分析，系统的固有角频率 $\omega_n = \sqrt{k/m}$ 只与系统固有的质量和刚度有关。系统的谐振角频率 $\omega_r = \sqrt{1-2\zeta^2}\,\omega_n$ 和固有角频率的差别，与系统的阻尼比密切相关。从测量的角度出发，这个差别越小越好。为了描述谐振子谐振状态的优劣程度，常利用谐振子的机械品质因数 Q 值进行讨论。

谐振子是弱阻尼系统，$1 \gg \zeta > 0$，利用图 11.1.3 所示的谐振子幅频特性可给出

$$Q \approx A_{\max} \approx \frac{1}{2\zeta} \approx \frac{\omega_r}{\omega_2 - \omega_1} \tag{11.1.9}$$

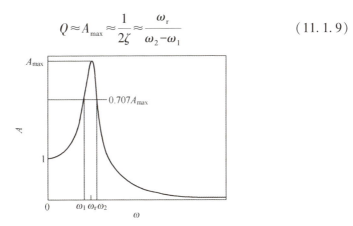

图 11.1.3 利用幅频特性获得谐振子的 Q 值

显然，Q 值反映了谐振子振动中阻尼比的大小及消耗能量快慢的程度，也反映了幅频特性曲线谐振峰陡峭的程度，即谐振敏感元件选频能力的强弱。

基于上述分析，谐振子的谐振角频率相对于其固有角频率的变化率为

$$\beta = \frac{\omega_r - \omega_n}{\omega_n} \approx \sqrt{1 - \frac{1}{2Q^2}} - 1 \approx -\frac{1}{4Q^2} \qquad (11.1.10)$$

显然，Q 值越高，谐振角频率与固有角频率 ω_n 越接近，系统的选频特性就越好，越容易检测到系统的谐振角频率，同时系统的谐振角频率就越稳定，重复性就越好。总之，对于谐振式传感器来说，提高谐振子的品质因数至关重要。应采取各种措施提高谐振子的 Q 值。这是设计谐振式传感器的核心问题。

提高谐振子 Q 值的途径可以从以下四个方面考虑：

（1）选择高 Q 值的材料，如石英晶体材料、单晶硅材料和精密合金材料等。石英晶体材料的机械品质因数的极限值与其工作频率 f 有关，可描述为

$$Qf = 1.2 \times 10^{13} (\text{Hz}) \qquad (11.1.11)$$

（2）采用较好的加工工艺手段，尽量减小由于加工过程引起的谐振子内部的残余应力。如对于测量压力的谐振筒敏感元件，由于其壁厚只有 0.08mm 左右，如果采用旋拉工艺，在谐振筒的内部容易形成较大的残余应力，其 Q 值大约为 3000~5000；而采用精密车磨工艺，其 Q 值可达到 8000 以上，明显高于前者。

（3）注意优化设计谐振子的边界结构及封装形式，即要阻止谐振子与外界振动的耦合，有效地使谐振子的振动与外界环境隔离。为此通常采用调谐解耦方式，使谐振子通过其"节点"与外界连接。

（4）优化谐振子的工作环境，使其尽可能地不受被测介质的影响。

一般来说，实际谐振子的机械品质因数较其材料的 Q 值下降 1~2 个数量级。

11.2 闭环自激系统的实现

11.2.1 基本结构

谐振式传感器绝大多数工作于闭环自激状态。图 11.2.1 为利用谐振式测量原理构成谐振式传感器的基本结构。

R：谐振敏感元件，即谐振子。它是传感器的核心部件，工作时以其自身固有的振动模态持续振动。谐振子的振动特性直接影响着谐振式传感器的性

能。谐振子有多种形式：如谐振梁、复合音叉、谐振筒、谐振膜、谐振半球壳和弹性弯管等。

E、D：分别为信号激励器（或驱动器）和拾振器（或检测器）。实现电-机、机-电转换，为组成谐振式传感器的闭环自激系统提供条件。常用激励方式：电磁效应、静电效应、逆压电效应、电热效应、光热效应等。常用拾振方式：应变效应、压阻效应、磁电效应、电容效应、正压电效应、光电效应等。

A：放大器。用于调节信号的相位和幅值，使系统能可靠稳定工作于闭环自激状态。通常采用专用的多功能化集成电路实现。

O：系统检测输出装置。实现解算周期信号特征量，获得被测量的部件。它用于检测周期信号的频率（或周期）、幅值（比）或相位（差）。

C：补偿装置。主要对温度误差进行补偿，有时系统也对零位和测量环境的有关干扰因素的影响进行补偿。

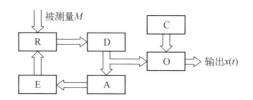

图 11.2.1　谐振式测量原理基本实现方式

11.2.2　闭环系统的实现条件

1. 复频域分析

见图 11.2.2，其中 $R(s)$、$E(s)$、$A(s)$、$D(s)$ 分别为谐振子、激励器、放大器和拾振器的传递函数。闭环系统的等效开环传递函数为

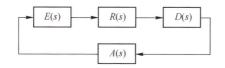

图 11.2.2　闭环自激条件的复频域分析

$$G(s) = R(s)E(s)A(s)D(s) \tag{11.2.1}$$

满足以下条件时，系统将以角频率 ω_V 产生闭环自激：

$$|G(j\omega_V)| \geqslant 1 \tag{11.2.2}$$

$$\angle G(j\omega_V) = 2n\pi \quad n = 0, \pm 1, \pm 2, \cdots \tag{11.2.3}$$

式（11.2.2）和式（11.2.3）称为系统可自激的复频域幅值条件和相位条件。

2. 时域分析

见图 11.2.3，从信号激励器来考虑，某一瞬时作用于激励器的输入电信号为

$$u_1(t) = A_1 \sin\omega_V t \tag{11.2.4}$$

式中 A_1——激励电信号的幅值，$A_1 > 0$；

ω_V——激励电信号的角频率。

$u_1(t)$ 经激励器、谐振子、拾振器和放大器后，输出为 $u_1^+(t)$，可写为

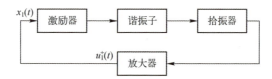

图 11.2.3 闭环自激条件的时域分析

$$u_1^+(t) = A_2 \sin(\omega_V t + \varphi_T) \tag{11.2.5}$$

式中 A_2——输出电信号 $u_1^+(t)$ 的幅值，$A_2 > 0$。

满足以下条件时，系统以角频率 ω_V 产生闭环自激：

$$A_2 \geqslant A_1 \tag{11.2.6}$$

$$\phi_T = 2n\pi \quad n = 0, \pm 1, \pm 2, \cdots \tag{11.2.7}$$

式（11.2.6）和式（11.2.7）称为系统可自激的时域幅值条件和相位条件。

以上考虑的是在某一频率点处的闭环自激条件。对于谐振式传感器，应在其整个工作频率范围内均满足闭环自激条件，这为设计传感器闭环系统提出了特殊要求。

11.3 测量原理及特点

11.3.1 测量原理

基于上述分析：对于谐振式传感器，从检测信号的角度，其输出可以写为

$$x(t) = Af(\omega t + \varphi) \tag{11.3.1}$$

式中　A、ω、φ——分别为输出信号的幅值，角频率（rad/s）和相位（°）。$f(\cdot)$为归一化周期函数。当$(n+1)T \geq t \geq nT$时，$|f(\cdot)|_{\max} = 1$；$T = 2\pi/\omega$，为周期（s）；A、ω、φ称为谐振式传感器检测信号$x(t)$的特征参数。

显然，只要被测量能较显著地改变检测信号$x(t)$的某一特征参数，谐振式传感器就能通过检测该特征参数来实现对被测量的检测。

在谐振式传感器中，目前应用最多的是检测角频率ω，如谐振筒式压力传感器、谐振膜式压力传感器等。对于敏感幅值A或相位φ的谐振式传感器，应采用相对（参数）测量，即通过测量幅值比或相位差来实现，如谐振式直接质量流量传感器。

11.3.2　谐振式传感器的特点

谐振式传感器（resonator transducer/sensor）的敏感元件自身处于谐振状态，直接输出周期信号（准数字信号），通过简单数字电路（不是A/D或V/F）即可转换为易与微处理器接口的数字信号；同时由于谐振敏感元件的重复性、分辨力和稳定性等非常优良，因此谐振式传感器自然成为当今人们研究的重点。相对其他类型的传感器，谐振式传感器的特点与独特优势如下：

（1）输出信号是周期的，被测量能够通过检测周期信号而解算出来。这一特征决定了谐振式传感器便于与计算机连接，便于远距离传输。

（2）谐振式传感器是一个闭环自激系统。这一特征决定了谐振式传感器的输出能够高精度地自动跟踪输入。

（3）谐振式传感器的敏感元件处于谐振状态，即利用谐振子固有的谐振特性进行测量。这一特征决定了谐振式传感器具有高的灵敏度和分辨率。

（4）相对于谐振子的振动能量，系统的功耗是极小量。这一特征决定了谐振式传感器的抗干扰性强，稳定性好。

第三部分

机械量传感器

第12章 力和力矩传感器

力是一个常见的重要的物理量，自然界中所有过程都与力有着一定的联系。按照力产生原因的不同，可以把力分为重力、弹性力、惯性力、膨胀力、摩擦力、浮力、电磁力等。

力是导出量，是质量和加速度的乘积，其标准和单位都取决于质量和加速度的标准与单位。质量是国际单位制中的一个基本量，基本单位是 kg；加速度的单位是 m/s^2。

国际单位制规定力的基本单位是 N(牛[顿])，其定义为使 1kg 的质量产生 $1m/s^2$ 加速度所需要的力，即

$$1N = 1kg \cdot 1m/s^2 = 1kg \cdot m/s^2$$

12.1 力的测量

力的测量方法很多，归纳起来大致有以下几种：

(1) 力平衡式测量法，用一个已知力来平衡待测的未知力。平衡力可以是已知质量的重力、电磁力和气动力等；

(2) 通过测量加速度来测量力，将待测力 F 作用在一质量 m 已知的物体上，使其产生加速度 a，根据 $a=F/m$ 实现测力；

(3) 通过测量压力来测量力，将待测力转换成液体或气体的压力，再通过测量压力来测量力；

（4）通过测量位移或应变来测量力；

（5）通过压电效应或压磁效应来测量力；

（6）谐振式测力法，被测力作用在张紧的钢质振动弦丝（或音叉）上，改变弦丝（或音叉）的横向刚度来改变其固有振动频率，通过测量弦丝（或音叉）的固有频率来测量力。

上述方法（1）、（2）和（3）用于静态力或缓慢变化力的测量；而方法（4）和（5）既可以测量静态力，也可以测量频率为数千赫兹的交变力；方法（6）测量静态力或缓慢变化力时精度很高，测量较高频率的交变力时精度有所下降，特别当被测力的交变频率接近于弦丝的固有频率时，测量系统将不能正常工作。

12.1.1 机械式力平衡装置

图 12.1.1 给出了机械杠杆式测力计。可转动的杠杆支撑在刀形支承 M 上，杠杆 L 的左端上面悬挂有刀形支承 N，在支承 N 的下端直接作用有被测力 F。一个质量 m 已知的可滑动的砝码 G 安放在杠杆的另一端。测量时，调整砝码的位置使之与被测力平衡。为了便于观察平衡，在杠杆转动中心上安装一个指针 Q，以指示平衡位置。当达到平衡时，则有

$$F = \frac{b}{a}mg \qquad (12.1.1)$$

式中　a、b——F 和 mg 的力臂（m），其中 a 为已知的固定值；

　　　g——当地重力加速度（m/s²）。

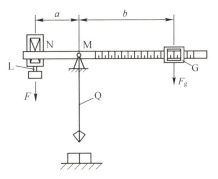

▼ 图 12.1.1　机械杠杆式测力计

可以看出，被测力的大小与砝码重力 mg 的力臂 b 成正比，因此可以在杠杆上直接刻出力的大小。这种测力计机构简单，常用于材料试验机的测力系统中。

12.1.2　磁电式力平衡装置

图 12.1.2 给出了一种磁电式力平衡力传感器。它由光源、光电式零位检测器、放大器和磁电式力发生器组成，是一种伺服式力传感器。无外力作用时，系统处于初始平衡位置，光线全部被遮住，光敏元件无电流输出，力发生器不产生力矩。当被测力 F 作用在杠杆上时，系统失去平衡，杠杆发生偏转，窗口打开相应的缝隙。光线通过缝隙，照射到光敏元件上，光敏元件输出与光照成比例的电信号，经放大后加到磁电力矩发生器的旋转线圈上。载流线路与磁场相互作用而产生电磁力矩，用来平衡被测力 F 与配重（标准质量 m）力的力矩之差，使杠杆重新处于平衡状态。当杠杆处于新的平衡状态时，其转角与被测力 F 成正比，放大器输出电信号在采样电阻 R 上的电压降 U_{out} 与被测力 F 成比例。与机械式测力杠杆相比较，磁电式力平衡系统使用方便，受环境条件影响较小，反应快，尺寸小，便于远距离测量，连续记录和自动控制。

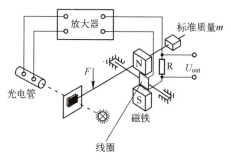

图 12.1.2　磁电式力平衡力传感器

12.1.3　液压活塞式力传感器

图 12.1.3 给出了液压活塞式力传感器的原理结构。采用由膜片密封的浮动活塞，使活塞不与液压缸壁相接触，从而有效地消除了它们之间的可变摩擦对测量精度的影响。当被测力作用在活塞上时，就会引起充满于膜片下面空间的油的压力变化，并传递到压力测量系统中，这样就可以通过测量油的压力来测量力。这种液压式测量系统的测量范围很大，可达几十兆牛，精度可达 0.1%；其动态响应主要取决于压力敏感元件的动态响应特性。

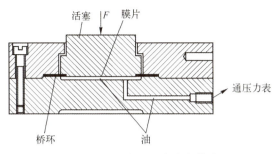

▼ 图 12.1.3　液压活塞式力传感器

12.1.4　气压式力传感器

图 12.1.4 给出了气压式力传感器的原理结构和方框图，该传感器是一种闭环力传感器。其中喷嘴挡板机构用作一个高增益的放大器。当被测力 F 加到膜片上时，膜片带动挡板向下运动，使喷嘴截面积减小，气体压力 p_0 增高。压力 p_0 作用在膜片上产生一个等效集中力 F_p，F_p 力图使膜片返回到初始位置。当 $F=F_p$ 时，系统处于平衡状态。此时，气体压力 p_0 与被测力 F 的关系为

$$(F-p_0 S)K_d K_n = p_0 \tag{12.1.2}$$

或

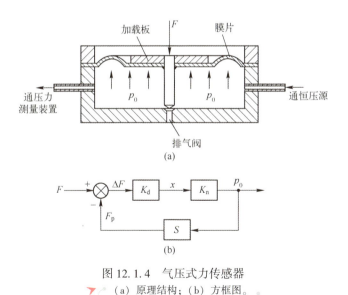

▼ 图 12.1.4　气压式力传感器
（a）原理结构；（b）方框图。

$$p_0 = \frac{F}{S + \dfrac{1}{K_d K_n}} \quad (12.1.3)$$

式中　K_d——膜片柔度（m/N）；

　　　K_n——喷嘴挡板机构的增益（N·m^{-3}）；

　　　S——膜片面积（m^2）。

喷嘴挡板机构的增益并非是严格的常数，因此膜片位移 x 与气体压力 p_0 的关系是非线性的。但是，实际上 $K_d K_n$ 非常大，与膜片面积 S 相比，$1/(K_d K_n)$ 可忽略不计，从而可得近似线性关系式为

$$F \approx p_0 S \quad (12.1.4)$$

12.1.5　位移式力传感器

位移式力传感器的共同点是首先把检测力转换成位移，然后通过位移传感器测出力所引起的位移，从而间接地测量力。图 12.1.5 给出了一种差动变压器式测力传感器。衔铁固定安装在轴上，轴由安装在传感器两端的两个螺旋形挠性元件（弹性元件）支承。通过外部螺纹环调节轴与线圈框架的相对位置，使传感器的零位输出为零。在被测力作用下，衔铁产生位移，传感器输出与被测力成比例的电信号。

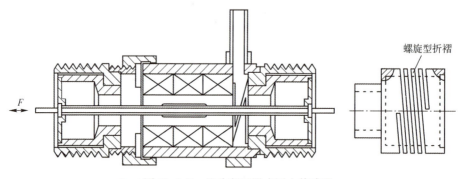

图 12.1.5　差动变压器式测力传感器

12.1.6　应变式力传感器

这是一种量程宽（$10^{-2} \sim 10^7$ N），用途广的力传感器。在电子秤、材料试验机、飞机和航空发动机地面测试、桥梁大坝健康诊断等应用中发挥着重要作用。

应变式力传感器的特点是首先把被测力转变成弹性元件的应变，再利用电阻应变效应测出应变，从而间接地测出力的大小。所以弹性敏感元件是这类传感器的基础，应变片是其核心。应变式力传感器常用的弹性敏感元件有柱式、悬臂梁式、环式和框式等几大类。

应变式力传感器中使用四个相同的应变片，当被测力变化时，其中两个应变片感受拉伸应变，电阻增大；另外两个应变片感受压缩应变，电阻减小。通过四臂受感电桥将电阻变化转换为电压的变化（参见6.3节）。这样将获得最大的灵敏度，同时具有良好的线性度及温度补偿性能。

1. 圆柱式力传感器

该力传感器的弹性敏感元件为可承受较大载荷的圆柱体，如图12.1.6所示。

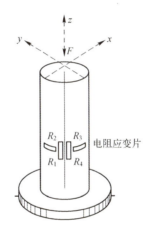

▼ 图12.1.6　圆柱式力传感器

当圆柱体的轴向受压缩力 F 作用时，由3.3.1节提供的有关结论，沿圆柱体轴向和环向的应变分别为

$$\varepsilon_x = \frac{-F}{EA}$$

$$\varepsilon_\theta = -\mu\varepsilon_x = \frac{\mu F}{EA}$$

式中　A——圆柱体的横截面积（m^2）；

　　　E、μ——分别为材料的弹性模量（Pa）和泊松比。

感受圆柱体轴向应变的电阻和电阻的减小量分别为

$$R_2 = R_3 = R - \Delta R_2 \tag{12.1.5}$$

$$\Delta R_2 = -KR\varepsilon_x = \frac{KRF}{EA} \tag{12.1.6}$$

式中　R——应变电阻的初始值。

感受圆柱体环向应变的电阻和电阻的增加量分别为

$$R_1 = R_4 = R + \Delta R_1 \tag{12.1.7}$$

$$\Delta R_1 = KR\varepsilon_\theta = -KR\mu\varepsilon_x = \frac{K\mu RF}{EA} \tag{12.1.8}$$

采用如图 6.3.2（b）所示的差动电桥电路时，输出电压为

$$U_{out} = \left(\frac{R+\Delta R_1}{2R+\Delta R_1-\Delta R_2} - \frac{R-\Delta R_2}{2R+\Delta R_1-\Delta R_2}\right)U_{in} = \frac{K(1+\mu)U_{in}F}{2EA-K(1-\mu)F} \tag{12.1.9}$$

式中　U_{in}、U_{out}——分别为电桥工作电压（V）和输出电压（V）。

可见，只有 $2EA \gg KF(1-\mu)$ 时，输出电压才近似与被测力成正比。由非线性引起的相对误差为

$$\xi_L = \frac{U_{out}-U_{out0}}{U_{out0}} = \frac{\dfrac{K(1+\mu)U_{in}F}{2EA-K(1-\mu)F}}{\dfrac{K(1+\mu)U_{in}F}{2EA}} - 1 = \frac{K(1-\mu)F}{2EA-K(1-\mu)F} \approx \frac{K(1-\mu)F}{2EA} \tag{12.1.10}$$

式中　U_{out0}——输出电压的线性描述，即式（12.1.9）中分母忽略 $KF(1-\mu)$ 的情况。

实际测量中，被测力不可能正好沿着柱体的轴线方向，而与轴线之间成一微小的角度或微小的偏心，即弹性柱体会受到横向力和弯矩的干扰作用，从而产生测量误差、影响测量性能。为了消除横向力的影响，可以采用以下措施。

一是采用承弯膜片结构，它是在传感器刚性外壳上端加一片或二片极薄的膜片，如图 12.1.7 所示。由于膜片在其平面方向刚度很大，可承受绝大部分横向力和弯矩作用，并将它们传至外壳和底座，而几乎不影响柱体敏感结构沿轴线方向的受力情况，有效减少横向力和弯矩作用对测量过程的影响。同时，膜片厚度方向的刚度相对于柱体轴向刚度很小，所以膜片对轴向被测力作用效果的影响很小，只是测量灵敏度稍有下降，通常不超过 5%。

二是采用增加应变敏感元件的方式，如图 12.1.8 所示。共采用八个相同应变片，其中四个沿着柱体的环向粘贴，四个沿着轴向黏贴。图 12.1.8（a）为圆柱面的展开图，图 12.1.8（b）为电路连接图。

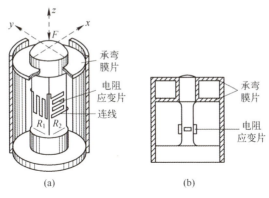

图 12.1.7 承弯柱式测力传感器

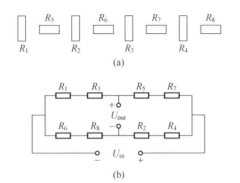

图 12.1.8 圆柱式力传感器应变片的粘贴方式

为了保证传感器工作稳定可靠,圆柱体材料的比例极限 σ_P(Pa)应满足

$$\sigma_P \geq K_s \frac{F}{A} \tag{12.1.11}$$

式中 K_s——安全系数。

对于直径为 D 的实心圆柱体,由式(12.1.17)可得实心圆柱体的直径应满足

$$D \geq \sqrt{\frac{4K_s F}{\pi \sigma_P}} \tag{12.1.12}$$

由式(12.1.9)可知,欲提高该测力传感器的灵敏度,应当减小柱体的横截面面积 A;但 A 减小(即直径 D 减小),其抗弯能力减弱,对横向干扰力和弯矩的敏感程度增加。为了解决这个矛盾,在测量小力值时,可以采用空心圆柱筒。相对于实心圆柱体,空心圆柱筒在同样横截面情况下,横向刚度大,稳定性好。

对于内径和外径分别为 d 和 D 的空心圆柱筒，其外径应满足

$$D \geqslant \sqrt{\frac{4K_s F}{\pi \sigma_P} + d^2} \quad (12.1.13)$$

圆柱体（筒）的高度对传感器的精度和动态特性都有影响。根据试验研究结果，实心圆柱体和空心圆柱筒的高度可以分别选为

$$H = 2D + l_0 \quad (12.1.14)$$
$$H = D - d + l_0 \quad (12.1.15)$$

式中　l_0——应变片的基长（m）。

2. 轮辐式测力传感器

另一种广泛采用的结构是轮辐式，它由轮圈、轮毂和轮辐条、应变片组成。轮辐条成对且对称地连接轮圈和轮毂，如图 12.1.9（a）所示。当外力作用在轮毂上端面和轮毂下端面时，矩形轮辐条就产生平行四边形变形，如图 12.1.9（b）所示，形成与外力成正比的切应变。八片应变片与辐条水平中心线成 45°角，分别黏贴在四根辐条的正反两面，并接成四臂受感电桥。当被测力 F 作用在轮毂端面上时，沿辐条对角线缩短方向黏贴的应变片受压，电阻值减小；沿辐条对角线伸长方向黏贴的应变片受拉，电阻值增大。因此，电桥的输出电压与所测力成正比，即

$$U_{out} = \frac{3F}{16bhG}\left(1 - \frac{L^2 + B^2}{6h^2}\right) K U_{in} \quad \text{其中} \quad G = \frac{E}{2(1+\mu)} \quad (12.1.16)$$

式中　U_{in}、U_{out}——分别为电桥工作电压（V）和输出电压（V）；

　　　K——应变片的灵敏系数；

　　　b、h——分别为轮辐条的厚度（m）和高度（m）；

　　　L、B——分别为应变片的基长（m）和栅宽（m）；

　　　E、μ、G——分别为轮辐条材料的弹性模量（Pa），泊松比和切变弹性模量（Pa）。

轮辐式测力传感器的优点很多，例如：具有良好的线性特性；由于是按剪切力作用原理设计的，所以力作用点位置的精度对传感器测量精度影响不大；由于轮辐和轮圈的刚度很大，因此耐过载能力很强，同时测量范围比较宽。

3. 环式测力传感器

该测力传感器一般用于测量 500N 以上的载荷。常见的环式弹性敏感元件结构形式有等截面和变截面两种，如图 12.1.10 所示。等截面环用于测量较小的力，变截面环用于测量较大的力。

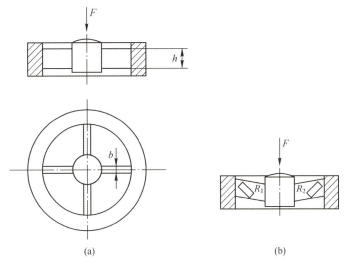

图 12.1.9 轮辐式测力传感器
（a）轮辐式结构；（b）辐条变形情况。

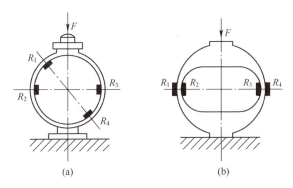

图 12.1.10 测力环
（a）等截面环；（b）变截面环。

测力环的特点是其上各点应变分布不均匀，有正应变区和负应变区，还有应变为零的点。对于等截面环，应变片尽可能贴在环内侧正、负应变最大的区域，但要避开刚性支点，如图 12.1.10（a）所示。对于变截面环，应变片黏贴在环水平轴的内外两侧，如图 12.1.10（b）所示。该力传感器结构简单，测力范围较大，固有频率较高。

还有一些特殊结构的测力环，如图 12.1.11 所示。其特点是除箭头所指方向外，其他方向的刚度非常大，抗横向干扰能力强。

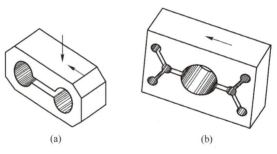

图 12.1.11　特殊结构的测力环
(a) 八角环；(b) 平行四边形环。

此外，图 12.1.12 给出了一种同时测量两个方向力的形环敏感结构，由 $R_1 \sim R_4$ 组成测量 F_y 的电桥电路，由 $R_5 \sim R_8$ 组成测量 F_x 的电桥电路。

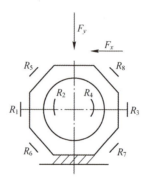

图 12.1.12　一种测量两个方向力的形环敏感结构

随着力 F_y 的增加，R_1、R_3 感受的应变增大，R_2、R_4 感受的应变减小，因此利用 $R_1 \sim R_4$ 构成差动电桥电路实现对力 F_y 的测量，如图 12.1.13（a）所示。

随着力 F_x 的增加，R_5、R_7 感受的应变减小，R_6、R_8 感受的应变增大，因此利用 $R_5 \sim R_8$ 构成差动电桥电路实现对力 F_x 的测量，如图 12.1.13（b）所示。

需要说明：测量 F_y 与测量 F_x 能够实现互不干扰。由于应变片 $R_1 \sim R_4$ 贴在了 F_x 引起应变的节点上，即 $R_1 \sim R_4$ 不会感受力 F_x 引起的应变，因此测量 F_y 时，输出 U_{outy} 不会受到力 F_x 的影响。类似地，由于应变片 $R_5 \sim R_8$ 贴在了 F_y 引起应变的节点上，输出 U_{outx} 不会受到力 F_y 的影响。

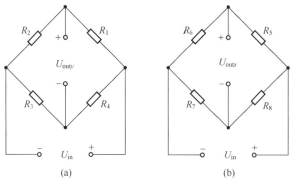

▸ 图 12.1.13　检测电路

4. 梁式测力传感器

梁式传感器一般用于测量较小的力，常见的结构形式有一端固定的悬臂梁、两端固定梁和剪切梁等。

（1）悬臂梁。

悬臂梁的特点：结构简单，应变片易于黏贴，灵敏度高。其结构主要有等截面式和等强度楔式两种。

对于如图 12.1.14（a）所示的等截面梁，梁上表面沿 x 方向的正应变为

$$\varepsilon_x(x) = \frac{h(L-x)F}{2EJ} = \frac{6(L-x)F}{Ebh^2} \tag{12.1.17}$$

式中　L、b、h——分别为梁的长度（m）、宽度（m）和厚度（m）。

　　　x——梁的轴向坐标（m）；

　　　E——材料的弹性模量（Pa）。

设置于上表面应变电阻的相对变化为

$$\frac{\Delta R_1}{R_1} = \frac{K}{x_2 - x_1} \int_{x_1}^{x_2} \varepsilon_x(x) \mathrm{d}x = \frac{6F}{Ebh^2} \cdot \frac{K}{x_2 - x_1} \int_{x_1}^{x_2} (L_0 - x) \mathrm{d}x = K_F F \tag{12.1.18}$$

$$K_F = \frac{6K}{Ebh^2}\left(L_0 - \frac{x_2 + x_1}{2}\right)$$

式中　x_2、x_1——应变片在梁上的位置（m）；

　　　K_F——单位作用力引起的应变电阻 R_1 的相对变化（N^{-1}）。

设置于下表面应变电阻的相对变化为

$$\Delta R_2 / R_2 = -K_F F \tag{12.1.19}$$

因此，该力传感器可以采用如图 6.3.2（b）所示的差动电桥，输出电压为

$$U_{\text{out}} = \frac{\Delta R_1}{R_1} U_{\text{in}} = K_F F U_{\text{in}} = \frac{6KU_{\text{in}}}{Ebh^2}\left(L_0 - \frac{x_2+x_1}{2}\right)F \quad (12.1.20)$$

对于如图 12.1.14（b）所示的等强度梁，梁上表面沿 x 方向的正应变相同

$$\varepsilon_x(x) = \frac{6LF}{Eb_0 h^2} \quad (12.1.21)$$

因此，这种结构便于设置应变片。采用与等截面梁相同的方案，输出电压为

$$U_{\text{out}} = = \frac{6KLU_{\text{in}}}{Eb_0 h^2} F \quad (12.1.22)$$

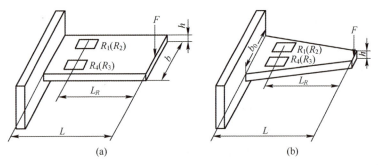

图 12.1.14　悬臂梁式力传感器
（a）等截面梁；（b）等强度梁。

图 12.1.15 给出了悬臂梁自由端受力作用时，弯矩 M 和剪切力 Q 沿长度方向的分布图。可以看出与剪切力 Q 成正比的剪切应变为常数，而弯矩则正比于到力作用点的距离，所以力作用点的变化将影响测量结果。

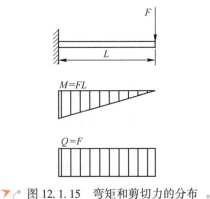

图 12.1.15　弯矩和剪切力的分布

(2) 两端固定梁。

图 12.1.16 (a) 给出了以两端固定梁为敏感结构的应变式力传感器示意图。被测力 F 作用在梁中心处的圆柱上，梁呈对称受力状态。在梁的中心处建立直角坐标系，如图 12.1.16 (b) 所示，梁上表面的轴向应变近似为

$$\varepsilon_x = \frac{-5F}{61Ebh^2L^3}(240x^4 - 144x^2L^2 + 7L^4) \tag{12.1.23}$$

式中 L、b、h——分别为梁的长度（m）、宽度（m）和厚度（m）。

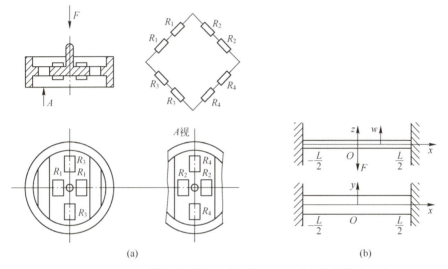

▼ 图 12.1.16 两端固定梁为敏感结构的应变式力传感器示意图

ε_x 的分布规律如图 12.1.17 所示。在梁的中心 ($x=0$) 和边缘处 ($x=\pm L/2$) 的应变分别为

$$\varepsilon_x(0) = \frac{-35FL}{61Ebh^2} \tag{12.1.24}$$

$$\varepsilon_x(\pm 0.5L) = \frac{70FL}{61Ebh^2} \tag{12.1.25}$$

而且在 $x \approx \pm 0.231L$ 处，应变为零。

梁下表面的轴向应变与上表面相同位置的轴向应变大小相等、方向相反。即应变片可贴在梁的上、下两面。在图 12.1.16 所示的受力状态下，上表面的应变电阻 R_1 和 R_3 分别处于压缩状态和拉伸状态；下表面的应变电阻 R_2 和 R_4 分别处于拉伸状态和压缩状态。因此，$R_1 \sim R_4$ 构成差动电桥电路可以实现对作用力的测量。为了提高测量性能，图 12.1.16 中 $R_1 \sim R_4$ 各采用两个受感电阻。

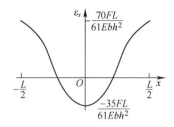

图 12.1.17 轴向应变 ε_x 的分布规律

相对于悬臂梁,两端固定梁的结构可承受较大的作用力,固有频率也较高。

(3)剪切梁。

为了克服力作用点变化对梁式测力传感器输出的影响,可采用剪切梁。为了提高抗侧向力的能力,梁的截面通常采用工字形,如图 12.1.18 所示。

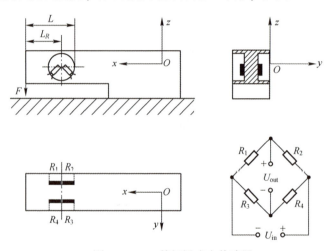

图 12.1.18 剪切梁式力传感器

由图 12.1.18 可知:悬臂梁在自由端受力时,其切应变在梁长度方向处处相等,在形成切应变的区域,不受力作用点变化的影响。但切应变不能直接测量,需要将应变片设置于与梁中心线(z 轴)成 ±45°的方向上,这时正应变在数值上达到最大值。这样接成全桥的四个应变片贴在工字梁腹板的两侧面上。由于这样设置的应变片不受弯曲应力的影响,因而抗侧向力的能力很强。该传感器广泛用于电子衡器中。

(4)S 形弹性元件。

S 形弹性元件一般用于称重或测量 $10 \sim 10^3$ N 的力,具体结构有如

图 12.1.19（a）所示的双连孔形、如图 12.1.19（b）所示的圆孔形和如图 12.1.19（c）所示的剪切梁形。

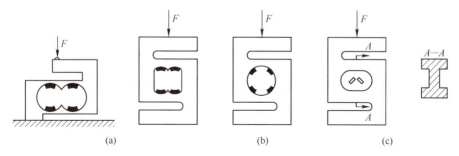

图 12.1.19　S 形弹性元件测力传感器
（a）双连孔形；（b）圆孔形；（c）剪切梁形。

以双连孔形弹性元件为例说明其工作原理。四个应变片贴在开孔的中间梁上、下两侧最薄的地方，并接成全桥电路。当力 F 作用在上、下端时，其弯矩 M 和剪切力 Q 的分布如图 12.1.20 所示。应变片 R_1 和 R_4 因受拉伸而电阻值增大，R_2 和 R_3 因受压缩而电阻值减小，电桥电路输出与作用力成比例的电压 U_{out}。

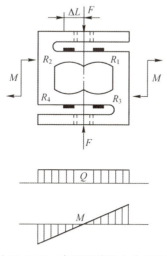

图 12.1.20　弯矩和剪切力分布示意图

如果力的作用点向左偏移 ΔL，则偏心引起的附加弯矩为 $\Delta M = F\Delta L$，此时弯矩分布如图 12.1.21 所示。应变片 R_1 和 R_3 感受的弯矩增加了 ΔM，应变片 R_2 和 R_4 感受的弯矩减小了 ΔM。所以 R_1 和 R_3 的电阻值因为 ΔM 增加 ΔR

(ΔM)；R_2 和 R_4 的电阻值因为$-\Delta M$ 而减少了 $\Delta R(\Delta M)$。可以描述为

$$R_1 = R + \Delta R(F) + \Delta R(\Delta M)$$
$$R_2 = R - \Delta R(F) - \Delta R(\Delta M)$$
$$R_3 = R - \Delta R(F) + \Delta R(\Delta M)$$
$$R_4 = R + \Delta R(F) - \Delta R(\Delta M)$$

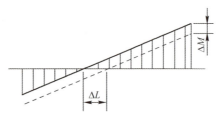

图 12.1.21　偏心力补偿原理

当采用图 6.3.2（b）差动电桥电路进行检测时，输出电压为

$$U_{\text{out}} = \left(\frac{R_1}{R_1 + R_2} - \frac{R_3}{R_3 + R_4} \right) U_{\text{in}}$$
$$= \left(\frac{R + \Delta R(F) + \Delta R(\Delta M)}{2R} - \frac{R - \Delta R(F) + \Delta R(\Delta M)}{2R} \right) U_{\text{in}} = \frac{\Delta R(F)}{R} U_{\text{in}} \quad (12.1.26)$$

可见由于偏心带来的变化量对电桥电路输出电压的影响相互抵消，原理上补偿了力偏心对测量结果的影响。同时，侧向力使四个应变片发生方向相同的电阻变化，因而对电桥电路输出影响很小。

但这种方案会影响传感器的测量范围。如果力作用于 S 形弹性元件的正中心时，可以测量最大力值为 $F_{\max}$，对应的力矩为 $M_{\max}$，则有

$$M_{\max} = F_{\max} \cdot L \quad (12.1.27)$$

式中　L——S 形弹性元件的正中心点到固支端点的距离。

则当有偏心 ΔL 时，可以测量的最大力值为

$$F_{\max}(\Delta L) = \frac{M_{\max}}{L + |\Delta L|} = \frac{L}{L + |\Delta L|} F_{\max} \quad (12.1.28)$$

12.1.7　压电式测力传感器

图 12.1.22 给出了典型的压电式测力传感器的结构示意图，由基座、盖板、压电晶片、电极、绝缘件及信号引出插座等部分组成。其基本原理基于晶体材料的压电效应，输出电荷 q 与作用力成正比。

压电式测力传感器分为单分量和多分量测力传感器两大类，两类均有系

列产品。单分量测力传感器只能测量一个方向的力,而多分量测力传感器则利用不同方向的压电效应可同时测量几个方向的力。

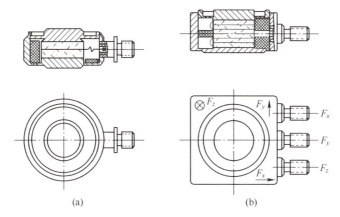

图 12.1.22 压电式测力传感器
(a) 单向压电力传感器;(b) 多向压电力传感器。

12.1.8 压磁式测力传感器

压磁式测力传感器的工作基础是铁磁材料的压磁效应。所谓压磁效应是指一些铁磁材料在受外力作用,内部产生应力时,其导磁率随应力的大小和方向而变化的物理现象。当作用力为拉伸力时,沿力作用方向的导磁率增大,而在垂直于作用力的方向上导磁率略有减小。当作用力为压缩力时,压磁效应正好相反。

对于图 12.1.23 所示的中间开孔的铁磁体,孔中穿一导线并通电流时,就在导线周围形成磁场。当无外力作用于铁磁体上时,由于各向同性,磁力线分布为围绕导线的同心圆,如图 12.1.23(a) 所示。当铁磁体受压力作用时,沿力作用方向的导磁率下降,垂直于力作用方向的导磁率提高,于是磁力线就变为图 12.1.23(b) 所示的椭圆分布。

压磁式力传感器一般由压磁元件和传力机构组成,如图 12.1.24 所示。其中主要部分是压磁元件,它由其上开孔的铁磁材料薄片叠成。压磁元件上冲有四个对称分布的孔,孔 1 和孔 2 之间绕有激磁绕组 W_{12}(初级绕组),孔 3 和孔 4 间绕有测量绕组 W_{34}(次级绕组),如图 12.1.25 所示。当激磁绕组 W_{12} 通有交变电流时,铁磁体中就产生一定大小的磁场。若无外力作用,则磁力线相对于测量绕组平面对称分布,合成磁场强度 H 平行于测量绕组 W_{34} 的平面，磁力线不与测量绕组 W_{34} 交链，故绕组 W_{34} 不产生感应电势。当有压缩力 F 作用于压磁元件上时，磁力线的分布图发生变形，不再对称于测量绕组 W_{34} 的平面，合成磁场强度 H 不再与测量绕组平面平行，因而就有部分磁力线与测量绕组 W_{34} 相交链，而在其上感应出电势。作用力越大，交链的磁通越多，感应电势越大。

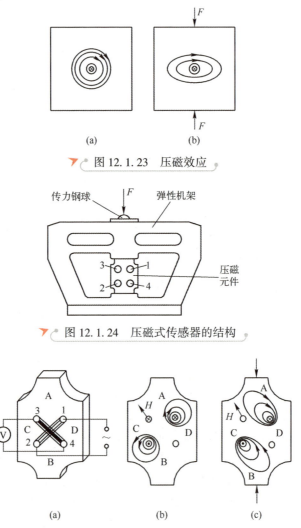

图 12.1.23 压磁效应

图 12.1.24 压磁式传感器的结构

图 12.1.25 压磁元件工作原理

压磁式传感器的输出电信号比较大，通常不必再放大，只要经过滤波整流就可直接进行输出，但要求有一个稳定的激磁电源。

12.2 转轴转矩测量

转矩是作用在转轴上的旋转力矩。如果作用力 F 与转轴中心线的垂直距离为 L，则转矩 M 的大小为 $M=FL$。转矩的基本单位是 N·m。转矩的测量方法有多种，工程上经常采用测量扭轴两横截面间的相对转角或剪应力的方法来实现转矩的测量。

12.2.1 电阻应变式转矩传感器

图 12.2.1 所示为一种典型的电阻应变式转矩传感器。轴在受到纯扭矩 M 作用后，在轴的外表面上与轴线方向成 β 角的正应变为

$$\varepsilon_\beta = \frac{M\sin 2\beta}{\pi R^3 G} \tag{12.2.1}$$

式中　R——轴的半径（m）；

　　　G——轴材料的切变弹性模量（Pa），$G = \dfrac{E}{2(1+\mu)}$。

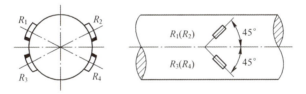

图 12.2.1　电阻应变式转矩传感器

最大正应变为 $M/(\pi R^3 G)$，发生在 $\beta = \pi/4$ 处；最小正应变为 $-M/(\pi R^3 G)$，发生在 $\beta = 3\pi/4(-\pi/4)$ 处。因此，沿轴向 $\pm\pi/4(\pm 45°)$ 方向黏贴四个应变片感受轴的最大正、负应变，并组成如图 6.3.2（b）所示的全桥电路，输出电压为

$$U_{out} = \frac{KM}{\pi R^3 G} U_{in} \tag{12.2.2}$$

下面讨论扭矩传感器中圆柱体敏感结构的半径和有效长度的选择问题。
若所测最大扭矩为 M_{max}，则对应的最大应变为

$$\varepsilon_{max} = \frac{M_{max}}{\pi R^3 G} \tag{12.2.3}$$

也即

$$R = \left(\frac{M_{max}}{\pi \varepsilon_{max} G}\right)^{\frac{1}{3}} = \left(\frac{2M_{max}(1+\mu)}{\pi \varepsilon_{max} E}\right)^{\frac{1}{3}} \quad (12.2.4)$$

于是，根据式（12.2.4）设计出合适的半径 R，那么如何设计合适的长度呢？

事实上，图 12.2.1 所示的轴，可看成圆柱体，其一阶弯曲固有频率为

$$f_{B1} = \frac{1.875^2 R}{4\pi L^2}\sqrt{\frac{E}{\rho}} \quad (12.2.5)$$

式中　L——轴的长度（m）；

　　　E——轴材料的弹性模量（Pa）；

　　　ρ——轴材料的质量密度（kg/m³）。

基于前面对应变式加速度传感器动态特性的讨论，若传感器的最高工作频率为 f_{max}，则由式（12.2.5）确定的固有频率最低应为 Nf_{max}（如 N 取 3~5），即

$$L \leqslant \frac{1.875}{2}\sqrt{\frac{R}{\pi N f_{max}}}\left(\frac{E}{\rho}\right)^{\frac{1}{4}} \quad (12.2.6)$$

电阻应变式转矩传感器结构简单，精度较高。当贴在转轴上的电阻应变片与测量电路的连线通过导电滑环直接引出时，触点接触力太小时工作不可靠；增大接触力时则触点磨损严重，而且还增加了被测轴的摩擦力矩，这时应变式转矩传感器不适于测量高速转轴的转矩，一般转速不超过 4000r/min。近年来，随着蓝牙技术的应用，采用无线发射的方式可以有效地解决上述问题。

12.2.2　压磁式转矩传感器

对于由铁磁材料制作的扭轴，在受转矩作用后，沿拉伸应力 $+\sigma$ 方向磁阻减小，沿压缩应力 $-\sigma$ 方向磁阻增大。使其上绕有线圈的两个 Π 形铁心 A 和 B 相互垂直放置，而开口端与被测轴保持 1~2mm 的间隙，从而由导磁的轴将磁路闭合，如图 12.2.2 所示，AA 沿轴向，BB 垂直于轴向。

在铁心 A 的线圈中通以 50Hz 的交流电流，形成交变磁场。在转轴末受转矩作用时，其各向磁阻相同，BB 方向正好处于磁力线的等位中心线上，因而铁心 B 上的绕阻不会产生感应电势。当转轴受转矩作用时，其表面上出现各向异性磁阻特性，磁力线将重新分布，而不再对称，因此在铁心 B 的线圈上

产生感应电势。转矩愈大,感应电势愈大,在一定范围内,感应电势与转矩成线性关系。这样可通过感应电势 e 来测量转矩。

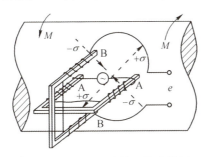

▼ 图 12.2.2　压磁式转矩传感器原理

压磁式转矩传感器是非接触测量,使用方便,结构简单可靠,基本上不受温度影响和转轴转速限制,而且输出电压很高(可达10V)。

12.2.3　扭转角式转矩传感器

扭转角式转矩传感器是通过扭转角来测量转矩。由式(12.2.6)可知,当转轴受转矩作用时,其上两截面间的相对扭转角与转矩成比例,因此可以通过扭转角来测量转矩。根据这一原理,可以制成振弦式转矩传感器、光电式转矩传感器、相位差式转矩传感器等。

1. 光电式转矩传感器

光电式转矩传感器测量方法是在转轴上固定安装两片圆盘光栅,如图 12.2.3 所示。在无转矩作用时,两片光栅的明暗条纹相互错开,完全遮挡住光路,因此放置于光栅另一侧的光敏元件无光线照射,无电信号输出。当有转矩作用于转轴上时,安装光栅处的两截面产生相对转角,两片光栅的暗条纹逐渐重合,部分光线透过两光栅照射到光敏元件上,从而输出电信号。转矩越大,扭转角越大,照射到光敏元件上的光越多,因而输出电信号也越大。

2. 相位差式转矩传感器

相位差式转矩传感器测量方法是基于磁感应原理。它是在被测转轴相距 L 的两端处各安装一个齿形转轮,靠近转轮沿径向各放置一个感应式脉冲发生器(在永久磁铁上绕一固定线圈而成),如图 12.2.4 所示。当转轮的齿顶对准永久磁铁的磁极时,磁路气隙减小,磁阻减小,磁通增大;当转轮转过半个齿距时,齿谷对准磁极,气隙增大,磁通减小,变化的磁通在感应线圈中产生感应电势。无转矩作用时，转轴上安装转轮的两处无相对角位移，两个脉冲发生器的输出信号相位相同。当有转矩作用时，两转轮之间产生相对角位移，两个脉冲发生器的输出感应电势不再同步，而出现与转矩成比例的相位差，因而可通过测量相位差来测量转矩。与光电式转矩传感器一样，相位差式转矩传感器也是非接触测量，结构简单，工作可靠，对环境条件要求不高，精度一般可达 0.2%。

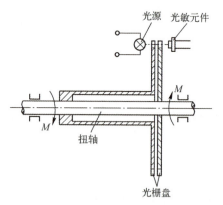

图 12.2.3　光电式转矩传感器

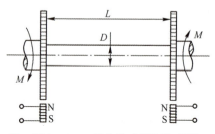

图 12.2.4　相位差式转矩传感器

第 13 章

速度、加速度、转速、角速度和振动传感器

13.1 速度测量

13.1.1 微积分电路法

速度是位移对时间的微分，对加速度的积分，把位移传感器的输出电信号通过微分电路进行微分，或者把加速度传感器的输出电信号通过积分电路进行积分，即可得到与速度成比例的电信号。通常，微分会增强信号中低幅高频噪声成分，积分会随着测量时间的增长引起累计误差。另外对于工作于交流的传感器，其输出经过解调和滤波后所得到的信号中存在载频纹波，这对测量也会带来一定的麻烦。

13.1.2 平均速度测量法

通过已知的位移 Δx 和相应的时间间隔 Δt 来测量平均速度 $\bar{v}$，即

$$\bar{v} = \frac{\Delta x}{\Delta t} \tag{13.1.1}$$

对于恒定不变的速度，取较长的时间间隔 Δt 和相应的位移 Δx 可获得较高的测量精度。而对于变化较快的速度，则应取较短的时间间隔和相应的位移。

为了在一个已知的位移 Δx 上得到比较精确的时间间隔 Δt，可采用适当的

电路在位移 Δx 始末两端触发出两个脉冲,利用该脉冲控制计数器对已知的时钟脉冲进行计数,则可得

$$\Delta t = N \frac{1}{f} \tag{13.1.2}$$

式中　f——时钟信号频率（Hz）;

　　　N——两个脉冲之间的时间内的计数值。

图 13.1.1 是一种绕有感应线圈的永久磁铁组件,一个镶有一段长度 Δx 为已知的导磁性材料的非导磁性空心圆柱体所构成的接近式位移传感器。在圆柱体上的导磁体未进入永久磁铁组件之前,磁路的磁阻最大并保持恒定,磁通恒定不变,感应线圈上无感应电势。当圆柱体上的导磁体从前面开始进入到永久磁铁系统内并继续向前移动时,磁路的磁阻和磁通不断变化,从而在线圈上产生感应电势。当圆柱体上的导磁体全部进入永久磁铁组件之后,磁路的磁阻达到最小,磁通达到最大。此后,圆柱体继续向前移动时,磁阻和磁通均保持不变,故线圈上的感应电势为零。因此,在圆柱体上的导磁体开始进入和全部进入的两个瞬时,线圈上的感应电势发生突变。该感应电势通过微分电路,可在导磁体开始进入和全部进入的两个瞬时形成两个脉冲信号,从而得到两脉冲信号之间的时间间隔值。

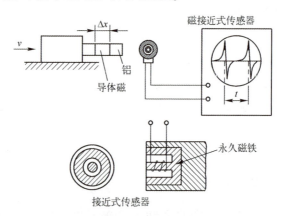

▶ 图 13.1.1　利用磁电感应产生控制脉冲信号

图 13.1.2 是利用光电池产生控制脉冲信号的原理示意图。当光电池全部受光照时,输出电压最大且保持常值,当挡板移动到电极位置开始遮蔽光电池时,输出电压随之开始变化。随着挡板继续前移,被遮蔽的面积逐渐增大,输出电压随之逐渐减小。当挡板移动到另一个电极位置时,光电池全部被遮蔽,输出电压最小。此后挡板继续向前移动时,输出电压保持不变。光电池

的输出信号加到 RC 微分电路，因此就在挡板通过光电池两电极的瞬时形成两个脉冲信号。利用这两个脉冲信号控制计数器对频率已知的时钟脉冲计数，就可获得挡板在光电池两电极间运动的时间，从而根据两电极间的距离和运动时间求得挡板的运动速度。

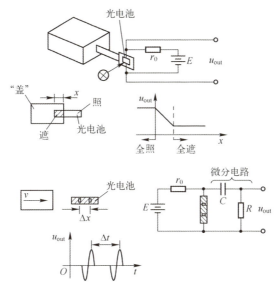

图 13.1.2 利用光电元件产生控制脉冲信号

13.1.3 磁电感应式测速度法

磁电感应式测速度法主要用于测量振动速度。当一个线圈在恒定的磁场中运动而切割磁力线时，其上就会产生感应电势，即

$$e = W \frac{d\phi}{dt} \tag{13.1.3}$$

式中 ϕ——磁通（Wb）；

W——线圈匝数。

根据上述原理制成的测速传感器如图 13.1.3 所示。其中图 13.1.3（a）是线速度传感器，图 13.1.3（b）为角速度传感器，图 13.1.3（c）为频率式角速度传感器。

线速度传感器的输出电势为

$$e = WBLv = Kv \tag{13.1.4}$$

式中 v——线圈相对于磁场的运动速度（m/s）；

B——工作气隙的磁感应强度（T）；
L——线圈的有效边长（m）；
K——线速度传感器的灵敏度（V·s/m），$K=WBL$。

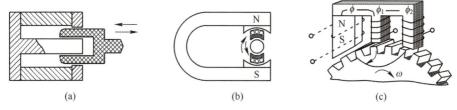

图 13.1.3　磁电式速度传感器

频率式角速度传感器的工作原理：当转子转动时，永久磁铁产生的恒定磁通 Φ 在反相串联的两个感应线圈间交替分配，从而在线圈上感应出频率与转动角速度成比例的交流电势。

13.1.4　激光测速法

激光测量速度是基于多普勒原理实现的。多普勒原理揭示出，当波源或接收波的观测者相对于传播媒质而运动，则观测者所测得的频率不仅取决于波源所发出的振动频率，还取决于波源或观测者的运动速度的大小和方向。

设波源的频率为 f_1，波长为 λ，当其运动速度为 $v_1=0$（即波源静止不动），波在媒质中的传播速度为 c；若观测者以速度 $v_2 \neq 0$ 趋近波源，则在单位时间内越过观测者的波数 f_2（观测者所测得的波动频率）为

$$f_2 = f_1 + \Delta f = f_1 + \frac{v_2}{\lambda} \qquad (13.1.5)$$

或

$$\Delta f = f_2 - f_1 = \frac{v_2}{\lambda} = \frac{f_1}{c} v_2 \qquad (13.1.6)$$

可见，由于观测者的运动，实际测得的频率 f_2 与光源频率 f_1 之间有一个频差 Δf。当波源频率一定时，频差与速度成正比。

激光多普勒测速仪的原理结构如图 13.1.4 所示。激光器是光源，发出频率为 f_1 的激光，经过光频调制器（如声光调制器）调制成频率为 f 的光波，投射到运动体上，再反射到光检测器上。光检测器（如光电倍增管）把光波转变成相同频率的电信号。

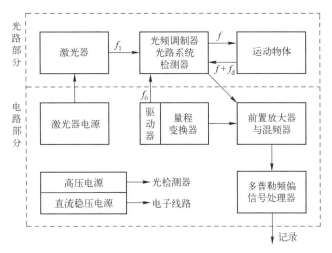

▼ 图 13.1.4　激光多普勒测速仪原理结构

由于激光在空气中传播速度很稳定，因此当运动体的速度为 v 时，反射到光检测器上的光波频率为

$$f_2 = f + \frac{2v}{\lambda} = f + f_d \tag{13.1.7}$$

式中　f_d——运动体引起的多普勒频移（Hz），即

$$f_d = \frac{2v}{\lambda} \tag{13.1.8}$$

光检测器输出的电信号，由电子线路将频移信号的中心频率作适当的偏移，再由信号处理器将多普勒频移信号转换成与运动速度相对应的电信号。

13.2　加速度测量

线加速度是指物体重心沿其运动轨迹方向的加速度，是表征物体在空间运动本质的一个基本物理量。因此，通过测量加速度可以获得物体的运动状态。例如，惯性导航系统就是通过加速度计来测量飞行器的加速度、速度（地速）、位置、已飞过的距离以及相对于目的地的距离等。通过测量加速度来判断运动机械系统所承受的加速度负荷的大小，以便正确设计其机械强度和按照设计指标正确控制其运动加速度，以免机件损坏。

加速度是由基本长度和时间导出的量，单位为 m/s^2，习惯上常以重力加

速度 g 作为计量单位。对于加速度，常用绝对法测量，即把惯性型测量装置安装在运动体上进行测量。

13.2.1 理论基础

加速度传感器的基本工作原理如图 13.2.1 所示，由质量块 m、弹簧 k 和阻尼器 c 组成惯性型二阶测量系统。质量块通过弹簧和阻尼器与传感器基座相连接。传感器基座与被测运动体相固联，因而随运动体一起相对于惯性空间的某一参考点作相对运动。由于质量块不与传感器基座相固联，因而在惯性力作用下将与基座之间产生相对位移。质量块感受加速度并产生与加速度成比例的惯性力，从而使弹簧产生与质量块相对位移相等的伸缩变形，弹簧变形又产生与变形量成比例的反作用力。当惯性力与弹簧反作用力相平衡时，质量块相对于基座的位移与加速度成正比，故可通过该位移或惯性力来测量加速度。

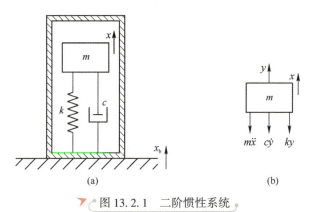

图 13.2.1 二阶惯性系统

设传感器基座相对于惯性空间参考坐标的位移为 x_b，质量块 m 相对于惯性空间参考坐标的位移为 x，质量块相对于传感器基座的位移为 y，即

$$y = x - x_b \tag{13.2.1}$$

同时，质量块受到的惯性力为 $m\ddot{x}$，受到的阻尼力和弹性力分别为 $c\dot{y}$ 和 ky，如图 13.2.1（b）所示；根据力平衡原理，有

$$m\ddot{x} + c\dot{y} + ky = 0 \tag{13.2.2}$$

将式（13.2.1）代入式（13.2.2），可得

$$m\ddot{y} + c\dot{y} + ky = -m\ddot{x}_b \tag{13.2.3}$$

或以典型的二阶系统形式来描述，即

$$\ddot{y}+2\zeta\omega_n\dot{y}+\omega_n^2 y=-\ddot{x}_b \tag{13.2.4}$$

$$\omega_n=\sqrt{\frac{k}{m}} \tag{13.2.5}$$

$$\zeta=\frac{c}{2\sqrt{mk}} \tag{13.2.6}$$

式中 $\ddot{x}_b$——基座相对惯性空间运动的加速度（m/s²），即传感器感受到的运动加速度，也就是所需测量的运动加速度；

ω_n、ζ——分别为二阶系统的固有角频率（rad/s）和阻尼比；

m、k、c——分别为系统质量块的质量（kg）、弹簧刚度系数（N/m）和阻尼系数（N·s/m）。

当运动体的运动以正弦规律变化时，即

$$\begin{cases} x_b=X_m\sin\omega \\ \dot{x}_b=\omega X_m\cos\omega t=V_m\cos\omega t \\ \ddot{x}_b=-\omega^2 X_m\sin\omega t=a_m\sin\omega t \end{cases} \tag{13.2.7}$$

式中 X_m、V_m、a_m——分别为基座相对惯性空间位移 x_b 的幅值（m）、运动速度的幅值（$V_m=\omega X_m$，m/s）和加速度幅值（$a_m=-\omega^2 X_m$，m/s²）。

将 $\ddot{x}_b=-\omega^2 X_m\sin\omega t=a_m\sin\omega t$ 代入式（13.2.4），可得

$$\ddot{y}+2\zeta\omega_n\dot{y}+\omega_n^2 y=-a_m\sin\omega t \tag{13.2.8}$$

于是质量块相对于传感器基座的位移 y 的稳态解为

$$y(t)=\frac{-\frac{1}{\omega_n^2}a_m}{\sqrt{\left[1-\left(\frac{\omega}{\omega_n}\right)^2\right]^2+\left(2\zeta\frac{\omega}{\omega_n}\right)^2}}\sin(\omega t+\varphi_a) \tag{13.2.9}$$

当输入量（即被测量）为基座的加速度 $\ddot{x}_b$ 时，输出量为可以实际测量得到的质量块相当于基座的位移 y，则系统的归一化幅频特性为

$$A_a(\omega)=\left|\frac{Y_m\omega_n^2}{a_m}\right|=\frac{1}{\sqrt{\left[1-\left(\frac{\omega}{\omega_n}\right)^2\right]^2+\left(2\zeta\frac{\omega}{\omega_n}\right)^2}} \tag{13.2.10}$$

相频特性为

$$\varphi_a(\omega) = \begin{cases} -\arctan\dfrac{2\zeta\dfrac{\omega}{\omega_n}}{1-\left(\dfrac{\omega}{\omega_n}\right)^2} - \pi & \omega \leqslant \omega_n \\ -\pi + \arctan\dfrac{2\zeta\dfrac{\omega}{\omega_n}}{\left(\dfrac{\omega}{\omega_n}\right)^2 - 1} - \pi = -2\pi + \arctan\dfrac{2\zeta\dfrac{\omega}{\omega_n}}{\left(\dfrac{\omega}{\omega_n}\right)^2 - 1} & \omega > \omega_n \end{cases} \quad (13.2.11)$$

加速度相对幅值误差为

$$\Delta A_a(\omega) = \dfrac{1}{\sqrt{\left[1-\left(\dfrac{\omega}{\omega_n}\right)^2\right]^2 + \left(2\zeta\dfrac{\omega}{\omega_n}\right)^2}} - 1 \quad (13.2.12)$$

相角误差为

$$\Delta\varphi_a(\omega) = \begin{cases} -\arctan\dfrac{2\zeta\dfrac{\omega}{\omega_n}}{1-\left(\dfrac{\omega}{\omega_n}\right)^2} & \omega \leqslant \omega_n \\ -\pi + \arctan\dfrac{2\zeta\dfrac{\omega}{\omega_n}}{\left(\dfrac{\omega}{\omega_n}\right)^2 - 1} & \omega > \omega_n \end{cases} \quad (13.2.13)$$

图 13.2.2 给出了式（13.2.10）和式（13.2.11）对应的幅频特性曲线和相频特性曲线。式（13.2.11）相频特性 $\varphi_a(\omega)$ 中的 $-\pi$ 项（$\omega \leqslant \omega_n$）或第二个 $-\pi$ 项（$\omega > \omega_n$）表示：质量块相对于基座位移的方向与基座的加速度方向相反，图 13.2.3 给出了测量加速度时各向量的相位关系。

从式（13.2.10）和式（13.2.12）可知，当 $\omega \ll \omega_n$ 时，相对幅值 $A_a(\omega)$ 接近于 1，幅值误差 $|\Delta A_a(\omega)|$ 很小。因此，测量加速度时要求质量块的质量 m 要小，弹簧刚度 k 要大。因为只有弹簧较硬时才能传递较多的能量给质量块，使其跟随基座一起运动（极限情况是把质量块与基座刚性相连，因而它相对于惯性空间的运动加速度 $\ddot{x}$ 就与基座的加速度 $\ddot{x}_b$ 完全相同，但在这种情况下，质量块与基座之间无相对位移，也就无法利用惯性法测量加速度了）。但是，当敏感质量 m 太小时，测量灵敏度非常低，因此，通过测量质量块相当于基座的位移 y 来实现的加速度传感器适合较低频率、较大幅值加速度的

测量。事实上，当加速度作用于敏感质量时，所引起的惯性力不仅会产生较大的机械位移，而且还会产生较大的应变或应力。通过测量应变或应力的方式就可以改善上述不足。

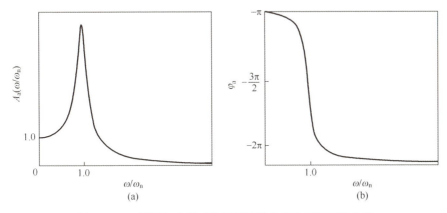

图 13.2.2　测量加速度时的幅频特性曲线和相频特性曲线
（a）幅频特性曲线；（b）相频特性曲线。

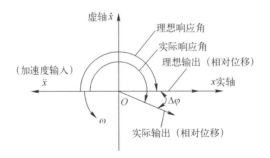

图 13.2.3　测量加速度时的旋转向量

13.2.2 节将介绍位移式加速度传感器，13.2.3 节和 13.2.4 节将介绍基于应变、应力的加速度传感器。

13.2.2　位移式加速度传感器

如上所述，质量-弹簧-阻尼系统可以把加速度转换成与之成比例的质量块相对于传感器基座的位移，因此，把质量块的相对位移转变成与加速度成比例的电信号，就可构成不同类型的位移式加速度传感器，图 13.2.4 给出了四种典型的位移式加速度传感器原理结构。

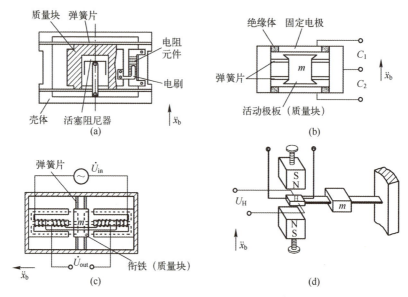

图 13.2.4　四种位移式加速度传感器原理结构

图 13.2.4（d）所示为一种电位器式过载加速度传感器。电位器的电刷与质量块刚性连接，电阻元件固定安装在传感器壳体上。杯形空心质量块 m 由硬弹簧片支承，内部装有与壳体相连接的活塞。当质量块感受加速度相对于活塞运动时，就产生气体阻尼效应，阻尼系数可通过一个螺丝改变排气孔的大小来调节。质量块带动电刷在电阻元件上滑动，从而输出与位移成比例的电压。因此，当质量块感受加速度时，并在系统处于平衡状态后，电位器的输出电压与质量块所感受的加速度成正比。电位器式加速度传感器主要用于测量变化很慢的线加速度和低频振动加速度。

图 13.2.4（b）是电容式加速度传感器的原理结构，它以弹簧片所支承的敏感质量块作为差动电容器的活动极板，并以空气作为阻尼。电容式加速度传感器的特点是频率响应范围宽，测量范围大。

图 13.2.4（c）是一种变磁阻式加速度传感器，它是以通过弹簧片与壳体相连的质量块 m 作为差动变压器的衔铁。当质量块感受加速度而产生相对位移时，差动变压器就输出与位移（也即与加速度）成近似线性关系的电压，加速度方向改变时，输出电压的相位相应地改变 $180°$。

图 13.2.4（d）是霍耳式加速度传感器的结构示意图。固定在传感器壳体上的弹性悬臂梁的中部装有一感受加速度的质量块 m，梁的自由端固定安装着测量位移的霍耳元件 H。在霍耳元件的上下两侧，同极性相对安装着一

对永久磁铁,以形成线性磁场,永久磁铁磁极间的间隙可通过螺丝进行调整。当质量块感受上下方向的加速度而产生与之成比例的惯性力使梁发生弯曲变形时,自由端就产生与加速度成比例的位移,霍耳元件就输出与加速度成比例的霍耳电势 U_H。

近年来,基于电容式变换原理,通过检测位移的 MEMS 加速度传感器发展很快。下面介绍两个典型的硅电容式微机械加速度传感器。

1. 单轴加速度传感器

图 13.2.5 为一种实用的、具有差动输出的硅电容式单轴加速度传感器原理示意图。该传感器的敏感结构包括一个活动电极和两个固定电极。活动电极固连在连接单元的正中心;两个固定电极设置在活动电极初始位置对称的两端。连接单元将两组梁框架结构的一端连在一起,梁框架结构的另一端用连接"锚"固定。

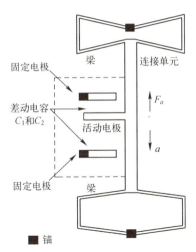

▼ 图 13.2.5　硅电容式单轴加速度传感器原理示意图

该敏感结构可以测量沿着连接单元主轴方向的加速度。其基本原理是:基于惯性原理,被测加速度 a 使连接单元产生与加速度方向相反的惯性力 F_a;惯性力 F_a 使敏感结构产生位移,从而带动活动电极移动,与两个固定电极形成一对差动敏感电容 C_1 和 C_2 的变化,如图 13.2.5 所示。将 C_1 和 C_2 组成适当的检测电路便可以解算出被测加速度 a。该敏感结构只能测量沿连接单元主轴方向的加速度。对于其正交方向的加速度,由于它们引起的惯性力作用于梁的横向(宽度与长度方向),而梁的横向相对于其厚度方向具有非常大的刚度,因此这样的敏感结构不会(能)感受与所测加速度 a 正交的加速度。

将两个或三个如图 13.2.5 所示的敏感结构组合在一起,就可以构成微机械双轴或三轴加速度传感器。

2. 三轴加速度传感器

图 13.2.6 为外形结构参数为 $(6\times 4\times 1.4)\,\text{mm}^3$ 的一种新型的硅微机械三轴加速度传感器。它有四个敏感质量块、四个独立的信号读出电极和四个参考电极。基于图 13.2.6 可以很好地对传感器敏感结构和作用机理进行解释。它巧妙地利用了敏感梁在其厚度方向具有非常小的刚度而能够感受垂直于梁厚度方向的加速度,在其他方向刚度相对很大而不能够敏感加速度的结构特征。图 13.2.7 为该加速度传感器的横截面示意图,由于各向异性腐蚀的结果,敏感梁的厚度方向与加速度传感器的法线方向(z 轴)成 35.26°($\arctan\dfrac{1}{\sqrt{2}}=$ 35.26°)。图 13.2.8 为单轴加速度传感器的总体坐标系与局部坐标系之间的关系。

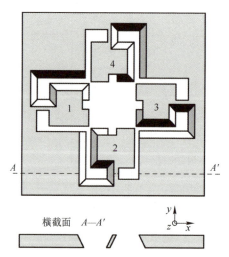

图 13.2.6 三轴加速度检测原理的顶视图和横截面视图
注:四个敏感质量块设置于悬臂梁的端部

基于实际敏感结构特征,三个加速度分量为

$$\begin{cases} a_x = C(S_2 - S_4) \\ a_y = C(S_3 - S_1) \\ a_z = \dfrac{C}{\sqrt{2}}(S_1 + S_2 + S_3 + S_4) \end{cases} \qquad (13.2.14)$$

式中　C——由几何结构参数决定的系数（$m/(s^2 \cdot V)$）；
　　　S_i——第 i 个梁和质量块之间的电信号（V），i 为 1~4。

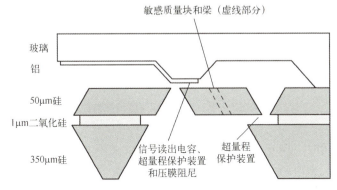

图 13.2.7　SOI 加速度传感器的横截面示意图

① 敏感质量块和梁（虚线部分）；② 信号读出电容，超量程保护装置和压膜阻尼；
③ 超量程保护装置。

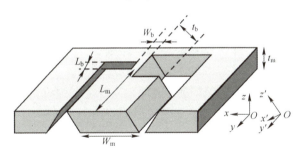

图 13.2.8　在梁局部坐标系下的单轴加速度传感器

注：梁局部坐标系相对 y 轴转动 35.26°。

L_b、T_w、W_b：敏感悬臂梁的长度、宽度和厚度。

13.2.3　应变式加速度传感器

1. 敏感原理与基本结构

应变式加速度传感器的具体结构形式很多，但都可简化为图 13.2.9 所示的形式。悬臂梁固定安装在传感器的基座上，梁的自由端固定一质量块 m；加速度作用于质量块产生惯性力，使悬臂梁形成弯曲变形。在梁的根部附近黏贴四个性能相同的应变片，上、下表面各两个，其中两个随着加速度的增加而增大，另外两个随着加速度的增加而减小。通过四臂受感差动电桥电路输出电压 U_{out} 就可以得到被测加速度。

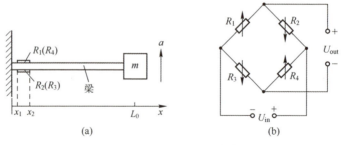

图 13.2.9　应变式加速度传感器原理

实际应用时，应变式加速度传感器还可以采用非黏贴方式，直接由金属应变丝作为敏感电阻，如图 13.2.10 所示。质量块用弹簧片和上、下两组金属应变丝支承。应变丝加有一定的预紧力，并作为差动对称电桥的两桥臂。

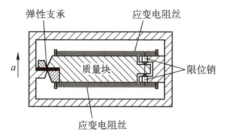

图 13.2.10　应变式加速度传感器的结构

应变式加速度传感器的结构简单，设计灵活，具有良好的低频响应，可测量常值加速度。对于非黏贴式加速度传感器，其工作频率相对较高。

2. 电桥电路输出电压

考虑被测加速度的频率远低于悬臂梁固有频率的情况。质量块 m 感受加速度 a 产生惯性力 F_a，引起悬臂梁发生弯曲变形。借助于式（3.3.28），其上表面轴向正应变为

$$\varepsilon_x(x) = \frac{-6(L_0-x)}{Ebh^2}F_a = \frac{6(L_0-x)}{Ebh^2}ma \tag{13.2.15}$$

式中　b、h——分别为梁的宽度（m）和厚度（m）；

L_0——质量块中心到悬臂梁根部的距离（m）；

x——梁的轴向坐标（m）；

E——材料的弹性模量（Pa）。

电桥电路输出电压为

$$U_{\text{out}} = \frac{\Delta R}{R} U_{\text{in}} = K_a a \quad (13.2.16)$$

$$K_a = \frac{6Km}{Ebh^2}\left(L_0 - \frac{x_2 + x_1}{2}\right) U_{\text{in}} \quad (13.2.17)$$

式中 R、ΔR——分别为应变片的初始电阻（Ω）和加速度 a 引起的附加电阻（Ω）；

K_a——传感器的灵敏度（Vs²/m）；

x_2、x_1——应变片在梁上的位置（m）；

K——应变片的灵敏系数。

3. 动态特性分析

事实上，当不考虑悬臂梁自由端处敏感质量块的附加质量时，借助于式（3.3.30），悬臂梁的最低阶固有频率（Hz）为

$$f_{\text{B1}} = \frac{0.162h}{L^2}\sqrt{\frac{E}{\rho}}$$

显然，考虑敏感质量块后悬臂梁的最低阶弯曲振动固有频率远比由式（3.3.30）描述的弯曲振动固有频率要低得多，因此没有实用价值。

梁在悬臂端作用有集中力 F 时，沿 x 轴（长度方向）的法线方向位移为

$$w(x) = \frac{x^2}{6EJ}(Fx - 3FL) \quad (13.2.18)$$

式中 J——梁的截面惯性矩，$J = bh^3/12$（m⁴）；

EJ——梁的抗弯刚度（N·m²）。

悬臂梁自由端处的位移最大，为

$$W_{\max} = w(L) = \frac{-4L^3 F}{Ebh^3} \quad (13.2.19)$$

借助于式（3.3.27），当把悬臂梁看成一个感受弯曲变形的弹性部件时，以其自由端的位移 $W_{\max}$ 作为参考点，其等效刚度为

$$k_{\text{eq}} = \left|\frac{F}{W_{\max}}\right| = \frac{Ebh^3}{4L^3} \quad (13.2.20)$$

于是，图 13.2.7 所示加速度传感器整体敏感结构的最低阶弯曲振动的固有频率（Hz）为

$$f_{\text{B},m} = \frac{1}{2\pi}\sqrt{\frac{k_{\text{eq}}}{m_{\text{eq}} + m}} \approx \frac{1}{2\pi}\sqrt{\frac{k_{\text{eq}}}{m}} = \frac{1}{4\pi}\sqrt{\frac{Ebh^3}{L^3 m}} \quad (13.2.21)$$

式中　m_{eq}——加速度敏感结构最低阶弯曲振动状态下,悬臂梁自身的等效质量（kg）。它远远小于敏感质量块的质量,故可以进行上述简化。

当传感器工作于动态测量时,应限定被测加速度的最高工作频率。若传感器的最高工作频率为 f_{max},则由式（13.2.21）确定的固有频率最低应为 Nf_{max}（如 N 取 3~5）。同时,为提高传感器动态品质,可以选择一个恰当的阻尼比,如 0.5~0.7。

13.2.4　压阻式加速度传感器

1. 敏感结构与压敏电阻设计

压阻式加速度传感器是利用单晶硅材料制作悬臂梁,如图 13.2.11 所示,在其根部扩散出四个电阻。当悬臂梁自由端的质量块受加速度作用时,悬臂梁受到弯矩作用,产生应力,使压敏电阻发生变化。

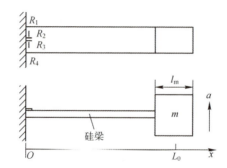

▼ 图 13.2.11　压阻式加速度传感器结构示意图

选择<001>晶向作为悬臂的单晶硅衬底,悬臂梁的长度方向为<110>晶向,则悬臂梁的宽度方向为<1̄10>晶向。沿<1̄10>晶向设置两个 P 型电阻 R_1、R_4 与<110>晶向各设置两个 P 型电阻 R_2、R_3。

借助于式（3.3.29）,悬臂梁上表面根部沿 x 方向的正应力为

$$\sigma_x = \frac{6mL_0}{bh^2}a \quad (13.2.22)$$

式中　m——敏感质量块的质量（kg）;
　　　L、b、h——分别为梁的长度,宽度（m）和厚度（m）;
　　　L_0——质量块中心至悬臂梁根部的距离（m）;
　　　a——被测加速度（m/s²）。

$$L = L_0 - 0.5l \quad (13.2.23)$$

式中 l——敏感质量块的长度（m）。

于是，沿着悬臂梁的长度方向，即在<110>晶向设置的 P 型硅压敏电阻的压阻效应可以描述为

$$\left(\frac{\Delta R}{R}\right)_{<110>} = \pi_a \sigma_a + \pi_n \sigma_n = \pi_a \sigma_x \quad (13.2.24)$$

借助于式（7.1.11），式（13.2.24）中的纵向压阻系数为

$$\pi_a = \frac{1}{2}\pi_{44} \quad (13.2.25)$$

而在<1$\bar{1}$0>晶向设置的 P 型硅压敏电阻的压阻效应可以描述为

$$\left(\frac{\Delta R}{R}\right)_{<1\bar{1}0>} = \pi_a \sigma_a + \pi_n \sigma_n = \pi_n \sigma_x \quad (13.2.26)$$

借助于式（7.1.12），式（13.2.26）中的横向压阻系数为

$$\pi_n = -\frac{1}{2}\pi_{44} \quad (13.2.27)$$

考虑到电阻长度远小于悬臂梁的长度，借助于式（13.2.22），将式（13.2.25）和式（13.2.27）分别代入到式（13.2.24）和式（13.2.26）中，可得

$$\left(\frac{\Delta R}{R}\right)_{<110>} = \frac{3mL}{bh^2}\pi_{44}a \quad (13.2.28)$$

$$\left(\frac{\Delta R}{R}\right)_{<1\bar{1}0>} = \frac{-3mL}{bh^2}\pi_{44}a = -\left(\frac{\Delta R}{R}\right)_{<110>} \quad (13.2.29)$$

可见，按上述原则在悬臂梁根部设置的压敏电阻符合构成四臂受感差动电桥的原则，因此输出电路与上一节讨论的应变式加速度传感器完全相同。

2. 敏感结构参数设计准则

为了保证加速度传感器的输出特性具有良好的线性度，悬臂梁根部的应变应小于一定的量级，如 5×10^{-4}。

借助于式（3.3.28）可得

$$\varepsilon_{x,\max} = \frac{6mL_0}{Ebh^2}a_{\max} \quad (13.2.30)$$

式中 $a_{\max}$——被测加速度绝对值的最大值（m/s²）。

因此，应变约束条件为

$$\frac{6mL_0}{Ebh^2}a_{\max} \leq \varepsilon_b \quad (13.2.31)$$

式中 ε_b——悬臂梁所允许的最大应变值,如 5×10^{-4}。

3. 动态特性分析

对于加速度传感器,多数情况是用于动态过程的测量。由于悬臂梁的厚度相对于其长度较小,因此其最低阶固有频率较低,这将限制其所测加速度的动态频率范围。由于压阻式加速度传感器的敏感结构与应变式加速度传感器的敏感结构相同,故其最低阶弯曲振动的固有频率可以由式(13.2.21)来计算。

将加速度传感器看成典型的二阶系统,设其固有频率与等效阻尼比分别为 ω_n 与 ζ,基于 2.2.1 节的有关分析和表 2.2.1 的相关结论,系统的动态响应时间 t_s 应当根据阻尼比的大小来确定。当允许的时域相对动态误差 $\sigma_T = 5\%$ 时,系统的阻尼比 ζ 取为时域最佳阻尼比 $\zeta = \zeta_{\text{best},\sigma_p} = 0.690$,则系统的响应时间可由式(2.2.30)来确定,重写如下:

$$\sigma_T = \frac{1}{\sqrt{1-\zeta^2}} e^{-\zeta\omega_n t_s} \cos\left[\sqrt{1-\zeta^2}\,\omega_n t_s - \arctan\left(\frac{\zeta}{\sqrt{1-\zeta^2}}\right)\right]$$

式中 $\omega_n = 2\pi f_{B,m}$(rad/s),$f_{B,m}$ 由式(13.2.21)确定。

将上述有关数据代入式(2.2.30),可得

$$0.05 = \frac{1}{\sqrt{1-0.69^2}} e^{-0.69\omega_n t_s} \cos\left[\sqrt{1-0.69^2}\,\omega_n t_s - \arctan\left(\frac{0.69}{\sqrt{1-0.69^2}}\right)\right]$$

即

$$0.0361\,9 = e^{-0.69\omega_n t_s} \cos\left[0.7238\omega_n t_s - 1.5230\right] \quad (13.2.32)$$

另一方面,基于 2.2.2 节的有关分析和表 2.2.2 的相关结论,系统的工作频带与阻尼比 ζ 和所允许的频域动态误差 σ_F 密切相关。当允许的频域相对动态误差 $\sigma_F = 5\%$,系统的阻尼比取为频域最佳阻尼比 $\zeta = \zeta_{\text{best},\sigma_F} = 0.590$ 时,系统的最大工作频带由式(13.2.35)确定。

$$\omega_{g\max} = 0.874\omega_n \quad (13.2.33)$$

13.2.5 压电式加速度传感器

1. 压电式加速度传感器的结构

图 13.2.12 是压电式加速度传感器的结构原理图,它由质量块 m、硬弹簧 k、压电晶片和基座组成。质量块一般由比重较大的材料(如钨或重合金)制成。硬弹簧的作用是对质量块加载,产生预压力,以保证在作用力变化时,晶片始终受到压缩。整个组件都装在基座上,为了防止被测件的任何应变传到晶

片上而产生假信号,基座一般要求做得较厚。

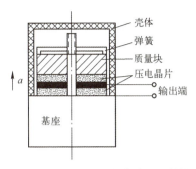

图 13.2.12　压电式加速度传感器的结构原理图

为了提高灵敏度,可以把两片压电元件重叠放置并按并联(对应于电荷放大器)或串联(对应于电压放大器)方式连接,参见 7.5.2 节。

压电式加速度传感器的具体结构形式也有多种,图 13.2.13 所示为常见的几种。

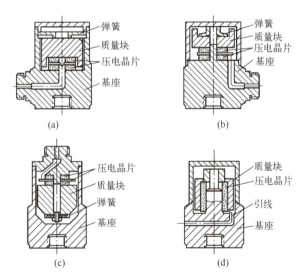

图 13.2.13　压电式加速度传感器的结构

(a) 外圆配合压缩式;(b) 中心配合压缩式;(c) 倒装中心配合压缩式;(d) 剪切式。

2. 工作原理

当传感器基座随被测物体一起运动时,由于弹簧刚度很大,相对而言质量块的质量 m 很小,即惯性很小,因而可认为质量块感受与被测物体相同的加速度，并产生与加速度成正比的惯性力 F_a。惯性力作用在压电晶片上，就产生与加速度成正比的电荷 q 或电压 u_a，这样通过电荷量或电压来测量加速度 a。

3. 传递函数

压电式加速度传感器主要有三个测量环节，即质量-弹簧-阻尼二阶系统，压电变换元件和测量放大电路。

质量-弹簧-阻尼二阶系统将敏感质量块感受到的加速度转换为质量块的机械变形 $y = x - x_b$，该变形也是压电晶片在"惯性力" $m\ddot{x}_b$ 作用后所产生的变形量，可以由式（13.2.4）描述，其传递函数为

$$\frac{Y(s)}{A(s)} = \frac{-1}{s^2 + 2\zeta\omega_n s + \omega_n^2} \tag{13.2.34}$$

式中 $A(s)$ ——加速度 $\ddot{x}_b(t)$ 的拉氏变换。

所产生的压电晶片的微小变形量 $Y(s)$ 将引起其应力变化，基于压电效应，在压电晶片上就会产生电荷 $q(s)$，它们之间的关系可以描述为

$$q(s) = k_{yq} Y(s) \tag{13.2.35}$$

式中 k_{yq} ——转换系数（C/m），表示单位微小变形量引起的电荷量，它与传感器结构参数、物理参数、压电晶片的结构参数、物理参数、压电常数等相关。

当加速度传感器配置电荷放大器时（参见 10.2.2 节），其特性如式（10.2.6），结合式（13.2.34）和式（13.2.35）可得电荷放大器输出 $u_{\text{out}}(s)$ 与被测加速度 $A(s)$ 之间的传递函数

$$\frac{u_{\text{out}}(s)}{A(s)} = \frac{R_f k_{yq} s}{1 + R_f C_f s} \cdot \frac{1}{s^2 + 2\zeta\omega_n s + \omega_n^2} \tag{13.2.36}$$

它相当于一个高通滤波器和一个低通滤波器串联构成的带通滤波器。

4. 频率响应特性

由式（13.2.36）可知：压电式加速度传感器的幅频特性和相频特性分别为

$$H(\omega) = \frac{R_f k_{yq} \omega}{\sqrt{1 + (R_f C_f \omega)^2}} \cdot \frac{\frac{1}{\omega_n^2}}{\sqrt{\left[1 - \left(\frac{\omega}{\omega_n}\right)^2\right]^2 + \left(2\zeta\frac{\omega}{\omega_n}\right)^2}} \tag{13.2.37}$$

$$\varphi(\omega) = \varphi_1(\omega) + \varphi_2(\omega) + \frac{\pi}{2} \tag{13.2.38}$$

$$\varphi_1(\omega) = -\arctan R_f C_f \omega \qquad (13.2.39)$$

$$\varphi_2(\omega) = \begin{cases} -\arctan \dfrac{2\zeta \dfrac{\omega}{\omega_n}}{1-\left(\dfrac{\omega}{\omega_n}\right)^2}, & \omega \leqslant \omega_n \\ -\pi + \arctan \dfrac{2\zeta \dfrac{\omega}{\omega_n}}{\left(\dfrac{\omega}{\omega_n}\right)^2 - 1}, & \omega > \omega_n \end{cases} \qquad (13.2.40)$$

图 13.2.14 所示为压电式加速度传感器的频响特性曲线，其上限响应频率主要取决于机械部分的固有角频率 ω_n 和阻尼比 ζ，下限响应频率主要取决于压电晶片及放大器。当采用电荷放大器时，传感器频率响应下限由电荷放大器的反馈电容 C_f 和反馈电阻 R_f 决定，

$$\omega_L = \frac{1}{R_f C_f} \qquad (13.2.41)$$

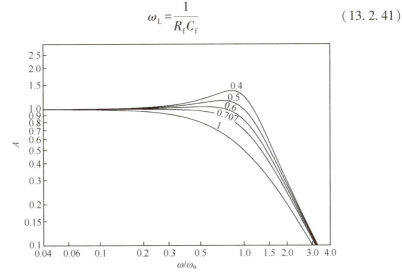

▼ 图 13.2.14　压电式加速度传感器的频率特性曲线

5. 应用特点

压电式传感器的突出特点是具有很好的高频响应特性。工作频带由零点几赫兹到数十千赫兹，测量范围宽，$10^{-6}g \sim 10^3 g$，使用温度可达 400℃ 以上。

13.2.6　石英振梁式加速度传感器

石英振梁式加速度传感器是一种典型的微机械惯性器件，其结构包括石

英谐振敏感元件、挠性支承、敏感质量、测频电路等。如图 13.2.15 所示，敏感质量块由精密挠性支承约束，使其具有单自由度。用挤压膜阻尼间隙作为超量程时对质量块的进一步约束，还用作机械冲击限位，以保护晶体免受过压而损坏。该开环结构是一种典型的二阶机械系统。石英振梁式加速度传感器中的谐振敏感元件采用双端固定调谐音叉结构。其主要优点：两个音叉臂在其结合处所产生的应力和力矩相互抵消，从而使整个谐振敏感元件在振动时具有自解耦的特性，对周围的结构无明显的反作用力，谐振敏感元件的能耗可忽略不计。为了使有限的质量块产生较大的轴线方向惯性力，合理地选择机械结构可以对惯性力放大几十倍，甚至上百倍。

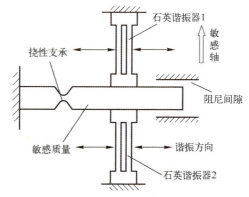

图 13.2.15　石英振梁式加速度传感器的原理示意图

石英振梁式加速度传感器的工作原理可以描述为

$$\Delta f = K_f f_0^2 F_C \quad (13.2.42)$$

$$F_C = -ma$$

式中　f_0——石英谐振敏感元件的初始频率（Hz），与谐波次数，敏感元件材料、结构参数，外壳材料、结构参数等有关；

Δf——石英谐振敏感元件的频率改变量（Hz）；

K_f——与谐波次数，谐振敏感元件材料、结构参数，外壳材料、结构参数等有关的修正系数；

F_C——由被测加速度与敏感质量块引起的科氏惯性力，与被测加速度反方向。

当作用于石英谐振敏感元件上的惯性力的值为正时，石英谐振敏感元件受拉伸，谐振频率增加；当惯性力的值为负时，石英谐振式敏感元件受压缩，谐振频率减小。

由于图 13.2.15 所示的石英振梁式加速度传感器为差动检测结构，所以该谐振式加速度传感器具有对共轭干扰，如温度、随机干扰振动等对传感器的影响具有很好的抑制作用。

图 13.2.15 所示的石英振梁加速度传感器在内部的振荡器电子线路的驱动下，梁敏感元件发生谐振。当有加速度输入时，在敏感质量块上产生惯性力，该惯性力按照机械力学中的杠杆原理，把质量块上的惯性力放大 N 倍。放大了的这一惯性力作用在梁谐振敏感元件的轴线方向（长度方向）上，使梁谐振敏感元件的频率发生变化。一个石英谐振敏感元件受到轴线方向拉力，其谐振频率升高；而另一个石英谐振敏感元件受到轴线方向压力，其谐振频率降低。在测频电路中对这两个输出信号进行补偿与计算，从而获得被测加速度。

13.2.7 谐振式硅微结构加速度传感器

图 13.2.16 给出了一种谐振式硅微结构加速度传感器的原理结构示意图，它由支撑梁、敏感质量块、梁谐振敏感元件、激励单元、检测单元等组成，通过两级敏感结构将加速度的测量转化为谐振敏感元件谐振频率的测量。第一级敏感结构由支撑梁和质量块构成，质量块将加速度转化为惯性力向外输出；第二级敏感结构是梁谐振敏感元件，惯性力作用于梁谐振敏感元件轴线方向引起谐振频率的变化。加速度传感器的谐振敏感元件工作于谐振状态，通常是通过自激闭环实现对谐振敏感元件固有频率的跟踪。其闭环回路与第 2 章的谐振式硅微结构压力传感器类似，主要包括谐振敏感元件、激励单元、检测单元、调幅环节、移相环节组成，激励信号通过激励单元将激励力作用于谐振敏感元件，检测单元将谐振敏感元件的振动信号转化为电信号输出，调幅、移相环节用来调节整个闭环回路的幅值增益和相移，以满足自激闭环的幅值条件和相位条件。

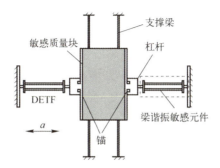

图 13.2.16　谐振式硅微结构加速度传感器原理结构示意图

图 13.2.16 所示的谐振式硅微结构加速度传感器，包括两个调谐音叉敏感元件（Double-Ended Tuning Fork：DETF，简称为调谐音叉谐振子），每个调谐音叉谐振子包含一对双端固支梁谐振子。两个调谐音叉谐振子工作于差动模式，即一个 DETF 的谐振频率随着被测加速度的增加而增大，另一个 DETF 的谐振频率随着被测加速度的增加而减小。考虑理想情况，加速度引起的惯性力平均地作用于两个梁谐振子上，因此，借助于式（3.3.40），工作于基频时的 DETF 的频率可以描述为

$$f_{1,2}(a) = f_0 \left(1 \pm 0.1475 \frac{F_a L^2}{Ebh^3}\right)^{0.5} = f_0 \left(1 \mp 0.1475 \frac{maL^2}{Ebh^3}\right)^{0.5} \text{（Hz）}$$

(13.2.43)

其中

$$f_0 = \frac{4.730^2 h}{2\pi L^2} \left(\frac{E}{12\rho_m}\right)^{0.5} \text{（Hz）}$$

$$F_a = -ma$$

式中 f_0——梁谐振子的初始频率；

L、b、h——分别为梁谐振子的长、宽、厚，为充分体现梁的结构特征，有 $L \gg b \gg h$；

E、ρ_m——分别为梁谐振子材料的弹性模量、密度；

F_a——由被测加速度与敏感质量块引起的惯性力。

由于图 13.2.16 所示的谐振式硅微结构加速度传感器也是差动检测结构，具有对共轭干扰，如温度、随机振动干扰等对传感器的影响具有很好的抑制作用。

13.2.8　声表面波式加速度传感器

声表面波式加速度传感器采用悬臂梁式弹性敏感结构，在由压电材料（如压电晶体）制成的悬臂梁的表面上设置 SAWR 结构。加载到悬臂梁自由端的敏感质量块感受被测加速度，在敏感质量块上产生惯性力，使谐振器区域产生表面变形，改变 SAW 的波速，导致谐振器的中心频率变化。因此，SAW 加速度传感器实质上是加速度-力-应变-频率变换器。输出的频率信号经相关处理，就可以得到被测加速度值。

图 13.2.17 所示为长 L、宽 b、厚 h 的一端固支的悬臂梁。自由端通过半径为 R 的质量块加载，以感受加速度。

借助于式（13.2.21），带有敏感质量为 m 的悬臂梁的最低阶固有频率为

$$f_{B,m} = \frac{1}{4\pi}\sqrt{\frac{Ebh^3}{L^3 m}} \tag{13.2.44}$$

其中
$$m = \rho\pi R^2 b$$

式中　E——基片材料的弹性模量（Pa）。

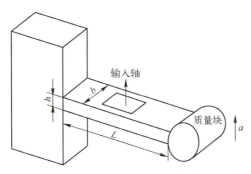

▼ 图 13.2.17　声表面波悬臂梁加速度传感器的结构示意图

借助于式（13.2.15），可得加速度 a 引起的梁上表面沿 x 方向的正应变为

$$\varepsilon_x(x) = \frac{-6(L+R-x)ma}{Ebh^2} \tag{13.2.45}$$

当 SAW 谐振器置于悬臂梁的 (x_1, x_2) 时，则 SAW 谐振器感受到的平均应变为

$$\bar{\varepsilon}_x(x_1, x_2) = \frac{-6[L+R-0.5(x_1+x_2)]ma}{Ebh^2} \tag{13.2.46}$$

因此声表面波式加速度传感器的输出频率（Hz）为

$$f(a) = f_0\left(1 + \frac{8.4[L+R-0.5(x_1+x_2)]ma}{Ebh^2}\right) \tag{13.2.47}$$

式中　f_0——加速度传感器的初始频率，即加速度为 0 时的频率（Hz）。

利用式（13.2.44），可以针对加速度传感器的最低固有频率，设计悬臂梁的有关结构参数和敏感质量块的结构参数。

利用式（13.2.47），可以针对加速度传感器的检测灵敏度，设计悬臂梁的有关结构参数和敏感质量块的结构参数。

13.2.9　力平衡伺服式加速度传感器

前面介绍的是开环加速度传感器。为提高测量精度，可采用伺服式测量方式。

图 13.2.18（a）是一种力平衡伺服式加速度传感器。它由片状弹簧支承的质量块 m、位移传感器（即图中信号变换器）、放大器和产生反馈力的一对磁电力发生器组成。活动质量块实际上由力发生器的两个活动线圈构成。磁电力发生器由高稳定性永久磁铁和活动线圈组成；为了提高线性度，两个力发生器按推挽方式连接。活动线圈的非导磁性金属骨架在磁场中运动时，产生电涡流，从而产生阻尼力，因此它也是一个阻尼器。

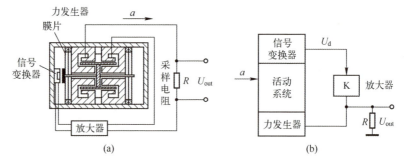

图 13.2.18　力平衡伺服式加速度传感器
（a）结构；（b）框图。

当加速度沿敏感轴方向作用时，活动质量块偏离初始位置而产生相对位移。位移传感器检测位移并将其转换成交流电信号，电信号经放大并被解调成直流电压后，提供一定功率的电流传输至力发生器的活动线圈。位于磁路气隙中的载流线圈受磁场作用而产生电磁力去平衡被测加速度所产生的惯性力，而阻止活动质量块继续偏离。当电磁力与惯性力相平衡时，活动质量块即停止运动，处于与加速度相应的某一新的平衡位置。这时位移传感器的输出电信号在采样电阻 R 上建立的电压降（输出电压 U_{out}），就反映出被测加速度的大小。显然，只有活动质量块新的静止位置与初始位置之间具有相对位移时，位移传感器才有信号输出，磁电力发生器才会产生反馈力，因此这个系统是有静差力平衡系统。

图 13.2.18（b）为系统结构框图。活动质量块与弹簧片组成二阶振动系统。其传递函数为

$$G_y(s) = \frac{Y(s)}{F_a(s)} = \frac{1}{ms^2 + cs + k_s} \qquad (13.2.48)$$

式中　m——活动质量块的质量（kg）；

　　　c——系统的等效阻尼系数（N·s/m）；

k_s——系统中弹簧片的刚度（N/m）。

位移传感器在小位移范围内是一个线性环节。设其传递系数为K_d，输出电压为

$$G_u(s) = \frac{U_d(s)}{Y(s)} = K_d \quad (13.2.49)$$

由于放大解调电路的解调功能以及活动线圈具有一定电感，因而具有一定的惯性，所以这部分可作为一惯性环节。其传递函数为

$$G_A(s) = \frac{I(s)}{U_d(s)} = \frac{K_A}{T_A s + 1} \quad (13.2.50)$$

式中 K_A、T_A——分别为放大解调电路的传递系数（A/V）和时间常数（s）。

磁电力发生器是一个线性环节，所产生的反馈力对激励电流的传递函数为

$$G_f(s) = \frac{F_f(s)}{I(s)} = 2\pi BDW = K_f \quad (13.2.51)$$

式中 K_f——磁电力发生器的灵敏度（N/A）；

B——气隙的磁感应强度（T）；

D、W——分别为活动线圈的平均直径（m）和匝数。

根据系统的工作原理和各环节的传递函数，可绘出系统的结构方框图 13.2.19，并导出表征系统特性的几个传递函数。

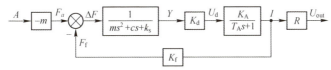

图 13.2.19 力平衡伺服式加速度传感器的结构方框图

1. 输出电压与加速度的关系

传递函数为

$$G_U(s) = \frac{U_{out}(s)}{A(s)} = \frac{-m K_d K_A R}{(ms^2 + cs + k_s)(T_A s + 1) + K_d K_A K_f} \quad (13.2.52)$$

静态特性方程为

$$U_{out} = -\frac{m K_d K_A R}{k_s + K_d K_A K_f} a = -\frac{\frac{m K_d K_A R}{k_s}}{1 + \frac{K_d K_A K_f}{k_s}} a \quad (13.2.53)$$

当满足条件 $K_d K_A K_f \gg k_s$ 时，有

$$U_{\text{out}} = -\frac{mR}{K_f}a \tag{13.2.54}$$

2. 活动质量块相对位移 y 与加速度的关系

$$G_y(s) = \frac{Y(s)}{A(s)} = -\frac{m(T_A s + 1)}{(ms^2 + cs + k_s)(T_A s + 1) + K_d K_A K_f} \tag{13.2.55}$$

静态特性方程为

$$y = -\frac{m}{k_s + K_d K_A K_f}a = -\frac{\frac{m}{k_s}}{1 + \frac{K_d K_A K_f}{k_s}}a \tag{13.2.56}$$

当满足条件 $K_d K_A K_f \gg k_s$ 时，有

$$y = -\frac{m}{K_d K_A K_f}a \tag{13.2.57}$$

3. 系统偏差 ΔF 与加速度的关系

$$G_F(s) = \frac{\Delta F(s)}{A(s)} = -\frac{m(ms^2 + cs + k_s)(T_A s + 1)}{(ms^2 + cs + k_s)(T_A s + 1) + K_d K_A K_f} \tag{13.2.58}$$

静态特性方程为

$$\Delta F = -\frac{mk_s}{k_s + K_d K_A K_f}a = -\frac{m}{1 + \frac{K_d K_A K_f}{k_s}}a \tag{13.2.59}$$

当满足条件 $K_d K_A K_f \gg k_s$ 时，则

$$\Delta F = -\frac{mk_s}{K_d K_A K_f}a \tag{13.2.60}$$

由上述分析，该传感器在闭环内静态传递系数很大的情况下，在静态测量或系统处于相对平衡状态时，其静态灵敏度只与闭环以外各串联环节的传递系数以及反馈支路的传递系数有关。故要求它们具有较高的精度和稳定性；而与环内前馈支路各环节的传递系数无关，因而除要求它们具有较大的数值外，对其他性能的要求则可降低。活动质量块的相对位移 y 和系统力的偏差 ΔF 均与被测加速度 a 成正比，且静态传递系数越大，位移和力的偏差越小；只有当静态传递系数为无穷大时，位移 y 和力的偏差 ΔF 才为零。但位移为零时，将不会产生反馈力。因此，静态传递系数不能也不会是无穷大的，在这种情况下，静态各环节传递系数的变化将会引起位移和力的偏差产生误差。

4. 系统的改进

在图 13.2.18 所示的传感器中,静态各环节传递系数的变化、有害加速度和摩擦力等外界干扰都会引起测量误差。为了减小静态误差,除要求系统具有较大的开环传递系数外,还要求支承弹簧刚度尽可能小。当弹簧刚度 $k_s = 0$ (例如采用无弹簧支承的全液浮式活动系统) 时,传感器的基本特性将有很大变化,活动部分将变成一个惯性环节和一个积分环节相串联。其传递函数为

$$G_y(s) = \frac{Y(s)}{F_a(s)} = \frac{1}{(ms+c)s} \quad (13.2.61)$$

若其他各环节仍保持与上述传感器相同,则该系统结构框图如图 13.2.20 所示。

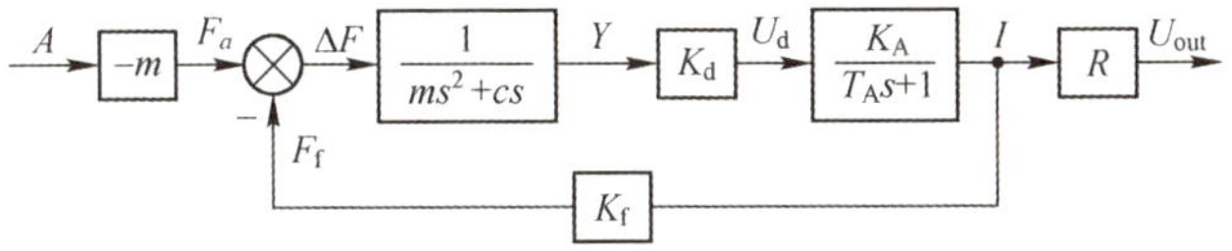

▶ 图 13.2.20 改进的无静差伺服式加速度传感器结构框图

系统输出电压与加速度的传递函数为

$$G_U(s) = \frac{U_{out}(s)}{A(s)} = -\frac{mK_d K_A R}{s(ms+c)(T_A s+1) + K_d K_A K_f} \quad (13.2.62)$$

静态特性方程为

$$U_{out} = -\frac{mR}{K_f} a \quad (13.2.63)$$

活动质量块的相对位移 y 与加速度 a 的传递函数和静态特性方程为

$$G_y(s) = \frac{Y(s)}{A(s)} = -\frac{m(T_A s+1)}{s(ms+c)(T_A s+1) + K_d K_A K_f} \quad (13.2.64)$$

$$y = -\frac{m}{K_d K_A K_f} a \quad (13.2.65)$$

力的偏差 ΔF 与加速度 a 的传递函数和静态特性方程为

$$G_F(s) = \frac{\Delta F(s)}{A(s)} = -\frac{ms(ms+c)(T_A s+1)}{s(ms+c)(T_A s+1) + K_d K_A K_f} \quad (13.2.66)$$

$$\Delta F = 0 \quad (13.2.67)$$

可以看出,这样的改进使传感器的静态偏差 ΔF 为零,与被测加速度无关。系统具有无静差特性的根本原因在于,闭环前馈支路中包括有积分环节。

因此，如果在图 13.2.16 所示的传感器的闭环前馈支路内增设积分环节，就可构成无静差系统。

13.3 转速传感器

转速表示旋转体每分钟内的转数，单位为 r/min。转速测量的方法有多种，如离心式、感应式、光电式及闪光频率式等。按输出信号特点可分为模拟式和数字式两类。

13.3.1 测速发电机

测速发电机是利用电磁感应原理实现的一种把转动的机械能转换成电信号输出的装置，与普通发电机不同，它有较好的测速特性，输出电压与转速之间有较好的线性关系、较高的灵敏度和较好的动态响应等。测速发电机分为直流和交流两类。直流测速发电机有永磁式和它激式两种，交流测速发电机有同步和异步两种。测速发动机见图 13.3.1。

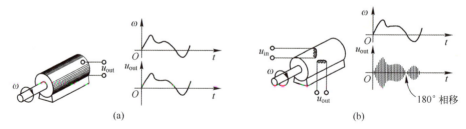

图 13.3.1　测速发动机
（a）永久磁铁直流测速发电机；（b）交流测速发电机。

1. 直流测速发电机

直流测速发电机的平均直流输出电压 $\overline{U}_{out}$ 与转速 N 大体上呈线性关系，一般可描述为

$$\overline{U}_{out} = \frac{n_p n_c \phi N}{60 n_{pp}} \tag{13.3.1}$$

式中　n_p——磁极数；

　　　n_c——电极导线数；

　　　ϕ——磁极的磁通（Wb）；

n_{pp}——正负电刷之间的并联路数；

N——转速（r/min），$N = \dfrac{60\omega}{2\pi}$。

输出电压 $\overline{U}_{out}$ 的极性随旋转方向的不同而改变。由于电枢导线的数目有限，所以输出电压有小纹波。对于高速旋转的情况，可利用低通滤波器来减小纹波。

2. 交流测速发电机

交流测速发电机是一种两相感应发电机，多采用鼠笼式转子，为了提高精度可采用拖杯式转子。其中一相加交流激励电压以形成交流磁场，当转子随被测轴旋转时，就在另一相线圈上感应出频率和相位都与激励电压相同，但幅值与瞬时转速 $N\left(N = \dfrac{60\omega}{2\pi}\right)$ 成正比的交流输出电压 u_{out}。当旋转方向改变时，u_{out} 亦随之发生 180° 相移。当转子静止不动时，输出电压 u_{out} 基本为零。

大多数工业交流测速发电机在设计时，都是用于交流伺服机械系统，激励频率通常为 50Hz 或 400Hz。典型的高精度交流测速发电机以 400Hz，115V 电压激励，当转速在 0~3600r/min 范围时，其非线性约为 0.05%。工作频带一般为载波频率的 1/15~1/10。

13.3.2　频率量输出的转速传感器

把转速转换成频率脉冲的传感器主要有磁电感应式、电涡流式、霍耳式、磁敏二极管或三极管式和光电式传感器等。

1. 磁电感应式转速传感器

磁电感应式转速传感器的结构原理如图 13.3.2（a）所示。感应电压与磁通 ϕ 的关系可以描述为

$$u_{out} = W \dfrac{d\phi}{dt} \quad (13.3.2)$$

式中　W——线圈匝数。

安装在被测转轴上的齿轮（导磁体）旋转时，其齿依次通过永久磁铁两磁极间的间隙，使磁路的磁阻和磁通 ϕ 发生周期性变化，在线圈上感应出频率和幅值均与轴转速成比例的交流电压信号 u_{out}。转速增加，磁通 ϕ 对时间的变化率增大，输出电压幅值增加。该传感器不适合于低速测量。为了提高低转速的测量效果，可采用电涡流式、霍耳式、磁敏二极管（或三极管）式转速传感器，它们的输出电压幅值受转速影响很小。

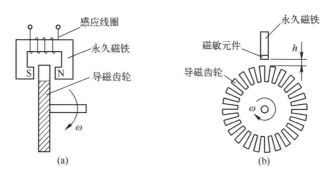

图 13.3.2 磁电式转速传感器
(a) 永久磁铁；(b) 导磁齿轮。

2. 电涡流式转速传感器

利用电涡流式传感器测量转速的原理如图 13.3.3 所示。在旋转体上开一条或数条槽（见 13.3.3（a）），或者把旋转体做成齿状（见图 13.3.3（b）），旁边安放一个电涡流式传感器，当旋转体转动时，电涡流传感器就输出周期性变化的电压信号。

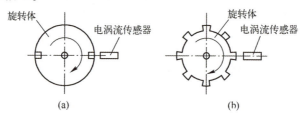

图 13.3.3 电涡流式转速传感器
(a) 电涡流传感器；(b) 旋转体。

3. 霍耳式转速传感器

利用霍耳效应测量转速的传感器的原理如图 13.3.4 所示。在旋转轴上安装一非磁性圆盘，在圆盘周边附近的同一圆上等距离地嵌装着一些永磁铁氧体，相邻两铁氧体的极性相反，如图 13.3.4（a）所示。由导磁体和置放在导磁体间隙中的霍耳元件组成测量探头，探头两端的距离与圆盘上铁氧体的间距相等，如图 13.3.4（a）右上角所示。测量时，探头对准铁氧体，当圆盘随被测轴一起旋转时，探头中的磁感应强度发生周期性变化，因而通有恒值电流的霍耳元件就输出周期性的霍耳电势。

图 13.3.4（b）是在被测轴上安装一导磁性齿轮，对着齿轮固定安放一马蹄形永久磁铁，在磁铁磁极的端面上黏贴一霍耳元件。当齿轮随被测轴一起

旋转时，磁路的磁阻发生周期性变化，霍耳元件感受的磁感应强度也发生周期性变化，输出周期性的霍耳电势。

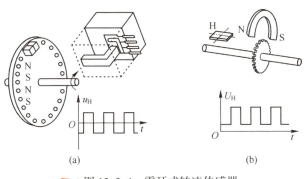

图 13.3.4 霍耳式转速传感器

13.4 角速度传感器

13.4.1 谐振式圆柱壳角速率传感器

1. 结构组成

图 13.4.1 和图 13.4.2 分别给出了一种压电激励谐振式圆柱壳角速率传感器的结构示意图和圆柱壳角速率传感器闭环结构原理图。它采用顶端开口的圆柱壳为敏感元件，A、D、C、B、A'、D'、B'、C'为在开口端环向均布的 8 个压电换能元件。图 13.4.2 给出了两个独立的回路。其中由 B 测到的信号经锁相环 G_1，低通滤波器 G_2，送到 A 构成的回路，称为维持谐振子振动的激励回路；由 C' 检测到的信号经带通滤波器 G_3 送到 D' 的回路，称为测量的阻尼回路。由 B 和 C' 得到的两路信号经鉴相器 G_4 可解算出绕圆柱壳中心轴的旋转角速率，并可断明方向。

2. 输出特性

基于上述介绍，这类传感器工作时，有等效谐振力作用于壳体的固定点上。当其不感受外界被测旋转角速度时，其环向波数为 n 的对称振型的运动方程可描述为

$$\left.\begin{aligned} u_0 &= A\cos n\theta \sin\omega t \\ v_0 &= B\sin n\theta \sin\omega t \\ w_0 &= C\cos n\theta \sin\omega t \end{aligned}\right\} \quad (13.4.1)$$

式中 ω——壳体不旋转时的振动角频率（rad/s），与壳体固有角频率很接近。

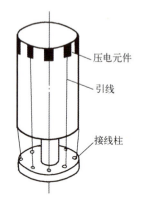

▶ 图 13.4.1　谐振式圆柱壳角速率传感器机构示意图

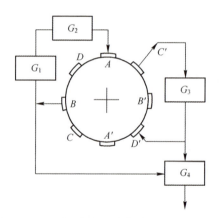

▶ 图 13.4.2　圆柱壳角速率传感器闭环结构原理图

关于圆柱壳的振型与固有角频率，参见 3.3.10 节。

当壳体以任意角速度 $\Omega=\Omega_x+\Omega_{yz}$ 旋转时，如图 13.4.3 所示，在 Ω 旋转的动坐标系中，环向波数为 n 的对称振型振动的稳态解可近似描述为

$$\left. \begin{array}{l} u=A\cos n\theta\sin\omega_v t \\ v=B\sin n\theta\sin\omega_v t-KC\cos n\theta\sin(\omega_v t+\varphi) \\ w=C\cos n\theta\sin\omega_v t+KB\sin n\theta\sin(\omega_v t+\varphi) \end{array} \right\} \quad (13.4.2)$$

式中 ω_v——壳体旋转时的振动角频率（rad/s），与上述壳体不旋转时的工作角频率略有不同。

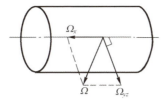

图 13.4.3　圆柱壳以任意角速度 $\Omega=\Omega_x+\Omega_{yz}$ 旋转示意图

对比式（13.4.1）和式（13.4.2），它们的第 1 式仍为解耦形式，而 2、3 式相互耦合着。这表明：在这种角速率传感器中，圆柱壳轴线方向的振型基本保持不变，环线方向和切线方向的振型在原有对称振型的基础上，产生了由旋转带来的哥氏效应引起的附加"反对称振型"。"反对称振型"量基本上正比于 Ω_x，从动坐标系来看，振型只出现较小的偏移，不出现持续的进动。其原因是有等效的激励力作用于壳体的固定点上。当采用压电陶瓷作为换能元件，在壳体振动振型的波节处检测时有

$$q = \frac{KA_0 d_{31} E(nC+B)}{[r(1-\mu)]\sin(\omega_v t-\varphi)} \tag{13.4.3}$$

$$K \approx -2\left(1+\frac{\dot{\Omega}_x^2}{4\Omega_x^2\omega_v^2}\right)\frac{Q}{\omega}\Omega_x \tag{13.4.4}$$

$$\varphi = \begin{cases} \arctan\dfrac{\omega\omega_v}{(\omega^2-\omega_v^2)Q} & \omega \geqslant \omega_v \\ \pi-\arctan\dfrac{\omega\omega_v}{(\omega_v^2-\omega^2)Q} & \omega < \omega_v \end{cases} \tag{13.4.5}$$

式中　A_0、d_{31}——分别为压电陶瓷元件的电荷分布的面积（m²）和压电常数（C/N）；

E、μ——分别为振筒材料的弹性模量（Pa）、泊松比；

r——圆柱壳的中柱面半经（m）。

由式（13.4.3）和式（13.4.4）知：

（1）检测信号 q 与 Ω_x 成正比，与谐振子的振幅成正比。所以直接检测 q 便可以求得 Ω_x。为消除闭环系统激励能量变化引起的振幅变化对测量结果的影响，在实际解算中可以采用"波节处"振幅与"波腹处"振幅之比的方式确定 Ω_x。

（2）检测信号 q 与被测角速度的变化率 $\dot{\Omega}_x$（角加速度）有关，因此对于该类谐振式角速率传感器而言，在动态测量过程中，应考虑其测量误差。

13.4.2 半球谐振式角速率传感器

1. 结构组成

半球谐振式角速率传感器又称为半球谐振陀螺（HRG：Hemispherical Resonator Gyro）。图13.4.4给出了其结构示意图。

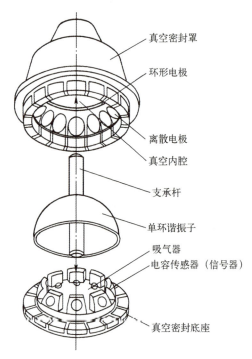

▼ 图 13.4.4 半球谐振陀螺的结构示意图

半球谐振陀螺的主要部件包括：真空密封底座，电容传感器（信号器），吸气器，半球谐振子、环形电极与路上电极、真空密封罩等。其中吸气器的作用是把真空壳体内的残余气体分子吸收掉。密封底座上装有连接内外导线的密封绝缘子；采用真空密封的目的是减小空气阻尼，提高 Q 值，使其工作时间常数提高。信号器有8个电容信号拾取元件，用来拾取并确定谐振子振荡图案的位置，给出壳体绕中心轴转过的角度，进而利用半球壳振型的进动特性确定壳体转过的角信息。半球谐振子是陀螺仪的核心部件；支悬于中心支撑杆上，而中心支撑杆两端由发力器和信号器牢固夹紧，以减小支承结构的有害耦合；此外要精修半球壳周边上的槽口，以使谐振子达到动平衡，使谐振子在各个方向具有等幅振荡，且对外界干扰不敏感。发力器包括环形电极构成的发力器,它产生方波电压以维持谐振子的振幅为常值,补充阻尼消耗的能量;还有16个离散电极,它们等距分布,控制着振荡图案,抑制住四波腹中不符合要求的振型(主要是正交振动)。为了提高谐振子的品质因数Q值,并使之对温度变化不敏感,谐振子、发力器、信号器均由熔凝石英制成,并用钢连接在一起;谐振子上镀有薄薄的铬,发力器、信号器表面镀金。

2. 工作原理

半球谐振陀螺的敏感元件是熔凝石英制成的开口半球壳,实现测量的机理基于轴对称壳体振型的进动特性。

半球壳不旋转时,其环线方向波数 n 的对数振型为

$$\left.\begin{array}{l} u=u(\varphi)\cos n\theta\cos\omega t \\ v=v(\varphi)\sin n\theta\cos\omega t \\ w=w(\varphi)\cos n\theta\cos\omega t \end{array}\right\} \quad (13.4.6)$$

式中　$u(\varphi)$、$v(\varphi)$、$w(\varphi)$——半球壳沿轴线方向的振型;

ω——相应的固有角频率(rad/s)。

当壳体如图13.4.5所示,以$\boldsymbol{\Omega}=\boldsymbol{\Omega}_x+\boldsymbol{\Omega}_{yz}$绕惯性空间旋转时,半球壳绕中心轴旋转时产生的哥氏效应使振型在环线方向发生位移(即振型的进动)是其实现角信息测量的机理,如图13.4.6所示,在旋转的空间,其振型可写为

$$\left.\begin{array}{l} u=u(\varphi)\cos n(\theta+\psi)\cos\omega t \\ v=v(\varphi)\sin n(\theta+\psi)\cos\omega t \\ w=w(\varphi)\cos n(\theta+\psi)\cos\omega t \end{array}\right\} \quad (13.4.7)$$

$$\psi=\int_{t_0}^{t}P\mathrm{d}t$$

式中　P——振型相对壳体的进动速度。

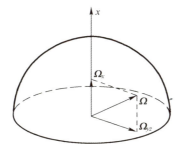

▶ 图13.4.5　壳体以$\boldsymbol{\Omega}=\boldsymbol{\Omega}_x+\boldsymbol{\Omega}_{yz}$绕惯性空间旋转示意图

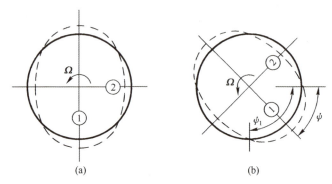

图 13.4.6 半球壳振型在环线方向进动示意图

式（13.4.7）表明：当壳体以 $\boldsymbol{\Omega}_x$ 绕中心轴转过 $\psi_1 = \int_{t_0}^{t} \boldsymbol{\Omega}_x \mathrm{d}t$ 角时，从壳体上看环线方向振型，则以速度 P 沿 $\boldsymbol{\Omega}_x$ 的反向转过 $\psi = \int_{t_0}^{t} P \mathrm{d}t$，且有

$$K = \frac{P}{\boldsymbol{\Omega}_x} = \frac{2\left\{\int_{\phi_0}^{\varphi_F}(n-\cos\varphi)\sin^2\varphi\tan^n\dfrac{\varphi}{2}\mathrm{d}\varphi - \sin^3\varphi_F\tan^n\dfrac{\varphi_F}{2}\right\}}{n\left[\int_{\varphi_0}^{\varphi_F}2\sin^2\varphi\tan^n\dfrac{\varphi}{2}\mathrm{d}\varphi - \sin\varphi_F(n+\cos\varphi_F)\tan^n\dfrac{\varphi_F}{2}\right]} \quad (13.4.8)$$

称 K 为半球壳的振型在环线方向的进动因子。

半球壳的振型在环线方向的进动特性只与壳体绕其中心轴的角速率 $\boldsymbol{\Omega}_x$ 有关，而与垂直分量 $\boldsymbol{\Omega}_{yz}$ 无关。这表明，由半球壳的上述特性构成的角信息传感器不存在交叉轴影响引起的误差。

由式（13.4.8）计算结果知，当 $n=2, 3, 4$，进动因子 K 分别约为 0.3，0.08，0.03，显然 $n=2$ 的四波腹振动的振型进动效应最显著。又由半球壳的振动特性知，$n=2$ 的固有频率最低，即它最容易谐振，故在实用中应选 $n=2$ 的振动模态。

表 13.4.1 列出了由式（13.4.8）计算得到的 K 值随 φ_0 和 φ_F 的变化规律 ($n=2$)。

表 13.4.1 K 值随 φ_0 和 φ_F 的变化规律 ($n=2$)

$\varphi_F/(°)$	$\varphi_0/(°)$		
	0	5	10
84	0.31081	0.31084	0.31183
87	0.30697	0.30709	0.30793
90	0.29782	0.29794	0.29872

3. 闭环系统实现

由半球谐振陀螺的测量原理可知，要构成半球谐振陀螺的闭环系统，首要的是使半球谐振子在环向处于等幅的"自由谐振"状态。而实际中，谐振子振动时总存在着阻尼，要使其持续不断地振动，外界必须不断地对其补充能量，当激励力等效地作用于谐振子振型的"瞬时"波腹上，且能量补充与振动合拍，就可以实现上面所说的谐振子的"自由谐振"。当然，这不是典型物理意义下的自由谐振，这里称之为"准自由谐振状态"。

依上面讨论，可给出如图 13.4.7 所示的半球谐振陀螺闭环系统原理图。图中 C_1 和 S_1 为检测谐振子振型的位移传感器，增益均为 G_d；C_2 和 S_2 为作用于谐振子上的激励源，对谐振子产生的同频率激励力的等效增益均为 G_f；设谐振子是均匀对称的，在环向的各个方向具有相等的振幅，回路放大环节为 K_C 和 K_S，具有相等的幅值增益 G_k；C_1 和 C_2 位于壳体环向的同一点 θ_C；S_1 和 S_2 位于谐振子环向的同一点 θ_S；θ_C 和 θ_S 在环向相差 1/4 波数。即

$$\theta_S - \theta_C = \frac{\pi}{2n} \tag{13.4.9}$$

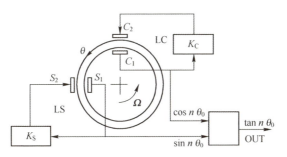

图 13.4.7　半球谐振陀螺闭环系统原理图

处于自激状态的谐振子，其环向波数为 n 的法线方向的振型为

$$w(\theta,t) = W_0 \cos n(\theta - \theta_0) \cos \omega t \tag{13.4.10}$$

依上述假设，C_1 和 S_1 检测到的位移为

$$\left.\begin{aligned} x_C(t) &= G_d W_0 \cos(\theta_C - \theta_0)\cos\omega t \\ x_S(t) &= G_d W_0 \cos(\theta_S - \theta_0)\cos\omega t \end{aligned}\right\} \tag{13.4.11}$$

信号 $x_C(t)$ 和 $x_S(t)$ 经放大环节 $\overline{K}_C$ 和 $\overline{K}_S$ 送到激励源 C_2 和 S_2 产生的激励力分别为

$$\left.\begin{aligned} F_C(t) &= G_K G_f x_C(t) \delta(\theta - \theta_C) \\ F_S(t) &= G_K G_f x_S(t) \delta(\theta - \theta_S) \end{aligned}\right\} \tag{13.4.12}$$

依叠加原理，在 $F_C(t)$ 和 $F_S(t)$ 作用下，谐振子产生的振型正比于
$$\overline{w}(\theta,t) = G\{[\cos^2 n(\theta_C-\theta_0)+\cos^2 n(\theta_S-\theta_0)]\cos n(\theta-\theta_0) + \\ \sin n(\theta_S+\theta_C-2\theta_0)\cos n(\theta_S-\theta_0)\sin n(\theta_C-\theta_0)\}\cos\omega t \quad (13.4.13)$$
$$G = G_K G_f G_d W_0$$

将式（13.4.9）带入式（13.4.13）有
$$\overline{w}(\theta,t) = G\cos(\theta-\theta_0)\cos\omega t \quad (13.4.14)$$

于是在上述闭环控制下，系统可跟踪谐振子原有振型 $\cos(\theta-\theta_0)$，即可实现谐振子的"准自由谐振状态"。

对于图 13.4.7 所示的闭环系统，不失一般性，取 $\theta_C=0$，$\theta_S=\dfrac{\pi}{2n}$，下面考虑两个不同的振动状态。

状态 I：环向振型为 $\cos n(\theta-\theta_0)\left(\dfrac{\pi}{2}\geqslant n\theta_0\geqslant 0\right)$。由于壳体处于"准自由谐振状态"，因此当谐振子绕惯性空间转过 ψ_1 角时，环向振型相对于谐振子转了 ψ 角，记为状态 II，环向振型为 $\cos n(\theta-\theta_0-\psi)$（设 $\dfrac{\pi}{2}\geqslant n(\theta_0+\psi)\geqslant 0$，否则可利用三角函数的性质和逻辑比较进行变换）。

对于状态 I，由 C_1 和 S_1 检测到的信号为
$$\left.\begin{array}{l} x_C(t) = G_d W_0 \cos n\theta_0 \cos\omega t = D_C \cos\omega t \\ x_S(t) = G_d W_0 \cos n\left(\dfrac{\pi}{2n}-\theta_0\right)\cos\omega t = D_S \cos\omega t \end{array}\right\} \quad (13.4.15)$$

式中 D_C 和 D_S——分别为信号 $x_C(t)$，$x_S(t)$ 的幅值。

由式（13.4.15）知，将 C_1，S_1 检测到的信号送到逻辑比较器和除法器可得
$$\left.\begin{array}{l} \tan n\theta_0 = \dfrac{D_S}{D_C} \quad D_S\leqslant D_C \\ \cot n\theta_0 = \dfrac{D_C}{D_S} \quad D_S > D_C \end{array}\right\} \quad (13.4.16)$$

从而通过检测 $x_C(t)$ 和 $x_S(t)$ 信号的幅值比可以求出 $n\theta_0$，于是确定了状态 I 的环向位置 θ_0，类似地可以确定状态 II 在环向的位置 $\theta_0+\psi$。这样便可以确定状态 II 对状态 I 产生的环向振型的角位移 ψ。由振动相对谐振子的进动规律知：壳体（谐振子）绕惯性空间转过的角位移 $\psi_1=\dfrac{\psi}{K}$，所以通过闭环系统

(见图 13.4.7) 实现了测角，对 ψ_1 微分便可以实现角速度的测量。

图 13.4.7 所示的闭环系统是利用两个独立信号器和两个独立的激励源实现的。实际中，一方面为了提高测量精度，可配置多个信号器来拾取振动信号；另一方面为使谐振子处于理想振动状态，仅出现所需要环向波数 n 的振型，可配置多个激励源，如对于常用 $n=2$ 的四波腹振动，可配置 8 个独立信号器，16 个独立激励源。

4. 信号解算

图 13.4.8 给出了检测两路同频率周期信号幅值比的原理图。设计思想：首先对 $x_C(t)$ 和 $x_S(t)$ 进行整流，产生经整流后的半波正弦脉冲串；将这些脉冲串分别供给积分器，并保持积分器接近平衡，在给定的计算机采样周期结束时，幅值较大的脉冲数量与幅值较小的脉冲数量之比，可粗略看成信号幅值之比；同时，积分器在采样周期结束时的失衡信息提供了精确计算所需的附加信息。

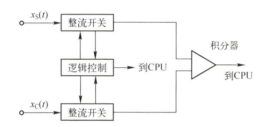

图 13.4.8 半球谐振陀螺信号检测系统原理结构图

对应 θ_S 检测到的信号 $x_S(t)$ 经全波整流后被送入积分器，见图 13.4.9（a）。假定积分从 $t=0$ 时刻开始，该时刻波形正好过零点，在时刻 t_1 积分结束，其中完整半波的个数为 N_S，最后不足一个半波的时间小间隔为 $M_S = t_1 - \dfrac{T}{2} N_S$，于是积分值为

$$A_S = \frac{1}{\tau}\int_0^{t_1} |x_S(t)| dt = \frac{1}{\tau}\left[D_S N_S \int_0^{\frac{T}{2}} \sin\omega t\, dt + D_S \int_0^{M_S} \sin\omega t\, dt\right]$$

$$= \frac{2D_S}{\pi\tau}\left(\frac{T}{2}N_S + B(T, M_S)\right) \tag{13.4.17}$$

其中
$$B(T, M_S) = \frac{T}{4}\left(1 - \cos\frac{2\pi M_S}{T}\right) \tag{13.4.18}$$

式中 τ——积分器的时间常数（s）；
T——信号的周期（s）。

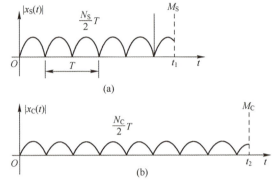

图 13.4.9　整形后信号示意图
(a) $x_S(t)$；(b) $x_C(t)$。

由式（13.4.17）知，积分值 A_S 主要与前 N_S 个半波的时间有关，另一项 $B(T,M_S)$ 小量正是前面指出的失衡时的附加信息。在实际计算中，由于振动信号的周期 T 是个确定的常量，$B(T,M_S)$ 可以通过分段插值获得，即给定一个 M_S，可"查出"一个对应的 $B(T,M_S)$ 值。

类似地可以给出 $x_C(t)$ 经整形、积分后的值（参见图 13.4.9（b））为

$$A_C = \frac{2D_C}{\pi\tau}\left[\frac{T}{2}N_C + B(T,M_C)\right] \qquad (13.4.19)$$

由式（13.4.17）和式（13.4.19）得

$$\frac{D_S}{D_C} = \frac{A_S\left[\dfrac{T}{2}N_C + B(T,M_S)\right]}{A_C\left[\dfrac{T}{2}N_S + B(T,M_C)\right]} \qquad (13.4.20)$$

式（13.4.20）是图 13.4.8 检测两周期信号幅值比方案的数学模型。只要测出 A_S、A_C、N_S、N_C、M_S、M_C、T 七个参数就可以得到两路信号的幅值比。其中 A_S 和 A_C 通过 A/D 转换得到数字量，另外五个本身就是数字量，所以通过对数字量的测量，就可以得到幅值比的测量值。

该方案的优点是：把幅值的测量间接转换成时间间隔的测量和两个直流电信号的 A/D 转换，便可以获得高精度；其次由上面的理论分析知，该方法不必要求两路信号精确同相位；对于某些非严格正弦波、相位误差、随机干

扰具有一定的抑制性，再就是可进行连续测量，实时性好。

应当指出，在设计硬件和软件时，还应考虑以下几个实际问题：

（1）两路信号幅值大小的比较。

为的是在测量解算 ψ 角时提高精度，已由式（13.4.16）反映出来。

（2）2ψ 角的象限问题。

可通过判断 $x_S(t)$、$x_C(t)$ 是同相，还是反相以及 $x_S(t)$、$x_C(t)$ 上一次采样的状态来定。

（3）接近 $0°$、$45°\left(0, \dfrac{\pi}{4}\right)$ 等附近的信号处理问题。

这时信号幅值小的一路可能积很长时间也难达到预定参数值。为了保证系统的实时性和精度，可采用软件定时中断的技术，规定某一时间到达后，不再等待强行发出复位信号；然后利用上一次的采样信息和本次的采样信息进行解算。为提高动态解算品质，积分预定值与软件定时器时间参数值均采用动态确定法，即每一个测量周期内，这两个参数都可以根据信号的实际变化情况而被赋予 CPU。

（4）测量零位误差问题。

可采用数字自校零技术，在发出测量时间控制信号以前，安插一校零阶段，检测出积分器模拟输出偏差电压；进入测量阶段后，用该误差电压去补偿正在发生影响的误差因素，使最终结果中不再包含零点偏差值。

13.4.3　硅电容式表面微机械陀螺

图 13.4.10 为一种结构对称并具有解耦特性的表面微机械陀螺的结构示意图。该敏感结构在其最外边的四个角设置了支承"锚"，并且通过梁将驱动电极和敏感电极有机地连接在一起。由于两个振动模态的固有振动相互不影响，故上述连接方式避免了机械耦合。此外，与常规的直接支承在"锚"上的实现方式不同，它利用一种对称结构将敏感质量块支承在连接梁上，通过支承梁与驱动电极和敏感电极连接在一起。

微机械陀螺的工作机理基于科氏效应。工作时，在敏感质量块上施加一直流偏置电压，在活动叉指和固定叉指间施加一适当的交流激励电压，从而使敏感质量块产生沿 y 轴方向的固有振动。当陀螺感受到绕 z 轴的角速度时，由于科氏效应，敏感质量块将产生沿 x 轴的附加振动。通过测量上述附加振动的幅值就可以得到被测的角速度。

通常微机械陀螺的驱动模态和检测模态是相互耦合的。由于采用了相互解耦的弹性系统的设计思路,该结构在很大程度上解决了上述问题。因该设计仍然保持了整体结构的对称性,故该微机械陀螺的灵敏度仍然较高。

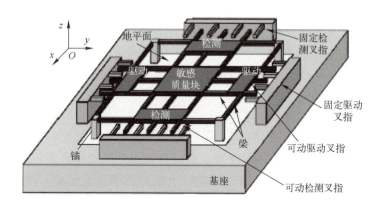

图 13.4.10　表面微机械陀螺的几何结构示意图

注：所设计的整体结构具有对称性,驱动模态与检测模态相互解耦结构在 x 和 y 轴具有相同的谐振频率。

图 13.4.11 为制造的微机械陀螺的 SEM 图,其平面外轮廓的结构参数为 $1mm^2$,厚度为 $2\mu m$。由于结构非常薄,驱动电极和检测电极的电容量约为 6.5fF,这在一定程度上限制了其性能；但由于整体结构具有对称性,因此其性能仍然比较理想。

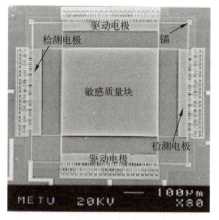

图 13.4.11　微机械陀螺的 SEM 图

注：平面结构参数为 $1\times 1(mm^2)$

理论研究与实测结果表明，若采取一些措施，减小寄生电容，增大膜片结构厚度，将整体敏感结构置于真空中，能够显著提高陀螺的性能。

13.4.4 输出频率的硅微机械陀螺

图 13.4.12 为一种具有直接频率量输出能力的谐振陀螺的工作原理图。中心质量块沿着 x 方向作简谐振动。当有绕 z 方向角速度时，x 方向上的简谐振动将感受 Goriolis 加速度，产生 y 方向的惯性力。该惯性力通过外框间和杠杆机构将此惯性力施加于两侧的谐振音叉的轴向，从而改变谐振音叉 1 和 2 的谐振频率。谐振音叉 1 和 2 的谐振频率改变量就反映了角速度的大小。

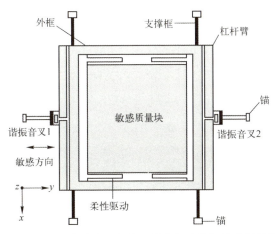

▶ 图 13.4.12 具有直接输出频率量的谐振式微机械陀螺结构示意图

需要指出的是，由于加载于谐振音叉 1 和 2 上的惯性力是由作用于中心质量块沿 x 方向的简谐振动引起的，这个惯性力是一个与上述简谐振动频率相同的简谐力。这与一般的以音叉作为谐振敏感元件实现测量的传感器差别很大。音叉自身的谐振状态处于调制状态。其调制频率就是上述中心质量块沿着 x 方向简谐振动的频率。为了准确解算出音叉的谐振频率，保证该谐振陀螺的正常工作，这就要求音叉的谐振频率应远高于上述简谐振动的频率。此外，谐振音叉 1 与 2 构成了差动工作模式，有利于提高灵敏度和抗干扰能力。

13.5 振动传感器

振动传感器用来测量包括振动位移（振幅）、振动速度、振动加速度和振动频率等参数。

13.5.1 振动位移（振幅）传感器

利用图 13.2.1 所示惯性系统测量振动位移的传感器在结构形式上和加速度传感器是完全一样的，但参数的选取却大不相同。当输入量为传感器基座的位移（即振动体的振动位移）时，从式（13.2.9）和式（13.2.7）可得振动位移幅频特性和相频特性

$$A_x(\omega) = \left| \frac{Y_m}{X_m} \right| = \frac{\left(\frac{\omega}{\omega_n} \right)^2}{\sqrt{\left[1 - \left(\frac{\omega}{\omega_n} \right)^2\right]^2 + \left(2\zeta \frac{\omega}{\omega_n}\right)^2}} \quad (13.5.1)$$

$$\varphi_x(\omega) = \begin{cases} -\arctan \dfrac{2\zeta \dfrac{\omega}{\omega_n}}{1 - \left(\dfrac{\omega}{\omega_n} \right)^2} + \pi & \omega \leqslant \omega_n \\ -\pi + \arctan \dfrac{2\zeta \dfrac{\omega}{\omega_n}}{\left(\dfrac{\omega}{\omega_n} \right)^2 - 1} + \pi = \arctan \dfrac{2\zeta \dfrac{\omega}{\omega_n}}{\left(\dfrac{\omega}{\omega_n} \right)^2 - 1} & \omega > \omega_n \end{cases} \quad (13.5.2)$$

式（13.5.2）相频特性 $\varphi_x(\omega)$ 中的 $+\pi$ 项的意义：质量块相对于基座的位移与基座相对于惯性空间的位移在方向上是相反的。幅频特性 $A_x(\omega)$ 和相频特性 $\varphi_x(\omega)$ 的曲线如图 13.5.1（a）所示。

为了正确反映被测振幅，质量块相对于基座的振幅 Y_m 与基座相对惯性空间的振幅 X_m 应完全相等，即质量块相对于惯性空间应该是完全静止的。但实际上质量块相对于基座的运动与理想情况是有差异的，其幅值误差和相位误差分别为

$$\Delta A_x(\omega) = \frac{\left(\dfrac{\omega}{\omega_n}\right)^2}{\sqrt{\left[1-\left(\dfrac{\omega}{\omega_n}\right)^2\right]^2 + \left(2\zeta\dfrac{\omega}{\omega_n}\right)^2}} - 1 \qquad (13.5.3)$$

$$\Delta\varphi_x(\omega) = \begin{cases} -\arctan\dfrac{2\zeta\dfrac{\omega}{\omega_n}}{1-\left(\dfrac{\omega}{\omega_n}\right)^2} & \omega \leqslant \omega_n \\ -\pi + \arctan\dfrac{2\zeta\dfrac{\omega}{\omega_n}}{\left(\dfrac{\omega}{\omega_n}\right)^2 - 1} & \omega > \omega_n \end{cases} \qquad (13.5.4)$$

图 13.5.1（b）所示为测量振幅时各向量的相位关系。

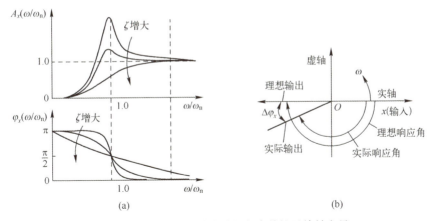

图 13.5.1 测量振动位移的频率特性及旋转向量

从式（13.5.1）和式（13.5.3）可知，只有当 $\omega/\omega_n \gg 1$ 时，相对幅值 $A_x(\omega)$ 才接近于 1，误差 $|\Delta A_x(\omega)|$ 才很小。也就是说，只有当质量 m 较大即惯性大，弹簧刚度 k 较小即弹簧较软，振动角频率 ω 足够高，质量块来不及跟随振动体一起振动，以致相对于惯性空间接近于静止状态时，质量块相对于基座的位移 y 才近似等于振动体的振幅 X_m。由于弹簧软，振动能量几乎全部被它吸收而产生伸缩变形，伸缩量接近等于振动体的振幅。这就是二阶惯性系统用于测量振幅与测量加速度时在参数选取方面的根本差别。

同样，利用不同的位移传感器作为变换元件，把质量块相对于基座的位移转换成电量,就可构成不同的振动位移传感器。

图 13.5.2 是利用霍耳式传感器测量振动位移的原理示意图。霍耳元件固定在非导磁材料制成的平板上,平板与顶杆紧固在一起,顶杆通过触头与被测振动体接触,随其一起振动。一对永久磁铁用来形成线性磁场。振动体通过触头、顶杆带动霍耳元件在线性磁场中往返运动,因此霍耳电势就反映出振动体的振幅和振动角频率。

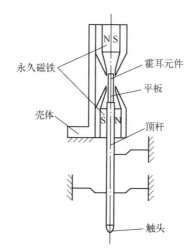

图 13.5.2 利用霍耳式传感器测量振动的原理

图 13.5.3 是利用电涡流式传感器测量振动和振型图的原理。图 13.5.3(a) 是利用沿轴的轴向并排放置的几个电涡流传感器,分别测量轴各处的振动位移,从而测出轴的振型。图 13.5.3(b) 是测量涡轮叶片的示意图,叶片振动时周期性地改变其与电涡流传感器之间的距离,因而电涡流传感器就输出幅值与叶片振幅成比例、输出频率与叶片振动频率相同的电压。

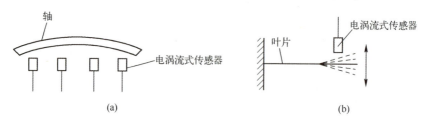

图 13.5.3 利用电涡流传感器测量振动的原理
(a) 测量轴的振型;(b) 测量涡轮叶片振幅。

13.5.2 振动速度测量

振动速度可通过对振动位移传感器的输出信号进行微分，或对振动加速度传感器的输出信号进行积分来测量，也可通过磁电感应式传感器和激光多普勒效应来测量。这里主要介绍一种常用的质量-弹簧-阻尼系磁电感应式振动速度传感器。

磁电感应式振动速度传感器（有时称为电动式传感器）分为动圈式和动铁式两种类型，但其作用原理完全相同，都是基于线圈在恒定磁场中运动切割磁力线而在其上产生出与它和磁场之间的相对运动速度成正比的感应电势 e 来测量运动速度。参见 13.1.3 节。

图 13.5.4（a）是飞机上用于监测发动机振动的一种动圈式振动速度传感器的实际结构。它的线圈组件由不锈钢骨架和由高强度漆包线绕制成的两个螺管线圈组成，两个线圈按感应电势的极性反相串联，线圈骨架与传感器壳体固定在一起。磁钢用上、下两个软弹簧支承，装在不锈钢制成的套筒内，套筒装于线圈骨架内腔中并与壳体相固定。线圈骨架和磁钢套筒都起电磁阻尼作用。传感器壳体用磁性材料铬钢制成，它既是磁路的一部分，又起磁屏蔽作用。永久磁铁的磁力线从一端出来，穿过工作气隙、磁钢套筒、线圈骨架和螺管线圈，再经由传感器壳体回到磁铁的另一端，构成一个完整的闭合回路。这样组成一个质量-弹簧-阻尼系统。线圈和传感器壳体随被测振动体一起振动时，如果振动频率 f 远高于传感器的固有频率 f_n，永久磁铁相对于惯性空间接近于静止不动，因此它与壳体之间的相对运动速度就近似等于振动体的振动速度。在振动过程中，线圈在恒定磁场中往返运动，就在其上产生与振动速度成正比的感应电势 e。

图 13.5.4（b）是一种地面上用的动铁式振动速度传感器。磁铁与传感器壳体固定在一起。芯轴穿过磁铁中心孔，并由上下两片柔软的圆形弹簧片支承在壳体上。芯轴一端固定着一个线圈，另一端固定着一个圆筒形铜杯（阻尼杯）。线圈组件、阻尼杯和芯轴构成活动质量 m。当振动频率远高于传感器的固有频率时，线圈组件接近于静止状态，而磁铁随振动体一起振动，从而在线圈上感应出与振动速度成正比的电势。

磁电感应式传感器的基本型式是速度传感器，但配以积分电路就可测量振动位移，而配以微分电路又可测量振动加速度。由于这种传感器不需要另设参考基准，因此特别适用于运动体，如飞机、车辆等的振动测量。

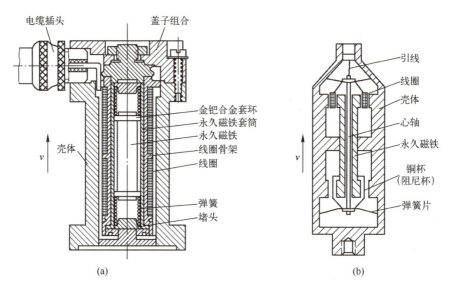

图 13.5.4 动铁式振动速度传感器和动圈式振动速度传感器
（a）动圈式；（b）动铁式。

激光测量振动速度的原理与 13.1.4 节介绍的激光测速是相同的。利用激光测量振动的优点是不需要固定参考系，无接触，不需要在振动体上附加任何其他部件，故不影响振动体本身的振动状态，因而测量精度高，测量频率范围宽，凡是激光能照到的地方都可进行测量，而且使用方便；缺点是易受其他杂散光的影响。

13.5.3 振动传感器的组成

在振动过程中，振动位移、振动速度和振动加速度总是同时存在的，而且它们之间互为微分和积分关系，因此只要测得其中的一个参数所对应的输出信号，就可通过微分或积分电路而得到对应于其余两个参数的信号，故在一般测振系统中大都包括有积分和微分环节。为了抑制与被测振动体主振频率无关的其他高频振动，系统一般均设有低通滤波器。图 13.5.5 所示为简单测振系统的框图。很显然，这种简单系统不能够满足复杂振动（诸如随机振动、冲击等）和多功能测试要求。因此，根据实际需要，测振系统的结构也是多种多样的。

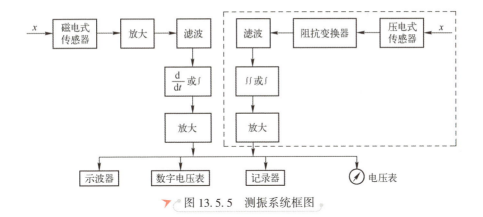

图 13.5.5 测振系统框图

第14章

温度传感器

14.1 概　述

14.1.1 温度的概念

自然界中几乎所有的物理化学过程都与温度密切相关。工业自动化系统的实际工作过程离不开对温度的实时精准测量。温度测量的目的分为两类：一是系统运行过程与温度密切相关，需要实时的温度测量值；二是环境温度的变化会对传感器产生较大影响，需要掌握温度影响传感器测量过程的规律，在此基础上，通过测量温度，对传感器由于温度变化带来的误差进行补偿。可见，温度的测量非常重要。

温度是表征物体冷、热程度的物理量，反映了物体内部分子运动的平均动能。温度高，分子运动剧烈，动能大；温度低，分子运动缓慢，动能小。温度的概念以热平衡为基础。两个温度不同的物体相互接触，会发生热交换现象，热量由温度高、热程度高的物体向温度低、热程度低的物体传递，直至它们温度相等、冷热程度一致，处于热平衡状态。

温度是一个内涵量。两个温度不能相加，只能进行相等或不相等的比较。

14.1.2 温标

目前主要有摄氏温标，单位为"℃"；华氏温标，单位为"℉"；热力学温标,单位为"K"(开尔文);国际实用温标。国际实用温标与热力学温标非常接近,其温度复现性好,便于国际上温度量值的传递。摄氏温度与华氏温度、热力学温度的关系分别为

$$F = 1.8t + 32 \qquad (14.1.1)$$
$$T = t + 273.15 \qquad (14.1.2)$$

14.1.3 测温方法与测温仪器的分类

温度的测量通常是利用一些材料或元件的特性随温度变化的规律。例如材料的弹性、电阻、热电动势、热膨胀率、介电系数、导磁率、光学特性,石英晶体的频率特性等。

温度测量分为接触式和非接触式两大类。接触式的特点是感温元件直接与被测对象相接触,两者之间进行充分的热交换,达到热平衡。这时,感温元件的某一物理参数的量值就代表了被测对象的温度值。接触式测温的主要优点是直观可靠;缺点是被测温度场的分布易受感温元件的影响,接触不良时会带来测量误差。此外,温度太高和腐蚀性介质对感温元件的性能和寿命会产生不利影响等。非接触式测温的特点是感温元件不与被测对象相接触,而是通过辐射进行热交换,避免了接触式测温法的缺点,具有较高的测温上限。非接触式测温法的热惯性小,故便于测量运动物体的温度和快速变化的温度。

接触式温度传感器主要有电阻式温度传感器(包括金属热电阻温度传感器和半导体热敏电阻温度传感器)、热电式温度传感器(包括热电偶和半导体温度传感器)以及其他原理的温度传感器。非接触式温度传感器有辐射式温度传感器、亮度式温度传感器和比色式温度传感器。

按照温度测量范围,可分为超低温、低温、中高温和超高温温度测量。超低温一般是指 0~10K,低温指 10~800K,中温指 500~1600℃,高温指 1600~2500℃,2500℃以上被认为是超高温。

对于超低温测量,现有方法都只能用于个别区间,其主要困难在于温度传感器与被测对象热接触的实现和温度传感器的刻度方法。低温测量、超低温测量的特殊问题是感温元件对被测温度场的影响,故不宜用热容量大的感温元件来测量低温。

在中高温测量中,要注意防止有害介质的化学作用和热辐射对感温元件的影响,为此要用耐火材料制成的外套对感温元件加以保护。测量低于1300℃的温度一般可用陶瓷外套;测量更高温度时用难熔材料(如刚玉、铝、

钍或铍氧化物）外套，并充以惰性气体。

对于超高温测量，物质处于等离子状态，不同粒子的能量对应的温度值不同，而且相差较大，变化规律各异。应根据不同情况利用特殊的亮度法和比色法来实现。

14.2 热电阻温度传感器

14.2.1 平衡电桥电路

图 14.2.1 为平衡电桥电路原理示意图，常值电阻 $R_1 = R_2 = R_3 = R_0$。热电阻 R_t 的初始电阻值（即测温的下限值 t_0）为 R_0；当温度变化时，R_t 的阻值随温度变化，调节线性电位器 R_W 的电刷位置 x，就可以使电桥电路处于平衡状态。

该电路的特点是：慢速测量、抗扰性强、电桥工作电压对测量的影响很小。

对于图 14.2.1（a）所示的电路，有

$$R_t = R_0 + R_x = R_0 + \frac{R_P}{L}x \tag{14.2.1}$$

式中　L、R_P——分别为电位器的有效长度（m）和总电阻值（Ω）。

若 R_t 为如式（4.1.1）的金属热电阻，则有

$$t = t_0 + \frac{R_P}{\alpha R_0 L}x \tag{14.2.2}$$

对于图 14.2.1（b）所示的电路，考虑到热电阻 R_t 为初始电阻值 R_0 时，电桥电路处于平衡状态，则这时电刷应在电位器的正中间。当温度变化时，R_t 的阻值随温度变化，有

$$\frac{R_0[1+\alpha(t-t_0)]}{R_0} = \frac{R_0 + \left(\frac{1}{2}+\frac{x}{L}\right)R_P}{R_0 + \left(\frac{1}{2}-\frac{x}{L}\right)R_P} \tag{14.2.3}$$

即

$$t = t_0 + \frac{4R_P}{\alpha[2R_0L+(L-2x)R_P]}x \tag{14.2.4}$$

假设常值电阻值 R_0 远大于电位器的总电阻值 R_P，即 $2R_0L \gg (L-2x)R_P$，

则有

$$t = t_0 + \frac{2R_P}{\alpha R_0 L} x \qquad (14.2.5)$$

对比式（14.2.2）与式（14.2.5），采用图 14.2.1（b）所示电路的测量灵敏度是采用图 14.2.1（a）所示电路的测量灵敏度的两倍。

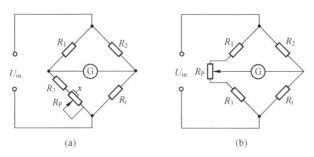

图 14.2.1　平衡电桥电路原理示意图

由式（14.2.4）与式（14.2.5）可知，式（14.2.5）表述的电位器电刷位移与温度之间的关系，由非线性引起的相对误差为

$$\xi_L = \frac{t_0 + \frac{4R_P}{\alpha[2R_0L+(L-2x)R_P]}x - \left(t_0 + \frac{2R_P}{\alpha R_0 L}x\right)}{t_0 + \frac{2R_P}{\alpha R_0 L}x} \approx \frac{-(L-2x)R_P^2 x}{R_0 L(\alpha R_0 L t_0 + 2R_P x)} \qquad (14.2.6)$$

基于图 14.2.1（b）的电路工作方式，结合式（14.2.5）可知，电位器的电刷位移 $x \geq 0$；考虑到电刷从电位器的中心点开始工作，即电位器只利用了一半的有效工作行程。为了提高电位器的工作效能，可以考虑采取如下措施。

取常值电阻 $R_1 = R_0 - R_P$，常值电阻 $R_2 = R_3 = R_0$；测温下限值 t_0 时，热电阻 R_t 的初始电阻值为 R_0，电桥电路处于平衡状态，这时电刷在电位器最靠近 R_3（图中的最下端）的端点处。当温度变化时，R_t 的阻值随温度变化，有

$$\frac{R_0[1+\alpha(t-t_0)]}{R_0} = \frac{R_0 + \frac{x}{L}R_P}{R_0 - R_P + (1-x/L)R_P} \qquad (14.2.7)$$

即

$$t = t_0 + \frac{2R_P x}{\alpha(R_0 L - R_P x)} \qquad (14.2.8)$$

为了充分利用电位器的有效资源，正如测温的下限值 $t_0 = t_{\min}$ 对应着电刷在电位器最靠近 R_3（图中的最下端）的端点处；则当温度为测温的上限值 $t_{\max}$ 时，应该对应着电刷在电位器最靠近 R_1（图中的最上端）的端点处。即有

$$t_{\max} = t_{\min} + \frac{2R_P}{\alpha(R_0 - R_P)} \tag{14.2.9}$$

由式（14.2.9）可以解算出电位器的总电阻值

$$R_P = \frac{\alpha(t_{\max} - t_{\min})R_0}{2 + \alpha(t_{\max} - t_{\min})} = \frac{\alpha t_{FS} R_0}{2 + \alpha t_{FS}} \tag{14.2.10}$$

式中 t_{FS}——所测温度的量程，$t_{FS} = t_{\max} - t_{\min}$。

利用式（14.2.8）~式（14.2.10），取 $x = 0.5L$，即电位器的电刷处于正中间位置时

$$t(x = 0.5L) = t_{\min} + \frac{2 \dfrac{\alpha t_{FS} R_0}{2 + \alpha t_{FS}} \cdot \dfrac{L}{2}}{\alpha \left(R_0 L - \dfrac{\alpha t_{FS} R_0}{2 + \alpha t_{FS}} \cdot \dfrac{L}{2}\right)} = t_{\min} + \frac{2(t_{\max} - t_{\min})}{4 + \alpha(t_{\max} - t_{\min})} \tag{14.2.11}$$

考虑到 $\alpha(t_{\max} - t_{\min}) \geq 0$，则有

$$t_{\min} + \frac{2(t_{\max} - t_{\min})}{4 + \alpha(t_{\max} - t_{\min})} \leq t_{\min} + \frac{t_{\max} - t_{\min}}{2} = \frac{t_{\max} + t_{\min}}{2}$$

即

$$t(x = 0.5L) \leq 0.5(t_{\max} + t_{\min}) \tag{14.2.12}$$

因此，由于非线性的影响，电位器的电刷处于中间位置时，被测温度不是测量范围的正中间值，而是要稍微低一点；而当被测温度为测量范围的正中间值 $0.5(t_{\max} + t_{\min})$ 时，电刷已过了电位器的中心点，处于中心点偏上一点的位置。

14.2.2 不平衡电桥电路

图 14.2.2 为不平衡电桥电路原理示意图，常值电阻 $R_1 = R_2 = R_3 = R_0$；初始温度 t_0 时，热电阻 R_t 的阻值为 R_0，电桥电路平衡，输出电压为零。当温度变化，热电阻 R_t 的阻值发生变化，$R_t \neq R_0$，电桥电路不平衡，输出电压为

$$U_{out} = \frac{\Delta R_t}{2(2R_0 + \Delta R_t)} U_{in} \tag{14.2.13}$$

式中 U_{in}、U_{out}——分别为电桥的工作电压（V）和输出电压（V）；

ΔR_t——热电阻的变化量（Ω）。

该电路的特点：快速、小范围线性、受电桥工作电压的干扰。

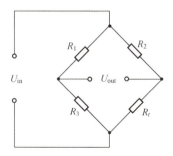

图 14.2.2　不平衡电桥电路原理示意图

14.2.3　自动平衡电桥电路

图 14.2.3 为自动平衡电桥电路原理示意图，R_t 为热电阻，R_2、R_3、R_4 为常值电阻，R_L 为连线调整电阻，R_W 为总阻值是 R_P 的电位器；A 为差分放大器，SM 为伺服电机。电桥电路始终处于自动平衡状态。当被测温度变化时，差分放大器 A 的输出不为零，使伺服电机 SM 带动电位器 R_W 的电刷移动，直到电桥电路重新自动处于平衡状态。

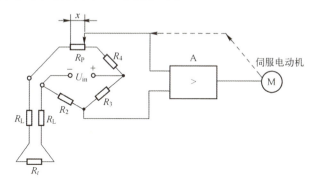

图 14.2.3　自动平衡电桥电路原理示意图

取常值电阻 $R_2=R_3=R_0$，$R_4=R_0+R_P+2R_L$；测温下限值 t_0 时，热电阻 R_t 的初始电阻值为 R_0，电桥电路处于平衡状态，则这时电刷应在电位器最靠近 R_3（图中的最下端）的端点处。当温度变化，R_t 的阻值随温度变化，电桥电路自动平衡时，满足

$$R_0[1+\alpha(t-t_0)]+2R_L+\left(1-\frac{x}{L}\right)R_P=R_4+\frac{x}{L}R_P=R_0+2R_L+R_P+\frac{x}{L}R_P \quad (14.2.14)$$

即

$$t = t_0 + \frac{2R_P x}{\alpha R_0 L} \qquad (14.2.15)$$

该电路的特点：引入负反馈，具有快速测量、线性范围大、抗干扰能力强等优点；但相对复杂、成本较高。

14.3 热 电 偶

热电偶（thermocouple）在温度测量中应用广泛，具有结构简单、使用方便、精度较高和温度测量范围宽等优点。常用的热电偶可测温度范围为 $-50 \sim 1600\,℃$；配用特殊材料，温度范围可扩大为 $-180 \sim 2800\,℃$。

14.3.1 热电效应

热电偶的工作基于两个热电效应：接触热电效应和温差热电效应。

1. 接触热电效应

当 A，B 两种导电特性不同的导体紧密连接在一起，如图 14.3.1 所示，若导体 A 的自由电子浓度大于导体 B 的自由电子浓度，则由导体 A 扩散到导体 B 的电子数要比由导体 B 扩散到导体 A 的电子数多，导体 A 因失去电子而带正电，导体 B 因得到电子而带负电，于是在接触处形成电位差，称为接触热电势。该电势阻碍电子进一步扩散；当电子扩散能力与电场阻力平衡时，接触热电势达到一个稳态值。接触热电势与两导体材料的性质和接触点的绝对温度 T 有关，其数量级约为 $0.001 \sim 0.01\,\mathrm{V}$，可描述为

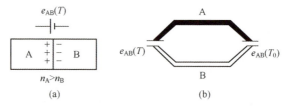

图 14.3.1 接触热电势

$$e_{AB}(T) = \frac{kT}{e} \ln \frac{n_A(T)}{n_B(T)} \qquad (14.3.1)$$

式中　k——玻尔兹曼常数，$k = 1.381 \times 10^{-23}\,\mathrm{J/K}$；

　　　e——电子电荷量，$e = 1.602 \times 10^{-19}\,\mathrm{C}$；

$n_A(T)$、$n_B(T)$——分别为材料 A、B 在温度 T（℃）时的自由电子浓度。

2. 温差热电效应

对于如图 14.3.2 所示的单一均质导体 A，当其一端温度为 T，另一端温度为 $T_0(T>T_0)$，温度较高的一端（T 端）的电子能量高于温度较低的一端（T_0 端）的电子能量，产生电子扩散，形成温差电势，称为单一导体的温差热电势。该电势阻碍电子进一步扩散；当电子扩散能力与电场阻力平衡时，温差热电势达到一个稳态值。温差热电势与导体材料的性质和导体两端的温度有关，其数量级约为 10^{-5}V，可描述为

$$e_A(T,T_0) = \int_{T_0}^{T} \sigma_A dT \quad (14.3.2)$$

式中　σ_A——材料 A 导体两端温度差为 1℃时所产生的温差热电势（V）。

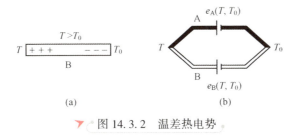

图 14.3.2　温差热电势

14.3.2　热电偶的工作原理

图 14.3.3 为热电偶的原理结构及热电势示意图，A、B 两种不同导体材料两端紧密连接在一起，组成一个闭合回路，这样就构成一个热电偶。当两结点温度不等（$T>T_0$）时，回路中就会产生电势，从而形成电流，这就是热电偶的工作原理。通常 T_0 端又称为参考端或自由端或冷端；T 端又称为测量端或工作端或热端。

根据以上分析，图 14.3.3（b）所示热电偶的总热电势为

$$E_{AB}(T,T_0) = \frac{KT}{e}\ln\frac{n_A(T)}{n_B(T)} - \frac{KT_0}{e}\ln\frac{n_A(T_0)}{n_B(T_0)} - \int_{T_0}^{T}(\sigma_A - \sigma_B)dT \quad (14.3.3)$$

式中　σ_B——材料 B 导体两端温度差为 1℃时的产生的温差热电势（V）(V/K)；

$n_A(T_0)$、$n_B(T_0)$——分别为材料 A 和 B 在温度 T_0（℃）时的自由电子浓度。

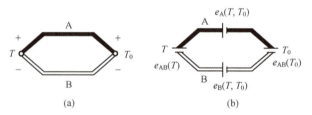

图 14.3.3 热电偶的原理结构及热电势示意图

热电偶回路的热电势 $E_{AB}(T,T_0)$ 只与两导体材料及两结点温度 T 和 T_0 有关,当材料确定后,回路的热电势就是两个结点温度函数之差,可写为

$$E_{AB}(T,T_0)=f(T)-f(T_0) \quad (14.3.4)$$

当参考端温度 T_0 固定不变时,$f(T_0)=C$(常数),此时 $E_{AB}(T,T_0)$ 就是工作端温度 T 的单值函数,即

$$E_{AB}(T,T_0)=f(T)-C=\phi(T) \quad (14.3.5)$$

实用中,测出总热电势后,根据热电偶分度表来确定被测温度。分度表是以参考端温度为 0℃,通过实验建立起来的热电势与测量端温度之间的数值对应关系。

14.3.3 热电偶的基本定律

1. 中间温度定律

热电偶的热电势仅取决于热电偶的材料和两个结点的温度,而与温度沿热电极的分布以及热电极的参数和形状无关。

如 A、B 两种不同导体材料组成的热电偶,A、B 两结点温度分别为 T 和 T_0 时的热电势等于 A、B 两结点温度为 T、T_C 的热电势与 A、B 两结点温度为 T_C 和 T_0 的热电势之和(如图 14.3.4 所示),用公式表示为

$$E_{AB}(T,T_0)=E_{AB}(T,T_C)+E_{AB}(T_C,T_0)=E_{AB}(T,T_C)-E_{AB}(T_0,T_C) \quad (14.3.6)$$

式中 T_C——中间温度(℃)。

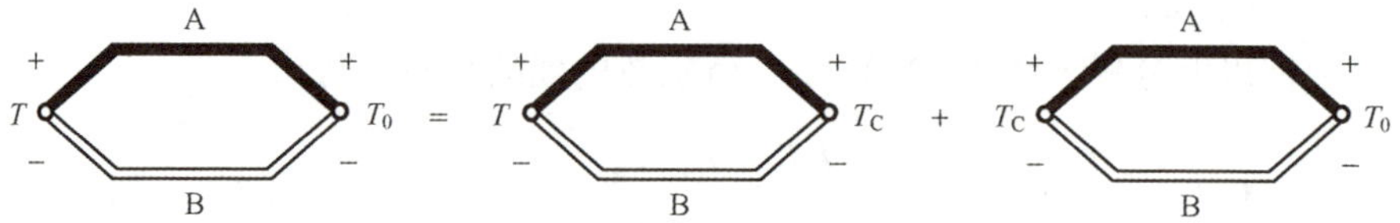

图 14.3.4 中间温度定律

中间温度定律是制定热电偶分度表的理论基础。只需给出参考端温度 T_0 为 0℃时,热电势与工作端温度的关系表。当参考端温度 T_0 不是 0℃时,热电

势由式（14.3.6）计算。

2. 中间导体定律

图14.3.5给出了中间导体定律示意图。在热电偶回路中，当接入第三种导体的两端温度相同，则对回路的总热电势没有影响。通常有两种接法。

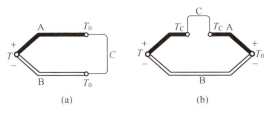

图14.3.5 中间导体定律

（1）如图14.3.5（a）所示，在热电偶AB回路中断开参考结点，接入第三种导体C。当保持两个新结点AC和BC的温度仍为参考结点温度T_0，则不影响回路的总热电势，即

$$E_{ABC}(T,T_0) = E_{AB}(T,T_0) \quad (14.3.7)$$

（2）如图14.3.5（b）所示，在热电偶AB回路中的一个导体A断开，接入第三种导体C。当在导体C与导体A的两个结点处保持相同温度T_C，则有

$$E_{ABC}(T,T_0,T_C) = E_{AB}(T,T_0) \quad (14.3.8)$$

若在回路中接入多种导体，只要每种导体两端温度相同，也有同样的结论。

中间导体定律为热电偶测温时在回路中引入测量导线和仪表，提供了理论依据。

3. 标准电极定律

如图14.3.6所示，当热电偶回路的两个结点温度为T和T_0时，导体AB组成热电偶的热电势等于热电偶AC的热电势和热电偶CB的热电势之和，即

$$E_{AB}(T,T_0) = E_{AC}(T,T_0) + E_{CB}(T,T_0) = E_{AC}(T,T_0) - E_{BC}(T,T_0) \quad (14.3.9)$$

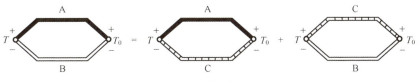

图14.3.6 标准电极定律

导体 C 称为标准电极，通常由纯铂丝制成。有了多种热电极对铂电极的热电势值，就可以得到其中任意两种电极配成热电偶后的热电势值。这为选配热电偶提供了理论依据。

14.3.4 热电偶的误差及补偿

1. 热电偶参考端误差及其补偿

由式（14.3.4）可知，热电偶 AB 闭合回路的总热电势 $E_{AB}(T,T_0)$ 是两个接点温度的函数。由于热电偶分度表是根据参考端温度为 0℃ 制作的。因此，当参考端温度保持 0℃，热电偶测得的热电势值与分度表直接对比，即可得到准确的温度值；但实际测量中，参考端温度受热源或环境的影响，并不为 0℃，而且也不是恒定值，因此将引入参考端误差。通常可以采用以下几种方法对误差进行补偿。

（1）0℃ 恒温法。

将热电偶的参考端保持在 0℃ 的器皿内。图 14.3.7 是一个简单的冰点槽。为了获得 0℃ 的温度条件，一般用纯净水和冰混合，在一个标准大气压下冰水共存时，其温度为 0℃。冰点法是一种准确度很高的参考端处理方法，适用于实验室使用。

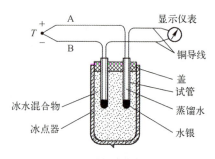

图 14.3.7 冰点槽示意图

（2）修正法。

将热电偶参考端保持在某一恒定温度，如置热电偶参考端在一恒温箱内，可以采用参考端温度修正方法。

由中间温度定律：$E_{AB}(T,T_0) = E_{AB}(T,T_C) - E_{AB}(T_0,T_C)$，当参考端温度 $T_0 \neq 0℃$，则实际测得的热电势值 $E_{AB}(T,T_0)$ 与误差值 $E_{AB}(T_0,T_C)$ 之和，就能获得参考端为 $T_C = 0℃$ 时的热电势值 $E_{AB}(T,T_C)$。经热电偶分度表即可得到被测热源的真实温度 T。

（3）补偿电桥电路法。

测温时若保持参考端温度为某一恒温也有困难，则可采用电桥电路补偿法，即利用不平衡电桥电路产生的电势来补偿热电偶因参考端温度变化而引起的热电势变化值，如图 14.3.8 所示。E 是电桥的工作电源，R 为限流电阻。

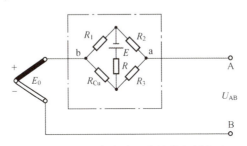

图 14.3.8 参考端温度补偿电桥电路

补偿电桥电路与热电偶参考端处于相同的环境温度下。其中三个桥臂电阻用温度系数接近于零的锰铜绕制，使 $R_1 = R_2 = R_3$；另一桥臂为补偿桥臂，用铜导线绕制。使用时选取合适的 R_{Cu} 阻值，使电桥电路处于平衡状态，输出为 U_{ab}。当参考端温度升高时，补偿桥臂 R_{Cu} 阻值增大，电桥电路失去平衡，输出 U_{ab} 随之增大；同时，由于参考端温度升高，故热电偶的热电势 E_0 减小。若电桥电路输出值的增加量 U_{ab} 等于热电偶电势 E_0 的减少量，则总输出值 $U_{AB} = U_{ab} + E_0$ 就不随参考端温度的变化而变化。

（4）延引热电极法。

当热电偶参考端离热源较近时，热源对参考端温度的影响变化较大。这时需要采用延引热电极方法，即将参考端移至温度变化比较平缓的环境中，再采用上述的补偿方法进行补偿。补偿导线可选用直径较粗、电阻率低的材料制作，其热电特性和工作热电偶的热电特性相近。补偿导线产生的热电势应等于工作热电偶在此温度范围内产生的热电势，$E_{AB}(T_0', T_0) = E_{A'B'}(T_0', T_0)$，如图 14.3.9 所示。

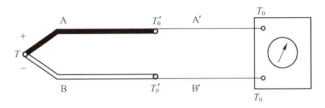

图 14.3.9 延引热电极补偿法

2. 热电偶的动态误差

由于质量与热惯性,热电偶测得的温度值 T 与被测介质的实际瞬时温度值 T_A 有时间滞后,它们之间的关系可描述为

$$T_A - T = \tau \frac{dT}{dt} \tag{14.3.10}$$

式中　τ——热电偶的时间常数（s）。

图 14.3.10 所示为热电偶测得的温度值随时间的变化曲线。利用该曲线可求得热电偶的时间常数。若初始条件 $t=0$ 时,热电偶热接点的初始温度为 $T=T_0$,由式（14.3.10）得

$$T - T_0 = (T_A - T_0)(1 - e^{-t/\tau}) \tag{14.3.11}$$

当 $t=\tau$ 时,有

$$T - T_0 = 0.632(T_A - T_0) \tag{14.3.12}$$

式（14.3.12）表明,经过 $t=\tau$,温度示值的变化量 $(T-T_0)$ 升高到实际温度阶跃 (T_A-T_0) 的 63.2%。

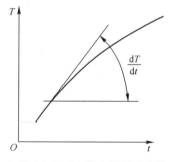

图 14.3.10　热电偶测温曲线

研究表明,欲减小动态误差,即减小时间常数,可以通过减小测温点直径、减小容积、增大传热系数,或增大热接点与被测介质接触的表面积（如将球形测温点压成扁平状）。实用中,也可以在热电偶中引入补偿滤波器来修正动态测量误差。

3. 热电偶的其他误差

热电偶除了参考端误差和动态误差外,还有与热电极材料和制造工艺水平有关的分度误差,由于周围电场和磁场带来的干扰误差,以及漏电误差和接线误差等。特别当热电偶工作在高温,尤其在 1500℃ 以上的高温时,其绝缘性显著变坏,同时由于氧化、腐蚀而引起热特性的变化,使测量误差增大。这就需要按规范对热电偶定期进行校验。

14.3.5 热电偶的组成、分类及特点

应根据测温范围、灵敏度、精度和稳定性等来选择热电偶的组成材料。一般镍铬-金铁热电偶在低温和超低温下仍具有较高的灵敏度；铁-铜镍热电偶在氧化介质中的测温范围为-40~75℃，在还原介质中可达到1000℃；钨铼系列热电偶稳定性好，热电特性接近于直线，工作范围为0~2800℃，但只适合于在真空和惰性气体中使用。

热电偶由热电极、绝缘材料、接线盒和保护套等组成。按结构分为五种热电偶。

1. 普通热电偶

普通热电偶结构如图14.3.11所示，主要用于测量液体和气体的温度。

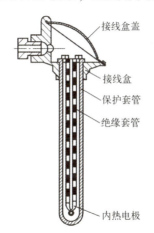

图14.3.11 普通热电偶结构示意图

2. 铠装热电偶

也称缆式热电偶，参见图14.3.12。根据测量端的不同形式，有碰底型、不碰底型、露头型、帽型等，铠装热电偶的特点是测量结热容量小、热惯性小、动态响应快、挠性好、强度高、抗震性好，适用于普通热电偶不能测量的空间温度。

3. 薄膜热电偶

这种热电偶的结构可分为片状、针状。图14.3.13为片状薄膜热电偶结构示意图。其特点是热容量小，时间常数小，反应速度快等，主要用于测量固体表面小面积瞬时变化的温度。

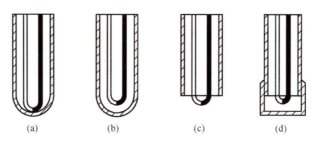

图 14.3.12 铠装热电偶测量端结构
(a) 碰底型；(b) 不碰底型；(c) 露头型；(d) 帽型。

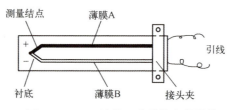

图 14.3.13 （片状）薄膜热电偶结构

4. 并联热电偶

如图 14.3.14 所示，几个相同型号的热电偶的同性电极参考端并联在一起，而各个热电偶的测量端处于不同温度，其输出电动势为各热电偶热电动势的平均值。该方式用来测量平均温度。

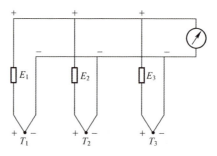

图 14.3.14 并联热电偶

5. 串联热电偶

如图 14.3.15 所示，几个相同型号的热电偶串联在一起，所有测量端处于同一温度 T，所有连接点处于另一温度 T_0，则输出电动势是各个热电动势之和。

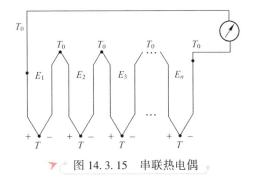

▼ 图 14.3.15　串联热电偶

14.4　半导体温度传感器

半导体温度传感器利用晶体二极管与晶体三极管作为感温元件。二极管感温元件的 P-N 结在恒定电流下，其正向电压与温度之间具有近似线性关系，利用这一关系可测量温度。图 14.4.1 是以晶体三极管的 be 结电压降实现测温的原理图。忽略基极电流，认为各三极管的温度均为 T，它们的集电极电流相等，则 U_{be4} 与 U_{be2} 的结压降差就是电阻 R 上的电压降

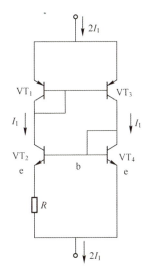

▼ 图 14.4.1　晶体三极管感温元件

$$\Delta U_{be} = U_{be4} - U_{be2} = I_1 R = \frac{kT}{e}\ln\gamma \qquad (14.4.1)$$

式中　γ——VT_2 与 VT_4 结面积相差的倍数；

　　　k——玻耳兹曼常数，$k=1.381\times10^{-23}$ J/K；

　　　e——电子电荷量，$e=1.602\times10^{-19}$ C。

由式（14.4.1）知，电流 I_1 与温度 T 成正比，通过测量 I_1 实现对温度的测量。

半导体二极管温度敏感器具有结构简单、价廉等优点，但非线性误差较大，可制成测量范围在 0~50℃ 的半导体温度传感器。晶体三极管温度敏感器具有精度高、稳定性好等优点，可制成测量范围在 -50~150℃ 半导体温度传感器。半导体温度传感器可用于工业自动化、医疗等领域。图 14.4.2 所示为几种不同结构的晶体管温度敏感器。

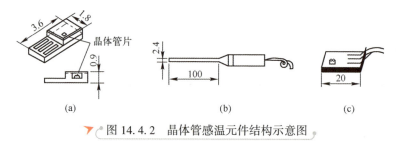

图 14.4.2　晶体管感温元件结构示意图

14.5　石英压电式温度传感器

利用热敏石英压电谐振器的温度-频率特性，可以实现石英压电式温度传感器，简称石英温度传感器。石英温度传感器多采用沿厚度方向剪切振动的旋转 Y 切型高频石英谐振器制成。热敏谐振器可以采用基频振动（1~10MHz），也可以采用三次或五次谐波振动（5~30MHz）。

1. 结构

热敏谐振器一般均放置在封闭的外壳中，以防止在谐振器的表面上沉积固体微粒、烟尘、水汽及其他有害物质。使用外壳能提高温度传感器的可靠性，预防压电谐振器的老化，但是降低了谐振器的品质因数和动态响应特性。

2. 分辨力

如果热敏谐振器的频率温度系数为 $T_f^{(1)}$，自激振荡器的短时间不稳定度为 S_f，则最小可测量的温度变化量为

$$\Delta t_{\min} = S_f / T_f^{(1)} \tag{14.5.1}$$

3. 主要误差

（1）温度-频率特性的迟滞。

研究表明，热敏谐振器温度-频率特性的迟滞误差可以描述为

$$\xi_H = L(t_{max} - t_{min}) = L\Delta t \tag{14.5.2}$$

式中　t_{max}、t_{min}——分别为温度测量的最大，最小值（℃）；

　　　Δt——温度测量量程（℃）；

　　　L——温度传感器的非循环系数，通常在（0.5~1.5）×10⁻⁴。

（2）过热误差。

压电谐振器有效阻抗上的功率能转换为热量，使压电元件相对于周围介质产生过热，从而产生过热误差

$$\Delta t_T = k_T P \tag{14.5.3}$$

式中　k_T——过热系数（℃/W），约为 0.1~0.15 ℃/mW；

　　　P——耗散功率（W）。

14.6　非接触式温度传感器

该类温度传感器的工作原理：当物体受热后，电子运动的动能增加，有一部分热能转变为与物体温度有关的辐射能。当温度较低时，辐射能力很弱；当温度升高时，辐射能力变强；当温度高于一定值之后，人眼可观察到发光，其发光亮度与温度值有一定关系。因此，高温及超高温检测可采用热辐射和光电检测的方法，实现非接触式测温。非接触式温度传感器主要有全辐射式温度传感器、亮度式温度传感器和比色式温度传感器。

14.6.1　全辐射式温度传感器

全辐射式温度传感器利用物体在全光谱范围内总辐射能量与温度的关系测量温度。能够全部吸收辐射到其上的能量的物体称为绝对黑体。绝对黑体的热辐射与温度之间的关系就是全辐射温度传感器的工作原理。由于实际物体的吸收能力小于绝对黑体，所以用全辐射温度传感器测得的温度总是低于物体的真实温度。通常，把测得的温度称为"辐射温度"。其定义为：非黑体的总辐射能量等于绝对黑体的总辐射能量时，黑体的温度即为非黑体的辐射温度 T_r，则物体真实温度 T 与辐射温度 T_r 的关系为

$$T = T_r \frac{1}{\sqrt[4]{\varepsilon_T}} \tag{14.6.1}$$

式中 ε_T——温度 T 时物体的全辐射发射系数。

全辐射式温度传感器的结构示意图如图 14.6.1 所示。它由辐射感温器及显示仪表组成。测温工作过程如下：被测物的辐射能量经物镜聚焦到热电堆的靶心铂片上，将辐射能转变为热能，再由热电堆变成热电动势。显示仪表可示出热电动势的大小，进而可得知所测温度值。该温度传感器适用于远距离、不能直接接触的高温物体，测温范围为 100~2000℃。

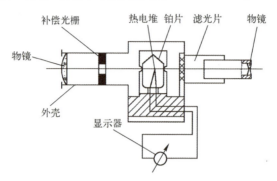

图 14.6.1 全辐射温度传感器结构示意图

14.6.2 亮度式温度传感器

亮度式温度传感器利用物体的单色辐射亮度随温度变化的原理，并以被测物体光谱的一个狭窄区域内的亮度与标准辐射体的亮度进行比较实现测温。由于实际物体的单色辐射发射系数小于绝对黑体，故实际物体的单色亮度小于绝对黑体的单色亮度，系统测得的亮度温度值 T_L 低于被测物体的真实温度值 T。它们之间的关系为

$$\frac{1}{T}-\frac{1}{T_L}=\frac{\lambda}{C_2}\ln\varepsilon_{\lambda T} \tag{14.6.2}$$

式中 $\varepsilon_{\lambda T}$——单色辐射发射系数；
C_2——第二辐射常数，$C_2=0.014388\text{m·K}$；
λ——波长（m）。

亮度式温度传感器的形式较多，常用的有灯丝隐灭式亮度温度传感器和光电亮度温度传感器。灯丝隐灭式亮度温度传感器以其内部高温灯泡灯丝的单色亮度作为标准，并与被测辐射体的单色亮度进行比较来测温。依靠人眼可比较被测物体的亮度，当灯丝亮度（温度）与被测物体亮度（温度）相同时，灯丝在被测温度背景下隐没，灯丝温度由通过它的电流大小来确定。由

于人的目测会引起较大的误差,可采用光电亮度温度传感器。即利用光电元件进行亮度比较,从而实现自动测量,参见图14.6.2。被测物体与标准光源的辐射经调制后射向光敏元件。当两束光的亮度不同时,光敏元件产生输出信号,经放大后电极驱动与标准光源相串联的滑线电阻的活动触点向相应方向移动,以调节流过标准光源的电流,从而改变它的亮度;当两束光的亮度相同时,光敏元件信号输出为零,这时电位器触点的位置即代表被测温度值。该温度传感器的测量范围较宽,测量精度较高,可用于测量温度范围为700~3200℃的浇铸、轧钢、锻压和热处理时的温度。

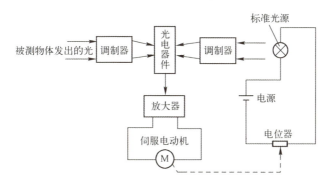

图14.6.2 光电亮度温度传感器原理示意图

14.6.3 比色式温度传感器

比色式温度传感器以测量两个波长的辐射亮度之比为基础。通常,将波长选在光谱的红色和蓝色区域内。利用此法测温时,仪表所显示的值为"比色温度"。其定义为:非黑体辐射的两个波长(λ_1 和 λ_2)对应对应的亮度 $L_{\lambda 1 T}$ 和 $L_{\lambda 2 T}$ 之比值等于绝对黑体相应的亮度 $L^*_{\lambda 1 T}$ 和 $L^*_{\lambda 2 T}$ 之比值时,绝对黑体的温度被称为该黑体的比色温度,以 T_P 表示。它与非黑体的真实温度 T 的关系为

$$\frac{1}{T} - \frac{1}{T_P} = \frac{\ln(\varepsilon_{\lambda 1}/\varepsilon_{\lambda 2})}{C_2(1/\lambda_1 - 1/\lambda_2)} \tag{14.6.3}$$

式中 $\varepsilon_{\lambda 1}$、$\varepsilon_{\lambda 2}$——分别为对应于波长 λ_1 和波长 λ_2 的单色辐射发射系数;

C_2——第二辐射常数,$C_2=0.014388$m·K。

式(14.6.3)表明,当两个波长的单色发射系数相等时,物体的真实温度 T 与比色温度 T_P 相同。图14.6.3为比色温度传感器的结构示意图,包括透镜 L、分光镜 G、滤光片 K_1 和 K_2、光敏元件 A_1 和 A_2、放大器 A 以及可逆伺服电机 M 等。其工作过程是:被测物体的辐射经透镜 L 投射到分光镜 G 上,

而使长波透过，经滤光片 K_2 把波长为 λ_2 的辐射光投射到光敏元件 A_2 上。光敏元件的光电流 $I_{\lambda 2}$ 与波长为 λ_2 的辐射光强度成正比，则电流 $I_{\lambda 2}$ 在电阻 R_3 和 R_x 上产生的电压 U_2 与波长为 λ_2 的辐射光强度也成正比；另外，分光镜 G 使短波辐射光被反射，经滤光片 K_1 把波长为 λ_1 的辐射光投射到光敏元件 A_1 上。同理，光敏元件的光电流 $I_{\lambda 1}$ 与波长为 λ_1 的辐射强度成正比；电流 $I_{\lambda 1}$ 在电阻 R_1 上产生的电压 U_1 与波长 λ_1 的辐射强度也成正比。当 $\Delta U = U_2 - U_1 \neq 0$ 时，ΔU 经放大后驱动伺服电机 M 转动，带动电位器 R_W 的触点向相应方向移动，直到 $U_2 - U_1 = 0$，电机停止转动，此时

$$R_x = \frac{R_2 + R_P}{R_2}\left(R_1 \frac{I_{\lambda 1}}{I_{\lambda 2}} - R_3\right) \qquad (14.6.4)$$

式中　R_P 为电位器 R_W 的总电阻值，电阻值 R_x 值反映了被测温度值。

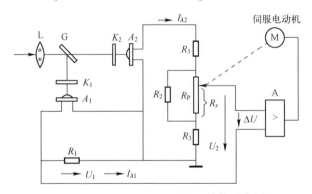

▶ 图 14.6.3　比色温度传感器结构示意图

　　该比色式温度传感器可用于连续自动检测钢水、铁水、炉渣和表面没有覆盖物的高温物体温度。其测量范围为 800～2000℃，测量精度为 0.5%。其优点是反应速度快，测量范围宽，测量温度接近实际值。

第15章

压力传感器

15.1 概 述

15.1.1 压力的概念

在物理学中，流体介质垂直作用于单位面积上的力称为压强，在工程上称为压力。压力是流体介质分子的质量或分子热运动对容器壁碰撞的结果，是反映流体介质状态的重要参数之一，通常以符号 p 表示

$$p = F/S \tag{15.1.1}$$

式中 F、S——分别为流体介质垂直作用的面积（m^2）和作用力（N）。

由于参照点不同，技术上流体压力分为：

(1) 差压（压差）。两个压力之间的相对差值。

(2) 绝对压力（绝压）。相对于零压力（绝对真空）所测得的压力。

(3) 表压力。该绝对压力与当地大气压之差。

(4) 负压（真空表压力）。当绝对压力小于大气压时，大气压与该绝对压力之差。

(5) 大气压。地球表面上的空气质量所产生的压力，大气压随所在地的海拔高度、纬度和气象情况而变。

工程上，按压力随时间的变化关系分为：

(1) 静态压力。不随时间变化或随时间变化缓慢的压力。
(2) 动态压力。随时间作快速变化的压力。

15.1.2 压力的单位

压力是力和面积的导出量,由于单位制不同以及使用场合与历史发展状况的差异,压力单位有很多种,下面介绍目前常用的几种压力单位。

(1) 帕斯卡 [Pa(N/m^2)]。每 1m^2 的面积上均匀作用有 1N 的力。它是国际单位制 (SI) 中规定的压力单位,也是我国国标中规定的压力单位。

(2) 标准大气压 [atm]。温度为 0℃、重力加速度为 9.80665m/s^2、高度为 0.760m、密度为 13.5951kg/m^3 的水银柱所产生的压力。

$$1atm = 101325Pa \qquad (15.1.2)$$

(3) 工程大气压 [at]。1cm^2 的面积上均匀作用有 1kgf 时所产生的压力。

$$1at = 1kgf/cm^2 = 98066.5Pa \qquad (15.1.3)$$

(4) 巴 [bar]。1cm^2 的面积上均匀作用有 10^{6}dyn 力时所产生的压力。

$$1bar = 10^6 \, dyn/cm^2 = 10^5 Pa \qquad (15.1.4)$$

巴是厘米·克·秒制中的压力单位,曾常用于气象学和航空测量技术中,它的千分之一是毫巴,用 [mbar] 或 [mb] 表示。

(5) 毫米液柱。以液柱(水银或水或其他液体)高度来表示压力的大小。常用的有毫米汞柱 [mmHg] 和毫米水柱 [mmH$_2$O]。1 毫米汞柱压力又称为 1Torr(1 托),在温度为 0℃、重力加速度为 9.80665m/s^2、密度为 13.5951×10^{3}kg/m^3 时:

$$1mmHg = 1Torr = \frac{1}{760}atm = 133.322Pa \qquad (15.1.5)$$

对于水柱来说,在温度为 4℃、重力加速度为 9.80665m/s^2、密度为 1000kg/m^3 时:

$$1mmH_2O = 9.80665Pa \qquad (15.1.6)$$

(6) 磅/英寸^2 [psi]。1in^2 的面积上均匀作用有 1lbf 力时所产生的压力,

$$1psi = 1lbf/in^2 = 6.89476Pa \qquad (15.1.7)$$

各种压力单位间的换算关系列于表 15.1.1 中。

表 15.1.1　压力单位换算表

	帕斯卡 Pa, N/m²	标准大气压 atm	工程大气压 kgf/cm², at	巴 bar, 10⁶ dyn/cm²	托 mmHg, Torr	磅/英寸² psi
帕斯卡 Pa, N/m²	1	9.86923×10⁻⁶	1.01972×10⁻⁵	1×10⁻⁵	0.750062×10⁻²	1.45038×10⁻⁴
标准大气压 atm	101325	1	1.03323	1.01325	760	14.6959
工程大气压 at	9.80665×10⁴	0.96923	1	0.980665	735.559	14.2233
巴 bar	1×10⁵	0.986923	1.01972	1	750.062	14.5038
托 Torr	133.322	1.31579×10⁻³	1.35951×10⁻³	1.33322×10⁻³	1	1.93368×10⁻²
磅/英寸² psi	6.89476×10³	6.80462×10⁻²	7.0307×10⁻²	6.89476×10⁻²	51.7149	1

15.1.3　压力传感器的分类

根据测量压力的原理，可分为：

(1) 利用弹性敏感元件的压力位移特性的压力传感器。这类压力传感器，将被测压力转换为弹性敏感元件的位移来测量压力。如电位器式压力传感器、电容式压力传感器、变磁路式压力传感器等。

(2) 利用弹性敏感元件的应变、应力特性的压力传感器。这类压力传感器基于弹性敏感元件在被测压力的作用下产生应变、应力，即通过测量应变、应力来测量压力。如应变式压力传感器、硅压阻式压力传感器、压电式压力传感器等。

(3) 利用弹性敏感元件的压力集中力特性的压力传感器。这类压力传感器，将被测压力转换为弹性敏感元件上的集中力来实现测量。如力平衡式压力传感器。

(4) 利用弹性敏感元件的压力频率特性的压力传感器。这类压力传感器，基于弹性元件在被测压力作用下，其谐振频率产生变化来实现测量的。如振弦式压力传感器、谐振筒式压力传感器、谐振膜式压力传感器和硅谐振式压力传感器等。

(5) 利用某些物理特性的压力传感器。这类压力传感器，利用某些物质在被测压力作用下产生的特性来测量压力。如热导式压力传感器、电离式真空计等。

按压力传感器的组成原理可分为：
(1) 开环压力传感器；
(2) 伺服式压力传感器；
(3) 数字式压力传感器。

15.1.4　常用压力敏感元件的结构及材料

常用的压力弹性敏感元件有弹簧管、膜片、膜盒、波纹管、振动弦、振动梁、谐振筒等，参见图 3.3.7、图 3.3.8、图 3.3.12、图 3.3.16、图 3.3.17、图 3.3.24、图 3.3.27、图 3.3.28 等。

制作压力弹性敏感元件通常选用强度高，弹性极限高的材料，应具有高的冲击韧性和疲劳极限，弹性模量温度系数小而稳定，具有良好的加工和热处理性能，热膨胀系数小，热处理后应具有均匀稳定的组织，抗氧化，抗腐蚀，弹性迟滞应尽量小。

制作压力弹性敏感元件的材料主要有金属材料和非金属材料两大类。

金属材料有铜基高弹性合金，如黄铜、磷青铜、钛青铜，这类合金耐高温和耐腐蚀等性能差；铁基和镍基高弹性合金，如 17-4PH（Crl7Ni4Al）、蒙乃尔合金（Ni63～67，A12～3，Ti0.05，其余 Cu），这类合金弹性极限高，迟滞小，耐腐蚀，但弹性模量随温度变化较大；恒弹合金，如 3J53（Ni42CrTiAl）、3J58，其国外代号为 Ni-Span-C，这种材料在 -60～100℃ 的温度范围内的弹性模量温度系数为 $\pm 10 \times 10^{-6}/℃$；铌基合金，主要有 Nb-Ti 及 Nb-Zr 合金，如 Nb35Ti42Al5～5.5，这种合金在 -40～+220℃ 温度范围内弹性模量的温度系数为 $(-32.2 \sim -512.5) \times 10^{-6}/℃$，弹性极限高，迟滞小，无磁性，耐腐蚀。

非金属材料有石英材料、陶瓷和半导体硅等。其中石英材料内耗小，迟滞小（只有最好的弹性合金的 1/100），线膨胀系数小，品质因数高，是一种理想的弹性元件材料，陶瓷材料在破碎前，其应力、应变特性为线性关系，可用于高温压力测量；半导体硅由于具有压阻效应并适于微电子和微机械加工，所以得到了极大的重视和广泛的应用。

压力弹性敏感元件要获得预期的性能，在它们加工过程中和加工后尚需进行相应的热处理、时效处理、反复加压力和机械振动处理等。

15.2 开环式压力传感器

15.2.1 电位器式压力传感器

图 15.2.1 是一种典型的电位器式压力传感器的原理结构图。被测压力作用在真空膜盒上,膜盒产生位移,经放大传动机构带动电刷在电位器上滑动。电位器两端加有工作电压,电位器电刷与电源地端间得到输出电压。该输出电压的大小反映了被测压力的大小。

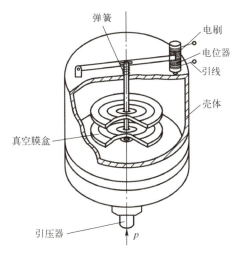

▶ 图 15.2.1 电位器式压力传感器

参见图 3.3.16,作用于波纹膜片上的均布压力 p,相当于在膜盒中心作用有等效集中力 F_{eq},单个周边固支波纹膜片的中心位移 $W_{S,C}(m)$ 与压力 $p(Pa)$ 的关系可以描述为

$$W_C = \frac{1}{A_F} \cdot \frac{F_{eq}R^2}{\pi E h^3} = \frac{A_{eq}pR^2}{\pi A_F E h^3} \qquad (15.2.1)$$

$$F_{eq} = A_{eq}p$$

式中 A_F——波纹膜片无量纲弯曲力系数,$A_F = \dfrac{(1+q)^2}{3(1-\mu^2/q^2)}$;

q——波纹膜片的型面因子,$q = \sqrt{1+1.5H^2/h^2}$;

R、h、H——分别为波纹膜片的半经（m）、膜厚（m）和波深（m）；

E、μ——分别为波纹膜片材料的弹性模量（Pa）、泊松比；

A_{eq}——波纹膜片的等效面积（m²），$A_{eq}=\dfrac{1+q}{2(3+q)}\pi R^2$。

一个膜盒相当于两个周边固支的波纹膜片，如图 15.1.1 所示的传感器敏感元件由四个相同的波纹膜片串联组成。膜盒系统中心位移 $W_{S,C,1}(m)$ 与均布压力 $p(Pa)$ 的关系为

$$W_{S,C,1}=4W_C=\frac{4A_{eq}pR^2}{\pi A_F Eh^3} \tag{15.2.2}$$

当忽略弹簧刚度时，电位器电刷位移 $W_{P,1}$ 为

$$W_{P,1}=W_{S,C,1}\frac{l_P}{l_C}=\frac{4A_{eq}l_P pR^2}{\pi A_F l_C Eh^3} \tag{15.2.3}$$

式中 l_C、l_P——分别为连接膜盒的力臂（m）和连接电位器的力臂（m）。

由式（15.2.1）可知，单个波纹膜片的等效刚度为

$$K_{eq}=\frac{dF_{eq}}{dW_C}=\frac{\pi A_F Eh^3}{R^2} \tag{15.2.4}$$

膜盒系统的总等效刚度为

$$K_{CT}=\frac{1}{4}K_{eq}=\frac{\pi A_F Eh^3}{4R^2} \tag{15.2.5}$$

图 15.2.1 中的弹簧可调节传感器的灵敏度，弹簧与波纹膜盒系统为并联工作方式，考虑弹簧刚度 K_E 后，敏感结构的总刚度为

$$K_T=K_{CT}+K_E=\frac{\pi A_F Eh^3}{4R^2}+K_E \tag{15.2.6}$$

于是，被测压力 p 引起的整个受力结构的位移为

$$W_{S,C,2}=\frac{F_{eq}}{K_T}=\frac{A_{eq}p}{\dfrac{\pi A_F Eh^3}{4R^2}+K_E}=\frac{4A_{eq}R^2 p}{\pi A_F Eh^3+4R^2 K_E} \tag{15.2.7}$$

电位器电刷位移与被测均布压力 p 的关系为

$$W_{P,2}=W_{S,C,2}\frac{l_P}{l_C}=\frac{l_P}{l_C}\cdot\frac{4A_{eq}R^2 p}{\pi E A_F h^3+4R^2 K_E} \tag{15.2.8}$$

由式（15.2.3）与式（15.2.8）可知：不考虑弹簧刚度与考虑弹簧刚度影响相比，所得结果的相对偏差为

$$\xi=\frac{W_{P,1}-W_{P,2}}{W_{P,2}}=\frac{\frac{4A_{eq}l_P pR^2}{\pi A_F l_C Eh^3}-\frac{l_P}{l_C}\cdot\frac{4A_{eq}R^2 p}{\pi EA_F h^3+4R^2 K_E}}{\frac{l_P}{l_C}\cdot\frac{4A_{eq}R^2 p}{\pi EA_F h^3+4R^2 K_E}}=\frac{4R^2 K_E}{\pi A_F Eh^3} \quad (15.2.9)$$

由式（15.2.9）可知：弹簧刚度越大，波纹膜片的半径越大，式（15.2.3）给出的近似分析结果的相对偏差越大；而当增大波纹膜片的膜厚 h 时，相对偏差减小。

膜盒串产生的位移，经放大传动机构带动电刷在电位器上滑动。电位器输出电压的大小即可反映出被测压力的大小。该传感器的优点是输出信号较大（可达 V 级），使用时不需专门的信号放大电路；缺点是精度不高，工作频带窄，功耗高。

15.2.2 应变式压力传感器

1. 平膜片应变式压力传感器

图 15.2.2 给出了平膜片的结构示意图，它将两种压力不等的流体隔开，压力差使其产生一定的变形。

平膜片周边固支的结构形式有两种，如图 15.2.2 所示。一是种用夹紧环将平膜片周边夹紧，另一种是由整体加工成型的。对于前者，在周边夹紧可能出现或松或紧，甚至扭斜现象，使膜片受局部初始应力而不自如，致使膜片在工作过程中引起迟滞误差，后者虽然加工较困难，但无膜片装配问题，在微小应变的情况下，其迟滞误差可以忽略不计，有利于提高测量精度。

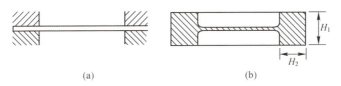

(a) (b)

图 15.2.2 平膜片结构示意图
(a) 周边固支的平膜片；(b) 整体结构膜片。

对于周边固支的平膜片来说，沿半径（r）的上表层处的径向应变（ε_r）、切向应变（ε_θ）与所承受的压力（p）间的关系为

$$\varepsilon_r=\frac{3p}{8Eh^2}(1-\mu^2)(R^2-3r^2) \quad (15.2.10)$$

$$\varepsilon_\theta = \frac{3p}{8Eh^2}(1-\mu^2)(R^2-r^2) \tag{15.2.11}$$

式中　R、h——分别为平膜片的工作半径（m）和厚度（m）；

E、μ——分别为平膜片材料的弹性模量（Pa）和泊松比。

图 15.2.3 给出了周边固支平膜片的应变随半径（r）改变的曲线关系。

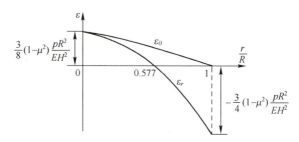

图 15.2.3　平膜片上表面的应变曲线

应变电阻片可以粘贴在平膜片上来感受压力作用下平膜片的应变；也可以用溅射的方法，将具有应变效应的材料溅射到平膜片上，形成所期望的应变电阻。应变电阻应设置在膜片上正、负应变最大处。正应变最大处在平膜片的圆心处（$r=0$），此处的径向应变（ε_r）、切向应变（ε_θ）大小相等，故要感受正应变就应尽可能将应变电阻设置在靠近圆心处。负应变最大处在膜片的固支处（$r=R$），切向应变（ε_θ）为零，径向应变（ε_r）为负最大。故要感受负应变就应尽可能将应变电阻设置在靠近平膜片的固支处（$r=R$）。应当指出：感受正应变与负应变的应变电阻的敏感方向都应沿膜片径向设置。

应变电阻的变化可以通过四臂受感电桥转换为电压的变化（参见 6.3 节）。即组成电桥的四个桥臂电阻均随压力改变，其中两个感受正应变，另外两个感受负应变。这样将获得最大的灵敏度，同时具有良好的线性度及温度补偿性能。

图 15.2.4 给出了两种以圆平膜片为敏感元件实现的应变式压力传感器结构示意图。这类传感器的优点是：结构简单、体积小、质量小、性能/价格比高等。缺点：输出信号小、抗干扰能力差、受工艺影响大等。

2. 圆柱形应变筒式压力传感器

它一端密封并具有实心端头，另一端开口并有法兰，以便固定薄壁圆筒，如图 15.2.5 所示。

当压力从开口端接入圆柱筒时，筒壁产生应变。筒外壁的切向应变 ε_θ 为

$$\varepsilon_\theta = \frac{PD}{2Eh}\left(1-\frac{\mu}{2}\right) \quad (15.2.12)$$

式中 D、h——分别为圆柱形应变圆筒的内径（m）和壁厚（m）。

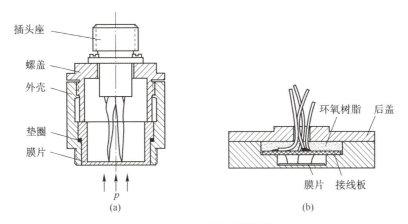

图 15.2.4 应变式压力传感器结构示意图
（a）组装式结构；（b）焊接式结构。

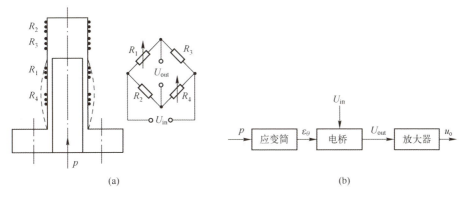

图 15.2.5 圆柱形应变圆筒式压力传感器
（a）结构与电路示意图；（b）原理框图。

圆柱形应变圆筒的外表面粘贴四个相同的应变电阻 R_1、R_2、R_3、R_4，组成四臂电桥。当筒内外压力相同时，电桥的四个桥臂电阻相等，输出电压为零；当筒内压力大于筒外压力时，电阻 R_1 和 R_4 发生变化，电桥输出相应的电压信号。这种圆柱形应变筒式压力传感器常在高压测量时应用。

3. 非粘贴式（张丝式）应变压力传感器

非粘贴式应变压力传感器又称张丝式压力传感器。图 15.2.6 给出了两种非粘贴式应变压力传感器的原理结构图。

图 15.2.6（a）给出的张丝式压力传感器由膜片、传力杆、弹簧片、宝石柱和应变电阻丝等部分组成。膜片受压后，将压力转换为集中力，集中力经传力杆传给十字形弹簧片。固定在十字形弹簧片上的宝石柱分上下两层，在宝石柱上绕有应变电阻丝。当弹簧片变形时，上部应变电阻丝的张力减小，下部应变电阻丝的张力增大，因此上部应变电阻丝的电阻减小，下部应变电阻丝的电阻增大。为了减少摩擦和温度对应变电阻丝的影响，采用宝石柱作绕制电阻丝的支柱。通常应变电阻丝的直径约为 0.08mm。

图 15.2.6（b）给出了另一种结构形式的张丝式压力传感器。膜片在被测压力的作用下产生微小变形，并使与其刚性连接的小轴产生微小位移。在小轴上下两部位安装两根与小轴正交，且在空间上相互垂直的两根长宝石杆。在内壳体与长宝石杆相对应的位置上下部位分别装有四根短宝石杆。在长短宝石杆之间绕有四根应变电阻丝，当小轴产生微小位移时，其中两根应变电阻丝的张力增大（其电阻增大），另外两根应变电阻丝的张力减小（其电阻减小）。

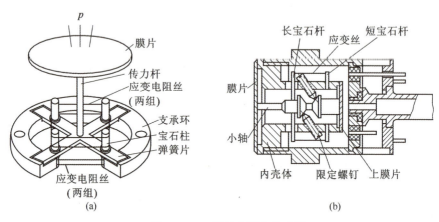

▼ 图 15.2.6 张丝式压力传感器

非粘贴式（张丝式）应变压力传感器由于不采用粘合剂，所以迟滞和蠕变较小，精度较高，适于小压力测量。但加工较困难，其性能指标受加工质量（例如预张紧力、加工后电阻丝内应力状况）影响较大。

15.2.3 压阻式压力传感器

图 15.2.7 给出了一种常用的压阻式压力传感器的结构示意图。敏感元件圆形平膜片采用单晶硅来制作,基于单晶硅材料的压阻效应,利用扩散或离子注入工艺在硅膜片上制造所期望的压敏电阻。

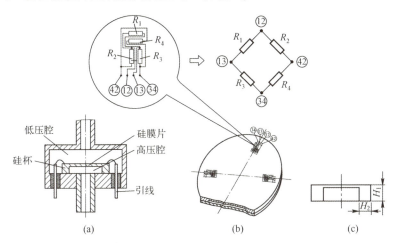

▼ 图 15.2.7 压阻式压力传感器结构示意图

1. 圆平膜片几何结构参数的设计

对于该硅压阻式压力传感器,在传感器敏感结构的参数设计上,应重点考虑

(1)圆平膜片的半径 R 与厚度 H;

(2)圆平膜片的边界隔离部分,即参数 H_1 和 H_2。

考虑传感器感受最大被测压力差 p_{max} 时的情况,有以下结论。

由式(3.3.45)、式(3.3.47)、式(3.3.48)可得:在圆平膜片的中心($r=0$),圆平膜片法向最大位移与膜片厚度的比值、圆平膜片上表面应变、应力的最大绝对值分别为

$$\overline{W}_{R,max} = \frac{3p_{max}(1-\mu^2)}{16E} \cdot \left(\frac{R}{H}\right)^4 \qquad (15.2.13)$$

$$\varepsilon_{r,max} = \varepsilon_r(R) = \frac{3p_{max}(1-\mu^2)R^2}{4EH^2} \qquad (15.2.14)$$

$$\sigma_{r,max} = \sigma_r(R) = \frac{3p_{max}R^2}{4H^2} \qquad (15.2.15)$$

式中 p_{max}——传感器测量的最大压力差（Pa）。

基于压阻式压力传感器的工作机理，为提高传感器灵敏度，应适当增大 $\sigma_{r,max}$ 或 $\varepsilon_{r,max}$ 值；但 $\sigma_{r,max}$ 或 $\varepsilon_{r,max}$ 值偏大时会使被测压力与位移、应变或应力之间呈非线性特性，因此，应当限制 $\sigma_{r,max}$ 或 $\varepsilon_{r,max}$ 值。另一方面，从力学的角度出发，为保证传感器实际工作特性的稳定性、重复性和可靠性，也应当限制 $\sigma_{r,max}$ 或 $\varepsilon_{r,max}$ 的取值范围。总之，为了保证压阻式压力传感器具有较好的输出特性，$\sigma_{r,max}$ 或 $\varepsilon_{r,max}$ 不能超过某一量值，例如可取

$$\varepsilon_{r,max} \leqslant 5\times 10^{-4} \tag{15.2.16}$$

$$K_s \sigma_{r,max} \leqslant \sigma_b \tag{15.2.17}$$

式中 σ_b——许用应力（Pa）；

K_s——安全系数。

式（15.2.16）与式（15.2.17）既是选择、设计圆平膜片几何参数的准则，又可以作为其他弹性敏感元件几何参数设计的准则。

对于式（15.2.13）确定的圆平膜片法向最大位移与膜片厚度的比值 $\overline{W}_{R,max}$，一般来说，当其增加时，有助于提高检测灵敏度；但 $\overline{W}_{R,max}$ 值偏大时会使被测压力与位移、应变或应力之间呈非线性特性，也有可能使传感器工作特性的稳定性、重复性和可靠性变差，因此，应当限制 $\overline{W}_{R,max}$ 值。总之，$\overline{W}_{R,max}$ 不能超过某一量值。

当被测压力的范围确定后，最大被测压力差 p_{max} 是确定的。于是基于式（15.2.16）可知对应于 $\varepsilon_{r,max}$ 的圆平膜片半径、膜厚之比的最大值 $(R/H)_{max}$。

$$\left(\frac{R}{H}\right)_{max} = \sqrt{\frac{4E\varepsilon_{r,max}}{3p_{max}(1-\mu^2)}} \tag{15.2.18}$$

利用式（15.2.13）和式（15.2.18）可得：对应于圆平膜片上表面应变最大绝对值 $\varepsilon_{r,max}$ 的圆平膜片法向最大位移与膜片厚度的比值为

$$\overline{W}_{R,max} = \frac{3p_{max}(1-\mu^2)}{16E} \cdot \left[\frac{4E\varepsilon_{r,max}}{3p_{max}(1-\mu^2)}\right]^2 = \frac{E\varepsilon_{r,max}^2}{3p_{max}(1-\mu^2)} \tag{15.2.19}$$

借助于式（15.2.15）和式（15.2.18）可得：对应于圆平膜片上表面应变最大绝对值 $\varepsilon_{r,max}$ 的圆平膜片最大应力为

$$\sigma_{r,max} = \frac{3p_{max}R^2}{4H^2} = \frac{E\varepsilon_{r,max}}{1-\mu^2} \tag{15.2.20}$$

综合上述分析，一种比较好的设计方案分为以下三步：

（1）选择一个恰当的 $\varepsilon_{r,max}$ 和由式（15.2.18）确定的圆平膜片半径、膜

厚之比的最大值$(R/H)_{\max}$。

(2) 由式（15.2.19）计算圆平膜片法向最大位移与膜片厚度的比值 $\overline{W}_{R,\max}$，并借助于考虑圆平膜片式非线性挠度特性，即由式（3.3.56）或式（3.3.57）计算当被测压力 $p\in(0,p_{\max})$ 时，其位移特性的非线形程度。如果非线性程度可接受，则执行下一步；否则调整（即减小）$\varepsilon_{r,\max}$，重新执行（1）。

(3) 由式（15.2.20）计算圆平膜片最大应力 $\sigma_{r,\max}$ 与许用应力 σ_b，若满足式（15.2.17），则上述设计合理，满足要求；否则调整（即减小）$\varepsilon_{r,\max}$，重新执行（1）。

选定 R，H 值后，可以根据一定的抗干扰准则来设计圆平膜片边界隔离部分的参数 H_1 和 H_2。本书不作深入讨论，给出如下经验值

$$\frac{H_1}{H} \geqslant 15 \qquad (15.2.21)$$

$$\frac{H_2}{H} \geqslant 15 \qquad (15.2.22)$$

2. 圆平膜片上压敏电阻位置设计

圆平膜片几何结构参数设计好后，就应当考虑压敏电阻在圆平膜片上的设计问题。

假设单晶硅圆平膜片的晶面方向为<001>，如图 15.2.8 所示。

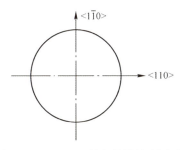

图 15.2.8 <001>晶向的单晶硅圆平膜片

根据单晶硅电阻的压敏效应（见 7.1 节）

$$\frac{\Delta R}{R} = \pi_a \sigma_a + \pi_n \sigma_n$$

对于周边固支的圆平膜片，借助式（3.3.48），在其上表面的半径 r 处，径向应力 σ_r、切向应力 σ_θ 与所承受的压力 p 间的关系为

$$\sigma_r = \frac{3p}{8H^2}[(1+\mu)R^2 - (3+\mu)r^2] \qquad (15.2.23)$$

$$\sigma_\theta = \frac{3p}{8H^2}[(1+\mu)R^2 - (1+3\mu)r^2] \qquad (15.2.24)$$

式中　R、H——分别为平膜片的工作半径（m）和厚度（m）；

　　　μ——平膜片材料的泊松比，取 $\mu = 0.18$。

图 3.3.11 给出了周边固支圆平膜片的上表面应力随半径 r 变化的曲线关系。

由式（15.2.23）可知：当 $r < \sqrt{\frac{1+\mu}{3+\mu}}R \approx 0.609R$ 时，$\sigma_r > 0$，圆平膜片上表面的径向正应力为拉伸应力；当 $r > 0.609R$ 时，$\sigma_r < 0$，圆平膜片上表面的径向正应力为压缩应力。

由式（15.2.24）可知：当 $r < \sqrt{\frac{1+\mu}{1+3\mu}}R \approx 0.875R$ 时，$\sigma_\theta > 0$，圆平膜片上表面的环向正应力为拉伸应力；当 $r > 0.875R$ 时，$\sigma_\theta < 0$，圆平膜片上表面的环向正应力为压缩应力。

依 7.1.3 节的有关分析可知：P 型硅（001）面内，当压敏电阻条的纵向与<100>（即 1 轴）的夹角为 α 时，该电阻条所在位置的纵向和横向压阻系数为

$$\pi_a \approx \frac{1}{2}\pi_{44}\sin^2 2\alpha \qquad (15.2.25)$$

$$\pi_n \approx -\frac{1}{2}\pi_{44}\sin^2 2\alpha \qquad (15.2.26)$$

如果压敏电阻条的纵向取圆膜片的径向，有

$$\sigma_a = \sigma_r$$
$$\sigma_n = \sigma_\theta$$

结合式（15.2.23）~式（15.2.26），则该电阻条的压阻效应可描述为

$$\left(\frac{\Delta R}{R}\right)_r = \pi_a\sigma_a + \pi_n\sigma_n = \pi_a\sigma_r + \pi_n\sigma_\theta = \frac{-3pr^2(1-\mu)\pi_{44}}{8H^2}\sin^2 2\alpha \qquad (15.2.27)$$

如果压敏电阻条的纵向取圆膜片的切向，有

$$\sigma_a = \sigma_\theta$$
$$\sigma_n = \sigma_r$$

结合式（15.2.23）~式（15.2.26），则该电阻条的压阻效应可描述为

$$\left(\frac{\Delta R}{R}\right)_\theta = \pi_a\sigma_a + \pi_n\sigma_n = \pi_a\sigma_\theta + \pi_n\sigma_r = \frac{3pr^2(1-\mu)\pi_{44}}{8H^2}\sin^2 2\alpha \quad (15.2.28)$$

对比式（15.2.27）和式（15.2.28）可知：在单晶硅的（001）面内，如果将 P 型压敏电阻条分别设置在圆平膜片的径向和切向时，它们的变化是互为反向的，即径向电阻条的电阻值随压力单调减小，切向电阻条的电阻值随压力单调增加，而且减小量与增加量是相等的。这一规律为设计压敏电阻条提供了条件。

另一方面，上述压阻效应也是电阻条的纵向与<100>方向夹角 α 的函数，当 α 取 45°（此为<110>晶向），135°（此为<$\bar{1}$10>晶向），225°（此为<110>晶向），315°（此为<1$\bar{1}$0>晶向）时，压阻效应最显著，即压敏电阻条应该设置在上述位置的径向与切向。这时，在圆平膜片的径向和切向，P 型电阻条的压阻效应可描述为

$$\left(\frac{\Delta R}{R}\right)_r = \frac{-3pr^2(1-\mu)\pi_{44}}{8H^2} \quad (15.2.29)$$

$$\left(\frac{\Delta R}{R}\right)_\theta = \frac{3pr^2(1-\mu)\pi_{44}}{8H^2} \quad (15.2.30)$$

图 15.2.9 为压敏电阻相对变化的规律。按此规律即可将电阻条设置于圆形膜片的边缘处，即靠近平膜片的固支处（$r=R$）。这样，沿径向和切向各设置两个 P 型压敏电阻条。

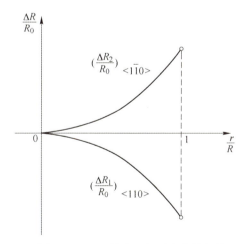

图 15.2.9　压敏电阻相对变化的规律

应当指出，这里没有考虑电阻条长度对其压阻效应的影响。事实上，压敏电阻条相对于圆平膜片的半径不是非常小时，压敏电阻条的压阻效应应当是整个压敏电阻条的综合效应，而绝非一点处的效应。这一点对于分析传感器特性的非线性及其有关因素的影响、温度误差至关重要，这里不作深入讨论。

3. 电桥输出电路

由上述设置的四个压敏电阻构成的四臂受感电桥就可以把压力的变化转换为电压的变化。当压力为零时，四个桥臂的电阻值相等，电桥输出电压为零；当压力不为零时，四个桥臂的电阻值发生变化，电桥输出电压与压力成线性关系。这样即可通过检测电桥输出电压，实现对压力的测量。采用恒压源供电的电路，如图15.2.10所示。假设四个受感电阻的初始值完全一样，均为R，当有被测压力作用时，两个敏感电阻增加，增加量为$\Delta R(p)$；两个敏感电阻减小，减小量为$-\Delta R(p)$。同时考虑温度的影响，使每一个压敏电阻都有$\Delta R(T)$的增加量。借助于式（5.5.29）可得图15.2.10所示的电桥输出为

$$U_{\text{out}} = U_{\text{BD}} = \frac{\Delta R(p) U_{\text{in}}}{R + \Delta R(T)} \quad (15.2.31)$$

当不考虑温度影响时，$\Delta R(T) = 0$，于是有

$$U_{\text{out}} = \frac{\Delta R(p) U_{\text{in}}}{R} \quad (15.2.32)$$

式（15.2.32）表明：四臂受感电桥的输出与压敏电阻的变化率$\frac{\Delta R(p)}{R}$成正比，与所加的工作电压U_{in}成正比；当其变化时会影响传感器的测量精度。

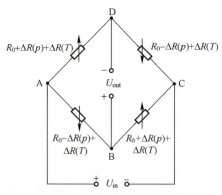

图15.2.10 恒压源供电电桥

同时，当 $\Delta R(T) \neq 0$ 时，电桥输出与温度有关，且为非线性的关系，所以采用恒压源供电不能完全消除温度误差。

当采用恒流源供电时，如图 15.2.11 所示。在上述压敏电阻以及与被测压力、温度的变化规律的假设下，借助式（5.5.31），可得图 15.2.11 所示恒流源电桥的输出为

$$U_{out} = U_{BD} = \Delta R(p) I_0 \qquad (15.2.33)$$

电桥的输出与压敏电阻的变化率 $\Delta R(p)$ 成正比，即与被测量成正比；电桥的输出也与恒流源供电电流 I_0 成正比，即传感器的输出与供电恒流源的电流大小和精度有关。但电桥输出与温度无关，这是恒流源供电的最大优点。通常恒流源供电要比恒压源供电的稳定性高，加之有与温度无关的优点，因此在硅压阻式传感器中主要采用恒流源供电工作方式。

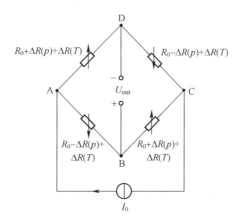

图 15.2.11　恒流源供电电桥

事实上，恒流源两端的电压为

$$U_{AC} = [R + \Delta R(T)] I_0 \qquad (15.2.34)$$

这或许提供了一种温度测量的方法。

4. 动态特性分析

式（3.3.54）提供了计算圆平膜片弯曲振动的基频（Hz）公式，即

$$f_{R,B1} \approx \frac{0.469H}{R^2} \sqrt{\frac{E}{\rho(1-\mu^2)}}$$

对于用于测量动态过程的硅压阻式压力传感器，应当考虑其可能的最大工作频率。首先基于式（3.3.54）估算圆平膜片敏感元件自身的最低阶固有频率，其次利用 2.2.2 节的有关内容对传感器的最高工作频率进行评估。事

实上，对于该硅压阻式压力传感器，可以将传感器系统看成一个固有频率为 $\omega_n = 2\pi f_{R,B1}$ 的等效的二阶系统，由表 2.2.2 来确定二阶测试系统不同的允许相对动态误差 σ_F 值所对应的频域最佳阻尼比 $\zeta_{\text{best},\sigma_F}$ 和相应的最高工作频率与固有频率的比值 $\omega_{g\max}/\omega_n$，从而获得传感器系统的最高工作频率。

15.2.4 电容式压力传感器

1. 圆平膜片电容式压力传感器

图 15.2.12 为一种典型的电容式差压传感器的原理结构示意图。图中上、下两端的隔离膜片与弹性敏感元件（圆平膜片）之间充满硅油。圆平膜片是差动电容变换元件的活动极板。差动电容变换元件的固定极板是在石英玻璃上镀有金属的球面电极。差压作用下圆平膜片产生位移，使差动电容式变换器的电容发生变化。通过检测电容变换元件的电容（变化量）实现对压力的测量。

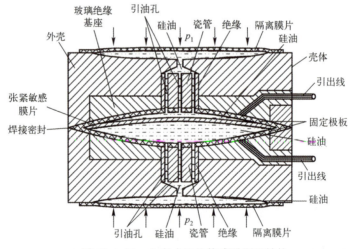

图 15.2.12 电容式压差传感器原理结构

作为周边固支的圆平膜片敏感元件，压力差 $p = p_2 - p_1$ 作用下的法向位移为

$$w(r) = \frac{3p}{16EH^3}(1-\mu^2)(R^2-r^2)^2 \tag{15.2.35}$$

式中　R、H——分别为圆平膜片的半径（m）和厚度（m）；
　　　E、μ——分别为材料的弹性模量（Pa）和泊松比；
　　　r——圆平膜片的径向坐标（m）。

考虑上、下球面电极完全对称，则它们与圆平膜片活动电极之间的电容量分别为

$$C_{\text{up}} = \int_0^{R_0} \frac{2\pi r \varepsilon}{\delta_0(r) - w(r)} \mathrm{d}r \qquad (15.2.36)$$

$$C_{\text{down}} = \int_0^{R_0} \frac{2\pi r \varepsilon}{\delta_0(r) + w(r)} \mathrm{d}r \qquad (15.2.37)$$

式中　$\delta_0(r)$——压力差为零时，半径 r 处固定极板与活动极板之间的距离（m）；

R_0——固定极板与活动极板对应的最大有效半径（m），满足 $R_0 \leqslant R$；

ε——极板间介质的介电常数（F/m）。

C_{up} 与 C_{down} 构成了差动电容组合形式，可以选用 8.3 节中的相关测量电路。

为提高传感器的灵敏度，可适当增大单位压力引起的圆平膜片的法向位移；但为了保证传感器工作特性的稳定性、重复性和可靠性，应适当限制法向位移。

2. 基于方平膜片的硅电容式集成压力传感器

图 15.2.13 为差动输出的硅电容式集成压力传感器结构示意图。核心部件是一个对压力敏感的电容器 C_p 和固定的参考电容 C_{ref}。敏感电容 C_p 位于感压硅膜片上，参考电容 C_{ref} 则位于压力敏感区之外。感压的方形硅膜片采用化学腐蚀法制作在硅芯片上，硅芯片的上、下两侧用静电键合技术分别与硼硅酸玻璃固接在一起，形成有一定间隙的电容器 C_p 和 C_{ref}。

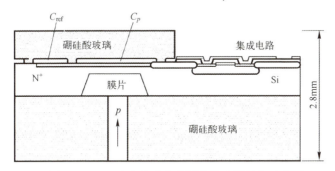

▼ 图 15.2.13　硅电容式集成压力传感器结构示意图

当硅膜片感受压力 p 的作用变形时，导致 C_p 变化，可表述为

$$C_p = \iint_{S_0} \frac{\varepsilon}{\delta_0 - w(p,x,y)} \mathrm{d}S = \frac{\varepsilon_r \varepsilon_0}{\delta_0} \iint_{S_0} \frac{\mathrm{d}x \mathrm{d}y}{\left[1 - \dfrac{w(p,x,y)}{\delta_0}\right]} \qquad (15.2.38)$$

式中 S_0——感压膜片上形成电容的电极面积（m²），小于膜片自身的面积；

δ_0——压力 $p=0$ 时，固定极板与活动极板（感压膜片）间的距离（m）；

ε_r——固定极板与活动极板间介质的相对介电常数；

ε_0——真空中的介电常数（F/m），$\varepsilon_0 \approx 8.854\times10^{-12}$ F/m；

$w(p,x,y)$——方形膜片在压力作用下的法向位移（m）。

考虑周边固支的方形膜片，借助于式（3.3.63）与式（3.3.64），在均布压力 p 的作用下，小挠度变形情况下，方平膜片的法向位移可写为

$$w(p,x,y) = \overline{W}_{S,\max} H \left(\frac{x^2}{A^2} - 1 \right)^2 \left(\frac{y^2}{A^2} - 1 \right)^2 \qquad (15.2.39)$$

$$\overline{W}_{S,\max} = \frac{49p(1-\mu^2)}{192E}\left(\frac{A}{H}\right)^4 \qquad (15.2.40)$$

式中 $\overline{W}_{S,\max}$——方形平膜片的最大法向位移与其厚度的比值；

A、H——分别为方形平膜片的半边长（m）和厚度（m）；

E、μ——分别为材料的弹性模量（Pa）和泊松比。

对于硅电容式集成压力传感器，初始电容值非常小，故其改变量 $\Delta C_{p0} = C_p - C_{p0}$ 将更小。

因此，必须将敏感电容器和参考电容与后续的信号处理电路尽可能靠近或制作在一块硅片上，才有实用价值。图 15.2.13 所示的硅电容式集成压力传感器就是按这样的思路设计、制作的。压力敏感电容 C_p、参考电容 C_{ref} 与测量电路制作在一块硅片上，构成集成式硅电容式压力传感器。该传感器采用的差动方案的优点主要是测量电路对杂散电容和环境温度的变化不敏感，缺点是对过载、随机振动的干扰的抑止作用较小。

15.2.5 压电式压力传感器

压电式压力传感器主要用于测量动态压力，它具有体积小、质量小、工作可靠、频带宽等优点，但不宜用于静态压力测量。

图 15.2.14 给出了一种膜片式压电压力传感器的结构。为了保证传感器具有良好的长期稳定性和线性度，而且能在较高的环境温度下正常工作，压电元件采用两片 $xy(X0°)$ 切型的石英晶片，并联连接。作用在膜片上的压力通过传力块施加到石英晶片上，使晶片产生厚度变形，为了保证在压力（尤其是高压力）作用下，石英晶片的变形量（约零点几～几微米）不受损失，传感器的壳体及后座（即芯体）的刚度要大。从弹性波的传递考虑，要求通

过传力块及导电片的作用力快速而无损耗地传递到压电元件上，为此传力块及导电片应采用高音速材料，如不锈钢等。

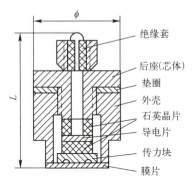

图 15.2.14 膜片式压电压力传感器

两片石英晶片输出的总电荷量为

$$q = 2d_{11}Sp \quad (15.2.41)$$

式中 d_{11}——石英晶体的压电常数（C/N）；

S——膜片的有效面积（m^2）；

p——压力（Pa）。

这种结构的压力传感器优点：具有较高的灵敏度和分辨率，便于小型化。缺点：压电元件的预压缩应力是通过拧紧芯体施加的，这将使膜片产生弯曲变形，造成传感器的线性度和动态性能变坏；此外，当膜片受环境温度影响而发生变形时，压电元件的预压缩应力将会发生变化，使输出产生不稳定现象。

为了克服压电元件在预载过程中引起膜片的变形，可采取预紧筒加载结构，如图 15.2.15 所示。预紧筒是一个薄壁厚底的金属圆筒。通过拉紧预紧筒对石英晶片组施加预压缩应力。在加载状态下用电子束焊将预紧筒与芯体焊成一体。感受压力的薄膜片是后来焊接到壳体上去的，它不会在压电元件的预加载过程中发生变形。

采用预紧筒加载结构还有一个优点，即在预紧筒外围的空腔内可以注入冷却水，降低晶片温度，以保证传感器在较高的环境温度下正常工作。

图 15.2.16 给出了活塞式压电压力传感器的结构图。该传感器是利用活塞将压力转换为集中力后直接施加到压电晶体上，使之产生相应的电荷输出。压电式压力传感器的等效电路图如图 15.2.17 所示。

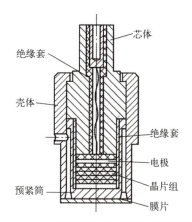

图 15.2.15 预紧筒加载的压电式压力传感器

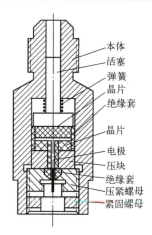

图 15.2.16 活塞式压电压力传感器

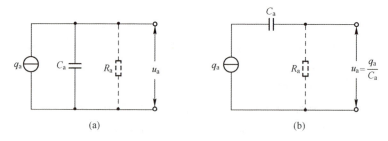

图 15.2.17 活塞式压电传感器的等效电路

（a）电荷等效电路；（b）电压等效电路。

q_a：压电晶体两极板间的电荷量；C_a：压电晶体两极板间的电容量；R_a：由压电晶体两极板间的漏电阻、引线间的绝缘电阻和传感器的负载电阻等形成的等效电阻。

由等效电路图可以看出，若 R_a 不是足够大，则压电晶体两极板上的电荷将通过它迅速泄漏，这给测量带来较大误差。一般情况下要求 R_a 不低于 $10^{10}\Omega$；若测量准态压力，则要求 R_a 高达 $10^{12}\Omega$ 以上。

活塞式压电传感器每次使用后都需要将传感器拆开清洗、干燥并再次在净化条件下重新装配，十分不便，并且其频率特性也不理想。

15.2.6　差动电感式压力传感器

图 15.2.18 所示为采用图 9.1.4 的差动电感式变换原理，测量差压用的变气隙差动电感式压力传感器的原理示意图。它由在结构上和电气参数上完全对称的两部分组成。平膜片感受压力差，并作为衔铁使用。采用差动接法具有非线性误差小、零位输出小、电磁吸力小以及温度和其他外界干扰影响较小等优点。

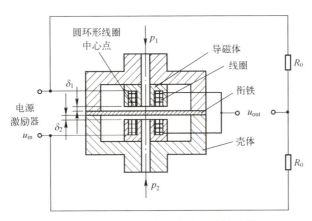

图 15.2.18　差动电感式压力传感器

当所测压力差 $\Delta p = 0$ 时，两边电感起始气隙长度相等，即 $\delta_1 = \delta_2 = \delta_0$，因而两个电感的磁阻相等、阻抗相等，即 $Z_1 = Z_2 = Z_0$；此时电桥电路处于平衡状态，输出电压为零。当所测压力差 $\Delta p \neq 0$ 时，$\delta_1 \neq \delta_2$，则两个电感的磁阻不等、阻抗不等，即 $Z_1 \neq Z_2$；电桥电路输出电压的大小反映被测压力差的大小。若在设计时保证在所测压力差范围内电感气隙长度的变化量很小，那么电桥电路输出电压将与被测压力差成正比，电压的正、反相位代表压力差的正、负。

借助于 9.1.2 节的讨论，考虑到圆环形的外半径与内半径之差远小于圆平膜片的半径，线圈气隙可以近似用圆环形线圈中心环的半径计算，传感器

输出为

$$u_{\text{out}} = \frac{\Delta\delta}{2\delta_0} u_{\text{in}} \qquad (15.2.42)$$

$$\Delta\delta = \frac{3\Delta p(1-\mu^2)}{16EH^3}(R^2-R_0^2)^2 \qquad (15.2.43)$$

式中　R_0——圆环形线圈中心环的半径（m），参见图 15.2.18 的圆环形线圈中心点；

R、H——圆平膜片的半径（m），厚度（m）；

E、μ——材料的弹性模量（Pa），泊松比。

$$\Delta p = \frac{32EH^3\delta_0}{3(1-\mu^2)(R^2-R_0^2)^2} \cdot \frac{u_{\text{out}}}{u_{\text{in}}} \qquad (15.2.44)$$

应该注意的是，这种测量电路的传感器，频率响应不仅取决于传感器本身的结构参数，还取决于电源振荡器的频率、滤波器及放大器的频带宽度。一般情况下，电源振荡器的频率选择在 10~20kHz。

15.3　谐振式压力传感器

15.3.1　谐振弦式压力传感器

1. 结构与原理

图 15.3.1 给出了谐振弦式压力传感器的原理示意图。它由谐振弦、磁铁线圈组件、振弦夹紧机构等元部件组成。

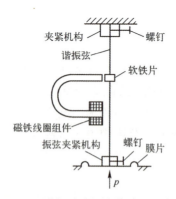

▼ 图 15.3.1　谐振弦式压力传感器原理示意图

振弦是一根弦丝或弦带,其上端用夹紧机构夹紧,并与壳体固连,其下端用夹紧机构夹紧,并与膜片的硬中心固连。振弦夹紧时加一固定的预紧力。

磁铁线圈组件是产生激振力和检测振动频率的。磁铁可以是永久磁铁和直流电磁铁。根据激振方式的不同,磁铁线圈组件可以是一个或两个。当用一个磁铁线圈组件时,线圈又是激振线圈又是拾振线圈。当线圈中通以脉冲电流时,固定在振弦上的软铁片被磁铁吸住,对振弦施加激励力。当不加脉冲电流时,软铁片被释放,振弦以某一固有频率自由振动,从而在磁铁线圈组件中感应出与振弦频率相同的感应电势。由于空气阻尼的影响,振弦的自由振动逐渐衰减,故在激振线圈中加上与振弦固有频率相同的脉冲电流,以使振弦维持振动。

被测压力不同,加在振弦上的张紧力不同,振弦的等效刚度不同,因此振弦的固有频率不同。通过测量振弦的固有频率就可以测出被测压力的大小。

2. 特性方程

振弦的固有频率可以写为

$$f=\frac{1}{2\pi}\sqrt{\frac{k}{m}} \tag{15.3.1}$$

式中 m、k——振弦工作段的质量(kg)和横向刚度(N/m)。

振弦的横向刚度与弦的张紧力的关系为

$$k=\frac{\pi^2(T_0+T_x)}{L} \tag{15.3.2}$$

式中 T_0、T_x——作用于振弦的初始张紧力(N)和被测张紧力(N);

L——振弦工作段长度(m)。

振弦的固有频率为

$$f=\frac{1}{2}\sqrt{\frac{T_0+T_x}{mL}} \tag{15.3.3}$$

式(15.3.3)可见,振弦的固有频率与张紧力是非线性函数关系。被测压力不同,加在振弦上的张紧力不同,因此振弦的固有频率不同。测量此固有频率就可以测出被测压力的大小,亦即拾振线圈中感应电势的频率与被测压力有关。

3. 激励方式

图15.3.2给出了谐振弦式压力传感器的两种激励方式。图15.3.2(a)为间歇式激励方式,图15.3.2(b)为连续式激励方式。

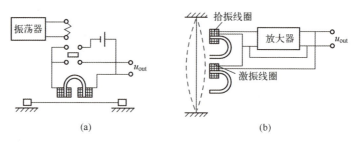

图 15.3.2 振弦的激励方式
(a) 间歇式；(b) 连续式。

在连续式激励方式中，有两个磁铁线圈组件，线圈 1 为激振线圈，线圈 2 为拾振线圈。线圈 2 的感应电势经放大后，一方面作为输出信号，另一方面又反馈到激振线圈 1，只要放大后的信号满足振弦系统振荡所需的幅值和相位，振弦就会维持振动。

4. 特点

振弦式压力传感器具有灵敏度高、测量精确度高、结构简单、体积小、功耗低和惯性小等优点。

15.3.2　谐振筒式压力传感器

1. 结构与原理

图 15.3.3 给出了谐振筒式压力传感器的原理示意图，它由传感器本体和激励放大器两部分组成。

传感器本体由谐振筒、拾振线圈、激振线圈组成。该传感器是绝压传感器，所以谐振筒与壳体间为真空；谐振筒由车削或旋压拉伸而成型，再经过严格的热处理工艺制成；其材料通常为 3J53 或 3J58-恒弹合金（国外称 Ni-Span-C）。谐振筒的典型尺寸为：直径 16~18mm，壁厚 0.07~0.08mm，有效长度 50~60mm。一般要求其 Q 值大于 3000。

根据谐振筒的结构特点及参数范围，图 15.3.4 给出了其可能的振动振型。m 为沿谐振筒母线（轴线）方向振型的半（周）波数，n 为沿谐振筒环线（圆周）方向振型的整（周）波数。

图 15.3.5 给出了振动振型与应变能间的关系示意图。当 $m=1$ 时，n 为 3~4 间所需的应变能最小，故谐振筒式压力传感器设计时一般都选其 $m=1$，$n=4$。

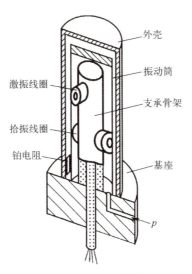

图 15.3.3 谐振筒式压力传感器原理示意图

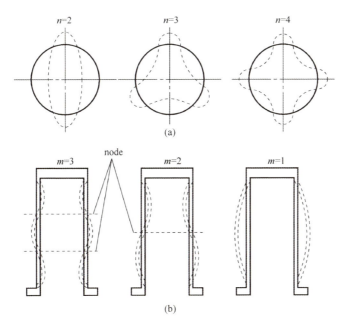

图 15.3.4 谐振筒可能具有的振动振型
(a) 环线方向的振型;(b) 母线方向的振型。

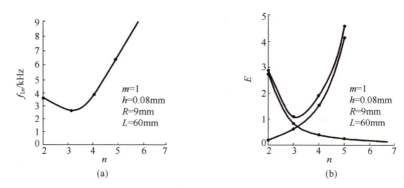

图 15.3.5 谐振筒振动模式与应变能间的关系
（a）最低固有频率随周向波数 n 的变化曲线；（b）拉伸和弯曲应变能与 n 的关系曲线。

通入谐振筒的被测压力不同时，谐振筒的等效刚度不同，因此谐振筒的固有频率不同。通过测量谐振筒的固有频率就可以测出被测压力的大小。

2. 特性方程

谐振筒内的压力与所对应的固有频率 $f(p)$ 间的关系相当复杂，很难给出简单的解析模型，这里给出一个近似计算公式，即

$$f(p) = f_0 \sqrt{1+Cp} \tag{15.3.4}$$

$$f_0 = \frac{1}{2\pi} \sqrt{\frac{E}{\rho R^2 (1-\mu^2)}} \sqrt{\Omega_{mn}} \tag{15.3.5}$$

$$\Omega_{mn} = \frac{(1-\mu)^2 \lambda^4}{(\lambda^2+n^2)^2} + \alpha (\lambda^2+n^2)^2$$

$$\lambda = \frac{\pi R m}{L}$$

$$\alpha = \frac{h^2}{12R^2}$$

式中　f_0——压力为零时谐振筒的固有频率（Hz）；

　　　p——被测压力（Pa）；

　　　C——与振筒材料、物理参数有关的系数（Pa^{-1}）；

　　　R、L、h——谐振筒的中柱面半径（m）、工作部分长度（m）和厚度（m）；

　　　ρ、E、μ——谐振筒材料的密度（kg/m^3）、弹性模量（Pa）和泊松比。

3. 激励方式

拾振和激振线圈都由铁芯和线圈组成，为了尽可能减小它们间的电磁耦

合，故设置它们在芯子上相距一定的距离且相互垂直。拾振线圈的铁芯为磁钢，激振线圈的铁芯为软铁。拾振线圈的输出电压与谐振筒的振动速度 dx/dt 成正比；激振线圈的激振力 $f_B(t)$ 与线圈中流过的电流的平方成正比。因此，若线圈中通入如下式的电流 $i(t)$，则产生激振力 $f_B(t)$：

$$i(t) = I_0 + I_m \sin\omega t \tag{15.3.6}$$

$$f_B(t) = K_f (I_0 + I_m \sin\omega t)^2 = K_f \left(I_0^2 + \frac{1}{2}I_m^2 + 2I_0 I_m \sin\omega t - \frac{1}{2}I_m^2 \cos 2\omega t \right)$$

$$\tag{15.3.7}$$

当满足 $I_0 \gg I_m$ 时，由式（15.3.7）可知：激振力 $f_B(t)$ 中交变力的主要成分是与激振电流 $i(t)$ 同频率的分量。

对于电磁激励方式，要防止外磁场对传感器的干扰，应当把维持振荡的电磁装置屏蔽起来。通常可用高导磁率合金材料制成同轴外筒，即可达到屏蔽目的。

除了电磁激励方式外，也可以采用如图 15.3.6 所示的压电激励方式。利用压电换能元件的正压电特性检测谐振筒的振动，逆压电特性产生激振力；采用电荷放大器构成闭环自激电路。压电激励的谐振筒压力传感器在结构、体积、功耗、抗干扰能力、生产成本等方面优于电磁激励方式，但传感器的迟滞可能稍高些。

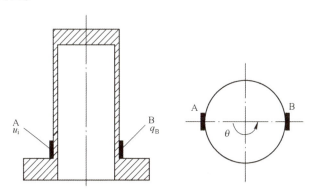

图 15.3.6 谐振筒式压力传感器的压电激励方式

4. 特性的解算

通过激励放大电路后传感器的输出已是准数字频率信号，稳定性极高，不受传递信息的影响，可以用一般数字频率计读出，但是不能直接给出压力值，这是由于被测压力与输出频率不成线性关系（见式（15.3.4））；一般具有图 15.3.7 的特性，当压力为零时，有一较高的初始频率，随着被测压力增加，频率增大。利用压力与频率的关系，可以通过专用电路或芯片解算出压力。

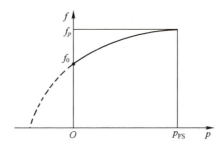

图 15.3.7　谐振筒式压力传感器的频率压力特性

5. 温度误差与补偿

对于谐振筒式压力传感器，环境温度有两种不同途径影响传感器：

（1）谐振筒金属材料的弹性模量 E 随温度而变化，其长度、厚度和半径等也随温度略有变化，但因采用的是恒弹材料，这些影响相对比较小。

（2）温度对被测气体密度的影响，筒内气体质量随气体压力和温度变化，测量过程中，被测气体充满筒内空间。当圆筒振动时，其内部的气体也随筒一起振动，气体质量必然附加在筒的质量上。气体密度的变化引起了测量误差。气体密度 ρ_{gas} 可用下式表示

$$\rho_{gas} = K_{gas} \frac{p}{T} \tag{15.3.8}$$

式中　p——待测压力（Pa）；

　　　T——热力学温度（K）；

　　　K_{gas}——取决于气体成分的系数。

可见，对于谐振筒式压力传感器，气体密度的影响表现为温度误差。实际测试表明，在 -55~125℃ 范围，输出频率的变化约为 2%，即温度误差约为 0.01%/℃。在要求不高的场合，可以不考虑，但在高精度测量时，必须进行温度补偿。

温度误差补偿的实用方法就是基于温度对频率的影响规律。通过对谐振筒式压力传感器在不同温度、不同压力值下的测试，可以得到对应于不同压力下的传感器的温度误差特性，利用这一特性，在计算机软件支持下，对传感器温度误差进行修正，以达到预期的测量精度。温度传感器可以采用石英

晶体温度传感器，二极管温度传感器或铂热电阻温度传感器等。石英晶体温度传感器的输出频率与温度成单值函数关系，输出频率量可以与传感器的输出电路一起处理，使压力传感器在 $-55 \sim 125$℃ 温度范围内工作的总精度达到 0.01%。

此外，也可以采用"双模态"技术来减小谐振筒压力传感器的温度误差。由于谐振筒的 21 次模（$n=2$，$m=1$）的频率、压力特性变化非常小；41 次模（$n=4$，$m=1$）的频率、压力特性变化比较大，大约是 21 次模的 20 倍以上。同时温度对上述两个不同振动模态的频率特性影响规律比较接近。因此当选择上述两个模态作为谐振筒的工作模态时，可以采用"差动检测"原理来改善谐振筒式压力传感器的温度误差。当谐振筒采用"双模态"工作方式时，对其加工工艺、激振拾振方式、放大电路、信号处理等方面都提出了更高的要求。

6. 应用特点

谐振筒式压力传感器的精度比一般模拟量输出的压力传感器高 1~2 个数量级，工作可靠，长期稳定性好，重复性高，尤其适宜于比较恶劣环境条件下的测试。实测表明，该传感器在 $10g$ 振动加速度作用下，误差仅为 0.0045%FS；电源电压波动 20% 时，误差仅为 0.0015%FS。由于这一系列独特的优点，近年来，高性能超声速飞机上已装备了谐振筒式压力传感器，获得飞行中的正确高度和速度；经计算机直接解算可进行大气数据参数测量。同时，它还可以作压力测试的标准装置，也可用来代替无汞压力计。

15.3.3 谐振膜式压力传感器

1. 结构与原理

图 15.3.8 为谐振膜式压力传感器的原理图。周边固支的圆平膜片是谐振弹性敏感元件，在膜片中心处安装激振电磁线圈。膜片边缘贴有半导体应变片以拾取其振动。在传感器基座上装有引压管嘴。传感器的参考压力腔和被测压力腔以膜片所分隔。被测压力变化时，引起圆平膜片刚度的变化，导致固有频率发生相应变化，通过谐振膜的固有频率可以解算被测压力。

激振电磁线圈使圆平膜片以其固有频率振动，在膜片边缘处通过半导体应变片检测其振动信号，经电桥电路输出送至放大电路。该信号一方面反馈到激振线圈，维持膜片振动，另一方面经整形后输出方波信号给后续测量电路，解算出被测压力。

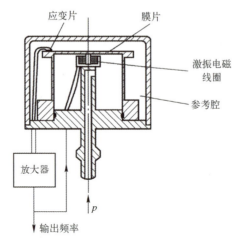

图 15.3.8　谐振膜式压力传感器原理示意图

2. 特性方程

圆平膜片最低阶固有频率（Hz）与其感受的压力（Pa）之间的关系可以近似描述为

$$f_{R,B1}(p) = \frac{0.469H}{R^2}\sqrt{\frac{E}{\rho(1-\mu^2)}}\sqrt{1+\frac{(1+\mu)(173-73\mu)}{120}\left(\frac{W_{R,C}}{H}\right)^2} \quad (15.3.9)$$

$$p = \frac{16E}{3(1-\mu^2)}\left(\frac{H}{R}\right)^4\left[\frac{W_{R,C}}{H}+\frac{(1+\mu)(173-73\mu)}{360}\left(\frac{W_{R,C}}{H}\right)^3\right] \quad (15.3.10)$$

应当指出：计算圆平膜片在不同压力下的最低阶固有频率 $f_{R,B1}(p)$ 时，应首先由式（15.3.10）计算出压力 p 对应的圆平膜片的最大法向位移 $W_{R,C}$，然后将 $W_{R,C}$ 代入式（15.3.9）再计算。

利用上述模型可知，零压力下，圆平膜片最低阶固有频率与 H/R^2 成正比；对于相同的半径 R，当厚度 H 增加时，最大法向位移与厚度之比 $W_{R,C}/H$ 将减小，压力引起的相对频率变化率也将减小。实际设计结构参数时，可以根据被测压力范围与圆平膜片适当的频率范围及相对变化率，优化出圆平膜片的半径 R 和厚度 H。

3. 应用特点

与谐振筒式压力传感器相比，谐振膜式压力传感器同样具有很高精度，而且谐振膜敏感元件的压力-频率特性的灵敏度较高、体积小、质量小、结构简单，也可作为关键传感器用于高性能超声速飞机的大气参数系统，可以作为压力测试的标准仪器。

15.3.4 石英谐振梁式压力传感器

上述三种谐振式压力传感器,由于均用金属材料做振动敏感元件,因此材料性能的长期稳定性、老化和蠕变都可能造成频率漂移,而且易受电磁场的干扰和环境振动的影响,因此零点和灵敏度不易稳定。

石英晶体具有稳定的固有振动频率,当强迫振动等于其固有振动频率时,便产生谐振。利用这一特性可组成石英晶体谐振器,用不同尺寸和不同振动模式可做成从几千赫兹~几百兆赫兹的石英谐振器。

利用石英谐振器,可以研制石英谐振式压力传感器。由于石英谐振器的机械品质因素非常高,固有频率高,频带很窄,对抑制干扰、减少相角偏差所引起的频率误差很有利;因而做成压力传感器时,其精度和稳定性均很高,而且动态响应好。尽管石英的加工比较困难,但石英谐振式压力传感器仍然是一种非常理想的压力传感器。

1. 结构与原理

图 15.3.9 给出了由石英晶体谐振器构成的振梁式差压传感器。两个相对的波纹管用来接受输入压力 p_1 和 p_2,作用在波纹管有效面积上的压力差产生一个合力,形成了一个绕支点的力矩,该力矩由石英晶体谐振梁(图 15.3.10)的拉伸力或压缩力来平衡,这样就改变了石英晶体的谐振频率。频率的变化是被测压力的单值函数,从而达到了测量目的。

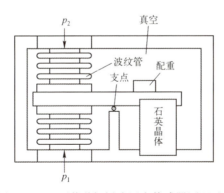

图 15.3.9 石英谐振梁式压力传感器原理示意图

图 15.3.10 给出了石英谐振梁及其隔离结构的整体示意图。石英谐振梁是该压力传感器的敏感元件,横跨在图 15.3.10 所示结构的正中央。谐振梁两端的隔离结构的作用是防止反作用力和力矩造成基座上的能量损失,从而

使品质因数 Q 值降低；同时不让外界的有害干扰传递进来，降低稳定性，影响谐振器的性能。梁的形状选择应使其成为一种以弯曲方式振动的两端固支梁，这种形状感受力的灵敏度高。

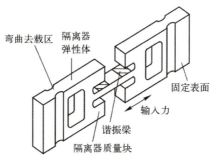

▼ 图 15.3.10　梁式石英晶体谐振器

在振动梁的上下两面蒸发沉积着四个电极。利用石英晶体自身的压电效应，当四个电极加上电场后，梁在一阶弯曲振动状态下起振，未输入压力时，其自然谐振频率主要决定于梁的几何形状和结构。当电场加到梁晶体上时，矩形梁变成平行四边形梁，如图 15.3.11 所示。梁歪斜的形状取决于所加电场的极性。当斜对着的一组电极与另一组电极的极性相反时，梁呈一阶弯曲状态，一旦变换电场极性，梁就朝相反方向弯曲。这样，当用一个维持振荡电路代替所加电场时，梁就会发生谐振，并由测量电路维持振荡。

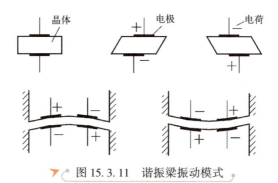

▼ 图 15.3.11　谐振梁振动模式

当输入压力 $p_1 < p_2$，振动梁受拉伸力（图 15.3.9 和图 15.3.10），梁的刚度增加，谐振频率上升。反之，$p_1 > p_2$ 时振动梁受压缩，谐振频率下降。因此，输出频率的变化反映了输入压力的大小。

波纹管采用高纯度材料经特殊加工制成，其作用是把输入压力差转换为振动梁上的轴向力（沿梁的长度方向）。为了提高测量精度，波纹管的迟滞要小。

当石英晶体谐振器的形状、几何参数、位置决定后，配重可以调节运动组件的重心与支点重合。在受到外界加速度干扰时，配重还有补偿加速度的作用，因其力臂几乎是零，使得谐振器仅仅感受压力引起的力矩，而对其他外力不敏感。

2. 特性方程

根据图 15.3.9 的结构，输入压力 p_1 和 p_2 转换为梁所受到的轴向力的关系为

$$T_x = \frac{L_1}{L_2}(p_2 - p_1)A_E = \frac{L_1}{L_2}(p_2 - p_1)A_E = \frac{L_1}{L_2}\Delta p A_E \quad (15.3.11)$$

式中　A_E——波纹管的有效面积（m²）；

Δp——压力差（Pa），$\Delta p = p_2 - p_1$；

L_1、L_2——波纹管到支撑点的距离（m）和振动梁到支撑点的距离（m）。

根据梁的弯曲变形理论，当梁受有轴向作用力 T_x 时，其最低阶（一阶）固有频率 f_1 与力 T_x 的关系为

$$f_1 = f_{10}\sqrt{1 + 0.295\frac{T_x L^2}{Ebh^3}} = f_{10}\sqrt{1 + 0.295\frac{L_1}{L_2} \cdot \frac{\Delta p A_E}{Ebh} \cdot \frac{L^2}{h^2}} \quad (15.3.12)$$

$$f_{10} = \frac{4.73^2 h}{2\pi L^2}\sqrt{\frac{E}{12\rho}} \quad (15.3.13)$$

式中　f_{10}——零压力时振动梁的一阶弯曲固有频率（Hz）；

L、b、h——振动梁工作部分的长度（m）、宽度（m）和厚度（m）；

ρ、E——振动梁材料的密度（kg/m³）、弹性模量（Pa）。

3. 特点

这种传感器有许多优点：对温度、振动、加速度等外界干扰不敏感。有实测数据表明：其灵敏度温漂为 $4 \times 10^{-5} \%/\text{℃}$、加速度灵敏度 $8 \times 10^{-4} \%/g$、稳定性好、体积小、质量小、Q 值高、动态响应好等。这种传感器目前已用于机载大气数据系统、喷气发动机试验、数字程序控制及压力二次标准仪表等。

15.3.5　硅谐振式压力微传感器

以精密合金为材料制成的谐振筒式压力传感器、谐振膜式压力传感器在

航空机载、航空地面测试、气象、计量等需要精密测量压力的领域得到了充分的应用。但这些谐振式压力传感器都存在着体积较大、功耗较高、响应较慢等弱点。

结合硅材料优良的机械性质、微结构加工工艺，以谐振式传感器技术发展起来的硅微结构谐振式压力传感器有效地改善了上述不足。下面以一种典型的热激励微结构谐振式压力传感器进行相关讨论。

1. 敏感结构及数学模型

图 15.3.12 为一种热激励硅微结构谐振式压力传感器的敏感结构，由方形平膜片、双端固支梁谐振子和边界隔离部分构成。方形硅膜片作为一次敏感元件，直接感受被测压力 p，使膜片产生应变与应力；在膜片上表面制作浅槽和硅梁，硅梁为二次敏感元件，感受膜片上的应力，即间接感受被测压力。被测压力使梁谐振子的等效刚度发生变化，从而引起梁的固有频率变化。通过检测梁谐振子固有频率的变化，即可间接测出外部压力的变化。

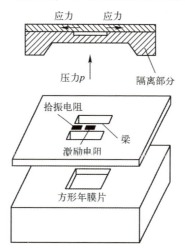

图 15.3.12　硅微结构谐振式压力传感器的敏感结构

在膜片的中心建立直角坐标系，如图 15.3.13 所示。xOy 平面与膜片的中平面重合，z 轴向上。被测压力 p 引起方形平膜片的法向位移为

$$w(p,x,y) = \overline{W}_{S,\max} H (x^2/A^2-1)^2 (y^2/A^2-1)^2 \qquad (15.3.14)$$

$$\overline{W}_{S,\max} = \frac{49p(1-\mu^2)}{192E}\left(\frac{A}{H}\right)^4 \qquad (15.3.15)$$

式中　$\overline{W}_{S,\max}$——在压力 p 的作用下，膜片的最大法向位移与其厚度之比；

　　　A、H——膜片的半边长（m）和厚度（m）；

E、μ——梁材料的弹性模量（Pa）和泊松比。

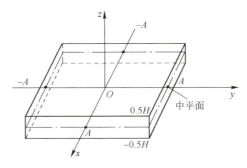

图 15.3.13　方形平膜片坐标系

根据敏感结构及工作机理，当梁谐振子沿 x 轴设置在 $x\in[X_1,X_2]$（$X_2>X_1$）时，由压力 p 引起梁的谐振子的初始应力为

$$\sigma_0 = E(u_2-u_1)/L \tag{15.3.16}$$

$$u_1 = -2H^2\,\overline{W}_{S,\max}\left(\frac{X_1^2}{A^2}-1\right)\frac{X_1}{A^2} \tag{15.3.17}$$

$$u_2 = -2H^2\,\overline{W}_{S,\max}\left(\frac{X_2^2}{A^2}-1\right)\frac{X_2}{A^2} \tag{15.3.18}$$

式中　u_1、u_2——梁在其两个端点 X_1、X_2 处的轴向位移（m）；

L、h——梁的长度（m）、厚度（m），且有 $L=X_2-X_1$。

在初始应力 σ_0（由压力 p 引起）作用下，双端固支梁的一阶固有频率为

$$f_{B1}(p) = f_{B1}(0)\sqrt{1+0.2949\,\frac{KL^2p}{h^2}} \quad (\text{Hz}) \tag{15.3.19}$$

$$f_{B1}(0) = \frac{4.730^2 h}{2\pi L^2}\sqrt{\frac{E}{12\rho}}$$

$$K = \frac{49(1-\mu^2)}{96EH^2}(-L^2-3X_2^2+3X_2L+A^2)$$

式中　$f_{B1}(0)$——压力为零时双端固支梁的一阶固有频率（Hz）；

ρ——梁材料的密度（kg/m³）。

式（15.3.16）~式（15.3.19）给出了上述谐振式压力传感器的压力-频率特性方程。

2. 信号转换过程

图 15.3.14 为硅微结构谐振式压力传感器敏感结构中梁谐振子平面的激

励、拾振示意图。基于激励与拾振的作用与信号转换过程，热激励电阻 R_E 设置在梁谐振子的正中间，拾振压敏电阻 R_D 设置在梁谐振子一端的根部。当激励电阻上加载正弦电压 $U_{ac}\cos\omega t$ 和直流偏压 U_{dc} 时，激振电阻 R_E 上产生的热功率为

$$P(t) = \frac{U_{dc}^2 + 0.5U_{ac}^2 + 2U_{dc}U_{ac}\cos\omega t + 0.5U_{ac}^2\cos 2\omega t}{R_E} \quad (15.3.20)$$

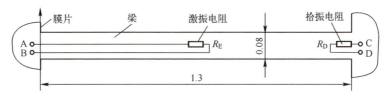

▶ 图 15.3.14 梁谐振子平面结构示意图

$P(t)$ 包含常值分量 P_s、与激励频率相同的一倍频分量 $P_{d1}(t)$ 和二倍频分量 $P_{d2}(t)$，分别为

$$P_s = 0.5(2U_{dc}^2 + U_{ac}^2)/R_E \quad (15.3.21)$$

$$P_{d1}(t) = 2U_{dc}U_{ac}\cos\omega t/R_E \quad (15.3.22)$$

$$P_{d2}(t) = 0.5U_{ac}^2\cos 2\omega t/R_E \quad (15.3.23)$$

一倍频分量 $P_{d1}(t)$ 使梁谐振子产生交变的温度差分布场 $\Delta T(x)\cos(\omega t + \varphi_1)$，从而在梁谐振子上产生交变热应力

$$\sigma_{ther} = -E\alpha\Delta T(x)\cos(\omega t + \varphi_1 + \varphi_2) \quad (15.3.24)$$

式中　α——硅材料的热应变系数（1/℃）；

　　　x——梁谐振子的轴向位置坐标（m）；

　　　φ_1——由热功率到温度差分布场产生的相移（°）；

　　　φ_2——由温度差分布场到热应力产生的相移（°）。

显然，相移 φ_1，φ_2 与激励电阻在梁谐振子上的位置、激励电阻的参数、梁的结构参数及材料参数等有关。

由压阻效应，拾振压敏电阻在交变热应力作用下的电阻相对变化为

$$\Delta R_D/R_D = \pi_a\sigma_{axial} = \pi_a E\alpha\overline{\Delta T}(x_1,x_2)\cos(\omega t + \varphi_1 + \varphi_2) \quad (15.3.25)$$

式中　σ_{axial}——拾振压敏电阻感受的热应力（Pa）；

　　　$\overline{\Delta T}(x_1,x_2)$——拾振压敏电阻感受到的平均温度变化量（℃），它是电阻在梁上轴向位置坐标 x_1 和 x_2 的函数；

　　　π_a——压敏电阻的纵向压阻系数（Pa^{-1}）。

利用电桥电路将拾振电阻的变化转换为电压信号的变化 $\Delta u(t)$，可描述为

$$\Delta u(t) = K_B \cdot \Delta R_D / R_D = K_B \pi_a E \alpha \overline{\Delta T}(x_1, x_2) \cos(\omega t + \varphi_1 + \varphi_2) \quad (15.3.26)$$

式中 K_B——电桥电路的灵敏度（V）。

由于 $\Delta u(t)$ 的角频率 ω 与梁谐振子的固有角频率一致，故 $\dot{P}_{d1}(t)$ 是所需要的交变信号，由它实现了"电-热-机"转换。为实现传感器闭环自激系统提供了条件。

3. 梁谐振子的温度场模型与热特性分析

常值分量 P_s 产生恒定的温度差分布场 ΔT_{av}，引起梁谐振子的初始热应力

$$\sigma_T = -E\alpha \Delta T_{av} \quad (15.3.27)$$

于是，综合考虑被测压力、初始热应力时，梁谐振子一阶固有频率（Hz）为

$$f_{B1}(p, \Delta T_{av}) = f_{B1}(0)\sqrt{1 + 0.2949 \frac{(Kp - \alpha \Delta T_{av})L^2}{h^2}} \quad (15.3.28)$$

式（15.3.28）表明，激励电阻引起的恒定温度差分布场将减小梁谐振子的等效刚度，引起梁谐振子频率的下降，而且下降程度与激励热功率 P_s 成单调变化。因此必须对这个刚度的减小量加以限制，保证梁谐振子稳定可靠工作。通常可以由式（15.3.29）来确定加在梁谐振子上的常值功率 P_s。

$$0.2949\alpha \Delta T_{av}(L^2/h^2) \leq 1/K_s \quad (15.3.29)$$

式中 K_s——安全系数，通常可以取为 5~7。

4. 硅微结构谐振式压力传感器的闭环系统

基于图 15.3.14 所示的热激励硅微结构谐振式压力传感器敏感结构中梁谐振子激励、拾振设置方式以及相关的信号转换规律，当采用激励电阻上加载正弦电压 $U_{ac}\cos\omega t$ 和直流偏压 U_{dc} 时，重点需要解决二倍频交变分量 $P_{d2}(t)$ 带来的信号干扰问题。通常可选择适当的交直流分量，使 $U_{dc} \gg U_{ac}$，或在调理电路中进行滤波处理。于是可以给出如图 15.3.15 所示的传感器闭环自激振荡系统电路实现的原理框图。由拾振电桥电路测得的交变信号 $\Delta u(t)$ 经差分放大器进行前置放大，通过带通滤波器滤除掉通带范围以外的信号，再由移相器对闭环电路其他各环节的总相移进行调整。

利用幅值、相位条件（式（11.2.2）与式（11.2.3）），可以设计、计算放大器的参数，以保证硅微结构谐振式压力传感器在整个工作频率范围内稳定的自激振荡，使传感器可靠地工作。但这种方案易受到温度差分布场 ΔT_{av} 对传感器性能的影响。

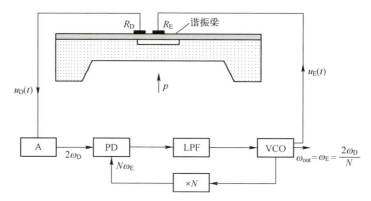

▼ 图15.3.15 加直流偏置的闭环自激系统示意图

为了尽量减小 ΔT_{av} 对梁谐振子频率的影响，可以考虑采用单纯交流激励的方案。借助于式（15.3.20），这时的热激励功率为

$$P(t)=0.5(U_{ac}^2+U_{ac}^2\cos2\omega t)/R_E \qquad (15.3.30)$$

考虑到梁谐振子的机械品质因数很高，激励信号 $U_{ac}\cos\omega t$ 可以选得非常小，因此这时的常值功率 $P_s=0.5U_{ac}^2/R_E$ 非常低，可以忽略其对梁谐振子谐振频率的影响。而交流分量不再包含一倍频信号，只有二倍频交变分量 $P_{d2}(t)=0.5U_{ac}^2\cos2\omega t/R_E$，纯交流激励的闭环自激系统必须解决好分频问题。一个实用方案是在电路中采用锁相分频技术，即在设计的基本锁相环的反馈支路中接入一个倍频器，以实现分频，其原理如图15.3.16所示。假设由拾振电阻相位比较器中进行比较的两个信号频率是 $2\omega_D$ 和 $N\omega_E$，当环路锁定时，则有 $2\omega_D=N\omega_E$，即 $\omega_E=2\omega_D/N$。其中 N 为倍频系数，由它决定分频次数。当 $N=2$ 时，压控振荡器输出频率 ω_{out} 为检测到的梁谐振子的固有频率 ω_D。由于该频率受被测压力调制，所以直接检测压控振荡器的输出频率 ω_{out} 就可以实现对压力的测量；同时，以 $\omega_E=\omega_{out}$ 为激励信号频率反馈到激励电阻，构成微传感器的闭环自激系统。

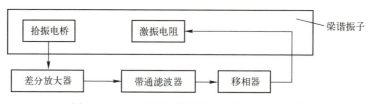

▼ 图15.3.16 纯交流激励的闭环自激系统示意图

5. 差动输出的硅微结构谐振式压力传感器

图 15.3.17 为差动输出的硅微结构谐振式压力传感器原理示意图。这是基于硅微机械加工工艺设计的一种精巧的复合敏感结构。被测压力 p 直接作用于 E 形膜片下表面；在其环形膜片的上表面，制作一对起差动作用的硅梁谐振子，封装于真空内。由于梁谐振子 1 设置在膜片内边缘，处于拉伸状态；梁谐振子 2 设置在膜片外边缘，处于压缩状态。因此压力 p 增加时，梁谐振子 1 的固有频率升高，梁谐振子 2 的固有频率降低。通过检测梁谐振子 1 与梁谐振子 2 的频率差解算被测压力。这种具有差动输出的微结构谐振式压力传感器不仅可以提高测量灵敏度，而且对于共模干扰的影响，如温度、环境振动、过载等具有很好的补偿功能，从而显著提高其性能指标。

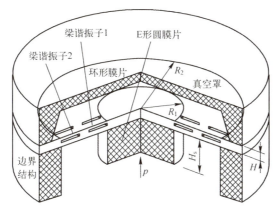

图 15.3.17 差动输出的硅微结构谐振式压力传感器

基于上述分析，考虑被测压力和环境温度时，梁谐振子 1 与梁谐振子 2 的谐振频率可以描述为

$$f_1(p,T) \approx f_0 + C_{1p}p + C_{1T}(T-T_0) \quad (15.3.31)$$

$$f_2(p,T) \approx f_0 + C_{2p}p + C_{2T}(T-T_0) \quad (15.3.32)$$

$$C_{1p} = (\partial f_1/\partial p)|_{p=0} \approx -C_{2p} = -(\partial f_2/\partial p)|_{p=0}$$

$$C_{1T} = (\partial f_1/\partial T)|_{T=0} \approx C_{2T} = (\partial f_2/\partial T)|_{T=0}$$

式中 f_0——压力为零、参考温度 T_0 时，梁谐振子 1 与梁谐振子 2 的频率。

由式（15.3.31）、式（15.3.32）可得

$$\Delta f = f_1(p,T) - f_2(p,T) \approx C_{1p}p - C_{2p}p \approx 2C_{1p}p \quad (15.3.33)$$

显然，该方案从原理上可以大幅减小温度等共轭干扰对传感器输出的影响，同时还可以提高传感器的灵敏度。

15.3.6 声表面波式压力传感器

图 15.3.18 为声表面波（SAW）压力传感器的基本原理示意图。这是一个具有温度补偿的差动结构的 SAW 压力传感器。该 SAW 传感器的关键部件是在石英晶体膜片上制备的压力敏感芯片，其上制备有两个完全相同的声表面波谐振器。分别置于膜片的中央和边缘。

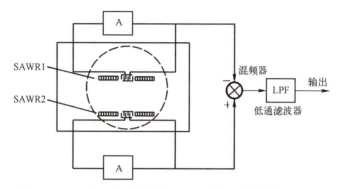

图 15.3.18　差动式双谐振器 SAW 压力传感器的结构原理框图

两个 SAWR 分别连接到放大器的反馈回路中，构成输出频率的谐振器。两路输出的频率经混频、低通滤波和放大，得到一个与外加压力一一对应的差频输出。

由图 15.3.18 可知：因为敏感膜片上的两个 SAWR 相距很近，故认为环境温度变化对两个谐振器的影响所引起的频率偏移近似相等，经混频取差频信号就可以减小或抵消温度对输出的影响，即具有差动结构的 SAW 压力传感器可以实现温度补偿。

在两个振荡回路内，但设计的放大器的增益能补偿 SAWR 的插入损耗，同时又能满足一定的相位条件，系统就可以起振，实现闭环工作。借助于式（11.2.6）和式（11.2.7），起振条件可以表述为

$$G_A > L_S(f) \tag{15.3.34}$$

$$\varphi_R + \varphi_A = 2n\pi \quad (n \text{ 为整数}) \tag{15.3.35}$$

式中　G_A——放大器增益；

$L_S(f)$——谐振子的插入损耗；

φ_R、φ_A——谐振子的相移（°）和放大器的相移（°）。

基于声表面波的工作原理，SAW 的谐振频率是压力 p 和温度 T 的函数，

可以描述为

$$f(p,T) = \frac{v(p,T)}{\lambda(p,T)} \tag{15.3.36}$$

由于两个 SAWR 在一个圆膜片上且靠得很近，故认为所受环境温度影响近似相等，在工作过程中有相同的温度变化量 ΔT。

基于上述分析及相关结果，可以写出两路通道的输出频率（Hz）分别为

$$\begin{cases} f_1 = f_{10}[1 - \bar{\alpha}_{p1}p - \bar{\alpha}_T \Delta T] \\ f_2 = f_{20}[1 - \bar{\alpha}_{p2}p - \bar{\alpha}_T \Delta T] \end{cases} \tag{15.3.37}$$

式中　f_{10}、f_{20}——设置于圆膜片中心和边缘处的谐振子 1 和 2 在未加压时的输出频率（Hz）；

$\bar{\alpha}_{p1}$、$\bar{\alpha}_{p2}$——圆膜片中心和边缘处的平均压力系数（1/Pa），可以由压力引起的圆平膜片的应变特性进行分析、推导；

$\bar{\alpha}_T$——基片的平均温度系数（1/℃）；

ΔT——温度的变化量（℃）。

由式（15.3.21）可得传感器的输出差频（Hz）为

$$f_D = f_1 - f_2 = f_{D0} - (\bar{\alpha}_{p1} \cdot f_{10} - \bar{\alpha}_{p2} \cdot f_{20})p - \bar{\alpha}_T(f_{10} - f_{20})\Delta T \tag{15.3.38}$$

其中 $f_{D0} = f_{10} - f_{20}$，是未加压力时两个 SAWR 的差频输出，所以由外加压力而引起的频率偏移为

$$\Delta f_{Dp} = f_D - f_{D0} = -(\bar{\alpha}_{p1} \cdot f_{10} - \bar{\alpha}_{p2} \cdot f_{20})p \tag{15.3.39}$$

由温度差 ΔT 引起的漂移为

$$\Delta f_{DT} = -\bar{\alpha}_T f_{D0} \Delta T = -\bar{\alpha}_T(f_{10} - f_{20})\Delta T = -(\bar{\alpha}_T f_{10}\Delta T - \bar{\alpha}_T f_{20}\Delta T) =$$
$$\Delta f_{1T} - \Delta f_{2T} \tag{15.3.40}$$

式中　Δf_{1T}、Δf_{2T}——由于温度变化而引起的两个 SAWR 的频率偏移（Hz）。

由式（15.3.39）知：当参数选择合适，采用差动结构的压力传感器，其灵敏度将比单通道结构大大提高。由式（15.3.40）知：若使 $f_{D0} = f_{10} - f_{20} \ll f_{10}$（或 f_{20}），则由温度变化引起的差频输出偏移远小于由温度所引起的单通道内的频率偏移 Δf_{1T} 或 Δf_{2T}。这样，就得到一个具有温度补偿的高灵敏度的声表面波谐振式压力传感器。

15.4　伺服式压力传感器

为了提高压力测量的精度，采用伺服式压力传感器。常用的伺服式压力

传感器有位置反馈式和力反馈式两类。

15.4.1 位置反馈式压力传感器

1. 结构及测量过程

图 15.4.1 是一个典型的位置反馈式绝对压力传感器。它用真空膜盒来感受绝对压力的变化，膜盒硬中心的位移 x 经曲柄连杆机构转换为差动变压器衔铁的角位移 φ_1，产生差动变压器的输出电压 u_D 给放大器 A，放大后的电压 u_A 控制两相伺服电动机 M 转动，经齿轮减速器后，一方面输出转角 β，另一方面带动差动变压器定子（包括铁芯和线圈）组件跟踪衔铁而转动，当差动变压器衔铁与定子组件间的相对位置使其输出电压 u_D 为零时，系统达到平衡。此时系统的输出转角 β 将反映被测压力的大小。为了改善系统的动态品质还采用了测速发电机 G 以引入速度反馈信号。

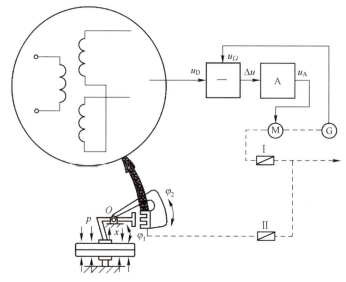

图 15.4.1 位置反馈式压力传感器

由于该系统平衡时是差动变压器的衔铁和定子组件的相对位置达到平衡状态，所以称这种系统为"位置平衡（或位置反馈）系统"。

2. 环节特性方程与分析

1) 弹性敏感元件

输入量为被测压力 p，输出量为弹性敏感元件的位移 x。弹性敏感元件可以等效于一个二阶系统，其特性方程为

$$\frac{x(s)}{p(s)} = \frac{A_E}{m_D s^2 + c_D s + k_D} \tag{15.4.1}$$

式中 m_D、k_D、c_D——真空膜盒以及折合到真空膜盒上的等效质量（kg），等效刚度（N/m）和等效阻尼系数（N·s/m）；

A_E——弹性敏感元件的等效有效面积（m²）。

式（15.4.1）可以写为

$$\frac{x(s)}{p(s)} = \frac{K_p \omega_P^2}{(s^2 + 2\zeta_p \omega_p s + \omega_p^2)} \tag{15.4.2}$$

式中 K_p、ω_p、ζ_p——弹性敏感元件（真空膜盒）的静态传递系数（$K_p = \frac{A_E}{k_D}$，m³/N）、固有频率（$\omega_p = \sqrt{\frac{k_D}{m_D}}$，rad/s）和等效阻尼比，

$$\zeta_p = \frac{c_D}{2\sqrt{m_D k_D}}。$$

2）曲柄连杆传动放大机构

输入量为位移 x，输出量为曲柄连杆传动放大机构的转角 φ_1。忽略曲柄连杆传动放大结构的惯性及摩擦，且在测压范围内转角很小时，其特性方程为

$$\frac{\varphi_1(s)}{x(s)} = K_x \tag{15.4.3}$$

式中 K_x——曲柄连杆传动放大机构的传递系数（m⁻¹）。

3）差动变压器

输入量为衔铁转角 φ_1 与定子转角 φ_2 之差 $\Delta\varphi$，输出量为电压 u_D。当忽略差动变压器的惯性及摩擦，且输入为小转角时，差动变压器具有线性特性，其特性方程为

$$\frac{u_D(s)}{\Delta\varphi(s)} = K_D \tag{15.4.4}$$

式中 K_D——差动变压器的传递系数（V）。

4）伺服放大器 A

输入量为差动变压器的输出电压 u_D 与测速反馈电压 u_Ω 之差 Δu，输出量为伺服放大器的输出电压 u_A。可以将伺服放大器看成一比例环节，其特性方程为

$$\frac{u_A(s)}{\Delta u(s)} = K_A \tag{15.4.5}$$

式中 K_A——伺服放大器的传递系数。

5) 两相伺服电动机

输入量为伺服放大器的输出电压 u_A，输出量为两相伺服电动机的转角 θ，其特性方程为

$$\frac{\theta(s)}{u_A(s)} = \frac{K_T}{s(Ts+1)} \tag{15.4.6}$$

式中 T、K_T——两相伺服电动机的时间常数（s）和电压，转速特性曲线的斜率（$V^{-1}s^{-1}$）。

6) 测速发动机

输入量为两相伺服电动机的转速 ω，输出量为测速发动机的电压 u_Ω。当忽略测速发动机的惯性、阻尼及摩擦时，其特性方程为

$$\frac{u_\Omega(s)}{\omega(s)} = K_\Omega \tag{15.4.7}$$

式中 K_Ω——测速发电机的传递系数（V·s）。

7) 减速器

共有两级，一级是由两相伺服电动机的转轴到输出轴，另一级是由输出轴到差动变压器的定子轴，输入量分别为 θ 和 β，输出量分别为 β 和 φ_2。可以看成比例环节，其特性方程为

$$\frac{\beta(s)}{\theta(s)} = K_G \tag{15.4.8}$$

$$\frac{\varphi_2(s)}{\beta(s)} = K_F \tag{15.4.9}$$

式中 K_G、K_F——第一级减速器的传递系数 $\left(K_F = \frac{1}{i_2}\right)$ 和第二级减速器的传递系数 $\left(K_G = \frac{1}{i_1}\right)$；

i_1、i_2——第一级减速器和第二级减速器的减速比。

3. 系统的结构框图与传递函数

图 15.4.2 给出了位置反馈式压力传感器的结构方块图，该系统的传递函数为

$$\frac{\beta(s)}{p(s)} = \frac{A_E K_x K_D K_A K_T K_G}{(m_D s^2 + c_D s + k_D)[Ts^2 + (1 + K_A K_T K_\Omega)s + K_D K_A K_T K_G K_F]}$$

$$= \frac{K_p \omega_p^2}{s^2 + 2\zeta_p \omega_p s + \omega_p^2} \cdot \frac{K_x K_D K_A K_T K_G}{Ts^2 + (1 + K_A K_T K_\Omega)s + K_D K_A K_T K_G K_F} \tag{15.4.10}$$

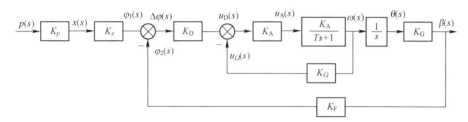

▼ 图 15.4.2　位置反馈式压力传感器结构方块图

4. 系统特性分析

式（15.4.10）可以写为

$$\frac{\beta(s)}{p(s)} = \frac{K_p \omega_p^2}{s^2 + 2\zeta_p \omega_p s + \omega_p^2} \cdot \frac{K_n \omega_n^2}{s^2 + 2\zeta_n \omega_n s + \omega_n^2} \quad (15.4.11)$$

式中　K_n、ω_n、ζ_n——从差动变压器衔铁角位移 φ_1 到输出转角 β 的闭环反馈系统的静态传递系数 $\left(K_n = \dfrac{K_x}{K_F}\right)$，固有频率 $\left(\omega_n = \sqrt{\dfrac{K_D K_A K_T K_G K_F}{T}}, \text{rad/s}\right)$ 和等效阻尼比 $\left(\zeta_n = \dfrac{1 + K_A K_T K_\Omega}{2\sqrt{T K_D K_A K_T K_G K_F}}\right)$。

通常，等效于二阶系统的弹性敏感元件固有频率 ω_p 远高于 ω_n，弹性敏感元件（真空膜盒）的等效阻尼比 ζ_p 又远远小于 1，因此系统的传递函数可写为

$$\frac{\beta(s)}{p(s)} = \frac{K \omega_n^2}{s^2 + 2\zeta_n \omega_n s + \omega_n^2} \quad (15.4.12)$$

$$K = K_p \cdot K_n$$

式中　K——测量系统的静态传递系数（Pa^{-1}）。

系统的静态特性方程为

$$\beta = K \cdot p \quad (15.4.13)$$

基于上述分析，ω_n 和 ζ_n 就是系统的等效固有频率和等效阻尼比，决定着系统的动态特性。

系统的静态特性主要取决于 K，即 A_E、K_x、k_D、K_F。因此，要保证系统具有较高的精度必须保证系数 A_E、K_x、k_D、K_F 所对应的元件具有较高的精度和稳定性。要提高系统的灵敏度就可以通过增大 A_E、K_x，或减小 k_D、K_F 来实现。

位置反馈式系统的主要优点是可以提高压力弹性敏感元件的负载能力（相当于进行了力或力矩放大），使输出轴上可以带动更多的负载；另一个优点是可以提高系统的灵敏度。但在这个系统中的压力弹性敏感元件的位移随压力而增大，它的迟滞、非线性、温度等误差均直接反映在系统的输出中，未能减小弹性敏感元件的误差对系统输出的影响。

15.4.2　力反馈式压力传感器

位置反馈式压力传感器由于反馈点在差动变压器，弹性敏感元件在反馈点之前，利用其压力、位移特性进行测量，因此弹性敏感元件的迟滞和温度误差都反映在系统的静态误差中。若将反馈点移至弹性敏感元件，在压力作用下，弹性敏感元件产生的集中力与反馈力或力矩相综合，即弹性敏感元件将作为一个把压力变为集中力的变换元件，利用其压力、集中力特性，这样弹性敏感元件不产生或产生极小的位移，弹性敏感元件的迟滞和温度误差将不起作用。这种压力传感器称为力反馈式压力传感器。下面介绍一种弹簧力反馈式压力传感器。

1. 结构及测量原理

图 15.4.3 给出了弹簧力反馈式压力传感器的原理示意图。它由弹性敏感元件——测压波纹管、杠杆、差动电容变换器、伺服放大器、两相伺服电动机、减速器和反馈弹簧等元部件组成。

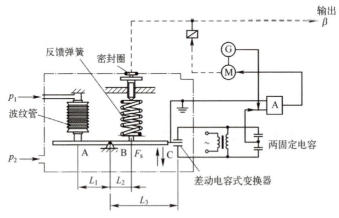

▶ 图 15.4.3　弹簧力反馈式压力传感器

被测压力 p_1 和 p_2 分别导入波纹管和密封壳体内，测压波纹管将压力差转换为集中力 F_p，集中力 F_p 使杠杆转动，差动电容变换器的动极片偏离零位，

电桥输出电压 u_c，其幅值与杠杆的转角成比例，而相位与杠杆偏转的方向（即压力差的方向）相对应。电压 u_c 经伺服放大器放大后，使两相伺服电动机转动，经减速器后，一方面带动输出轴转动，另一方面使螺栓转动，从而压缩和拉长反馈弹簧（螺栓使弹簧产生的位移量为 x），改变反馈弹簧施加在杠杆上的力 F_{xs}。当集中力 F_p 产生的力矩与反馈力 F_{xs} 产生的力矩相平衡时，系统处于平衡状态。由于反馈力 F_{xs} 与压力差 $\Delta p = p_1 - p_2$ 产生的集中力 F_p 成比例，则当反馈弹簧为线性弹簧时，弹簧的位移 x 与压力差 Δp 所产生的集中力 F_p 成比例，故输出轴转角 β 与压力差 Δp 成比例。

2. 环节特性方程与分析

重点讨论与位置反馈式压力传感器不同的几个环节。

1) 波纹管

波纹管将压力 Δp 转换为集中力 F_p，其特性方程为

$$\frac{F_p(s)}{\Delta p(s)} = A_E \quad (15.4.14)$$

式中 A_E——波纹管的有效面积（m^2）。

2) 杠杆

杠杆是一个单自由度系统，在力的作用下，杠杆产生绕 O 点的转动，角位移为 α，则 A 点的位移为 $L_1\alpha$；B 点的位移为 $L_2\alpha$；C 点的位移为 $L_3\alpha$。

作用于杠杆上的力和力矩如下：

集中力 F_p 及其力矩 $F_p L_1$；

波纹管变形 $L_1\alpha$ 产生的恢复力 $K_E L_1\alpha$ 及其力矩 $K_E L_1\alpha L_1$；

由螺栓移动使反馈弹簧产生力 F_{xs}（参见式（15.4.20））作用于杠杆上，所对应的力矩为 $F_{xs}L_2$；

反馈弹簧变形 $L_2\alpha$ 产生的恢复力 $K_S L_2\alpha$ 及其力矩 $K_S L_2\alpha L_2$；

杠杆转动时的惯性力矩可以描述为 $J_L \dfrac{d^2\alpha}{dt^2}$（$J_L$ 为杠杆的等效转动惯量（kg·m^2））；

杠杆转动时的阻尼力矩可以描述为 $C_L \dfrac{d\alpha}{dt}$（C_L 为杠杆转动时的等效阻尼系数（N·m·s））。

图 15.4.4 给出了杠杆受力或力矩作用时的转动示意图。

于是可以写出杠杆转动时的动力学方程

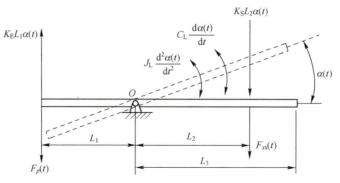

图 15.4.4 杠杆受力(力矩)分析示意图

$$J_L \frac{d^2\alpha}{dt^2} + C_L \frac{d\alpha}{dt} + K_L \alpha = \Delta M \tag{15.4.15}$$

式中 K_L——杠杆转动时的等效刚度（N·m），$K_L = K_E L_1^2 + K_S L_2^2$；

ΔM——作用于杠杆上的等效外力矩（N·m），$\Delta M = F_p L_1 - F_{xs} L_2$。

杠杆的输出量为差动电容变换器动极片的位移 δ，满足

$$\delta = L_3 \alpha \tag{15.4.16}$$

则杠杆的传递函数为

$$\frac{\delta(s)}{\Delta M(s)} = \frac{L_3}{J_L s^2 + C_L s + K_L} \tag{15.4.17}$$

3) 差动电容变换器及其电桥电路

在小偏移的情况下，其特性为（参见 5.3.2 节）

$$\frac{u_c(s)}{\delta(s)} = K_C \tag{15.4.18}$$

式中 K_C——差动电容变换器和电桥电路的传递系数（V/m）。

4) 螺栓

螺栓为比例环节，其位移与转角的特性关系为

$$\frac{x(s)}{\beta(s)} = K_x \tag{15.4.19}$$

式中 K_x——螺栓的传递系数（m）。

螺栓产生的位移 $x(s)$，会使反馈弹簧产生作用于杠杆上的作用力 F_{xs}，满足

$$F_{xs} = K_S x(s) \tag{15.4.20}$$

3. 系统的结构框图与传递函数

当忽略摩擦力等因素时，系统的结构框图为图 15.4.5。由图可以写出该系统的传递函数

$$\frac{\beta(s)}{\Delta p(s)} = \frac{A_E L_1 L_3 K_C K_A K_T K_G}{s(J_L s^2 + C_L s + K_L)(Ts + 1 + K_A K_T K_\Omega) + L_2 L_3 K_C K_A K_T K_x K_S K_G}$$

(15.4.21)

式中　K_A——放大器的传递系数（$V^{-1} s^{-1}$）；

K_T、T——伺服电动机调速特性曲线的斜率（$V^{-1} s^{-1}$）和伺服电动机的时间常数（s）；

i、K_G——减速器的减速比和传递系数（$K_G = \dfrac{1}{i}$）；

K_Ω——测速发电机的传递系数（$V \cdot s$）。

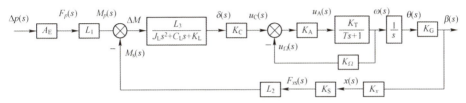

图 15.4.5　弹簧力反馈式压力传感器结构方块图

4. 系统特性分析

系统的静特性方程为

$$\beta = \frac{A_E L_1}{L_2 K_x K_S} \cdot \Delta p = K \cdot \Delta p \qquad (15.4.22)$$

系统的静态灵敏度为

$$K = \frac{A_E L_1}{L_2 K_x K_S} \qquad (15.4.23)$$

系统处于稳态时，偏差 ΔM 为零，它是一阶无静差系统。

系统的静态输出 β 仅与闭环回路以外的串联环节的传递系数和闭环内反馈回路各环节的传递系数有关，即 A_E、K_x、K_S、L_1、L_2。只要保证这些参数所对应的元件具有较高的精度和稳定性，就可以保证系统具有较高的精度。要提高系统的灵敏度可以通过增大 A_E、L_1，或减小 K_x、K_S、L_2 来实现。

对于直接感受被测压力的弹性敏感元件（波纹管）而言，在弹簧力反馈式压力传感器中，影响测量系统静态测量精度的只有波纹管的有效面积 A_E

(在这种使用情况下，其有效面积变化较小)，而与波纹管的等效刚度无关。因此波纹管的迟滞及弹性模量随温度变化不会影响测量系统的静态特性。这是该测量系统的主要优点。

但是，反馈弹簧的刚度 K_S 的变化对测量系统的静态精度有直接的影响，所以对反馈弹簧的性能要求较高，即要求其刚度随温度的变化要小，迟滞要小。

总之，弹簧力反馈式压力传感器实际上是提高对反馈弹簧的性能来降低对直接感受压力的弹性敏感元件（波纹管）的性能要求的。

15.5 动态压力测量时的管道和容腔效应

理论研究与工程实践表明：压力传感器的动态性能与以下两个因素密切相关：

(1) 压力传感器及其测量线路；
(2) 传送压力的连接管道和容腔。

多数实用情况，后者是主要因素，下面从理论上估算压力传送管道和容腔对压力测量的动态性能指标的影响。

15.5.1 管道和容腔的无阻尼自振频率

假设传感器容腔体积 V 比压力传送管道的体积小，管道的一端接压力源，另一端经传感器弹性元件而闭合，且管道的直径足够大。这时管道和传感器容腔可看作是一个由气体材料构成的圆柱体，如图 15.5.1 所示。这段气体柱可以看作是一个单自由度弹性振动系统，在正弦压力作用下，气体柱将沿着管道轴线方向振动。当不考虑振动情况下的气体的阻尼时，气体柱的固有振动频率为

$$f_n = \frac{2n-1}{4} \cdot \frac{a}{L_p} \tag{15.5.1}$$

式中　a——声音在气体中的传播速度（m/s），$a = 20.1\sqrt{T}$（T 为气体介质的绝对温度（K））；

　　　L_p——传压管道的长度（m）；

　　　n——泛音次数，$n = 1, 2, 3, \cdots$

由式（15.5.1）可见，管道越长，其固有频率越低。

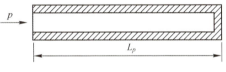

▼ 图 15.5.1　一端封闭的空气圆柱

当传感器的容腔体积 V 和传压管道的体积相比不能忽略，如图 15.5.2 所示，气体无阻尼振荡的最低固有频率为

$$f_n = \frac{1}{2\pi}\sqrt{\frac{3\pi r^2 a^2}{4L_p V}} \qquad (15.5.2)$$

式中　r、L_p——管道半径（m）和长度（m）；

　　　V——传感器容腔体积（m³）。

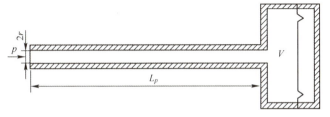

▼ 图 15.5.2　具有管道和容腔的传压系统

15.5.2　管道和容腔存在阻尼时的频率特性

假设管道中气体振动时处于层流状态，各层流体间与流体和管壁间的摩擦为黏性摩擦，当把这个分布参数系统等效为一个具有集中参数的单自由度二阶系统时，系统中的等效集中参数分别为

$$C = \frac{V}{\rho a^2} \qquad (15.5.3)$$

$$L = \frac{4\rho L_p}{3r^2} \cdot \pi \qquad (15.5.4)$$

$$R = \frac{8\eta L_p}{\pi r^4} \qquad (15.5.5)$$

式中　C、L、R——容腔等效气容（m⁵/N）、管道等效气感（N·s²/m⁵）和
　　　　　　　　　管道等效气阻（N·s/m⁵）；

　　　ρ、η——气体的密度（kg/m³）和动态黏度（N·s/m）。

若以 $p_0(t)$ 表示管道开口处的压力，$p(t)$ 表示传感器容腔内的压力，则上述系统的幅频特性为

$$\left|\frac{p}{p_0}\right| = \frac{1}{\sqrt{(1-\omega^2 LC)^2 + \omega^2 C^2 R^2}} = \frac{1}{\sqrt{\left[1-\left(\frac{\omega}{\omega_n}\right)^2\right]^2 + \frac{1}{Q^2}\left(\frac{\omega}{\omega_n}\right)^2}} \quad (15.5.6)$$

$$\omega_n = \sqrt{\frac{1}{LC}} = \sqrt{\frac{3\pi r^2 a^2}{4L_p V}} \quad (15.5.7)$$

$$\omega_r = \omega_n \sqrt{1 - \frac{1}{2Q^2}} \quad (15.5.8)$$

$$Q = \frac{1}{2\zeta} = \frac{1}{RC\omega_n} = \frac{\zeta a r^3}{4\eta}\sqrt{\frac{\pi}{3VL_p}} \quad (15.5.9)$$

$$\varphi = \begin{cases} -\arctan\dfrac{\omega RC}{1-\omega^2 LC} & \omega^2 LC \leqslant 1 \\ -\pi + \arctan\dfrac{\omega RC}{\omega^2 LC - 1} & \omega^2 LC > 1 \end{cases} = \begin{cases} -\arctan\dfrac{\left(\dfrac{\omega}{\omega_n}\right)}{Q\left[1-\left(\dfrac{\omega}{\omega_n}\right)^2\right]} & \omega \leqslant \omega_n \\ -\pi + \arctan\dfrac{\left(\dfrac{\omega}{\omega_n}\right)}{Q\left[\left(\dfrac{\omega}{\omega_n}\right)^2 - 1\right]} & \omega > \omega_n \end{cases}$$

$$(15.5.10)$$

式中　ω_n、ω_r——系统的固有频率（rad/s）和谐振角频率（rad/s）；

　　　Q、ζ——系统的品质因数和阻尼比；

　　　φ——压力 p 和 p_0 之间的相角差。

当采用很细的管道（毛细管）作传压管道时，传压管道的阻抗可看作纯气阻，这时系统的频率特性可表示为

$$\left|\frac{p}{p_0}\right|_{L_p \to 0} = \frac{1}{\sqrt{1+(RC\omega)^2}} = \frac{1}{\sqrt{1+(\omega T)^2}} \quad (15.5.11)$$

$$T = RC = \frac{8L_p \eta V}{\pi r^4 \rho a^2} \quad (15.5.12)$$

式中　T——时间常数（s）。

综上，无论是否考虑气体的阻尼，只要传压管道越长、管径越细、容积越大，该传压系统在动态压力测量时，造成的动态误差越大。这在动态压力

测量时必须认真考虑。

15.6 压力传感器的静、动态标定

15.6.1 压力传感器的静态标定

压力传感器的静态标定试验设备是一台能产生高精度压力并能精确判读出所具有压力值的装置和一台能精确判读被标定的压力传感器的输出量大小的装置。目前常用的静压标定设备有液体压力计和活塞压力计。

液体压力计的介质可以是水、油、酒精或水银。为了防止污染，水银只在特殊场合使用。活塞压力计的工作介质有气体和液体两种，图 15.6.1 是一个液压活塞压力计的原理图。它由配合良好的活塞和活塞筒、砝码和砝码盘以及加压装置等部分组成。加压装置通过管道分别向被校验压力传感器和活塞底面施加油压。当活塞处于平衡状态时，活塞上的总质量（包括砝码、砝码盘和活塞的质量）引起的重力 W 与被测压力产生的力 F 和活塞筒间的摩擦力 F_f（包括机械摩擦和粘性摩擦）相平衡，即有

$$W = F + F_f = pS + F_f = S_e p \quad (15.6.1)$$

式中 S、S_e——活塞的有效面积（m^2）和等效有效面积（m^2），$S_e = S + \dfrac{F_f}{p}$。

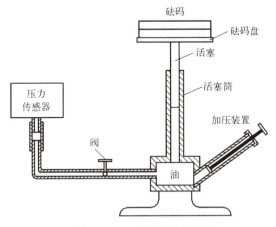

▶ 图 15.6.1　液压活塞压力计

对于确定的活塞式压力计，活塞的等效有效面积是一定的，因此通过在砝码盘加载不同质量的砝码就可以得到不同的压力。

事实上，活塞的等效有效面积与许多因素有关，如机械摩擦、黏性摩擦、环境温度等。在高精度压力测量时，还要考虑活塞及活塞筒的变形，重力加速度、空气浮力，甚至被测压力的影响。因此活塞的等效有效面积 S_e 需要高一级的压力标准设备进行标定。

由于传感器技术的不断进步，传感器被大量应用于压力标定中。图 15.6.2 就是一个利用石英包端管来感受被测压力并用力平衡原理构成的静态压力标定设备。石英包端管将其中的压力转换为集中力，并在定位悬丝上形成一个力矩。当压力给定器输出的电压（代表所要求包端管内应具有的压力大小），经放大后加于力发生器线圈上，在定位悬丝上也形成一个力矩。当定位悬丝上的力矩不平衡时，定位悬丝上的反射镜使反射光线偏离光栅，于是差动光敏元件检测出偏离方向和大小的信号给放大器，经放大后操纵伺服阀使石英包端管和被校压力表接通真空源或压力源来改变石英包端管中的压力，直到定位悬丝恢复平衡状态。这时与力发生器线圈串联的采样电阻上的输出电压就代表了压力给定器所给定的压力值，也就是石英包端管和被校准压力测量装置中的压力。

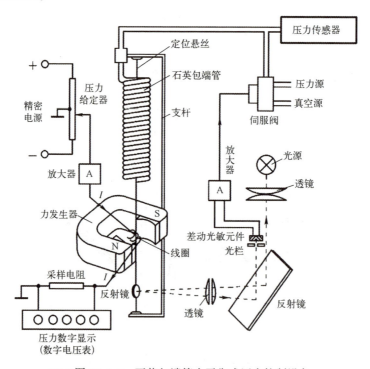

图 15.6.2 石英包端管力平衡式压力控制设备

15.6.2 压力测量装置的动态标定

用于动态压力标定的设备分为两类：一类产生阶跃压力，另一类产生正弦压力。

图 15.6.3 中是用薄膜将容器隔离为高压室和低压室，高压室的压力为 p_1 且其体积远大于低压室；低压室的压力为 p_2，且其体积很小，其中装有被校传感器。当隔离薄膜迅速破裂后，低压室中的压力迅速上升到接近高压室的压力并保持该压力。这是一种阶跃压力发生设备。

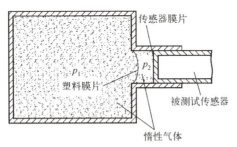

▼ 图 15.6.3 利用大小容积的阶跃压力发生器

图 15.6.4 是激波管，用薄膜作冲击膜片，它将激波管隔离为高压区和

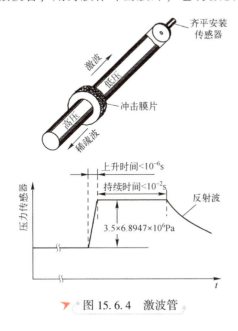

▼ 图 15.6.4 激波管

低压区，被标定的传感器装于低压区的一端。当薄膜被高压击破后形成激波，使低压区的压力迅速上升，保持一定的时间然后下降。压力的上升时间约为 0.2μs 左右，压力保持时间为几个毫秒~几十个毫秒，压力阶跃的幅值取决于激波管结构、薄膜厚度。激波管常用来标定谐振频率比较高的压力测量装置。

图 15.6.5 是用电磁力做成的正弦压力发生器。当流过磁电式力发生器中的电流成正弦规律变化时便产生正弦力，使输给传感器的介质压力按正弦规律变化。

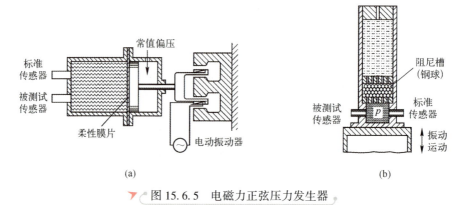

图 15.6.5 电磁力正弦压力发生器

图 15.6.6 是利用偏心轮使活塞产生位移，其位移与时间的关系按正弦规律变化，使活塞中介质的压力按正弦规律变化。这种设备常用来标定谐振频率较低的压力测量装置。

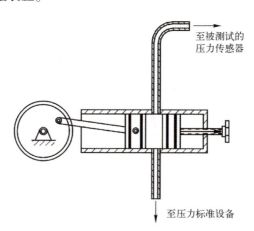

图 15.6.6 机械式正弦压力发生器

图 15.6.7 是喷嘴-孔板式正弦压力发生设备。当孔板的实心部分挡住喷嘴时,管道中压力最大;当喷嘴正好全部对准孔板的孔时,管道中压力最小。这种正弦压力发生器简单易操作,可以产生较高频率的压力变化,但压力波形不好,精度差。

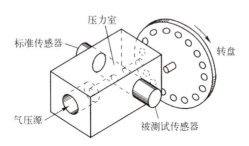

▶ 图 15.6.7　喷嘴-孔板正弦压力发生器

第16章 流量传感器

16.1 概述

在现代工业生产、管理过程及其他技术领域中,常常需要对流体(气体或液体)的输送进行计量和控制,需要测量其流动速度或流过的流体量,因此流量测量是测试技术中的一个重要问题。

流体的流量分为体积流量和质量流量,分别表示某瞬时单位时间内流过管道某一截面处流体的体积数或质量数,基本单位分别为 m^3/s 和 kg/s。流体的体积流量 Q_V 和质量流量 Q_m 可分别表述为

$$Q_V = \frac{dV}{dt} = S\frac{dx}{dt} = Sv \tag{16.1.1}$$

$$Q_m = \frac{dm}{dt} = \rho\frac{dV}{dt} = \rho Sv = \rho Q_V \tag{16.1.2}$$

式中 V——流体在管道内流过的体积(m^3);

S——管道某截面的截面积(m^2)(该截面对应的流体流速为 v);

x——流体在管道内的位移(m);

t——时间(s);

v——流体在管道内的流速(对应的截面积为 S)(m/s);

ρ——流体的密度(kg/m^3);

m——管道内流过流体的质量(kg)。

由于流体具有黏性，因此在某一截面上的流速分布并不均匀，流速的分布与流体流动形态——层流和湍流（又称紊流）有关，如图16.1.1所示。

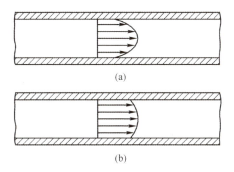

▼ 图16.1.1　流体流动型态

对圆形截面的管道来说，截面上各点的速度随该点至圆心的距离而变化。无论是层流还是湍流，流体在管壁处的速度均为零。对层流来说，各点上速度沿管道直径按抛物线规律分布；对湍流来说，速度分布曲线不再是抛物线，曲线顶部比较平坦，而靠近管壁处变化较陡。

因此式（16.1.1）、式（16.1.2）中流体的流速均指平均速度。

在一段时间内流过管道的流体量称为总量（即总消耗量），用以计算流体的消耗量与储存量，这对某些情况，如贸易结算、飞机的续航能力等是有用的。

由于被测流体介质的种类繁多，其黏度、密度、易燃、易爆性等物理性质差别大，工作状况（流体的压力、温度）不同，测量范围差异大，测量精度要求不同，为了适应各种情况下流体流量的测量，出现了许多测量流量的原理，本章介绍一些常用的流量测量系统。

由式（16.1.1）可知，流体的体积流量 Q_V 是管道截面积 S 和速度 v 的函数。因此截面积 S 不变时，可通过测流速 v 来测量体积流量。

由式（16.1.2）可知，质量流量 Q_m 是流体密度 ρ、管道截面积 S、流体的流速 v 的函数，因此可以分别测量 ρ、S、v 得到质量流量；也可由测量体积流量 Q_V 和密度 ρ 得到质量流量；当管道截面 S 不变时，亦可借测量 ρ 和 v 来测量质量流量。

应当指出，流体的体积流量和质量流量的测量与解算要考虑"同步性"，例如当流体在管道内流动时，质量流量是时间和位置的函数。某时刻、某位置处的质量流量应当是同一时刻、同一位置处的体积流量与密度的乘积。这也给流量测量带来了较大困难。

16.2 转子流量传感器

16.2.1 工作原理

转子流量传感器主要由两部分组成，如图 16.2.1 所示。一个是由下向上内径逐渐扩大的锥形管，另一个是在锥形管内可以自由上下运动的转子（又称浮子）。转子流量传感器是用两端的法兰、螺纹和软管与测量导管相连，且垂直安装，被测流体由锥形管的下端流入，上方流出。

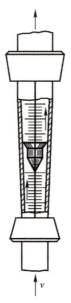

图 16.2.1 转子流量传感器原理结构图

流体由下向上流动时在转子上产生压力差，当压力差产生的力大于转子的重力和浮力之差时，转子上升。转子上升时，锥形管与转子之间的环形截面积增大，则流体作用在转子上的压力差减小。当作用在转子上的压力差所产生的力与转子的重力和浮力相平衡时，转子便停留在某一位置。若流体流量减小，则作用在转子上的压力差减小，转子下降，使锥形管与转子之间的环形截面积减小，则流体作用在转子上的压力差加大，直到压力差所产生的力与转子重力和浮力相平衡时，转子便停留在某一位置。因此转子在锥形管中的位置（即高度）与被测流量有关。

可见，转子流量传感器是以改变流体通过的截面积的大小来反映被测流量的大小，故转子流量传感器也称变面积式流量传感器。

当被测流体的密度不变时，转子的重力和流体产生的浮力不变，因此无论转子处于什么平衡位置，被测流体在转子上的压力差所产生的力总是一个恒定值，所以转子流量传感器又叫恒压降流量传感器。

16.2.2　流量方程式

流量方程式是指流量与转子在锥形管内上升高度间的关系式。
转子在平衡位置时所受的力包括

1. 转子本身的重力

$$F_1 = V\rho_f g \tag{16.2.1}$$

式中　V、ρ_f——转子体积（m^3）和转子材料的密度（kg/m^3）；
　　　g——重力加速度（m/s^2）。

2. 浮力

$$F_2 = V\rho g \tag{16.2.2}$$

式中　ρ——流体的密度（kg/m^3）。

3. 流体对转子的作用力

$$F_3 = \xi \frac{\rho v^2}{2} S_f \tag{16.2.3}$$

式中　ξ——转子对流体的阻力系数；
　　　v——流体流过环隙面积的平均速度（m/s）；
　　　S_f——转子最大的横截面积（m^2）。

转子在平衡位置时，$F_1 - F_2 - F_3 = 0$，得

$$v = \sqrt{\frac{2gV(\rho_f - \rho)}{\xi \rho S_f}} \tag{16.2.4}$$

由式（16.2.4）可知，流体流过环隙的平均速度 v 是一个常数，即不论转子停在什么位置上，v 都是一个常数。

流体的体积流量为

$$Q_V = S_0 v \tag{16.2.5}$$

式中　S_0——锥形管与转子间环隙的面积（m^2）。

环隙面积为

$$S_0 = \frac{\pi}{4}(d^2 - d_f^2) \quad (16.2.6)$$

式中　d——距刻度零点 h 处，锥形管的内径（m）；
　　　d_f——转子的最大直径（m）。

由图 16.2.2 可知，锥形管的内径为

$$d = d_f + 2h \cdot \tan\varphi \quad (16.2.7)$$

式中　φ——锥形管的半锥角。

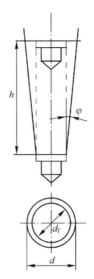

▶ 图 16.2.2　环隙面积与转子高度的关系

把式（16.2.7）代入式（16.2.6）得

$$S_0 = \frac{\pi}{4}\left[(d_f + 2h\tan\varphi)^2 - d_f^2\right] = \pi d_f h \tan\varphi + h^2 \tan^2\varphi \quad (16.2.8)$$

将式（16.2.4）及式（16.2.8）代入式（16.2.5），则得体积流量 Q_V 为

$$Q_V = \frac{1}{\sqrt{\xi}}(\pi d_f h \tan\varphi + h^2 \tan^2\varphi) \cdot \sqrt{\frac{2gV(\rho_f - \rho)}{\rho S_f}} = \alpha(\pi d_f h \tan\varphi + h^2 \tan^2\varphi)\sqrt{\frac{2gV(\rho_f - \rho)}{\rho S_f}}$$

$$(16.2.9)$$

式中　α——称为流量系数，$\alpha = \frac{1}{\sqrt{\xi}}$。

由式（16.2.9）可知，体积流量 Q_V 与转子在锥形管内上升的高度 h 是非线性关系。但是实际上 φ 角很小。$(h\tan\varphi)^2$ 这一项数值很小。如忽略这一项，

则得

$$h = \frac{1}{\alpha} \cdot \frac{1}{\pi d_f \tan\varphi} \sqrt{\frac{\rho S_f}{2gV(\rho_f - \rho)}} \cdot Q_V \qquad (16.2.10)$$

即转子在锥形管内上升的高度与体积流量是线性关系。因此，可根据转子在锥形管中上升的高度 h 来测量流量。

16.2.3　转子流量传感器的特点

（1）转子流量传感器适合于测量较小的流量；
（2）可以测量气体或液体的流量，但不适合黏度大的液体流量测量；
（3）仪表的刻度是线性的；
（4）测量范围比较宽，可达 $Q_{V\max}/Q_{V\min} = 10$；
（5）压力损失小且恒定；
（6）对高温高压和不透明流体的流量测量，可使用金属锥形管；
（7）比较适合于实验室和仪器装置中的流量指示和监视。

16.3　节流式流量传感器

16.3.1　工作原理

节流式流量传感器主要由两部分组成：节流装置和测量静压差的差压传感器。

节流装置安装在流体管道中，工作时它使流体的流通截面发生变化，引起流体静压变化。常用的节流装置有文丘利管、喷嘴和孔板，如图 16.3.1 所示。

流体流过节流装置时，由于流束收缩，流体的平均速度加大，动压力加大，而静压力下降，在截面最小处，流速最大。图 16.3.1 同时给出了流体流过节流装置时流体静压力的变化曲线。测量节流装置前后的静压差就可以测量流量。由曲线可见，由于在节流装置前后形成涡流以及流体的沿程摩擦变成了热能，散失在流体内，故最后流体的速度虽已恢复如初，但静压恢复不到收缩前的数值，这就是压力损失。其中以文丘利管压力损失最小，而孔板压力损失最大。

由于节流式流量传感器利用节流装置前后的静压差来测量流量，故又叫差压式流量传感器或变压降流量传感器。

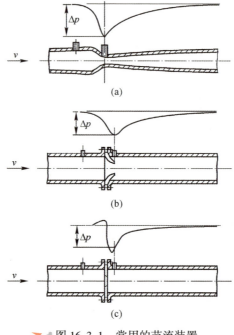

图 16.3.1　常用的节流装置

16.3.2　流量方程式

首先假设流体是理想的（即流体无黏性）不可压缩的流体，管道水平放置。

选定两个截面，Ⅰ-Ⅰ是节流装置前流体开始受节流装置影响的截面；Ⅱ-Ⅱ是流束经过节流装置收缩最厉害的流束截面，由伯努利方程式得

$$\frac{p'_1}{\rho}+\frac{v'^2_1}{2}=\frac{p'_2}{\rho}+\frac{v'^2_2}{2} \tag{16.3.1}$$

式中　p'_1、p'_2——流体在截面Ⅰ-Ⅰ和Ⅱ-Ⅱ处的静压力（Pa）；

　　　v'_1、v'_2——流体在截面Ⅰ-Ⅰ和Ⅱ-Ⅱ处的平均流速（m/s）；

　　　ρ——流体的密度（kg/m³）。

由于流体是不可压缩的，根据连续性定律有

$$S_1 v'_1 = S_2 v'_2 \tag{16.3.2}$$

由于流束在节流装置后的最小收缩面积为 S_2，实际上很难确切地知道它

的数值，因此用节流装置开孔的截面积 S_0 来表示，并令

$$S_2 = \mu S_0 \tag{16.3.3}$$

式中　μ——流束的收缩系数，其大小与节流装置的类型有关。

将式（16.3.3）代入式（16.3.2），得

$$v_1' = \mu v_2' \frac{S_0}{S_1} = \mu m v_2' \tag{16.3.4}$$

式中　m——节流装置开孔截面积与管道截面积之比，$m = \frac{S_0}{S_1}$。

由式（16.3.4）及式（16.3.1）得

$$v_2' = \frac{1}{\sqrt{1-\mu^2 m^2}} \sqrt{\frac{2}{\rho}(p_1' - p_2')} \tag{16.3.5}$$

上面得到的流速 v_2' 是理论值，因为理想的不可压缩的流体是不存在的，流体有黏度，故有摩擦，因此实际的流速应修正；其次，截面Ⅰ-Ⅰ、Ⅱ-Ⅱ的压力 p_1'、p_2' 随着流速的不同而改变。考虑到使用方便，实际上经常在节流装置前后两个固定位置上测取压力 p_1、p_2 代替 p_1'、p_2'，在计算 v_2' 的公式中亦应修正。考虑到这两方面的因素，在Ⅱ-Ⅱ截面上的流速为

$$v_2 = \xi v_2' = \frac{1}{\sqrt{1-\mu^2 m^2}} \sqrt{\frac{2}{\rho}(p_1 - p_2)} \tag{16.3.6}$$

式中　ξ——流速修正系数。

流过截面Ⅱ-Ⅱ的体积流量为

$$Q_V = v_2 S_2 = v_2 \mu S_0 = \frac{\xi \mu S_0}{\sqrt{1-\mu^2 m^2}} \sqrt{\frac{2}{\rho}(p_1 - p_2)} = \alpha S_0 \sqrt{\frac{2}{\rho}(p_1 - p_2)} \tag{16.3.7}$$

式中　α——流量系数，它与节流装置的面积比 m、流体的黏度、密度、取压方式等有关，通常由实验确定该系数，$\alpha = \frac{\mu \xi}{\sqrt{1-\mu^2 m^2}}$。

对于可压缩流体（气体），必须考虑流体流过节流装置时，由于压力的变化而引起流体的密度变化，即压力减小时，气体的体积要膨胀、密度减小。因此，在根据节流装置前后的压力 p_1、p_2 计算流过节流装置的流量时，要引入一个考虑被测流体膨胀的校正系数 ε，故可压缩流体的流量方程为

$$Q_V = \varepsilon \alpha S_0 \sqrt{\frac{2}{\rho}(p_1 - p_2)} \tag{16.3.8}$$

$$\varepsilon = \frac{\alpha_k}{\alpha}\sqrt{\frac{1-\mu_k^2 m^2}{1-\mu_k^2 m^2 \left(\frac{p_2}{p_1}\right)^{\frac{2}{k}}}} \cdot \frac{p_1}{p_1-p_2} \cdot \frac{k}{k-1}\left[\left(\frac{p_2}{p_1}\right)^{\frac{2}{k}}\left(\frac{p_2}{p_1}\right)^{\frac{k+1}{k}}\right] \quad (16.3.9)$$

式中 α_k、μ_k——可压缩流体的流量系数$\left(\alpha_k = \frac{\mu_k \xi}{\sqrt{1-\mu_k^2 m^2}}\right)$和收缩系数；

k——绝热指数。

上面给出了不可压缩和可压缩流体的流量方程。对不同型式的节流装置，流量方程相同，只是有关系数不同。如果在测量过程中流量系数 α（或 α_k），流体膨胀系数 ε 不变，则体积流量与 $\sqrt{p_1-p_2}$ 成比例。

流量系数 α 与节流装置的结构形式、截面积比 m、取压方式、雷诺数、管道的粗糙度等因素有关。流体膨胀系数 ε 与 $\frac{\Delta p}{p_1}$、气体绝热指数 k、截面积比 m 及节流装置的结构形式等因素有关。国家标准给定了不同取压方式标准喷嘴和孔板的流量系数 α 及膨胀修正系数 ε 的值，实际应用时可查用。

16.3.3 取压方式

对同一结构形式的节流装置，采用不同的取压方法，即取压孔在节流装置前后的位置不同，它们的流量系数不同。通常有两种取压方式：角接取压和法兰取压。

1. 角接取压

上下游取压管位于喷嘴或孔板的前后端面处，如图 16.3.2 Ⅰ-Ⅰ 所示，这种角接取压方式的优点是：

（1）易于采用环室取压，使压力均衡，从而提高差压的测量精度。同时，可以缩短所需的直管段。

（2）当实际雷诺数大于临界雷诺数时，流量系数只与截面积比 m 有关，因此对于 m 一定的节流装置，流量系数恒定。

（3）由于管壁粗糙度逐渐改变而产生的摩擦损失变化的影响最小。

角接测压法的主要缺点是：由于取压点位于压力分布曲线最陡峭的部分，因此取压点位置的选择和安装不精确时对流量测量精度的影响比较大，而且取压管的脏污和堵塞不易排除。

在欧洲的法国、俄罗斯、捷克等国广泛采用角接取压法。

2. 法兰取压法

不论管道的直径大小如何，上下游取压管的中心都位于距孔板两侧端面

25.4mm 处，如图 16.3.2 的 Ⅱ-Ⅱ 所示。

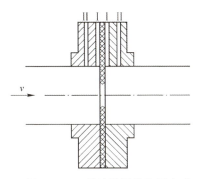

图 16.3.2　节流装置的取压方式

法兰取压法的优点是实际雷诺数大于临界雷诺数时，流量系数 α 为恒值，且安装方便，不易泄漏；其主要缺点是因取压孔之间距离较大，故管壁粗糙度改变而产生的摩擦损失变化对流量测量影响大。

为了提高流量测量的精度，国家标准还规定在节流装置的前后均应装有长度分别为 $10D$ 和 $5D$（D 为管道的内径）的直管段，以消除管道内安装的其他部件对流速造成的扰动，即起整流作用。

16.3.4　节流式流量传感器的特点

（1）结构简单，价格便宜，使用方便；
（2）由于压力差与体积流量间是平方关系，刻度为非线性，当流量小于仪表满量程的 20% 时，流量已测不准；同时测量结果易受被测流体密度变化的影响；
（3）由于管道中安装了节流装置，故有压力损失；
（4）用于洁净流体的流量测量。

在航空流量测量中不用节流式流量传感器，但其在一般工业生产中却是应用最多的一种流量传感器，几乎占工业中所使用的流量传感器的 70%。

16.4　靶式流量传感器

16.4.1　工作原理

靶式流量传感器是利用流体阻力制成的一种流量传感器，其原理结构如图 16.4.1 所示。它主要由靶及力变换器组成。

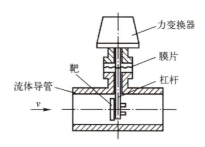

▼ 图 16.4.1　靶式流量传感器原理结构图

当被测流体流过装有靶的管道时，靶对流动的流体产生阻力，同样靶也受一个同样大小的反作用力。该力由两部分组成：一部分是流体和靶表面的摩擦阻力；另一部分是由于流束在靶后分离产生的压差阻力。摩擦阻力很小可忽略不计。靶在压差阻力作用下，以密封膜片为支点偏转，经杠杆传给力变换器，将力转换成电信号，送入显示装置或调节器。

16.4.2　流量方程式

流体作用在靶上的力为

$$F = \zeta \frac{\rho v^2}{2} S_1 \quad (16.4.1)$$

式中　　F——流体作用在靶上的力（N）；

ζ——阻力系数；

ρ——流体的密度（kg/m³）；

v——靶和管壁间的环形截面（环隙）上流体的平均流速（m/s）；

d、S_1——靶的直径（m）和受力面积$\left(S_1 = \dfrac{\pi d^2}{4}, \ \mathrm{m}^2\right)$。

由式（16.4.1）可求得环隙上的流体的平均流速为

$$v = \sqrt{\frac{2}{\zeta \rho S_1}} \sqrt{F} \quad (16.4.2)$$

体积流量为

$$Q_V = vS = \frac{\pi}{4}(D^2 - d^2)\sqrt{\frac{1}{\zeta}}\sqrt{\frac{2}{\rho \frac{\pi d^2}{4}}}\sqrt{F} = \alpha \left(\frac{D^2-d^2}{d}\right)\sqrt{\frac{\pi}{2}}\sqrt{\frac{F}{\rho}} = \alpha \left(\frac{1}{\beta} - \beta\right) D \sqrt{\frac{\pi}{2}}\sqrt{\frac{F}{\rho}}$$

$$(16.4.3)$$

式中　　α——流量系数，$\alpha = \sqrt{\dfrac{1}{\zeta}}$；

β——靶径比，$\beta = \dfrac{d}{D}$；

D——管道内径（m）。

由式（16.4.3）可知：力与体积流量成平方关系，所以是非线性刻度。

流量系数 α 与靶形、靶径比 β、雷诺数、靶与管道的同心度等因素有关。对于一定形状的靶，当靶与管道同轴安装时，流量系数 α 保持不变。图 16.4.2 给出了圆盘靶流量系数 α 和雷诺数 Re 及靶径比 β 的实验曲线。

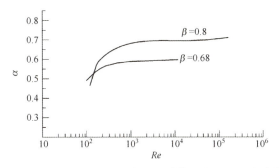

图 16.4.2　圆盘靶流量系数和雷诺数及靶径比的实验曲线

16.4.3　靶式流量传感器的特点

（1）结构简单，安装维护方便，不易堵塞；

（2）靶式流量传感器的临界雷诺数比节流式流量传感器低，因此可以测量大黏度、小流量的流体流量；

（3）除了可测气体、液体的流量外，还可以测量含有固体颗粒的浆液（如泥浆、纸浆、砂浆等）及腐蚀性流体的流量；

（4）非线性刻度，且易受被测流体密度变化的影响；

（5）由于管道中有靶，故压力损失较大。

靶式流量传感器是目前工业生产中用得较广的一种流量传感器。

16.5　涡轮流量传感器

16.5.1　工作原理

涡轮流量传感器主要由三个部分组成：导流器、涡轮和磁电转换器，其原理结构如图 16.5.1 所示。

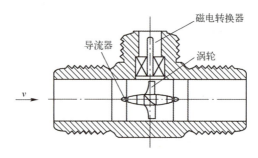

图 16.5.1 涡轮流量传感器的原理结构图

流体从流量传感器入口经过导流器，使流束平行于轴线方向流入涡轮，推动螺旋形叶片的涡轮转动，磁电式转换器的脉冲数与流量成比例。所以涡轮流量传感器是一种速度式流量传感器。

16.5.2 流量方程式

平行于涡轮轴线的流体平均流速 v，可分解为叶片的相对速度 v_r 和叶片切向速度 v_s，如图 16.5.2 所示。切向速度为

$$v_s = v\tan\theta \tag{16.5.1}$$

式中　θ——叶片的螺旋角。

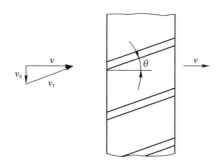

图 16.5.2 涡轮叶片分解

若忽略涡轮轴上的负载力矩，那么当涡轮稳定旋转时，叶片的切向速度为

$$v_s = R\omega \tag{16.5.2}$$

则涡轮的转速为

$$n = \frac{\omega}{2\pi} = \frac{\tan\theta}{2\pi R}v \tag{16.5.3}$$

式中　R——叶片的平均半径（m）。

由此可见在理想状态下，涡轮的转速 n 与流速 v 成比例。

磁电式转换器所产生的脉冲频率为

$$f = nZ = \frac{Z\tan\theta}{2\pi R}v \tag{16.5.4}$$

式中　Z——涡轮的叶片数目。

流体的体积流量为

$$Q_V = \frac{2\pi RS}{Z\tan\theta}f = \frac{1}{\zeta}f \tag{16.5.5}$$

式中　S——涡轮的通道截面积（m²）；

　　　ζ——流量转换系数，$\zeta = \dfrac{Z\tan\theta}{2\pi RS}$。

由式（16.5.5）可知，对于一定结构的涡轮，流量转换系数是一个常数，因此流过涡轮的体积流量 Q_V 与磁电转换器的脉冲频率 f 成正比。但是由于涡轮轴承的摩擦力矩、磁电转换器的电磁力矩、流体和涡轮叶片间的摩擦阻力等因素的影响，在整个流量测量范围内流量转换系数不是常数。流量转换系数与体积流量间关系曲线如图 16.5.3 所示。在小流量时，由于各种阻力力矩之和与叶轮的转矩相比较大，因此流量转换系数下降，而在大流量时，由于叶轮的转矩大大超过各种阻力力矩之和，因此流量转换系数几乎保持常数。

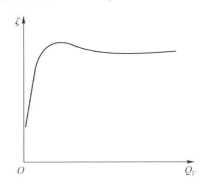

▼ 图 16.5.3　流量转换系数与体积流量的关系曲线

16.5.3　涡轮流量传感器的特点

（1）可以测量洁净液体或气体的流量；

（2）测量精度高，可达到 0.2% 以上；

(3) 线性特性输出；

(4) 测量范围宽，$Q_{V\max}/Q_{V\min} = 10 \sim 30$；

(5) 反应灵敏，适用于测量脉动流量；

(6) 由于输出是脉冲信号，故抗干扰能力强，便于数字化和远距离传输；

(7) 压力损失小；

(8) 由于在流体内装有轴承，怕脏污及腐蚀性流体；

(9) 流体密度和黏度变化会引起误差。

由于涡轮流量传感器有上述特点，因此不仅在地面上得到了广泛的应用，而且也用于航空上测量燃油流量。

16.6 电磁流量传感器

16.6.1 工作原理

电磁流量传感器是根据法拉第电磁感应原理制成的一种流量传感器，用来测量导电液体的流量。其原理如图 16.6.1 所示，它是由产生均匀磁场的系统、不导磁材料的管道及在管道横截面上的导电电极组成。磁场方向、电极连线及管道轴线三者在空间互相垂直。

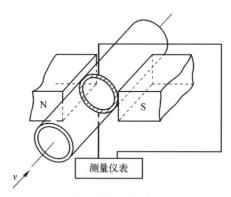

▶ 图 16.6.1 电磁流量传感器原理图

当被测导电液体流过管道时，切割磁力线，于是在和磁场及流动方向垂直的方向上产生感应电势，其值和被测液体的流速成比例，即

$$E = BDv \qquad (16.6.1)$$

式中 B——磁感应强度（T）；

D——切割磁力线的导体液体长度（为管道内径 D）（m）；

v——导电液体在管道内的平均流速（m/s）。

由式（16.6.1）得被测导电液体的体积流量为

$$Q_V = \frac{\pi D^2}{4} v = \frac{\pi DE}{4B} \tag{16.6.2}$$

因此测量感应电势就可以测出被测导电液体的流量。

16.6.2　电磁流量传感器的结构

上面讨论中，认为磁感应强度 B 是常量，即直流磁场。但直流电势将使被测液体电解，使电极极化。正电极被一层负离子包围，负电极被一层正离子包围，加大了电极的电阻，破坏了原来的测量条件。同时内阻的增加随被测液体的成分和测量时间的长短而变化，因而使输出的电势不固定，影响测量精度。因此直流磁场的电磁流量传感器适用于非电解性液体，如液体金属纳、汞等的流量测量。

而对电解性液体的流量测量则采用市电（50Hz）交流电励磁的交流磁场，即

$$B = B_{\max} \sin \omega t \tag{16.6.3}$$

感应电势为

$$E = B_{\max} \sin \omega t D \cdot v \tag{16.6.4}$$

所以体积流量为

$$Q_V = \frac{\pi D^2}{4} v = \frac{\pi D}{4 B_{\max} \sin \omega t} E \tag{16.6.5}$$

或

$$Q_V = \frac{\pi D}{4} \cdot \frac{E}{B} \tag{16.6.6}$$

即测量比值 E/B 就可以测得体积流量 Q_V，故交流励磁的电磁流量传感器要有 E/B 的运算电路。这样还可以消除由于电源电压及频率波动所引起的测量误差。

用交流励磁不但消除了极化，而且便于信号的放大，但也易受干扰。

目前工业上常用电磁流量传感器，其交流磁系统的结构有变压器铁芯型和绕组型两种，由于变压器铁芯型的磁系统尺寸大、质量大，故适用于小管径的电磁流量传感器，而绕组型磁系统适用于中、大管径的电磁流量传感器。

为了避免测量管道引起磁分流，故通常用非导磁材料制成。由于测量管

道处于较强的交流磁场中,管壁产生涡流,因而产生引起干扰的二次磁通。为了减少涡流,要求测量管道的材料应具有高电阻率。故一般中小口径电磁流量传感器用不锈钢或玻璃钢制成测量管道;而大口径电磁流量传感器的测量管道用离心浇铸,把衬里线圈和电极浇铸在一起,以减少涡流引起的误差。

当用金属测量管道时,为了防止两个电极被金属管道短路,在金属管道的内壁挂一层绝缘衬里,同时还可以防腐蚀。常用聚四氟乙烯(使用温度达120℃)、天然橡胶(使用温度达60℃)及氯丁橡胶(使用温度达70℃)等材料作绝缘衬里。除氟酸和高温碱外的各种酸碱液体的流量测量还可以使用温度达120℃的玻璃作衬里。

电极一般用非磁性材料,如不锈钢和耐酸钢等材料制成,有时也用铂和黄金或在不锈钢制成的电极外表面镀一层铂和黄金的电极。电极必须和测量管道很好地绝缘,如图 16.6.2 所示。

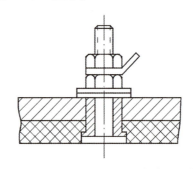

图 16.6.2 电极和测量管道的绝缘

为了隔离外界磁场的干扰,电磁流量传感器的外壳用铁磁材料制成。

16.6.3 电磁流量传感器的特点

(1)测量管道内没有任何突出的和可动的部件,因此适用于有悬浮颗粒的浆液等的流量测量,而且压力损失极小;

(2)感应电势与被测液体温度、压力、黏度等无关,因此电磁流量传感器使用范围广;

(3)测量范围宽,$Q_{max}/Q_{min}=100$;

(4)可以测量各种腐蚀性液体的流量;

(5)电磁流量传感器惯性小,可以用来测量脉动流量;

(6)对测量介质,要求导电率大于 $0.002 \sim 0.005 (\Omega \cdot m)^{-1}$,因此不能测量气体及石油制品的流量。

电磁流量传感器是工业中测量导电液体常用的流量传感器。

16.7 漩涡流量传感器

漩涡流量传感器是 20 世纪 70 年代出现的一种流量传感器,它分漩涡分离型和漩涡旋进型两种。

16.7.1 卡门涡街式漩涡流量传感器

卡门涡街式漩涡流量传感器是漩涡分离型漩涡流量传感器,在垂直于流动方向上放置一个圆柱体,流体流过圆柱体时,在一定的雷诺数范围内,在圆柱体后面的两侧产生旋转方向相反的、交替出现的漩涡列,如图 16.7.1 所示。卡门在理论上还证明,当两列漩涡的列距 l 与同列漩涡的间距 b 之比为 0.281 时,漩涡列是稳定的。

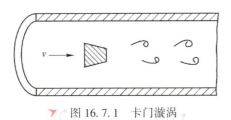

图 16.7.1 卡门漩涡

大量实验证明,当雷诺数大于 10000 时,单侧漩涡的频率 f 为

$$f = N_{st} \frac{v}{d} \tag{16.7.1}$$

式中　N_{st}——斯托罗哈数;
　　　v——流体的流速 (m/s);
　　　d——圆柱体的直径 (m)。

斯托罗哈数 N_{st} 与放入流体中柱体的形体和雷诺数有关。实验证明,在一定雷诺数范围内,N_{st} 是一个常值,对圆柱体 $N_{st}=0.21$,三棱柱体 $N_{st}=0.16$。

因此漩涡的频率 f 与流体的流速 v 成比例,从而测出体积流量。

为了测出漩涡频率,在中空圆柱体两侧开两排小孔,圆柱体中空腔由隔板分成两部分。当流体产生漩涡时,如在右侧产生漩涡,由于漩涡的作用使右侧的压力高于左侧的压力;如在左侧产生漩涡时,则左侧的压力高于右侧的压力,因此产生交替的压力变化。利用压电式变换器、应变式变换器,可以测量此交替变化的力或压力。图16.7.2给出了利用隔板上安装的铂电阻丝来测量此交替压力变化的示意图。当交替压力变化时，空腔内的气体亦脉动流动，因此交替地对电阻丝产生冷却作用，电阻丝的阻值发生变化，从而产生和漩涡频率一致的脉冲信号，检测此脉冲信号，就可测量出流量值。

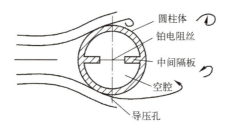

图16.7.2　利用热电阻测量漩涡频率

16.7.2　旋进式漩涡流量传感器

旋进式漩涡流量传感器的原理图如图16.7.3所示，它由漩涡产生器、漩涡消除器、频率检测器探头、外壳等部分组成。

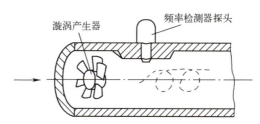

图16.7.3　旋进式漩涡流量传感器原理图

被测流体进入流量传感器后，先经漩涡产生器，流体强制旋转。然后再经一段收束管加速，在这一段管道内，漩涡中心和外套轴线一致。当漩涡进入扩张管后，流速突然急剧减小，导致一部分流体形成回流。因漩涡中心部分的压力比外圆部分的压力低，故回流在中心部分产生。由于回流使漩涡中心线不再与外套轴线重合，而是绕轴线旋转，产生进动。当雷诺数及马赫数一定时，漩涡绕轴线的角速度（即进动频率）与流体的体积流量成正比。在流量传感器的出口装有漩涡消除器，使漩涡流整流成平直运动，用频率检测器的探头来测量进动频率，以测量流量值。

漩涡流量传感器与被测流体的密度、黏度无关，输出为频率信号且与体积流量成线性关系，测量范围宽，$Q_{max}/Q_{min}=100$，精度达1%，卡门涡街式漩涡流量传感器适用于大口径管道的流量，而旋进式漩涡流量传感器适用于中小口径管道的流量。

16.8　超声波流量传感器

超声波（频率在 10kHz 以上的声波）具有方向性，因此可用来测量流体的流速。

在管道上安装两套超声波发射器和接收器，如图 16.8.1 所示，发射器 T_1 和接收器 R_1、发射器 T_2 和接收器 R_2 的声路与流体流动方向的夹角为 θ，流体自左向右以平均速度 v 流动。

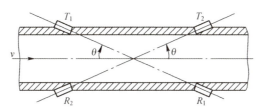

▼ 图 16.8.1　超声波流量传感器原理图

声波脉冲从发射器 T_1 发射到接收器 R_1 接收到所需时间为

$$t_1 = \frac{L}{c+v\cos\theta} = \frac{D/\sin\theta}{c+v\cos\theta} \tag{16.8.1}$$

式中　c——声波的速度（m/s）。

　　　D——管道内径（m）。

因此测量 t_1 就可以知道流速 v，但这种方法灵敏度很低。

同样声波脉冲从发射器 T_2 发射到接收器 R_2 接收到的时间为

$$t_2 = \frac{L}{c-v\cos\theta} = \frac{D/\sin\theta}{c-v\cos\theta} \tag{16.8.2}$$

则声波顺流和逆流的时间差为

$$\Delta t = t_2 - t_1 = \frac{2D\cot\theta}{c^2 - v^2\cos^2\theta} v \tag{16.8.3}$$

因为 $c \gg v$，所以

$$\Delta t \approx \frac{2D\cot\theta}{c^2} v \tag{16.8.4}$$

因此测量时间差就可以测得平均流速 v。由于 Δt 很小，为了提高测量精度，

采用相位法，即测量连续振荡的超声波在顺流和逆流传播时，接收器 R_1 与接收器 R_2 接收信号之间的相位差为

$$\Delta\varphi = \omega\Delta t = \omega\frac{2D\cot\theta}{c^2}v \qquad (16.8.5)$$

式中 ω——超声波的角频率（rad/s）。

时差法和相差法测量流速 v 均与声速有关，而声速 c 随流体温度的变化而变化。因此，为了消除温度对声速的影响，需要有温度补偿。

此外发射器超声脉冲的重复频率为

$$f_1 = \frac{1}{t_1} = \frac{c+v\cos\theta}{D/\sin\theta} \qquad (16.8.6)$$

$$f_2 = \frac{1}{t_2} = \frac{c-v\cos\theta}{D/\sin\theta} \qquad (16.8.7)$$

则频差为

$$\Delta f = f_1 - f_2 = \frac{2\cos\theta}{D/\sin\theta}v = \frac{\sin 2\theta}{D} \qquad (16.8.8)$$

所以

$$v = \frac{D}{\sin 2\theta}\Delta f \qquad (16.8.9)$$

则体积流量为

$$Q_V = \frac{\pi D^2}{4}v = \frac{\pi D^3}{4\sin 2\theta}\Delta f \qquad (16.8.10)$$

由式（16.8.9）及式（16.8.10）可知，频差法测量流速 v 和体积流量 Q_V 均与声速 c 无关。因此提高了测量精度，故目前超声波流量传感器均采用频差法。

超声波流量传感器对流动流体无压力损失，且与流体黏度、温度等因素无关。流量与频差成线性关系，精度可达 0.25%，特别适合大口径的液体流量测量。但是目前超声波流量传感器整个系统比较复杂，价格贵，故在工业上使用的还不多。

16.9 热式质量流量传感器

热式质量流量传感器（thermal mass flowmeter；TMF）是一种直接质量流量传感器。它利用传热原理实现测量流量的传感器，即流动中的流体与热源

（流体中外加热的物体或测量管外加热体）之间热量交换的关系来测量流量的仪表。

16.9.1 工作原理

在管道中放置一热电阻，当管道中流体不流动，且热电阻的加热电流保持恒定，则热电阻的阻值亦为一定值。当流体流动时，引起对流热交换，热电阻的温度下降，热电阻的阻值也发生变化。若忽略热电阻通过固定件的热传导损失，则热电阻的热平衡方程为

$$I^2 R = \alpha K S_K (t_K - t_f) \tag{16.9.1}$$

式中　R、I——热电阻的阻值（Ω）和流过其的加热电流（A）；

　　　α——对流热交换系数（W/m²·K）；

　　　K——热电转换系数；

　　　S_K——热电阻换热表面积（m²）；

　　　t_K、t_f——热电阻感受到的温度（K）和流体温度（K）。

对于对流热交换系数，当流体流速 $v<25$m/s 时，有

$$\alpha = C_0 + C_1 \sqrt{\rho v} \tag{16.9.2}$$

式中　C_0、C_1——系数；

　　　ρ——流体的密度（kg/m³）。

利用式（16.9.1）、式（16.9.2），可得

$$I^2 R = (A + B\sqrt{\rho v})(t_K - t_f) \tag{16.9.3}$$

$$A = K S_K C_0$$
$$B = K S_K C_1$$

系数 A 和 B 由实验确定。

由式（16.9.3）可见，ρv 是加热电流 I 和热电阻温度的函数。当管道截面一定时，由 ρv 就可得质量流量 Q_m。因此可以使加热电流不变，而通过测量热电阻的阻值变化来测量质量流量；或保持热电阻的阻值不变，通过测量加热电流 I 的变化来测量质量流量。

热电阻可用 Pt 电阻丝或膜电阻制成，也可采用微机械电子系统（MEMS）工艺，制成硅微机械热式质量流量传感器。具体实现方案有多种，如加热电阻可以只用于加热，也可以既加热，又测温。

图 16.9.1 给出了气体质量流量传感器敏感部分的一种典型结构示意图，其中热电阻 R_1 和 R_2 用来测量加热电阻上游流体温度 t_{f1} 和下游流体温度 t_{f2}。

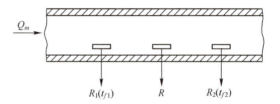

图 16.9.1　气体质量流量传感器敏感部分的一种典型结构示意图

16.9.2　热式质量流量传感器的特点

热式质量流量传感器常用来测量气体的质量流量。具有结构简单、测量范围宽、响应速度快、灵敏度高、功耗低、无活动部件，无分流管的热分布式仪表无阻流件，压力损失小。在汽车电子、半导体技术、能源与环保等领域应用广泛。其主要不足是：对小流量而言，仪表会给被测气体带来相当热量，有些热式质量流量传感器在使用时，容易在管壁沉积垢层影响测量值，需定期清洗；对细管型仪表更有易堵塞的缺点。该传感器在汽车电子、半导体技术、能源与环保等领域应用广泛。

16.10　谐振式科里奥利直接质量流量传感器

谐振式科氏直接质量流量传感器，基于科里奥利效应（Coriolis effect），其敏感结构工作于谐振状态，直接测量质量流量，所以简称科氏质量流量传感器（Coriolis mass flowmeter；CMF）。它包括谐振式科氏直接质量流量传感器和相应的检测电路。

科氏质量流量传感器的研发始于20世纪50年代初，由于未能很好解决使流体在直线运动的同时还要处于旋转系的实用性技术难题，一直未能实现达到工业推广应用阶段。直到20世纪70年代中期，美国的詹姆士·史密斯（James E. Smith）巧妙地将流体引入到处于谐振状态的测量管中，发明了利用科氏效应，将两种运动结合起来的谐振式直接质量流量传感器。1977年美国的 Rosemount 公司研制成功世界上第一台这样原理的质量流量传感器。近年来，随着科学技术的发展与进步，基于科氏效应的直接质量流量传感器发展很快，相继出现了一些新的热点，如基于 MEMS 的硅微机械科氏质量流量传感器，用于检测微流量；基于数字技术的智能化流量测试技术；基于高灵敏度检测的气体科氏质量流量传感器等。

16.10.1 结构与工作原理

图 16.10.1 为以典型的 U 形管为敏感元件的谐振式直接质量流量传感器的结构及其工作示意图。激励单元 E 使一对平行的 U 形管作一阶弯曲主振动,建立传感器的工作点。当管内流过质量流量时,由于科氏效应的作用,使 U 形管产生关于中心对称轴的一阶扭转"副振动"。该一阶扭转"副振动"相当于 U 形管自身的二阶弯曲振动(参见图 16.10.2,(a)为一阶,(b)为二阶)。同时,该"副振动"直接与所流过的"质量流量(kg/s)"成比例。因此,通过 B、B′测量元件检测 U 形管的"合成振动",就可以直接得到流体的质量流量。

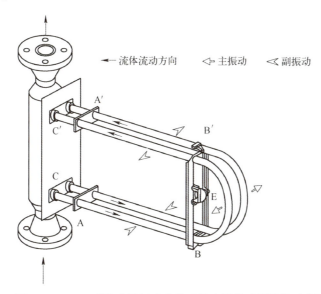

▼ 图 16.10.1 U 形管式谐振式直接质量流量传感器结构示意图

图 16.10.3 为 U 形管质量流量传感器的数学模型。当管中无流体流动时,谐振子在激励器的激励下,产生绕 CC′轴的弯曲主振动,可写为

$$x(s,t) = A(s)\sin\omega t \qquad (16.10.1)$$

式中 ω——系统的主振动角频率(rad/s),由包括弹性弯管、弹性支承在内的谐振子整体结构决定;

$A(s)$——对应于 ω 的主振型;

s——沿管子轴线方向的曲线坐标。

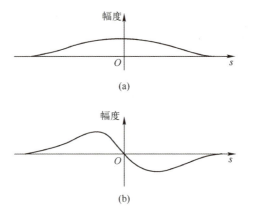

图 16.10.2　U 形管一、二阶弯曲振动振形示意图
（a）一阶弯曲；（b）二阶弯曲。

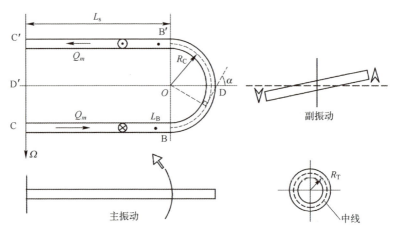

图 16.10.3　U 形管式谐振式直接质量流量传感器数学模型

管子的振动可以看成绕 CC′轴的转动，当然这个等效的转动也是周期性的。于是弹性弯管绕 CC′轴的角速度为

$$\Omega(s,t) = \frac{\mathrm{d}x(s,t)}{\mathrm{d}t} \cdot \frac{1}{x(s)} = \frac{A(s)}{x(s)}\omega\cos\omega t \qquad (16.10.2)$$

式中　$x(s)$——管子上任一点到 CC′轴的距离（m）。

当流体以速度 v 在管中流动时，可以看成在转动的坐标系中同时伴随着相对线运动，于是便产生了科氏加速度。科氏加速度引起科氏惯性力。当弹性弯管向正向振动时，在 CBD 段，$\mathrm{d}s$ 微段上所受的科氏力为

$$\mathrm{d}\boldsymbol{F}_\mathrm{C} = -\boldsymbol{a}_\mathrm{C}\mathrm{d}m = -2\boldsymbol{\Omega}(s)\times\boldsymbol{v}\mathrm{d}m = -2Q_m\omega\cos\alpha\cos\omega t\frac{A(s)}{x(s)}\mathrm{d}s\boldsymbol{n} \quad (16.10.3)$$

式中 $\boldsymbol{n}$——垂直于 U 形管平面的外法线方向的单位矢量。

同样，在 C′B′D 段，与 CBD 段关于 DD′轴对称点处的 ds 微段上所受的科氏力为

$$\mathrm{d}\boldsymbol{F}_\mathrm{C}' = -\mathrm{d}\boldsymbol{F}_\mathrm{C} \quad (16.10.4)$$

式（16.10.3），式（16.10.4）相差一个负号，表示两者方向相反。当有流体流过振动的谐振子时，在 $\mathrm{d}\boldsymbol{F}_\mathrm{C}$ 和 $\mathrm{d}\boldsymbol{F}_\mathrm{C}'$ 的作用下，将产生对 DD′轴的力偶，即

$$\boldsymbol{M} = \int 2\mathrm{d}\boldsymbol{F}_\mathrm{C}\times\boldsymbol{r}(s) \quad (16.10.5)$$

式中 $\boldsymbol{r}(s)$——微元体到轴 DD′的距离（m）。

由式（16.10.3），式（16.10.5）得

$$M = 2Q_m\omega\cos\alpha\cos\omega t\int\frac{A(s)r(s)}{x(s)}\mathrm{d}s \quad (16.10.6)$$

式中 Q_m——流体流过管子的质量流量（kg/s）；

α——流体的速度方向与 DD′轴的夹角，在直段 $\alpha=0$，在圆弧段，如图 16.10.3 所示）。

科氏效应引起的力偶将使谐振子产生一个绕 DD′轴的扭转运动。相对于谐振子的主振动而言，它称为"副振动"，其运动方程可写为

$$x_1(t) = B_1(s)Q_m\omega\cos(\omega t + \varphi) \quad (16.10.7)$$

式中 $B_1(s)$——副振动响应的灵敏系数（m·s²/kg），与敏感结构、参数以及检测点所处的位置有关；

φ——副振动响应对扭转力偶的相位变化。

根据上述分析，当有流体流过管子时，谐振子的 B、B′两点处的振动方程可以分别写为

B 点处：

$$S_\mathrm{B} = A(L_\mathrm{B})\sin\omega t - B_1(L_\mathrm{B})Q_m\omega\cos(\omega t + \varphi) = A_1\sin(\omega t + \varphi_1) \quad (16.10.8)$$

$$A_1 = [A^2(L_\mathrm{B}) + Q_m^2\omega^2 B_1^2(L_\mathrm{B}) + 2A(L_\mathrm{B})Q_m\omega B_1(L_\mathrm{B})\sin\varphi]^{0.5}$$

$$\varphi_1 = -\arctan\frac{Q_m\omega B_1(L_\mathrm{B})\cos\varphi}{A(L_\mathrm{B}) + Q_m\omega B_1(L_\mathrm{B})\sin\varphi}$$

B′点处：

$$S_{\mathrm{B}'} = A(L_\mathrm{B})\sin\omega t + B_1(L_\mathrm{B})Q_m\omega\cos(\omega t + \varphi) = A_2\sin(\omega t + \varphi_2) \quad (16.10.9)$$

$$A_2 = \left[A^2(L_B) + Q_m^2 \omega^2 B_1(L_B) - 2A(L_B) Q_m \omega B_1(L_B) \sin\varphi \right]^{0.5}$$

$$\varphi_2 = \arctan \frac{Q_m \omega B_0(L_B) \cos\varphi}{A(L_B) - Q_m \omega B_1(L_B) \sin\varphi}$$

式中 L_B——B 点在轴线方向的坐标值（m）。

于是 B、B′两点信号 S_B、$S_{B'}$ 之间产生了相位差 $\varphi_{BB'} = \varphi_2 - \varphi_1$，见图 16.10.4。由式（16.10.8）和式（16.10.9）得

$$\tan\varphi_{BB'} = \frac{2A(L_B) Q_m B_1(L_B) \omega \cos\varphi}{A^2(L_B) - Q_m^2 B_1^2(L_B) \omega^2} \tag{16.10.10}$$

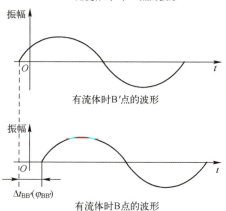

▼ 图 16.10.4　B、B′两点信号示意图

实用中总有 $A^2(L_B) \gg Q_m^2 B_1^2(L_B) \omega^2$，于是式（16.10.10）可写为

$$Q_m = \frac{A(L_B) \tan\varphi_{BB'}}{2B_1(L_B) \omega \cos\varphi} \tag{16.10.11}$$

式（16.10.11）便是基于 S_B，$S_{B'}$ 相位差 $\varphi_{BB'}$ 直接解算质量流量 Q_m 的基本方程。由式（16.10.11）可知：若 $\varphi_{BB'} \leq 5°$，有

$$\tan\varphi_{BB'} \approx \varphi_{BB'} = \omega \Delta t_{BB'} \tag{16.10.12}$$

于是

$$Q_m = \frac{A(L_B)\Delta t_{BB'}}{2B_1(L_B)\cos\varphi}$$ （16.10.13）

这时质量流量 Q_m 与弹性结构的振动频率无关，而只与 B、B′两点信号的时间差 $\Delta t_{BB'}$ 成正比。这也是该类传感器非常好的一个优点。但由于它与 $\cos\varphi$ 有关，故实际测量时会带来一定误差，同时检测的实时性也不理想。因此可以考虑采用幅值比检测的方法。

由式（16.10.8）、式（16.10.9）得

$$S_{B'} - S_B = 2B_1(L_B)Q_m\omega\cos(\omega t + \varphi)$$ （16.10.14）

$$S_{B'} + S_B = 2A(L_B)\sin\omega t$$ （16.10.15）

设 R_a 为 $S_{B'}-S_B$ 和 $S_{B'}+S_B$ 的幅值比，则

$$Q_m = \frac{R_a A(L_B)}{B_1(L_B)\omega}$$ （16.10.16）

式（16.10.16）就是基于 B、B′两点信号"差"与"和"的幅值比 R_a 而直接解算 Q_m 的基本方程。

16.10.2 质量流量的解算

基于以上理论分析，谐振式直接质量流量传感器输出信号检测的关键，是对两路同频率周期信号的相位差（时间差）或幅值比的测量。

图 16.10.5 为一种检测幅值比的原理电路。其中 u_{i1} 和 u_{i2} 是质量流量传感器输出的两路信号。单片机通过对两路信号的幅值检测传感器算出幅值比，进而求出流体的质量流量。

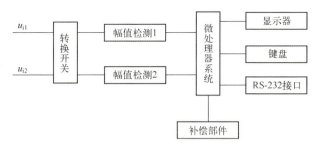

▶ 图 16.10.5　信号检测系统总体设计图

图 16.10.6 为周期信号幅值检测的原理电路。利用二极管正向导通、反向截止的特性对交流信号进行整流，利用电容的保持特性获取信号幅值。

对图 16.10.5 给出的电路，两路幅值检测部件的对称性越好，系统的精度就越高。但是由于器件的原因可能会产生不对称，所以在幅值测量及幅值比测量过程中，应按以下步骤进行。

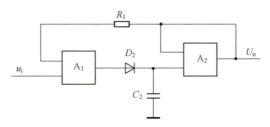

图 16.10.6　周期信号幅值检测电路

（1）用幅值检测 1 检测输入信号 u_{i1} 的幅值，记为 A_{11}；用幅值检测 2 检测输入信号 u_{i2} 的幅值，记为 A_{22}。

（2）用幅值检测 2 检测输入信号 u_{i1} 的幅值，记为 A_{12}；用幅值检测 1 检测输入信号 u_{i2} 的幅值，记为 A_{12}。

（3）$B_1 = A_{11} + A_{12}$，$B_2 = A_{21} + A_{22}$，用 $C = B_1/B_2$ 作为输入信号的幅值比。

这样就抵消了部分因器件原因引起的误差，这是靠牺牲时间来换取精度的措施。

此外，根据前面的分析可知：传感器输出的两路正弦信号，其中一路是基准参考信号，在整个工作过程中会有微小漂移，不会有大幅度变化；另一路的输出和质量流量存在着函数关系，所以利用这两路信号的比值解算也可以消除某些环境因素引起的误差，如电源波动等。同时，检测周期信号的幅值比还具有较好的实时性和连续性。

此外，关于谐振式直接质量流量传感器输出信号的检测，可以参考 13.4.2 节讨论的半球谐振式角速率传感器信号解算中的图 13.4.8 和图 13.4.9。

16.10.3　密度的测量

基于图 16.10.1 所示的谐振式直接质量流量传感器的结构与工作原理，敏感结构系统的等效刚度和等效质量可以描述为

$$k = k(E, \mu, L, R_C, R_f, h) = E \cdot k_0(\mu, L, R_C, R_f, h) \quad (16.10.17)$$

$$m = m(\rho, L, R_C, R_f, h) = \rho \cdot m_0(L, R_C, R_f, h) \quad (16.10.18)$$

式中　$k(\cdot)$、$m(\cdot)$——描述弹性系统等效刚度的函数和等效质量的函数；

　　　E、μ、ρ——测量管材料的弹性模量（Pa）、泊松比和密度（kg/m³）；

R、L——U 形测量管圆弧部分中轴线半径（m）和直段工作部分长度（m）；
R_f、h——测量管的内半径（m）和壁厚（m）。
流体流过测量管引起的附加等效质量可以描述为

$$m_f = m_f(\rho_f, L, R_C, R_f) = \rho_f \cdot m_{f0}(L, R_C, R_f) \quad (16.10.19)$$

式中 $m_f(\cdot)$——描述流体流过测量管引起的附加等效质量的函数；
ρ_f——流体密度（kg/m³）。

于是，在流体充满测量管的情况下（实际测量情况），系统的固有角频率（rad/s）为

$$\omega_f = \sqrt{\frac{k}{m+m_f}} = \sqrt{\frac{E \cdot k_0(\mu, L, R_C, R_f, h)}{\rho \cdot m_0(L, R_C, R_f, h) + \rho_f \cdot m_{f0}(L, R_C, R_f)}}$$

$$(16.10.20)$$

式（16.10.20）描述了系统的固有频率与测量管结构参数、材料参数和流体密度的函数关系，揭示了谐振式直接质量流量传感器同时实现流体密度测量的机理。

由式（16.10.20）可知：当测量管没有流体时（即空管），有如下关系：

$$\omega_0^2 = \frac{k}{m} \quad (16.10.21)$$

结合式（16.10.17）~式（16.10.21）可得

$$\rho_f = K_D \left(\frac{\omega_0^2}{\omega_f^2} - 1 \right) \quad (16.10.22)$$

$$K_D = \frac{\rho \cdot m_0(L, R_C, R_f, h)}{m_{f0}(L, R_C, R_f)} \quad (16.10.23)$$

式中 K_D——与测量管材料参数、几何参数有关的系数（kg/m³）。

16.10.4 双组分流体的测量

一般情况下，当被测流体是两种不互溶的混合液时（如油和水），可以很好地对双组分流体各自的质量流量与体积流量进行测量。

基于体积守恒与质量守恒的关系，考虑在全部测量管内的情况，有

$$V = V_1 + V_2 \quad (16.10.24)$$

$$V\rho_f = V_1 \rho_1 + V_2 \rho_2 \quad (16.10.25)$$

式中 ρ_1、ρ_2——双组分流体的组分 1 和组分 2 的密度（kg/m³），为已知设定值；

V_1、V_2——在全部测量管内体积 V 中，密度为 ρ_1 和 ρ_2 的流体所占的体积（m^3）；

ρ_f——实测的混合组分流体密度（kg/m^3）。

由式（16.10.24），式（16.10.25）可得：密度为 ρ_1 的组分 1 与和密度为 ρ_2 的组分 2 在总的流体体积中各自占有的比例为

$$R_{V1} = \frac{V_1}{V} = \frac{\rho_f - \rho_2}{\rho_1 - \rho_2} \quad (16.10.26)$$

$$R_{V2} = \frac{V_2}{V} = \frac{\rho_f - \rho_1}{\rho_2 - \rho_1} \quad (16.10.27)$$

流体组分 1 与流体组分 2 在总的质量中各自占有的比例为

$$R_{m1} = \frac{V_1 \rho_1}{V \rho_f} = \frac{\rho_f - \rho_2}{\rho_1 - \rho_2} \cdot \frac{\rho_1}{\rho_f} \quad (16.10.28)$$

$$R_{m2} = \frac{V_2 \rho_2}{V \rho_f} = \frac{\rho_f - \rho_1}{\rho_2 - \rho_1} \cdot \frac{\rho_2}{\rho_f} \quad (16.10.29)$$

由式（16.10.28）与式（16.10.29）可得：组分 1 和组分 2 的质量流量分别为

$$Q_{m1} = \frac{\rho_f - \rho_2}{\rho_1 - \rho_2} \cdot \frac{\rho_1}{\rho_f} \cdot Q_m \quad (16.10.30)$$

$$Q_{m2} = \frac{\rho_f - \rho_1}{\rho_2 - \rho_1} \cdot \frac{\rho_2}{\rho_f} \cdot Q_m \quad (16.10.31)$$

式中 Q_m——质量流量传感器实测得到的双组分流体的质量流量（kg/s）。

组分 1 和组分 2 的体积流量分别为

$$Q_{V1} = \frac{\rho_f - \rho_2}{\rho_1 - \rho_2} \cdot \frac{1}{\rho_f} \cdot Q_m \quad (16.10.32)$$

$$Q_{V2} = \frac{\rho_f - \rho_1}{\rho_2 - \rho_1} \cdot \frac{1}{\rho_f} \cdot Q_m \quad (16.10.33)$$

利用式（16.10.30）~式（16.10.33）就可以计算出某一时间段内流过质量流量计的双组分流体各自的质量和各自的体积。

在有些工业生产中，尽管被测双组分流体不发生化学反应，但会发生物理上的互溶现象，即两种组分的体积之和大于混合液的体积。这时上述模型不再成立，但可以通过工程实践，给出有针对性的工程化处理方法。

16.10.5 微机械科氏质量流量传感器

图 16.10.7 为一种基于科氏效应的微机械质量流量传感器。其中，

图 16.10.7（a）为传感器三维视图；图 16.10.7（b）为传感器横截面视图。它与图 16.10.1 介绍的科氏质量流量传感器工作原理一样，可以实现对质量流量的直接测量，同时也可以测量流体的密度。硅微机械质量流量传感器除了具有体积小的优势外，还具有一些独特的优势：成本低、响应快、分辨率高。

如图 16.10.7 所示，该微机械质量流量传感器的基本结构包括一个微管和一个玻璃基座，微管的根部与玻璃基座键合在一起，并且用一个硅片将它们真空封装起来。U 形的微管是在硅基底上通过深度的硼扩散形成的。微管的振动通过电容来检测，简单实用，精度较高。

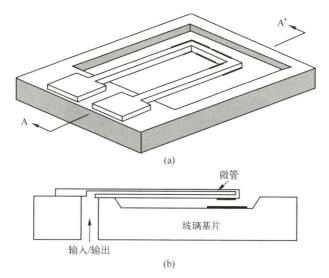

图 16.10.7　微机械质量流量传感器基本结构
（a）三维视图；（b）传感器横截面视图。

图 16.10.8（a）和图 16.10.8（b）为所研制的微机械质量流量传感器的整体结构视图和横截面视图。微管的横截面可以制成矩形的或梯形的，其与硅基底平行。微管可以很方便地实现不同的形状和参数，例如，微管的横截面可以制成一根头发丝（100μm）截面的大小，也可以制成一根头发丝截面 1/10 的大小，详见图 16.10.2（b）和图 16.10.2（c）。

对于一个具体的微机械质量流量传感器样机，实测的微管振动频率约为 16kHz，机械品质因数为 1000，具有 2μg/s 非常出色的质量流量分辨率和优于 2.0mg/cm^3 流体密度的分辨率。

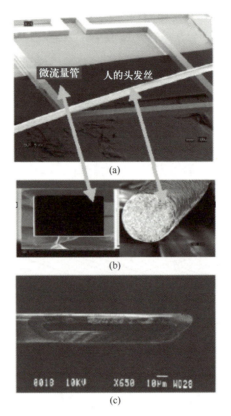

图 16.10.8　微机械质量流量传感器整体结构视图和横截面视图
(a) 整体结构视图；(b) 微测量管的横截面视图；(c) 微测量管的横截面视图。

16.10.6　分类与应用特点

1. 分类

科氏质量流量计发展到现在已有 30 多种系列品种，其主要区别在于流量传感器测量管结构上的设计创新。通过结构设计，提高仪表的精确度、稳定性、灵敏度等性能；增加测量管挠度，改善应力分布，降低疲劳损坏；加强抗振动干扰能力等。因而测量管出现了多种形状和结构。这里仅就测量管的结构形式进行分类与讨论。

科氏质量流量计按测量管形状可分为弯曲形和直形；按测量管段数可分为单管型和双管型；按双管型测量管段的连接方式可分为并联型和串联型；按测量管流体流动方向和工艺管道流动方向间布置方式可分为并行方式和垂

直方式。

1) 按测量管形状分类

有弯曲形和直形。最早投入市场的仪表测量管弯成 U 字形，现在已开发的弯曲形状有 Ω 字形、B 字形、S 字形、圆环形、长圆环形等。弯曲形测量管的仪表系列比直形测量管的仪表多。设计成弯曲形状是为了降低刚性，可以采用较厚的管壁，仪表性能受磨蚀腐蚀影响较小；但易积存气体和残渣引起附加误差。此外，弯形测量管的 CMF 的流量传感器整机重量和尺寸要比直形的大。

直形测量管的 CMF 不易积存气体及便于清洗。垂直安装测量浆液时，固体颗粒不易在暂停运行时沉积于测量管内。流量传感器尺寸小，重量轻；但刚性大，管壁相对较薄，测量值受磨蚀腐蚀影响大。

直形测量管仪表的激励频率较高，在 600~1200Hz（弯形测量管的激励频率仅 40~150Hz），不易受外界工业振动频率的干扰。

近年来，由于制造工艺水平的提高，直形测量管的 CMF 增加趋势明显。

2) 按测量管段数分类

这里所指测量管段是流体通过各自振动并检测科氏效应划分的独立测量管。有单管型和双管型。单管型易受外界振动干扰影响；双管型可降低外界振动干扰的敏感性，容易实现相位差的测量。

3) 按双管型测量管的连接方式分类

有并联型和串联型。并联型流体流入传感器后经上游管道分流器分成二路进入并联的二根测量管段，然后经与分流器形状相同的集流器进入下游管道。这种型式中的分流器要求尽可能等量分配，但使用过程中分流器由于沉积黏附异物或磨蚀会改变原有流动状态，引起零点漂移和产生附加误差。

串联型流体流过第一测量管段再经导流块引入第二测量管段。这种型式流体流过两测量管段的量相同，不会产生因分流值变化所引起的缺点，适用于双切变敏感的流体。

4) 按测量管流动方向和工艺管道流动方向布置方式分类

有平行方式和串联型垂直方式。平行方式的测量管布置使流体流动方向和工艺管道流动方向平行。垂直方式的测量管布置与工艺管道垂直，流量传感器整体不在工艺管道振动干扰作用的平面内，抗管道振动干扰的能力强。

2. 应用特点

基于科氏质量流量计的工作原理、传感器的敏感结构与整体结构特点，该流量计具有如下独特优点：

（1）科氏质量流量计除了可直接测量质量流量，受流体的黏度、密度、压力等因素的影响很小、性能稳定、实时性好，是目前精度最高的直接获取流体质量流量的传感器。

（2）信号处理，质量流量、密度的解算都是直接针对周期信号、全数字式的，便于与机算机连接构成分布式计算机测控系统；便于远距离传输；易于解算出被测流体的瞬时质量流量（kg/s）和累计质量（kg）；也可以同步解算出体积流量（m^3/s）及累积量（m^3）。

（3）可测量流体范围广泛，包括高黏度液的各种液体、含有固形物的浆液、含有微量气体的液体、有足够密度的中高压气体。

（4）测量管路内无阻碍件和活动件，测量管的振动幅度小，可视为非活动件；对迎流流速分布不敏感，因而无上下游直管段要求。

（5）涉及多学科领域，技术含量高、加工工艺复杂。

（6）多功能性与智能化，可同步测出流体的密度（从而可以解算出体积流量）；并可解算出双组分液体（如互不相容的油和水）各自所占的比例（包括体积流量和质量流量以及他们的累计量）；同时，在一定程度上将此功能扩展到具有一定的物理相溶性的双组分液体的测量上。

图 16.10.9 所示为智能化流量传感器系统功能示意图。

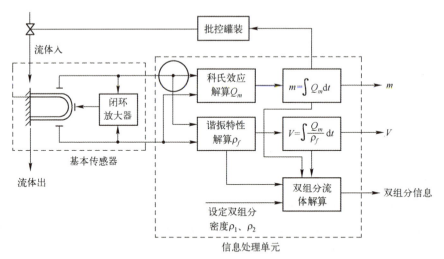

▼ 图 16.10.9 智能化流量传感器系统功能示意图

目前国外有多家大公司，如美国的 Rosemount、Fisher、德国的 Krohne、Reuther、日本的东机等研制出各种结构形式测量管的谐振式直接质量流量传感器，精度已达到 0.1%，主要用于石油化工等领域。

国内从 20 世纪 80 年代末有些单位开始研制谐振式直接质量流量传感器，近几年发展很快，推出了一些性能优良、价格相对较低的产品，在许多工业自动化领域发挥了重要作用。

16.11　声表面波式流量传感器

16.11.1　传感器的结构与原理

声表面波式流量传感器主要由 SAW 延迟线、加热器、放大器以及供流体流动的通道等部分组成，如图 16.11.1 所示。其基本工作原理是：加热器对 SAW 基片加热，在热平衡状态时，基片温度 T_{SAW} 保持恒定；当有流体流过时，使基片热量散失，引起 SAW 波速变化，从而使谐振器频率改变，通过测量频率的变化就可以知道流量的大小。这实质上就是 SAW 延迟线型谐振器的工作频率受到流量的调制，频率的变化对应着流量的变化量。

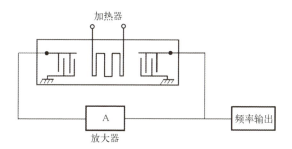

图 16.11.1　声表面波式流量传感器的结构方框图

16.11.2　基本方程

当气体流动时，热量的损耗是通过热传导、自然对流和热辐射三种方式实现的。它们可以分别描述为

$$q_{cond} = G_{th}(T_{SAW} - T_0) \qquad (16.11.1)$$

$$q_{nc} = h_n A(T_{SAW} - T_0) \qquad (16.11.2)$$

$$q_{rad} = k\varepsilon A(T_{SAW}^4 - T_0^4) \qquad (16.11.3)$$

式中　q_{cond}、q_{nc}、q_{rad}——热传导损耗、自然对流损耗及热辐射损耗（W）；

T_{SAW}——SAW 基片温度（K）；

T_0——周围环境温度（K）；

G_{th}——基片与环境间热传导（W/K）；

h_n——自然对流系数（W/(m²K)）；

A——基片的表面积（m²）；

k——玻耳兹曼常数，$k=1.381\times10^{-23}$ J/K；

ε——基片的辐射系数（m⁻²s⁻¹K⁻³）。

通常，辐射损耗相对较小，可以忽略，故当热输入功率 P_{th} 时，在热平衡状态下有

$$P_{th}=q_{cond}+q_{nc}=(G_{th}+h_nA)(T_{SAW}-T_0) \tag{16.11.4}$$

在 SAW 流量传感器中，SAW 装置与周围物体是隔热的。若装置用厚度为 d 的绝热体将它与壳体隔离，则

$$G_{th}=\frac{KA}{d} \tag{16.11.5}$$

式中 K——绝热材料的热传导系数（W/(m·K)）。

进一步地引入

$$G_0 \stackrel{def}{=} G_{th}+h_nA \stackrel{def}{=} Ag_0 \tag{16.11.6}$$

$$g_0=\frac{K}{d}+h_n$$

式中 G_0——在没有气体流动的情况下，基片和环境间的有效热导（W/K）。

由式（16.11.4）、式（16.11.6）可得

$$(T_{SAW}-T_0)=\frac{P_{th}}{G_0}=\frac{P_{th}}{Ag_0} \tag{16.11.7}$$

气体流动引入了附加的热损耗源，即强迫对流。其损耗 q_{fc} 可描述为

$$q_{fc}=h_fA(T_{SAW}-T_0) \tag{16.11.8}$$

式中 h_f——强迫对流的对流系数（W/(m²K)），它是流速 v_f 的函数，即 $h_f(v_f)$。

当出现强迫对流冷却时，式（16.11.7）应修改为

$$(T_{SAW}-T_0)=\frac{P_H}{A[g_0+h_f(v_f)]} \tag{16.11.9}$$

由式（16.11.9）可得由于流量变化而引起的温度变化，即

$$\Delta T_{SAW}=\frac{-P_H\Delta h_f}{A[g_0+h_f(v_f)]^2}=\frac{-(T_{SAW}-T_0)\Delta h_f}{g_0+h_f(v_f)} \tag{16.11.10}$$

SAW 谐振器频率变化 Δf 与 ΔT_{SAW} 的关系式为

$$\frac{\Delta f}{f_0}=\alpha\Delta T_{SAW} \tag{16.11.11}$$

式中 f_0——流速为零时的振荡器频率值（Hz）；
　　α——SAW 器件频率温度系数（1/℃）。

$$\alpha = \frac{\Delta f}{\Delta T_{SAW} f_0} = \frac{1}{\Delta T_{SAW}} \left(\frac{\Delta v}{v} - \frac{\Delta l}{l} \right) \qquad (16.11.12)$$

式中 $\dfrac{\Delta v}{v}$——由于基片温度变化而引起 SAW 速度相对变化；

　　$\dfrac{\Delta l}{l}$——由于基片温度变化而引起 SAW 传播路径的相对变化。

由式（16.11.11）、式（16.11.12），可得到

$$\Delta f = \frac{-\alpha f_0 (T_{SAW} - T_0) \Delta h_f}{g_0 + h_f(v_f)} \qquad (16.11.13)$$

体积流量 Q_V 与平均流速 v_f 的函数关系为

$$Q_V = A_c v_f \qquad (16.11.14)$$

式中 A_c——基片上方通过流动气体的横截面积（m²）。

基于式（16.11.13）与式（16.11.14），就可以利用 SAW 谐振器（传感器）的频率偏移 Δf，解算出流体的体积流量 Q_V。

由式（16.11.14）可知：若想获得高灵敏度，就要求基片具有大的频率温度系数 α，并应使基片与环境之间有良好的热隔离（即 g_0 很小）。在较高的基片静态温度下工作，将会获得较高的灵敏度。为降低加热功率，在给定的基片温度下，SAW 装置的表面积要小。

16.12　流量标准与标定

流量标准的基准是标准容积（长度），质量和时间。

在一定时间间隔内用连续不断地测量流体流经流量传感器的容积或质量的方法来标定流量传感器。当流体稳定流动时，流体的容积或质量除以时间，就是平均体积流量或质量流量。这种方法是流量传感器标定的一级标准，任何一个稳定的和精确的流量传感器，经一级标准标定后，可作二级标准，用以标定其他精度较低的流量传感器。

图 16.12.1 所示为测量液体流量的标准容器。标准容器的总容积随流量范围不同而不同，它是经过精确标定的，其容积精度达万分之几。在标准容器的顶部装有一带有刻度标尺的液位计，以读出标准容器内的液位；而容器内液体的容积数可由装在侧面的两个搭接的液位计读出。

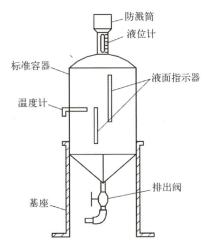

▼ 图 16.12.1 测量液体流量的标准容器流量标定装置

在标定流量传感器时,将流量传感器排出的液体从上部引入标准容器,当液面达到标准刻度线时,记下流入时间间隔,则流量传感器排出的标准容积除以时间即为平均流量。用它作为标准流量,以标定流量传感器的精度,这就是用标准容积标定流量的方法。

图 16.12.2 所示为质量称重的流量标定装置。用称量液体的质量及液体流满容器的时间间隔来计算液体的平均流量。

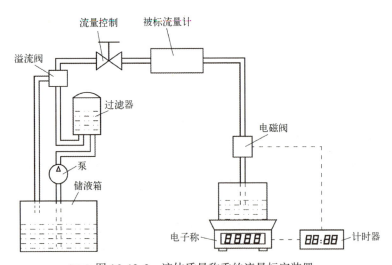

▼ 图 16.12.2 液体质量称重的流量标定装置

图 16.12.3 所示为气体标准容器流量标定装置，用以标定气体流量传感器。

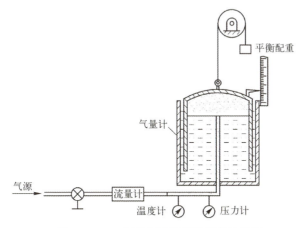

图 16.12.3　气体标准容器流量标定装置

一级流量标定装置的精度约为 0.05%~0.1%，二级流量标定装置的精度约为 0.2%~0.5%，由于流量测量本身的复杂性，所以目前尚不能对所有流量传感器提供高精度的标准装置，尤其是气体流量的标定。

第四部分

机械量传感器的典型应用

第17章

压力传感器的典型应用

17.1 压力传感器在空间推进系统的应用

17.1.1 概述

1. 空间推进系统的功能与任务

空间推进系统是航天器在大气层外空间使用的推进系统,其功能是提供卫星、飞船、深空探测器等多种航天器轨道控制和姿态控制所需的力和力矩。空间推进系统是航天器高精姿态和机动能力的重要保证,是航天器变轨、姿态调整、空间制动、离轨等动作的主要动力来源。

空间推进系统的工作原理遵循牛顿第三运动定律,简言之,所谓"推进",即是依赖对物质加速喷出所产生的推力使航天器速度发生改变或绕其质心转动。推力的产生来源于动量交换,推进剂为产生推力所需的动量交换提供了物质来源。

空间推进系统的性能直接影响航天器的控制精度、寿命及可靠性,对航天器研制至关重要。空间推进系统的性能依据推力和比冲量这两个参数来衡量。推力的单位是牛顿或磅(力);比冲量(I_{sp})被定义为在某一个时间段(dt)消耗单位质量的推进剂所产生的冲量(即推力与时间的乘积)。比冲量也可以定义为每秒消耗的单位质量推进剂所产生的推力。用数学公式可表

示为

$$I_{sp} = \frac{F dt}{g dM} = \frac{F}{g(dM/dt)} \quad (17.1.1)$$

式中 F——推力，N；

dM——在时间 dt 内消耗的推进剂质量，kg；

g——重力加速度；$g = 9.807 \text{m/s}^2$。

式中，$g(dM/dt)$ 可简化为消耗推进剂质量的速度。

2. 空间推进系统的状态与发展

早期的大多数航天器推进系统使用过氧化氢为推进剂，有些航天器也采用以氮气为推进剂的冷气推进系统。由于过氧化氢稳定性差，冷气推进系统比冲低，国际上又发展出单组元肼推进和双组元推进等两类化学推进系统，并在航天领域得到广泛应用，占据着统治地位。

随着科学研究的不断深入，固体微推进、无毒推进、电推进等新型推进技术也在飞速发展。其中，电推进是继冷气推进与化学推进之后，人类在空间推进领域的又一大技术飞跃，电推进利用电热、静电加速或电磁加速等方式将推进剂工质的电能转化为动能，极大提高了空间推进系统的比冲。使用高性能电推进系统的航天器可携带较少推进剂、提高有效载荷比或延长飞行寿命。电推进技术具有非常良好的发展应用前景，特别适用于深空探测、星际旅行等需要大 ΔV 的宇航任务以及需要精确姿态控制的卫星、微小卫星、卫星星座组网控制等宇航任务。

空间推进系统所使用的推进剂种类呈现多样性：冷气推进系统一般采用氮气、氢气、丁烷等气体作为推进剂；化学推进系统常用的液体推进剂有无水肼、甲基肼及绿色四氧化二氮等，这些推进剂均有一定的毒性；无毒推进采用硝酸羟胺基（HAN）及二硝酰胺铵基（ADN）等单组元液体推进剂；电推进的常用推进剂有氙气、氩气等惰性气体以及液态离子金属铋、镓、锂、铯、铟等。

航天器需要对推进剂进行精准在轨计量、管理和监测，以评估发动机或推力器的推力性能及预估航天器寿命。空间推进系统使用压力传感器测量存于贮箱或气瓶等压力容器中的推进剂压力，因此压力传感器是实现推进剂计量与管理等系统功能的关键单机产品。

3. 空间推进系统压力传感器的工作环境

为保证航天器空间推进系统高可靠、高性能任务目标的实现，压力传感器必须要适应航天器的各种环境工况和任务剖面。

按学科分类，航天器环境主要分为空间环境和力学环境两大类，其中，空间环境属于自然环境，主要包括真空、冷黑、温度交变、太阳辐射、粒子辐射、磁场、微重力等。力学环境属于诱导环境，是航天器工作和运动而诱发的环境，主要包括：振动、噪声、爆炸冲击、加速度等。压力传感器在系统中的实际使用环境还包括系统压力冲击、电源波动以及航天器其他大功率电子设备的电场辐射干扰等。

17.1.2　压力传感器在东方红四号卫星平台的应用

1. 东方红四号卫星平台推进系统

东方红四号卫星平台（以下简称东四卫星平台）是中国航天科技集团公司下属中国空间技术研究院研发的大型通信卫星公用平台，适用于大容量通信广播卫星、大型直播卫星、移动通信、远程教育和医疗等公益卫星以及中继卫星等地球静止轨道卫星通信任务。

东四平台卫星优异的性能得到了国际用户的广泛认可，自委内瑞拉星一号开始，中国打开了向世界出口卫星的通道，卫星技术不再被欧美垄断。目前，中国已相继参与了数十个国际商业通信卫星招投标项目的竞争，先后为尼日利亚、委内瑞拉、巴基斯坦、玻利维亚、白俄罗斯等国家研制了国际商业通信卫星，还签订了老挝、尼加拉瓜、刚果、亚太142E等10余个通信卫星研制商业合同。采用东方红四号卫星平台研制的在轨运行的民/商用通信卫星，覆盖亚洲、非洲中西部及南部、南美洲，覆盖全球约80%的陆地面积和90%以上的人口。

东四卫星平台采用双组元统一推进系统，系统设计寿命为15年。推进系统的功能是满足卫星轨道机动、同步轨道定点捕获、位置保持，完成卫星各阶段姿态控制和调整的任务，系统原理及主要部件如下图17.1.1所示。

该推进系统配置1台490N轨道控制发动机，用于卫星轨道机动；配置14台10N推力器，分为2个分支互为备份，用于卫星的姿态控制和轨道调整；配置2只推进剂贮箱——氧化剂贮箱和燃烧剂贮箱，分别装填氧化剂（四氧化二氮）和燃烧剂（甲基肼），为490N发动机和10N推力器提供需要的推进剂；配置1套气路系统，用于在490N发动机点火期间为推进剂贮箱提供稳定压力的氦气，其中3只氦气瓶用于贮存高压氦气，通过1台减压器将高压氦气减压并稳定至贮箱工作所需的压力，2台单向阀用来阻止贮箱内推进剂蒸汽向减压器扩散，避免因两种推进剂蒸汽在减压器下游接触而发生爆炸的危险。

第17章 压力传感器的典型应用

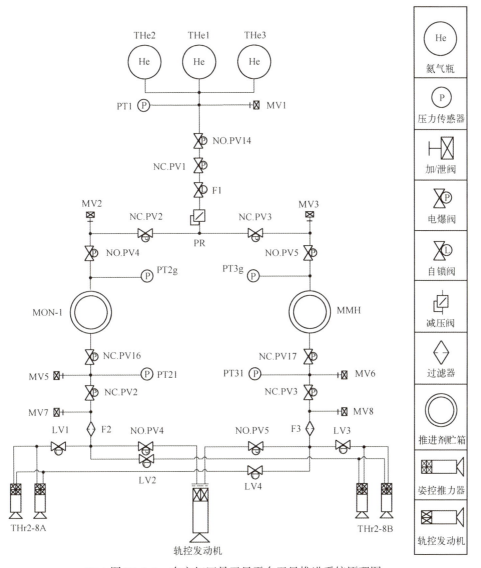

▶ 图 17.1.1 东方红四号卫星平台卫星推进系统原理图

该推进系统全寿命期间包含两种工作模式：①恒压工作模式，即高压氦气瓶向贮箱增压，使得贮箱压力维持定值，该模式仅在轨控发动机工作期间采用。②落压工作模式，即高压气瓶不提供氦气，系统维持正常工作的压力完全由贮箱中的气垫提供，该模式在星箭分离后到气路系统接通前及高压气路断掉至卫星寿命结束的工作期间采用。

2. 压力传感器应用情况

东四卫星平台推进系统共安装了 3 台全焊接机械机构的硅压阻式压力传感器，其中，1 台高压压力传感器用于测量氦气压力，2 台低压压力传感器分别用于测量氧、燃推进剂贮箱压力。压力传感器在东四平台卫星推进系统中的安装位置及功能见表 17.1.1。

表 17.1.1　压力传感器安装位置及功能表

序号	传感器名称	数量	安装位置	功　　能
1	高压压力传感器	1	高压气路系统的高压氦气瓶入口	检测氦气瓶压力；为高压气路系统在轨控发动机点火期间压力输出的稳定性提供判据
2	氧箱压力传感器	1	氧推进剂贮箱入口	检测氧、燃推进剂贮箱压力；为推力预测提供压力参数；为估算推进剂剩余量提供压力参数
3	燃箱压力传感器	1	燃推进剂贮箱入口	

压力传感器的隔离膜片材料为不锈钢，与氧、燃两种推进剂 I 级相容，压力传感器的工作原理框图如图 17.1.2 所示。

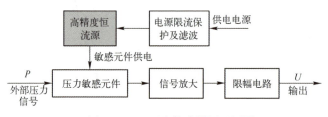

图 17.1.2　压力传感器原理框图

压力传感器采用 12V 直流电源供电方式，输出为模拟量信号。供电电源经过产品内部电路转为恒流源给压力敏感元件供电。压力敏感元件的芯体为力敏电阻组成的惠斯通电桥，电桥的输出信号经调理电路进行放大、滤波和限幅处理，并转换为 0~5V 直流电压信号。3 台压力传感器输出信号经由卫星遥测分系统传送到卫星地面测控中心，由地面测控中心依据压力传感器的标定公示将其解算为压力值。

压力传感器的技术指标见表 17.1.2。

表 17.1.2　压力传感器技术指标

序　　号	指标名称	高压压力传感器	氧、燃压力传感器
1	工作介质	氦气	一甲基肼、绿色四氧化二氮
2	试验介质	氦气、氮气、去离子水、无水乙醇、异丙醇、惰性气体	

续表

序　号	指标名称	高压压力传感器	氧、燃压力传感器
3	工作压力	0~30MPa	0~2.5MPa
4	工作温度	−20~45℃	−5~+45℃
5	验证压力	45MPa	3.3MPa
6	爆破压力	≥60MPa	≥8MPa
7	漏率	外漏≤1×10^{-4} Pa·L/s	
8	工作电压	±12±1V	
9	功耗	≤0.3W	
10	输出特性	0~5VD.C，输出阻抗≤3kΩ	
11	总精度	±0.5%FS	
12	工作寿命	1年	15年

3. 压力传感器在推进系统中的作用

1）监测高压气路系统的输出稳定性

为保证轨控机动任务的完成，推进系统在轨控发动机点火期间采用恒压模式工作；气路系统的作用是在490N轨控发动机工作时为推进剂贮箱提供压力稳定的氦气，系统使用1台高压压力传感器检测气路系统输出压力是否稳定在合理范围，采用2台低压压力传感器监测经减压器减压后的压力是否稳定。

2）发动机推力预测

对于变轨推力进行准确预测，是实现卫星完美变轨的先决条件，若推力预测不准确，则会导致变轨时间发生偏差，并影响到最终的变轨结果，如果误差较大，还需要再次对轨道进行修正，额外消耗推进剂。影响的推力预测精度的主要因素是入口压力传感器测量的准确度，其次是推进剂温度传感器测量的准确度。

3）为估算推进剂剩余量提供压力数据

推进剂剩余量数据不仅是规划卫星后续拓展任务的基础，也是航天器每次变轨前需要确认的重要数据，若因为剩余推进剂数据误差而导致对卫星质量估计错误，则会导致预期目标与变轨结果发生偏差，需要额外对轨道进行修正。因此精确掌握卫星推进剂剩余量，是圆满完成变轨以及各项拓展任务的保障。

东四平台卫星采用压力-体积-温度（PVT）法对剩余推进剂进行精确估算。PVT法根据系统氦气瓶和推进剂贮箱的压力和温度数据，利用气体状态方程计算出推进剂贮箱内氦气体积，再由贮箱总容积和推进剂密度计算出贮箱内推进剂体积和质量。

对于图 17.1.1 所示的推进系统来说，以卫星发射时刻为初态（记为 i），以剩余推进剂估算时刻为末态（记为 e），由于推进系统是封闭系统，内部的氦气质量守恒，则：

$$m_{g1i}+m_{g2i}+m_{goi}+m_{gfi}=m_{g1e}+m_{g2e}+m_{goe}+m_{gfe} \tag{17.1.2}$$

式中　m_{g1}、m_{g2}、m_{go}、m_{gf}——2 只氦气瓶、氧化剂贮箱和燃烧剂贮箱内的氦气质量，kg。

对于每只氦气瓶或推进剂贮箱，内部的氦气质量可通过气体状态方程计算，即：

$$m = PV/(RT) \tag{17.1.3}$$

式中　m——氦气质量，kg；
　　　P——氦气瓶或推进剂贮箱的压力（即氦气压力），Pa；
　　　V——氦气瓶或推进剂贮箱内氦气的体积，m³；
　　　T——氦气瓶或推进剂贮箱内氦气的温度，K；
　　　R——氦气的气体常数，J/(kg·s)。

式中涉及压力、温度、体积等 3 类参数，对于初态所有参数均为已知；对于末态，压力和温度数据可通过卫星遥测的压力传感器和温度传感器数据获得，2 只氦气瓶的体积也是已知参数，只有氧化剂贮箱和燃烧剂贮箱内的氦气体积是未知参数。

在 490N 发动机或 10N 推力器点火过程中，氧化剂和燃烧剂是以一定的质量比消耗的，该质量比定义为混合比 k，即

$$k = \int_{i}^{e} (\rho_o/\rho_f)\,\mathrm{d}t \tag{17.1.4}$$

式中　t——490N 发动机或 10N 推力器的点火时间。

根据混合比 k 的定义，氧化剂贮箱和燃烧剂贮箱内的氦气体积与 k 有以下关系：

$$(V_{goe}-V_{goi})\rho_0 = k(V_{gfe}-V_{gfi})\rho_f \tag{17.1.5}$$

式中　V_{go}——氧化剂贮箱内氦气体积，m³；
　　　V_{gf}——燃烧剂贮箱内氦气体积，m³；
　　　ρ_0——氧化剂密度，kg/m³；
　　　ρ_f——燃烧剂密度，kg/m³。

通过式（17.1.5），即可计算出氧化剂贮箱和燃烧剂贮箱内的氦气体积，然后根据贮箱容积测量数据和推进剂密度，计算出末态的推进剂剩余量。

17.1.3 空间推进用压力传感器的设计与验证

1. 压力传感器的设计

空间推进系统用压力传感器一般依据航天器型号总体的建造规范、空间环境技术要求、相关标准和设计任务书开展设计。

1) 设计输入及环境工况分析

设计中要首先对产品输入文件和指标要求的完整性、协调性、准确性进行确认，完善指标体系；还应对产品的应用环境和工况进行分析；应结合产品本身的工作模式，核实产品设计工况对应用工况的覆盖情况，以采取对应的设计措施、量化指标。

2) 功能性能设计

在产品功能、性能的设计过程中要适时开展仿真工作并进行迭代，明确仿真参数设置并分析仿真结果。应注重模块化和通用化的设计以及模块之间的协调性设计，并根据系统要求开展机械接口及电接口设计。

3) 可靠性设计

可靠性设计是压力传感器产品设计的重要一环；在设计过程中应建立产品的可靠性模型、开展可靠性分配和预计、开展产品故障树分析、针对相关电路开展潜通路和电路容差分析；并开展可靠性详细设计与分析工作，包括：力学设计、热学设计、电磁兼容性设计、抗辐照设计、静电防护设计、降额分析。

根据航天器所在空间环境和压力传感器的安装位置，应开展空间防护设计，从抗电离总剂量防护、位移损伤效应防护、单粒子效应防护、太阳紫外辐射防护等方面进行设计分析。其他需要开展的可靠性设计还包括：

(1) 寿命设计。尽早针对关键零部件或已知的耐久性问题开展耐久性分析；通过评价寿命周期的载荷与应力、结构、材料特性和失效机理等进行耐久性分析。

(2) 安全性设计。分析产品安全特性，针对供电安全、工作安全、运输安全、存储安全等方面开展设计分析，详细说明产品设计中采取的安全性保护措施。

(3) 供配电设计。对产品过流过压保护能力进行分析，并有明确结论；必要时对对供配电链路冗余设计与故障隔离保护功能进行说明，重点关注冗余设计有效性,不存在单点故障、共模与共因故障;明确供电接口二次绝缘、故障隔离措施等。

2. 压力传感器的试验验证

在压力传感器的设计和研制过程中,要分阶段开展研制试验、鉴定级试验及验收级试验等验证性试验,对产品进行拉偏摸底,以探索产品的可靠性边界,考核产品的环境适应性。

开展验证试验时,应综合考虑质量、周期和成本等方面的因素,合理安排时机。验证试验的项目一般包括:功能/性能试验、接口匹配试验、设计验证试验、环境适应性试验、拉偏试验、极限摸底试验、寿命试验,以及根据任务需求确定的专项试验等。试验项目应包括可靠性、安全性、环境适应性等相关的验证项目。设计者应该对验证试验项目进行策划,形成产品的试验矩阵,确保不漏项。试验矩阵包括试验项目、试验对象、试验目的、试验要求、合格判据、试验子样数等。详见表17.1.3。

表 17.1.3 试验矩阵表

序号	试验类型	试验项目	试验目的	试验要求	合格判据	试验对象及级别				试验子样
						材料及元器件	零件	组件	整机	

17.1.4 技术发展展望

近年来,美、欧、俄、中在深空探测、高轨导航、低轨通信、近地轨道科学探测、高分遥感、载人航天、太空对抗以及空间攻防等领域开展了激烈竞争;各国对高性能航天器的需求日益迫切。高性能航天器必须具有高精姿态和机动能力,而高精度空间推进系统正是实现该目标的重要保证,这也对空间推进系统用压力传感器提出了更高的精度和可靠性的要求。

1. 在先进科学探测航天器的应用

例如,深空探测、引力理论空间验证等科学探测领域的航天器,由于对天体位置和速度等参数的精确测定需要消除空间环境中的扰动因素,这类航天器需要应用的先进电推进和无拖曳变推力推进系统提供微牛级别的可变推力实现高精度、低噪声的要求。因此上述这两种新型推进系统均采用闭环方式控制压力,这意味着系统需要高精度压力传感器进行推进剂压力测量,并将其输出作为反馈信号驱动该系统的执行部件进行压力调节控制。

典型的变推力冷气微推进系统示意图如图17.1.3所示。

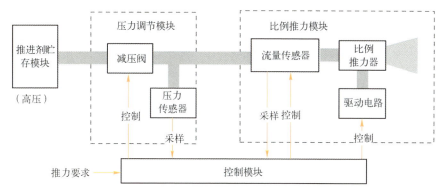

图 17.1.3　高精度可变推力的冷气微推进系统示意图

2. 在长寿命卫星推进剂剩余量测量的应用

推进剂剩余量测量是航天器在轨管理的一项重要工作，推进剂携带量是制约卫星寿命的主要因素，部分或全部失效的卫星，推进剂往往过量消耗，需要依据剩余量确定控制策略，如降低卫星的控制精度，或放弃静止轨道卫星的位置保持控制以换取更长的抢救时间或工作时间。特别是对于轨道资源有限的静止轨道通信卫星和遥感卫星，将失效卫星和寿命到期卫星推离工作轨道，腾出宝贵的位置资源，具有重大的战略意义和经济利益。目前，国外以航天飞机主发动机为代表的推进系统故障诊断和状态监测已发展到较高水平，其推进剂量测量精度已达约 2 个月（15 年寿命卫星），而我国目前还存在一定差距，由于精确测定长寿命卫星在轨推进剂剩余量是提高我国长寿命卫星的管理水平和使用效率的关键技术，因此我国航天领域对高精度、高可靠压力传感器的需求极为迫切。

目前空间推进系统较为常用的硅压阻式压力传感器，由于其温度漂移较大，必须设计特殊的处理电路，进行有效的温度补偿。未来较有发展前景的高精度压力传感器类型为石英谐振式压力传感器和硅谐振式压力传感器等，二者的典型精度为 0.01%。针对其在航天领域的应用，主要应解决这些类别传感器的力学可靠性、空间环境可靠性及时漂问题。

参 考 文 献

[1] 代斌，刘琪，郑友友．液体推进剂在轨剩余量测量方法研究进展 [J]．推进技术，2019，12．

[2] 彭小辉. 航天器推进系统自主健康管理关键技术研究 [D]. 长沙：国防科学技术大学，2017.
[3] 潘海林，丁凤林. 李永，等. 空间推进 [M]. 西安：西北工业大学出版社，2016，3.
[4] 洪延姬，等. 先进航天推进技术 [M]. 北京：国防工业出版社，2012. 4.
[5] 张广科，山世华，樊超. 卫星推进剂技术发展趋势概述 [C]. 中国化学会第五届全国化学推进剂学术会议，2011，9.
[6] 徐福祥. 卫星工程 [M]. 北京：中国宇航出版社，2002，10.

17.2 航空发动机动态压力测试中的传感器系统及其校准

17.2.1 概述

航空发动机是在高温、高压、高转速和高负荷等极为苛刻的条件下工作的，其中压力是表征发动机气动稳定性的重要参数。发动机内部流场复杂，且流道狭小，工作环境恶劣，由于动态压力更能及时的精细的反应发动机内流的不稳定状态，如进发匹配、失速喘振等，在发动机试验与使用控制中都越来越受到重视。

1. 航空发动机试验测试

在航空发动机研制试验中，不管是整机试验还是零部件试验，动态压力测试涵盖发动机及进气道的各个部位[1]（图 17.2.1），如：需要对航空发动机的进气道压力动态畸变测量，用于监视航空发动机进气气流的稳定性，通常情况下频率较低（500Hz 以下），动态幅值较小（5kPa 以内），平均压力小（绝压 30~250kPa），温度较低（低于常温）；需要对航空发动机的压气机的总压与静压进行脉动测量，主要用于气流增压气动特性与失速、喘振等气动稳定性的监测，压力值最低到 20kPaA，最高可达 4MPa 以上，级间动态压力脉动频率最高可到 10kHz 以上；需要对燃烧室压力脉动进行测量，主要是监测燃烧稳定性，燃烧室温度可超过 1700℃，一般压力参数范围小于 1000kPaA；还需要对涡轮机部位进行压力脉动测量，这对于发动机失速、喘振等气动稳定性监测非常重要，涡轮后温度可超过 800℃；排气测试段压力测量主要是监测由喷口收敛面积等引起的气动稳定性工作状况，在 600~800℃，一般压力参数范围小于 800kPaA；还有发动机试验与使用中常需要对液压油路、燃料供应管路中的压力进行监测，这些管路中液体压力脉动将影响供油/液的稳定性以及管路机械可靠性。在这些动态压力测试中,进气道与压气机的气流为空气,而燃烧室及其之后的气流为高温燃气。

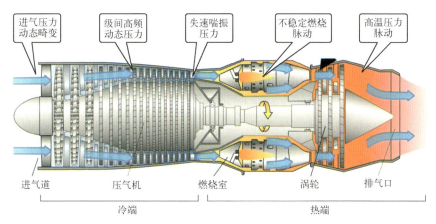

▼ 图 17.2.1 航空发动机试验中的动态压力测试环节

发动机地面试验中的动态压力主要是脉动的形式,压力测试的对象包括总压与静压脉动以及压差脉动。其具有高温环境、静压变化范围大而动态幅值相对比较小、不同部位压力脉动频率各不相同等特点。

2. 航空发动机气动稳定性控制

涡轮喷气或涡轮风扇发动机在恶劣工作条件下可能工作不稳定。这些恶劣环境与发射武器等造成的发动机进口温度和压力畸变有关,如飞机发射武器或舰载机甲板起飞时,发动机容易失去工作稳定性。在现代发动机工作中,气动失稳是无法完全避免的;在发动机研制过程中,也会进行大量地面试验,包括一些插板式逼喘等气动失稳试验。发动机的失稳状态主要表现为压气机喘振或旋转失速。喘振是一种以环流流量和压力大幅度振荡为特征的发动机气动不稳定现象,是整个压缩系统(包括进气道)中的气流沿轴向的气流流动(包括正向流动和反向流动)所形成的一种低频高幅脉动。失速是由于由逆压力梯度所造成的附面层分离,旋转失速是最为常见的一种失速类型。它们的共同表征是压气机出口压力脉动,如图 17.2.2 所示。喘振或旋转失速可能单独发生也可能接连发生,一般情况压气机特性越陡,压气机气动不稳定越可能以喘振形式出现。随着现代发动机结构越来越复杂,某些发动机在高转速下喘振常表现为突变型喘振,此时的失稳压力波形具有较强的间断性特征,即压力脉动并不是连续出现的。发动机的气动失稳不仅严重制约了发动机性能的提高，更为严重的是可能引起如压气机叶片剧烈振动以致叶片断裂等造成部件及整机的损坏。

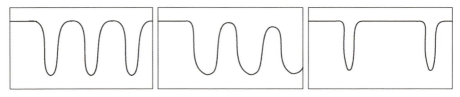

图 17.2.2　喘振时压气机出口典型压力脉动信号

在现代飞机上，特别是战斗机和直升机采用了专门防止发动机气动不稳定的工作系统，通常称为防喘系统，现在主流战机一般采用闭环控制消喘复原系统。一种典型的消喘复原系统主要工作过程包括：安装在发动机出口的压力传感器测试到的脉动压力与稳态压力（总静压差）的比值超过一定数值时，表明发动机即将进入喘振或失速状态；这时系统将报警并发出指令，由机载计算机控制可调静子叶片、放气活门、切油电磁阀等执行机构，增加压气机的稳定裕度或改变发动机工作状态，消除喘振或失速；在失速喘振信号消失后，信号从执行机构断开，发动机恢复到原始状态工作。如俄罗斯的 АЛ-31Ф 发动机防喘系统发出消喘指令的条件是：当高压压气机转速 $n_2<85\%$，相对脉动幅值（即压差传感器感受的差压的动态幅值与静态平均值之间的比值）$A \geq (0.6 \pm 0.1)$ 时，或 $n_2 \geq 85\%$，$A \geq (0.3 \pm 0.1)$ 时。如俄罗斯的 АЛ-31Ф 发动机防喘系统发出消喘指令的条件是：当高压压气机转速 $n_2<85\%$，$A \geq (0.6 \pm 0.1)$ 时，或 $n_2 \geq 85\%$，$A \geq (0.3 \pm 0.1)$ 时。根据刘大响等编著的《航空燃气涡轮发动机稳定性设计与评定技术》一书，对不同结构不同尺寸的发动机不稳定特征参数的统计如下[2]：

发动机喘振时：

压力脉动频率　　　　　　　　$f = (5 \sim 30) \text{Hz}$

压力脉动相对幅值　　　　　　$A = 0.3 \sim 0.9$

发动机旋转失速时：

压力脉动频率　　　　　　　　$f = (20 \sim 130) \text{Hz}$

压力脉动相对幅值　　　　　　$A = 0.2 \sim 0.4$

压力机出口的总压最高可达 4MPa 以上，而压差一般在 0.3MPa 以内，但新型发动机最大压差可达 0.4MPa 以上，失速频率可超过 150Hz。

当防喘系统改变发动机的工作状态时，发动机的性能会大大降低。为了尽量减小对发动机性能的影响，又要有效地防止喘振的产生，这就需要防喘系统在判断临界喘振点时的准确度，尽早而准确地检测或预测到气动失稳信号，是消喘复原的关键。由于消喘复原系统还是会造成比较大的性能损失，发动机先进国家都在研究防喘主动控制技术，但由于技术还不够成熟，防喘主动控制系统还没有在航空发动机上得到广泛实际应用。

17.2.2 传感器应用情况

由于被测对象与使用要求的差异，地面试验中的动态压力测试与发动机气动稳定性控制中的动态压力监测所使用的传感器系统存在比较明显的差异。

1. 航空发动机试验动态压力测试传感器系统

在航空发动机试验中涉及的动态压力测试部位比较多，测试要求也并不完全一致。航空发动机试验中的动态压力测试大体上可以分为齐平安装压力传感器与带引压官腔的非齐平安装压力传感器两种类型。不管哪种类型，高动态高性能的压力传感器都是动态压力测试中的核心组成部分。

航空发动机地面试验中的动态压力测试主要采用硅压阻式压力传感器和压电式压力传感器两种传感器，尤其是硅压阻式压力传感器使用最为广泛[3]。

硅压阻式压力传感器是利用单晶硅的压阻效应制成的。在硅膜片特定方向上扩散 4 个等值的半导体电阻，并连接成惠斯通电桥，作为力—电变换器的敏感元件。当膜片受到外界压力作用，电桥失去平衡时，若对电桥加激励电源（恒流和恒压），便可得到与被测压力成正比的输出电压，从而达到测量压力的目的。用于动态压力测量的硅压阻式压力传感器近年来获得长足发展，在航空发动机试验中主要使用探针式压力传感器，具有高频响（一般几十到几百千赫兹）、微小尺寸（直径 10mm 以内已经不少见，甚至达到 3mm 以内）、同时测量静态压力等优点，但在温度特性、信噪比等方面存在不足。

压电式压力传感器 是一种基于压电效应的传感器，是一种自发电式和机电转换式传感器。它的敏感元件由压电材料制成。压电材料受力后表面产生电荷，此电荷经电荷放大器和测量电路放大和变换阻抗后就成为正比于所受外力的电量输出。它的优点是频带宽、灵敏度高、信噪比高、结构简单、工作可靠和重量轻等。缺点是输出的直流响应差，需要采用高输入阻抗电路或电荷放大器来克服这一缺陷。

一般认为硅压阻式压力传感器和压电式压力传感器的动力学模型是一个线性时不变系统，用单自由度二阶系统进行描述，其传递函数为

$$\frac{Y(s)}{X(s)} = \frac{K\omega_n^2}{s^2 + 2\zeta\omega_n s + \omega_n^2} \quad (17.2.1)$$

式中　K——增益；

　　　ω_n——固有角频率；

　　　ζ——阻尼比。

但由于压电式压力传感器的电荷泄漏，一般在其动态模型中增加一阶环节：

$$\frac{Y(s)}{X(s)} = \frac{K\omega_n^2}{s^2 + 2\zeta\omega_n s + \omega_n^2} \cdot \frac{T_1 s}{T_1 s + 1} \quad (17.2.2)$$

式中　T_1——一阶时间常数。

但某硅压阻式压力传感器通过激波管进行动态校准，分析得到的固有频率与阻尼比系数存在显著的随空气介质静态压力（阶跃后平台）的单调变化，如图17.2.3所示。可见对于工作状态下的压力传感器，线性时不变系统的假设并不是严格成立的。

考虑到航空发动机试验环境的特殊性，带引压官腔的压力传感器系统使用非常普遍。这些特殊性包括：压气机出口等部位的压力介质温度非常高，需要降低被测气流高温传递到传感器时的温度或使用非常昂贵的高温动态压力传感器；现场安装空间对传感器（及调理器）尺寸的限制以及总压测量时对传感器小型化以减小流场干扰的要求。此时，引压管腔往往成为低成本高可靠的测试方案。

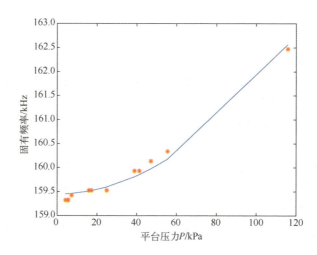

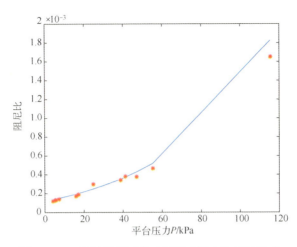

图 17.2.3　激波管测试某硅压阻式压力传感器固有频率与阻尼比系数随被测空气压力的变化

典型的带引压管腔的传感器系统，包含了引压管腔、压力传感器、调理器、采集器等几个主要部分，如图 17.2.4 所示。被测压力通过引压管腔传递到压力传感器敏感元件上，敏感元件把压力信号转换成为电信号，并输送给调理器进行调理放大，以便后期的数据采集和处理。

图 17.2.4　带引压管腔的压力测量系统典型结构

工程上常用的引压管腔有三种结构形式，分别是直管引压管腔、带空腔引压管腔和半无限长引压管腔[4-5]。直管引压管是最常见的一种结构形式，工程中大部分的引压管腔都可以简化成直管形式，如图 17.2.5 所示，其估算直管的动态特性可采用四分之一波长公式。

图 17.2.5　直管引压管腔示意图

$$f_n = \frac{1c}{4l}, \frac{3c}{4l}, \frac{5c}{4l} \cdots \quad (17.2.3)$$

式中 f_n——管道的共振频率；

c——传压介质的声速；

l——管道长度。

四分之一波长公式在工程中具有重要的参考价值。

有空腔的测压管道是工程上常见的另一类引压管道，当敏感元件感压面的直径大于测压管道直径时，将形成感压面前部空腔，如图17.2.6所示。该类型的引压管道在忽略其高阶模态时可近似为单自由度二阶系统，其固有频率可以通过以下公式进行估计。

图17.2.6 带空腔引压管腔示意图

$$f_n = c/(4\pi)\left[\pi d^4/(V_0(l+0.85d))\right]^{1/2} \quad (17.2.4)$$

式中 V_0——空腔容积；

c——传压介质的声速；

d、l——管道的直径与长度。

半无限长引压管腔常用于高温环境下的动态压力测量，其结构如图17.2.7所示。半无限长引压管腔又称无谐振测压管路，由于阻尼作用，压力波通过足够长管道内传输，反射回的压力波基本已经衰减，从而管路不再产生谐振达到高带宽测压能力。

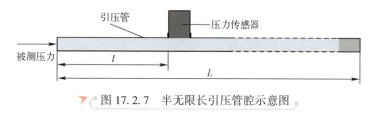

图17.2.7 半无限长引压管腔示意图

目前，硅压阻式或压电式传感器的频率响应都能达到很高的水平，但敏感元件前端的容腔结构或引压管腔等频响特性通常较低，限制了整个带引压管腔的压力传感器系统的动态响应。国内外从上世纪就开展了对引压管腔动态特性的研究，尤其是美国 NASA 的科研人员从引压管腔的机理分析入手，对引压管腔进行建模，并针对带引压管腔的压力传感器系统在不同的压力介质下以及温度变化时动态特性进行了分析研究[6-8]。但由于实际引压管腔结构的非理想性以及受介质物性影响，对其动态特性理论分析结果可靠性带来比较大的影响，带引压管腔的压力传感器系统的动态特性往往需要经过动态压力校准验证确认。

2. 航空发动机防喘动态压力测试传感器系统

我国现有的防喘消喘系统主要采用差压监测，由受感部和引压管路、压差传感器、防喘电调控制器（包含传感器输出信号解调和失稳判断两个环节）三部分组成，见图 17.2.8 所示。

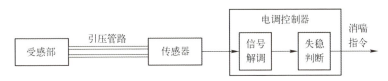

图 17.2.8　典型防喘（消喘）系统主要组成

受感部和引压管路、压差传感器的连接如图 17.2.9 所示。防喘压差传感器测量压力机出口的总压与静压之差输出给电调控制器，电调控制器解算出压差的平均值和脉动值，并根据压差脉动频率、相对脉动幅值以及其他相关参数对发动机稳定状态进行判断，发出相关指令。

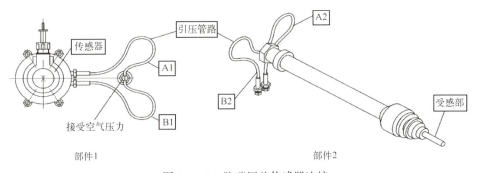

图 17.2.9　防喘压差传感器连接

防喘压差传感器，一般采用变间隙型电感传感器结构和变压器式转换电路，其基本原理如图 17.2.10 所示，主要由压力信号到机械信号转换、机械信号到电感转换、电信号转换电路等三部分组成，最后输出调幅信号，载波一般为方波。

图 17.2.10　防喘压差传感器压力感知与转换原理

防喘压差传感器结构比较复杂，薄膜是主要敏感元件，但传感器的特性（特别是动态特性）是与各个环节都有关系的。传感器输出为调幅方波信号，需要解调，而且部分型号传感器为非线性输出[9-10]。其静态性能受温度、负载、供电波形影响大，受背压影响不明（很可能不小）；动态性能不是很好，可用带宽比较低，在主要使用频率范围内，随频率增加，输出幅值被放大；动态频响受温度、背压等影响还不明确。引压管路和受感部的压力测量动态特性也将对脉动压力测量产生影响。电调控制器有模拟和数字两种类型，与防喘相关的主要有两部分：一是对传感器输出信号的解调，但不同型号的电调中可能使用不同解调算法，结果存在差异；二是电调控制器对失速喘振信号的判断，一般判断规律并不是按照实验确定的临界点简单判断的。

3. 航空发动机动态压力校准

对压力传感器系统的动态校准主要有以下几种方式。

激波管阶跃压力校准：采用激波管产生标准阶跃信号对被校传感器系统进行激励，根据传感器系统的阶跃响应输出信息分析[11]。由于激波管产生的阶跃压力平台时间有限，因此主要用于高频压力传感器系统的时域校准，适合于评价上升时间、振铃频率等指标。也可用于引压管腔的时间延迟测试或对中高频率响应进行分析，对某引压直管的动态校准现场与数据如图 17.2.11 和图 17.2.12 所示。

正弦压力校准：利用周期型正弦压力信号对被校压力传感器系统进行校准，适合于对系统的灵敏度、幅频特性、相频特性等动态指标进行定量评价，是一种比较适合于对带引压管腔的压力传感器系统进行动态校准的方法[12]。较为成熟的正弦压力发生方法有调制面积式和变容积式两种。

调制面积式正弦压力发生器是基于机械方式对气流通过压力腔时的入口或户口面积进行周期性调制变化从而在压力腔内产生压力的周期性变化。其

第17章 压力传感器的典型应用

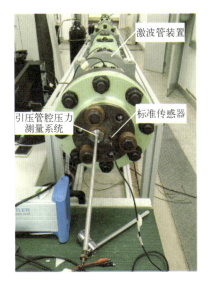

▶ 图 17.2.11　带引压管腔的压力传感器系统激波管动态校准

中国内主要采用出口调制型正弦压力发生器，利用旋转阀运动改变压力腔气流出口流通面积从而产生周期型正弦压力，如图 17.2.13 所示。出口调制型正弦压力发生器适合在中低压、中低频下使用，可用于传感器或带引压管腔的传感器系统的幅频/相频特性校准。但随着频率上升，发生器产生的压力动态幅值急剧减小，而且发生器压力腔与被校引压管腔产生耦合，限制了该方法在高频动态压力校准中的应用。

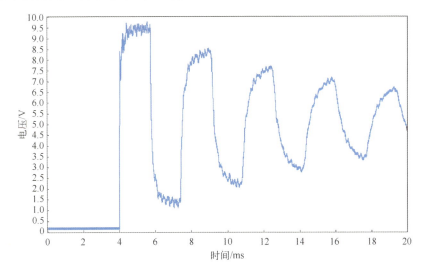

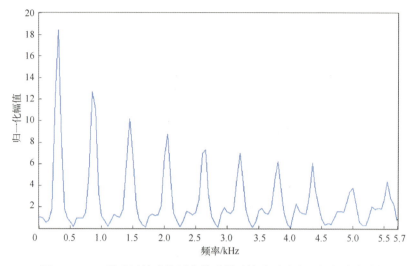

▼ 图 17.2.12　带引压管腔的压力传感器系统阶跃响应及幅频响应分析

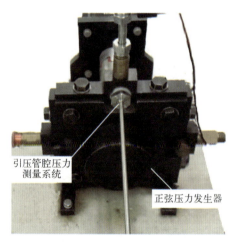

▼ 图 17.2.13　出口调制式正弦压力发生器

变容积式正弦压力发生器是利用活塞在密闭容腔内进行简谐运动，使密闭容腔内气体压缩或膨胀，在密封腔体内产生正弦压力，如图 17.2.14 所示。受活塞运动激励用振动台等性能限制，其高频正弦压力发生能力更差，一般最高校准频率不超过 500Hz。该发生器适合于中低频、微压低压甚至负压条件下对传感器系统进行动态校准，其优点是平均压力与压力幅值在一定范围内都是可调的。

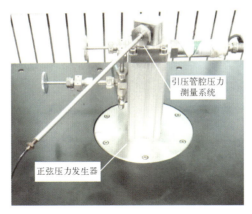

图 17.2.14 变容积式正弦压力发生器

模拟发动机使用环境的压力传感器系统动态校准：以上三种动态压力发生器主要用于常规动态压力校准，不能很好地模拟航空发动机工作状态时动态压力测试所面临的高温、变静压等条件。北京长城计量测试技术研究所专门设计了一种用于对带引压管腔的压力传感器系统进行动态校准的装置。该装置利用换能器在密闭容腔内振动产生正弦压力波，可在设定 0~1MPa 静态环境压力下产生动态压力，可模拟引压管腔上 400℃ 高温环境，校准频率范围 20~1000Hz。校准装置如图 17.2.15 所示。

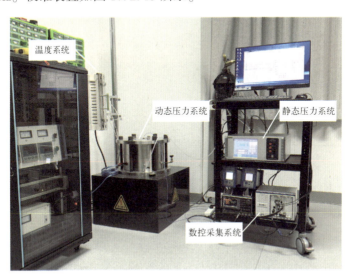

图 17.2.15 带引压管腔的压力传感器系统动态校准装置

利用该装置对某带直管的压力传感器系统进行扫频分辨率为 0.1Hz 的频响特性测试,并在不同静态压力、不同温度环境下进行试验,得到幅频特性曲线如图 17.2.16 所示。可见静态压力与温度环境对其动态特性都有明显的影响,尤其是温度的影响非常大,其趋势与理论分析是一致的[16]。从其他研究中也发现压力介质物性尤其是火箭与导弹发动机试验中使用的液夹气管道对动态特性影响非常严重[17]。

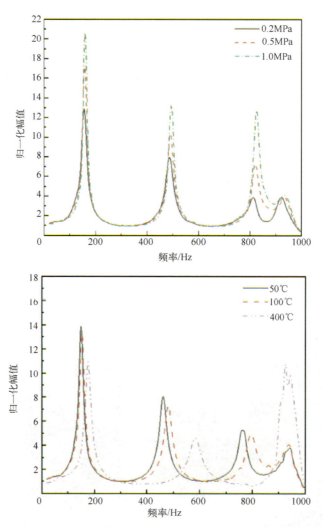

图 17.2.16　不同静压与温度环境下引压管道动态校准结果

防喘压力传感器系统的校准验证：现有的动态压力校准设备用在防喘系统校准验证上存在几个关键问题：压力脉动幅值不可大范围调节，无法模拟高静压环境，无法模拟过渡过程。北京长城计量测试技术研究所为防喘系统校准曾专门研制了一套简单校准设备，实现了压力脉动幅值大范围调节，为多型航空发动机防喘测控传感器系统进行了校准验证。但其产生的脉动压力最高频率只能到20Hz，不能覆盖失速时压力脉动频率，也无法模拟高静压与温度环境以及过渡过程，更加接近发动机使用工况的防喘测控传感器系统校准装置正在研制中。

17.2.3 技术发展展望

随着航空发动机研制试验对内流测试分析要求的不断提高，动态压力测试朝着精细化、高温化方向进一步发展，如对叶尖间隙等精细部位的压力脉动测试、对涡轮与燃烧室的超高温压力脉动测试等。这些对动态压力测试用传感器、受感部、数据处理分析方法、校准评价等都提出了新的要求。

（1）传感器需要耐受越来越高的温度，并需要尽可能细小以减少对发动机内流场本身的干扰。现在主流硅压阻式压力传感器在耐高温方面的存在不足，而压电式压力传感器难以微型化。因此新的耐高温微型化压力传感器或非接触等新型测量技术是一个主要的发展方向。

（2）动态压力测试传感器系统的涉及需要综合考虑受感部要求、传感器能力与引压管腔对动态性能的影响，压力可测的高温上限与传感器系统的频响往往是一对矛盾体，设计的平衡优化甚至动态补偿修正是一条重要的技术解决途径[18-20]。

（3）被测动态压力高温、高频等要求，动态补偿的趋势，传感器系统自身的复杂性，都要求不断提升校准设备能力（如校准频率上限、温度梯度模拟等），研制专用校准装置，形成多输入动态校准建模与补偿方法。

（4）传统的电感式防喘压差传感器在动态性能、体积、结构复杂性、可靠性等方面越来越满足不了新型发动机研制的要求，研制基于成熟机理的新型防喘压力传感器是行业发展的要求与趋势。

参 考 文 献

[1] 石小江，黄明镜，肖耀兵．发动机稳态、动态测试技术及其应用［C］//第五届动力年会论文集．北京：中国航空学会动力专业分会，2003：429-433．

[2] 刘大响. 航空燃气涡轮发动机稳定性设计与评定技术 [M]. 北京：航空工业出版社，2004.

[3] 姚峥嵘. 涡轴发动机压气机流场动态压力测量与分析 [D]. 上海：上海交通大学，2008.

[4] HJELMGREN J. Dynamic measurement of pressure：a literature survey [R]. BORAS：SP Swedish National Testing and Research Institute, 2002, 34：10-13, 44-53.

[5] 巩岁平，樊嘉峰，徐芳，等. 两种动态压力测量装置试验对比研究 [J]. 燃气涡轮试验与研究，2017，30（6）：37-42.

[6] MILLER E L, DUDENHOEFER J E. On the dynamic response of pressure transmission lines in the research of helium-charged free piston stirling engines [C]// Energy Conversion Engineering Conference, IEEE, 2002：2243-2248 vol. 5.

[7] NYLAND T W, ENGLUND D R, et al. On the dynamics of short pressure probes：some design factors affecting frequency response [R]. NASA TN D-6 151, 1971.

[8] NYLAND T W, ENGLUND D R, et al. System for testing pressure probes using a simple sinusoidal pressure generator [R]. NASA TM X-1981, 1981.

[9] 李欣，李程，刘晶，等. 调幅输出的发动机防喘压力传感器动态特性校准方法研究 [C]//中国航空学会动力分会试验与测试专业委员会第八届学术交流会论文集，2006：134-138.

[10] 杨军，范静，李程. 非线性电感式压差传感器动态校准 [J]. 计测技术，2011，31（5）：15-18.

[11] 张力，彭军，李程. 测压管道对测压系统动态特性影响的实验研究 [C]//全国压力计量测试新技术学术研讨会论文集. 北京：中国计量测试学会，1998：78~83.

[12] 李程，杨军. CIMM测压管道动态特性研究 [J]. 计测技术，2009，029（B09）：33-35.

[13] KANG J S, YANG S S. Fast-response total pressure probe for turbomachinery application [J]. Journal of Mechanical Science and Technology, 2010, 24（2）：569-574.

[14] PERSICO G, GAETANI P, GUARDONE A. Design and analysis of new concept fast-response pressure probes [J]. Measurement Science and Technology, 2005, 16（9）：1741-1750.

[15] BROUCKAERT J F. Fast response aerodynamic probes for measurements in turbomachines [J]. Proceedings of the Institution of Mechanical Engineers：Part A Journal of Power and Energy, 2007, 221（6）：811-813.

[16] 李博，张鹤宇，杨军. 不同环境因素对引压管腔动态特性影响 [J]. 航空动力学报，2020，35（10）：2159-2165.

[17] 杨军，樊尚春，李程. 介质与压力对测压管道动态特性影响分析 [C]//第十三届全国敏感元件与传感器学术会议论文集. 2014：625-629.

[18] 李继超,王偲臣,林峰,等. 一种容腔效应标定技术及其在高频响动态探针中的应用 [J]. 航空动力学报, 2011, 26 (12): 2749-2756.
[19] YANG J, WANG Y, CHENG L. Dynamic modeling of pressure pipelines and signal reconstruction [C]//2011 First International Conference on Instrumentation, Measurement, Computer, Communication and Control. IEEE, 2011: 78-81.
[20] 陈峰,宗有海,刘东健,等. 基于探针管路动态修正的压气机动态总压测试 [J]. 实验流体力学, 2018, 32 (5): 82-88.

17.3 声传感器在噪声测量系统的应用

17.3.1 概述

潜艇、舰船、鱼雷等机械装置的的运行,以及其外部结构与空气和水的摩擦,会引起强烈的振动与噪声。这些振动源与噪声源对外辐射出强烈的噪声声场,易被敌方声探测装备侦测和捕获,极大地降低了装备的声隐蔽性,泄露我方作战意图,严重威胁我方人员装备的安全。因此,高隐蔽性是未来装备重要的发展方向之一。对于潜艇而言,由于具有隐蔽性与突发攻击能力的特点而成为现代海军的主战力量。降低潜艇水下辐射噪声和声目标强度,既可以减小敌艇发现我艇的距离提高我艇的隐蔽性,还可增大我艇发现敌艇的距离,增强我艇对敌艇实施先攻击的能力;同时增加我艇发现方来袭鱼雷的距离,缩短敌方鱼声自导作用距离,提高我艇的生存能力。因此,潜艇的声隐身性能,对于提高潜艇的综合作战能力具有事半功倍的效果。美国海军在《2000—2035 年海军技术——潜艇平台技术》报告中提出 21 世纪潜艇必须重点发展的六大关键技术中,隐身技术被列为重点发展的关键技术之首。研究表明,潜艇水下噪声降低 10dB,则对方探测发现我方潜艇的距离可缩短 32%。因此,研究和应用潜艇的声隐身技术,发展安静型潜艇,成为提高潜艇生存力的重要手段。

此外随着各国装备信息化、智能化和机械化的高速发展,单个作战单位起到的作用越来越大,甚至可以决定战争的走向。但与此同时,装备可靠性同样也是长久困扰各个国家军队的关键问题。装备可靠性的好坏对于武器系统的作战效能有着决定性的影响,甚至还会造成更加严重的后果。因此,装备系统的可靠性越来越成为各国军队完成军事任务最为重要的保障条件之一。但是,振动与噪声会对装备中的精密设备造成严重干扰,降低其服役性能、可靠性和技术指标，对装备的战斗力和可靠性造成影响；极易诱发装备的结构出现疲劳裂纹，降低结构强度，严重危及装备安全，大大缩短装备使用寿命。以航空发动机为例，其运行工作环境具有高温高压等特点，关键部件发生碰磨、脱落以及裂纹扩展等损伤时，现有的监测手段多以接触式传感器为主，难以在早期发现这类损伤工况。而出现这类损伤工况时，将会引起辐射声场的改变，若是能够精确地监测辐射的声场，将对航空发动机损伤做出较为准确的健康监测分析，这将大幅度的提高航空发动机的整体使用寿命，为航空器的安全使用保驾护航。

噪声测量作为减振降噪和声学结构健康监测的第一步，对于寻找问题根源、确定问题性质有着独一无二、不可或缺的关键作用。噪声测量系统对于保障我军装备的作战性能和安全、指战员的生存和战力有着重要的意义。噪声测量系统根据使用环境，主要分为空气声和水声两大系统，可以对装备的噪声水平进行量化评估、频谱分析和可视化溯源等。

目前，噪声测试系统技术已经趋于成熟，并且已经开始进入到声矢量领域。在国外，德国 Gfai 开发了汽车风洞噪声测量分析系统，并在半消声室内为 BMW 公司的汽车发动机提供了汽车噪声的测量；丹麦 Brüel&Kjær 公司开发了用于测量汽车、火车等噪声的声全息测量系统，在户外汽车噪声测试方面达到了国际领先的水平；法国 01dB 的声学探测系统，在汽车、航空等领域也取得了非常大的成功，其在汽车风洞内为保时捷汽车提供的风洞噪声测量得到了业界的广泛认可。此外，还有美国 NASA 针对飞机气动噪声测量开发的三维噪声测量与分析系统、丹麦 Norsonic 公司的多通道（≥128）数字传声器测量阵列系统、比利时 LMS 公司应用于内场环境下的球形阵列系统以及法国 OROS 公司的水下低频全息测量系统等。在国内，上海其高公司电子科技有限公司的声学相机已应用于注塑机噪声源的快速准确定位和工业水处理设备、饮水机、净水器等水处理产品的增压水泵振动噪声测试。随着技术的进步，噪声测量系统的发展将向着多维信息联合化、可视化等方向发展。

17.3.2 传感器应用情况

根据噪声测量的基本原理，噪声测量系统至少应该包含声学传感器、信号处理模块和显示模块。经过多年的发展，噪声测量系统主要由声传感器、输入放大器和滤波模块、信号处理模块、输出控制模块和显示单元模块组成，如图 17.3.1 所示。其中，声传感器将空气或水中的噪声由机械波转换为电信号，经滤波放大采集后输入到信号处理模块，进行噪声水平的计算及评估。最后经过输出控制模块进行输入输出及实时显示。

根据系统功能的不同，空气声传感器主要为声压传感器和声矢量传感器；水声传感器主要为标准水听器、矢量水听器和光纤水听器等，见图17.3.2。可以说，传感器本身的特性和数量决定了噪声测量仪器的功能和性能。其中，声压传感器、标准水听器具有全向性、超宽带等特性，利用单个传感器可实现声级计系统中的全向声压信号采集功能，实现噪声的测量评估；多个组阵可以实现声场的重构，是声学照相机的核心组成部分，见图17.3.3。

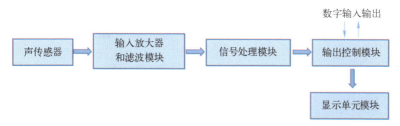

图17.3.1 噪声测量系统配置图

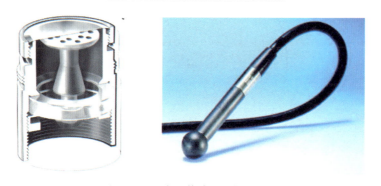

图17.3.2 声压传感器和标准水听器

声压传感器主要感受空气声场中空气压力波动，其最主要的换能结构为声压薄膜。当噪声信号传递过来时，该传感器利用膜片结构与空气压力波动交换能量，进而对声压信号进行测量；与声压传感器类似，标准水听器主要感受水声声场中液体压力的波动，其最主要的换能结构为压电材料。当水中的噪声信号引起水压变化时，压电材料受到外力作用产生变形产生正压电效应，进而将噪声信号转换为电信号。这两种传感器由于是直接测量声场中的声压量，因此不具有指向性，其测量呈现出全向性的特点，见图17.3.4，在噪声环境总体评估中具有得天独厚的优势。

▼ 图 17.3.3　声级计及声学照相机

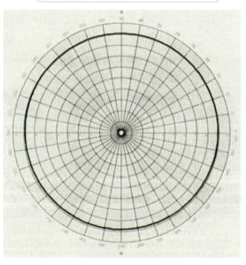

▼ 图 17.3.4　传统声传感器指向性示意图

声压传感器的性能主要有灵敏度、频率响应、最大声压级、固有噪声进行表征。灵敏度指声压传感器的输出电压与作用在其膜片上的声压之比，实际上，声压传感器在声场必然会引起声场散射，所以灵敏度度有两种定义：①实际作用于膜片上的声压，成为声压灵敏度；②声压传感器未置入声场的声场声压，称为声场灵敏度。一般，驻极体声压传感器给出的灵敏度为声场灵敏度。频率响应指声压传感器接受到不同频率声音时，输出信号会随着频率的变化而发生放大或衰减。最理想的频率响应曲线为一条水平线，代表输出信号能真实呈现原始声音的特性，但这种理想情况不容易实现，实际中都会有一定的起伏。最大声压级是指声压传感器失真度为 3% 时的声压级。固有噪声是指声压传感器无声负载作用时的输出噪声电压，单位为 dBA。目前，1/2 英寸驻极体声压传感器灵敏度可达 50mV/Pa，频率响应为 20Hz~20kHz@±2dB，最大声压级可达 135dB，固有噪声<18dBA。对于标准水听器，国家标准 GB 4128-84《标准水听器》中规定了用于 1Hz~100kHz 的压电型标准水听器的主要性能参量和技术指标。根据使用目的和校准准确度分成两级：标准水听器（一级）和测量水听器（二级）。标准水听器是用作实验室标准，进行量值传递及作精密的声学测量，规定灵敏度应大于 -205dB（0dB = 1V/μPa）；用一级标准方法进行校准，低频段用耦合腔互易法和压电补偿法，高频段用自由场互易法；其准确度低频段优于±0.5dB，高频段优于±0.7dB；灵敏度频响不均匀性小于±1.5dB 的范围要求大于三个十倍程；其水平和垂直指向性均以 -3dB 波束宽度来衡量，分别为大于 30° 和 15°；动态范围应大于 60dB；对温度、静压和时间的稳定性也都有一定的要求。测量水听器用作实验室或工厂的测试标准，进行一般声学测试或产品检验，规定灵敏度应大于 -210dB（0dB = 1V/μPa）；用二级标准方法进行校准，低频段用振动液柱法或密闭腔比较法，高频段用自由场比较法，其校准准确度低频段优于±1.0dB，高频段优于±1.5dB；灵敏度不均匀性小于±2dB 的频率范围应至少有三个十倍程以上；水平指向性应是全向的（起伏小于 2dB），垂直指向性给出不少于四个频率的指向性图案；动态范围应大于 60dB；稳定性的要求比标准水听器低一级。

声传感器阵列就是由多个在空间确定的位置上排列一组声传感器，由这个阵列测量出的空间中的声场信号，经过特殊的数据处理，得到更多的有关声源的信息，实现声场的重构。现阶段，比较成熟并在测量领域应用较多的两种声源定位技术有基于空间声场变换法（STSF）的传感器阵列声源定位技术和基于波束形成法（Beamforming）的传感器阵列声源定位技术。STSF 是通过将声压传感器阵列测得的一个平面的二维空间数据，通过进场声全息和 Helmholtz 积分方程，计算出其他平面位置的声压，得到三维空间的声场图形，从而实现空间声源定位。使用 STSF 技术的阵列声学定位系统，要求传感器必须覆盖所测量的声源表面，并且传感器阵列需要在被测声源的近场测量，传感器在阵列中的间距决定了测量的上限频率。Beamforming 技术主要是利用阵列中每个传感器接收到的声波具有不同的时延，实现远场声源定位。在使用时，Beamforming 阵列声学测试系统的测试距离最小值要求大于传声器矩阵的直径，其有效聚焦范围通常为测试距离的 1.15 倍。

目前，在 Beamforming 阵列系统中，常用的平面声阵列有十字阵列、矩形网格阵列、圆型阵列、螺旋阵列、同心圆环阵列，随机阵列等，如图 17.3.5 所示，其中，9 种声阵列的几何模型依次是：（a）65 元十字阵；（b）64 元矩形网格阵；（c）66 元圆形阵；（d）64 元阿基米德螺旋阵；（e）63 元 Doughetry 对数螺旋阵；（f）66 元同心圆环阵；（g）66 元旋转螺旋阵；（h）60 元随机阵；（i）66 元优化螺旋阵。图 17.3.6 为出了相应的评价指标，依次是：（a）有效动态范围（30°开角）；（b）3dB 波束宽度；（c）阵列聚焦系数。从图 17.3.5 中可以看出，圆型阵列的分辨率最好，但是其动态范围较低，螺旋阵列具有较高的动态范围，且经过优化的螺旋阵列在保持分辨率基本上不变

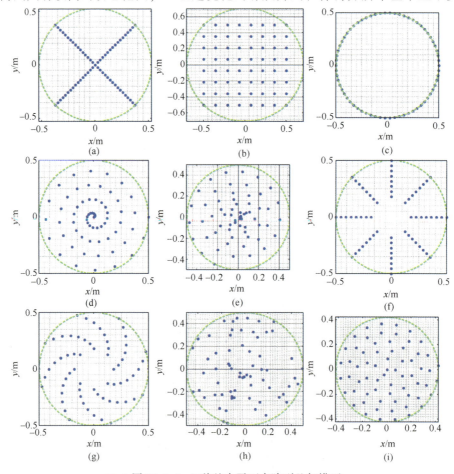

图 17.3.5　9 种基本平面声阵列几何模型

的情况下，动态范围和聚集系数均有了很大的提升，在某些频率点上（例如1000Hz）已经接近理论极限值。在 Beamforming 阵列系统的二维平面声阵列中，阵列直径、传声器数目对噪声测量也有一定的影响。在传声器数量保持恒定的情况下，阵列直径较小，会导致测量阵列的低频分辨率不足，无法分开两个距离较近的声源；阵列直径增加意味着增加阵元间距，这样虽然提高了成像的低频分辨率，但是阵列高频出现了"鬼瓣"，导致虚源；阵列孔径增加其实并没有增加成像的有效带宽，同时近场聚焦时所能达到的最大分辨率也并没有增加。在恒定孔径阵列下，传声器数量较少，会导致测量阵列的动态范围过低，随着传声器数量增加，阵列的动态范围得到提升，但是当传声器数目达到一定数量后动态范围提升有限。

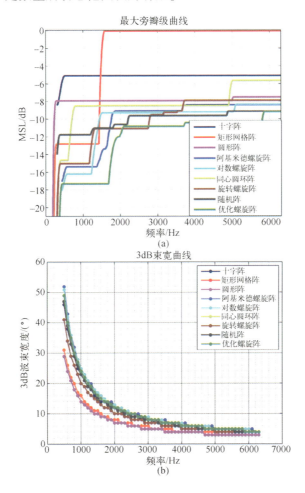

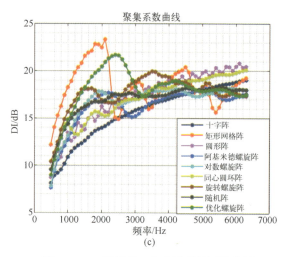

▼ 图 17.3.6 常用的 9 种声阵列的评价曲线

众所周知，噪声测量中获取声场信息的两个基本物理量是标量声压和矢量质点振速，若可以同时获取两个参量值可以得到更完整的噪声场信息，更有利于对噪声源进行精准的辨识与重构。MEMS 声矢量传感器和 MEMS 矢量水听器是近年来兴起的新型矢量声感测技术。这两种传感器基于空间声场与温度场的耦合作用机理，利用 MEMS 工艺技术在常规硅基衬底上制备由两条相距很近的金属铂丝构成的敏感结构，工作时铂丝被加热形成稳定的温度场分布，当有声波入射时，声场质点振速产生了受迫对流传热，将一根铂丝的热量带走传给另一根铂丝，使两根铂丝形成温度差，温差大小与质点振速正相关。最后利用铂丝的热阻效应，将温差转换为电压信号输出，可直接测量声场传播引起的空间质点振速矢量信息，见图 17.3.7。

▼ 图 17.3.7 声矢量传感器和矢量水听器

质点振速测试技术是近年兴起的一种新型噪声测量技术。该方法基于新型的质点振速传感器，对声压和质点振速进行共点同步地直接测量，进而联合二者对噪声进行有效表征。因此，联合声压和质点振速的噪声测试系统是一种优势明显、适用范围广、精度高、可靠性好的噪声测量方法。如图 17.3.8，基于矢量传感器和水听器的噪声测试系统具有以下优势：①硬表面反射后质点振速衰减为 0，具有优异的抗混响能力；②质点振速传感器具有"8"字型指向性，可对噪声源进行指向性测量，即便在强背景噪声的条件下，对弱噪声也具有优秀的测量效果；③近声源时抗反射散射效应能力强，非常适用于噪声高精度近场测量；④硬件简单成本低，具有良好的经济性。图 17.3.9 给出了基于声矢量传感器的噪声扫描成像测试系统基本构成图。

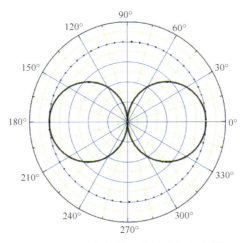

图 17.3.8 声矢量传感器指向性示意图

图 17.3.9 基于声矢量传感器的噪声扫描成像测试系统

17.3.3 技术发展展望

噪声测量中获取声场信息的两个基本物理量是标量声压和矢量质点振速，若可以同时获取两个参量值可以得到更完整的噪声场信息，更有利于对噪声源进行精准的辨识与重构。然而在实际应用中，由于声压传感技术发展较为成熟，数据处理方法较为完善，现有噪声测量手段往往只基于声压进行测量。但是在实际的测量环境中，噪声测量往往需要面对声场环境复杂、噪声干扰繁多等不利条件，受限于声压测量机理，难以在实际环境下进行有效测量；此外，传统的声强传感器通过声压或加速度间接获取声场质点振速矢量信息，受制于测量原理，在尺寸和频带宽度上也受到限制。

因此，在噪声测量领域，上述痛点和需求必然推动着声传感器向多维化、微型化方向发展，基于 MEMS 声矢量传感器和 MEMS 矢量水听器的噪声测量系统更是噪声测量领域的重点发展方向。基于这两种传感器技术的噪声测量系统，可以联合声压和质点振速对噪声进行表征，优势明显、适用范围广、精度高、可靠性好，可很好地满足复杂环境中噪声测试的迫切需求。

参 考 文 献

[1] 陈小平. 扬声器和传声器原理与应用 [M]. 北京：中国广播影视出版社，2005.

[2] 张钊，张万玉，胡亚琪. 飞机结构振动疲劳分析研究进展 [J]. 航空计算技术，2012 (02)：60-64.

[3] 刘文帅. 国内外舰船噪声测试分析技术发展现状综述 [C]//中国造船工程学会、船舶震动噪声重点实验室. 第十五届船舶水下噪声学术讨论会论文集. 中国造船工程学会、船舶震动噪声重点实验室：中国船舶科学研究中心《船舶力学》编辑部，2015：3.

[4] 周瑜，李光，涂其捷，等. MEMS 矢量传声器低噪声优化设计 [J]. 电声技术，2018，042 (004)：4-8.

[5] 王坤博，周瑜，刘超，等. 强度解调的 F-P 干涉型光纤传声器 [J]. 应用声学，2017，36 (005)：438-444.

[6] ZHANG X C, LIU D, LIU Y F, et al. Particle velocity sensor and its application in near-field noise scanning measurement [J]. Journal of Applied Mathematics and Physics，2019 (11)：2902-2908.

[7] 肖勇兵，韩引海，刘熙沐. 基于矢量水听器的噪声声强测量技术 [J]. 科技资讯，

2009，3：45-46.
[8] 时洁. 基于矢量阵的水下噪声源近场高分辨定位识别方法研究 [D]. 哈尔滨：哈尔滨工程大学，2009.
[9] 赵龙江，冯杰，冯晖，等. 用于空气声测量的质点振速传感器 [J]. 声学学报，2015，040（004）：598-606.
[10] 周广林，陈剑，毕传兴，等. 基于扫描声强法的声功率测量扫描路径误差研究 [J]. 振动工程学报，2003（1）：23-28.
[11] JACOBSEN F，BREE H E D. A comparison of two different sound intensity measurement principles [J]. The Journal of the Acoustical Society of America，2005，118（3）：1510-1517.
[12] 李嘉，张国庆. 基于传声器阵列的产品噪声源定位技术的应用 [J]. 电子产品可靠性与环境试验，2012（05）：70-73.

17.4　石墨烯膜光纤声压传感器在声探测技术的应用

17.4.1　概述

　　声波作为一种在一定介质传播的机械波，是具有频率和振幅属性的微压动态信号。通过对声波频率和振幅的测量可实现对声音的测量，对军事、医疗、水下、机场等领域的远程声探测具有十分重要的意义。目前，在声信号探测领域，电子式声传感器一直占主导地位，常用的有电动式传声器、电容式传声器、压电式传声器和驻极体式传声器。这些传感器都是利用膜片的振动实现声信号的测量，但传统的电子式传声器由于有源特性，使得其不适合在强电磁场干扰、易燃易爆等特殊工业领域中应用，而且传感器端的弱电模拟信号不适合远距离传输，因此不适合远程声遥感遥测。20 世纪 70 年代低损耗光纤研制成功，助力了光纤开始由通信领域逐步向传感领域发展。光纤传感技术是以光纤作为媒质，光波作为载体，利用外界参量（如温度、压力、磁场、振动、电场、位移、转动等）对表征光波的特征参量（振幅、相位、偏振态、波长等）的作用，实现对外界参量的精确的测量与传输的新型技术。光纤传感器具有抗电磁干扰、灵敏度和分辨率高、动态范围大、体积小、重量轻、耐高温、抗腐蚀、结构设计灵活、传输距离远、易于组建大规模阵列、可以多参量同时测量等诸多优点，并且能在易燃易爆的环境下可靠工作[1-2]。

　　光纤声波传感器作为光纤传感器的一种，是一种声光信号换能的新型声信号测量手段，通过对声调制的光信号的检测和解调实现声信号测量。相对于电子式声传感器，光纤声波传感器具有如下优势[1-2]：

（1）光纤的低损耗特性使得光纤声波传感器无需前端电子放大器即可进行远距离遥测；

（2）光纤不带电，本质安全，适合在易燃易爆环境中应用；

（3）光信号具有抗电磁干扰、抗辐射等性能，适合在强电磁干扰的恶劣环境下工作；

（4）体积小、重量轻，适合在空间受限条件下使用；

（5）易于构成大规模的阵列，形成多点同时测量。

由于光纤声波传感器的这些优点，使得其在航空航天安全、水声监测、建筑结构的健康状态监测等领域具有重要且广泛的应用前景。光纤声波传感器的种类繁多，主要分类方式有：按被调制的光波参数，光纤声波传感器可分为强度调制、偏振调制和相位调制光纤声波传感器；按应用的领域可分为：光纤水听器和光纤传声器。光纤水听器与光纤传声器在原理、性能上有很多相似之处，但是传声媒质不同，背景静压也不同，水听器的传输媒质为高阻抗的水，而且其可以在高静压下工作，而光纤传声器的传输媒质为空气。

现有的光纤传声器按工作原理可分为反射强度型光纤传声器、干涉型光纤传声器和微弯型光纤传声器。其中，反射式强度型光纤声传感器是应用最广泛、原理最简单的光纤传声器，其工作原理是光源发出的光经过光纤传输照射到一块透镜上，经过透镜聚焦作用后投射到反射膜上，随后光反射回透镜，再经过同一块透镜耦合到接收光纤，声波引起反射膜的振动，从而使耦合到接收光纤中的光强度随着声波的振动发生变化，调制的光经过接收光纤传输到光电探测器，光电探测器将光信号转换成包含了待测物理量信息的电信号，从而实现了对声音信号的测量[3]。近年来，基于法布里-珀罗（F-P，Fabry-Perot）腔的膜片式光纤传声器，因具有高可靠性、高灵敏度、耐恶劣环境、抗电磁干扰等优点，近年来备受关注，而提高光纤F-P传声器敏度的关键因素主要取决于压敏膜片的材料与厚度。目前膜片式光纤F-P声压传感器多以硅、有机聚合物为压敏膜片，由于敏感材料和制作工艺的限制，其膜片厚度一般在微米量级，只有基于银膜的膜片厚度为130nm。因此，受压敏膜片材质与抗过载能力的影响，理论上进一步提升基于上述薄膜材料的光纤F-P压力传感器的灵敏度将受到限制。

作为高性能传感器实现的关键与支撑，新型敏感材料一直是国内外学者的研究热点。自 2004 年英国曼彻斯特大学 K. S. Novoselov 等人发现石墨烯以来[4]，围绕石墨烯的机械力学以及光学、热学和电学等性能的研究受到人们密切关注。随着石墨烯制备方法的不断发展，研究者发现石墨烯在机械力学性能方面具有非常优异的性质。例如，2007 年美国康奈尔大学 J. S. Bunch 等人利用石墨烯的谐振特性，研制了基于石墨烯膜的机电谐振器，并于 2008 年对该薄膜的不透气性进行了理论与实验研究[5]。这为石墨烯材料用于压力/声压传感器敏感薄膜提供了支撑，且表明超薄、高机械弹性的石墨烯是一种极有发展前途的振膜材料。

17.4.2 传感器应用情况

石墨烯膜光纤 F-P 传感器结构充分融合了石墨烯膜的悬浮型结构与高灵敏度 F-P 干涉探测的优点。2012 年香港理工大学的 J. Ma 等通过熔融石英毛细管到单模光纤（包层直径为 125μm）的末端，在内部施加气压后，毛细管逐渐变细（毛细管内径为 25μm），然后熔融毛细管形成气腔作为干涉腔，并采用石墨烯薄膜的转移技术将 1~4 层镍基石墨烯薄膜，首次覆盖在毛细管的圆柱形空腔上，使直径为 25μm 的石墨烯薄膜作为声压敏感膜片，基于 F-P 干涉原理的光纤传感器实现了对声压的测量，其灵敏度为 39.4nm/kPa[6]。2013 年，该课题组利用约 100nm 厚的多层石墨烯薄膜、氧化锆插芯和单模光纤，采用插入式的方法制作了薄膜直径为 125μm 的 F-P 声压传感器，如图 17.4.1 所示，实现了对声压的测量灵敏度为 1100nm/kPa[7]。

如图 17.4.2 所示，该新型膜片式光纤 F-P 声压传感器主要由入射光纤、干涉腔体、敏感膜片组成。入射光纤端面与敏感膜片内表面构成 F-P 干涉腔的两个反射面，外界压力作用到膜片上导致膜片发生形变，从而改变 F-P 腔长。通过对 F-P 干涉腔长改变量的信号解调实现对外界待测压强的测量。

膜片式光纤 F-P 干涉是根据多光束干涉的基本原理，其多光束干涉的示意图如图 17.4.3 所示，且 F-P 干涉模型中反射光束的多光束干涉强度可近似表示为

$$I_r = \frac{R_1 + \xi R_2 - 2\sqrt{\xi R_1 R_2}\cos\delta}{1 + \xi R_1 R_2 - 2\sqrt{\xi R_1 R_2}\cos\delta} I_i \quad (17.4.1)$$

式中　I_i——入射光强；

　　　δ——无半波损失时的相邻光束的相位差；

　　　ξ——F-P 腔耦合系数；

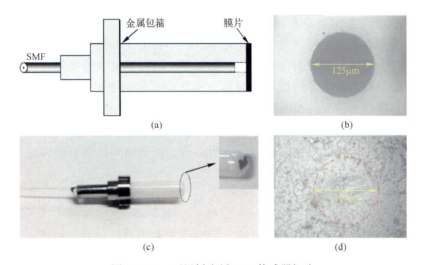

图 17.4.1　石墨烯光纤 F-P 传感器探头

（a）F-P 结构示意图；（b）F-P 探头实物图；（c）石墨烯膜吸附前的插芯内腔；（d）石墨烯膜吸附后的插芯内腔。

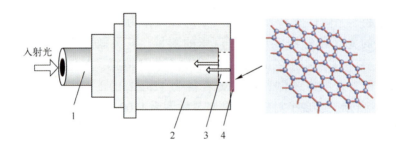

图 17.4.2　膜片式光纤 F-P 传感器的结构示意图

1—入射光纤；2—环形基体（腔体）；3—干涉腔；4—压力敏感薄膜。

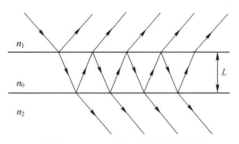

图 17.4.3　多光束干涉示意图

R_1、R_2——入射光纤端面和石墨烯薄膜的反射率。

特别地,当光垂直入射,且腔体内介质为空气时,δ 可表示为 $\delta = 4\pi L/\lambda$,λ 为入射光波长,L 为 F-P 腔腔长。

当 R_1、R_2 非常小时,式(17.4.1)可简化为

$$I_r = (R_1 + \xi R_2 - 2\sqrt{\xi R_1 R_2} \cos\delta) I_i \tag{17.4.2}$$

这样,将利用化学气相沉积制成的石墨烯膜片转移到氧化锆插芯的端面上,形成膜片式 F-P 结构,其反射光强可表示为

$$I_r = \left[R_1 + \xi R_2 - 2\sqrt{\xi R_1 R_2} \cos\left(\frac{4\pi L}{\lambda}\right) \right] I_i \tag{17.4.3}$$

式中 R_1、R_2——光纤端面与石墨烯膜的反射率。

对 L 求导得

$$\frac{dI}{dL} = 2\sqrt{\xi R_1 R_2} \frac{4\pi n}{\lambda} I_i \sin\frac{4\pi n L}{\lambda} \tag{17.4.4}$$

由于 F-P 干涉强度解调必须使 I 为 L 的单调线性函数,则可以通过合理的调整光源波长 λ 的值,使得 $\frac{4\pi n L}{\lambda} = k\pi + \frac{\pi}{2}$,式中 k 为自然数,则 $\sin\frac{4\pi n L}{\lambda} = 1$。

因此,

$$\Delta I = 2\sqrt{\xi R_1 R_2} \frac{4\pi}{\lambda} I_i \Delta L \tag{17.4.5}$$

式中 ΔL——腔长的变化值,即石墨烯薄膜的挠度值 w。

根据光电探测器的响应,取 P 为被测光强值,I_{PD} 为光电二极管的输出电流,I_{OUT} 为光电检测器的输出电流,I_{DARK} 为光电检测器的输出暗电流(为 nA 级可以忽略),V_{OUT} 为光电检测器的输出电压值,R_{LOAD} 为检测耦合电阻。由此可知:

$$P = \frac{V_{OUT}}{R(\lambda_p) \cdot R_{LOAD}} \tag{17.4.6}$$

根据式(17.4.5)和式(17.4.6),结合 F-P 腔干涉光强解调,可得到:

$$\Delta L = \frac{\lambda(R_1 + \xi R_2)\Delta I}{8\pi I_i \sqrt{\xi R_1 R_2}} = \frac{\lambda(R_1 + \xi R_2)V_{out}}{8\pi V_i \sqrt{\xi R_1 R_2}} = w \tag{17.4.7}$$

由此可知,可通过输出电压值解调出腔长变化值 ΔL,即石墨烯薄膜的挠度值 w;式中 V_{out} 为光电探测器实时输出电压值,V_i 为初始干涉信号光电探测器输出电压值。

在此基础上，结合 Beams 球壳方程[9]

$$q = \frac{8Edw^3}{3(1-v)a^4} + \frac{4\sigma_0 d}{a^2} w \quad (17.4.8)$$

式中　E——弹性模量；
　　　d——薄膜厚度；
　　　v——泊松比；
　　　a——圆薄膜半径；
　　　q——压强载荷；
　　　w——薄膜中心挠度；
　　　σ_0——施加于石墨烯薄膜的预应力。

因此，联立式（17.4.7）和式（17.4.8），可构建关于石墨烯膜在压力作用下的挠度变化。通过求解该函数关系，可解算出当前声压值 q。

在法布里-珀罗（F-P）传感器理论建模的基础上，图 17.4.4 和图 17.4.5 分别表示基于湿法转移制备的一种石墨烯膜光纤 F-P 声压传感器，及其敏感结构的制作流程[10]。具体为

▼ 图 17.4.4　石墨烯膜光纤 F-P 声压传感器探头实物图

（1）对氧化锆单模插芯、单模光纤的端面进行端面平整度和清洁度处理。利用丙酮溶液对氧化锆单模插芯 PC 端面进行超声清洗处理，时间约为 10min；然后，用去离子水进行二次清洗。利用光纤切割刀将一段单模光纤尾端切平，预留约为 1cm 的裸纤，使其端面和光纤轴向传输方向垂直。启动熔接机，将端面处理好的光纤放在 V 型槽里，并盖好熔接机的防风盖，然后利用光纤熔接机放电清除光纤端面的灰尘，在光纤熔接机的显示屏上即可获取端面切割状态。若熔接机载检测发出报警，则需对端面进行重新切割；若平面与光纤横截面之间的倾角小于时，光纤熔接机默认端面情况良好。

（2）对石墨烯膜进行转移，将其从基底转移至氧化锆插芯的抛光 PC 端面上。转移方法为：首先，将附着在有机物基底上的石墨烯薄膜转移至去离

子水中清洗，约 3~5 次；之后，在去离子水中翻转石墨烯膜，使其一面朝上，利用氧化锆插芯端面吸附石墨烯膜；最后，将吸附好石墨烯膜的氧化锆插芯转移到丙酮中去除 PMMA，将吸附石墨烯膜成功的插芯放入烘箱中干燥约 10min，控制温度不要超过 50℃。

（3）将处理好的单模光纤从氧化锆插芯另一端插入，使单模光纤的端面和石墨烯膜形成法珀干涉的两个反射面，从而构成光纤-空气-石墨烯膜的干涉腔腔体，完成石墨烯膜光纤 F-P 声压传感器探头的制备。

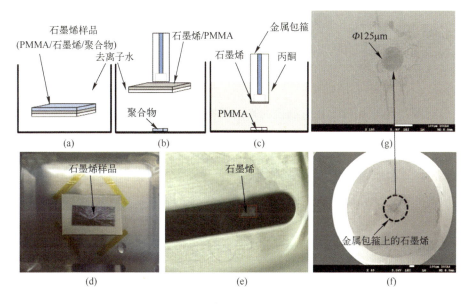

图 17.4.5　石墨烯膜转移至插芯端面的流程

利用图 17.4.5 的薄膜转移与 F-P 探头制备方法，可制作形成"光纤端面—石墨烯薄膜"的 F-P 干涉腔。在腔长值 1000μm 范围内，利用光谱仪测得了 64 组干涉数据（其中 F-P 干涉腔长值小于 140μm 的干涉数据有 24 组，间隔约为 5μm；F-P 干涉腔长值在 140~340μm 的干涉数据有 21 组，腔长值间隔为 10μm；在 340~540μm 之间的干涉数据有 11 组，腔长值间隔为 20μm；F-P 干涉腔长值在 540~1000μm 之间有 8 组干涉数据，取值间隔为 50μm）。图 17.4.6 示出了腔长为 34.621μm、103.956μm 时测得的由光纤与石墨烯膜构成的 F-P 干涉腔的光谱。由此可知，腔长对 F-P 干涉对比度的影响明显。

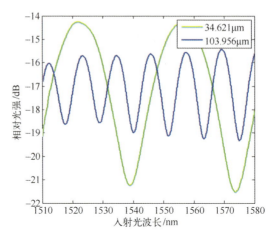

▶ 图17.4.6　不同腔长时"光纤端面-石墨烯薄膜"形成的F-P腔的干涉光谱图

这样，利用MATLAB对测得的光谱数据进行处理分析。根据单-双峰解调法，提取每组干涉数据的峰值和谷值，可分别计算出64组F-P腔干涉数据对应的腔长值。因此，根据式（17.4.1）或式（17.4.2）所示的F-P干涉模型，可反求解算出64组不同腔长值的"光纤端面—石墨烯薄膜"F-P干涉腔对应的石墨烯薄膜反射率分布，如图17.4.7所示。需要说明的是，图17.4.7中所用石墨烯薄膜层数为10~15层。

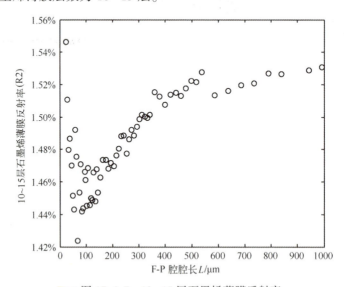

▶ 图17.4.7　10~15层石墨烯薄膜反射率

根据莱以特判据得出该组数据不含粗大误差,得到 10~15 层石墨烯薄膜的反射率均值为 1.49%,而通过理论计算得出的 13 层石墨烯薄膜反射率为 1.71%。实测值相对小于 13 层石墨烯薄膜的仿真值,分析原因可能是光源波动以及膜片不均匀造成的影响。同理地,图 17.4.8 给出了"光纤端面-石墨烯薄膜"F-P 干涉腔的干涉对比度实验与仿真比较。由此可知,实验验证与仿真曲线趋势相同,但实验所得结果相比较仿真结果值小。实验测得石墨烯薄膜反射率较仿真值小,是干涉对比度整体偏小的主要原因。该实验很好地验证了腔长损耗理论和 F-P 干涉特性,为后续开展石墨烯膜光纤 F-P 声压传感器的性能测试提供了研究基础。

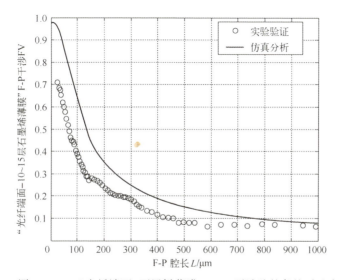

▶ 图 17.4.8 "光纤端面-石墨烯薄膜"F-P 干涉腔的条纹对比度

针对光纤式石墨烯 F-P 压力传感器在微弱声压方面的应用,设计搭建了如图 17.4.9 所示的声压测试实验平台,该平台主要由可调谐激光器、信号发生器、锁相放大器、光电探测器、声源、参比传声器(MP201)、声压隔音箱,以及设计制作的 F-P 压力传感器组成,以测试传感器性能。其中将制作的石墨烯膜光纤 F-P 传感器及参比扬声器置于封闭的隔音箱内。为了避免声波回波对声压场的二次破坏,对有效信号造成干扰,整个声压测试实验都在隔音箱内完成,该箱体采用多层结构:第一层用高级防火板,第二层用隔音毡,第三层为隔音板,第四层为专用防火吸音棉。具体的隔音箱内传感器布局如图 17.4.9 中右侧分图所示。

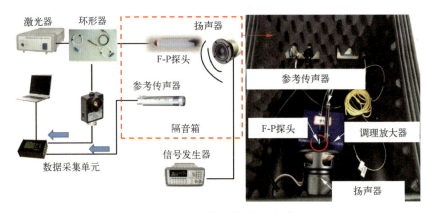

图 17.4.9 声压测试实验示意图

为了便于测量信号比较和便于标定,选了 MP201 全向型传声器作为石墨烯声压传感器的对比参照。该传声器的频率测量范围为 20Hz~20kHz,基本覆盖了可辨声音频率范围,其灵敏度为 50.7mV/Pa,完全适用于该实验使用的扬声器所产生的声压场,其频响特性曲线如图 17.4.10 所示。

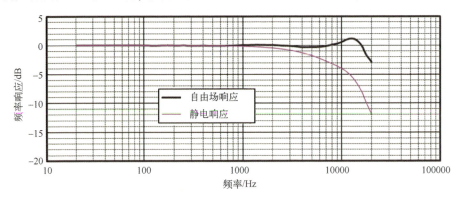

图 17.4.10 参比传声器 MP201 频响特性曲线

利用图 17.4.9 所示的声压测试实验平台,对石墨烯膜光纤 F-P 传感器进行了声压频响测试与灵敏度测试。实验中分别选用约 7 层和约 13 层石墨烯膜制备了 F-P 声压传感器,其频响特性测试结果表明,对于 13 层石墨烯膜片,传感器在 16kHz 频率点处表现出最佳响应,7 层石墨烯膜片则是在 1kHz 频率点处具有最优响应。图 17.4.11 示出了约 13 层石墨烯膜制成的 F-P 传感器的频率响应。实验结果表明,该传感器在整个频段内相对平缓,在 1kHz 到 20kHz 范围内的波动值小于 7.5dB。其中,在 1kHz 下,传感器的频响灵敏度为 −20dB,并在此基础上进行了方向性测试,如图 17.4.12 所示。实验结果表明，在小于 100Hz 的低频段内，频响效果较差，这主要是因为 F-P 腔在动压测试过程中出现漏气现象，致使传感器在较高频段内具有更好的声压效应和全向性，并且在 16kHz 下取得最佳频率响应。

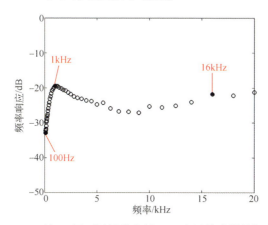

图 17.4.11 约 13 层石墨烯膜光纤 F-P 声压传感器的频响曲线图

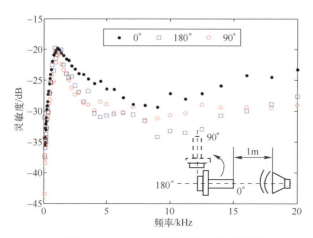

图 17.4.12 F-P 传感器的方向性测试

为此，在最佳响应的频率处，利用声压实验测出不同声压条件下石墨烯膜的挠度变化，并利用最小二乘拟合的方法，解算出基于这两种层厚的石墨烯膜光纤 F-P 声压传感器的机械灵敏度分别为 2.22nm/Pa@16kHz（约 13 层石墨烯膜）和 1.69nm/Pa@1kHz（约 7 层石墨烯膜），其中拟合系数分别为 99.12% 和 99.34%，如图 17.4.13 所示。

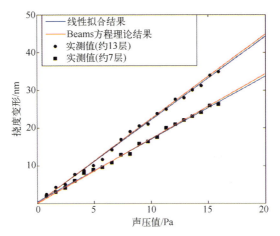

▼ 图 17.4.13　石墨烯膜光纤 F-P 传感器的机械灵敏度响应（7 层-1kHz/13 层-16kHz）

相关研究工作表明，研制的石墨烯膜光纤 F-P 声压传感器探头，除可具有光纤传感器自身的优势外，也表现出了较高的声压灵敏度和较好的全向性，可实现微帕至毫帕量级的微弱声压测量。研究成果可服务于航空航天安全的声发射探测、声呐系统感知环境与导航，以及生物医学的微弱呼吸压力测量等国防安全与国民经济领域。

17.4.3　技术发展展望

总之，近年来国内外学者基于新型薄膜材料开展了大量有关光纤 F-P 声压传感器的探头制作与实验研究。这些薄膜材料自身的力学性质和结构参数制约了灵敏度与频响，尤其是直接反映传感器振膜动态响应的机械灵敏度指标。与之相比，以新型振膜材料石墨烯为压敏元件的光纤 F-P 声压传感器已成为光纤声传感器的前沿领域和研究热点，并在石墨烯膜力学特性仿真、F-P 探头制作与声压测试等方面取得积极进展，但当前这些研究工作仍聚焦于 F-P 探头的制作与效应测试，具体体现在石墨烯自身结构力学仿真、膜片式振膜结构、基于薄膜湿法转移与吸附的常规制备方法，以及通过增大薄膜直径、缩减频响范围实现增敏；而对直接影响传感器灵敏度性能的石墨烯振膜的微结构及其与基底间界面吸附力学行为，以及包括温度、湿度等环境影响的理论与实验研究尚不深入，且由此可形成的增敏方法、作用机制与传感器件也鲜有涉及。而且，高质量大尺寸石墨烯薄膜制备尚不成熟，造成周边固支结构的石墨烯膜 F-P 声压传感器存在一定程度的漏气现象；涂覆于石墨烯薄膜的 PMMA 涂层存在去除不干净，造成 PMMA 残留不均匀，影响悬浮石墨烯的厚度一致性，且受环境和空气介质影响，从而导致制作的石墨烯膜光纤 F-P 声压传感器存在一致性、稳定性问题。

基于此，在石墨烯圆膜片压力敏感特性仿真与薄膜/基底间吸附力学行为的研究基础上，基于石墨烯膜大挠度形变特性，综合考虑石墨烯膜内在力学性质与结构形式、基底材质与表面结构，构建石墨烯/基底间界面吸附热力学模型，借助理论模型和分子动力学仿真，研究石墨烯膜/基底间的界面热力学行为，获取石墨烯膜 F-P 干涉特性及其温湿度影响规律；针对高质量石墨烯薄膜的获取，通过优化 PMMA 涂层的去除工艺，改进石墨烯膜 F-P 声压传感器的封装工艺；以及针对石墨烯光纤 F-P 声压传感器的温度影响，对研制的光纤 F-P 声压传感器原理样机进行温度测试，通过与光纤光栅温度传感器探头串联复用，进而制作形成 F-P 干涉压力与光纤光栅温度的复合传感探头。

参 考 文 献

[1] 窦金林. 宽频带光纤声波传感技术研究[D]. 成都：电子科技大学，2015.

[2] 王巧云. 光纤法布里—珀罗声波传感器及其应用研究[D]. 大连：大连理工大学，2010.

[3] 张靖涛. 光纤声波振动检测系统及分布式振动传感技术研究[J]. 北京：北京邮电大学，2014.

[4] NOVOSELOV K S, GEIM A K, MOROZOV S V, et al. Electric field effect in atomically thin carbon films [J]. Science, 2004, 306 (5696): 666-669.

[5] BUNCH J S, VERBRIDGE S S, ALDEN J S, et al. Impermeable atomic membranes from graphene sheets [J]. Nano letters, 2008, 8 (8): 2458-2462.

[6] MA J, JIN W, HO H, et al. High-sensitivity fiber-tip pressure sensor with graphene diaphragm [J]. Optics letters, 2012, 37 (13): 2493-2495.

[7] MA J, XUAN H F, HO H L, et al. Fiber-optic fabry-perot acoustic sensor with multilayer grapheme diaphragm [J]. IEEE Photonic. Tech. L, 2013, 25 (10): 932-935.

[8] RAO Y J, WANG X J, ZHU T, et al. Demodulation algorithm for spatial-frequency-division-multiplexed fiber optic Fizeau strain sensor networks [J]. Opt. Lett. 2006, 31 (6): 700-702.

[9] BEAMS J. W. The structure and properties of thin film [M]. New York: Wiley, 1959.

[10] LI C, GAO X Y, GUO T T, et al. Analyzing the applicability of miniature ultra-high sensitivity Fabry-Perot acoustic sensor using a nanothick graphene diaphragm [J]. Meas. Sci. Technol, 2015, 26: 085101.

17.5　压力传感器在汽车轮胎压力检测系统中的应用

17.5.1　概述

高速公路拉近了地域距离，改善了人们的生活方式。但高速公路上发生的严重交通事故却令人震惊。据2002年美国汽车工程师学会调查[1]，美国平均每年有26万起交通事故是由于轮胎气压低或渗漏造成的，而在高速公路上发生的交通事故有70%是由于爆胎引起的；此外，每年75%的轮胎故障是由于轮胎渗漏或充气不足引起的。

在中国，46%的高速公路交通事故是由轮胎故障引起的，其中爆胎造成的事故占事故总量的70%[2]。汽车高速行驶过程中，轮胎故障是杀伤力最大也是最难预防的事故隐患，是突发性交通事故发生的重要原因。如何解决轮胎故障、怎样防止爆胎，已成为全球关注的首要问题。

除安全事故外，轮胎压力不足还会带来以下问题：

（1）油耗上升。如果比胎压的正常值低出50kPa以上的时候，会使油耗上升市内油耗增加约2%左右，郊外增加约4%左右。

（2）轮胎寿命缩短。胎压的内压力过低的话，车胎在接触地面是发生的形变也将变大。车胎表面的橡胶和路面发生剧烈的摩擦导致橡胶磨损严重，这样会使车胎的寿命降低。

（3）车胎损伤。胎压的内压力过低导致的车胎变形增大。行驶过程中，轮胎弯曲变形会导致产生热量。轮胎内热会使车胎的附着力降低，危险性也随之而来。

轮胎压力监测系统（Tire Pressure Monitoring System，TPMS）的作用是在汽车行驶过程中对轮胎气压进行实时监测，并对轮胎低气压过低、温度过高、漏气以及其他车胎异常问题报警，确保行车安全。TPMS能让驾驶员实时了解车胎状况，在出现安全问题前发现并解决安全隐患，是保障驾驶者行车安全的预警系统。

TPMS系统的应用大大提高了行车的安全性，TPMS很快成为快速发展与普及的汽车主动安全技术之一。欧盟委员会在2008年就已公布了要从2012年开始各类新车必须装配低滚动阻力轮胎并配备轮胎气压监测系统这将成为强制性法规[3]。继美国、欧盟、俄罗斯和加拿大等国之后，日本、韩国也分别计划在 2015 和 2016 年，全面落实汽车 TPMS 安装率须达 100% 的规范。2017 年我国正式颁布了法律条令，从 2018 年 1 月 1 日起，所有出厂的汽车必须安装 TPMS 系统，可见汽车胎压监测系统越来越受重视。在各国政策推助下，预计全世界每年将有 5000 万部新车须加装 TPMS。

按照检测方式的不同，胎压监测系统主要可以分为间接式和直接式[4]。

间接式 TPMS 一般是通过对现有的 ABS 系统或 ESP 系统的轮速信号进行分析，间接地进行胎压监测并给出报警[5]。当轮胎压力降低时，车辆的重量会使轮胎直径变小，这就会导致车速发生变化，这种变化可用于触发警报系统来向司机发出警告。间接式 TPMS 的准确性和可靠性较低，已经渐渐被淘汰。

直接式 TPMS 的安装方式如图 17.5.1 所示。在轮胎内部安装传感器直接测量轮胎内部的压力和温度等信息，并通过无线模块以射频信号的形式经天线发送出去[6]。接收处理模块负责接收传感器模块发出的射信号并对其进行信号处理，实时显示轮胎内部的压力和温度信息。直接式准确性更高，当前精度能够达到 0.1bar，除此之外还可以测量温度、加速度等信息。当轮胎气压太低或漏气时，系统会自动报警。属于事前主动防御性，直接式 TPMS 成为当前的主流产品。

图 17.5.1　TPMS 系统结构

17.5.2　传感器应用情况

压力传感器是 TPMS 的关键敏感元件，常见的有应变式、固态压阻式、电容式、压电式等[7]。随着仪器科学和微电子技术的发展，压力传感器逐步微型化、集成化，基于 MEMS（micro electro mechanical systems）的微型压力传感器越来越受到关注，并在市场上得到了广泛的应用。

汽车轮胎压力检测系统的发射端和接收端的整体组成结构如图 17.5.2 所示。四个胎压监测传感器单元通过集成的微控制器采样内部的压力传感器、温度传感器并测量电池电压，传感器信号经过放大、调理以及 A/D 转换、校准处理，然后再将处理的信号传输给射频发射芯片进行编码、调制，经天线利用无线电波发送至接收端。接收端由解调电路、MCU 处理和显示器等组成[8]。其主要功能是 MCU 通过无线接收芯片对胎压传感器发射的无线信号进行解调、解码，最后提取数据流中关于各个轮胎的 ID 以及所测压力、温度和电池电压值，在仪表上显示，并与报警阈值进行比较，判断是否报警，之后对当前压力数据进行更新。

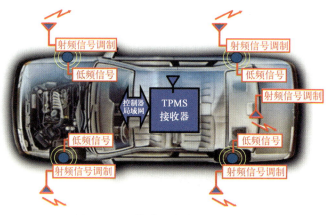

图 17.5.2　轮胎压力检测系统的组成

直接式轮胎压力监测系统的整体组成结构框图一般如图 17.5.3 所示。微控制器作为核心，定时从睡眠中唤醒，然后读取胎压监测传感器和温度传感器信号，通过 RF 发射器发射信号。驾驶室显示单元则通过 RF 接收机接收传感器发送的无线信号，经过处理后在 LCD 单元显示[9]。

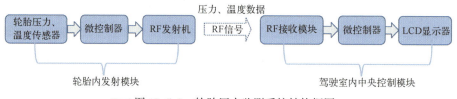

图 17.5.3　轮胎压力监测系统结构框图

由于轮胎内空间有限，为了缩小轮胎压力监测传感器的体积和质量。TPMS 传感器的发射端采用 MEMS 技术，结合 ASIC 技术并且把胎压监测、温度检测、微控制器以及无线发射器集成到一个封装结构中[10]。某些胎压监测传感器中还增加了加速度传感器。如 NXP 公司的一款胎压监测系统的系统组成如图 17.5.4 所示。

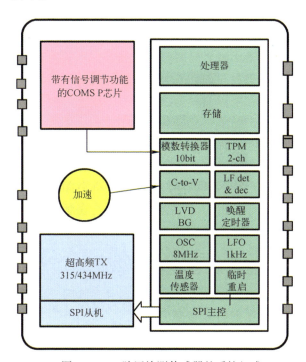

▶ 图 17.5.4 胎压检测传感器的系统组成

该芯片在单个封装单元内集成了以下主要功能：
（1）采用 CMOS 工艺的集成了信号调理单元的的压力传感器；
（2）2 轴或 3 轴加速度传感器；
（3）UHF 无线发射单元；
（4）8 位的处理器内核及 Flash、RAM；
（5）低频信号唤醒单元；
（6）ADC 转换器；
（7）温度传感器。

MEMS 压力传感器是胎压监测模块中最终要的部分。常用的 MEMS 压力传感器主要有两种，硅压阻式压力传感器和电容式压力传感器。这两种传感器都是在硅片上生成的微机械电子传感器。这两种传感器一般采用 CMOS 工艺，在汽车 TPMS 中都有所应用。

压阻式压力传感器采用高精密半导体电阻应变片组成惠斯顿电桥作为力、电变换测量电路，具有较高的测量精度、较低的功耗，极低的成本[11]。基于惠斯顿电桥的压阻式传感器测量精度能达 0.01~0.03%FS，如无压力变化，其输出为零，几乎不耗电。传感器基本结构如图 17.5.5 所示。

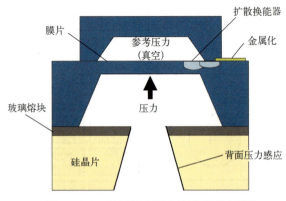

图 17.5.5　硅压阻式压力传感器基本结构

电容式压力传感器的基本结构由两个极板组成（图 17.5.6），一个为沉积在基体上的固定极板，另一个为在敏感薄膜上的可动电极[13]。敏感薄膜能在压力作用情况下发生挠度形变。压力作用于弹性敏感膜，引起两个电极间距发生变化，产生相应的电容值变化，电容值与压力值相对应，形成压力到电容量的信号转换。

电容式压力传感器对温度变化的固有敏感性比较低，因而稳定性较好，同时高灵敏度使其在低压范围内具有较大的优势。电容输出表现为高的输出阻抗，电容极板间的静电引力很小，固有频率较高，具有良好的动态响应特性。电容式压力传感器的最突出优点是自身发热量很小，功耗可以做到足够低。随着专用集成电路技术的发展，模块化的电容检测集成电路的产生使得电容式传感器逐步得到广泛应用。

硅电容式 MEMS 压力传感器的温度特性相比硅压阻式传感器要好，但也有一定敏感性。因此一般的 MEMS 压力传感器内部具有两个敏感单元，一个用来测量，一个作为参考信号，用来通过补偿消除温度的影响。

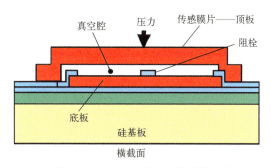

▼ 图 17.5.6　电容式压力传感器结构

无论是硅压阻式还是硅电容压力传感器，敏感元件都是受压的薄膜或薄板，其简化结构如图 17.5.7 所示[10]。图中上极板是压力传感器核心的压敏结构部件，压敏上极板符合弹性力学中弹性薄板的定义，可以按照薄板模型来计算，分为小挠度形变和大挠度形变两种情况。W_{max} 小于薄板厚度的 20% 时可用小挠度形变理论进行分析。

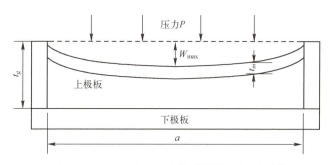

▼ 图 17.5.7　电容式压力传感器的基本原理[10]

当压敏极板工作在小挠度形变范围时，满足如下三点假设：

（1）垂直于中面的直线段在形变过程中保持不变。

（2）形变只在垂直方向上，在水平方向上假设没有任何形变发生。

（3）在垂直中面方向载荷的作用下，假设压敏极板没有发生拉伸形变。

基于以上三点假设，在小挠度形变范围内压敏极板形变会随压力呈线性变化，极板各处的形变量不一致，在中心的形变量最大，记为 W_{max}，其表达式如下[11]：

$$W_{max} = 0.01518 \frac{Pa^4(1-v^2)}{Et_m^3} \qquad (17.5.1)$$

式中　P——作用压力；

a——方形压敏极板边长；

E 和 ν——压敏极板材料的杨氏模量和泊松比。

当外界压力作用于压敏极板时，可变电容可以近似表示为

$$C(P) = \frac{C_0}{\sqrt{\gamma}}\mathrm{artanh}(\sqrt{\gamma}) \approx C_0\left(1+\frac{\gamma}{3}+\frac{\gamma^2}{5}\right) \quad (17.5.2)$$

$$\gamma = \frac{W_{\max}}{t_g} \quad (17.5.3)$$

当 $|W_{\max}/t_g|=1$ 时，$C(P)$ 与 P 有如下的线性关系：

$$C(P) = C_0\left(1+\frac{\gamma}{3}\right) = \frac{C_0}{3t_g}W_{\max}+C_0 = \frac{0.00506C_o a^4(1-v^2)}{t_g Eh^3}P+C_0 \quad (17.5.4)$$

因此，为了消除压力与输出电容的非线性关系，压敏极板需要根据小挠度薄板理论来设计，使传感器在一定的压力范围内非线性减小甚至呈线性变化。

目前的胎压监测系统产品的组成结构基本相同，产品外观尺寸略有差别。图 17.5.8 为太平洋工业株式会社生产的一种胎压监测传感器。该轮胎压力监测模块包括：

（1）具有压力、温度、加速度、电压检测和后信号处理 ASIC 芯片组合的智能传感器 SoC；

（2）8 位单片机（MCU）；

（3）RF 射频发射芯片及发射天线；

（4）锂亚电池。

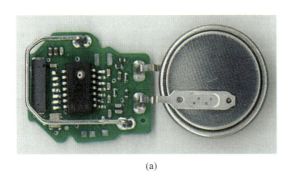
(a)

(b)

图 17.5.8　一种胎压监测传感器实物
(a) 内部电路；(b) TPMS 发射器。

目前美国 NXP 半导体和德国的英飞凌半导体都有比较成熟的技术方案。例如德国英飞凌半导体公司生产的 SP12T 胎压传感器的主要参数如下：

(1) 最大输入压力：3300kPa。
(2) 温度：-40~150℃。
(3) 瞬时温度：-40~+175℃。
(4) 电源电压：-0.3~6.0V。
(5) 静电释放保护（设备）：-200~+200V。
(6) 静电释放保护（人体）：-2~+2kV。
(7) 机械冲击：2000g。
(8) 静态加速度：2000g。

由于汽车的行驶环境比较恶劣。因此对传感器的温度、抗振动性能以及功耗等指标要求比较严格。

17.5.3 技术发展展望

中国正在成为全球最大的汽车市场，国内外市场上现有的胎压监测系统主要采用有源式传感器，存在需要定时更换电池的不足，并且不适于易燃易爆等极端环境。TPMS 发射模块将向高度集成化、单一化、无源化方向发展。

米其林集团公司、固特异轮胎橡胶公司开发出在轮胎制造时的成形工序中，把压力、温度监测和信号发射装置埋入轮胎的胎壁内，它在轮胎的整个寿命期间发挥作用。目前 RFID 技术已经比较成熟，可以作为研发智能轮胎的基础，美国固特异轮胎橡胶公司和西门子 VDO 汽车配件公司合作，成功研发出一种钮扣电池般大小的带 RFID 卡传感器。该传感器除了能够感知轮胎内的气压、胎体温度的变化并发射反映这种变化的信号外，还具有标识轮胎的功能。既可监测轮胎压力，还可以用于轮胎可追溯性记录。

TPMS 无线无源化发展的几个方向以及实现方案如下。

1. 轮胎内模块有发电装置

内部的发电装置将轮胎运动的机械能转化为电能。主要是采用压电发电方案，利用压电陶瓷的正反压电效应，压电陶瓷在应力作用下通过压电效应可以产生数量可观的电荷，在工作物质上建立起很高的电势，可以输出不小的静电能，实际上构成一个压电电源。

2. 电感耦合能量

这种方案从轮胎外通过电磁场发射能量，驱动轮胎内模块工作，测量并发射压力信息。电感耦合是一种变压器模型，通过空间高频交变磁场实现耦合。通过交变磁场在轮胎内测量发射模块的线圈中感应出电压和电流，给轮胎内测量发射模块提供能量。

3. 声表面波无源方案

声表面波器件具有体积小、可靠性高、一致性好以及设计灵活等优点。采用声表面波技术来研制力、加速度、温度、湿度、气体及电压等一系列新型传感器的工作逐渐成为传感器研究的一个热点。声表面波无源无线传感器方案从轮胎外发射电磁波，电磁波碰到轮胎内模块内置器件后反射，反射的电磁波携带压力、温度传感器信息。

参 考 文 献

[1] 车春江，袁成松. 高速公路路面高温抛物线统计模型［J］. 中国交通信息化，2010（4）：117-121.

[2] 杨勇. 轮胎压力监视系统的研制［D］. 哈尔滨：哈尔滨工业大学，2003.

[3] 扬子江. 欧盟规定新车必须配备 LRRT 和 TPMS［J］. 世界橡胶工业，2008（08）：23.

[4] 钟响. 间接式轮胎压力监测系统研究［D］. 长春：吉林大学，2016.

[5] 单经纬. 基于频域特征分析的间接式胎压监测算法研究［D］. 长春：吉林大学，2016.

[6] 汤治华. 汽车轮胎压力监测系统的设计与实现［D］. 武汉：华中科技大学，2006.

[7] WANG Q, LI X, LI T, et al. A novel monolithically integrated pressure accelerometer and temperature composite sensor［J］. International Solid-State Sensors, Actuators and Microsystems Conference, 2009, 22 (4)：1118-1121.

[8] Cub Elecparts Inc. Tire pressure monitoring system and tire pressure detector setting apparatus for tractor-trailer［J］. Politics & Government Week, 2020.

[9] 苗金枝. 汽车轮胎压力监测系统设计研究［D］. 南京：南京理工大学，2008.

[10] 张瑞. 小量程 MEMS 电容式压力传感器设计与工艺研究［D］. 太原：中北大学，2016.

[11] FONSECA M A. Polymer/Ceramic wireless MEMS pressure sensors for harsh environments：High temperature and biomedical applications［J］. Dissertations & Theses Gradworks, 2007.

[12] 吴沛珊，刘沁，李新，等. 单晶硅高温压阻式压力传感器［J］. 仪表技术与传感器，2020（10）：1-3，7.

[13] 梁庭，贾传令，李强，等. 基于碳化硅材料的电容式高温压力传感器的研究 [J]. 仪表技术与传感器, 2021 (03): 1-3+8.

[14] HASAN N N, ARIF A, HASSAM M, et al. Implementation of tire pressure monitoring system with wireless communication [C]//2011 International Conference on Communications, Computing and Control Applications (CCCA), 2011, 1-4.

[15] 魏柠柠. TPMS 汽车胎压监测系统的关键技术研究和工程实现 [D]. 杭州：浙江大学, 2006.

[16] HASAN N N, ARIF A, PERVEZ U. Tire pressure monitoring system with wireless communication [C]//2011 24th Canadian Conference on Electrical and Computer Engineering (CCECE), 2011, 99-101.

第18章

流量传感器的典型应用

18.1 时差法超声传感器在水轮机效率测量系统中的应用

18.1.1 概述

水力发电是利用江河水流从高处流到低处存在的位能进行发电。当江河的水由上游高水位，经过水轮机流向下游水位时，将势能转化为动能，水利发电就是利用具有一定流速的水推动水轮机旋转，从而将动能转化为机械能，并通过连接轴将水轮机所做的功传送给发动机并带动发电机发出电力。我国水力资源十分丰富，全国总蕴藏量约为 6.8×10^8 kW，居世界第一位。建国以来我国进行了大规模的水电建设，从九十年代至今，已建成及正在兴建的大型水电站有二滩电站、葛洲坝电站、三峡电站、白鹤滩电站等。据国家能源局数据，截至 2019 年底，我国水电装机容量累计达到 3.58×10^8 kW，年发电量达 1.15×10^{12} kW·h。

水轮机是水电站中的核心设备，其主要运行参数包括上、下游水位、发电机有功功率、机组频率、导叶开度、蜗壳进口压力、水轮机效率、水轮机流量及蜗壳内外侧压差等，其中水轮机效率是评价水轮机能量转换性能最重要的指标，体现了水轮机的技术性能和水平，是水轮机验收的主要指标之一。

此外，水轮机效率的实时监测对电站的经济运行有着重要的作用，既可用于水电机组安装竣工或大修结束后的现场验收试验，以检查制造、安装和检修质量是否满足技术要求，又能通过对机组运行特性长期连监测，提供不同的水流和工况条件下水轮机性能的实时数据，为确定电厂经济运行中的开机台数、负荷优化分配以及机组状态检修等提供参考。以三峡电站为例，如果水轮机的效率下降2%，按年发电量847亿度的2%计，相当于约17亿度电，由于机组常年运行，即使效率只提高0.1%也将给国民经济带来显著的效益。水轮机效率的测量与在线监测是水电站实现技术指标考核、经济运行和节能降耗的主要手段，具有重要意义。

根据水力学原理，水轮发电机组总效率计算公式为

$$\eta_u = \frac{N_g}{\rho g Q H \eta_g} \tag{18.1.1}$$

式中　Q——经过水轮机流量；

　　　H——水轮机工作水头；

　　　η_u——水轮发电机组总效率；

　　　N_g——发电机输出功率；

　　　η_g——发电机效率；

　　　ρ——水的密度；

　　　g——重力加速度。

由式（18.1.1）可知，要计算水轮机的效率除了水的密度和当地的重力加速度相对较为容易获得外，还须同时测得机组的4个运行参量：发电机有功功率、发电机效率、水轮机工作水头以及水轮机流量，其中前3个参量通常都能比较准确地测量和获取，但由于过流面积大、测量条件复杂等因素，水轮机流量测量具有较大难度，是效率计算中最关键的测量参数。

水轮机效率的测量是通过水轮机效率试验完成的，已知的试验方法有十余种，其中除热力学法是直接测量能量计算，其余方法主要是用各自的手段先测出流量，然后再参照公式（18.1.1）计算水轮机效率。在试验标准方面，我国还没有自己的标准，但一般都参照IEC（international electrotechnical commission，国际电工委员会）和ISO（international organization for standardization，国际标准化组织）的相关标准，并结合现场的实际条件加以实施。在年代相对较久、但仍然现行有效的IEC41-1991中规定，可作为新投产的机组验收依据的权威方法只有两种，即流速仪法和热力学法，目前IEC41正在进行修订，

随着超声波法应用的日益成熟,其将很有可能从标准的规范性附录成为正式的验收方法。其他方法还有差压法和水锤法等,但准确度更加无法保证。

热力学法采用了能量相互转化的守恒来解释水机效率,已有的物理试验和水机试验验证了它的有效和可行。但这种方法要求所测电站的应用水头须大于100m,因而应用范围受到限制。此方法的核心问题是水温测量,它要求测温处水流断面上的温度分布均匀,温度测量的分辨率要达到0.001℃。所以要求具有高准确度的测温仪器和正确的操作方法。当水头高于100m时准确度可达到±1.2%;水头高于600m则精度可达到±0.65%。其优点是,操作简便,试验所用时间短,精度高;缺点是现场实施困难,不仅适用水头范围受到限制,而且对温度测量要求苛刻,能够真正达到高精度测量水平是很难的。

流速仪法曾经是我国应用得最多,工艺相对最为成熟,该方法直观地测出流速,进而结合其他参数计算出流量和水轮机的效率。它所测效率的准确度虽然不是最高,但在实际操作中通常不会出现大的偏差,是较为保险的方法之一。它可适用于不同类型的水电站。缺点是实验工作量大,占用停机时间长,还会受到电厂发电机母线大电流所产生的磁场干扰。其最终的水轮机效率准确度一般为±(1.5%~2.0%)。

超声波法是继流速仪法之后的流速测量方法的近年来得到快速发展的一种测流模式,超声波在流体中传播速度与静止水体中传播速度是不同的,其变化与水流速度有关,超声波顺流传输与逆流传播存在时间差,其值与媒质的平均流速成线性关系,因此,根据超声波传播速度的变化来推求水流的速度,从而算出流量。超声波法与传统方法相比有以下优点:①超声波法测流没有伸进流体的测量部件,不破坏流场,几乎没有压力损失,不影响管道的正常工作;②超声波传感器安装检修方便,除了初次安装以外,无需安装或拆除测试设备;③超声波传感器无机械可动部件,没有惯性,瞬变响应快,能进行动态测量,与流速仪法相比在大管径测流时更加经济。除此之外,超声波法还具有测试工作量少,操作简便,易于实现测量自动化,无须放空尾水等优点,近年来针对大中型中低水头的电站,已经成为一种较为主流的测试方法。然而超声波法容易受到流场畸变影响,对现场环境条件的要求较高,确定流场对超声测流系统影响的程度比较困难,并且整套超声测流系统的价格也相对昂贵。目前,在满足一定安装条件下,超声波法流量测量准确度可以达到±(0.5%~1.0%)。

18.1.2 传感器应用情况

1. 超声传感器测流系统在水电站的应用

以三峡电站为例,水电站发电机组的横剖面示意图如图 18.1.1 所示,大坝上游为水库,水通过大坝的取水方涵流经引水压力钢管,进入水轮机蜗壳,带动转子转动,产生电能,水通过水轮机下方的尾水管排到大坝下游。

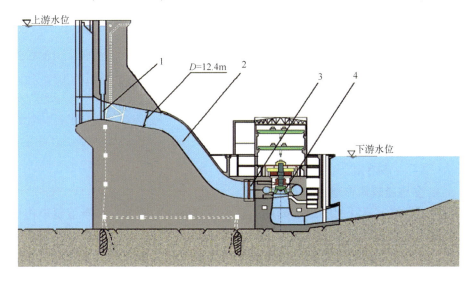

图 18.1.1 三峡电站水轮机流道示意图
1—取水口;2—压力钢管;3—超声传感器测流系统;4—水轮机。

如图 18.1.1 所示,在三峡电站水轮机组引水系统中,适合超声传感器探头安装的位置有 2-压力钢管的斜直段和靠近水轮机的下平段,斜直段直管段长度相对较长,但由于现场传感器安装施工过于困难,超声传感器探头普遍安装在下平段。超声传感器测流系统上游紧邻压力弯管,下游即为水轮机组,前后几乎没有直管段,流量计管段流场条件相对复杂,为尽量减少流场对测量结果的影响,测流系统都采用超声传感器多声道布局,对于三峡电站引水压力钢管直径达到 12.4m,其测流系统声道达到 16 条或 18 条。

2. 时差法超声传感器测流原理

超声时差法超声测流是利用超声波在流体中的传播特性测量流量,测量其顺流传播时间 t_d 和逆流传播时间 t_u 的差值,从而计算出流体流动的线平均速度。工作原理图如图 18.1.2 所示。

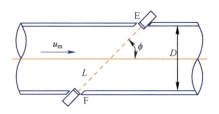

▼ 图 18.1.2　流量计工作原理图

流体的轴向线平均流速 u_m 可用下式表示：

$$u_m = \frac{L}{2\cos\phi}\left(\frac{1}{t_d} - \frac{1}{t_u}\right) \tag{18.1.2}$$

式中：t_u——超声波在流体中逆流（由 E 到 F）传播的时间；
t_d——超声波在流体中顺流（由 F 到 E）传播的时间；
L——声道长度；
u_m——流体的轴向线平均流速；
ϕ——声道角。

3. 多声道超声传感器测流方法

为了提高流量计的测量准确度，减小流场畸变的影响，多声道超声传感器测流系统是在上述原理基础上，在流量计管段内按照一定的规则设置多条声道，将各条声道测得的管道轴向线平均流速采用相应的积分方法进行积分计算，得到管道内流体的总流量。

圆形流道通常采用高斯-雅克比积分法（Gauss-Jacobi）和圆形优化积分法（OWICS）计算流量，后者考虑了边壁附近的零流速，系统偏差略小，对于充分发展的流动具有一定的优势。以 Gauss-Jacobi 积分法 4 声道测流系统为例，其典型的交叉 4 声道流量计声道排布形式如图 18.1.3 所示。

流量计相关几何参数说明：①D：管道直径。② 声道长度：每对换能器发射/接受面之间的实际距离。③ϕ：声道角。④$d_1 \sim d_4$：声道高度，即声道到管道轴线的距离，如图 18.1.3 截面图中所示。⑤α_1、α_2：声道高度角。⑥测量平面：如图 18.1.3 俯视图中测量平面 A、测量平面 B 所示。

两种积分方法在相同的声道高度布置条件下的权重系数 w_i，流量可利用加权平均的方式计算如下：

$$Q = R\sum_{i=1}^{N} w_i u_i L_{w,i} \sin\phi = 2R^2 \sum_{i=1}^{N} w_i \cos\alpha_i u_i \tag{18.1.3}$$

若令 $W_i = w_i \cos\alpha_i$，流量计算还可简化为

$$Q = 2R^2 \sum_{i=1}^{N} W_i u_i \tag{18.1.4}$$

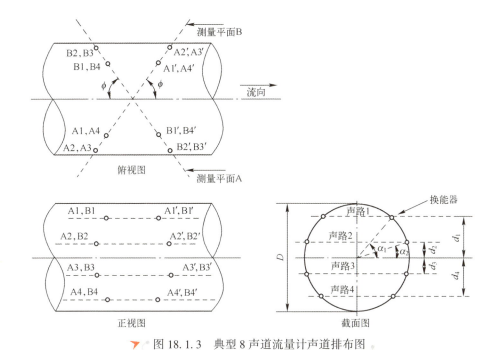

▼ 图 18.1.3　典型 8 声道流量计声道排布图

高斯-雅克比积分法的相对声道高度和权重系数还可以表达为解析式：

$$t_i = \cos\frac{i\pi}{N+1}, \quad i = 1, 2, \cdots, N \tag{18.1.5}$$

$$W_i = \frac{\pi}{N+1}\sin^2\frac{i\pi}{N+1} \tag{18.1.6}$$

矩形流道通常采用高斯-勒让德积分法（Guass-Legendre）和矩形优化积分法（OWIRS）计算流量：

$$Q = \frac{B'H}{2}\sum_{i=1}^{N} w_i u_i \tag{18.1.7}$$

式（18.1.3）~式（18.1.7）中　B' 为矩形流道宽度；

R 为圆形流道半径；

α_i 为第 i 条声道高度角。

对于交叉声道面配置的测流装置，可先对各声道轴向流速 u_i 进行平均：

$$u_i = (u_{A,i} + u_{B,i})/2 \tag{18.1.8}$$

之后再进行加权求和计算流量；也可以分别计算声道面 A 和 B 的流量后进行平均：

$$Q = (Q_A + Q_B)/2 \qquad (18.1.9)$$

4. 测流系统的校准方法概述

流量计量仪表的计量准确度是流量计最重要的性能指标之一，目前对超声传感器测流系统计量性能的校准及评估方法主要有：实验室实流标定、现场比对法检测以及干校验法检测。

1) 实验室实流标定

这是对流量仪表而言最常见和可靠的方法。标定通常在实验室进行，使用装置一般为静态质量法或静态容积法装置。以往的实流标定结果表明，产品质量有保证的多声道超声流量计准确度等级可以达到 0.5 级。实流实验验证了在较为理想的检测条件下，即标准器具有较高水平，流量计安装条件良好（直管段足够长），对流量计的整个实流检测过程及结论是可以令人信服的。

实验室实流标定最大的局限性在于装置的能力范围受限，目前世界上最大的水流量装置其最大口径为 3.8m，且流量范围有限，对类似三峡电站应用的大口径超声流量计（$D = 12.4m$）实施实流检测几乎是不可能的，但在某些特定使用情况，对流量计的模型开展缩尺实流标定试验，可为流量计的准确度评估以及安装使用提供有力的数据支持。

2) 现场比对法检测

现场比对法是指在流量计安装现场，同时使用几种方法进行流量测量，比较测量结果，从而对其准确度相互印证的方法。在水电站，常用于参与比较的方法有：流速仪法、压力-时间法（Gibson 法）。

1983 至 1984 两年间，在美国电力科学研究院（EPRI）的主持下，Accusonic 流量计在美国和加拿大的三个水电站进行了多种测流方法对比试验，取得了良好的试验结果，奠定了超声流量计在水电站的应用基础，并为将其纳入国际电工委员会规程（IEC41）提供了依据。1993 年 10 月，在美国宾夕法尼亚州的 Safe Harbor 水电公司进行了超声流量计法与流速仪法两种方法的比对实验，两种流速测量方法测量结果比较接近，相对偏差在 1% 左右。在国内也进行过一些类似的现场比对试验研究，如在北京模式口水电站进行的超声流量计法与流速仪法比对试验。

该方法在评价流量计现场的工作性能方面发挥了很好的作用，但由于现场比对试验工作量大，费用昂贵，普遍开展具有较高难度。另外，由于参与比较的流量计或流速仪也都无法进行量值溯源，因此也很难通过该方法对流量计的计量性能做出准确的评价。

3) 非实流法校准

非实流校准方法是指以流量计的测量原理为基础，通过对影响流量测量准确度的各种因素进行分析和测量，求出各影响量导致的流量测量不确定度，再合成得到流量测量的总不确定度。在对各种流量计的检定中，孔板的非实流标定是最为成熟的，通过检测孔板的几何尺寸及表面粗糙度等指标可评估其准确度，大大提高了检测效率，其最高检测准确度可达到0.6%，并有国际标准ISO5167来规范。

十几年来，人们一直在为实现超声流量计的非实流标定进行不断的尝试与努力，并总结出一些方法，检测项目包括测量断面上几何参数测量（声道长度、声道角、管道截面积等）以及超声波传播时间测量（计数器、延时误差等），同时也提出了对某些引起不确定度的因素进行控制的方案，包括流态分布畸变、积分公式引入、由于信号衰减或受到外界干扰造成的误触发、压力和温度变化引起的测量不确定度等。由相关的国际规程IEC41及PTC18可知，目前的非实流法没有涵盖影响超声流量计准确度的全部主要因素，对于其中影响较大的因素，比如积分算法、流场分布影响等，并未给出完备的解决方案。虽然目前超声流量计的非实流法检测还没有形成正式标准文件，但该方法已在某些场合发挥重要作用。

5. 非实流法校准方法原理

虽然水轮机组安装的超声传感器测流系统由于口径巨大无法进行实流校准，但是由于该测量系统具有非常清晰的物理模型，因此，可以通过分量校准的方法对其进行非实流校准。非实流法校准方法是依据超声传感器的测流原理，将测流系统的各参量进行分别评估，然后再根据其测流模型进行合成得到总的测量不确定度的方法。在内部流场比较接近理想的条件下，超声传感器测流系统的准确度主要依赖于准确的几何尺寸和时间测量，主要校准项目围绕着测量模型展开，如图18.1.4所示。

首先，流量 Q 断面平均流速与断面面积的乘积：$Q = u \times S$，其中断面面积 $S = \pi \cdot (D/2)^2$，同时断面平均流速为 $u = \sum_{i=1}^{n} u_i \cdot W_i$。因此，通过多次测量管道内径并根据断面形状做修正即可得到断面面积值，通过得到各声道速度与权重系数得到断面平均流速。权重系数由声道数和声道安装位置按标准算法得到，当安装位置有偏移时需做修正，特殊安装条件需做模拟计算以修正权重系数。声道平均流速需通过测量声道长度、声道夹角，顺流和逆流时间，得到并根据探头与管壁相对关系对声道平均速度进行修正。

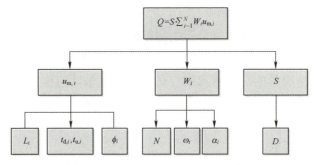

图 18.1.4　非实流校准原理示意图

在非实流法校准在实际实施中存在一些技术难点，如 D、L、ϕ、α 等几何参数测量需要在水轮机组检修期进入测量管道，并进行大量现场实验，同时对于测量仪器和测量方法都有比较高的准确度要求；此外，由于电站的安装条件，如上、下游直管段长度等，往往不能满足测流系统对理想流场的要求，流场畸变对计量性能的影响可能主要因素，对测量系统内部复杂流场影响的评估则无法直接进行，需要对测流系统各声道流速分布情况进行分析，同时还经常需要采用计算流体力学（computational fluid dynamics，即 CFD）模拟计算及模型实验进行综合分析。根据测流系统的物理模型以及电站现场可能遇到的实际情况，非实流法校准主要内容如图 18.1.5 所示。

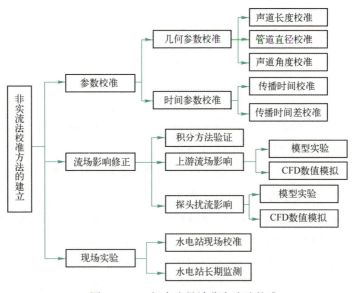

图 18.1.5　超声流量计非实流法校准

1) 几何参数测量

几何参数测量包含：过流断面尺寸的测量，以支持断面面积的准确计算；探头安装位置测量，以得到准确的管道直径、圆柱度、声道长度、声道高度、声道角、探头与壁面距离等。测量的难度在于，管道直径从几百毫米到几十米，而测量准确度要求又较高，对设备的要求和对方法的要求都比较高。

针对DN2000及以下口径的测流系统，可采用便携式测量臂式三坐标机，对于DN2000以上口径的流量计可采用全站仪。由于在测量获得管壁点及探头点的三维坐标之后，还需要较为复杂的后处理计算工作才能得到流量计的几何参数，因此，一般需要通过专用的几何参数计算软件实现数据处理，测量结果示意图如图18.1.6所示。

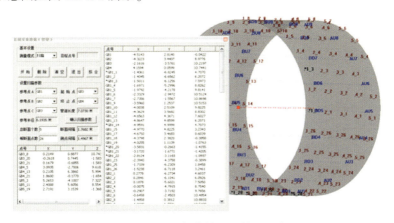

图18.1.6 几何参数测量结果示意图

此外，还需要注意的是由于现场几何参数测量环境和测流系统实际工作环境在温度和压力上存在非常巨大的差异，还需要分析温度和压力对管道直径以及声道长度、声道角的影响。

2) 声波传播时间的测量与校准

声波传播时间的测量与校准一般包括计时系统分辨率测试、计时延时校准以及时间差校准。对于电站用大口径超声传感器测流系统，一般传播时间在毫秒量级，传播时间差在微秒量级，所以测流系统的计时分辨力必须在纳秒量级才能保证其准确度水平。测流系统启动及停止其内部计时系统的同时，通过其计时检测接口向标准时间测量设备发出信号，进行同步计时，并分别记录流量计计时系统测量结果t_m以及标准时间测量设备测量结果t_s，取$|t_m-t_s|$作为计时系统分辨力检查结果。

测流系统计时延时可采用标准声速距装置进行校准，其校准原理示意图如图 18.1.7 所示，校准用液体应与流量计工作介质尽量一致，校准前实验槽内液体应静置足够长的时间，温度应均匀、稳定，且没有明显的相对运动。取一对超声传感器的换能器放入实验槽内，待实验状态稳定后，且实验槽内液体温差小于 0.1℃，测量并记录其声道长度 L_1，记录流量计测得的超声波传播时间 t_1，并同时记录实验槽内液体温度 T_1；改变换能器的声道长度，待实验状态稳定后，且实验槽内液体温差小于 0.1℃，测量并记录其声道长度 L_2，记录流量计测得的超声波传播时间 t_2，并同时记录实验槽内液体温度 T_2。该声道的计时系统延时 Δt_d 可由下式计算得到：

$$\Delta t_d = \frac{L_1 t_2 - L_2 t_1}{L_1 - L_2} \tag{18.1.10}$$

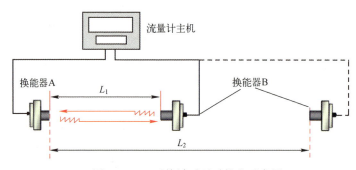

图 18.1.7　系统计时延时校准示意图

通常应满足 $L_1/L_2 \geqslant 2$，此外，$|T_1-T_2|$ 应小于 0.05℃，否则应考虑声速变化对测量结果的影响。该测试属于使用前校准，应在换能器安装在电站管道上之前进行，校准结果可作为修正值置入流量计主机。

当超声传感器换能器置于静水中时，超声信号在双方向传播时间相等，时间差为零，此时使用专用的延时发生器对测流系统主机发送的逆程激励信号进行延时，而对正程激励信号不进行延时，模拟超声波正逆程信号的传播时间差，实现对测流系统的时间差校准。延时发生器的原理如图 18.1.8 所示。在测流系统主机发射信号时，首先由控制系统产生发射信号（通常为方波信号），然后由电子元器件产生激励电压信号来激发超声换能器中的压电陶瓷发射超声信号，延时发生器是串联在传输发射信号的电路中，延时发生器接收发射信号的同时还要接收正逆程切换信号，利用该信号可以判断超声信号发射的方向并确定是否加入模拟延时信号。由于延时发生器自身电路系统会产生一个延时值，因此，在不加入模拟延时的情况下会存在一个短延时值，当判断需要加入模拟延时信号时，此信号为长延时值。

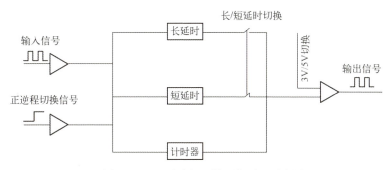

图 18.1.8　延时发生器工作原理示意图

延时发生器的信号延时过程如图 18.1.9 所示，图中上部信号为输入信号和输出信号，图中下部为正逆程切换信号。从正逆程切换信号可以看出，前半程为低电平，代表正程发射信号，此时从图上部可以看到发射信号 P_1 经过延时发生器后产生了一个系统延时 T_1，其输出信号为 P_2；在后半程中正逆程切换信号为高电平，代表逆程发射信号，此时发射信号 P_1 产生了一个 T_1+T_2 的延时，其输出信号为 P_2，此延时由系统固有延时 T_1 和人为添加延时 T_2 组成，经过对正逆程信号的处理，产生了一个时间差 T_2。

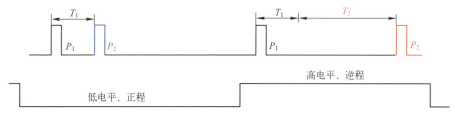

图 18.1.9　时间差校准过程示意图

3）积分算法检验

为了检验测流系统积分算法的可靠性，首先要构造一个可解析理想流场。测量管段内的流动绝大多数情况下为紊流流动，在流量计前后直管段足够长时紊流流动得以充分发展，其平均流动趋向于一个稳定的轴对称流速分布，因此，可利用流体力学中给出经典的轴向速度廓型的公式构造理想流场。积分算法验证过程如图 18.1.10 所示，将流量计各声道的声道相对高度输入之前构造的全部理论流场中，每个理论流场均可以计算得到一组各声道高度位置上的理论轴向线平均流速（理论声道流速）；测流系统的积分算法被作为一个黑盒，将理论声道流速作为各声道的流速测量值输入测流系统主机，测流系统积分计算给出流量值，通过比较测量系统和理论流场给出的流量值差异完成校准。

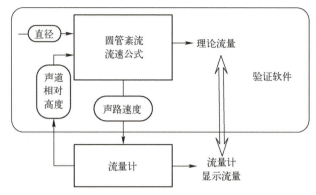

图 18.1.10　积分模型检验方法示意图

可根据实际使用的工况，构造多个理想流场，从而对积分算法的可靠性进行评价。

4）复杂流场影响评估

对于流量计使用现场流动条件复杂或对评估结果准确度要求较高，建议使用以下 2 种方法进行评估。①数值模拟计算法。根据流量计现场管路条件，扰流件几何形状，对整个流量计的管路系统进行数值模拟计算，得到流量计处流场分布情况，对该流场对流量计的计量性能影响进行评估的方法。②模型实验法是采用一定比例的缩尺模型实验来研究工程原型的水力学特性，模型应能全面的反映原型中流量计处的流动特性。通过将模型在流量标准装置上进行校准实验，对现场流场对流量计的影响进行评估的方法。

18.1.3　技术发展展望

时差法超声流量计自研制成功以来距今已有三四十年的历史，近年来，随着微处理器、芯片、信号处理技术日渐成熟，新型超声换能器材料和制造加工工艺不断提高，基于超声测流原理的流量计量仪表也获得了显著的技术进步，产品计量性能日益完善、生产成本降低、市场竞争力明显增强，未来的发展与应用潜力巨大。

为了进一步拓展时差法超声流量计的应用范围、确保其在使用过程中的高准确性和灵敏度，国外有学者利用先进的粒子图像测速（particle image velocimetry，PIV）技术手段开展了非定常流动对超声流量计测量影响的实验研究，根据实验结果研制了一种新型超声波流量计，非常适用于低温和复杂流场环境下的液体流量测量。国内也有学者开展了类似的研究工作，但他们的关注点集中在层流和湍流中速度分布对超声波传播时间的影响，经过理论推导提出了考虑实际速度分布的流量修正系数，并开展了相关验证实验测试。

超声测流积分算法一直以来都是流量计量领域研究的热点，曾有学者在非线性补偿算法的基础上，提出一种基于BP（back propagation）神经网络技术的超声流量测量温度补偿算法并搭建了流量测量系统，该系统可为超声流量测量提供宽范围、精确化的智能温度补偿方案，大大提高了超声流量测量结果的精度。随着社会经济的持续发展，超声流量计的使用场景日益复杂多样，市场对该类仪表的性能要求也越来越高，考虑了实际测量中噪声、管道振动、流场突变影响的新型数据融合积分算法备受关注，与传统方法相比，该融合算法在复杂条件下具有独特的使用优势。而在微小流量测量领域，有学者研制出一种基于AIN（advanced intelligent network）压电式换能器的微小液体超声流量计，采用声路和流道重叠设计方案，极大地提高了测量灵敏度，将可测量管径下限延伸至DN8以内。此外，利用互相关算法来实现对声波传播时间的精确判定，有效降低了噪声干扰和信号波动产生的影响。

时差法超声传感器作为目前市场上一种主流流量测量设备，除了在水电行业大口径、大流量下使用外，还被成功应用于水表、热量表等民用仪表，近年来还被广泛用于燃气流量测量，其技术进步对于促进石油化工、航空航天、水利水电、食品医药、环境保护等国民经济各领域的发展都具有积极意义。随着研究的深入，时差法超声传感器的计量准确度、量程比将得到进一步提升。

<h1 style="text-align:center">参 考 文 献</h1>

[1] 史振声. 水轮机 [M]. 北京：水利水电出版社，1992.
[2] 陈柏言，黄洁亭，薛联芳. 基于中央企业的全国可再生能源开发预测研究及发展建议 [J]. 中外能源，2019，24（8）：23-28.
[3] 鲁俊，王江淮，李伟，等. 水轮机效率精细化计算分析方法简析 [J]. 华电技术，2016，38（8）：63-65.

[4] International code for the field acceptance test of hydraulic turbines：IEC 41-1991 [S]. International Electro-technical Commission，1991.

[5] Measurement of fluid flow by means of pressure differential devices inserted in circular cross-section conduits running full：ISO 5167-2003 [S]. 2003.

[6] 孙宇. 水轮发电机组效率监测及动态试验仪 [D]. 辽宁：大连理工大学，2004.

[7] 刘鑫，KARNEY B，RADULJ D，等. 热力学法在泵性能测试中的应用及与传统方法的比较 [J]. 机械工程学报，2015，51（10）：189-196.

[8] 陈荣，郑永伟. 流速仪法单次流量误差分析 [C]//2014 年度学术交流会论文集，昆明：云南省水利学会，2014.

[9] 梁玉玉，李少波. 时差法超声波流量计的研究 [J]. 信息与电脑，2016（3）：72-73.

[10] 唐勇，李体智，吴彬，等. 龚嘴水电厂 2#水轮机发电机组超声波法效率试验研究 [J]. 四川工业学院学报，2001，20（4）：25-27.

[11] 封闭管道中流体流量的测量 渡越时间法液体超声流量计：GB/T 35138-2017 [S]. 2017.

[12] 水轮机、蓄能泵和水泵水轮机流量的测量超声传播时间法：GB/Z 35717-2017 [S]. 2017.

[13] 李友平，苗豫生，夏洲，等. 多声路超声波流量计校准及相关问题探讨 [J]. 水电自动化与大坝监测，2007，31（5）：44-46.

[14] GREGO G. Comparative caneva generating plant flowrate measurements at the unit 2 [C]// Proceedings of the International Group for Hydraulic Efficiency Measurement. Montreal，Canada，1996.

[15] 孔庆怀，高富荣，吴可君. 一种基于流速仪法的水轮机流量计算方法—流速面积法 [J]. 大电机技术，2003（1）：47-50.

[16] Hydraulic turbines performance test codes：ASME PTC 18-2002 [S]. American Society of Mechanical Engineers，2002.

[17] 非实流法校准 DN1000~DN15000 液体超声流量计校准规范：JJF 1358-2012 [S]. 2012.

[18] LEONTIDIS V，CUVIER C，CAIGNAERT G，et al. Experimental validation of an ultrasonic flowmeter for unsteady flows [J]. Measurement Science and Technology，2018，29（4）.

[19] ZHANG H，GUO C，LIN J. Effects of velocity profiles on measuring accuracy of transit-time ultrasonic flowmeter [J]. Applied Sciences，2019，9（8）：1648-1648.

[20] WANG Y X，LI Z H，ZHANG T H. Research of ultrasonic flow measurement and temperature compensation system based on neural network [C]// International Conference on Artificial Intelligence & Computational Intelligence，IEEE，2010.

[21] LI H P，ZHANG B W，ZHAO H C，et al. Data integration method for multipath ultrasonic flowmeter [J]. IEEE Sensors Journal，2012，12（9）：2866-2874.

[22] ZHU K, CHEN X Y, QU M J. An ultrasonic flowmeter for liquid flow measurement in small pipes using AlN piezoelectric micromachined ultrasonic transducer arrays [J]. Journal of Micromechanics and Microengineering, 2020, 30 (12): 125010.

18.2 差压装置在非稳态流量测量中的应用

18.2.1 概述

非稳态流动普遍存在于工业管流中，多由旋转式或往复式压气机、鼓风机和泵产生。管道中流体的共振和流量控制设备的突然开启或周期振荡都是非稳态流动产生的主要原因，非稳态流流动包括流量瞬变和流量脉动等情况。在页岩气、煤层气、致密气等常规和非常规天然气的开采过程中，经常出现段塞流的情况，导致油品和气体流量瞬间变化；水蒸气是工业生产中重要资源，其工作条件和状态跨度很大，比如在缩比例模拟核电站大破口状态下蒸汽喷放整个质量释放过程时，蒸汽流量可能在 1~100t/h 范围变化；天然气和煤气输送过程中，广泛采用往复式压缩机，导致天然气和煤气在管道内流动时产生频率和幅度均比较稳定的脉动；舰船用柴油机、航空发动机在进行整机试验中，柴油机和发动机工作状态变化及试验器内燃油泵供油的影响，会导致燃油流量出现脉动和瞬变现象。

差压装置是根据流体流过节流元件时，所产生的差压来对流量进行测量的。差压装置在实际使用中，当流经管道内节流件时，在节流件处产生局部收缩，导致流体的流速逐渐变快，静压逐渐降低；根据连续性方程和伯努利方程即可计算得到流体流量。由于差压装置结构简单，内部无可动部件，且标准节流件无需实流校准，差压装置得到了广泛使用，约占流量测量仪表的 1/4~1/3。国际标准 ISO 5167 和国家标准 GB/T 2624 中规定了孔板、喷嘴、文丘里管等几种标准差压装置的测量、安装和流量测量不确定度的一般要求。但上述两标准中明确了使用条件，即流体必须是充满圆管和节流装置；流体通过测量管段的流动必须是保持亚声速、稳定的或仅随时间缓慢变化的。

差压装置在虽然工业生产中的稳态流量测量中得到了广泛的应用，而工业生产中非稳态流动普遍性和差压装置对非稳态流量不适应限制该类流量测量装置的进一步推广和应用。差压装置在非稳态流量时，节流装置两侧的差压信号包括两部分组成：一部分是流体通过节流件时迁移加速产生的差压，在理想情况下，该部分差压与瞬时流量质量相同的稳定流动时产生的差压系统；另一部分是由于克服流体惯性以实现流体瞬时加速或减速引起的额外差压，即流量变化率对差压的贡献。在不考虑差压信号传递和转换系统所产生影响下，差压装置用于测量非稳态流量时，直接采用基于质量守恒和能力守恒的流量计算模型，将遗漏第二部分差压，最终造成非稳态流量测量误差。

针对非稳态平均流量的测量，一般可在差压装置前安装大容量的缓冲容器，在 ISO/TR 3313《封闭管道中流体流量的测量流体脉动对流量测量仪器影响的指南》中，介绍差压式流量计测量脉动流量时脉动流阈值、测量误差的影响因素、脉动流量平均值测量不确定度、脉动阻尼器选择方法等内容，给出了气体介质和液体介质下脉动阻尼器选型准则。然而串联缓冲容器仅对脉动流量测量效果较好，但对瞬态变化流量效果不理想。

对于非稳定流动而言，人们更关心瞬时非定常流量的详细信息，如瞬变幅值、脉动幅度、脉动频率和波形等信息，采用串接缓冲容器将导致瞬时动态流量测量中试验结果失真。国内外学者针对差压装置修正方法、新型结构和新型算法进行探索，力求将差压装置应用于瞬时非稳态流量的测量中。

18.2.2 差压装置应用发展情况

差压装置用于在封闭管道中满管单相流体产生差压，并以伯努利方程和流动连续性方程为依据，通过测量差压最终确定流体的流量。差压装置（节流件）包括标准节流件和非标准节流件。标准节流件包括标准孔板、ISA1932 喷嘴、长径喷嘴、文丘里喷嘴、经典文丘里管；非标准截留两件包括锥形入口孔板、1/4 圆孔板、偏心孔板、圆缺孔板、多孔孔板、锥形节流件、楔形节流件等。本节依次阐述差压装置基本理论和非稳态流量测量中节流构造和计算方法方面的探索发展情况。

1. 流量测量基本理论

以不可压缩流体为例，流体流经差压装置时可简化为一维无旋流动，流体运动方程表示为

$$\frac{du}{dt} + u\frac{\partial u}{\partial x} + \frac{1}{\rho}\frac{\partial p}{\partial x} = 0 \tag{18.2.1}$$

差压装置内某截面质量流量表示为式（18.2.2），则式（18.2.1）可进一步表示为式（18.2.3）：

$$q_m = \rho A_x u \tag{18.2.2}$$

$$\frac{\mathrm{d}q_m}{A_x \mathrm{d}t} + q_m \frac{\partial q_m}{\rho A_x^2 \partial x} + \frac{\partial p}{\partial x} = 0 \qquad (18.2.3)$$

以孔板式差压装置为例，如图 18.2.1 所示。设节流件上下游取压孔分别处于截面 I 和截面 II 上，在截面 I 和截面 II 之间沿流线对式（18.2.3）进行积分，可获得：

$$\int_{x_I}^{x_{II}} \frac{1}{A_x} \mathrm{d}xg \frac{\mathrm{d}q_m}{\mathrm{d}t} + \frac{1}{2\rho C^2}\left(\frac{1}{A_{II}^2} - \frac{1}{A_I^2}\right) q_m^2 = \Delta p \qquad (18.2.4)$$

式中　x_I、x_{II}——轴线上截面 I 和截面 II 的位置；

A_x——节流件某轴线位置横截面面积；

A_I——节流件截面 I 处截面积；

A_{II}——节流件截面 II 处截面积；

C——节流件流出系数；

ρ——流体密度；

Δp——截面 I 和 II 之间的差压。

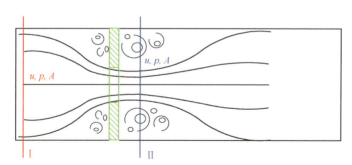

图 18.2.1　差压装置原理示意图

设导数项（惯性项）系数为 k_1，平方项系数为 k_2，则两系数可分别表示为

$$k_1 = \int_{x_I}^{x_{II}} \frac{1}{A_x} \mathrm{d}x = \frac{4L_e}{\pi d^2 C_c} \qquad (18.2.5)$$

$$k_2 = \frac{1}{2\rho C_D^2}\left(\frac{1}{A_{II}^2} - \frac{1}{A_I^2}\right) = \frac{1-\beta^4}{2\rho C_D^2 (\pi d^2/4)^2} \qquad (18.2.6)$$

式中　L_e——有效轴向长度；

d——管道孔径；

C_c——收缩系数；

C_D——流出系数；

β——孔径比；

ρ——流体密度。

式（18.2.4）可简化为

$$k_1 \frac{\mathrm{d}q_m}{\mathrm{d}t} + k_2 q_m^2 = \Delta p \qquad (18.2.7)$$

在稳定流动状态下，流量随时间变化率可忽略，即式（18.2.7）中第一项近似为零，质量流量与差压的关系可简化为

$$q_m = \sqrt{\frac{\Delta p}{k_2}} \qquad (18.2.8)$$

非稳态流动状态下，若直接采用式（18.2.8）计算流量，则会因为遗漏导数项对差压的贡献分量而造成流量计算误差。

2. 差压装置结构改良

为了降低和消除非稳态流动中流量变化率对压差贡献的影响，相关开展了差压装置构造的改良，从而提高测量非稳态流量的准确度。

1）薄刃型

式（18.2.5）中导数项系数称为差压装置液感，该系数与取压孔轴向有效长度成正比，因此减小取压孔之间的几何长度可一定程度上减小导数项系数 k_1，进而提高非稳态流量测量准确度。对于 ISO 5167 和 GB/T 2624 中给定孔板、喷嘴、文丘里喷嘴和经典文丘里管四种标准节流件结构，如图 18.2.2 所示，仅有孔板自身有效长度较小，便于实现薄刃型结构，相关学者开展了薄刃孔式结构的差压装置研制。

薄刃孔指的是孔的长度 L 与孔径 D 之比 $L/D<1/2$ 的孔，经过薄刃小孔的流量可表示为

$$q_m = C_D A_0 \sqrt{\frac{2\Delta p}{\rho}} = k\sqrt{\Delta p} \qquad (18.2.9)$$

式中　A_0——小孔的截面积；

C_D——流量系数；

Δp——薄刃孔的压差；

ρ——流体密度。

薄刃孔瞬态流量测量中，其传递函数可由一个放大环节和一个惯性环节组成，可表示为

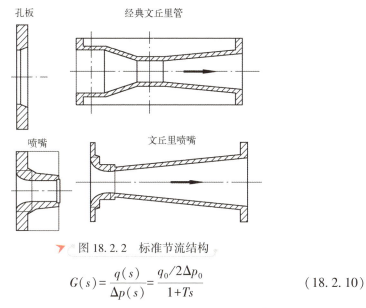

图 18.2.2 标准节流结构

$$G(s) = \frac{q(s)}{\Delta p(s)} = \frac{q_0/2\Delta p_0}{1+Ts} \quad (18.2.10)$$

式中 q_0、Δp_0——稳态流动下流量与差压值，时间常数 $T = \dfrac{k_1 q_0}{2\Delta p_0}$。

相关研究指出薄刃孔具有较高的动态响应特性，时间常数在几十毫秒量级。从式（18.2.9）可知，流量系数对流量测量精度影响较大，由于当流体流过薄刃孔时，将产生射流收缩，造成涡流等现象，同时雷诺数的变化也会造成流量系数变化，实测中流量与流量系数成倒指数关系，即

$$k = a e^{b/q} \quad a>0, b>0 \quad (18.2.11)$$

研究中综合考虑流量系数和压差测量的影响，该类差压装置测量瞬时流量误差可达6%左右。

2）对称型

理论上差压装置的导数项系数是两取压孔之间横截面积倒数的积分，因此可通过改良传统差压装置几何结构，使其具有两段导数项系数相同或相近的节流机构，进而消除弱化导数项的影响，因此对称结构的差压装置应运而生。

如18.2.3所示，差压装置具有对称两段节流结构1-2段和2-3段，且两段节流结构关于取压截面2对称，取压截面1和截面3两处流速为 u_1，截面2处流速为 u_2，则有 $k_{1(1-2)}$ 和 $k_{1(2-3)}$ 相同，在节流结构1-2段和2-3段分别存在压差与流量两关系式：

$$\Delta p_{1-2} = k_{1(1-2)} \frac{dq}{dt} + \frac{\rho}{2}(\sigma^4 - 1)u_1^2 + \frac{\rho}{2}\zeta_1 u_1^2 \qquad (18.2.12)$$

$$\Delta p_{2-3} = k_{1(2-3)} \frac{dq}{dt} - \frac{\rho}{2}(\sigma^4 - 1)u_1^2 + \frac{\rho}{2}\zeta_2 u_1^2 \qquad (18.2.13)$$

联立两个方程，可得流量为

$$q = \pi R^2 \sqrt{\frac{\Delta p_{1-2} - \Delta p_{2-3}}{\rho[(\sigma^4 - 1) + \frac{1}{2}(\zeta_1 - \zeta_2)]}} \qquad (18.2.14)$$

式中　R——截面 1 和截面 3 处管道内径；

　　　σ——截面 1 和截面 2 两处管径比；

　　　ζ_1、ζ_2——节流结构 1-2 段和 2-3 段局部压力系数。

可令 $a = \dfrac{\pi R^2}{\sqrt{\rho[(\sigma^4 - 1) + \frac{1}{2}(\zeta_1 - \zeta_2)]}}$，则式（18.2.14）简化为 $q = a\sqrt{\Delta p_{1-2} - \Delta p_{2-3}}$。

系数 a 与差压装置的结构、介质密度和局部阻力系数相关，可通过稳态流量下校准获得。

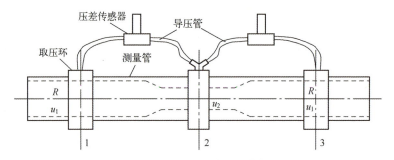

▶ 图 18.2.3　对称节流结构

3. 流量计算方法改进

由式（18.2.7）所示，采用稳态流量公式计算非稳态流量，将因忽略导数项造成较大误差，这是基于伯努利方程和连续方程的计算方法的固有缺陷，必须探索新型的计算方法。

1）压差加权积分算法

差压装置内介质瞬时流量不仅与当前上下游差压有关，而且还与差压变化过程有关，如何获得非定常流动下，瞬时流量与差压及其变化过程的数学关系是算法关键。

相关研究依据差压式流量计与层流流量计模型的相似性,以流体力学中非定常层流理论模型为基础,推导获得差压装置内非定常流动下流量数学模型,式(18.2.15)是差压装置中非稳定流动状态下瞬时流量的数学模型。

$$q(t) = k\sqrt{\int_0^t p(t-\tau)ae^{-a\tau}d\tau} \tag{18.2.15}$$

虽然当前时刻的差压与该时刻前一段时间差压相关,但是距当前时刻越久远,影响越小,可设置适当的积分区间 T_s,则式(18.2.16)可表示为

$$q(t) = k\sqrt{\int_0^{T_s} p(t-\tau)ae^{-a\tau}d\tau} \tag{18.2.16}$$

此模型与稳态流量计算模型不同,对于任一时刻的瞬态流量不仅和该时刻对应的瞬时差压值有关,而且与该时刻之前一段时间内的一系列差压信号都有关系,数值等于对该时刻前的差压时间函数的加权积分值,这是对介质惯性影响的考虑,也是非稳态流量测试计算与稳态流量测试计算的本质区别。

采用离散微分的方法,可将任意差压曲线 $p(t)$ 在时间上分解成若干个小时间段,在每个小时间段内认为差压保持不变,$p(t)$ 可等效为一系列小阶跃函数,如图 18.2.4 所示。设采样时间步长为 Δt,积分区间内包含样本数量为 $n = T_s/\Delta t$,则式(18.2.16)可离散表示为

$$q(t) = k\sqrt{\sum_{i=0}^{n-1} p(t-i\Delta t_i \Delta t)(e^{-ai\Delta t} - e^{-a(i+1)\Delta t})} \tag{18.2.17}$$

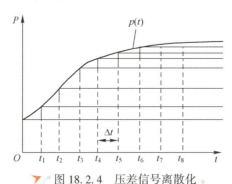

▼ 图 18.2.4 压差信号离散化

2) 双差压测量算法

由于流动的随机性,流量变化率是无法预知的,理论上很难通过对式(18.2.7)进行修正来降低导数项的影响。对于理想流体,其压力传播速度为声速,可认为瞬时流量与管路位置无关,各位置流量变化率也相同,即

流量导数项相同，可分别测量两对截面之间的双路差压，进而消除流量导数项的影响。

在差压装置前后各取两个截面，如图 18.2.5 所示，分别定义为截面Ⅰ、截面Ⅱ、截面Ⅲ和截面Ⅳ。由于截面Ⅰ和截面Ⅱ之间流出系数为 $C_{\text{I-II}}$，对应的导数项系数和平方项系数分别为 $k_{1(\text{I-II})}$ 和 $k_{2(\text{I-II})}$，测得差压为 $\Delta p_{\text{I-II}}$；截面Ⅲ和截面Ⅳ之间流出系数为 $C_{\text{III-IV}}$，对应的导数项系数和平方项系数分别为 $k_{1(\text{III-IV})}$ 和 $k_{2(\text{III-IV})}$，测得压差为 $\Delta p_{\text{III-IV}}$，可分别得到如下两个微分方程式：

$$k_{1(\text{I-II})}\frac{dq_m}{dt}+k_{2(\text{I-II})}q_m^2=\Delta p_{\text{I-II}} \tag{18.2.18}$$

$$k_{1(\text{III-IV})}\frac{dq_m}{dt}+k_{2(\text{III-IV})}q_m^2=\Delta p_{\text{III-IV}} \tag{18.2.19}$$

联立两微分方程，消除导数项，可得到瞬时质量流量和双路压差之间的关系为

$$q_m=\sqrt{\frac{k_{1(\text{III-IV})}\Delta p_{\text{I-II}}-k_{1(\text{I-II})}\Delta p_{\text{III-IV}}}{k_{1(\text{III-IV})}k_{2(\text{I-II})}-k_{1(\text{I-II})}k_{2(\text{III-IV})}}} \tag{18.2.20}$$

若截面Ⅱ和截面Ⅳ重合，式（18.2.20）可表示为下式：

$$q_m=\sqrt{\frac{k_{1(\text{III-II})}\Delta p_{\text{I-II}}-k_{1(\text{I-II})}\Delta p_{\text{III-II}}}{k_{1(\text{III-II})}k_{2(\text{I-II})}-k_{1(\text{I-II})}k_{2(\text{III-II})}}} \tag{18.2.21}$$

由式（18.2.5）可知，导数项系数是两取压孔之间截面积倒数的积分，仅与差压装置几何结构相关，当合理选取两组取压孔位置，使得 $k_{1(\text{I-II})}=k_{1(\text{III-IV})}$，式（18.2.20）可简化为下式：

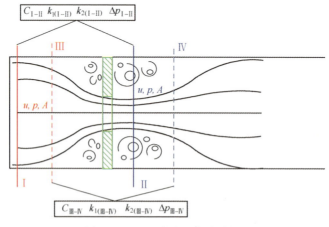

▼ 图 18.2.5 双路差压流量测量原理

$$q_m = \sqrt{\frac{\Delta p_{\text{I-II}} - \Delta p_{\text{III-IV}}}{k_{2(\text{I-II})} - k_{2(\text{III-IV})}}} \qquad (18.2.22)$$

18.2.3 技术发展展望

差压装置是最为传统的流量测量仪器，具有很多优点。首先，其应用最为广泛，至今尚无任何一类流量计可与其相比拟，即可用于脏污、洁净、单相、混相等流体，也可用于常温常压、变温变压等工况，其使用数量一直处于冠军位置；其次，该类装置内无可动部件，结构牢固，性能稳定可靠，使用寿命长；再次，具有多种标准化的节流结构形式可供选择。

差压装置虽在测量稳态流量时具有诸多优势，但其测量非稳态流量时却存在固有缺陷。然而非稳态流动却普遍存在于工业管流中，差压装置的固有缺陷限制了该类装置在非稳态工况的进一步推广和应用。通过节流结构改良和新型计算方法的探索，差压装置测量动态流量的性能有所提高，有望降低或消除因遗漏导数项造成的误差。特别是新型算法的推广，使得在不更换系统内原有差压装置的前提下，提升其在非稳态流量测量的准确度成为可能。差压装置在非稳态流动工况的推广应用，使其古老的生命焕发新的活力。

综上所述，新型节流件形式和非稳态流量计算方法，有望将在稳态流量测量领域广泛使用的差压装置推广至动态流量测量领域，弥补电磁流量计不适用于非导电介质的不足，克服热线流速仪单点测量且十分脆弱的缺点，使得非稳态流量测量手段具有更多的选择性。

参 考 文 献

[1] 陈振瑜，赵庆军，何利民. 水平管段塞流气量瞬变特性试验研究 [J]. 石油大学学报（自然科学版），2005，29（1）：92-97.

[2] 周明正，刘云焰，赵瑞昌，等. 孔板蒸汽流量计非稳定状态测量分析 [J]. 自动化仪表，2015，36（5）：92-95.

[3] 张之栋. 天然气脉动流对孔板流量计测量精度的影响 [J]. 天然气工业，1983，8（4）：65-69.

[4] 董峰，徐苓安，等. 煤气输送管道中脉动流对孔板流量计的影响 [J]. 自动化仪表，1998（5）：3-7.

[5] 田期明，董少鹏. 船用柴油机燃油管路脉动现象对油耗测量影响的试验分析 [J]. 武汉船舶职业技术学院学报，2014，9：13-17.

[6] 刘珠博. 航空发动机试车中燃油流量的瞬态测量 [J]. 航空实验测试技术学术交流会, 2007.

[7] 史春雨. 半物理试验起动阶段低温燃油流量计量技术路径探究 [J]. 航空发动机, 2016, 42 (6): 1-8.

[8] 中国国家标准化管理委员会. 用安装在圆形截面管道中差压装置测量满管流体流量 第 1 部分: 一般原理和要求: GB/T 2624.1-2006 [S]. 北京: 中国标准出版社, 2006.

[9] 中国国家标准化管理委员会. 用安装在圆形截面管道中差压装置测量满管流体流量 第 2 部分: 孔板: GB/T 2624.2-2006 [S]. 北京: 中国标准出版社, 2006.

[10] 中国国家标准化管理委员会. 用安装在圆形截面管道中差压装置测量满管流体流量 第 3 部分: 喷嘴和文丘里喷嘴: GB/T 2624.3-2006 [S]. 北京: 中国标准出版社, 2006.

[11] 中国国家标准化管理委员会. 用安装在圆形截面管道中差压装置测量满管流体流量 第 4 部分: 文丘里管: GB/T 2624.4-2006 [S]. 北京: 中国标准出版社, 2006.

[12] 朱云. 脉动流对差压式流量计测量误差影响的研究 [J]. 仪器仪表学报, 2006, 27 (8): 894-897.

[13] 何军山, 赵玲. 差压流量计测量脉动流综述 [C]. 第十届全国反应堆热工流体力学会议. 北京: 中国核学会核能动力学会反应堆热工流体专业委员会, 2007: 226-230.

[14] ISO/TC30. Measurement of fluid flow in closed conduits: Guidelines on the effects of flow pulsations on flow-measurement: ISO/TR3313-2018 [S]. 2018.

[15] 王洁, 陈先惠. 瞬时流量计的研究 [J]. 机床与液压, 2004, 1: 124-125.

[16] 左志兵. 双压差动态流量计的模型研究 [D]. 秦皇岛: 燕山大学, 2019: 6-60.

[17] 冯俊学. 用于动态流量测量的压差孔板式流量计研究 [D]. 秦皇岛: 燕山大学, 2013: 33-60.

[18] 张永胜, 张毅治, 刘彦军. 差压式流量计测量脉动流量方法研究 [J]. 计量学报, 2020, 41 (4): 430-434.

18.3 压力传感器在流量计标定系统中的典型应用

18.3.1 概述

流量测量技术的应用已渗透到各个工业领域, 对国民经济的发展有着不可忽视的现实意义。流量计是实现流量准确测量的关键器件, 它的计量性能与结构参数、介质特性以及工作环境等都有着密切的联系, 为了充分掌握流量计的性能特性、进一步完善或改进结构参数, 需要通过大量的标定实验来确定流量计的仪表系数、重复性、不确定度和量程范围等性能指标, 而标定实验都是由流量计标定系统完成。

流量计标定系统能够为被标定流量计提供准确、稳定的流量量值，并以实验的方式标定流量计的计量性能。在流量计标定过程中，标定系统运行状态的突然改变，如水泵叶片损坏以及各种调节阀和部件的异常开合等；不稳定因素，如电源电压或频率不稳引起的离心泵转速变化、管路中的水击现象、局部流速的剧烈变化以及气体的侵入等，都会导致标定系统流量管道内产生特定频率的流量波动。流量波动主要为正弦波动，会使标定系统管道内流量量值的准确性和流量稳定性变差，同时可能引起被标定流量计的测量误差，这极大地影响流量计的标定结果以及对流量计性能的评价。

流量波动是与时间相关的函数，一旦形成就会在管道流体中向上游和下游传播，其对流量计影响的严重程度一般取决于波动的幅度和频率。流量波动的频率一般在几分之一赫兹到几百赫兹范围内，工业管道中的流量波动幅度通常可以达到管道内平均流量的百分之几到百分之百甚至更大，而流量标定系统管道内的流量波动幅度相对较小。流量计标定系统管路内的流量波动除了直接影响流量量值的准确性与稳定性外，对流量计测量结果也有直接的影响。当波动频率和幅度都非常小时，由流量波动引起的测量误差不会超过流量计自身不确定度水平。然而，当流量波动频率高、幅值大时，会给除容积式流量计以外的绝大多数流量计带来较大的测量误差。对于超声波流量计，流量波动的影响已远远超出流量计的最大允许误差，在低流量区域，该影响引入的不确定度已超过10%，而且当流量计的采样率低于波动频率时，流量波动引入的测量误差将急剧放大。对于涡轮流量计，当周期流量波动幅度达到3.5%以上时，能够引起0.1%及更大的系统误差，而且随着波动频率的增大，误差将急剧增大。对于涡街流量计，当流量波动幅度达到3%以上时，流量波动误差开始增大。对于孔板流量计，周期流量波动引起的流体惯性效应显著影响了孔板的流量系数，在流量波动情况下测量结果也会受到明显的影响，严重时甚至会使测量数值失真，并且流量波动幅值越大、频率越高，引起的测量误差也越大。

为了确保流量标定系统提供的流量准确并且稳定，需要不断提升标定系统量值准确性和稳定性能力。通过测量标定系统管路内流量波动，并依据流量波动测量结果评估标定系统性能，为标定系统能力提升提供参考。同时，在流量计标定过程中，需要实时监测标定管道内流量波动水平，监测标定系统状态突变，保证流量计标定结果准确可靠。而测量流量波动的任务就需要动态特性较好的流量计完成，相较于其他类型流量计普遍存在的采样频率普遍不足的问题，基于压力传感器的差压流量计具有无可替代的优势。

18.3.2 传感器应用情况

1. 流量计标定系统介绍

流量计标定系统的核心是流量标准装置，它是一套完整的水循环系统，通常由储水箱、水泵、被测流量计、调节阀、旁通、换向器、称重系统等主要设备组成，其简化示意图如图18.3.1所示。

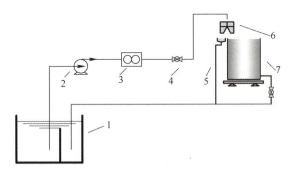

图18.3.1　流量标准装置示意简图

1—储水箱；2—水泵；3—被测流量计；4—调节阀；5—旁通；6—换向器；7—称重系统。

水泵是流量标准装置的动力源，它将液体介质从储液箱泵送至管路系统，液体流经被测流量计至管路出口，液体经换向器最终通过旁通管路或称重容器回流至储液箱。流量标定系统的工作原理为：将被标定流量计安装到标定实验管路中，启动液体循环系统，使液体流经被标定流量计和流量称重系统。在液流通过换向器进入流量称重系统的同时，开始记录流量计示值和测量时间，液流停止进入流量称重系统时，停止流量计和计时器信号的记录。比较流量称重系统和流量计的输出的流量测量值，从而确定被标定流量计的计量性能。

水泵、阀门、换向器以及管道等部件引起的流量波动，可以通过流量计进行测量。对于波动频率较高的流量波动，如果流量计采样频率低于流量波动频率，极易使流量计测量结果产生偏差，严重时会使测量结果失真，因此在流量标定系统运行过程中，应当尽量避免或消除高频波动现象的出现，以保证测量结果的真实可靠。

同时，为了准确测量流量波动，需要选取具有较高采样频率的流量计，而大部分流量计的采样频率普遍不能满足要求。常见的流量计类型中，差压流量计，如孔板流量计、文丘里管流量计及 V 锥流量计，响应速度取决于压力传感器，采样频率可达到很高的水平（数千赫兹或者更高）；速度式流量计，如涡轮流量计、电磁流量计、涡街流量计及超声流量计响应速度及采样率也较高（数十赫兹到几百赫兹）；质量流量计，科里奥利质量流量计响应速度及采样率水平一般（数十赫兹以内）；容积式流量计（腰轮流量计、双转子流量计）和变截面积流量计（浮子流量计）响应速度及采样率较低，已经无法满足流量波动的测量要求。对于以上类型的流量计，差压流量计动态响应特性的好坏主要取决于所配备压力传感器，当选用高频响的压力传感器时，差压流量计能够获得很高的采样频率，可以满足在更宽频段范围内测量及监测标定系统管道内流量波动的要求，这是选用差压流量计测量流量波动的主要原因，也是压力传感器在流量计标定系统中的典型应用之一。

2. 差压流量计原理

差压流量计是流量计中的一大类，是目前使用最多的流量计类型。压差流量计采用介质流体流经节流装置时产生的压力差与流量之间存在一定关系的工作原理进行测量。节流装置是在管道中安装的一个局部收缩元件，最常用的节流装置有孔板、喷嘴和文丘里管等。差压流量计主要由这些节流装置、测量压差的传感器（压力传感器）以及能显示流量的流量计算仪组成。根据选用的节流装置不同，常用的差压流量计分为孔板流量计、文丘里管流量计及 V 锥流量计等类型。

差压流量计工作原理（图 18.3.2）都是基于封闭管道中流体质量守恒（连续性方程）和能量守恒（伯努利方程）两个定律。当流体经过一个节流装置时，由于管道截面积突然变小，收缩截面内流体的流速急速增大，从而增加流体的动能。由于在流体收缩管段内流体能量损失很小，因此可以假设在流体收缩管段流体的总能量是一个常数。根据能量守恒定律，在理想情况

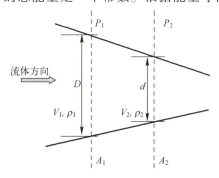

▶ 图 18.3.2　差压流量计原理图

下，流体被加速后部分静压能转变为动能，即流体的静压力会降低一个相应的值，因而产生差压。这两个压力之差与流量间呈一定的函数关系，通过测量差压就可以测得流量。

如图18.3.2所示，在横截面1处，流体的平均流速是V_1，密度是ρ_1，管道的横截面积是A_1。当流体流过横截面2时，相应的平均流速是V_2，密度是ρ_2，管道的横截面积是A_2。根据流体流动连续性原理，有

$$V_1 A_1 \rho_1 = V_2 A_2 \rho_2 \tag{18.3.1}$$

如果流体是液体，可认为流体在流过整个节流装置过程中密度不变，即

$$\rho = \rho_1 = \rho_2 \tag{18.3.2}$$

液体的体积流量为

$$q_v = V_1 A_1 = V_2 A_2 \tag{18.3.3}$$

根据伯努利方程（能量守恒定律），在水平管道上

$$P_1 + \frac{V_1^2 \rho}{2} = P_2 + \frac{V_2^2 \rho}{2} \tag{18.3.4}$$

应用伯努利方程和流动连续性原理，在两个横截面上

$$\Delta P = P_1 - P_2 = \frac{\rho}{2}(V_2^2 - V_1^2) \tag{18.3.5}$$

由式（18.3.3）得

$$V_1 = \frac{A_2}{A_1} V_2 \tag{18.3.6}$$

将式（18.3.6）带入式（18.3.5），可以整理得到

$$\Delta P = P_1 - P_2 = \frac{\rho}{2} V_2^2 \left[1 - \left(\frac{A_2}{A_1}\right)^2\right] = \frac{\rho}{2} V_2^2 \left[1 - \left(\frac{d}{D}\right)^2\right] \tag{18.3.7}$$

根据直径比的定义$\beta = \frac{d}{D}$，由$V_2 = \frac{q_v}{A_2}$可得

$$\Delta P = \frac{\rho}{2} \frac{q_v^2}{A_2^2} (1 - \beta^4) \tag{18.3.8}$$

整理后可以得到

$$q_v = \frac{1}{\sqrt{1-\beta^4}} \frac{\pi}{4} d^2 \sqrt{\frac{2\Delta P}{\rho}} \tag{18.3.9}$$

流体经过节流装置后产生的压力差，主要由压力传感器测量得到。压力

传感器将测量得到的压力差，提供给流量计算机算出流量。压力传感器从制作的结构上，可分为普通型和隔离型。基本上，普通型压力传感器的敏感结构为一个测量膜盒，它直接感受被测介质的压力或差压。隔离型压力传感器的敏感结构感受到的是一种稳定传压液体（一般为硅油）的压力，直接感受被测外部压力的膜片为外膜片，而这种稳定传压液体是被密封在两个外膜片中间。当外膜片上感受压力信号时通过稳定液的传递，将外膜片感受到的压力传递到内部压力敏感结构上，进而测出了外膜片所感受的压力。由于电容式压力传感器在该方面相对成熟，采用电容式敏感结构的差压传感器常常被应用于工业现场的流量测量。

电容式差压传感器采用动态三膜片抗过载结构，可以在很高的静压下测量极低的压力差。在差压传感器工作时，高、低压侧的隔离膜片将过程压力传递给稳定液，接着稳定液将压力传递到传感器中心的敏感膜片上。图 18.3.3 为一种典型的电容式压差传感器的原理结构示意图，图中上下两端的隔离膜片与弹性敏感元件（膜片）之间充满硅油作为稳定液传递压力。弹性敏感元件（膜片）是差动电容变换器的活动极板。差动电容器的固定极板是在石英玻璃上镀有金属的球面极板。膜片在差压的作用下产生位移，使差动电容变换器的电容发生变化。因此通过测量电容变换器的电容（变化量）就可以实现对压力差的测量。

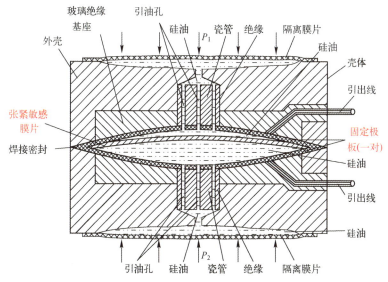

▼ 图 18.3.3　典型的电容式压差传感器原理结构示意图

作为敏感元件的圆平膜片,其周边是固支的。借助于公式(18.3.10),可以给出在压力差 $\Delta P = P_1 - P_2$ 作用下,膜片的法向位移

$$w(r) = \frac{3P}{16EH^3}(1-\mu^3)(R^2-r^2)^2 \qquad (18.3.10)$$

式中:R、H——圆平膜片的半径和厚度;

E、μ——材料的弹性模量和泊松比;

r——圆平膜片的径向坐标值。

借助于式(18.3.11),可以得到在压力差 ΔP 下,作为活动电极的圆平膜片与上面的固定极板之间的电容量,可以描述为

$$C_{up} = \int_0^{R_0} \frac{2\pi\varepsilon r}{\delta_0(r) - w(r)} dr \qquad (18.3.11)$$

式中,$\delta_0(r)$——压力差 ΔP 时,固定极板与活动极板(圆平膜片)间的距离;

R_0——固定极板与活动极板对应的最大有效半径,满足 $R_0 \leq R$;

ε——极板间介质的介电常数。

假设上、下两个固定极板完全对称,活动电极与下面的固定极板之间的电容量可以描述为

$$C_{down} = \int_0^{R_0} \frac{2\pi\varepsilon r}{\delta_0(r) - w(r)} dr \qquad (18.3.12)$$

C_{up} 与 C_{down} 构成了差动电容组合形式。

关于圆平膜片结构参数以及固定极板与活动极板(圆平膜片)间的距离的选择:从测量的角度出发,为提高传感器的灵敏度,应当适当增大单位压力引起的圆平膜片的法向位移值;但为了保证传感器的工作特性的稳定性、重复性和可靠性,应当限制法向位移值。

此外,除了电容式差压传感器常规应用外,对于准确测量流量计标定系统管路中流量波动的需求,还需要对选用压力传感器的动态特性进行分析,并通过敏感结构设计与优化不断提升其动态性能,或者选取动态特性更好的压力传感器完成以上测量任务,使差压流量计能够覆盖更宽频率范围的流量波动测量,更好地监测流量标定系统的运行状态。

3. 应用验证实验

为了实现在更宽频率范围内测量及监测标定系统管道内流量波动,选用文丘里管流量计测量标定系统管道的内流量波动。在流量计标定系统中,水泵将储液箱中的液体泵送至管路系统,为标定系统提供稳定流量。当水泵工作在非理想状态时,输出流量失稳,会在管道内产生特定频率的流量波动。

除此之外，管道阀门非正常摆动也是管道内流量波动产生的主要原因之一。

应用验证实验中，分别模拟产生两个频率的流量波动同时叠加在标定系统管道流量中。两个流量波动分别是由水泵失稳产生和模拟流量波动发生器产生：设定水泵工作在非理想状态，在管道中产生一个 3.9Hz 的流量波动；安装模拟流量波动发生器，采用伺服驱动电动机控制蝶阀摆动，产生 1Hz 的流量波动，模拟阀门非正常摆动引起的流量波动。因此，在整个标定系统管路内存在频率分别为 1Hz 和 3.9Hz 的两个流量波动。

应用验证实验使用文丘里管流量计测量叠加了流量波动的管道流量。对于文丘里管流量计来说，其动态响应特性的好坏主要取决于所配备压力传感器的性能。本实验中，为了提高实际采样率，选用了瑞士 Keller 公司生产的 PD23 型压力传感器，该传感器最高频响可达 5kHz，可以极大地提升差压流量计的采样频率。

同时，在流量计测量的结果信号中，多个频率的流量波动信号往往和流量计自身以及测试系统的噪声叠加在一起。流量计噪声多为白噪声，该类噪声信号具有较大的不确定性。因此，需要将流量计输出信号中的流量信号、流量波动信号和噪声进行有效分离，在消除噪声的同时获取特定频率流量波动信号。实验中文丘里管流量计输出信号由美国 NI 数据采集系统采集，标定系统测量管路连接如图 18.3.4 所示。

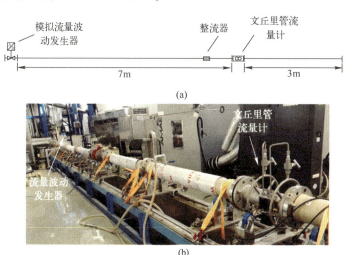

图 18.3.4　水流量标定系统管路图
（a）管路连接示意图；（b）管路连接实物图。

应用验证实验中,流量计实际采样率为5kHz。截取其测试时间为4s的实验数据,如图18.3.5所示。通过获得的实验结果数据可见,使用的文丘里管流量计具有良好的动态性能,但具有明显的噪声信号。模拟产生的1Hz和3.9Hz两个频率的流量波动信号叠加在一起已经难以区分,并且明显的噪声增加了准确获取流量波动幅度的难度。流量计测量结果中的噪声主要来自流量计自身的噪声以及测量管道的振动干扰。流量标定系统管道中的流量波动以及流量计或测量系统的噪声是不确定的,噪声通常被认为是白噪声。要通过流量计准确获取流量波动大小,必须要将流量计输出信号中的噪声滤除,同时将真实反映流量波动大小的信号分离出来。

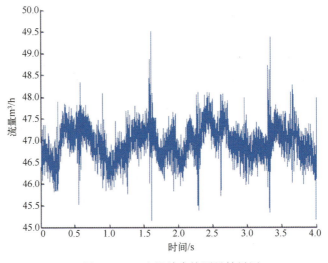

图 18.3.5 流量计直接测量结果图

要消除文丘里管流量计输出信号中噪声,可以尝试常规的噪声处理方法,如窄带滤波或时域平均等方法,但由于流量波动信号幅度较小(甚至小于噪声),以上噪声消除方法无法完全滤除噪声,同时还可能会衰减流量波动信号。除此之外,其他可用的滤波方法,例如中值滤波方法、f–k滤波方法或小波变换,在对流量波动信号去噪方面也存在一些缺陷。中值滤波方法和f–k滤波方法可以在某种程度上消除噪声,但可能会导致主信号损失。基于小波分解的小波变换方法可以消除随机噪声,并最大程度地避免丢失主信号的有用信息,但是对于影响噪声消除效果的小波基的选取很困难。

为了分离流量信号、流量波动信号和噪声,应用验证实验使用了基于奇异值分解（singular value decomposition，SVD）的信号分离方法。该方法可以有效地将噪声与流量波动信号分离，而不会引起流量波动信号本身的能量损失，并且能够从叠加了多个流量波动的信号中提取出特定频率的流量波动信号。奇异值分解可以将带噪声信号矢量空间划分为多个子空间，分别由多个信号和噪声控制，然后通过去除噪声子空间中噪声的矢量分量得到相应的目标信号。SVD 分解方法在将流量计测量结果扩展为多维矩阵的基础上，将采集到的流量计输出信号进行分解，提取出混杂在流量信号中的基础流量信号、流量波动信号和噪声，在消除流量计自身噪声影响的同时，准确获得被测量管路中的流量以及流量波动。

SVD 分解方法属于子空间算法的一种，它将带噪声信号矢量空间分解为分别由不同信号主导的多个空间，不同矢量空间对应这不同的信号。通过选取不同矢量空间的奇异值和矢量，可以恢复出不同的信号。如去除落在噪声空间中的噪声信号矢量后可以恢复去除噪声后的纯信号，从而实现噪声的分离，而分别选取被测流量以及流量波动对应的奇异值和矢量，则可以有效分离出流量计测量结果中的流量波动信号。

假设 S 为带有噪声的测量信号构成的矩阵，且矩阵都为 $n \times m$ 矩阵。对于 S 矩阵，它的秩 $R(S) = r_S < m$，可以对其进行如下 SVD 分解：

$$S = U_x \Sigma_x V_x = (U_{x1}, U_{x2}) \begin{bmatrix} \Sigma_{x1} & 0 \\ 0 & 0 \end{bmatrix} \begin{bmatrix} V_{x1} \\ V_{x2} \end{bmatrix} \quad (18.3.13)$$

式中　　$U_{x1} \in S_{n \times r}$、$U_{x2} \in S_{n \times (n-r)}$、$V_{x1} \in S_{r \times r}$、$V_{x2} \in S_{(n-r) \times m}$——$S$ 的左右奇异矢量；

Σ_x——S 的 r_S 个最大奇异值 $\sigma_k (k = 1, 2, \cdots, r_S)$ 组成的对角矩阵。

将这些奇异值按从大到小的顺序排列，其中奇异值越大，对应的矢量成分包含的原有信号的信息越多，而奇异值越小对应的矢量包含的原有信号的信息越小。这时可以认为较大的奇异值对应的矢量为信号子空间内的信号矢量，而较小的奇异值对应的矢量为噪声子空间内的噪声矢量。将影响较小的奇异值及其对应的矢量删掉之后进行反算，可以得到带噪声信号中的纯信号。而将较大的奇异值及其矢量进行分组，可以获得落在不同空间中的信号。

经过 SVD 分解之后，采用最小二乘方法可以对信号矩阵 S 进行平方误差最小化估计，从而有效地分离出流量计测量结果中的流量信号、流量波动信号和噪声。

$$S' = \sum_{k=1}^{r} \sigma_k U_k V_k^T \qquad (18.3.14)$$

式中 $\sigma_k(k=1,2,\cdots,r,r<r_S)$——删除部分奇异值后的矩阵 **M** 的 r 个最大奇异值$(\sigma_1>\sigma_2>\cdots>\sigma_r)$。

由上述原理可以看出，在 SVD 分解方法中，分离得出的对角阵为奇异值的从大到小排列，越往后的奇异值所包含的信息就越少，可以认为最大奇异值对应的信号为流量信号，最大奇异值之后的奇异值对应的是不同波动源产生的流量波动信号，而较小的奇异值对应噪声。

在叠加有流量波动信号和噪声的流量计输出信号中，信号的组成为

$$y(t) = y_0(t) + y_i(t) + n(t) \qquad (18.3.15)$$

式中 $y(t)$——流量计的输出值；

$y_0(t)$——流量计输出结果中的流量信号；

$y_i(t)$——第 i 个波动源产生的流量波动信号；

$n(t)$——流量计或测量系统产生的噪声；

t——时间。

由于流量计测量结果为一维信号，无法直接通过 SVD 分解的方法将信号进行分解。所以需要对信号数据先进行升维处理，再进行分解。

根据基于 SVD 的波动流量信号分解原理，需要对流量计测量结果进行升维，构建带有噪声的测量信号矩阵 **S**。采用 Hankel 矩阵构造方法，将一维测量结果数据扩展成为多维数据矩阵。对流量计输出 $y(t)$ 进行连续采样，采用下一行数据比上一行数据延续一位的方法，构建的 Hankel 矩阵的数学表示形式如下：

$$S = \begin{bmatrix} y(1) & y(2) & y(3) & \cdots & y(m) \\ y(2) & y(3) & y(4) & \cdots & y(m+1) \\ y(3) & y(4) & y(5) & \cdots & y(m+2) \\ \vdots & \vdots & \vdots & & \vdots \\ y(n) & y(n+1) & y(n+2) & \cdots & y(m+n-1) \end{bmatrix}_{n \times m} \qquad (18.3.16)$$

通过对不同频率和不同数据长度的大量实验发现，n 为流量计输出的数据长度的一半左右时，分离效果最好。通过以上方法构建完矩阵 **S**，对其进行分 SVD 分解并按以上方法对流量计测量结果进行分离，即可分离出被测流量、流量波动等一维信号。

进行验证实验时，流量标定系统的标准流量设置为 $47\text{m}^3/\text{h}$，并且在

标定系统的管道内叠加了两个反映流量计标定系统特定状态的流量波动：①能够反映水泵工作在非理想状态的 3.9Hz 的流量波动；②阀门非正常摆动引起 1Hz 的流量波动。使用文丘里管流量计测量管路内波动流量时，流量计以及测量系统自身噪声同样会叠加到测量结果中，使得模拟产生的 1Hz 和 3.9Hz 两个频率的流量波动信号与噪声叠加在一起已经难以区分，为准确测量两个频率的流量波动幅度以及最终监测标定系统管路内流量状态增加了难度。

运用基于 SVD 的分解方法对文丘里管流量计测得的流量信号进行分离。基于 SVD 的波动流量信号分离原理，首先对采集到的信号进行矩阵重构，对重构后的矩阵进行 SVD 分解，根据奇异值大小排序，并根据奇异值大小进行分组并恢复不同的信号。分离后的结果如图 18.3.6 所示，通过对文丘里管流量计测量结果信号分离处理，可以将噪声消除的同时，准确的获得流量信号以及两个频率的流量波动信号。从图 18.3.6 中可以发现，通过 SVD 分离之后获得的流量波动信号具有非常好的正弦波形，已经可以准确反映流量计标定系统管道内的不同频率流量波动。

基于 SVD 的信号分解方法，分离出来的流量为 $46.96\text{m}^3/\text{h}$，同时分离出幅度分别为 $0.34\text{m}^3/\text{h}$ 和 $0.12\text{m}^3/\text{h}$ 的两个幅度相对较大的流量波动信号，这两个流量波动信号频率分别为 1Hz 和 3.9Hz，与流量标定系统管路中真实存在的水泵失稳和阀门摆动等问题引起的流量波动信号频率一致。同时，根据流量稳定性计算方法，分离获得的两个频率的流量波动相对幅度分别为 0.73% 和 0.25%，这已经无法满足电磁流量计国家计量检定规程中对准确度等级优于或等于 0.5 级的流量计检定时标定系统流量稳定性应优于 0.2% 的规定。

由此可见，配备了动态特性较好的压力传感器的文丘里管差压流量计，可以准确地将流量波动信号检测出来，并且通过奇异值分解方法可以有效分离出混杂在流量信号中的流量信号、流量波动信号和噪声，在消除流量计自身噪声影响的同时，准确获得被测量管路中不同频率的流量波动，并通过分离的波动信号计算流量波动相对幅度，实时测量流量计标定系统管道内的流量波动大小，量化判断流量波动是否满足流量计标定系统量值准确性与稳定性的要求，最终实现对流量计标定系统中管道流量稳定状态的监测。

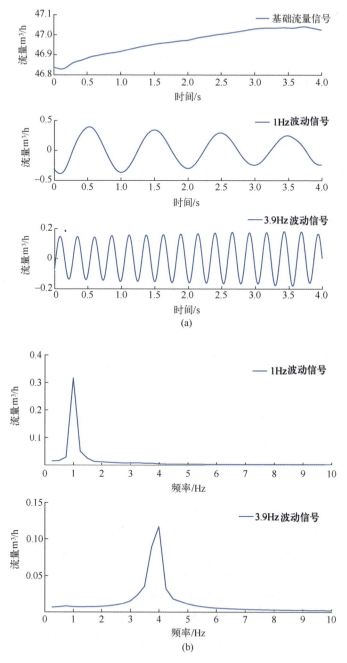

图 18.3.6 流量计流量信号分离结果
(a) 信号分解图；(b) 信号 FFT 图。

18.3.3 技术发展展望

流量计计量性能的优劣，很大程度上依赖于流量计标定系统。流量标定系统能够为被标定流量计提供准确、稳定的流量量值，并以实验的方式标定流量计的计量性能。要保证标定系统管道内流量量值的准确性和稳定性，需要使用多种类型的传感器实时监测系统运行状态，如本应用中对于管道内流量波动的监测需求，这对压力传感器自身性能也有较高的要求。通过应用验证实验发现，由于文丘里管流量计所使用的压力传感器非常容易受到外界因素的影响，如管道振动、电信号干扰等，并且以上干扰不易预防与消除，因此需要不断提升压力传感器敏感动态压力能力的同时，还要增强其抗干扰能力。同时，标定系统测量管道内流体的流场分布情况也需要实时监测。目前，能够实现对管道内流体流场分布实时监测的方法，如多普勒测速法、多路超声测量方法、热速法和PIV图像方法等，都涉及大量不同类型的传感器，而针对流量计标定系统特殊工况条件，这些传感器的适用性、易用性以及成本等问题都有待于进一步解决。

此外，流量计计量性能会受到介质种类、环境温度、介质温度、管内压力、管道振动等过程参量影响。流量计标定实验过程中，以上参量的变化通过影响流量计测量结果，最终反映到流量计的标定结果中，使得流量计标定结果不可靠。因此，需要严格监测标定系统诸如环境温度、管道压力及振动等过程参量的变化情况，这就需要温度传感器、压力传感器以及振动传感器等多种传感器共同工作，以保障流量计标定结果的准确可靠。

综上，要保证流量计标定系统稳定可靠工作以及流量计标定结果准确可靠，需要大量传感器共同工作，实现对标定系统各个参量的准确测量以及管道状态的实时监测。而且，越是高水平的流量标定系统，越是需要多个不同类型的高性能传感器进行保障性测量与监测。

参 考 文 献

[1]《中国计量》编辑部. 流量计量综述［J］. 中国计量, 2006（z1）: 5-9.

[2] 段慧明. 液体流量标准装置和标准表法流量标准装置［M］. 北京: 中国计量出版社, 2004.

[3] Measurement of pulsating fluid flow in a pipe by means of orifice plates, nozzles or venturi tubes: ISO/TR3313［S］. 1992.

[4] 史慧超、康希锐、孟涛. 基于奇异值分解的水流量标准装置状态监测方法研究 [J]. 计量学报, 2020, 194 (11): 48-53.

[5] MENG T, FAN S C, WANG C, et al. Influence analysis of fluctuation parameters on flow stability based on uncertainty method [J]. Review of Scientific Instrument, 2018, 89 (5): 055005-2-055005-8.

[6] BERREBI J, MARTINSSON P E, WILLATZEN M, et al. Ultrasonic flow metering errors due to pulsating flow [J]. Flow Measurement & Instrumentation, 2004, 15 (3): 179-185.

[7] 孟涛, 王池, 邢超. 基于主成分分析的流量装置比对传递标准稳定性研究 [J]. 计量学报, 2019, (05).

[8] TRIP R, KUIK D J, WESTERWEEL J, et al. An experimental study of transitional pulsatile pipe flow [J]. Physics of Fluids, 2012, 24 (1): 58-1.

[9] BERREBI J, DEVENTER J V, DELSING J. Reducing the flow measurement error caused by pulsations in flows [J]. Flow Measurement & Instrumentation, 2004, 15 (5): 311-315.

[10] LOIZOU P C. Speech enhancement: theory and practice [M]. Ny: CRC Press, 2013.

[11] DENDRINOS M, BAKAMIDIS S, CARAYANNIS G. Speech enhancement from noise: a regenerative approach [J]. Speech Communication, 1991, 10 (1): 45-57.

[12] DE MOOR B. The singular value decomposition and long and short spaces of noisy matrices [J]. IEEE Transactions on Signal Processing, 1993, 41 (9): 2826-2838.

[13] 李子华. 基于SVD的周期干净信号快速分解 [J]. 电子设计工程, 2018, 26 (06): 120-123.

第19章

温度传感器的典型应用

19.1 辐照晶体温度传感器在航空发动机涡轮试验测试中的应用

19.1.1 概述

航空发动机是飞机的心脏,在未来高科技战争中,配装先进动力的航空武器装备仍然是夺取制空权、决定战争胜负的决定性因素之一,海湾战争、北约对南联盟的空袭、阿富汗战争及伊拉克战争已经充分证明这一点。其中,高推重比的动力装置是军用飞机获得高性能和敏捷性,在作战效能上跨越新高度的必要保证。

高推重比航空发动机的研制要求持续增加涡轮进口温度,研究表明涡轮进口温度每提高100℃,推重比将提升10%。长期在高温、高压、高负荷、高转速状态下工作,涡轮叶片承受复杂的热负载和结构负载,过高的温度会导致涡轮叶片材料的物理特性发生变化,在蠕变和疲劳交互的作用下材料沿晶界开裂,引起叶片的高温疲劳失效断裂,对发动机的安全运行产生影响,造成严重的后果。为了使叶片在高温状态下能够正常工作,除了提升材料的耐热性能之外,还必须采取有效的热防护措施及复杂的冷却技术。

一方面,通过在叶片的表面上喷涂上一层保护层,该保护层还能够很好的防止涡轮叶片受到腐蚀，延长叶片的使用寿命。但是由于叶片各个部位的涂层厚度并不完全相同，同时由于叶片的结构导致叶片的各个位置受到的高温燃气的冲击效果也有差别，叶片上受燃气腐蚀比较严重的部位的涂层就可能会被烧蚀或者脱落。一旦叶片上某些位置的涂层脱落或者烧蚀、叶片局部温度升高，会导致叶片强度下降、增加断裂概率。据统计对于大功率燃气发动机，涡轮叶片表面温度每超出额定温度28℃，叶片使用寿命相应减小一半。所以应当避免叶片所承受的最高温度超过材料的临界温度。

  另一方面，航空发动机冷却系统在对热端部件进行热防护的同时，对航空发动机的工作性能也带来一定的负面影响，一是采用复杂的冷却结构对制造工艺提出了较高的要求，增加了制造成本，同时增加的绕流装置会增加发动机的重量；二是冷却空气通常都是从压气机中引出的，这部分经过压缩的空气本应进入燃烧室，然后作为主燃气参与全机的热力循环，可是为了冷却需求而被引入发动机的冷却系统，从而失去了做功机会，降低了发动机的热效率和做功能力，据文献显示，当涡轮进口温度超过1763K时，约有35%的压缩空气用于航空发动机热端部件的冷却；三是冷却空气不仅不参与热力循环，而且还在对高温零部件进行热防护过程中从主燃气流中吸收热量，使主燃气流中的热损失加剧，因此使主燃气流的做功能力下降。因此，为了保证发动机的热效率、提高发动机性能，需要避免过冷却设计、达到最优的效果。

  因此，为保证涡轮叶片的最高温度不超过材料的临界温度、进行有效的冷却设计，必须对涡轮叶片表面的最高温度以及最高温度的分布情况进行准确测量。发动机试验中的温度测试数据对设计方案的定型起到决策作用，通过获取准确的温度水平及温度分布，进行叶片结构和材质选取以及冷却设计的优化，将大大提高发动机的研发进程，从而达到提升发动机性能的目的。

19.1.2 传感器应用情况

  常规的温度测试方法主要有热电偶法、红外辐射测温法、示温漆法等，由于涡轮叶片存在高速旋转、发动机环境复杂、狭小空间安装实施困难等一系列不利的测量条件，现有的温度测量方法都难以满足航空发动机涡轮叶片的温度测量需求。辐照晶体温度传感器作为一种先进的最高温度测试手段，在美、俄等发达国家已经得到了广泛的应用。辐照晶体测温方法主要原理是基于晶体辐照缺陷的热回复特性，晶体在辐照后会产生大量缺陷，通过测量经历不同高温后晶体辐照缺陷的回复程度，对照测温标定曲面，可逆向推出晶体所经历的最高温度。该方法不同于常规的测温方法，具有无线无源、体积小、可分布式测温的特点，特别适用于运动旋转部件、封闭/半封闭环境下复杂构件（如发动机涡轮转子叶片、涡轮盘等）表面最高温度场测量。

当晶体材料受到高能中子辐照时将产生一系列的初级离位原子，如果能量很高，在慢化过程中还将引起级联碰撞，此过程既能产生空位和低能量反冲原子，又能引起若干个子级联碰撞，在 $10^{-6} \sim 0.3 ps$ 内原子重新排列后形成稳定的点阵缺陷。高能离位原子诱导缺陷产生的过程主要分为两个阶段：第一阶段是级联碰撞，第二阶段是离位峰。在级联碰撞过程中，具有高能量的初级离位原子可产生二次，三次甚至更高次的反冲原子，该过程持续时间约 $0.1 \sim 0.3 ps$，最终结果是所有反冲原子慢化到能量低于离位阈能，此时碰撞将不能再引起点阵原子离位。级联碰撞的结果是产生大量的反冲原子，在级联碰撞区域内大部分点阵原子都在做剧烈的运动，在 10ps 时间内，随着离位峰的冷却，运动强度逐渐变弱。在初级离位原子出现后的 0.3ps，将出现新的离位峰。级联碰撞的能量将转化成热能，导致级联区中心温度急剧升高，在 $0.3 \sim 3 ps$ 内把离位原子击出周围点阵区域，同时在中心区形成熔化的"液滴"，3ps 后"液滴"冷却到熔点温度以下。这类似于级联中心区域快速再结晶，然后冷却到环境温度。在再结晶过程中，含有大量空位的中心区称为贫原子区。上述两个过程称为离位级联，包括开始阶段的级联碰撞和后期的离位峰相。10ps 以后，离位峰产生的缺陷才与材料内已存的缺陷相互作用，发生缺陷间的复合和聚集，最终导致材料微观结构的演化。

中子辐照除了能导致点缺陷的产生外，还会导致局部微小的区域出现整体的损伤，主要的体缺陷有位错环、空洞和层错四面体。①位错环：辐照产生的间隙原子或者空位可以聚集在一起，形成近似圆形的片，圆片附近的原子面会坍塌下来，坍塌后所形成缺陷的边缘就是刃型位错，这种通过缺陷的聚集和坍塌所形成的面缺陷称为位错环。②空洞：辐照产生的过饱和的空位聚集到一起，如果不是坍塌成位错环，而是逐渐长大，则会形成空洞。空洞并不是圆形的，而是多面体形状的，其表面是由低指数晶面组成。空洞并不是能量最低空位聚集形式，大多数材料在经过大注量中子辐照后都会出现空洞。空洞和层错四面体都是空位的聚集形式，在较高的辐照温度下容易形成空洞，较低的辐照温度下容易形成层错四面体。③层错四面体：层错四面体是由空位型层错环形成的，内部包含着四面体形状的微小的晶体，是面心立方晶体中常见的空位型缺陷聚集体。层错四面体一经形成就非常稳定，只有在很高的温度下才能被消除掉，说明层错四面体的激活能要远大于扩散激活能。通常层错四面体都是由空位型层错环构成的，虽然理论上不排除出现间隙原子层错环构成层错四面体的可能，但实验上尚未观察到。

当含有缺陷的材料被加热到一定温度时，缺陷会迁移，从而将发生缺陷的结构重新排列。这种重新排列可以使缺陷解体和湮灭（如空位和间隙原子的复合）；可以引起空穴、间隙原子等的扩散聚集；可以引起杂质原子往缺陷处扩散或引起缺陷成分的重新组态；可以引起缺陷（主要是位错）之间相互作用。总的效果是，使晶体缺陷消失或部分消失、或者增长、或者出现新的缺陷等。所有这些过程称为退火。

研究晶体缺陷回复阶段的退火时，经常用到的方法是等时退火和等温退火这两种。等时退火是固定退火温度的时间，改变温度。主要用于测定回复阶段的温度范围，求得缺陷稳定的最高温度，进而求得缺陷的移动能、结合能。等温退火是材料被加热到某一个固定的温度，保持不同的时间。在这个过程中，晶体缺陷经历了不同程度的退火。

由于辐照导致晶体内部产生的缺陷可通过热处理的方式消除，缺陷的消除取决于热退火温度和热退火时间，因此辐照导致的各种性能的变化会伴随着热退火过程中缺陷的消失而逐渐回复到未辐照的水平。在回复过程中，缺陷的总浓度 n 会随着退火温度的升高不断降低，浓度随时间的变化可表示为

$$-\frac{\mathrm{d}n}{\mathrm{d}t} = Kf(n) \tag{19.1.1}$$

式中　K——温度的函数，可表示为

$$K = K_0 \cdot \exp(-U/kT) \tag{19.1.2}$$

式中　U——激活能；
　　　K_0——常数；
　　　T——温度；
　　　k——波尔兹曼常数。

$f(n)$ 是缺陷浓度 n 的函数，例如

$$f(n) = n^r \tag{19.1.3}$$

式中，r 为反应级数，由缺陷在回复过程中具体的消失情况所决定，反应级数 r 和激活能 U 可以利用不同温度下的等温退火曲线来确定，为了了解整个回复过程的全貌还可以利用等时退火的方法获得等时回复曲线。等温退火和等时回复研究方式相结合，可以获取 SiC 晶体的缺陷回复规律。

辐照晶体温度传感器的主要流程如图 19.1.1 所示，在加热试验前设计合理的测点布局方案，通过高温胶表面粘贴或打孔的方式将晶体温度传感器安装在被测构件表面；随被测构件经历高温后，将晶体温度传感器提取出来，利用 X 射线衍射检测等表征方法读取晶体温度敏感参数，并与事先标定好的

测温标定曲面进行对照，可获取被测点经历的最高温度。该方法可打破传统传感器引线、无线等传输方案的局限性，测温过程中无需信号传输，测温后进行温度读取，可有效解决旋转部件信号数据的传输与引出问题。

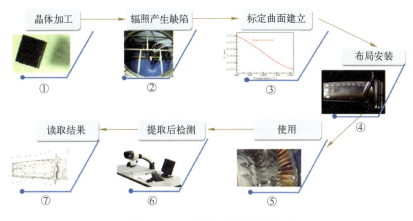

图 19.1.1　辐照晶体使用流程图

最早利用晶体辐照特性进行温度测量的是位于俄罗斯莫斯科的 Kurchatov 原子能机构，并于 2003 年正式以会议论文形式公开发表论文 *Irradiated Cubic Single Crystal SiC as a High Temperature Sensor* 形式发表。该方法使用 3C-SiC 晶体，X 光衍射测定的是晶面间距（d 参数）。辐照缺陷会引起 SiC 晶体晶面间距变大，经过热处理后，随着缺陷的消除，晶格间距会逐渐回复到未辐照的数值，以此建立起来的晶格膨胀率和退火温度之间的函数关系，如图 19.1.2 所示，并开发出最高温度晶体传感器（maximum temperature crystal sensors, MTCS）。它无需安装导线，可直接置于待测部件表面，实现特殊场合的测温，所达到的技术性能指标如表 19.1.1 所列。

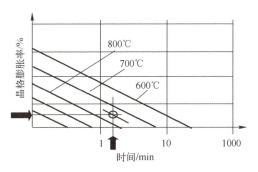

图 19.1.2　晶格膨胀随温度变化

表 19.1.1　MTCS 技术性能指标

测量温度范围	100~1400℃
最高测量温度	1450℃
最大温变速率	<200℃/s
测量精度	±15℃
传感器尺寸	0.3~0.5mm
密度	3.21g/cm³
化学稳定性	稳定
导线/连接线	不需要

目前，美国 LG Tech-Link 公司所生产的均匀晶体温度传感器（Uniform Crystal Temperature Sensor，UCTS）为国际上该类产品的最为先进的水平。LG Tech-Link 公司专门从事晶体温度测试技术服务，该公司所生产的产品尺寸为 0.2×0.2×0.38mm³，测试温度范围为 150~1450℃，精度为±3.3℃，密度为 3.21g/cm³，如图 19.1.3 所示。该产品在航空发动机高温测试中得到广泛应用。

图 19.1.3　LG Tech-Link 公司的晶体温度传感器

美国霍尼韦尔公司发动机试验中出现了高压涡轮第 2 级导向器氧化破裂、第 1 级工作叶片叶冠氧化缺损、涂层及金属损失等故障。排故中进行了计算流体力学（CFD）仿真和试验测试分析，将 CFD 的温度分析与采用晶体传感器测温数据进行了对比。在试验中，采用了 350 多个晶体传感器测量叶冠腔不同处、盘、叶片、叶盆、叶背以及缘板上的金属温度。在此次高温燃气吸入导致涡轮故障的排除中，同步开展了 CFD 和晶体传感器测量，晶体测温试验数据进一步证实了分析的置信度，证明 CFD 耦合分析方法是可靠的。同时也验证了通过减少高涡叶冠和外端壁间的轴向间隙达到腔体降温的排故改进措施是可行的。

西门子公司在其研发的系列燃气轮机中，均大量使用了晶体测温技术。

在 GTX100 燃气轮机的一次测温试验中，使用约 2000 个晶体传感器，其中的 3 个叶片上每个安装有 90 个晶体传感器，如图 19.1.4 所示，试验中晶体传感器存活率达 95%。西门子公司根据以上实验数据，绘制了发动机发热区域的三维温度梯度图，对产品进行了改进，减少了超过 25% 的冷却气体、减少了临界部位的热梯度，并改进了热机械疲劳特性等。该公司还开展了晶体测量气流温度的应用。在 GTX100 燃气轮机进行的试验中，第 3 级涡轮的叶片上安装了晶体传感器，测量气流温度的晶体传感器安装在前缘尖端的小陶瓷棒尖部，如图 19.1.5 所示。测得的温度和实际温度之间差异最大仅为 4℃，对转子叶片的气体测温，晶体传感器存活率低于金属测温和叶轮测温，120 个晶体传感器成活率为 80%。

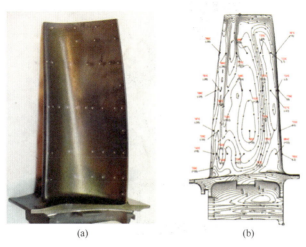

图 19.1.4　晶体温度传感器用于发动机叶片温度测量

图 19.1.5　安装晶体测量气流温度的涡轮叶片

航空工业北控所研制的辐照晶体温度传感器目前测温范围能达到600~1400℃,测温精度满足±15℃,传感器体积0.2×0.2×0.35mm³。

航空工业北控所在实验室的高温炉环境下开展了高温测试试验。利用高温炉分别对15只辐照晶体温度传感器进行高温加热试验,最高温度依次设置为600℃、900℃、1200℃、1400℃、1450℃,每个温度点下放置3只辐照晶体温度传感器进行试验。加热试验中使用Ⅰ级R型热电偶记录整个温升过程的温度变化曲线,同时将热电偶的测温节点与辐照晶体温度传感器尽量放置于同一位置处,保证测温的一致性与准确性。试验过程中的照片如图19.1.6所示。

图19.1.6 在航空工业北控所开展性能测试试验

加热试验后,分别对15只辐照晶体温度传感器的晶格参数进行了X射线衍射检测,再与事先标定好的温度标定曲线进行对比,确定辐照晶体的测量温度。以标准热电偶的测温结果为基准,对辐照晶体温度传感器的测温结果进行分析,辐照晶体温度传感器测温范围覆盖587~1451℃,测温精度为-14~14℃之内。另外航空工业北控所将同一批次的辐照晶体温度传感器用于中国航发某研究所的发动机部件试验器地面试验中,开展了涡轮叶片热疲劳试验,获取了叶片表面的温度分布情况,为发动机叶片材料的选型、叶片结构及冷却结构的设计优化提供了数据支撑。

19.1.3 技术发展展望

由于航空发动机存在着高温、高压、高转速、高负荷、大流量、内部结构复杂等条件，使得在发动机地面测试时对关键参数获取困难，缺乏基础试验数据，影响先进发动机研发进程。晶体测温技术对极端工况复杂构件表面温度测试具有很强实用性，尤其适用于高温旋转部件等难以安装、引线的场合，可解决常规热电偶无法测试的问题，能够解决工程实际问题，未来在航空发动机高温测试、燃气轮机高温测试、火箭发动机高温测试等领域具有广泛应用前景。

该技术主要基于 SiC 晶体点缺陷的高温回复进行温度测试，受点缺陷迁移能限制，目前测温上限为 1450℃。为进一步提升晶体测温技术的测温上限，提高测温精度，需要再丰富缺陷构型，增加缺陷浓度以及精准测量用于判读温度物理量等方面需要做更多工作。同时还应积极开展封装工艺和温场分布仿真研究，使晶体测温技术更加标准化和更具有系统性。

除了涡轮叶片表面温度测试传感器外，在航空发动机地面测试时对涡轮叶片表面热流测量传感器、涡轮叶片表面应变测量传感器、叶尖间隙测量传感器、高温振动测试传感器等均有迫切需求，同时要求传感器向微型化、智能化与网络化、非接触和无侵入、多传感器融合技术等方向发展。以辐照晶体温度传感器为代表的新型测试技术也将成为未来技术发展的重点。

参 考 文 献

[1] 李欣，刘德峰，黄漫国，等. 辐照晶体安装方式对测温影响的数值仿真研究 [J]. 测控技术，2019，38（7）：36-39.

[2] 张志学，薛秀生，阮永丰，等. SiC 晶体测温技术研究 [J]. 中国测试，2017，43（5）：1-4.

[3] 李杨，殷光明. 航空发动机涡轮叶片晶体测温技术研究 [J]，航空发动机，2017，43（3）：83-87.

[4] DEVOE J, THOMAS A, DEVOE R, et al. Gas temperature measurement in engine conditions using uniform crystal temperature sensors (UCTS) [C]//Proceedings of ASME Turbo Expo 2018 Turbomachinery Technical Conference and Exposition, Norway, 2018: 1-9.

[5] VOLINSKY A A. irradiated cubic single crystal SiC as a high temperature sensor [J]. Mater. Res. Soc. Symp. Proc., 2004, (792): 531-536.

[6] VOLINSKY A A, TIMOSHENKO V, NIKOLAENKO V, et al. Irradiated single crystals for high temperature measurements in space applications [J]. Mat. Res. Soc. Solid State Phenomena, 2005: 108-109, 671-676.

[7] ANNERFELDT M. SHUKIN S. BJORKMAN M, et al. GTX 100 turbine section measurement using a temperature sensitivecrystal technique: A comparison with 3D thermal and aerodynamic analysis [J]. PowerGen Europe, Barcelona, 2004.

[8] 郁金南. 材料辐照效应 [M]. 北京: 化学工业出版社, 2007.

[9] 阮永丰, 黄丽, 王鹏飞. 中子辐照6H-SiC晶体的退火特性及缺陷观测 [J]. 硅酸盐学报, 2012, 40 (3): 436-442.

19.2 声学温度传感器在航空制造与试验系统中的应用

19.2.1 概述

作为国际七大基本单位之一，温度测量在日常生活、机械加工、材料合成、生物医学、军事等各个领域都有着广泛的应用。自工业革命以来，温度测量从起初的物体与特定物体之间直接对比温度，到目前建立并更新了国际温标，有了各种丰富的温度测量方式。随着科学技术的进步和实际应用的需要，温度测量向着响应更快、精度更高、鲁棒性更好的方向发展。在复杂环境中的温度测量等各具特点的应用环境下，越来越多的测温方式进入到人们的视野中，并在不同领域发挥着各自的优势。

热电偶（图19.2.1）和热电阻温度传感器，是最为传统的温度测量手段，这两种传感器均利用了热电效应的基本原理，将温度和敏感元件的电学特性联系起来，实现温度的测量。热电偶和热电阻使用简便，应用范围广，常用于工业生产的温度测量环节，但热电偶、热电阻在超高温、强电磁干扰、强辐射的环境中测温能力有限，不能满足某些特定场合的测量需求。

航空工业领域各环节都对温度的准确测量提出了要求，如制造环节的涡轮叶片熔铸炉温度，用于熔铸工艺的控制反馈，试验环节的压气机、燃烧室、涡轮各截面温度，用于发动机性能评价、状态监控等。随航空工业的发展，航空制造与试验水平都有了较大提升，对感应加热熔铸炉、发动机燃烧室等[2]温度测量的要求越来越高，温度传感器经常处于超高温、强电磁、强辐射的特殊环境中，对传统的热电偶、热电阻等接触式测温方法提出了严峻的

▼ 图 19.2.1　热电偶示意图

挑战。在这种情况下，声学测温方法在航空制造与试验系统中逐渐体现出了其特有的优势。

　　声学法测温是 20 世纪 70 年代逐渐发展起来的方法，其基本原理是声波在待测物体传播时，由于温度作用使得声速或幅值发生改变，通过测得声速或幅值的改变情况来反解出声波通过路径的温度。声学法具有温场的还原准确性较高、结构简单、抗烟尘和震动、测温范围广的特点，是探索并发展温度测量的一种重要方法。

　　声学法测温最早的理论始于测量气流温度，早在 1687 年，牛顿就推导出声速和气流温度存在特定的关系，随后在拉普拉斯的修改和订正下，新的声速与气流温度的关系式于 1817 年正式面世。数十年后，声学家 Mayer 据此提出通过声速测量气流介质温度的概念，并做了大量早期实验，最后验证了气流温度的平方根与声速确实存在单一函数关系。1885 年，英国物理学家瑞利发现一种沿物体表面传播的弹性波，亦即声表面波（SAW）。瑞利详细研究了声表面波的物理特性，并用波动数学理论对其进行了证明。至此，声学测温的基础理论已全部被发现，但受限于客观条件，这些实验当时并未引起人们的重视。直到 20 世纪 70 年代左右，人们才逐步认识到声学测温这一方法。到了 20 世纪 90 年代末期，超声检测固体内部损伤和缺陷的方法趋于成熟，学者们在研究中发现固体和液体内部声速和声衰减值也和温度有单值函数关系，并逐渐发展为利用超声波测量物体内部温度或还原温度场的方法。

19.2.2 传感器应用情况

根据传感器是否与被测介质接触，声学测温方法可分为接触式和非接触式两种，下面分别进行介绍。

1. 接触式声学测温

接触式声学测温方法又可分为超声波内部接触式测温方法和声表面波接触式测温方法两类。接触式声学测温方法要求声发射和接收的探头与待测物体接触，必要时还需要在接触处涂抹耦合剂并令接触处的压力恒定使得声波尽量不受到接触边界的干扰。

1）超声波内部接触式测温

目前物体内部的温度测量主要依赖于接触式测温方法，这种方法简单直接，但易破坏原有的结构导致误差。此外，在航空发动机部件、熔铸炉等复杂测温环境中，可采用超声波接触式测温方法实现温度测量。

超声波接触式测温的基本原理是热声耦合，根据热弹性动力学的理论，固体介质中的波速和声衰减主要由物体的弹性率和密度决定。通过测得波速和声幅值衰减的变化则可以反演出物体内部的温度场及变化。在固体和液体中，声波存在横波和纵波两种传播形式。由于横波的质点振动方向沿着声波传播的垂直方向，因此横波只能在固体、液体中传播。又由于超声波具有良好的指向性，且对结构内部产生的影响可忽略不计。故可选择超声波的方式对固体进行测温（图 19.2.2）。超声波声速接触式测温的原理如下：在不考虑边界影响下，声速由密度 ρ、杨氏模量 E 和泊松比决定 v。

$$C_{纵} = \sqrt{\frac{E(1-v)}{\rho(1+v)(1-2v)}} \quad (19.2.1)$$

$$C_{横} = \sqrt{\frac{E}{2\rho(1+v)}} = \sqrt{\frac{G}{\rho}} \quad (19.2.2)$$

式中　G——剪切弹性模量。

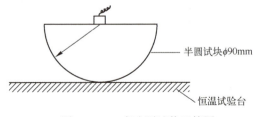

图 19.2.2　声速测试装置简图

一般来说，在固体材料中，弹性模量随着温度的升高而减小，故在大部分材料中，超声波速度都随着温度的升高而降低。例如，在钢结构中，若温度低于500℃，纵波的声速变化率约为 $0.8\mathrm{m/(s \cdot ℃)}$，横波的变化速率约为 $0.4\mathrm{m/(s \cdot ℃)}$。在测得声速之后，便可以根据热传导等式以及超声波的传播路径反演二维甚至三维的温度场重建算法。以二维为例，根据傅里叶定律可以推导出，二维无内热源热传导控制方程为

$$\rho c_p \frac{\partial T}{\partial t} = k\left(\frac{\partial^2 T}{\partial x^2} + \frac{\partial^2 T}{\partial y^2}\right) \tag{19.2.3}$$

式中　ρ——密度；

　　　q——热流密度；

　　　c_p——热容；

　　　k——导热系数。

令声波在介质中传播的时间为声波的飞渡时间 t_{tof}，则声波的路径方程：

$$t_{\mathrm{tof}} = \int_A^B \frac{\sqrt{1+y'^2}}{V(T(x,y))}\mathrm{d}x \tag{19.2.4}$$

式中　A、B——声波的发射点和接受点；

　　　x、y——声波传播的平面坐标系中的坐标。

求解声波路径，即是求解泛函 $t_{\mathrm{tof}}(y)$ 关于函数 $y(x)$ 取极值的问题，再将热传导的控制方程带入其中，便可以反演出二维温度场。同理，用该方法也可以还原三维温度场的温度分布，从而实现对体积较大的航空部件及加工过程中被测物体的整体温度场还原。而当超声波作用于液体时，仍旧满足相关的方程。若以水为传播介质，则超声波波速可表达为

$$C_{S,T,p} = C_{0,0,0} + \Delta C_T + \Delta C_S + \Delta C_p + \Delta C_{S,T,p} \tag{19.2.5}$$

式中　S——超声波传播的路径距离；

　　　T——温度；

　　　p——水下压力；

右边格式均为与 S、T、p 相关的系数。

通过对液体介质中超声波波速的测量，可以实现对诸如航空燃油、单晶熔体等流体物质的温度测量及监测。

除了声速之外，声衰减的幅值也与温度有一定的关系。Darbari 认为：在高温下，超声波衰减变化的主要因素取决于纵波声速的-4 次方，可以写成

$$\alpha = NV_L^{-4} = N\rho^2 E^{-2} \tag{19.2.6}$$

式中　α——衰减系数；

　　　N——"归一化因数"。

实际上，即使在不考虑温度时，超声波的衰减系数也受到频率、波长、晶粒度、各项异性等因素的影响，使得衰减系数的确定尤为困难。故在使用超声波接触式测温时，声速法的应用更多。目前，声速法接触式测温的平均相对误差为2.09%，属于二维或三维温度场还原中可接受的较小误差水平。

2) 声表面接触式测温

从定义上来说，声表面波（SAW）属于超声波中的一种。在分类时将二者分开的主要依据是接触式测温的测量范围。超声波内部接触式测温反映的是物体内部的温场，声波的路径与入射的角度也有关系。而声表面波是一种能量集中在物体表面传播的弹性波，以其为原理的传感器依靠声速、频率等随着被测物体的温度、压力等变化而变化。声表面波（SAW）温度传感器是一种无源无线传感器，主要工作于50MHz～2.5GHz，由感受温度变化的SAW器件和激励、接受SAW信号的读写器构成。其中SAW器件由压电晶体、叉指换能器、天线以及相应的电路网络构成。使用SAW温度传感器时，将敏感器件放置于物体表面，通过读写器接受控制信号并转换为SAW信号进行温度感知，最终将带有温度信息的SAW信号转换为电磁信号送回。按照芯片器件的功能，SAW温度传感器可分为谐振型结构和延迟线结构。

在介绍两种结构之前，首先要介绍叉指换能器。如图19.2.3所示。

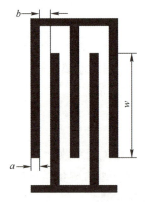

图19.2.3　叉指换能器示意图

叉指换能器由许多金属膜电极组成。这些电极都附在压电材料的衬底上，且相互交叉放置，两端再经过汇流条连接起来。叉指周期 $T = 2a + 2b$，一对相互交叉的电极构成一个电极对，其相互重叠的长度为有效指长，也即是换能器的孔径 W。叉指换能器的中心频率 f_0 和带宽 f_{bw} 为

$$f_0 = \frac{v_0}{\lambda_0} \quad (19.2.7)$$

$$f_{bw} \approx \frac{1}{T} = \frac{2f_0}{N_p} \quad (19.2.8)$$

式中　v_0、λ_0——SAW 的穿透深度和波长，与温度等参数相关；

　　　N_p——电极对的数目。

要实现声表面波温度传感器，最关键的器件就是声表面波谐振器。声表面波谐振器的实现主要有谐振型结构和延迟线结构两种类型，即 SAW 温度传感器的两种类型。谐振型结构如图 19.2.4（a）所示，压电晶体的换能器左右各有一个声学谐振腔，中间的叉指换能器进行电—声—电的互相转换。当温度变化时，SAW 传播速度变化，进而引起谐振腔的频率改变。波形在谐振腔来回传播进行叠加，当外部信号激励与中心频率相等时，谐振腔产生谐振驻波。通过测量谐振腔的频率，即可以实现对温度的测量。

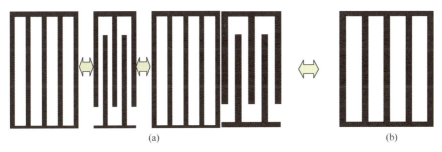

图 19.2.4　谐振型和延迟线声表面波谐振器

延迟线结构如图 19.2.4（b）所示，叉指换能器在接收到激励信号后发射 SAW，SAW 在传播一定距离后经反射栅条依次返回，最后转换回电信号从天线射出。这种结构的 SAW 温度传感器是通过检测接收信号的时间或相位来实现温度的测量。

目前，SAW 温度传感器以谐振型结构居多，这种方式的传感器较延迟线结构具有温度灵敏性高、可靠性好、无线传输距离远的优点；而延迟线结构在灵活方便地测量多物理量数据方面有不可忽略的优势。无论是哪种 SAW 温度传感器结构，都具有无源无线、多点测量、灵敏度高、可靠性好、小巧轻便、易于生产的特点，在航空工业领域的多参数测量方面具有优势。SAW 温

度传感器传输距离最长可达到3m，测温范围最广能覆盖1200℃的范围，误差最小可达±0.35℃，在测温方面具有巨大潜力和应用价值。

2. 非接触式声学测温

非接触式声学测温是近50年来逐渐发展起来的测温方法，它具有测温范围广、精度高、速度快、可靠性较好的特点。由于非接触式声学测温的介质主要是气流，因此声波的类型仅限于纵波。按照测温原理的分类，非接触式声学测温可以分为声速法和声共鸣法。其中，声速法测温主要应用对象是气流的温度测量，声共鸣法测温主要是计量热力学常数的玻耳兹曼常数。

1) 声速法非接触式测温

1983年，美国的S. F. Green和A. U. Woodham根据前人理论提出并探讨了声学测温的可能性，最终采用声波飞渡时间反演温度的算法还原了锅炉炉膛的温场，也标志着声学测温技术的正式诞生。后来，内华达大学使用声学温度传感器测量了罗·罗发动机的燃烧室出口温度场分布。

声速法测温的原理是根据一维微元运动公式推导出来的：

$$c = \sqrt{\frac{\gamma RT}{M}} = Z\sqrt{T} \tag{19.2.9}$$

式中　c——温场中的声速；

　　　γ——一个常数，表示被测介质的绝热状态指数；

　　　R、M——摩尔气体常数和气体摩尔质量；

　　　T——热力学温度；

　　　Z——常数，若被测介质是空气，则一般值取为20.05。

从式（19.2.9）中可以看出，声速c和温度T在理想情况下是单值对应关系。亦即，当声波路径确定时，测得声波的飞渡时间就相当于测得了这段路径的平均声速，即可得到该路径上的平均温度。若有多条声波路径已知时，便可利用式（19.2.10）的Radon变换实现二维平面的温度场还原。这也是声学CT的基本原理。

$$\int f(x)\,\mathrm{d}l = P(L,\theta) \tag{19.2.10}$$

式中　f——欧式空间中的点函数；

　　　$\mathrm{d}l$——路径L的线微分；

　　　θ——微分方向与路径方向的夹角。

由式（19.2.9）和式（19.2.10）的分析可知，当被测介质的浓度和成分稳定时，就可以通过测量声波飞渡时间来还原温度场。一般来说，当设置好声发射和声接受探头后,声波飞渡时间可用互相关法计算得到。目前还发展出希尔伯特变换法以及相关峰插值的方法提高声波飞渡时间测量的精度。希尔伯特变换法即使通过希尔伯特变换求取获取到的声波信号包络。

$$\hat{x}(t) = x(t) * \frac{1}{\pi t} = \frac{1}{\pi}\int_{-\infty}^{+\infty}\frac{x(\tau)}{t-\tau}d\tau \quad (19.2.11)$$

$$y(t) = j\hat{x}(t) + x(t) \quad (19.2.12)$$

式(19.2.11)即是连续时间信号 $x(t)$ 的希尔伯特变换,$y(t)$ 则是 $x(t)$ 的信号包络。

获取包络之后,便可以通过计算机软件简单准确地获取相关函数的最大值分离点,降低温场还原的误差。相关峰插值则是对互相关函数进行抛物线插值的方法,如图 19.2.5 所示。

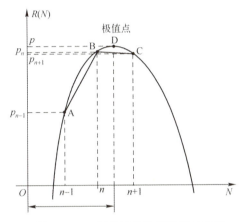

▶ 图 19.2.5　相关峰抛物线插值示意图

设互相关函数在 B 点取得最大值,对应横坐标为 n,令信号的采样频率为 f,则可将 n/f 作为对应的时延估计带入到抛物线方程中。由于当 $dy/dx = 0$ 时,抛物线取得最大值,将此时的横坐标值作为修正之后的飞渡时间值也可以提高时延估计的精度。

除了飞渡时间的获取,温度场的还原算法也与精度有着直接的关系(图 19.2.6)。1986 年,日本的伊藤文夫和坂井正康提出了最小二乘法作为最初的温度场还原算法。

最小二乘法是将整个待测平面划分为若干相同的像素,再根据声速与温度的关系计算出每一个像素的平均温度,最后用插值的方式还原整个温度场。最小二乘法以其简单快速的矩阵运算一直沿用至今。研究人员在温场还原算

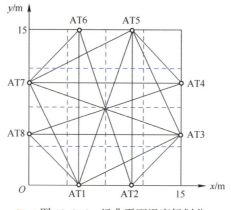

图 19.2.6 经典平面温度场划分

法上还提出了傅里叶正则算法、高斯函数展开法、基于 BP 神经网络的还原方法以及基于径向基函数的奇异值分解方法等。无论是哪种方法，都是通过将温场还原的公式展开，舍去发散项之后再计算获取的。以基于径向基函数的奇异值分解方法为例：

$$\gamma_i(x,y) = \frac{1}{\sqrt{(x-x_i)^2+(y-y_i)^2}+H} \tag{19.2.13}$$

式中　γ——温度场的径向基函数；

　　　(x,y)——待考察点的坐标；

　　　(x_i,y_i)——第 i 个区域的几何中心坐标；

　　　H——该径向基的形状参数。

若将温场划分矩阵 D 通过径向基函数求取广义逆 D^+，此时再用飞渡时间矩阵与其相乘便可以重建温场。基于径向基函数的方法虽然耗时较最小二乘法长，但其精度和收敛性有很大程度的提升，是温场还原算法的重要选择。

目前，在实验室环境下，非接触式声速法测温的误差达到 0.31%；在 1600K 高温风洞的恶劣环境中，测温误差可达 3%。

2）声共鸣法非接触式测温

自 2018 国际计量大会正式通过新的基本单位定义之后，热力学温度的计量就从传统的依赖于实物转变为测量平衡态系统的状态参数。对于温度而言，这个参数就是玻耳兹曼常数 k_B。在实践中，人们发现之前的国际温标 T_{90} 与以 k_B 为定义的温标 T 存在误差，且随着 T 的增大而增大，故需要采用新的方法对 T_{90} 进行修正。其中气体声学温度计具有最广的温度适用范围和最小的不确定度,其测量热力学温度的随机偏差已达到 $5×10^{-6}$ 水平。气体声学温度计目前有两种主流方法,一种是(准)圆球共鸣法,一种是圆柱共鸣法。(准)圆球共鸣法具有较高的能量品质因数与较小的边界层效应,国际上多采用此方法,但是加工要求非常高;圆柱共鸣法的结构比较稳定,加工制作的难度也相对较低(图 19.2.7)。由于是相对独立的方法,可避免由于单一方法产生的系统误差,在直接测量热力学温度方面更具前景,但能量品质因数较低,需要更多的研究。气体声学温度计的基本原理如式(19.2.14)所示:

$$c^2 = \left(\frac{\partial P}{\partial \rho}\right)_s = \frac{\gamma_0 k_B N_A T}{M} \qquad (19.2.14)$$

式中 γ_0——单原子气体比热比;

N_A——阿伏伽德罗常数;

M——气体摩尔质量。

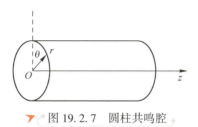

图 19.2.7 圆柱共鸣腔

由式(19.2.14)分析可知,要得到玻耳兹曼常数,需准确地测得声速。在获得了声速之后,便可确定待测的热力学温度。

$$T = T_{tpw} \frac{u_0^2(T)}{u_0^2(T_{tpw})} \qquad (19.2.15)$$

式中 T——待测热力学温度;

T_{tpw}——水的三相点温度。

气体声学温度计应用声共鸣的方法,通过测量声学共振频率及微波谐振频率,获得气相声速后,采用声学温度计相对法获得热力学温度。而测量声速的主要方法包括定程法与变程法。变程法的主要原理是在共鸣腔内部安装 2 块平行板,在平板上分别安装声信号的发射和接收装置。测量时,声接收装置接收移动的声发射装置的声信号,根据变程引起的变化进行反演运算。定程法则是根据已知尺寸的腔体内干涉波信号确定气相声速。定程法由于消除了变程法中的平板位移误差而具有更高的精度，是当前的常用方法之一。

声发射和声接收装置一般采用电容式传声器，近些年来还有压电陶瓷式和端盖薄膜的方法。以定程式圆柱共鸣腔为例，如图 19.2.7 所示，圆柱长为 L，其声波轴非缔合理想共振频率 f_0 为

$$f_0 = \frac{cl}{2L} \quad (19.2.16)$$

式中　c——声速；

l——声波的轴向特征数。

考虑到非理想因素的扰动，实测共振频率 f_N 可以表示为理想共振频率 f_0 的线性叠加，因此共鸣频率表示为复数形式为

$$F_N = f_N + ig_N = f_0 + \sum_{j=1}^{N}(\Delta f_j + i\Delta g_j) \quad (19.2.17)$$

式中　g_N——实测共振频率的半宽；

Δf_j、Δg_j——第 j 个非理想因素对实测共鸣频率及其半宽的扰动效应。

由分析可知，当圆柱形声波导管的半径 a 增大而轴向特征数 l 减小时，有利于声波信号的传输，但此时非理想的扰动也会增大。在确定好圆柱的形状之后，实验发现以压电陶瓷作为声发射装置，电容式传声器作为声接收装置时，其接收信号的信噪比、灵敏度均优于其他的组合方式，能够进一步降低测量热力学温度时的不确定度。

19.2.3　技术发展展望

声学温度传感器发展至今，已经从最开始测量气流的温度实现了扩展。经过数十年的发展，在还原气流温度场的基础上，声学法还发展出了接触式的测温方法以及热力学温度的计量方法，为各种复杂环境下的温度测量提供了新的解决方案。声学法测温不会对原温场产生较大的影响，相互作用带来的测温误差也会变小，温场还原的准确性也较高。此外，声学探头由于简单而小巧的构造，其抗震性能和抗烟尘性能也比较好，并且能够测温的范围广，传感器也更易于布置。目前，除了可应用于航空制造与试验系统之外，非接触式的声学法测温还应用于仓库的失火检测中；接触式的声学法测温则在高压电力设备温度监控、核反应堆内部温度还原、水域平均温度的测量、监控加工过程中的消融反应及超导失导等方面有着广泛应用；在日常生活方面，接触式声学测温也可应用于人体内部温度测量以及水果生鲜运输途中的温度

监测等。声学法测温作为近几十年来的测温方法，出现在生产生活的诸多领域，有着广泛的应用范围。

当然，声学温度传感器也有一些缺陷。根据费马原理，在测量非均匀温度场时，声波路径会因为向着温度高的一侧弯曲。在这种情况下，声波实际传播的路径长度和理论计算的路径长度必然会产生误差，进而对声波的飞渡时间以及温度场的还原造成影响。另外，被测温场内部若是存在多种成分、或是不同成分的占比发生变化后，会影响温场还原的公式。届时，一些参数将成为变量，测到的声波飞渡时间等会和理论上有差距，进而造成温场重建的误差。最后，声学温度传感器的敏感元件直接暴露在外进行开放式测温，不进行单独的屏蔽和封装。开放式的测量方法使得声学温度传感器的安装简单，也使得声波探头更容易受到现场环境噪声的影响。如果环境噪声过大，声波飞渡时间或声衰减甚至可能无法测量。因此需要用一定的先验条件进行滤波或者采用更为准确的解耦温场算法才能提高声学法测温的稳定性和准确度。

总而言之，声学温度传感器是一种具有良好前景的测温方式。在解决种种问题后，声学温度传感器的在航空制造与试验系统中的应用将更加广泛。

参 考 文 献

[1] 赵俭，杨永军. 气流温度测量技术 [M]. 北京：中国标准出版社，2017，5（1）.
[2] 许琳，王高，吕国义，等. 超声测温技术在模拟航空发动机燃烧室温度测量中的应用 [J]. 测试技术学报，2019，33（2）：178-184.
[3] 刘岩，刘石，雷兢. 基于声波衰减的空间气流浓度分布重建 [J]. 仪器仪表学报，2014，35（1）：125-131.
[4] GREEN S F. An acoustic technique for rapid temperature distribution measurement [J]. J Acoust Soc，1985，1（2）：759-763.
[5] 韦江波，滕学志，王俊石，等. 声表面波无源无线温度传感器产品研究进展 [J]. 电子测量技术，2014，37（10）：95-99.
[6] 石友安，魏东，曾磊，等. 超声固体测温中的二维温度场重建算法研究 [J]. 中国科学：技术科学，2019，49：518-530.
[7] 关卫和，阎长周，陈文虎，等. 高温环境下超声波横波检测技术 [J]. 压力容器，2004，（02）：4-6+26.
[8] YU X J，ZHUANG X B，LI Y L，et al. Real-time observation of range-averaged temperature by high-frequency underwater acoustic thermometry [J]. IEEE Access，2019（7）：

17975-17980.

[9] JIA R, XIONG Q Y, WANG K, et al. The study of three-dimensional temperature filed distribution reconstruction using ultrasonic thermometry [J]. AIP Advanced, 2016 (6), 075007.

[10] 董文秀. 氮化铝声表面波器件及其在温度传感中的应用 [D]. 合肥：中国科学技术大学, 2019.

[11] 邓富成, 赵嫣菁, 张辰, 等. 声表面波温度传感器抗干扰技术研究 [J]. 包装工程, 2018, 39 (19): 98-104.

[12] 左臣蒙. 航空发动机燃烧室温度场的声学测温方法研究 [D]. 沈阳：沈阳航空航天大学, 2018.

[13] 王交峰. 基于声波传感器的航空发动机燃烧室出口温度分布测量研究 [D]. 沈阳：沈阳航空工业学院, 2009.

[14] 吴莉. 基于声波理论的炉膛温度场重建技术研究 [D]. 南京：东南大学, 2015.

[15] 徐成. 基于声学法的电厂燃煤炉温度场重建系统设计与实现 [D]. 南京：东南大学, 2016.

[16] 颜华, 崔柯鑫, 续颖. 基于少量声波飞行时间数据的温度场重建 [J]. 仪器仪表学报, 2010, 31 (2): 470-475.

[17] 陈颖. 双圆柱声学共鸣法测量水三相点附近热力学温度 [D]. 杭州：中国计量大学, 2018.

[18] 陈厚桦, 冯晓娟, 林鸿, 等. 气体声学温度计中声波导管的优化设计研究 [J]. 计量学报, 2019, 40 (01): 1-7.

[19] 高结, 冯晓娟, 林鸿, 等. 声学温度计中声学传感器的对比研究 [J]. 仪表技术与传感器, 2015 (04): 1-3.

[20] 安连锁, 沈国清, 姜根山, 等. 炉内烟气温度声学测量法及其温度场的确定 [J]. 热力发电, 2004 (9): 40-42

[21] OTERO JR R, LOWE K T, NG W F, et al. Coupled velocity and temperature acoustic tomography in heated high subsonic Mach number flows [J]. Measurement Science and Technology, 2019 (30): 105601.

[22] FISCHER J. Progress towards a new definition of the kelvin [J]. Metrologia, 2015 (52): S364-S375.

[23] LEWIS M A, STARUCH R M, CHOPRA R. Thermometry and ablation monitoring with ultrasound [J]. International Journal of Hyperthermia, 2015, 31 (2): 163-181.

[24] MARCHEVSKY M, HERSHKOVITZ E, WANG X R, et al. Quench detection for high-temperature superconductor conductors using acoustic thermometry [J]. IEEE Transactions on Applied Superconductivity, 2018, 28 (4): 4703105.

19.3 热敏电阻在火灾报警器中的典型应用

长期以来，火灾给人类造成了巨大的损失。为了防止火灾的出现和减少火灾带来的损失，一个有效的方法就是及时准确地报警。火灾的形成总是伴随着环境温度的升高，所以对火灾的报警可以通过对环境温度的监测来实现。人们利用这一原理设计了机械式和电子式的温度型火灾报警器。在有些场所，如仓库、宾馆等，不仅要求对火灾能报警，而且温度也不能低于某一值。因此有必要对太低的环境温度也发出报警信号，然后依据具体的要求予以处理。基于这种考虑，本节介绍一种利用热敏电阻温度特性实现的双功能温度报警器。它既可以对火灾引起的高温按特定的方式进行报警，又能对过低的环境温度报警，而且报警的灵敏度（报警温度的上、下限）可以灵活设置。

1. 基本结构与功能

图 19.3.1 给出了双功能报警器感温部分的基本结构示意图，R_1、R_4 为两个热敏电阻，通常选为温度特性一致的电阻。它们用导热胶紧紧地贴于金属壳的内表面。图 19.3.2 为电路部分的原理图。

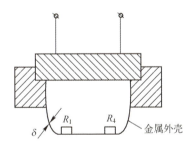

▼ 图 19.3.1 报警器的基本结构示意图

该双功能温度探测器的功能是：在高温区 $T_H = \{t \mid t_{hh} \geq t \geq t_{hl}\}$ 和低温区 $T_L = \{t \mid t_{lh} \geq t \geq t_{ll}\}$ 应准确可靠地发出报警信号，同时应区分出是在高温区还是低温区报警。与温度相关的符号 $t_{ij}(i=h,l;j=h,l)$，第一个下标 i 代表温区（高温区 h 或低温区 l）；第二个下标 j 代表温限（温度上限 h 或温度下限 l）。

2. 基本工作原理分析

对于图 19.3.1 所示的传感器结构，热敏电阻 R_1 和 R_4 感受的温度 t_1 和 t_4 与环境温度的关系可表示为

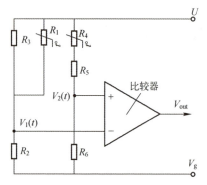

图 19.3.2 报警器的电路原理图

$$t_1 = t_4 = t - \frac{b\delta^2}{2a} \tag{19.3.1}$$

式中　δ——传感器外壳壁厚（m）；

　　　b——环境的温升速率（℃/s）；

　　　a——传感器外壳材料的导温系数（m²/s）。

对于温度报警器采用金属外壳，其导温系数 $a = 7 \times 10^{-6}\ \text{m}^2/\text{s}$，外壳壁厚满足 $\delta \leqslant 1\text{mm}$。因此，对于国标 GB4718—84 中的规定的最大温升速率 $b = 30$℃/min，$b\delta^2/(2a)$ 的最大值不超过 0.05℃，所以在实际应用中，有

$$t_1 = t_4 = t \tag{19.3.2}$$

即可以认为 R_1 和 R_4 感受的温度就是环境温度 t。因此尽管在一些特殊的高温报警情况下实际温升速率 b 较大，但对金属外壳引起的热延迟可以忽略不计。

基于图 19.3.2 所示的报警器的电路，当环境温度不在报警温度范围内时，即 $t \notin T_H Y T_L$，比较器输出一高电平信号，不发出报警信号；而当环境温度在报警范围内时，即 $t \in T_H Y T_L$，出现 $V_1 = V_2$（称为报警条件），使比较器翻转，输出一低电平信号，发出报警信息。同时通过检测报警时 V_1（或 V_2）的值可以识别高、低温区的报警状态，这就是该双功能温度报警器的基本工作原理。

3. 准确的报警条件分析

由图 19.3.2，报警条件为

$$\frac{R_2}{R_6} = \frac{R_1 R_3}{(R_1 + R_3)(R_4 + R_5)} \tag{19.3.3}$$

令

$$\bar{y} = R_2 / R_6 \tag{19.3.4}$$

$$y(t) = \frac{R_1 R_3}{(R_1+R_3)(R_4+R_5)} \qquad (19.3.5)$$

选择 R_1 和 R_4 为温度特性一致的热敏电阻，即

$$\left.\begin{array}{l} R_1 = R_{10} \exp\left[B_0\left(\dfrac{1}{T}-\dfrac{1}{T_0}\right)\right] \\[2mm] R_4 = R_{40} \exp\left[B_0\left(\dfrac{1}{T}-\dfrac{1}{T_0}\right)\right] \end{array}\right\} \qquad (19.3.6)$$

$$T = t + 273 > 0$$

$$T_0 = 298\text{K}$$

显然由式（19.3.5），式（19.3.6）可知：$y(t)$ 关于温度 t 是连续的，在有界的温度范围 $t \in \boldsymbol{T}_\text{H}$，$y(t) \in \boldsymbol{Y}_\text{H} = \{y \mid y_{\text{hmax}} \geqslant y \geqslant y_{\text{hmin}}\}$ 是有界的，y_{hmax} 和 y_{hmin} 分别是 $y(t)$ 在 $t \in \boldsymbol{T}_\text{H}$ 上的最大值和最小值。

同样当 $t \in \boldsymbol{T}_\text{L}$ 时，$y(t) \in \boldsymbol{Y}_\text{L} = \{y \mid y_{\text{lmax}} \geqslant y \geqslant y_{\text{lmin}}\}$ 是有界的，y_{lmax}，y_{lmin} 分别是 $y(t)$ 在 $t \in \boldsymbol{T}_\text{L}$ 上的最大值和最小值。

图 19.3.3 给出了 $\boldsymbol{T} = \boldsymbol{T}_\text{H} Y \boldsymbol{T}_\text{L}$ 到 $\boldsymbol{Y} = \boldsymbol{Y}_\text{H} Y \boldsymbol{Y}_\text{L}$ 的映射关系。

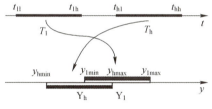

▶ 图 19.3.3　T→Y 的映射

令 $\boldsymbol{T}_0 = \{t \mid t_{\text{hl}} \geqslant t \geqslant t_{\text{lh}}\}$，对于实际应用情况，高温区的低温报警下限温度高于低温区的上限报警温度，即 $t_{\text{hl}} > t_{\text{lh}}$，所以 $\boldsymbol{T}_0$ 非空；令 $\boldsymbol{Y}_0 = \{y \mid y_{0\max} \geqslant y \geqslant y_{0\min}\}$，$y_{0\max}$、$y_{0\min}$ 分别为 $y(t)$ 在 $t \in \boldsymbol{T}_0$ 上的最大值和最小值。

基于上述分析，图 19.3.2 所示的报警器可准确无误地报警的充分必要条件是：对高温区的 $\boldsymbol{Y}_\text{H}$ 和低温区的 $\boldsymbol{Y}_\text{L}$ 有不包含 $\boldsymbol{Y}_0$（可以避免在 $\boldsymbol{T}_0$ 范围误报）的非空公共子集 $\overline{\boldsymbol{Y}} \ni \overline{y}$。这就是设计电路参数的依据。

由式（19.3.5）、式（19.3.6），可得

$$y'(t) = \frac{\mathrm{d}y(t)}{\mathrm{d}t} = \frac{B_0 R_1 R_3 (R_1 R_4 - R_3 R_5)}{T^2 (R_1+R_3)^2 (R_4+R_5)^2} \qquad (19.3.7)$$

显然 $y'(t)$ 只有一个零点 t_n，当 $B_0 > 0$（即 R_1 和 R_2 为负温度系数的热敏电阻），$t \geqslant t_n$ 时，$y'(t) \leqslant 0$，$y(t)$ 单调减，$t \leqslant t_n$ 时，$y'(t) \geqslant 0$，$y(t)$ 单调增；当

$B_0 < 0$ 时上述规律正相反。$y'(t)$ 的零点 t_n 对应着曲线 $y(t)$ 的极值。

基于上述分析，温度点 t_n 应设置于 $t \in T_0$ 的中间较为合适。利用式（19.3.7）有

$$R_1(t_n)R_4(t_n) - R_3R_5 = 0 \qquad (19.3.8)$$

4. 高、低温区报警状态的识别

由图 19.3.2 可知，在温度 t 时，有

$$\begin{cases} V_1(t) = V_g + \dfrac{R_2(U-V_g)}{R_2 + \dfrac{R_1(t) \cdot R_3}{R_1(t)+R_3}} \\ V_2(t) = V_g + \dfrac{R_6(U-V_g)}{R_4(t)+R_5+R_6} \end{cases} \qquad (19.3.9)$$

由式（19.3.6）和式（19.3.9），经推导可知：当 $B_0 > 0$ 时，$V_1(t)$、$V_2(t)$ 均单调增加；$B_0 < 0$ 时，$V_1(t)$、$V_2(t)$ 均单调减小，故 $V_1(t)$、$V_2(t)$ 随温度均单调连续变化。因此，高、低温区报警时 $V_1(t)$、$V_2(t)$ 差值的绝对值的最小值分别为

$$\min|\Delta V_1| = |V_1(t_{hl}) - V_1(t_{lh})| \qquad (19.3.10)$$

$$\min|\Delta V_2| = |V_2(t_{hl}) - V_2(t_{lh})| \qquad (19.3.11)$$

可见只要选择的参数合适时，便能使 $|V_1| \cdot |V_2|$ 的最小值足够大，即在不同温区报警时，V_1（或 V_2）的值显著不同。这表明：在报警时，通过检测 V_1（或 V_2）的值可以识别高、低温区的报警状态，从而采取相应的措施。

5. 误差分析

实用中，普通电阻和热敏电阻的阻值与其标称值有一定偏差，于是式（19.3.4）、式（19.3.5）确定的 $\bar{y}$、y 必然有相应的扰动。下面进行有关的误差分析。

假设一般电阻 R_2、R_3、R_5、R_6 在实用中相对标称值的偏差率为 $\beta_1 \geq 0$，即上述电阻的实际值与标称值的比值在区间 $[1-\beta_1, 1+\beta_1]$ 内，热敏电阻 R_1，R_4 的偏差率为 $\beta_2 \geq 0$，通常 $\beta_2 \geq \beta_1$；根据图 19.3.2 的原理电路，假设 $(U-V_g)$ 的偏差率 $\beta_3 \geq 0$。

由于 $\beta_1 \ll 1$，$\beta_2 \ll 1$。则 $R_1 \sim R_6$ 的扰动值 $\Delta R_1 \sim \Delta R_6$ 均为小量，所以由式（19.3.4）、式（19.3.5）可推得

$$\Delta \bar{y} \approx \bar{y} \left(\dfrac{\Delta R_2}{R_2} - \dfrac{\Delta R_6}{R_6} \right) \qquad (19.3.12)$$

$$\Delta y = y\left[\frac{R_3}{R_1+R_3}\cdot\frac{\Delta R_1}{R_1}+\frac{R_1}{R_1+R_3}\cdot\frac{\Delta R_3}{R_3}-\frac{\Delta R_4+\Delta R_5}{R_4+R_5}\right] \quad (19.3.13)$$

则

$$\left|\frac{\Delta\bar{y}}{\bar{y}}\right|_{\max}=2\beta_1$$

$$\left|\frac{\Delta y}{y}\right|_{\max}\leqslant 2\beta_2$$

这表明，由式（19.3.4）、式（19.3.5）决定的实际值与理论值（由电阻的标称值计算而得）的比值分别在区间 $[1-2\beta_1,1+2\beta_1]$ 和 $[1-2\beta_2,1+2\beta_2]$ 内。因此为了保证可靠地报警，应满足下面联立条件：

$$\begin{cases}\bar{y}_{\min}(1+2\beta_2)\leqslant\bar{y}(1-2\beta_1)\\ \bar{y}(1+2\beta_1)\leqslant\bar{y}_{\max}(1-2\beta_2)\end{cases} \quad (19.3.14)$$

$\bar{y}_{\min}$ 和 $\bar{y}_{\max}$ 分别为 $\boldsymbol{Y}_\mathrm{H}$ 与 $\boldsymbol{Y}_\mathrm{L}$ 公共子集的最小值和最大值。

也就是说，在考虑到上述电阻扰动的情况下，只要满足

$$\bar{y}_{\min}\left(\frac{1+2\beta_2}{1-2\beta_1}\right)\leqslant\bar{y}_{\max}\left(\frac{1-2\beta_2}{1+2\beta_1}\right) \quad (19.3.15)$$

便能可靠报警。

由于 $\beta_3\ll 1$，则由式（19.3.9）可得：在考虑电阻元件和电压扰动的情况下，$V_2(t)$ 的扰动率为 $\beta_1+\beta_2+\beta_3$，即 ΔV_2 的扰动率为 $2(\beta_1+\beta_2+\beta_3)$。这一点是在满足可靠区别高、低温区报警状态时必须考虑的。

6. 设计实例

下面给出一个双功能温度报警器的设计过程，要求低温报警温度 $T_\mathrm{L}=\{t\,|\,8℃\geqslant t\geqslant 0℃\}$，高温报警温度 $\boldsymbol{T}_\mathrm{H}=\{t\,|\,62℃\geqslant t\geqslant 54℃\}$。设计步骤如下：

（1）选择电阻 R_1 和 R_4 为负温度系数的热敏电阻，即

$$R_1=R_4=R_0\exp\left[B_0\left(\frac{1}{T}-\frac{1}{T_0}\right)\right]$$

式中　$R_0=550\mathrm{k}\Omega$；

$B_0=5015\mathrm{K}$；

$T_0=298\mathrm{K}$。

（2）选择 $t_n=28℃$。由式（19.3.6）、式（19.3.8）得

$$R_3R_5=R_0^2\exp\left[2B_0\left(\frac{1}{T}-\frac{1}{T_0}\right)\right]\quad\Rightarrow$$

$$R_3 R_5 = R_0^2 \exp\left[2B_0\left(\frac{1}{273+28}-\frac{1}{298}\right)\right]$$

取 $R_3 = 1.8\text{M}\Omega$，得 $R_5 = 120\text{k}\Omega$。

（3）利用式（19.3.5）计算得

$$Y_H = \{y \mid 0.475 \geqslant y \geqslant 0.398\}$$
$$Y_L = \{y \mid 0.548 \geqslant y \geqslant 0.394\}$$

（4）Y_H 和 Y_L 有非空子集 $\bar{Y} = \{y \mid 0.475 \geqslant y \geqslant 0.398\}$，取 $\bar{y} = 0.43$，利用式（19.3.4），选 $R_2 = 115\text{k}\Omega$，$R_3 = 360\text{k}\Omega$。

（5）若 $\beta_1 = 0.01$，则 β_2 的最大值为 0.034，这时 $\bar{y}$ 应取 0.434。若 $\beta_1 = 0.02$，则 β_2 的最大值为 0.024，这时 $\bar{y}$ 应取 0.435。

（6）利用式（19.3.10）、式（19.3.11）可以计算出

$$\min|\Delta V_1| = V_1(54\text{℃}) - V_1(8\text{℃}) = 0.414(U-V_g)$$
$$\min|\Delta V_2| = V_2(54\text{℃}) - V_2(8\text{℃}) = 0.420(U-V_g)$$

可见，在理想的情况下，对上述所选的参数，高、低温区报警状态很容易识别。

（7）若 $\beta_1 = 0.01$，$\beta_2 = 0.03$，则当 $\beta_3 = 0.01$ 时 ΔV_2 的扰动率为 0.1，即 ΔV_2 最大可减小 10%，应当说不会影响报警状态的识别。

值得指出的四点如下：

（1）上述设计过程中，当第（3）步的 Y_H 和 Y_L 无足够大的公共子集时，应重选 R_3 和 R_5（即返回第（2）步）或 t_n；

（2）当第（6）步计算出的 $\min|\Delta V_1|$ 与 $\min|\Delta V_2|$ 不足够大时，应返回第（4）步重选 R_2 和 R_6 的值；

（3）具体选择参数时，可以采取计算机辅助设计的思想，即在选定热敏电阻 R_1、R_4 后，对 R_2、R_3、R_5、R_6 进行寻优。其指标是 $\bar{Y}$ 尽可能大和 $\min|\Delta V_1|$、$\min|\Delta V_2|$ 尽可能大；

（4）上述误差分析得到的有关结果是非常严格的，实际设计中可以放松一点。

通过上述分析可知，该应用实例很好地发挥了热敏电阻的测温灵敏度高、测温非线性程度大的特点。

第20章
其他传感器的典型应用

20.1 传感器在浮空器系统的应用

20.1.1 概述

浮空器，主要依靠内部充入的轻于空气的气体产生的净浮力实现在某一高度驻空，根据需求挂载各类载荷执行远距离侦查、探测、中级通信、测绘等任务。自20世纪70年代，由号称中国"居里夫人"的中国科学院院士何泽慧先生自德国引入，起初主要以开展X射线等科学观测的高空气球为主。随着囊体材料、能源、飞行控制等相关技术的发展，浮空器潜在的国防军事价值越来越突出，正在被世界列强争先恐后的以多种形式开发和利用，尤其有望在临近空间中实现长期驻空的平流层飞艇更是被定义为未来的战略装备。飞艇主要由气囊、吊舱、发动机、尾翼组成，图20.1.1为典型飞艇的结构示意图。

平流层飞艇运行的平流层环境，高度一般在16~22km之间，大气稀薄，若实现飞艇长期驻空，除了飞艇系统自身的方位、高度、姿态、速度、压力、温度等需要及时掌握外，运行环境的风场风速、气压、温度，尤其是弱风层的高度、风场风速等信息也须时时获取。

其中，浮空器所需的两类重要的压力传感器包括气压高度传感器和压差传感器。

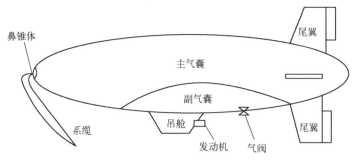

▼ 图 20.1.1　典型飞艇的结构示意图

气压高度传感器用于测量浮空器所在周边环境的大气压强，进一步可以根据大气压强标准模型推算出浮空器所在的高度，在浮空器飞行过程中还可作为计算气囊充气量与排气量的重要参数。

压差传感器用于测量浮空器内部气体与所在周边环境大气的压强差，可以据此判断浮空器气囊形态并保证囊体安全。

浮空器所需的导航定位传感器包括全球卫星导航系统（Global Navigation Satellite System，GNSS）接收机和 3 自由度姿态感知传感器，以及二者相结合的惯导组合系统。

GNSS 接收机通过与卫星通信实现特定坐标系下的位置获取，包括全球定位系统（Global Position System，GPS）、格洛纳斯卫星导航系统（GLONNAS）、伽利略卫星导航系统（GALILEO）以及中国的北斗卫星导航系统（BDS）。通过在浮空器吊舱安装 GNSS 接收机，可以获取浮空器的位置，为航迹飞行、定点悬停、全球环飞等提供导航信息。

3 自由度姿态感知传感器通过惯性器件获取当前姿态、速度以及加速度参数，可为浮空器导航和飞行控制提供重要依据。

浮空器中使用的机械类传感器包括拉力传感器、压力传感器、力矩传感器、转速传感器、应变传感器等。

其他如风速传感器、气体流量传感器、太阳辐射传感器、电信号传感器等也是浮空器系统常用的传感器。

20.1.2　传感器应用情况

浮空器系统中的传感器多应用于飞控系统。浮空器的飞控系统架构如图 20.1.2 所示，飞控系统通常由飞控计算机子系统、传感器子系统、伺服作动子系统组成。传感器子系统获取浮空器自身的高度、位置、姿态以及运行环境的风速风向、气压、温度等信息,并将获取的数据传输到飞控计算机子系统。飞控计算机子系统对传感器获取的数据进行分析处理后向伺服作动子系统发出控制指令。伺服作动子系统接收到控制指令后通过执行机构改变或维持浮空器的运行状态。传感器子系统对浮空器内外环境的感知是浮空器平稳运行的基础保障。典型的传感器子系统通常由气压高度传感器、压差传感器、GNSS 接收机、3 自由度姿态传感器、温度传感器、湿度传感器和风速风向传感器等组成。

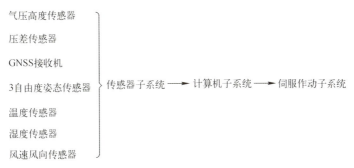

图 20.1.2 浮空器飞控系统架构

1. 风速风向传感器

在浮空器升降、驻留过程中,外部环境的风速风向对于浮空器安全运行至关重要,也是判断浮空器能否安全放飞的重要依据。风速风向多是通过安装在浮空器上的风速风向传感器获取。浮空器通常运行在千米高空,风速风向变化随机性大,风速风向传感器需要对风速风向的变化做出快速反应,传统的机械式传感器很难达到实时准确的要求。另外,风速风向传感器分为二维和三维两种,由于浮空器在空中的运动产生倾斜会造成二维传感器测量结果不准确,因此通常采用三维传感器进行测量。三维超声风速风向传感器具有测量精度高、响应速度快的特点,是浮空器系统中常用的一类风速风向传感器。

1) 工作原理

超声风速风向传感器是利用超声波在顺风和逆风时传播速度不同,通过测量其时间差方法判定风速大小。借助风速风向传感器在空间方向上相互垂直分布的三对探头,通过测定空间的三维风速,再利用矢量合成的方法就可以计算得到风向。

2) 产品和技术指标

目前超声风速风向传感器主流产品包括芬兰维萨拉公司的 WXT510、意大利

Aelta 公司的 HD2003.1、美国 Campbell Scientific 公司的 CSAT3、R. M. YOUNG 公司的 81000 等。其中意大利 Aelta 公司的 HD2003.1 三维风速风向传感器的技术指标如下：

风速输出：

  量程：0～70m/s。

  最小分辨率：0.01m/s。

  测量误差：输出数据的±1%。

风向输出：

  量程：方位 0～360°，俯仰±60°。

  最小分辨率：0.1°。

  测量误差：输出数据的±1%。

HD2003.1 三维风速风向传感器的外形实物如图 20.1.3 所示。

图 20.1.3　HD2003.1 三维风速风向传感器的外形实物图

2. 气压高度传感器

气压高度传感器可为浮空器提供高度信息。在浮空器起飞、着陆和飞行过程中，精确的高度指示是计算气囊排气量和充气量的重要参数，是浮空器安全飞行的重要保障。

气压高度传感器主要包括电容式和压阻式两种，目前主流气压高度传感器多采用压阻式敏感元件，一般利用四个等值的压阻敏感元件构成惠斯通电桥，在感压膜因外力发生形变时，产生与压力近似线性的差模电压输出，实现气压测量。

1) 工作原理

气压高度传感器的测量原理是根据大气压强随高度规律性变化，通过测量浮空器周围大气压强间接测量浮空器高度。世界主要航空国家制定了一种假想的标准大气模型，认为大气的温度、密度、压强和声速随高度按固定的规律变化。

标准的气压高度公式如下：

$$H = \frac{T_b}{\beta}\left[\left(\frac{P_H}{P_b}\right)^{-\beta R/g} - 1\right] + H_b \tag{20.1.1}$$

式中　P_H——高度 H 下的压强；P_a；

P_b——地面高度 H_b 下的压强；P_a；

β——温度垂直变化率，K/m；

T_b——地面高度 H_b 下的温度，K；

g——重力加速度，m/s²；

R——空气专用气体数，m²/(K·s²)。

根据式 (20.1.1) 可得到高度与气压的关系，通过气压高度传感器测得浮空器所处位置的大气压强，即可解算出对应高度。

2) 产品和主要技术指标

目前气压高度传感器典型产品包括 VTI 公司的 SCP1000、飞思卡尔的 MPL115A1、博世的 BMP085 以及美国 MEAS 公司生产的 MS5611。这几款产品广泛应用在气压高度测量中，表 20.1.1 为几款产品的主要技术指标。

表 20.1.1　主流气压传感器技术指标

产品型号	量程/kPa	绝对精度/Pa	工作温度/℃	转换速度/ms	封装尺寸/mm
SCP1000	30~120	±27	−30~85	100~500	Φ6.10×1.7
MPL115A1	50~115	1000	−40~125	0.6	5×3×1.2
BMP085	30~110	100	−40~85	17	5×5×1.2
MS5611	1~120	±150	−40~85	8.22（最大精度时）	4×3×1

3. 压差传感器

浮空器在运行过程中，气囊内外压力随着温度、高度、风速等变化，浮空器外形也会随之发生变化。浮空器外形的保持主要通过调节气囊内外压差，使其外形具有较好的空气动力学特性。气囊内外压差控制的主要思路是通过采集浮空器各部位压差值，与相应各部位给定的压差上下限值比较，由飞控计算机根据被控制对象的状态发出控制指令，控制风机开启或关闭，向气囊充气，压力增大；打开或关闭排气阀，气囊向外排气，压力减小，使气囊内外压差保持在合理范围。

气囊内外压差值是通过布置在气囊上的压差传感器测量获取，压差传感器有两个引压口，用来测量气囊内气体与外界空气的压力差。在实际应用中，根据浮空器使用环境以及技术指标要求选微压差传感器。

1）工作原理

微压差传感器主要有压阻式、电容式以及光纤压差传感器。压阻式微压差传感器是目前应用最为普遍的微压差传感器。压阻式微压差传感器结构如图20.1.4所示。压阻式微压差传感器由硅膜片组成的压阻式芯片作为测压元件，四个相同的半导体扩散电阻构成惠斯通电桥并掺杂与芯片上。膜片的两侧分别为高低压腔，气囊内外的气体通过引压口分别进入高低压腔，如果两腔之间存在压差，膜片发生形变，惠斯通电桥处于不平衡状态，输出与压差正比的线性电压信号。电压输出值 U 与压差 ΔP 的关系：

$$U = U_S \times S \times \Delta P + U_D \qquad (20.1.2)$$

式中　U_S——电桥的电源电压；

　　　S——传感器的灵敏度；

　　　U_D——零点输出电压。

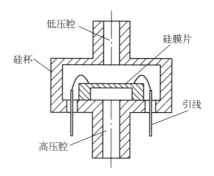

图 20.1.4　压阻式微压差传感器结构图

2）产品和主要技术指标

目前微压差传感器典型产品包括西门子的 QBM3100 系列空气压差传感器、美国西特 setra261C 微压差传感器、霍尼韦尔的 DPTE 系列微压差传感器等。用户可根据环境和所需指标要求选用合适的微压差传感器。浮空器系统中一般所需的主要技术指标如下：

量程：0~3kPa。

准确度：±2Pa。

工作温度：-40~+85℃和-70~+85℃两类。

4. GNSS 接收机

全球卫星导航系统是能在地球表面或近地空间的任何地点为用户提供全天候的三维坐标和速度以及时间信息的空基无线电导航定位系统。现有的 GNSS 包括美国的全球定位系统，俄罗斯的格洛纳斯卫星导航系统（GlONASS），欧洲的伽利略卫星导航系统（GALILEO）和中国的北斗卫星导航系统（BDS）。在浮空器系统中，GNSS 可以定位浮空器的位置信息，为浮空器的飞行、驻留等提供导航服务。

1）工作原理

GNSS 导航系统按照空间划分一般由空间段的卫星、地面段的控制部分和用户接收三部分组成，GNSS 接收机是用户端的核心组成。GNSS 接收机一般由天线、射频前端、基带信号处理和定位解算四部分组成，其中天线可以与射频前端组成整体，定位解算可以在基带信号处理中完成。在浮空器系统中，GNSS 接收机通常安装在吊舱中，通过已知卫星到达接收机的时间获得卫星与接收机之间的伪距信息，经多组信息解出接收机的位置、速度等信息，进而获得浮空器的位置、速度信息。GNSS 通常使用三球定位原理，通过接收机获得与三个导航卫星的距离信息，构建三个球面，三个球面的交点就是接收机的位置点。由于卫星和接收机间无法轻易达到时钟同步因此会增加一组未知的时间差信息，所以需要通过已知四颗卫星信息才能完成定位。

GNSS 接收机由射频前端模块和基带信号处理模块两部分组成。射频前端模块用于接受空间卫星信号经滤波放大、模数转换后输出中频基带信号；基带信号处理模块对下变频后的中频信号进行信号处理包括对卫星信号的捕获、跟踪、定位解算，输出所需的定位信息。

2）产品和主要技术指标

目前国外 GNSS 接收机的主要厂商有 Trimble、Thales、Leica、Topcon、Navcom 等。国内 GNSS 接收机具有代表性的厂商有司南导航、杭州中科微电子、广州泰斗等。在浮空器系统中对于 GNSS 接收机的主要技术指标要求包括：应用范围为全球，定位精度小于1m，工作温度$-40 \sim +85℃$，其中天线的工作温度为$-70 \sim +85℃$。

5. 3 自由度姿态传感器

姿态确定和调节是浮空器飞行控制的重要内容，浮空器的姿态采用偏航角、横滚角和俯仰角表示。在浮空器上升过程中，浮空器需要抬头调整到正的俯仰角姿态保证上升过程中平稳飞行。在浮空器驻留过程中，浮空器的俯仰角接近0°。在浮空器下降过程中，浮空器需要调整到负的俯仰角姿态。当浮空器受气流影响偏离了预定姿态时，飞控系统需要感知姿态变化以此调整浮空器的姿态参数。在整个运行过程中浮空器的偏航角、横滚角和俯仰角信息是通过安装在浮空器上的姿态传感器感知获取。

1) 工作原理

浮空器的姿态可以通过陀螺仪、加速度计和磁强计三种方式进行测量。陀螺仪是姿态测量最直接的方法，利用陀螺仪测量的角速度对时间进行积分获取浮空器的偏航角、横滚角和俯仰角，但是陀螺仪测量角度存在累计误差，无法进行长时间测量。在浮空器静止状态下通过加速度计测量值结合重力分量可以测得俯仰角和横滚角，但是加速度计的测量值无法计算浮空器的航偏角。浮空器一旦受外界振动干扰，由加速度测量值解算的角度也会产生偏差。磁强计通过测量地球磁场来确定浮空器的姿态。处在地球近地空间内任意一点的地球磁场与地理经纬度一一对应，根据地磁场所具有的特征计算浮空器的航偏角。然而磁强计一旦受到外界磁场干扰测量值会出现较大误差。由于单一的传感器无法准确地得到姿态信息，目前市场上主流的姿态传感器多采用陀螺仪、加速度计辅以磁强计的组合，通过数据融合算法获得最佳的姿态信息。

2) 产品和主要技术指标

目前姿态传感器的典型产品包括 InvenSense 公司的 MPU9250、德国 BOSCH 公司的 BMX055、意法半导体的 LSM6DS3TR 等。在浮空器系统中一般对于姿态传感器的主要技术指标要求包括：角度精度优于 0.03°，工作温度 −40~+85℃。

6. 温度传感器

浮空器内外温度的测量对于浮空器的设计和操作非常重要，在升空、驻留和返回过程中受高度的变化、昼夜不同的太阳辐射、地球反照等外部热环境因素的影响，浮空器气囊内外的温度也会随之产生剧烈变化，进而引起"超冷""超热"现象影响浮空器飞行和驻留控制。因此温度测量是保障浮空器正常运行的重要内容。

浮空器温度测量不同于地面设备的一般温度测量，存在以下三个特点：①时间常数长。浮空器所处高度下的温度传感器热响应时间常数会大幅增加，这不利于及时获取浮空器整体温度信息，因此温度传感器需要较小的热响应时间常数。②测温点多，距离远。为了获得足够的升力满足载荷要求，通常浮空器的体积较大，不同位置的温度也不尽相同，因此需要设置足够多的测温点，且需要长距离传输。③温度范围较宽。浮空器系统中温度传感器的量程需要达到-100~+100℃。数字式输出的温度传感器由于 IC 封装的原因，测温范围最低只能到-55℃，因此采用模拟量输出温度传感器。工业常用模拟量输出温度传感器是装配式铂电阻温度传感器，主要由外保护管、延长导线、电阻元件、氧化铝填充物装配而成。薄膜式铂电阻的响应时间远小于其他类型铂电阻，三线制装配式铂电阻适用于长距离传输和测量准确度要求较高的场合，因此三线制的薄膜式铂电阻温度传感器更适用于浮空器的应用场景。三线制薄膜式温度传感器结构如图 20.1.5 所示。

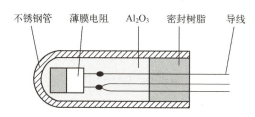

图 20.1.5　三线制薄膜式温度传感器结构图

1）工作原理

薄膜式铂电阻温度传感器是由金属铂以薄膜形式制成的电阻元件，由于金属铂的电阻值会随温度的变化而变化，可以被用于温度传感。在工业上，通常利用 Callendar-van Dusen 方程表示铂电阻阻温关系，在-200~0℃温度范围内，阻温关系表示为

$$R_t = R_0 [1 + AT + BT^2 + CT^3(T-100)] \tag{20.1.3}$$

在 0~630℃温度范围内，阻温关系表示为

$$R_t = R_0 [1 + AT + BT^2] \tag{20.1.4}$$

式中　A、B、C——常系数，由传感器结构和金属铂的性质决定；

T——温度单位为℃；

R_0——铂电阻在参考温度（273.15K）下的阻值。

2）产品和主要技术指标

目前铂电阻温度传感器生产厂商较多，具有代表性的厂商有霍尼韦尔、德国 JUMO 等。在浮空器系统中一般对于铂电阻温度传感器的主要技术指标要求包括：量程-100~+100℃，准确度±0.2℃，响应速度 1s，工作温度-100~+100℃。

7. 湿度传感器

浮空器在升降过程中会经历环境温度急剧变化，充填在气囊内、吊舱内的空气湿度也会随之发生变化，包含在空气中的水汽就可能在浮空器的升降过程中产生结露或凝霜现象，从而在气囊上产生额外的附加质量。气囊内空气中析出的水或凝结的冰晶在气囊内部分布不均匀也会影响浮空器的飞行姿态平衡。气囊内壁出现的冰晶会对气囊材料产生损伤影响气囊的寿命和安全使用。另一方面，浮空器的大量机械电子设备暴露在空气中，这些设备表面出现的结露或凝霜严重影响设备安全使用。因此对于浮空器内部的湿度检测对于浮空平稳运行至关重要。

在浮空器上升过程中，随着外界环境温度的降低，气囊内的空气中的水汽达到饱和状态，即相对湿度为100%。如果温度继续降低，空气中的水汽就会析出结露或凝霜。因此用于浮空器系统的湿度传感器需要是全湿程湿度传感器，即量程为0~100%RH。浮空器升降过程中环境温度变化剧烈，温度范围宽，要求湿度传感器的工作温度在-100~+100℃。

1) 工作原理

在湿度传感器市场中电阻式和电容式湿度传感器占据主要地位。电阻式湿度传感器在湿敏电阻的基片上覆盖一层用感湿材料制成的膜，当空气中的水蒸气吸附在感湿膜上时，元件的电阻率和电阻值都发生变化，利用这一特性即可测量湿度。电容式湿度传感器的湿敏电容一般是用高分子薄膜电容制成的，电容值与外界的湿度值呈线性关系，从而实现湿度测量。图20.1.6为两种常见的电容式湿度传感器结构图。

图 20.1.6　常见电容式湿度传感器结构

2) 产品和主要技术指标

目前湿度传感器生产厂商较多，具有代表性的厂商有霍尼韦尔、西门子、BOSCH等。在浮空器系统中一般对于湿度传感器的主要技术指标要求包括：测量范围0~100%RH，准确度±2%，工作温度-100~+100℃。

20.1.3 技术发展展望

为精确控制浮空器，以实现平流层长期驻空，对部分关键传感器技术要求如下：

气压计：气压计用于测量当前位置的大气压强，在浮空器飞行过程中作为计算气囊充气量与排气量的重要参数，同时也是辅助判断高度的指标。根据浮空器系统飞行高度的常见需求，一般需要气压计具备测量从地面到35km高度气压的能力，即对应的压力量程至少为5~1000hPa，测量误差小于40Pa。

压差计：压差计用于测量气囊内与外界空气的压力差，可以据此判断浮空器气囊形态并保证囊体安全。目前常见的浮空器气囊压差最大不超过2000Pa，因此需要压差计具备2000Pa量程，同时需要测量误差小于1Pa，以便实现对不同气囊的精确压力控制。

导航系统：浮空器系统由安装于吊舱内的导航系统提供定位、定向以及速度和角速度信息，其中对于要求精确控制吊舱姿态的系统，比如搭载通信、雷达、观测等有指向需求的载荷时，要求导航系统有较高的测量精度，一般方位测量精度优于0.1°，俯仰与滚转测量精度优于0.03°。

温度传感器：温度传感器用于测量系统各测温点的温度，一般包括吊舱内外各设备、外界大气、气囊内部等，提升温度测量精度的关键在于通过涂装航天白漆等方式消除阳光辐照和大气辐射影响，测量误差应低于0.5℃。

另外，面对浮空器系统所处临近空间环境，各类敏感器需要对低温低气压环境有较强适应能力，具备足够的稳定性和低漂移性能。

目前，急需可安装于浮空器的测量风场环境的传感器，以便及时掌握空间实际环境的相对弱风层情况，据此调整浮空器高度，从而实现长期稳定驻空。要求此类传感器质量不超过3kg，测量高度±2km。

参 考 文 献

[1] 吴有恒，荣海春. 基于三维超声风速风向仪的高精度数据测量方法 [J]. 西安航空学院学报，2015，33（03）：34-37.

[2] 赵松涛，裴海龙. 小型无人直升机高度测量模块设计 [J]. 自动化与仪表，2014，29（09）：57-61.

[3] 冯慧，黄宛宁，周江华. 基于某低空飞艇的压力控制系统设计方法研究 [C] //中国浮空器大会，2007.

[4] 吴少峰. 磁性液体微压差传感器的理论及实验研究 [D]. 北京：北京交通大学, 2017.

[5] 宁津生, 姚宜斌, 张小红. 全球导航卫星系统发展综述 [J]. 导航定位学报, 2013, 1 (01)：3-8.

[6] 王涛. GPS/BDS 双模接收机 SOC 设计与实现 [D]. 大连：大连海事大学, 2020.

[7] 周国坤. 基于 DSP 的飞艇姿态控制系统的设计与实现 [D]. 淮南：安徽理工大学, 2017.

[8] 王红军. 一种平流层浮空器相变浮力调控装置的初步研究 [D]. 合肥：中国科学院大学, 2021.

[9] 黄宛宁, 才晶晶, 周江华. 平流层飞艇热力学验证温度测量方法研究 [J]. 宇航计测技术, 2013, 33 (06)：36-41.

[10] 文明轩, 李珏, 王成, 等. 高精度温度传感、测量与控制技术综述 [J/OL]. 中山大学学报（自然科学版）：1-10 [2021-03-04].

[11] 阳建华, 何伶荣. 高空飞艇除湿方法研究 [C] //中国航空学会. 探索 创新 交流——第五届中国航空学会青年科技论坛文集（第 5 集）. 北京：中国航空学会, 2012：4.

[12] 丁书聪, 黄宜明, 王晓, 等. 湿度传感元件制备、封装及检测电路设计的研究进展 [J]. 电子与封装, 2021, 21 (01)：28-36.

20.2　多种机械量传感器在液体火箭发动机试验系统中的应用

20.2.1　概述

　　液体火箭发动机研制过程需要进行大量的地面和高空模拟试验。发动机试验是一项技术复杂、耗资巨大的系统工程，是试验发动机设计方案可行性、评定发动机性能指标、验证发动机结构可靠性、检验发动机生产工艺稳定性、全面评价发动机固有质量的主要手段。

　　世界航天大国都十分重视试验装备和关键试验技术的研究，并为此建立了大量的试验设施。美国和俄罗斯在世界上拥有最多、最庞大的液体火箭发动机试验机构和设施。到 21 世纪初为止，美国主要大型综合实验基地有 9 个，每个基地设有多个研究部门和众多试验设施。俄罗斯从事宇航试验的大型科研联合体有 7 个，涉及 77 个试验综合体和 929 个试验台（工位）。国外液体动力试验机构林立，规模大，能力强，试验验证覆盖发动机真实工作全过程。美国斯坦尼斯航天中心或俄罗斯导弹与航天工业科学试验中心一个试验机构的试验设施规模、能力和我国目前液体动力试验单位的试验设施总和相当，而且在基础研究、高空模拟试验、复杂环境试验、边界条件试验与环境污染治理等方面超过我国。

  液体火箭发动机地面试验中需要实时采集大量参数。大型发动机试车成本很高，仅数十方液氢的价格就将近百万元，能否准确、完整、可靠地获得关键参数，关系到试车的成败。由传感器、采集系统、信号调理装置、数据处理系统组成的试验台测控系统在其中扮演了非常重要的角色。总体上，液体火箭发动机试验的趋势是从自动化向智能化发展，且智能试验涉及的三类关键技术（智能传感器、智能分析、故障诊断），与一般领域同类技术的进展大体一致，区别仅在于有关方法、技术的范围略窄，且更强调技术的成熟实用。

  目前智能试验的文献主要集中于健康管理，并从早期（1980年代）的健康管理逐步发展为集成系统健康管理（ISHM）；有关ISHM的研究已经初步形成体系。ISHM以任务过程为中心，基于发动机和试验台的瞬态模型，广泛采用智能传感器和部件，对智能分析和故障诊断技术的未来发展具有重要指导意义。

  美国斯坦尼斯航天中心的故障诊断系统中，可同时利用稳态参数和动态参数进行诊断，阿诺德工程发发展趋势展中心则建立了综合试验信息系统。国内有关机构也在液体火箭发动机地面试验参数特征的基础之上，研究基于模糊综合评判理论和自适应相关向量机理论的液体火箭发动机试验台健康评估故障预测体系模型。

  随着智能化程度的提高和ISHM的发展，传感器的作用愈发重要。火箭发动机试验中常用的传感器包括光纤光栅传感器、快速电磁流量计、复合向心流量计、小惯性液位计、梳状探测器、辐射测量仪等。其中多数传感器要求结构尺寸非常小，并且能够在发动机组件承受的苛刻环境下进行测量，能够承受极低温、极高温、高压、大应力/应变、大振动以及剧烈的温度变化。由于高压推进装置通常为低温推进剂，在启动时，温度会从低温很快升到燃烧温度，因而产生剧烈的温度变化，温度变化范围可能从-100℃以下到1100℃以上，可见液体火箭发动机试验领域对传感器技术要求极其苛刻。

  随着我国航天事业的发展，航天发动机的型号越来越多，发动机试验所需传感器的数量、种类日益增加，对传感器性能的要求也会更加苛刻、更加多样。这一方面对我国传感器技术的发展提出了新的挑战，另一方面也是新的发展机遇。

20.2.2 传感器应用情况

液体火箭发动机地面试验中采集的参数包括缓变参数（稳态推力、压力、流量、转速、温度、位移等）、速变参数（脉动推力、脉动压力、振动等）、暂态参数。按重要性可以分为关键参数和一般参数。

液体火箭发动机试车中，关键参数是指表征发动机主要性能特征（如推力、喷前压力、流量、转速）或决定能否正常开车（如入口压力、入口预冷温度）或传感器出现泄漏将导致紧急关机或试车失败（如泵前水击压力、脉动压力、推力室压力）等一类参数。这些参数是测量的重点，必须确保不出问题、准确、完整的获得。关键参数可分为两种类型，一类是衡量发动机性能的参数（如推力、转速等），这些参数必须准确完整获得，如果丢失或测不准，就无法证明试车是否达到目的。另一类是传感器安装必须牢靠（如入口水击压力、脉动压力等），如果试车中传感器损坏发生泄漏，将导致紧急关机，也无法证明试车成功。一般来说，液体火箭发动机试验测量关键参数的传感器如表20.2.1所列。

表 20.2.1 液体火箭发动机试验测量关键参数的传感器

名 称	被测具体参数
转速传感器	n_w—主涡轮机转速、n_{wu}—游机涡轮转速
流量传感器	G_y—入口氧化剂流量、G_r—入口燃料流量、G_{yu}—游机氧化剂流量、G_{ru}—游机燃料流量
压力传感器	入口压力（P_{oyo}氧化剂入口压力、P_{oro}燃料入口压力）、推力室喷前压力（P_y氧化剂喷前压力）、发生器喷前压力、入口水击压力（P_{oyh}氧化剂水击压力、P_{orh}燃料水击压力）、脉动压力（P_{oyqm}氧化剂入口、P_{orqm}燃料入口）、出口压力、吹除气瓶压力、点火导管后压力、涡轮动静叶间压力、燃料腔真空压力
温度传感器	氧化剂入口温度、涡轮入口出口温度
推力测量系统	推力

关键参数的测量包含两个方面含义，一是可靠获得，二是准确度高。要做到这两点，就要从测量传感器、传输电缆、信号调节器、数据采集系统、参数校准方法等各环节综合考虑，不同的关键参数应采用不同的测量方案。

1. 推力参数测量系统

1）轴向推力稳态测量系统

推力稳态测量系统主要由机械系统和测控系统两部分构成。机械部分包括推力架和校准机构,推力架主要由动架、定架、弹簧片、工作传感器(应变式力传感器)组件、限位组件、预紧力组件和动定架间连接管路等组成;校准机构包括校准力发生器、承力座、校准油缸、标准传感器(应变式力传感器)组件和拉杆等。测控系统包括数据采集系统和自动控制系统,自动控制系统是指自动校准部分。系统组成见图20.2.1。

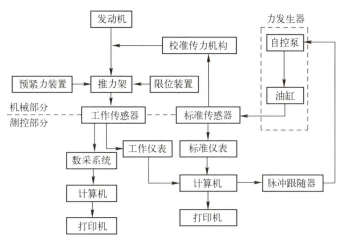

图 20.2.1　轴向推力稳态测量系统组成

图20.2.2为某型号轴向推力稳态测量装置的结构原理。由图可知,发动机试验推力测量装置由定架和动架组成,中间用弹簧片进行弹性连接,工作传感器均安装在动架环上,标准传感器安装在平台的水平横梁校准油缸的上端,发动机安装在动架环上,各种管路与发动机相连。推力校准时,发动机不工作,管路流体处于常温常压状态,通过压力油进入液压缸后推动活塞向上压缩标准传感器。标准传感器顶起换向架,拉动校准拉杆,带动发动机和动架运动,使工作传感器压缩,输出力值。通过标准力与工作传感器的输出比较,可获得系统综合力值传递系数,测量时校准系统不工作,按校准得出的力值关系式计算出实际推力值。发动机工作时,在发动机推力的作用下推动动架,克服弹簧片的弹阻力、动架和定架之间连接管路等产生的附加阻力,将推力直接作用到工作传感器上,由采集系统依据校准时获得的力值传递函数计算出实测推力值。

火箭发动机推力试验装置的机械机构可以简化成图20.2.3所示的力学模型。

图20.2.3中,P_t为工作传感器所测得的力;P_r为火箭发动机推力;P_s

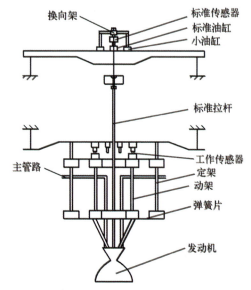

图 20.2.2 轴向稳态推力稳态测量装置的结构原理

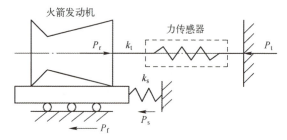

图 20.2.3 火箭发动机推力装置力学模型

为试验台弹性支架作用于发动机上的弹性力;P_f 为火箭发动机非弹性支撑产生的摩擦力;k_t 为测力传感器的刚度;k_s 为弹性支撑的刚度,通常 $k_s \ll k_t$。

由图 20.2.3 可知工作传感器所测得的力应符合下述关系:

$$P_t = P_r - P_f - P_s \qquad (20.2.1)$$

式中:

$$P_s = k_s \times (\Delta X_t + \Delta X_0) \qquad (20.2.2)$$

$$P_t = k_t \times \Delta X_t \qquad (20.2.3)$$

式中 ΔX_t 为测力传感器受力后的弹性变形;ΔX_0 为弹性支撑的预加变形。

于是,火箭发动机推力测量误差:

$$\Delta P = \Delta P_t + P_t - P_r = \Delta P_t - P_f - P_s \qquad (20.2.4)$$

相对误差：

$$\delta P = -\Delta P/P_r \times 100\% = -(\Delta P_t/P_r + P_f/P_r + k_s \times (\Delta X_2 + \Delta X_0)/P_r) \times 100\% \tag{20.2.5}$$

若通过机械结构的调整使 $\Delta X_0 = 0$，则有：

$$\delta P = (\Delta P_t/P_r - P_f/P_r - k_s \times \Delta X_2/P_r) \times 100\% \approx \\ \delta P_{t,FS} - (P_f/P_r + k_s/k_2) \times 100\% \tag{20.2.6}$$

可见测量误差不仅包含传感器的误差（当实际推力与量程接近时采用满量程误差），还需要考虑装置的结构因素，包括摩擦力和弹性支撑与测力传感器的刚度比。

2）其他推力测量系统

除轴向推力稳态测量系统外，试验系统中涉及推力测量的部分还包括测量轴向推力动态测量系统、推力矢量测量系统、推力偏心测量系统。

轴向推力动态测量系统组成如图 20.2.4，主要包括：①机械系统，推力架部分动架、基座、推进剂管路、水冷隔热、减震垫、压电式力传感器等；②校准机构中动态校验部分，主要包括电磁激振器、连杆、标准压电式力传感器功率和顶杆等；③测控部分，主要由动态校验有信号发生器、功率放大器、电源、高速采集卡和计算机等组成。

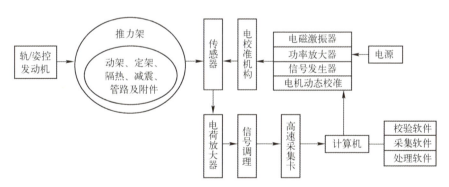

图 20.2.4 轴向推力动态测量系统组成

可见，由于涉及动态力的测量，所用传感器往往属于电荷型输出。

3）推力测量系统工作原理

推力参数测量系统的工作原理。测量前，启动校准程序，在测控系统的控制下，执行机构（液压或电磁）产生标准力，经过标准力传感器作用到测力板上，其力的传递途径为执行器→标准力传感器→测力板，从而获得系统综合力值传递系数，如图20.2.5所示。在测量过程中，推力架的三向力工作传感器（测力板）输出信号经适配器输入采集器，计算机系统根据数学模型通过采集软件对这些数据进行采集、处理，并对要实时监测的温度、压力、流量等参数进行计算和显示。在试验后，再次对系统进行现场在线校准，以考察试验前后系统的状态一致性。试验结束后启动数据处理专用软件，按要求对数据进行处理。

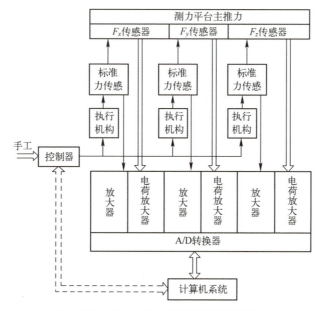

图20.2.5　推力测量系统校准原理

可见，这类现场测控系统的实际使用离不开系统（包括传感器）的现场校准。这在一定程度上反映目前有关传感器自身性能的不足。未来，无需现场校准或具有自校准特性的新型传感器，将有助于此类系统的优化设计，以进一步提升其测量精度和智能化水平。

2. 压力参数测量

定型的常规发动机试车中，压力参数较少。除水击压力、脉动压力外的其他压力测点一般通过测压导管引出。对于关键的入口压力、喷前压力等测点，采用测压导管加三通，用两只传感器测量同一侧点的方案，如图20.2.6所示。无法安装测压导管或者自带压力传感器参数测量可采用图20.2.7（a）或图20.2.7（b）所示方案记录。

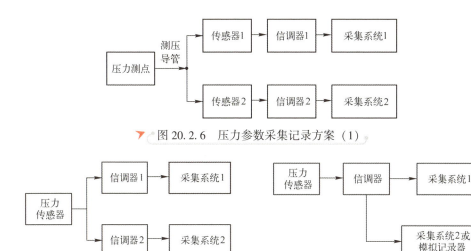

▼ 图 20.2.6 压力参数采集记录方案（1）

▼ 图 20.2.7 压力参数采集方案记录（2）

图 20.2.7（a）中，两套数据采集系统并联记录同一只压力传感器信号。该方案中，要求并联的两信（号）调（节）器相互隔离，具有较高的输入阻抗（一般应大于 50MΩ）。图 20.2.7（b）中，使用一个信号调节器，作为复记的数据采集系统 2 或模拟记录器（如光线示波器、磁带机）记录信号调节器一级放大后的信号。主数据采集系统 1 记录信号调节器二级放大后的信号。两者之间一般相互隔离，不隔离时采集系统 1 屏蔽接地，采集系统 2 或模拟记录器不能接地。发动机试车中除发动机自带的压力测点外，其他压力测点均应采用标准力源现场校准。自带的压力传感器中，如果传感器标定证书给出的是标准力对应的电压毫伏数，则采用电压等效校准方法。即系统连接后，保证传感器激励源和标定时一致的条件下，脱开传感器带传输电缆，按标定证书上的毫伏数，用标准电压源加载标定毫伏数三遍六档，用最小二乘法求出校准斜率和截距。如果自带传感器中进口的压力传感器标定证书上给定是压力对应的电阻值，则现场采用等效并电阻方法进行现场校准。其方法是：保证传感器激励源和标定时一致的条件下，在传感器某一桥臂（按说明确定）上，用给定的电阻值分档并电阻（等效传感器加标准力），进行三遍六档，用最小二乘法求出 a、b 值，完成现场标定；此校准方法误差和标准油压机加压方法误差基本相当（有时略大）。发动机试车中的压力参数大多为关键参数，安装双传感器、两套独立数据采集系统记录是最可靠方法。一般情况下应采用现场校准和复记手段，这样才能确保参数准确可靠获得。

3. 流量、转速参数测量

液体火箭发动机地面试验中，流量参数大多选用涡轮流量计。液氧煤油发动机试车中，液氧稳态流量有的采用分节式电容液面计测量，但过渡段仍采用涡轮流量计测量。涡轮流量计输出信号大多为近似正弦频率信号，通过信号调节器的整形、放大、隔离后，由数据采集系统通过测周期或测频率完成流量参数的测量。涡轮流量计一般安装在主管路上。液氧煤油发动机试车中起动容器前也安装流量计，用来测量起动过程中流量。转速传感器为发动机自带，其输出信号也为近似正弦频率信号，测量方法和流量参数相同。为了可靠测量流量和转速，采用安装双流量计和用独立的两套数据采集系统并联记录方案，如图20.2.8所示。

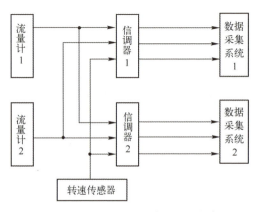

图20.2.8 流量、转速测量方案

4. 温度参数测量

温度参数在多种常规发动机试车中多为壁温测量，常规发动机试车中温度参数列为一般参数。而液氧煤油发动机试车中液氧入口预冷温度、预冷回流温度等部分温度参数列为关键参数，必须测准、测全。对于关键的温度参数一般采用安装双传感器的测量方案。如液氧入口温度、预冷回流温度等安装一只铠装热敏电阻，一只铠装热电偶。一个位置的两只传感器用相互独立的两套数据采集系统进行采集。选用热敏电阻传感器是因为热敏电阻在窄温区内有较高精度（也可选用铂电阻传感器），传感器自身精度 $0.3 \sim 0.4$℃，A级铜-康铜热电偶传感器自身精度 0.75℃左右。由于发动机预冷过程是从 $+25 \sim -183$℃宽温区，预冷全过程要实时显示，铜-康铜热电偶传感器必不可少。

温度参数的校准方法因传感器而异,热电偶在数据采集系统一端采用端点法电校准。热敏电阻和铂电阻用三线制恒流源法进行测量,采用电阻法现场校准。即根据热敏电阻、铂电阻的温度-电阻分度表及测量温区,用标准电阻箱按 2~5℃ 分档加标准电阻,在计算机中形成温度—电压毫伏数表,试车中采集的电压毫伏数通过查表插值求得温度值。如果热敏电阻、铂电阻用于窄温区测量时,可在窄温区内选择 6~9 档校准三遍,最小二乘法拟合斜率和截距,用线性法计算温度。

5. 其他关键参数测量

除上述推力、常规压力、流量、转速、温度参数外,还有水击压力、脉动压力等关键参数。这些参数的特点是:测量精度较低,传感器直接安装在泵前管或发动机上,试车中传感器一旦出现故障发生泄漏,将导致严重的后果。

20.2.3 技术发展展望

工程技术人员在传感器的应用或研制中常常会面临一个问题:不同场合(或同一场合的不同位置)的传感器可能面临差异极大的不同要求。有的传感器强调高精度、有的强调高动态性能、有的需要极宽的测量范围,还有一些主要关心可靠性、安全性却对精度要求不高。这个问题在各个领域都可能有,而在火箭发动机试验系统中尤为突出。

因此,火箭发动机试验虽然是一个日常很难接触到的领域,但一座火箭发动机试验台就是一个各类传感器的综合演练场,从各个侧面对传感器技术进行各种"极限考验"。它是我们认识传感器、学习传感器应用、预测传感器技术发展的良好平台。

为判断发动机试验领域的传感器技术的发展,我们需要对发动机试验台的发展趋势进行简单梳理。

国外液体火箭发动机试验设施具有强大测控能力,试验中广泛发展应用先进的测控技术、仿真技术、故障诊断技术。国外液体火箭发动机试验方向发展趋势归纳有以下特点:

使用先进测试技术。如激光测振、激光干涉测微小推力,百吨级发动机矢量推力测量,用探针和梳状探测器测量喷管出口燃气马赫数、压力和局部喷射物的浓度,用实时 X 光照相技术和超声波测量技术评估喷管结构完整性和厚度变化,用光谱、紫外线、热辐射成像技术测量羽焰边界、流场、成分、温度场,获得发动机羽焰正常与异常检测频谱,以此判断发动机燃烧稳定性及喷注器的烧蚀及内部故障。

大力发展试验系统智能化,智能健康监测和故障诊断技术应用广泛。美国斯坦尼斯试验中心故障诊断系统稳态和动态参数同时参加诊断,阿诺德工程发展中心建立了综合试验信息系统。试验中使用大量先进传感器,如光纤光栅传感器、快速电磁流量计、复合向心流量计、小惯性液位计、梳状探测器、辐射测量仪等,获得一般传感器无法获得的信息。

不断提高试验系统测控能力,俄罗斯170台控制能力900ch[①],发动机参数测量能力800ch,试验台参数能力320ch。一般大型发动机试验台稳态参数测量能力500ch以上,动态参数测量能力128ch以上,最多达1100ch。同时配置多台高速摄影、全方位低速摄影。

通过国内外液体火箭发动机试验设施的对比,以及对智能试验台技术发展趋势的调研,我国发动机试验相关传感器的发展还应注意以下几个方面:

(1)推动关键的具有极限测量范围的传感器的自主研发,占领相关领域技术前沿,摆脱禁运和封锁;

(2)推动关键的具有较高综合指标的传感器和多功能传感器的研发,为智能测试分析、智能诊断、健康管理等领域的多参数融合提供符合需要的原始信息;

(3)各类传感器输出接口应以数字化和标准总线化为主要方向,同时传感器内部工作原理也应向数字式、准数字式方向靠拢,为实现智能测试系统、智能试验台进行必要的技术储备。

参 考 文 献

[1] 罗维民. 国外液体火箭发动机试验设施述评 [J]. 火箭推进, 2015, 41 (01): 1-9.

[2] BIANCO J. NASA Lewis Research Center's combustor test facilitiesand capabilities [R]. AIAA 1995-2681.

[3] MATRINGE L. PF52 test stand for the new VINCI rocket engine [R]. AIAA 2001-3382.

[4] KERL J M, SEVERT G A, et al. Advanced nozzle test facility at NASA Glenn Research Center [R]. AIAA 2002-3245.

[5] RAHMAN S, HEBERT B. Rocket propulsion testing at Stennis Space Center: Current capability and future challenges [R]. AIAA 2003-5038.

---

① ch 为通道,900ch 即 900 个通道。

［6］ MORIN C D. Developing a high altitude simulating, dynamic, ground test capability at the Holloman AFB high speed track ［R］. AIAA 2004-6834.

［7］ RAHMAN S, HEBERT B. Large liquid rocket testing strategies and challenges ［R］. AIAA 2005-3564.

［8］ 马红宇. 苛刻环境下使用的多功能薄膜传感器 ［J］. 火箭推进, 2003 (01): 61-64.

［9］ 赵万明. 液体火箭发动机地面试验中关键参数测量方案设计 ［J］. 火箭推进, 2002, 28 (01): 27-32.

［10］ 朱子环, 叶丽, 马鑫, 等. 液体火箭发动机地面试验推力测量系统结构设计研究 ［J］. 导弹与航天运载技术, 2015 (02): 93-96+101.

［11］ 张学成, 于立娟. 火箭发动机推力试验装置应用范围研究 ［J］. 宇航计测技术, 2005 (02): 7-12.

20.3　行程开关传感器在航天系统中的应用

20.3.1　概述

行程开关传感器是通过行程（位移）控制机械传动进而实现触点物理分合的一类电子元器件，广泛应用于航空/航天、电子、交通、重工等各领域。作为一种有触点元件，行程开关通常具有极高的转换深度和较低的功耗。在航空/航天领域，行程开关凭借其结构简单、抗干扰能力强、可靠性高的特点被应用于火箭发射或舵机分系统中，主要承担着发送或切换指令信号的任务。行程开关虽然是应用于基层的元器件，但由于其安装位置特殊，控制意义重大。

行程开关传感器在国内民用行业的应用已有相对成熟的经验，但相对于发达国家而言仍然起步较晚。早在20世纪70~80年代，欧姆龙公司就已经开发出系列化的行程开关、微动开关。其中，一些典型的结构设计成为很多国内民用生产厂家争相模仿的对象。经过数十年的摸索，国内的民用行程开关生产厂家也初步形成了相对完善的产品体系，在汽车、机械、重工、电力、电子等领域应用广泛。按结构划分，市场上常见的主要有以下几种行程开关：

1. 直动式行程开关传感器

直动式行程开关传感器主要由推动杆、弹簧、动合触点、静合触点等部件组成，其工作原理类似于一个机械按钮，区别在于按钮是通过手动触发电路切换，而行程开关是通过活动的部件推动接触体分合实现电路切换。所谓直动，是指活动部件的运动路径是直线，开关的工作力施加于该直线方向上。

一般情况下，纯机械构造的直动式行程开关通过内部的压缩弹簧实现状态回复。

2. 滚轮式行程开关传感器

滚轮式行程开关传感器是在直动式行程开关的基础上加以扩展的品种。由于增加了凸轮连杆机构，滚轮式行程开关可将输入端的各种方向的作用力转化为开关内部的直向传动。得益于机构传动效果，这种开关可将垂直的直动行程转化为摆动角或水平滑动行程，被广泛应用于一些需要位移控制的设备当中。

3. 微动开关传感器

微动开关是行程开关中相对特殊的一类。此类开关通过机构将作用力传递到弹性接触件上使其产生形变，随着位移的增加，当弹性势能积聚到临界点后，接触件产生瞬时动作，从而实现接触状态的切换。这种开关具有触点间距小，行程短，体积小的特点，且其切换速度与动作力施加速度基本无关。目前，微动开关广泛应用于计算机、精密仪器、电子设备、汽车制造业等领域。区别于民用产品，航天用行程开关对耐环境、负载切换能力、可靠性等诸多方面均有较高的要求；此外，随着人类探索宇宙步伐的持续迈进，航天器总是处于不断批判和改进的过程当中，因此，行程开关作为其中一种重要元器件也时常根据不同的工况而不断被提出新的研制需求。

20.3.2 应用

1. C-20 直动式接触行程开关传感器

C-20 直动式行程开关由两个合金材料金属触点构成。传感器按钮未受力时，触点常开；当按钮受力向下运动达到规定行程量时，触点闭合，输出导通信号；力消失后，压缩弹簧使按钮复位，恢复常开状态。

由星河动力装备科技有限公司研制的谷神星 1 号固体运载火箭采用了 C-20 直动式接触行程（到位）开关传感器，作为表征火箭起飞离地动作状态。火箭静态伫立在发射场坪时，行程开关处于受力压紧状态，触点闭合；当火箭点火起飞一定距离后，行程开关触点常开，火箭控制系统从而获得了真实起飞的开关信息，并作为后续控制飞行的一个关键起始信号。

2. C-23 直动式非接触行程开关传感器

C-23 非接触式行程开关由干簧管组件和磁钢组件构成。两个组成相对运动达到规定行程量时，干簧管在磁场作用下，由断开状态转为闭合状态，输出导通信号；两个组件分开后，干簧管恢复断开状态。其可用于判断折叠机构展开或折叠机构是否到位，门或盖是否正常打开或关闭等。

由星河动力装备科技有限公司研制的智神星1号液体运载火箭采用了C-23直动式非接触行程（到位）开关传感器，作为表征火箭一子级回收用的栅格舵处于展开或折叠状态。火箭从起飞至一、二级分离时，栅格舵均处于正常折叠位置，此时，行程开关触点闭合；当火箭一、二级分离后，栅格舵逐步释放展开到位，行程开关触点常开，火箭控制系统从而获得了栅格舵已展开到位的关键信号。

上述两种行程开关传感器外形如图20.3.1所示。

▶ 图20.3.1　C-20、C-23行程开关传感器图示

其主要技术指标如表20.3.1所列。

表20.3.1　直动式行程开关传感器性能

性　　能	C-20 接触式	C-23 非接触式
测量范围	全行程量 4~6mm	闭合距离≤3mm时必须触发；3mm至10mm时允许触发；大于等于10mm时不能触发
触点形式	常开（一个组件）	常开（两个组件）
全行程力	≤150ms	—
触点允许通过电流	≥0.5A	—
最大负载电流	—	≤0.01A
绝缘电阻	≥100MΩ	≥100MΩ
寿命	≥500次	≥10000次
工作温度	-40~+60℃	
耐振动	10~2000Hz，加速度 196m/s^2	
耐冲击	100g，6~8ms	30g，11ms
重量	≤80g	≤20g
接口	带电缆插座，插座可靠	带电缆插头，插头可选

火箭控制系统行程开关使用电路典型原理框图如图 20.3.2 所示。

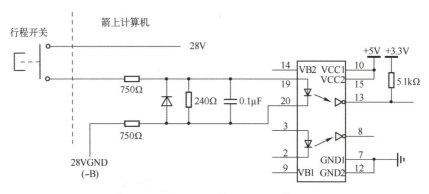

图 20.3.2　行程开关使用典型电路设计图示

火箭控制系统使用典型电压为 28V，行程开关导通阻抗通常不大于 10Ω，回路电流约为 28/(10+750+750+240)=0.016A，远小于行程开关允许通过电流，同时控制系统选型光耦稳定导通电流 7mA，回路设计满足。行程开关导通时，光耦导通，火箭控制系统通过光耦状态回采读取起飞、栅格舵展开等到位状态；行程开关断开时，光耦未导通，火箭控制系统回读对应状态，并按照时序进行后续指令操作。

为了提高系统设计的可靠性，通常关键信号会采用两回路并联设计，任一通道行程开关断开，即表征系统状态断开。行程开关单点可靠性为 $p=0.998$，设计可靠性如下：

$$F=1-(1-P)\times(1-P)=0.999996 \qquad (20.3.1)$$

20.3.3　技术发展展望

航天系统使用的行程开关，对可靠性、环境适应性以及负载能力等方面有严格要求。同时，行程开关作为经常使用的元器件，随着国内航天事业的发展，使用场景不断丰富，新的研制需要也不断被提出。

目前，国内航天系统使用的行程开关大多为定制设计，尚未形成健全的系列化、标准化产品。随着应用场景的改变，行程开关的结构以及输入输出接口经常需要进行调整，甚至为了满足某些特殊工况的需要，需要在机械开关的基础上添加部分电磁、微电子甚至光电信号单元。总而言之，目前国内军用领域行程开关正面临型谱化、系列化的问题，亟待探索和发展。

20.4 加速度传感器在比较法振动校准系统的应用

20.4.1 概述

国际上振动校准依据 ISO TC 108（国际标准化组织机械振动、冲击与状态监测技术委员会）制定的 ISO 5347 和 ISO 16063 系列标准进行。20 世纪 80~90 年代 ISO/TC108 制订了指导振动和冲击测量仪器校准的 ISO 5347 系列标准。随着振动和冲击校准技术的不断进步，ISO 5347 系列标准正在转换为 ISO 16063 系列标准。ISO 16063 系列标准体系中，ISO 16063-1 "基本概念"是整个 ISO 16063 系列标准的指导性文件；ISO 16063-1X 系列标准是振动和冲击测量仪器绝对法校准的标准体系；ISO 16063-2X 系列标准是振动和冲击测量仪器比较法校准的标准体系，其中 ISO 16063-21 是比较法振动校准的标准；ISO 16063-3X 系列标准是振动和冲击传感器各种特性参数测试的标准；ISO 16063-4X 系列标准是振动和冲击计量领域新校准技术的标准。常规的比较法振动校准系统通常依据 ISO 16063-21 建立和运行。

比较法振动校准系统通过与可以溯源到振动国家基准的参考传感器进行比较，复现振动量值，传递振动单位。参考传感器通常为背靠背安装的加速度传感器，可以直接将被校传感器安装在参考传感器的传递面，确保被校传感器和参考传感器测量同一振动量值。参考传感器也可以通过符合传递要求的卡具与被校传感器连接，实现被校传感器的背靠背安装。通常不推荐参考传感器和被校传感器肩并肩安装，振动台台面的振动模态将会造成较大的测量误差。

加速度传感器是基于惯性原理将机械振动转换为与其运动参数成一定函数关系的电信号的装置，用于测量机械振动信号。加速度传感器是典型的惯性式传感器，灵敏度是加速度传感器关键参数，用于表述机电转换系数，加速度传感器的灵敏度会随着频率的变化而变化。

东汉科学家张衡，在公元 132 年就制成了世界上最早的"惯性式振动传感器"——地动仪。地动仪是利用惯性原理设计制成的，能探测地震波的主冲方向。近代的地震仪在 1880 年才研制，它的原理和张衡地动仪基本相似，但在时间上却晚了 1700 多年。地震仪等早期的振动冲击传感器主要采用机械敏感元件和机械指示的方式实现惯性测量。20 世纪 50 年代后，由于电子技术的发展，出现了压电加速度计、磁电式振动传感器、伺服加速度计等基于机电敏感结构的电信号输出式加速度传感器。20世纪80年代后，随着微电子技术的发展，采用集成电路制造工艺形成了新型半导体加速度计。随着微机电系统（MEMS）技术的发展，采用MEMS制造工艺和集成电路结合研制的MEMS加速度计的技术指标逐渐接近或优于传统的加速度计，且正在向集成化和智能化方向发展。

20.4.2 传感器应用情况

比较法振动校准系统既用于加速度传感器的校准，又需要加速度传感器作为参考标准校准加速度传感器。加速度传感器的校准方法多种多样，已经形成了多种绝对法校准和比较法校准的国际标准，比较法振动校准所用的参考加速度传感器需要通过绝对法校准。比较法振动校准更广泛地用于航空航天、先进制造等领域。

典型的振动校准系统（图20.4.1）包括符合要求的标准振动台、参考传感器、调理放大器和动态信号测量设备。参考传感器应该和调理放大器一起用振动国家基准进行校准。随着传感器技术的进步，将调理放大器集成到了参考传感器内部，实现了内装调理放大器的参考传感器；随着标准振动台技术的进步，把参考传感器集成到了振动台台面内，实现了内装参考传感器的标准振动台；进一步提升了振动计量标准的测量范围和测量能力。

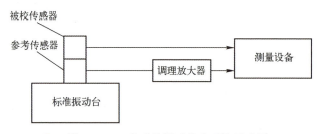

图20.4.1 典型的振动校准系统示意图

加速度传感器的基本原理如图20.4.2所示，是由弹簧k，质量m及阻尼c构成的惯性传感器，传感器底座安装在被测点上，被测振动量为u。可以通过质量块和底座之间的相对运动δ推导出被测运动u。

若u为被测运动位移，该惯性传感器的力学模型为

$$m\frac{d^2\delta}{dt^2}+c\frac{d\delta}{dt}+k\delta=-m\frac{d^2u}{dt^2} \tag{20.4.1}$$

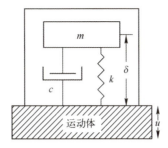

> 图 20.4.2 加速度传感器原理图

通过公式（20.4.1）即可确定传感器的响应与被测加速度的关系，从而实现加速度的测量。如果不考虑阻尼的影响，加速度传感器的模型可简化为图 20.4.3 的形式：

$$m_c\ddot{x}_c + k_c(x_c - x_B) = 0 \tag{20.4.2}$$

式中 m_c——传感器的敏感质量；

x_c——敏感质量的位移；

x_B——传感器底座的位移。

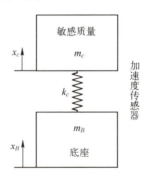

> 图 20.4.3 加速度传感器的简化模型

假设传感器的输出电量 V 与敏感质量的惯性力成正比，比例系数为 k，传感器的输出电量为

$$V = kk_c(x_c - x_B) \tag{20.4.3}$$

则传感器灵敏度的传递函数为

$$S(s) = \frac{V(s)}{s^2 x_B(s)} = -\frac{kk_c m_c}{m_c s^2 + k_c} \tag{20.4.4}$$

传感器的固有频率为

$$\omega_n = \sqrt{\frac{k_c}{m_c}} \qquad (20.4.5)$$

在比较法振动校准中,被校加速度传感器与参考加速度传感器背靠背安装,其简化模型如图20.4.4所示。理想条件下被校加速度传感器底座与参考加速度传感器安装面同步运动,但由于安装刚度k_f的影响,在被校加速度传感器底座与参考加速度传感器安装面之间存在相对运动$(x_B - x_p)$,可得

$$m_B \ddot{x}_B + k_c(x_B - x_C) + k_f(x_B - x_p) = 0 \qquad (20.4.6)$$

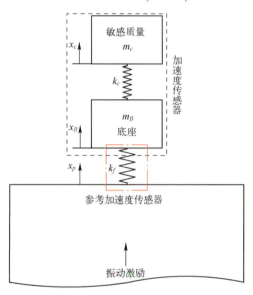

图 20.4.4 比较法振动校准中的简化敏感模型

由此可得被校加速度传感器底座与参考加速度传感器安装面之间的运动传递率为

$$R(s) = \frac{x_B(s)}{x_p(s)} = \frac{k_f}{m_B s^2 + k_c + k_f - k_c^2/(m_c s^2 + k_c)} \qquad (20.4.7)$$

比较法校准时,获得的传感器的灵敏度为

$$S_c(s) = \frac{V_c(s)}{s^2 x_p(s)} = -\frac{k k_c k_f m_c}{(m_c s^2 + k_c)(m_B s^2 + k_c + k_f - k_c^2/(m_c s^2 + k_c))} \qquad (20.4.8)$$

由公式(20.4.8)可知,被校传感器的安装谐振频率为

$$\omega_m = \sqrt{\frac{k_c}{m_c} + \Delta - \sqrt{\Delta^2 + \frac{k_c^2}{m_c m_B}}} \qquad (20.4.9)$$

其中，

$$\Delta = \frac{1}{2}\left(\frac{k_c + k_f}{m_B} - \frac{k_c}{m_c}\right) \tag{20.4.10}$$

由式（20.4.5）和式（20.4.9）可知，$\omega_m \leqslant \omega_n$。

当 $k_c \gg k_f$ 时，$x_B \approx x_C$，由式（20.4.6）可知，

$$\omega_m \approx \sqrt{\frac{k_f}{m_c + m_B}} \tag{20.4.11}$$

当 $k_f \gg k_c$ 时，$x_B \approx x_p$，由式（20.4.2）可知，

$$\omega_m \approx \omega_n \tag{20.4.12}$$

由此可见，传感器的安装刚度 k_f 对传感器安装谐振频率的影响较大，应尽量保证传感器的安装刚度足够大，以保证传感器的可用频率范围。

加速度传感器的基本特性包括。

灵敏度：加速度传感器的灵敏度是其输出的电信号与输入的机械信号之比，通常用每单位加速度的输出电量来表示。对于那些对供电电压（或电流）敏感的传感器（例如应变式传感器），其灵敏度用每单位供电电压（电流）下，每单位加速度下的输出电量来表示。

分辨力：加速度传感器的分辨率是指产生最小可识别的电信号输出的输入机械量的最小变化量。整个测量系统的分辨力由加速度传感器及配套的信号调理器、采集器、显示仪器和其他辅助设备所决定。如果一套测量系统的输出电信号用仪表显示，则仪表上能读出的最小增量就决定了系统的分辨率。分辨力受限于噪声水平。通常，任何小于噪声水平的信号变化都会被噪声淹没，因此噪声水平也决定了系统的分辨率。

横向灵敏度：对于同一机械输入量，加速度传感器灵敏度轴垂直于输入方向时的输出量与加速度传感器灵敏度平行于输入方向时的输出量之比。

零位输出：输入机械量为零时，加速度传感器的输出量。

幅值线性度：加速度传感器的输出电信号与输入机械信号在一定范围内成线性关系时，加速度传感器被认为在这一范围内是线性的。加速度传感器线性范围的下限取决于测试系统的噪声水平。加速度传感器线性范围的上限取决于敏感元件的特性和传感器的尺寸与强度。通常情况下，加速度传感器灵敏度越高，其线性范围上限越小。

频率范围：加速度传感器工作频率范围是指加速度传感器灵敏度变化未超出相对参考灵敏度限定的百分比的频率范围。频率范围取决于加速度传感器的电气特性、机械特性和与之相配套使用的辅助仪器。频率范围与幅值线

性范围一起决定了整个仪器的工作范围。

谐振频率和安装谐振频率：加速度传感器的谐振频率由加速度传感器的敏感质量及敏感原件与底座的刚度决定，反映了加速度传感器敏感质量和底座之间相对运动的固有频率。加速度传感器安装谐振频率主要由加速度传感器的质量及底座与安装面之间的刚度决定，反映了加速度传感器敏感质量和被测面之间相对运动的固有频率。

安装谐振频率是影响加速度传感器性能的关键指标，提高加速度传感器的谐振频率就要提高加速度传感器和被测面之间的刚度，减小两者之间的相对运动。安装面的粗糙度、安装扭矩、安装方式等因素都会影响振动传感器的安装谐振频率。安装谐振频率之间影响加速度传感器的可用频率范围和测量不确定度。

加速度传感器比较法校准的测量流程如图 20.4.5 所示，其中 a 是振动台主振方向的加速度，a_v 是振动台的横向振动加速度 a_d 是振动台主振方向的加速度失真，S_1 是参考加速度传感器的幅值灵敏度，X_1 是参考加速度传感器的输出电压，S_2 是被校加速度传感器的幅值灵敏度，X_2 是被校加速度传感器的输出电压，V_R 是被校加速度传感器和参考加速度传感器的输出电压比。

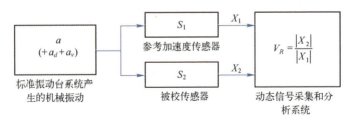

图 20.4.5　加速度传感器比较法校准的测量流程

加速度传感器比较法校准的数学模型为

$$S_2 = V_R S_1 \tag{20.4.13}$$

实际测量中，考虑到传感器安装因素、横向振动比、失真度、台面振动模态等因素都会对被校传感器和标准传感器的输出电压比 V_R 的测量引入不确定度，采用比较法校准被校传感器的幅值灵敏度 S_2 的数学模型扩展为

$$S_2 = V_R S_1 \times I_1(V_R) \times \cdots \times I_M(V_R) \tag{20.4.14}$$

式中　$I_1(V_R) \sim I_M(V_R)$——其他影响量对电压比测量带来的误差。

由于式（20.4.14）中各输入量相互之间不相关，被校传感器幅值灵敏度 S_2 的相对测量不确定度为

$$u_{c,\text{rel}}^2(S_2) = \frac{u_c^2(S_2)}{S_2^2} = \sum_{i=1}^{N} \left(\frac{u_{\text{rel},i} c_i}{|x_i|} \right)^2 \qquad (20.4.15)$$

被校加速度传感器幅值灵敏度 S_2 的相对测量不确定度评定如表 20.4.1 所列。

表 20.4.1 被校加速度传感器幅值灵敏度相对测量不确定度评定

不确定度来源	描 述	相对扩展不确定度或估计误差分量的范围/%	概率分布模型	因子 x_i	灵敏度系数 c_i	相对不确定度贡献 $u_{\text{rel},i}(y)/\%$
S_1	参考加速度传感器溯源到绝对法振动校准系统时所引入的测量不确定度分量	0.5 * 1.0 **	正态 $(2*\sigma)$	1/2	1	0.25 * 0.5 **
$S_{1,S}$	参考加速度传感器偏移所引入的测量不确定度分量,参考加速度传感器的漂移估计为 0.05%/年	0.15	矩形	$1/\sqrt{3}$	1	0.087
V_R	参考加速度传感器和被校加速度传感器输出电压比的测量误差	0.2	矩形	$1/\sqrt{3}$	1	0.12
$I(V_{R,T})$	温度变化对电压比 V_R 测量的影响;参考加速度传感器灵敏度在 (20 ± 5)℃内变化<0.02%/℃,被校加速度传感器在 (20 ± 5)℃内变化<0.1%/℃(比较法振动校准系统的环境温度控制在 (20 ± 5)℃)	0.36	矩形	$1/\sqrt{3}$	1	0.21
$I(V_{R,H})$	信噪比对电压比 V_R 测量的影响,估计动态信号采集和分析系统的本底噪声优于 0.02mV,参考加速度传感器的灵敏度为 100mV/(m/s²)	0.2	矩形	$1/\sqrt{3}$	1	0.12
$I(V_{R,N})$	安装参数和台面振动模态(电缆、插座、扭矩、台面刚性运动等)对电压比 V_R 测量的影响;参考点最大为 0.3%;通频带最大为 0.6%	0.3 * 0.6 **	矩形	$1/\sqrt{3}$	1	0.18 * 0.36 **
$I(V_{R,d})$	加速度失真度可以通过窄带滤波器有效的消除,加速度失真对电压比 V_R 测量的影响最大估计为 0.1%	0.1	矩形	$1/\sqrt{3}$	1	0.06

续表

不确定度来源	描　述	相对扩展不确定度或估计误差分量的范围/%	概率分布模型	因子 x_i	灵敏度系数 c_i	相对不确定度贡献 $u_{\text{rel},i}(y)/\%$
$I(V_{R,v})$	横向加速度对电压比 V_R 测量的影响；参考点振动台横向加速度 a_T 最大为 10%；通频带振动台横向加速度 a_T 最大为 20%；参考加速度传感器的横向灵敏度 $S_{v,1}$，最大为 2% 被校加速度传感器的横向灵敏度 $S_{v,2}$，最大为 5%	$\sqrt{(S_{v,2}^2+S_{v,1}^2)\cdot a_T^2}$ = 0.51 * = 1.02 **	特殊分布	$\sqrt{\dfrac{1}{18}}$	1	0.12 * 0.24 **
$I(V_{R,e})$	基座应变对电压比 V_R 测量的影响；估计小于 0.05%	0.05	矩形	$1/\sqrt{3}$	1	0.029
$I(V_{R,r})$	相对运动对电压比 V_R 测量的影响；由于背靠背校准，参考点时估计为 0.05%，频率较高时受到安装谐振频率的影响，所引入的测量不确定度分量估计为 0.1%	0.05 * 0.10 **	矩形	$1/\sqrt{3}$	1	0.029 * 0.058 **
$I(V_{R,L})$	传感器非线性对电压比 V_R 测量的影响；估计小于 0.03%	0.03	矩形	$1/\sqrt{3}$	1	0.017
$I(V_{R,l})$	动态信号采集和分析系统非线性对电压比 V_R 测量的影响；估计小于 0.03%	0.03	矩形	$1/\sqrt{3}$	1	0.017
$I(V_{R,G})$	重力对电压比 V_R 测量的影响；估计小于 0.03%	0.03	矩形	$1/\sqrt{3}$	1	0.017
$I(V_{R,B})$	振动台磁场对电压比 V_R 测量的影响；估计小于 0.03%	0.03	矩形	$1/\sqrt{3}$	1	0.017
$I(V_{R,E})$	其他环境条件对电压比 V_R 测量的影响；估计小于 0.03%	0.03	矩形	$1/\sqrt{3}$	1	0.017
$I(V_{R,RE})$	其他影响量（如重复性测量中的随机效应；算术平均值的实验标准偏差）对电压比 V_R 测量的影响；估计小于 0.03% 或 0.06%	0.03 * 0.06 **	矩形	$1/\sqrt{3}$	1	0.017 * 0.034 **
$u_{\text{rel}}(S_2)$	被校加速度传感器幅值灵敏度 S_2 的不确定度		标准不确定度（$k=1$）			0.444 * 0.7267 **

注：* 参考点 160Hz；** 通频带。

参考点160Hz，被校传感器幅值灵敏度S_2的相对扩展不确定度$(k=2)$为

$$U_{\text{rel},95}(S_2) = \frac{U_{95}(S_2)}{|S_2|} = 0.89\% \qquad (20.4.16)$$

通频带，被校传感器幅值灵敏度S_2的相对扩展不确定度$(k=2)$为

$$U_{\text{rel},95}(S_2) = \frac{U_{95}(S_2)}{|S_2|} = 1.5\% \qquad (20.4.17)$$

综上所述，根据JJF1059测量不确定度评定与表示，比较法振动校准装置对被校传感器校准时，被校传感器幅值灵敏度S_2的相对扩展不确定度$(k=2)$为

$$U_{\text{rel}}(S_2) = 1.0\% \quad (160\text{Hz})$$
$$U_{\text{rel}}(S_2) = 2.0\% \quad (\text{通频带})$$

20.4.3 技术发展展望

1. 大数据及人工智能急需数字式传感器校准能力

工业4.0和中国制造2025的核心思想是基于传感器将生产制造中各个环节的信息数字化，利用物联网将这些数字化的信息汇集，通过智能化的大数据分析，实现制造业的产业升级。

传统的加速度传感器多数是将被测量转化为模拟信号，然后再利用模数转换器将模拟信号转化为数字信号。随着先进传感器技术和物联网技术的发展，以及信息化对传感器功耗的限制，直接输出数字信号的传感器越来越普及，正在逐步替代模拟式传感器。例如：手机、无人机、汽车等消费级产品中的加速度传感器都是基于微机电系统（MEMS）技术的数字式传感器；物流运输过程中的碰撞监测系统也采用低功耗、低成本数字式加速度传感器；风力发电机健康状态监测系统、地质勘探系统、先进制造机械监测系统也正在逐步采用数字传感器获取信息。

2. 数字式加速度传感器校准是军民融合计量的共性需求

随着以MEMS为代表数字加速度传感器的发展进步，诸如联合制导攻击武器（JDAM）、大口径火箭弹等低成本精确制导武器越来越普及，装备数量巨大。此外，先进武器装备都需要配备健康监测管理系统，实时将装备的振动等健康状态传输到武器装备大数据中心，采用人工智能计量诊断装备的健康状态和工作寿命。

目前，我国的军民振动计量基标准都基于模拟采集系统设计，只能校准

模拟式传感器，无法采集数字信号，不能精确、有效地校准数字式传感器。因此急需开展数字式振动传感器校准的关键技术研究，解决数字式传感器输出信号和标准测量信号的同步采集问题，以适应先进传感器技术快速发展的需求。

参 考 文 献

[1] VON MARTENS H J, LINK A, SCHLAAK H J, et al. Recent advances in vibration and shock measurements and calibrations using laser interferometry Proc [C]. SPIE 5503, Sixth International Conference on Vibration Measurements by Laser Techniques: Advances and Applications. International Society for Optics and Photonics, 2004, 7: 1-19.

[2] LINK A, TAUBNER A, WABINSKI W, et al. Calibration of accelerometers: determination of amplitude and phase response upon shock excitation [J]. Measurement Science and Technology. 2006, 17: 1888-1894.

[3] ISO. International Standard 16063-11, Methods for the calibration of vibration and shock transducers-Part 11: primary vibration calibration by laser interferometry [S]. International Organization for Standardization, Geneva, 1999.

[4] ISO. International Standard 16063-12, Methods for the calibration of vibration and shock transducers-Part 12: primary vibration calibration by the reciprocity method [S]. International Organization for Standardization, Geneva, 2002.

[5] ISO. International Standard 16063-21, Methods for the calibration of vibration and shock transducers-Part 21: primary calibration by comparison to a reference transducer [S]. International Organization for Standardization, Geneva, 2003.

[6] Liu Z H, CAI C G, YU M, et al. Analysis on the resonance frequency of comparison calibration of piezoelectric accelerometers [C]. Proceedings-2016 3rd International Conference on Information Science and Control Engineering, ICISCE 2016: 862-866.

[7] ISO. International Standard 5348, Mechanical vibration and shock-mechanical mounting of accelerometers [S]. International Organization for Standardization, Geneva, 1998.

[8] ISO. International Standard 5347-16, Methods for the calibration of vibration and shock pick-ups-Part 16: testing of mounting torque sensitivity [S]. International Organization for Standardization, Geneva, 1993.

[9] KJAER B. Theory and application handbook [M]. Piezoelectric Accelerometers and Vibration Preamolifier, 1978: 12-37.

[10] MESS M, RADEBEUL F. Piezoelectric accelerometers: theory and application [J]. 2012, 32-44.

[11] ISO. International Standard 5347-22, Methods for the calibration of vibration and shock pick-ups-Part 22: accelerometer resonance testing-General methods [S]. International Organization for Standardization, Geneva, 1997.

20.5 压电水浸聚焦传感器在镀层材料弹性模量超声显微测量系统中的应用

20.5.1 概述

作为一种重要的表面防护手段，镀/涂层结构已成为航空航天、机械制造、石油化工、核电及微器件等领域不可或缺的关键技术。镀/涂层材料的主要功能是防腐蚀（corrosion）、耐摩擦（friction）、抗氧化（oxidation）等表面防护。除在常规机械装备中普遍使用镀/涂层零部件，使构件的表面延缓腐蚀、减少磨损、实现延寿以外，在特种行业中还有许多特殊的表面功能要求，如舰船甲板的防滑涂层、船舶海水管道的防腐涂层、军用飞机的隐身涂层、太阳能设备中的高效吸热涂层与光电转换涂层等。在军用飞机隐身技术中起着重要作用的吸波涂层也是现在各国军方的研究重点。图20.5.1为正在喷涂隐身涂料的战机。

 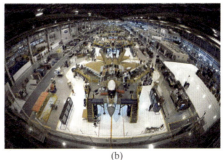

(a) (b)

图20.5.1 正在进行喷涂作业的隐身战机

鉴于镀/涂层在工业领域的应用越来越广泛，现代工业对装备可靠性、安全性的要求不断提高，镀/涂层强度和失效分析越来越重要。据统计，表面防护层失效带来的经济损失约占国民经济总值的5%。因此，镀/涂层材料的力学性能表征与评价已成为当前研究的热点和难点。弹性模量（又称杨氏模量）是镀/涂层材料的一种重要力学性能指标，直接关系镀/涂层材料的抗热冲击、耐腐蚀和抗氧化能力。同时，弹性模量也是对镀/涂层材料进行应力应变分析必不可少的参数。因此，有必要开展镀/涂层材料弹性模量测量方法研究。

常用的材料弹性模量测量方法有拉伸试验法、弯曲试验法、谐振法、纳米压痕法和超声波法。拉伸试验是获得材料应力与应变关系最直接的方法，也是常规材料力学性能测试使用最多的方法，但该方法不能应用于脆性及镀/涂层材料弹性常数的测量。弯曲试验法可用于镀/涂层弹性模量的测量，但该方法仅能测得整个薄层的平均弹性模量，无法得到材料局部位置处的弹性模量，且不能用于基体为脆性材料的镀/涂层弹性模量测量。通过测量结构的谐振频谱可以反演出材料的弹性常数。当镀/涂层厚度相对于基体而言较薄时，镀层的弹性常数对谐振频谱幅值与相位的影响很小，因此，该方法不适用于薄镀/涂层的测量。纳米压痕法也是目前常用的一种材料弹性模量测量方法。该方法根据压头压入试样过程中载荷与位移的变化关系，来反演出被测试样的弹性模量。严格说来，纳米压痕法属于一种有损的测量方法，且测量结果受基体材料的影响较大。

根据超声波波速与材料性能的关系，超声波技术已广泛应用于材料弹性模量测量。除使用超声体波法进行的常规测量外，利用超声导波对材料弹性性质进行测量是无损检测领域很有前景的测量方法之一。对于镀/涂层弹性性质的测量，超声波以表面波的形式被限制在结构的表层传播，通常为一个波长的厚度内。当类表面波的波长小于镀/涂层厚度时，其波动行为包含了大量镀/涂层材料特性的信息；当类表面波的波长大于镀/涂层厚度时，其波动行为也会受到基体材料特性的影响。因此，当已知基体材料特性的情况下，通过波速与波长或频率的关系——频散曲线，可反演出镀/涂层材料的弹性性质。

超声显微技术是一种特殊的超声检测技术，所使用的超声波频率一般大于20MHz。基于高频超声波在传播过程中，遇到声阻抗变化时导致的反射波幅值和相位变化，超声显微技术可以获得结构中微小缺陷和材料性能等信息。作为一种高精度超声检测技术，超声显微技术（Acoustic Microscopy，AM）广泛应用于薄膜、薄板与镀层材料性能测量与损伤检测中。例如，Lee 将超声显微技术应用于镀/涂层材料的弹性常数测量，弹性常数 C_{11} 与 C_{44} 的测量误差分别小于±3%和±5%。对于镀/涂层材料弹性常数的超声显微测量，其测量精度与测量范围很大程度取决于压电聚焦传感器的中心频率和带宽等性能。因此，有必要开展高性能压电聚焦传感器的研制。

20.5.2 传感器应用情况

超声波传感器,即超声换能器是超声显微系统的核心部件。在超声检测中,超声波换能器会发出一束超声波,形成在一个有限范围内沿不同方向传播的声场。根据超声换能器声束的分布范围,超声换能器可分为聚焦式和常用的超声换能器的形式主要有直接接触式、斜入射式和聚焦式等。

由于聚焦换能器由于具有声束细、声能集中、分辨率高等优点,广泛应用于测试精度要求较高的超声显微测试中。因此本节主要介绍聚焦超声换能器的工作原理、基本结构、声场分布。在此基础上,以水浸线聚焦超声换能器为例,讨论其在镀层材料弹性模量超声显微测量系统中的应用。

1. 压电超声聚焦换能器的工作原理及结构

通常,有三种方法可以实现超声波聚焦,如图 20.5.2 所示。采用球面或柱面压电超声换能器、凹面反射镜(如抛物面反射镜)、聚焦声透镜均可以实现超声能量的聚焦。

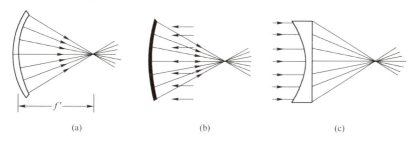

图 20.5.2 三种超声波聚焦方法
(a) 球型或柱形压电陶瓷辐射器;(b) 凹面反射镜;(c) 聚焦声透镜。

以频聚焦式 P[VDF-TrFE] 超声换能器为例,图 20.5.3 给出压电水浸聚焦超声换能器的基本结构。该换能器主要包括:柔性压电敏感薄膜(P[VDF-TrFE])、金属背衬(铍铜)、绝缘套、外壳、电极(Cr/Au)、接头及金属弹簧附件等。传感器设计过程中涉及的主要结构参数主要包括:压电薄膜厚度、全张角、聚焦半径。

从理论上讲,超声聚焦换能器最终会将超声能量聚集到一个几何点或几何线上。但是,由于超声波的衍射效应以及超声聚焦传感器的不规则等原因,实际的超声聚焦区域不是一个理想的点或线,而是一个复杂的区域。对于球形聚焦换能器,其焦区类似于一个椭圆;而对于柱形超声聚焦换能器,其焦区类似于一个圆柱。同时,超声换能器的焦区能量密度也是有限的。

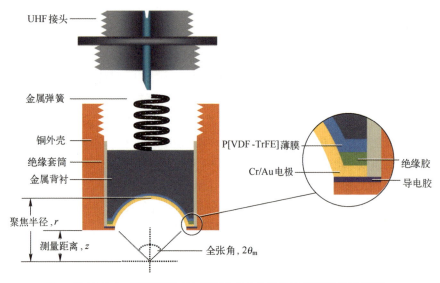

图 20.5.3　高频聚焦式 P[VDF-TrFE] 超声换能器结构示意图

如果超声聚焦换能器的孔径与超声波波长相比不是很小，可以近似认为超声换能器焦区附近的声场分布与圆形活塞辐射器的声场分布相似。因此，焦平面附近的相对声强分布可以用活塞声源辐射声场指向性的平方来表示：

$$I \propto \left[\frac{2J_1(ka\sin\theta)}{ka\sin\theta}\right]^2 \tag{20.5.1}$$

式中：$\sin\theta = r/f$，r 为焦平面上的一点到系统轴线的距离，f 为系统的焦距。

图 20.5.4 给出式 (20.5.1) 描述的声强分布。可以看出，在聚焦换能器附近相对声强分布出现了一个明显的峰值以及多个衍射极小值。聚焦换能器的横向聚焦尺寸可用一个临界的距离表示为

$$r_0 = 0.257 \frac{\lambda f}{a} \tag{20.5.2}$$

式中　λ——超声波波长；

a——聚焦换能器孔径的一半。

聚焦换能器的实际焦点不仅在横向具有一定的尺寸，而且其轴向也有一定的大小。因此，聚焦换能器的焦点实际上是一个管状的结构。焦点附近的声强沿轴向的分布可由下式给出：

$$I(z) \approx I_{\max}(\sin u/u)^2 \tag{20.5.3}$$

式中　z——离开焦点的距离；

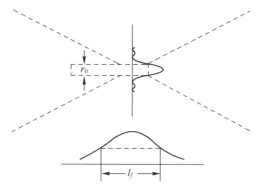

图 20.5.4 超声聚焦换能器焦点附近的声强分布

$u=\pi/2(a/f)^2 z/\lambda$。对于 $u=1.39$，即 $z=0.886/(a/f)^2$，声强降到最大值的一半。此时，焦点的长度 l_f 是该长度的 2 倍。

$$l_f = 1.8/(a/f)^2 \quad (20.5.4)$$

聚焦换能器几何焦点处的最大声强可表示为

$$\frac{I_{max}}{I_0} = \left(\frac{\pi a^2}{\lambda f}\right)^2 \quad (20.5.5)$$

式中 I_0——未聚焦时平面波在焦点处的声强。

2. 压电超声聚焦换能器的性能指标[15]

描述压电超声换能器的性能指标有工作频率、机电耦合系数、机电转换系数、品质因数、方向特性、发射功率、灵敏度等。根据实际使用场合和用途的不同，对超声换能器性能指标也提出了不同的要求。对于镀/涂层材料弹性常数的超声显微测量，超声换能器的中心频率和带宽直接关系其测量精度，因此，需要重点关注其频率特性。

图 20.5.5 给出了研制的高频点聚焦水浸超声换能器。图 20.5.6 给出了以不锈钢为反射体，在聚焦面 PFT-1 与 PFT-2 两个传感器测得超声波的时域波形与频谱。可以看出，超声换能器的脉冲宽度约为 20ns，PFT-1 的中心频率为 51MHz，PFT-2 的中心频率为 62MHz。表 20.5.1 综合列出了高频点聚焦式 P [VDF-TrFE] 超声换能器的各项参数。

表 20.5.1　高频点聚焦式 P [VDF-TrFE] 超声换能器参数表

换能器编号	聚焦半径 r/mm	全张角 θ/(°)	背衬	中心频率 f/MHz
PFT-1	5	90	铝	51
PFT-2	5	90	铜	62

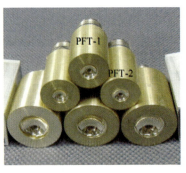

图 20.5.5　高频点聚焦式 P［VDF-TrFE］超声换能器实物图

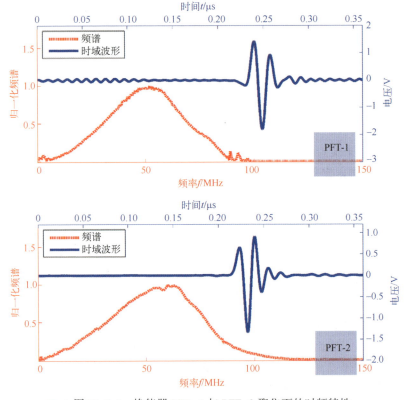

图 20.5.6　换能器 PFT-1 与 PFT-2 聚焦面的时频特性

这里需要说明的是，两换能器所使用压电薄膜材料相同，但 PFT-1 的压电薄膜在制备过程中固化时间为 40s 结晶时间为 3min20s，而 PFT-2 的压电薄膜的固化时间和结晶时间均为 4min，两换能器的制作工艺步骤相同。

3. 基于水浸聚焦压电换能器的超声显微测量系统

基于水浸聚焦压电换能器的超声显微材料力学性能反演依赖大量的超声测量数据，即需要利用聚焦探头在不同散焦下的超声测量结果。在散焦测量过程中，超声换能器沿 z 方向的步进间距一般为 $V(z)$ 曲线振荡周期 Δz 的 1/5，特别是在高频部分，由于振荡周期很小，导致步进间距需要达到 μm 等级，而散焦测量的测量距离一般为 mm 等级，这意味着将有数百组数据需要进行测量。因此，为了实现自动化精密测量，集成开发了一套基于超声显微镜技术的材料弹性性质无损测量仪器，整套系统由嵌入式控制器、四轴运动控制卡、高速数字化仪、四轴运动控制器、四轴精密定位系统、超声脉冲激励/接收仪、无透镜聚焦式换能器、精密校准装置、水槽及 LabVIEW 图形化编程软件组成。图 20.5.7 为测量系统的组成框图，图 20.5.8 为测量装置的实物照片。该系统以嵌入式控制器为核心，利用四轴步进/伺服电动机控制卡及四轴运动控制器驱动四轴运动机构实现换能器的位置移动与试样的旋转。利用超声脉冲激励/接收仪激励无透镜聚焦换能器发射超声波，其收到的经试样反射的超声波再接入脉冲激励/接收仪，利用高速数字化仪采集该信号，从而获得在不同散焦位置的测量数据。

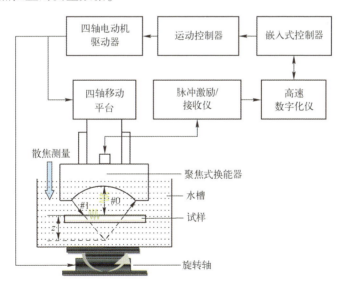

▼ 图 20.5.7　基于水浸聚焦压电换能器的超声显微测量系统示意图

4. 基于超声显微测量的镀层材料弹性常数反演方法

通过聚焦换能器测得超声数据获得的频散曲线包含了材料弹性性能的重要

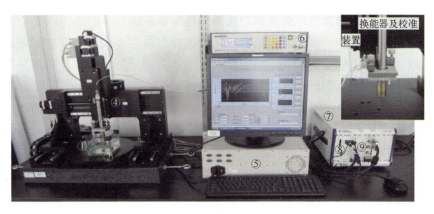

①无透镜聚焦换能器；②试样和水槽；③精密校准装置；④高精度四轴运动机构；
⑤四轴运动驱动器；⑥超声脉冲激励/接收仪；⑦嵌入式控制器；⑧高速数字化仪；
⑨四轴运动控制卡。

图 20.5.8　测量装置实物图

信息，如弹性模量 E、剪切模量 G、泊松比 ν 等。板类或涂层结构的理论频散方程可表示为

$$\begin{Bmatrix} \sigma_{33}|_{x_3=+h} \\ \sigma_{13}|_{x_3=+h} \\ \sigma_{33}|_{x_3=-h} \\ \sigma_{13}|_{x_3=-h} \end{Bmatrix} = \begin{bmatrix} & M & \end{bmatrix}_{4\times 4} \begin{Bmatrix} A_1 \\ A_2 \\ A_3 \\ A_4 \end{Bmatrix} = \begin{Bmatrix} 0 \\ 0 \\ 0 \\ 0 \end{Bmatrix} \quad (20.5.6)$$

式中 $[M]_{4\times 4}$ 可表示为

$$[M]_{4\times 4} = \begin{bmatrix} D_{11}e^{+i\xi h\alpha_1} & D_{12}e^{+i\xi h\alpha_2} & D_{13}e^{+i\xi h\alpha_3} & D_{14}e^{+i\xi h\alpha_4} \\ D_{21}e^{+i\xi h\alpha_1} & D_{22}e^{+i\xi h\alpha_2} & D_{23}e^{+i\xi h\alpha_3} & D_{24}e^{+i\xi h\alpha_4} \\ D_{11}e^{-i\xi h\alpha_1} & D_{12}e^{-i\xi h\alpha_2} & D_{13}e^{-i\xi h\alpha_3} & D_{14}e^{-i\xi h\alpha_4} \\ D_{21}e^{-i\xi h\alpha_1} & D_{22}e^{-i\xi h\alpha_2} & D_{23}e^{-i\xi h\alpha_3} & D_{24}e^{-i\xi h\alpha_4} \end{bmatrix} \quad (20.5.7)$$

式中：

$$\begin{cases} D_{1q} = \lambda + (C_{33}W_q)\alpha_q \\ D_{2q} = \mu(W_q + \alpha_q) \end{cases} \quad q = 1,2,3,4$$

$$W_1 = \alpha_1, \ W_2 = -\frac{1}{\alpha_2}, \ W_3 = \alpha_3, \ W_4 = -\frac{1}{\alpha_4} \quad (20.5.8)$$

$$\alpha_1, \alpha_3 = \pm\sqrt{\left[\frac{(\omega/c_L)}{\xi}\right]^2 - 1} \quad \alpha_2, \alpha_4 = \pm\sqrt{\left[\frac{(\omega/c_T)}{\xi}\right]^2 - 1}$$

以往的材料参数反演研究中，大多基于对应模态波速的差值建立反演目标函数，可以理解为理论计算曲线向实验频散曲线靠近的曲线拟合过程，但该方法需事先确定实验频散曲线的模态特征（如是 A_2 模态还是 A_3 模态），而在实际测量当中，特别是在高阶模态存在的情况下，兰姆波多模态的特性往往使模态阶数的确定变得异常困难，这大大限制了基于波速差值反演方法的应用范围。分析式（20.5.6）可以发现，频散方程的系数矩阵 $[M]_{4\times 4}$ 与材料参数直接相关，在计算频散曲线的过程中，需要不断计算 $[M]_{4\times 4}$ 的行列式值，当该值为 0 时即为频散方程的解。当材料参数确定时，$[M]_{4\times 4}$ 只与频率和波速相关，即与位置 (f,c) 相关，那么当实验频散曲线 (f^e,c^e) 测得后，若猜测一组材料参数 (c_L^g, c_T^g, h^g) 当作被测材料的实际参数，便可计算出实验频散曲线中每一点所对应的系数矩阵行列式，求和实验频散曲线中所有点所对应的系数矩阵行列式的值，这样就可以建立起与模态阶数无关的目标函数，即：

$$\Pi_e = \sum_{j=1}^{N}\left[\kappa(f_j^e, c_j^e; c_L^g, c_T^g, h^g)\right] \qquad (20.5.9)$$

式中

$$\kappa(f_j^e, c_j^e; c_L^g, c_T^g, h^g) = 20 \cdot \log_{10}(|[M]_{4\times 4}|) \qquad (20.5.10)$$

式中　N——实验频散曲线中的数据点数。

当目标函数值最小时，即可认为当前猜测的材料参数为被测材料的实际参数。

由于涂层材料测得的兰姆波波速存在大量高阶模态，鉴于高阶模态对材料参数更为敏感，且在实际测量中无法事先确定其精确阶数，因此采用如式（20.5.9）与式（20.5.10）为目标函数的反演方法要求反演过程初期偏重于全局寻优，而在反演过程后期偏重于局部深度寻优。此处采用了基于模拟退火的粒子群混合优化算法对反演过程进行优化。

5. 水浸聚焦压电换能器在镀/涂层材料弹性常数超声显微测量中的应用

对于镀层结构，仅以一个模态进行参数反演，使得反演难度大大增加。以 $25\mu m$ 石英镀镍层为例，介绍基于水浸聚焦压电换能器的超声显微测量系统对其声学参数进行反演的结果。反演对象包括镀层的纵波波速、横波波速、厚度和石英基体的纵波波速、横波波速，共 5 个参数。利用反演结果，如表 20.5.2 所列，将实验频散曲线与反演的频散曲线进行对比，如图 20.5.9 所示。

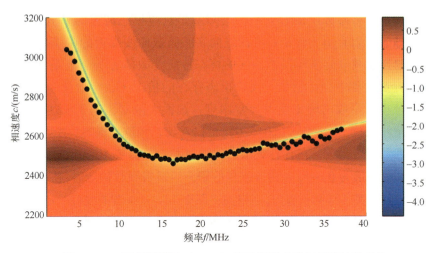

▼ 图 20.5.9　石英镀镍层（25μm）实验频散曲线与反演结果对比

表 20.5.2　25μm 石英镀镍层声学参数反演结果对比

反演方法	镀镍层			石英基体	
	纵波波速 c_L /(m/s)	横波波速 c_T /(m/s)	厚度 h/μm	纵波波速 c_L /(m/s)	横波波速 c_T /(m/s)
混合算法	5794.67±47.40	3281.19±52.23	25.45±0.37	6063.27±15.33	3773.24±15.94
实际值	5610~5810*	2930~3080*	25▲	6020**	3767**

注：*数据来自文献[16]；▲厚度由螺旋测微计测量得到；**体波法测量得到。

以上结果表明，基于水浸聚焦压电换能器的超声显微系统可以很好实现镀镍层和基体材料性能和厚度反演。由于测得结果中仅包含单一模态兰姆波信息，使得镀镍层材料参数反演结果略偏大。

20.5.3　技术发展展望

与传统超声检测技术相比，超声显微技术具有检测精度及成像分辨率高等优势。因此，超声显微技术对于镀/涂层材料弹性常数测量有很大的优势。但对于工业构件镀/层质量评价，超声显微检测系统还存在着一些局限性。首先，由于超声显微检测系统硬件的性能很大程度决定了其检测能力和精度，因此，需要在提高超声显微系统的输出电压和带宽、超声换能器的中心频率及较宽以及系统与换能器的阻抗匹配等方面开展研究；其次，由于涂/镀层材料厚度较薄，其超声测量信号极为复杂，且需要处理的数据量大，目前超声显微信号分析与参数反演手段较为单一且效率较低,需要发展更高效的信号分析及性能反演方法;此外,现有的超声显微测量技术仅适用于单层、各向同性材料性能测量。针对多层结构或各向异性甚至功能梯度材料的性能测量,需要进一步开展深入研究。

参 考 文 献

[1] 宋幼慧. 涂层技术原理及应用[M]. 北京:化学工业出版社, 2011.

[2] ARMSTRONG G. Aerospace engineering coatings: today and next five years[J]. Transactions of the Institute of Metal Finishing, 2010, 88(1): 6-7.

[3] 刘洪涛, 邓长城. 钛合金镀镍在航空航天工业中应用的可行性研究[J]. 功能材料, 2010, (2): 249-252.

[4] MAYNARD J D. The use of piezoelectric film and ultrasound resonance to determine the complete elastic tensor in one measurement[J]. The Journal of the Acoustical Society of America, 1992, 91(3): 1754.

[5] TAN Y, SHYAM A, CHOI W B, et al. Anisotropic elastic properties of thermal spray coatings determined via resonant ultrasound spectroscopy[J]. Acta Materialia, 2010, 58(16): 5305-5315.

[6] HONG S, WEIHS T, BRAVMAN J, et al. Measuring stiffnesses and residual stresses of silicon nitride thin films[J]. Journal of Electronic Materials, 1990, 19(9): 903-909.

[7] FÁTIMA V S M, HANCOCK P, NICHOLLS J. An improved three-point bending method by nanoindentation[J]. Surface and Coatings Technology, 2003, 169: 748-752.

[8] BEGHINI M, BERTINI L, FRENDO F. Measurement of coatings' elastic properties by mechanical methods: Part 1. consideration on experimental errors[J]. Experimental Mechanics, 2001, 41(4): 293-304.

[9] NEUBRAND A, HESS P. Laser generation and detection of surface acoustic waves: elastic properties of surface layers[J]. Journal of Applied Physics, 1992, 71(1): 227-23.

[10] LI W, ACHENBACH J D. V(z) measurement of multiple leaky wave velocities for elastic constant determination[J]. Journal of the Acoustical Society of America, 1996, 100(3): 1529-1537.

[11] CROS B, GAT E, SAUREL J. Characterization of the elastic properties of amorphous silicon carbide thin films by acoustic microscopy[J]. Journal of non-crystalline solids, 1997, 209(3): 273-282.

[12] LEE Y-C, KIM J O, ACHENBACH J D. V(z) curves of layered anisotropic materials for the line-focus acoustic microscope[J]. The Journal of the Acoustical Society of America,

1993, 94 (2): 923-930.

[13] LEE Y C, ACHENBACH J D, NYSTROM M J, et al. Line-focus acoustic microscopy measurements of Nb_2O_5/MgO and $BaTiO_3$/$LaAlO_3$ thin-film/substrate configurations [J]. Ultrasonics, Ferroelectrics and Frequency Control, IEEE Transactions on, 1995, 42 (3): 376-380.

[14] 林书玉. 超声换能器的原理及设计 [M]. 北京: 科学出版社, 2006.

[15] LU Y, HE C F, SONG G R, et al. Fabrication of broadband poly (vinylidene difluoride-trifluroethylene) line-focus ultrasonic transducers for surface acoustic wave measurements on anisotropy of a (100) silicon [J]. Ultrasonics, 2014, 54 (1): 296-304.

[16] SONG G R, LU Y, GAO Z Y, et al. Development of high-precision ultrasonic microscopy measurement system and measurement of the surface wave velocities of (100) silicon wafer [J]. Insight-Non-Destructive Testing and Condition Monitoring, 2013, 55 (1): 253-256.

20.6 高精度液位传感器在储罐计量系统的典型应用

20.6.1 概述

1. 储罐计量系统的发展及其应用需求

战略石油储备制度是西方发达国家为应对欧佩克石油禁运而建立的，并在以后历次重大国际事件中发挥了重要作用。国际能源署规定成员国至少应具备 90 天的石油储备。截至 2009 年，美国战略石油储备已达 150 天。"如果现在伊朗打一场 200 天的仗，对全世界的石油运输搞制裁，美国可以坚持 420 天，欧盟大概是 238 天到 250 天，日本也在 200 天以上。"我国直至 2000 年才开始讨论建立石油战略储备，2007 年正式成立中国国家石油储备中心。2010 年 1 月，我国完成石油战略储备一期工程，但储量依然不足 30 天。

我国石油储备体系的基础是大型油库。在目前的石油供应形势下，一些油库或油库群的规模大得超乎想象，单个油罐容量也成倍增长，20m 以上的大型油罐越来越普遍，传统的人工投尺测量储油量的方法难以适应管理需求。另一方面，我国有关行业部门所拥有油库的自动化程度仍然有限，一些安装了液位仪表的油库，由于各种原因也面临更新换代。因此，以液位仪表为核心的管理级的储罐计量系统的市场容量仍然相当巨大。

在贸易交接中，买卖双方主要关心总量参数。实行体积交接的国家需要体积参数，而实行质量交接的国家需要的是质量参数。目前，如何提高有关传感器的精度和稳定性，实现能够满足贸易交接需求的高精度储罐计量系统，仍是尚待解决的问题。如果有关技术难题能够得到解决，未来贸易级的储罐计量系统的发展前景也将是非常广阔的。

储罐系统的基本功能是实时监测罐内所储存油品的物理参数，包括：液位（油高）、密度（标准密度或观察密度）、油品的平均温度、油罐内的油水界面（水高）、罐内储存油品的标准体积（油品在标准温度下的体积）和商业质量（考虑空气浮力后的物理质量）。

同时，随着管理水平的提高、储量和贸易量的增加，以及技术的进步，大型油库用户群对液位仪表的要求也日益苛刻，不再满足于简单的液位观察，而是希望获得油料的精确的体积、质量、密度、温度等物理参数，并与收发油、排水、安防等环节结合起来，实现全过程的计量、管理、监控。

为了适应不同用户的需求，储罐计量系统的传感器应该全部或部分满足以下要求：

（1）一定的精度和可靠性；

（2）一定的防爆特性（储罐内设备必须达到本安防爆标准）；

（3）工作温度范围（北方地区冬季可能低于-40℃，夏季直射阳光下表壳温度可能高于85℃）；

（4）尺寸重量和安装方式符合现场条件；

（5）能够适应黏稠、浑浊、高压、易挥发、强腐蚀性油品的环境；

（6）具有标准数字接口及现场设置调整功能。

2. 储罐计量系统的发展现状

现有油罐自动计量系统的计量方法，依据时间先后以及成熟程度依次分为三大类，即液位计法、静压法和混合法。

液位计法主要是利用液位传感器（液位计）来测量罐内油高，再通过测量油温和密度，换算出体积或质量。该方法可准确地得到标准体积，但无法得到油品的密度及质量，故在质量交接的国家（如我国）无法用于贸易交接。20世纪80年代初之前，国外主要研制和使用的是各种钢带式液位计，大多是每个罐独立安装，现场显示。国内直到本世纪初仍大量使用钢带式液位计。钢带式液位计的运动机构存在机械摩擦和冬季冻结等问题，光电编码的分辨率有限，测量误差一般为3mm以上。随着对计量精度要求的不断提高，出现了伺服式液位计。由于使用了伺服马达，消除了因机械摩擦而引起的误差，提高了灵敏度和复现性，其液位计量精度可高达±1mm。20世纪末，又出现了微波雷达式液位计、激光雷达液位计、超声波液位计及光纤液位计等。其共同特点是非接触测量，不采用浮子之类的固态物，可用于接触式测量仪表不能满足的特殊场合，如高黏度、腐蚀性强、污染性强、易结晶的介质。其缺点在于成本或精度方面。对于超声波液位计，音速随温度、储存物料的化学成分和罐内蒸汽的运动而变化。光纤液位计在尘雾环境下使用不太稳定。雷达液位计成本较高，且容易受到某些介质导电性能变化的影响。

静压法主要采用压力传感器及多点温度传感器。利用压力传感器测量油品的静压，根据油罐的几何参数计算体积或质量，从而得到罐内油品的商业质量，并且量值可传递、可标定。但它无法在不规则油罐、油水混合罐以及密度分层油罐中使用。从 20 世纪 70 年代起，美、日、德等开始研究将各种压力传感器用于油罐计量。目前技术较成熟的高精度压力传感器主要包括压阻式、电容式和谐振式。80 年代中期，美国 Rosemount 公司首先推出储罐静压计量系统并迅速得到推广。目前国内储罐计量系统应用较多的压力仪表多为 Rosemount 或 EJA 的压力变送器。我国在 20 世纪 80 年代曾经大量使用称重式液位计。这种传感器的精度可以满足一般监控的需要，且安装使用简单。但它工作时必须向罐内吹气，不能用于有压力的罐。在没有氮气的场合，油品易被风中的氧气氧化造成质量下降。对于轻油，吹气挥发会带来油品损失和空气污染。

混合法实际上是上述两种方法的结合。液位传感器测得液位和水位，压力传感器测得压力，多点温度传感器测得分层温度。在侧重油罐管理的场合，该方法不仅可以得到精确的体积和质量，还可以得到油品密度、水位、缓慢泄漏等信息，便于了解油品质量好坏和油罐运行情况。在贸易交接场合，混合法对体积交接和质量交际的国家都适用。

由于用户管理模式以及高精度压力传感器的精度和价格等问题，目前国内油库系统均采用液位计法或混合法，因此液位传感器在储罐计量系统中一直处于重要位置。

各类液位传感器中，除了上述钢带式、雷达式、伺服式等产品外，目前综合优势较突出的产品是磁致伸缩液位传感器。磁致伸缩效应用于长度、位移测量的历史较长，而在液位测量中的应用历史相对较短。1960 年，Jack Tellerman 首次申请了磁致伸缩位移传感器的专利权。20 世纪 80 年代，美国 MTS 公司首先应用磁致伸缩原理开发出了测量油罐液位的传感器。

几种典型的液位传感器的对比如表 20.6.1 所列。

磁致伸缩液位传感器一方面采用浮子接触被测介质以保证测量精度，另一方面传感器内部系统与外界并不接触，而是通过浮子中的磁铁感受其位置，因而可以耐受恶劣环境，如油渍、溶液、尘埃、高温、高压等，并且不存在摩擦、磨损问题。其输出信号为绝对数值，不存在相对编码传感器因工作中断而丢失绝对位置的问题。实际上，通过设计不同的位置感受部件，磁致伸缩传感器不仅可测量液体液位（感受部件为浮子），还可以测量机械位移。在油罐计量中，通过设计专用的界位浮子，磁致伸缩传感器还可以测量分界面，例如油水分界面。一个磁致伸缩传感器可以同时安装两个浮子，同时测量油位和水位，以便精确计算出油量，这一独特的优点是其他液位传感器所不能比拟的。正是由于上述诸多优点，磁致伸缩液位传感器在短短三十年的时间里得到了很大发展和广泛应用。

表 20.6.1 典型的液位传感器的对比

原理	最大量程	典型精度	可测参数	安装方式	防爆性	典型价格
磁致伸缩式	≥18m	≤0.02%	液位/界位/温度（同时）	简单（顶部非破坏安装）	本安	5000~30000元（依长度）
伺服式	≥30m	≤0.005%	液位/界位（分时）	简单（顶部非破坏安装）	隔爆	10万元
静压式（硅谐振）	≥100m	0.05%	液位/质量	较复杂（底部开孔+毛细管）	本安	1500元
静压式（硅压阻）	≥100m	0.25%	液位/质量	较复杂（底部开孔+毛细管）	本安	30000元
电容式	≥20m	0.25%~1%	液位	复杂（高罐需吊装）	本安	数千元~数万元（依长度）
雷达式	≤20m	0.01%~0.1%（介质影响大）	液位	简单	隔爆	10000元（工业级）50000元（计量级）
钢带式	≤10m	≥0.5%	液位	复杂	本安	~1000元

20.6.2 传感器应用情况

1. 磁致伸缩效应及磁致伸缩液位传感器工作原理

铁磁材料或亚铁磁材料在居里点温度以下于磁场中被磁化时，会沿磁化方向发生微量伸长和缩短，称之为磁致伸缩效应，又称焦耳效应。磁致伸缩的产生是由于铁磁材料在居里点温度以下发生自发磁化，形成大量磁畴，并在每个磁畴内晶格发生形变。在未加外磁场时，磁畴的磁化方向是随机取向的，不显示宏观效应；在有外磁场作用时，大量磁畴的磁化方向转向外磁场磁力线方向，其宏观效应表现为材料在磁力线方向的伸长或缩短。相反，由于形状变化致使磁场强度发生变化的现象，称为磁致伸缩逆效应。

其材料变形的大小用磁致伸缩系数 λ_S 来度量，即

$$\lambda_S = \Delta L / L \tag{20.6.1}$$

式中　L——受外磁场作用的物体总长；

　　　ΔL——物体长度尺寸变形量。

磁致伸缩液位传感器中，利用两个不同的磁场相交使波导管发生波导扭曲，产生一个超声波信号，然后计算这个信号被探测所需的时间，便能换算出动磁铁的准确位置，如图 20.6.1 所示。在磁致伸缩波导丝的轴向方向配置非接触的浮子，浮子中的磁铁为波导丝产生轴向磁场。金属线中的瞬时轴向电流脉冲在波导管上产生瞬时周向磁场，周向和轴向磁场矢量合成瞬时倾斜磁场。根据威德曼效应，波导管随磁场的瞬间变形产生波导扭曲，同时产生一个应变脉冲的超声波信号，在波导管中以固定的速度向两端传播。当超声波沿波导管传到一端时，超声波被固连在波导管上的检测元件转换为电脉冲，该脉冲经放大送到主要由计数器组成的测量电路中。

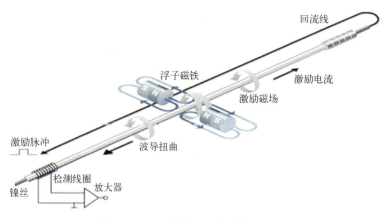

▶ 图 20.6.1　磁致伸缩液位传感器工作原理

超声波在波导管中是以恒速传播的，测出脉冲发射与脉冲接收两者之间的时间间隔 Δt，乘以波导管中的声速 v，即可得到磁铁与检测线圈间的距离 d：

$$d = v \Delta t \tag{20.6.2}$$

由于浮子随被测液面移动，可由 d 得到液位：

$$H_X = H_C - d \tag{20.6.3}$$

式中　H_C——传感器表头（主要指回波检测元件）的安装高度；

　　　H_X——液位（油位 H_P 或水位 H_W）。

Δt 属于时间量,一般采用高频时钟和计数电路进行测量。只要计数脉冲的频率足够高,磁致伸缩液位传感器的理论分辨率可以足够小。例如,当声速为 2000m/s,采用 200MHz 计数时钟,测量分辨率可达到 $10\mu m$。

2. 磁致伸缩液位传感器及储罐计量系统

磁致伸缩液位传感器是由保护套管、波导管、磁性浮子和测量头四个主要部分组成。图 20.6.2 为一种基于磁致伸缩液位传感器的储罐计量系统。磁致伸缩液位传感器的表头(电子装置)在罐体之外,包括脉冲发生、回波接收、信号检测与处理电路。由不锈钢或铝合金材料做的保护套管套在波导管外,插入液体中直达罐底,底部固定在罐底。磁浮子可以有两个,一个测量油位,另一个安放在波导管对应的油水界面处,用于测量界位。

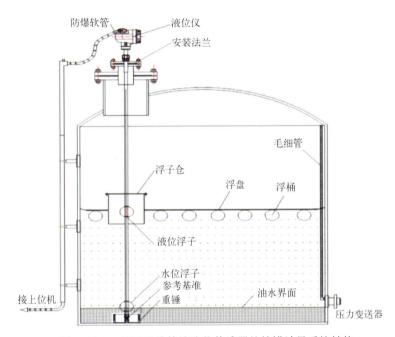

图 20.6.2 基于磁致伸缩液位传感器的储罐计量系统结构

利用磁致伸缩液位传感器测量出油罐中油品的液位(油高 H_P)和油水界位(水高 H_W),将 H_P 和 H_W 分别代入油罐的罐形表(利用激光扫描设备测量得到的油罐不同高度层对应体积的查找表),即可得到总体积 V_T 和水体积 V_W:

$$\begin{cases} V_T = \text{LUT}_V[H_P] \\ V_W = \text{LUT}_V[H_W] \end{cases} \tag{20.6.4}$$

式中 LUT_V——罐形表的转换关系。

进一步可得到油的净体积

$$V_P = V_T - V_W \tag{20.6.5}$$

由于油品密度 $\rho_P(t)$ 随温度 t 变化，上述计算得到的体积为视体积（当前温度 t 下的体积 $V_P(t)$）。在获取视体积的基础上，油罐计量可采用液位计法和混合法。

液位计法：利用温度将视体积转换为标准体积（20℃下的体积 V_{20}）。

液位计法中，没有压力传感器，只有液位和温度信息，此时需要根据油品类型，在有关标准表（国内目前为 GB/T 1885-1998《石油计量表》）中查找该温度下的体积修正系数 $K_{\text{VCF}}(t)$，并计算标准体积：

$$V_{20} = V_P(t) \times K_{\text{VCF}}(t) \tag{20.6.6}$$

若采用体积交接，只需要 V_{20} 一个参数即可。

若采用质量交接，需要手工测量油品密度（试验密度 $\rho_M(t)$），根据 $\rho_M(t)$ 在《石油计量表》中查找特定油品（原油、润滑油、汽柴油等）的标准密度（20℃下的密度 ρ_{20}）：

$$\rho_{20} = \text{LUT}_\rho [\rho_M(t), t] \tag{20.6.7}$$

式中 LUT_ρ——《石油计量表》的转换关系。

根据标准密度和标准体积可得到油品质量：

$$m = V_{20} \times (\rho_{20} - \rho_{\text{air}}) \tag{20.6.8}$$

式中 ρ_{air}——空气浮力修正值，一般取 1.1 kg/cm³。

若为浮顶油罐，m 还需要减去浮顶的重量。

实践中，若 ρ_{20} 稳定不变，无需重复测量 $\rho_M(t)$。

混合法：将液位计和压力变送器结合获取油品密度，并进一步计算质量。利用压力变送器测得压力 P（压力变送器安装位置与液面以上空气的差压），计算视密度：

$$\rho_P(t) = \frac{P}{(H_P - H_S)g} \tag{20.6.9}$$

式中 H_S——压力变送器的安装高度（常数）。

根据 $\rho_P(t)$ 在《石油计量表》中查找标准密度 ρ_{20}：

$$\rho_{20} = \text{LUT}_\rho [\rho_P(t), t] = \text{LUT}_\rho \left[\frac{P}{(H_P - H_S)g}, t \right] \tag{20.6.10}$$

之后可根据式（20.6.8）计算油品质量。

3. 储罐计量系统误差分析

质量计量误差主要源于液位和压力的测量误差。

对于立罐，LUT_V 关系近似为直线：

$$V_P \approx K_V(H_P - H_W) - V_0 \quad (20.6.11)$$

式中：V_0、K_V 为与罐结构有关的常数。忽略 ρ_{air}，有：

$$m \approx \rho_{20} V_{20} = \text{LUT}_\rho\left[\frac{P}{(H_P - H_S)g}, t\right]\left((K_V(H_P - H_W) - V_0)\right)K_{\text{VCF}}(t) \quad (20.6.12)$$

当液位 H_P 较高时，忽略 V_0、H_S、H_W，有

$$m \approx \frac{K_V K_{\text{VCF}}}{g} P \quad (20.6.13)$$

可见，对于均匀的立罐，如果忽略罐参数、油品物理参数等随温度的变化，以及水位、压力变送器安装位置等因素，可以只用压力 P 计算油品质量 m。这在一定程度上反映了在质量交接中，压力变送器的精度比液位的精度更重要。当然如果需要知道油品标准密度（反映油品品质），液位精度还是很重要的。

对于不规则罐、卧罐等，式（20.6.13）不成立，此时液位和压力的精度都很重要。根据式（20.6.4）、式（20.6.5）、式（20.6.8）、式（20.6.9）有：

$$\Delta m \approx \frac{\partial \rho_P}{\partial P}\Delta P + \frac{\partial \rho_P}{\partial H_P}\Delta H_P + \frac{\partial \rho_P}{\partial t}\Delta t + \frac{\partial V_P}{\partial H_P}\Delta H_P + \frac{\partial V_P}{\partial H_W}\Delta H_W \quad (20.6.14)$$

式中 ΔP、ΔH_P、ΔH_W、Δt ——压力、水高、油高、温度的测量误差。

由于 LUT_ρ 二维表格的实际特点，ρ_{20} 随 t 的变化为确定的、接近直线的、小斜率的变化，相同 t 下 ρ_{20} 与 ρ_P 接近正比关系且系数接近 1，因此用 $\frac{\partial \rho_P}{\partial X}$ 代替 $\frac{\partial \rho_{20}}{\partial X}$。

由式（20.6.14）可见，高精度储罐计量需要高精度的液位（油高、水高）、压力和温度参数，属于多参数组合的高精度计量系统。根据各传感器误差对总测量误差的影响程度，其中液位传感器和压力传感器的精度尤为重要。

4. 储罐计量系统中传感器的技术特点

目前储罐计量系统的液位传感器大量采用磁致伸缩液位传感器，主要是基于以下优点：

（1）测量精度可达 0.01%FS，重复性优于 0.001%FS，对于 10m 量级的

传感器，标定后精度可达毫米级，与伺服型液位传感器和光纤液位传感器的测量精度基本相当。测量范围大，硬杆式可达 10m，软缆式可达 18m（国内部分厂家已经做到 25m 以上）。在界位测量上，可靠性高、受介质变化影响小，较以往的浮筒式、磁浮子式等传感器有一定的优势。

（2）不仅具有多点液位测量能力，还具有多点温度测量功能，相当于集成了一台高精度多点温度计。

（3）由于采用波导管来传播超声波，故介质雾化和蒸气、介质表面泡沫等都不会对测量精度造成较大影响。

（4）整个传感器的主体密封在保护套管内，敏感元件和电子元件与被测液体非接触。虽然测量时浮球不断移动，但造成磨损，所以使用寿命长并能适应恶劣环境。

（5）安装、调试、标定简单方便。由于测量的是绝对位置，可在安装之前通过人为设定浮子位置精确标定满量程系数，并在安装后通过与人工检尺的比对修正零点误差，从而方便地实现现场标定。必要时可以增加自校准功能，实现免维护和免定期标定。

（6）防爆等级可达到本安级，适合工作在各种易燃、易爆、高温、高压等危险场所。

其可能存在的问题在于：

（1）由于采用磁性浮子作为液位和油水界面的感应元件，当被测介质受温度影响引起密度变化时，会使浮子浸在液体中的高度发生变化，带来测量误差，为此要减小介质密度随温度变化对测量的影响。一方面，从浮子材质及结构尺寸考虑，尽量减小浮子密度，使浮子浸入介质的深度减小。若不是柱状浮子（如球状），减小其外径，也可减小密度变化对测量的影响；另一方面，应考虑温度影响的补偿。所以，磁致伸缩液位传感器要实现高精度测量，必须配有高分辨率的信号检测接口及温度补偿措施才能得以实现。

（2）由式（20.6.2）可见，其液位计算依赖于安装高度 H_C，当罐体随温度、压力等发生变形，H_C 会随之变化，产生误差。磁致伸缩液位传感器目前最大的问题在于安装方面。对于大型油罐，其高度随温度变化较大，此时不仅会产生对应的测量误差，软缆在变化的拉伸作用下的变形还会影响传感器的长期稳定性和耐用性。这些应主要依靠安装方式的创新予以解决。在精度要求高的场合，还可以在罐底部设置磁铁作为参考基准，补偿 H_C 的变化。

随着混合法的推广，除液位传感器外，储罐计量系统中的压力变送器也越来越重要。这类传感器的技术相对更为成熟,传感器已经实现高度标准化,国内的高端市场基本被 Rosemount、EJA 等国际大公司垄断。但其应用中仍存在一些问题,如图 20.6.2 中为了实现差压测量,必须采用一根毛细管引压,这不仅明显提高了总成本,也带来了额外的误差。未来国内高精度压力传感器的发展不仅需要考虑突破国外垄断的问题,也需要考虑新的工作模式和新的应用方式的问题。

20.6.3　技术发展展望

近年来,磁致伸缩传感器的技术进步也发生了很大进步。一方面是采用新材料、新工艺,以提高测量的精确度、可靠性和应用范围,大幅提高性能。如稀土超磁致伸缩材料比传统磁致伸缩材料如 Fe、Co、Ni 等的磁致伸缩系数大大提高。采用这类材料制作的传感器在测量精度、测量范围上都优于传统的磁致伸缩液位传感器。

传感器技术的特点之一是不仅要考虑自身的技术问题,还要密切关注与现场使用有关的问题。磁致伸缩液位传感器目前推广应用中遇到的主要障碍在于安装方式、底部重锤设计、H_c 变化的补偿等问题的有效解决。

目前国内储罐计量系统中传感器技术的总趋势是:大中型罐、精度要求较高(毫米级或更低)的场合,倾向于磁致伸缩液位传感器;大型或特大型罐、精度要求非常高(亚毫米级)的场合,可能会倾向于机械伺服式液位传感器。其中,磁致伸缩液位传感器如能解决安装及软缆拉伸问题,有可能在一段时期内垄断这个市场;机械伺服式液位传感器如能解决其成本问题并实现本安防爆,也有可能取代前者;更进一步,如果未来高精度压力传感器的精度能够进一步提高到 0.01%FS 以内,并解决引压管的问题,也有可能最终成为这个市场的主角。

从系统层面看,液位传感器和储罐计量系统正在充分利用微电子、微机械、计算机和通讯等技术的发展,实现数字化、智能化。一些现场中往往是多个厂家的产品混用,此时产品接口的标准化和统一也称为用户关心的重要问题。在储罐计量系统的基础上,汇总大型罐区的所有储罐的信息的管理系统也非常重要,其关键是标准化和柔性可定制能力。更进一步,可利用物联网技术,将各个地区的各类油库的数据汇总到云端,实现更大范围的远程监控管理。在这类具有一定战略意义的基础设施中,传感器是保证数据质量的技术基石之一。

参 考 文 献

[1] 孙溯源. 国际石油公司在世界石油体系中的影响和作用 [D]. 上海：复旦大学，2008.
[2] 任开春，涂亚庆. 大罐液位仪的现状和发展趋势. 自动化与仪器仪表，2002（04），4-7.
[3] 李一博. 磁致伸缩多参数罐储自动计量系统关键技术研究 [D]. 天津：天津大学，2004.
[4] BERT F J. Hydrostatic tank gauges accurately measure mass, volume, and level [J]. Oil & Gas Journal, 1990, 88 (20): 57~59.
[5] 杨朝虹，杨竞，李焕，等. 磁致伸缩液位传感器的应用与发展 [J]. 矿冶，2004（04）：83-86+49.
[6] CALKINS F T, FLATAU A B, DAPINO M J. Overview of magnetostrictive sensor technology [C]. 1999 American Institute of Aeronautics & Astronautics, 1999.
[7] 孙可，袁梅. 磁致伸缩液位传感器信号拾取关键技术的研究 [J]. 测控技术，2005（12），15-18.
[8] 齐荣，姜波，陈祥光，等. 磁致伸缩液位传感器中高分辨力时间量检测 [J]. 传感器技术，2004（04）：40-42+46.
[9] 石油和液体石油产品 采用混合式油罐测量系统测量 立式圆筒形油罐内油品体积、密度和质量的方法：GB/T 25964-2010 [S]. 北京：中国标准出版社，2010.
[10] 蒋成保，宫声凯，徐惠彬. 超磁致伸缩材料及其在航空航天工业中的应用 [J]. 航空学报，2000（4），35-38.
[11] 陈立彪，朱小溪，李川，等. $Fe_{81}Ga_{19}$合金<001>取向单晶生长及磁致伸缩性能 [J]. 金属学报，2011（02），169-172.

20.7 压电式传感器在乳腺超声 CT 成像系统的应用

20.7.1 概述

长期以来，乳腺癌是女性最常见的癌症，且其发病率一直在快速增长，2020 年其发病率更是超过肺癌，成为发病率最高的癌症。世界卫生组织国际癌症研究机构（IARC）的报告显示，2020 年全球新增乳腺癌 226 万例，超过肺癌的 220 万例，成为全球第一大癌症，其中我国新增乳腺癌 42 万例，死亡

12万例。随着乳腺癌发病率的不断攀升，其已成为一个全球性的健康问题，严重威胁着中国乃至全球女性的健康，已引起国内外的广泛关注。

医学乳腺成像方法是乳腺癌筛查和诊断的重要手段，对乳腺癌的治疗至关重要，也是降低乳腺癌死亡率的重要方法。目前临床上有多种成像方法常用于乳腺癌的早期筛查和准确诊断，包括乳腺钼靶成像（乳房 X 光摄影术），乳腺超声成像和乳腺核磁共振成像。其中乳腺 X 光成像主要用于乳腺癌的早期筛查，其使用两块 X 光透过率较高的板子夹持乳房，使其厚度均匀，然后使用 X 光源发射锥状 X 光，投影在 X 光感光传感器上，可以获得乳房的二维投影图像。该成像方法在欧美国家被用于乳腺癌高发年龄段女性的早期乳腺癌筛查，在过去几十年里取得了较大的成功，有效地降低了死亡率，但是其只能提供二维投影图像，在图像中可疑组织会与乳腺组织相互重叠，尤其对于乳腺含量较高的致密乳房，较难在该二维投影图像中发现可疑组织。乳腺超声成像可以获得乳房的断层图像序列，从而避免可疑组织与乳腺组织在图像上的相互重叠。在成像时，医生手持超声探头走查整个乳房获取断层图像序列，同时观察图像寻找可疑的癌变组织。该方法可以解决可疑组织与乳腺的重叠问题，但是其图像质量欠佳，并且具有较强的操作人员依赖性，也不能自动获取乳房的三维图像。乳腺核磁共振成像法可以提供乳房的三维图像，常用于乳腺癌的诊断。在成像时，患者俯卧在核磁共振仪器上，乳房自然下垂，通过核磁成像获得自然下垂状态下的乳房三维图像。乳腺核磁共振成像既可以避免乳房 X 光成像中可疑组织与乳腺互相重叠的问题，也不会有乳腺超声成像中对操作人员的依赖，而且还可以提供高质量的三维乳房图像，但是该成像设备比较笨重，而且价格非常昂贵，会加重患者的医疗负担。

针对现有临床上乳腺癌筛查诊断成像方法的缺点，已经出现了多种有前景的新型成像技术，其中包括乳腺超声 CT 成像。在乳腺超声 CT 成像中，一般将环形超声换能器阵列探头和乳房同时浸入水中，并且使用环形探头环绕乳房（图 20.7.1（a））；然后环形探头开始进行旋转扫描，其每个超声换能器依次发射脉冲声波，所有换能器同时接收脉冲声波的透过波和回波信号，利用回波信号可以重建超声 CT 回波图像（图 20.7.1（b）），使用透过波的渡越时间和幅值可以重建声速图像（图 20.7.1（c））和衰减图像（图 20.7.1（d））；进而通过机械装置上下移动环形探头就可以获得乳房三维图像。乳腺超声 CT 已经成为一个非常有前景的乳腺癌检测手段，并开始进入临床实验阶段。

乳腺超声 CT 成像技术起源于 20 世纪 70 年代。美国的 Greenleaf 首次提出，使用声波代替 X 光 CT 中的 X 光来进行超声 CT 成像，而由于声波难以透

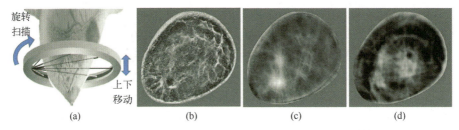

图 20.7.1 乳腺超声 CT 扫描成像示意和多模态图像[5]
(a) 扫描示意；(b) 回波图像；(c) 声速图像；(d) 衰减图像。

过骨骼和空气，所以选择乳腺作为成像对向，自此开启了乳腺超声 CT 成像技术的研究。到 20 世纪 80 年代初期，Greenleaf 已经成功地重建出声速图像和衰减图像。2006 年，美国 Karmanos 癌症研究所的 Duric 等研制出乳房超声 CT 成像原型机，该原型机采用中心频率为 1.5MHz、256 个阵元的压电超声换能器圆环形阵列，且在机械传动装置的带动下，以 10mm/s 的速度进行上下移动，可以在 20s 内完成长度为 20cm 乳腺的完整扫描。该原型机可以自动获得乳房的三维超声图像，但是其三维图像在探头移动方向的分辨率较差。2014 年，为了获取各个方向分辨率相近的三维图像，德国 Ruiter 等人使用半球形稀疏换能器阵列，搭建三维乳腺超声 CT 成像原型机，该原型机由 48 个压电换能器阵列组成，共包含 384 个发射压电超声换能器和 1536 个接收压电超声换能器，构成一个圆柱形孔径探测器，直径 18cm，高度 15cm，每个阵列包括 32 个接收压电超声换能器和 8 个发射压电超声换能器，每个换能器中心频率 2.4MHz。由电动机控制旋转 6 步，实现虚拟的 2304 个发射压电超声换能器和虚拟的 9216 个接收压电超声换能器。该装置能直接获得三维乳腺图像，无须机械移动探头位置，但是由于其使用稀疏换能器探头，图像质量受到了一定限制。

与国外相比，国内在透射波超声 CT 成像领域的研究起步较晚，但是近年来，也涌现出不少具有较大价值的研究成果。华中科技大学丁明跃教授团队使用一个环形换能器阵列探头，重建出高分辨率图像，用于乳腺癌诊断。为了进一步改进成像算法，哈尔滨工业大学的沈毅教授团队对透射波超声 CT 声速成像算法进行了全面和深入的研究；山东大学的常发亮教授团队引入非最小最优化算法进行声速图像的重建。为摆脱环形探头制造工艺较复杂的限制，哈尔滨工业大学的马秀娟教授团队提出使用多个线阵探头进行声速图像重建；中北大学的王浩全等对任意形状环绕式探头的声速重建方法进行了研究。

20.7.2 传感器应用情况

压电式传感器由具有压电特性的压电材料制作而成，其可以实现电能和机械能之间的转换。压电传感器在医学超声成像中可以将声波产生的振动转换为电信号，从而测量振动和声波，也可以将脉冲电压转换为振动和声波，因此常被称为换能器。乳腺超声 CT 成像系统的核心为超声换能器阵列，该超声换能器阵列由成百上千的换能器组成。本节将依次阐述超声换能器的定义、基本原理与基本结构，讨论该类传感器的主要性能指标。在此基础上，介绍几种常见的可用于乳腺超声 CT 成像的换能器阵列类型，并以环形超声换能器阵列为例，阐述讨论其在乳腺成像系统中的应用情况。

1. 医学超声换能器原理与结构

超声波是指频率在 20kHz 以上，超过人类听觉频率上限的声波，医学超声成像中一般使用中心频率为 1~10MHz 声波进行成像。医学超声换能器是可以实现超声波机械能和电能相互转换的换能器。目前乳腺超声 CT 成像系统中所使用的超声换能器与传统医学超声成像中所使用的换能器相同。

超声换能器的工作原理为：当在超声换能器的压电材料上施以交流电场时，压电材料将按照所施加的交变电压的频率而振动并随之向外发出声波，若所施交变电压的频率恰好是该换能器的共振频率，则振幅值将大大增加，而作为发射用的换能器在共振频率具有最高的能量转化效率。而当声波传导至压电材料上时将引起压电材料的振动，这一振动又将在压电材料的上下层电极上引起交变的电荷分布。当振动频率与换能器的谐振频率一致时，作为接收信号用的换能器则具有最大的接收灵敏度。

在实际应用中，一个换能器往往可以同时既作为发射器又作为接收器使用。超声换能器发射超声波进入身体组织随后又接收其回波信号，通过后端电路的信号处理最终实现超声成像。当然在不同的实际应用需求中，对换能器的性能要求不同，包括对其灵敏度、带宽等有不同的要求，而其性能又依赖于压电材料的机电耦合系数和介电常数等。

超声换能器的基本结构如图 20.7.2 所示。单个压电换能器一般由电缆、塑料外壳，金属外罩、吸声层、背衬层、压电材料和匹配层构成。其中压电材料起到电和声的互相转换作用，而吸声层主要是吸收反方向的声波，从而保证换能器产生和接收的声波与成像方向一致。匹配层主要是为了匹配压电换能器和待测对象之间的声阻抗，从而避免声波在压电材料和待测对象界面上被大量反射。匹配层的厚度一般为换能器中心频率波长的 1/4。背衬层用于吸收从压电元件向后传播的声波。如果后向波在衬块的底部反射并返回到压电材料，则会在超声图像中产生噪声。匹配层与背衬层分别辅助换能器声波的传输与吸收，其中背衬层应该具有较高的衰减。

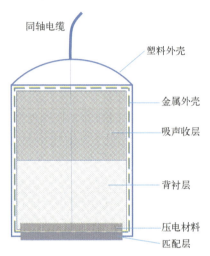

图 20.7.2　超声换能器的结构示意图

综上所述，超声换能器是超声成像、检测、治疗系统的关键组成部分。医用超声探头一般由超声换能器阵列构成，其构成了医用超声成像设备价格的 10~40%。超声换能器阵列的发展是医学超声诊断设备发展一个重要部分。

2. 超声换能器基本性能指标

在包括传统医学 B 超成像和乳腺超声 CT 成像等医学超声成像方法中，超声换能器阵列通常需要完成声波的发射和接收，其可以实现电能和声波机械能之间的相互转换，所以超声换能器和换能器阵列直接决定了超声成像的图像质量。其图像质量的评价指标主要有分辨率和对比度，分辨率又可以进一步分为轴向分辨率和横向分辨率。超声换能器对图像质量的影响主要也体现在对图像分辨率和对比度的影响。一般来说，使用灵敏度高的换能器可以提高接收信号的信噪比，从而提高图像的对比度；而图像轴向分辨率主要取决于超声波的频率，随着频率的增加，波长减小，可以更好地分辨目标和其他对象。沿着轴向正交方向的横向分辨率由换能器的波束轮廓确定，波束越窄，沿横向的分辨率越高。具体而言，评估超声换能器的性能时，可以从时域特性和频域特性两个角度进行。

时域响应：当激励源为电脉冲时，使用脉冲回波法可以测得超声换能器的时域响应性能。脉冲回波法使用电脉冲激励超声换能器，换能器发射声波，声波在强反射界面（例如：金属板和水的界面）产生反射波，反射波回到超声换能器被转换为电信号，该信号一般成为换能器的脉冲响应，如图 20.7.3 所示。其中信号的幅值反映了超声探头的灵敏度，灵敏度越高，则幅值越高；宽度反映了探头的频率和带宽，宽度越小则图像分辨率越高。

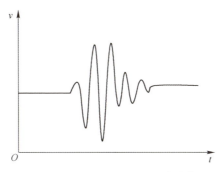

图 20.7.3 超声换能器的脉冲信号

频域响应：通过对超声换能器收到的回波信号（图 20.7.3）的傅里叶变换，可以获得其幅频的形式，如图 20.7.4 所示，其中 f_p 为最大脉冲回波响应频率，而当脉冲回波响应降低为最大值一半（-6dB）时，可以得到两个频率值 f_1 和 f_2，其算数平均值称为回波信号的中心频率：

$$f_c = \frac{1}{2}(f_1+f_2) \quad (20.7.1)$$

同时定义 -6dB 下换能器的带宽为

$$\mathrm{BW}\% = \frac{f_2-f_1}{f_c} \times 100\% \quad (20.7.2)$$

3. 乳腺超声 CT 换能器阵列的常见类型

乳腺超声 CT 成像系统可以提供回波图像、声速图像和衰减图像三种不同模态的图像，其中回波图像使用回波信号重建，而声速图像和衰减图像使用透过波信号重建。因为不同于传统医学超声成像仅使用回波信号成像，超声 CT 需要同时使用回波信号和透过波信号，所以超声 CT 成像中所使用的换能器阵列也不同于传统医学超声成像换能器阵列，需要从多个方向包裹被成像对象，从而在获取回波信号的同时，也获取透过波信号。目前常见的乳腺超声 CT 换能器阵列有环形换能器阵列、双线形换能器阵列和半球形换能器阵列三大类。

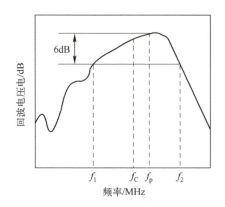

图 20.7.4 超声换能器脉冲回波频域响应

环形阵列：如图 20.7.5（a）所示，将成百上千的超声换能器布置于环形阵列中，构成了超声 CT 中最常见的环形换能器阵列。工作时，将待测人体组织置于环形换能器内部，控制各换能器依次发射超声波，同时其他换能器接收声波。这样接收到的声波信号中就同时包含了透过波信号和回波信号，可以利用其透过波信号重建声速图像和衰减图像，利用回波信号重建回波图像。通过控制环形换能器阵列沿垂直于阵列所在平面的方向移动，可以实现三维乳腺超声 CT 成像。由于环形结构的高度对称性，理论上，基于此阵列的成像结果中横向分辨率与纵向分辨率是相同的，这是环形阵列相比于传统线性阵列的一个优势。

双线形阵列：如图 20.7.5（b）所示，两个线性超声换能器阵列构成了另一种较常见的乳腺超声 CT 换能器阵列。相比于环形换能器阵列，线性阵列与传统医学超声成像的换能器阵列相近，制造工艺更加成熟。传统医学超声成像的线性换能器阵列只能获得回波信号，通过使用两个线性换能器阵列就可以在获得回波信号的同时，获得透过波信号实现乳腺超声 CT 中的声速成像和衰减成像。成像时，待测人体组织置于两列换能器之间，其工作模式与环形阵列类似，同样可以通过移动阵列，实现三维乳腺超声 CT 成像。

半球形阵列：图 20.7.5（c）给出了一种半球形阵列的结构形式。与环形阵列和双线性阵列这两种二维排布不同，半球形阵列是一种三维的排布形式。利用三维的换能器阵列排布，在理论上可以避免机械移动探头，而直接获取三维乳腺超声 CT 图像。但是实际上由于换能器个数的限制，半球形换能器阵列中的换能器一般为稀疏排布，稀疏排布的换能器阵列会降低重建图像质量，为了保证图像质量，半球形换能器阵列一般通过机械旋转来进行多次扫描，从而虚拟地增加成像中的换能器数目，达到提高图像质量的目的。

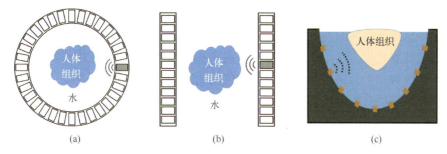

图 20.7.5 超声 CT 换能器阵列示意图
(a) 环形阵列；(b) 双线形阵列；(c) 半球形阵列。

4. 基于环形换能器阵列的超声 CT 成像系统

环形换能器阵列是最常见的乳腺超声 CT 成像换能器阵列，本节以环形换能器阵列为例，较全面地描述乳腺超声 CT 系统的构成和多模图像重建方法。基于环形换能器阵列的系统主要由环形超声换能器阵列、超声相控阵系统和工作站主机三部分组成，如图 20.7.6 所示。其具体工作方式为，被成像患者俯卧姿势趴在成像床上，待成像乳房从床上的洞口下垂，浸入床下的温水水

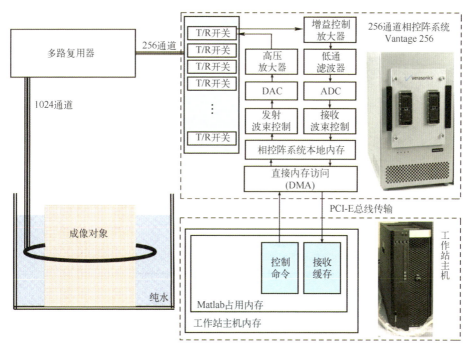

图 20.7.6 超声 CT 系统配置图

缸中。在水缸中，乳房被环形换能器阵列环绕，环形换能器阵列中的换能器依次发射声波，同时其他换能器接收回波和透过波信号，接收到所有回波和透过波数据之后，在工作站主机，使用多模图像重建算法可以获得乳腺的二维切片图像。然后通过机械移动环形换能器阵列沿成像平面垂直方向移动，可以自动扫描获得三维乳房超声 CT 图像。所获得的多模图像包括回波图像、声速图像和衰减图像三种模态。其中回波图像一般具有较高的分辨率，但是与传统 B 超图像相似，不能提供定量信息；声速图像和衰减图像的分辨率相对较低，但是可以提供组织声速分布或衰减分布的定量信息。三种成像模态的重建算法分述如下。

1) 回波成像

乳腺超声 CT 成像系统扫描获得的数据可以表示为 $S(t,m,n)$，其中 t 代表时间，m 代表发射换能器的编号，n 代表接收换能器的编号。合成孔径回波成像算法是一个常用的乳腺超声 CT 回波图像重建算法，其图像重建过程主要可以分为三步，如图 20.7.7 所示。首先针对每次声波发射，计算声波从发射换能器到待成像像素处，再到接收换能器的传播时间；第二，利用第一步所计算的传播时间对应的接收信号叠加，获得每次发射所产生的低质量图像；第三，叠加每次发射所产生的低质量图像获得高质量的二维回波图像。下面将

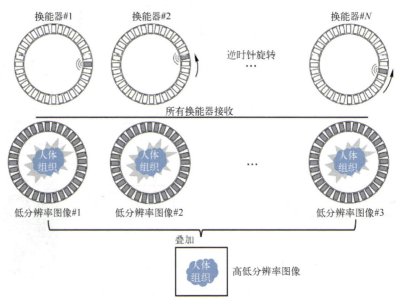

▼ 图 20.7.7 合成孔径方法示意图

给出具体计算方法。

在使用环形换能器接收到的数据进行回波图像重建时，首先需要计算声波从发射换能器到成像像素，再到接收换能器的时间，如图 20.7.8 所示。其计算公示可以写为：

$$t(\boldsymbol{p},m,n) = \frac{|\boldsymbol{p}-\boldsymbol{e}_n| + |\boldsymbol{r}_m-\boldsymbol{p}|}{v} \tag{20.7.3}$$

式中　n、m——换能器阵列中换能器的编号；

　　　$\boldsymbol{p}$——待成像的像素点位置；

　　　$\boldsymbol{e}_n$ 和 $\boldsymbol{r}_m$——发射和接收换能器的位置；

　　　v——声波的传播速度，在乳腺成像中一般可以假设为 1540m/s。

在获得传播时间后，每个像素点的回波强度可以通过对应接收信号的叠加得到，通过叠加一次发射的接收数据可以获得低质量的回波图像，其公示可以表示为

$$I_n(\boldsymbol{p}) = \sum_{m=1}^{M} S(t(\boldsymbol{p},m,n),m,n) \tag{20.7.4}$$

式中　M——参与接收超声回波信号的换能器的总数。

将每一幅低分辨率图像求和，得到的高分辨率图像如下式所示。

$$I(\boldsymbol{p}) = \sum_{n=1}^{N} I_n(\boldsymbol{p}) \tag{20.7.5}$$

式中　N——发射声波的次数。

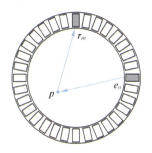

▼ 图 20.7.8　回波图像时间计算示意图

2) 声速成像

图 20.7.7 中扫描方法所获得的原始数据中既包含回波信号，又包含透过波信号。利用透过波信号的到达时间，也就是声波从发射换能器到接收换能器的渡越时间，可以重建出被测人体组织的声速分布图像。具体实现时，首先将被测人体组织和环形换能器阵列浸没在水中，通过图 20.7.7 所示扫描获

得原始数据,并检测数据中透过波的最早到达时间,也就是每对发射和接收换能器间声波的渡越时间;然后将被测人体组织移除,测量仅有水时的渡越时间;进而计算有人体组织时的渡越时间和仅有水时的渡越时间之差,表示为 Δt_d。令 c_w 为先验平均声速,$c(x,y)$ 为物体成像截面的声速分布,则物体成像截面上的折射率可以表示为

$$n(x,y) = \frac{c_w}{c(x,y)} \tag{20.7.6}$$

由此可以推出:

$$\int_{P_i} [1 - n(x,y)] \, \mathrm{d}l = -c_w \Delta t_d \tag{20.7.7}$$

式中 P_i——传播路径。

结合以上两式,可得

$$\int_{P_i} \left[\frac{1}{c(x,y)} - \frac{1}{c_w} \right] \mathrm{d}l = \Delta t_d \tag{20.7.8}$$

假设 $s(x,y) = \frac{1}{c(x,y)} - \frac{1}{c_w}$,则上式可以改写为

$$\int_{P_i} s(x,y) \, \mathrm{d}l = \Delta t_d \tag{20.7.9}$$

根据上式,通过获取不同方向上的渡越时间差,进而可以通过解析法或迭代法对上述方程进行求解,求出的 $s(x,y)$ 换算为声速分布,得到声速分布图像。

3) 衰减成像

使用图 20.7.7 中的扫描方式获得原始数据后,可以利用透过波的强弱来重建被测人体组织中声波衰减系数分布图像。衰减系数是超声传播中的一个关键的物理量。当超声波在介质中传播时,声能随传播距离的增加而减少,此时需要引入衰减系数的概念。造成声波衰减的原因主要有三种,分别是声波的扩散、散射和吸收。因此可把超声的衰减分为扩散衰减、散射衰减和吸收衰减三类。其中吸收衰减一般符合指数规律:

$$\frac{I}{I_0} = \mathrm{e}^{-\alpha d f} \tag{20.7.10}$$

式中 α——衰减系数;
I——当前位置超声的强度;
I_0——声源处超声的强度;
d——超声传播的距离;
f——超声波的频率。

而在人体内的不同介质所对应的衰减系数是不同的，此外，正常组织与病变组织对应的衰减系数也是不同的，这也为衰减成像技术用于病变组织的筛查提供了理论上的依据。

衰减成像的具体实现如下：首先将被测人体组织和环形换能器阵列浸没在水中，获取原始数据；然后将被测人体组织移除，获取仅有水时的原始数据。假设波束路径为 P_i，接收换能器所接收到的透过波声能，在仅有水和由待测人体组织时分别为 E_w 和 E_o，路径上各点的衰减系数为 $\alpha(x,y)$，则有

$$\int_{P_i} \alpha(x,y) \, dl = 20 \lg \frac{E_w}{E_o} \qquad (20.7.11)$$

上式中，等式右边可以通过测量直接求得，通过在不同方向上发射超声波，即可得到不同路径上的数据，最后便可通过解析法或迭代法对上述方程进行求解，反演出衰减系数 $\alpha(x,y)$ 的分布。

上述给出的声速成像和衰减成像的方法为基于射线理论的方法，该方法较为直观，且计算量相对较小。如果要获取更高的分辨率，还可基于波动理论来进行成像。基于波动理论方法使用全波方程对声场进行建模，考虑衍射和多次散射等高阶效应，但是该类方法的计算量往往十分巨大，实现难度相对较大。

综上所述，利用基于环形换能器阵列的超声 CT 系统，可以实现待测目标的多模态成像（回波、声速、衰减）。将该系统应用于乳腺成像中，有望辅助医师进行乳腺癌的筛查与诊断。

20.7.3 技术发展展望

乳腺超声 CT 成像系统不仅具有非侵入、无辐射、经济廉价等优点，还可以提供三维多模态图像，其回波图像可以提供较高的分辨率为筛查和早期发现肿瘤提供有效工具，其声速图像和衰减图像还可以为肿瘤的诊断提供定量依据，相比于传统的医学超声成像在乳腺成像和乳腺癌筛查诊断上有一定的优势。通过近年国内外专家和学者的研究，乳腺超声 CT 成像方法已经取得重大进展，并且逐渐进入实际应用阶段。

超声 CT 成像系统也存在着一些缺点和局限性。首先，现有的超声 CT 成像系统使用透过波进行声速和衰减成像，其应用主要集中在乳腺成像上，这主要是因为乳腺中不包含骨骼和空气，声波透过性较好，而人体其他部位因为含有空气或者骨骼，声波难以透过，会影响超声 CT 成像的图像质量；其

次,超声 CT 成像系统的换能器阵列中换能器个数较多,以环形换能器阵列为例,常见的环形换能器阵列有 2048 个换能器,这会使超声 CT 成像设备的成本明显高于现有的医学超声成像设备。

综上所述,超声 CT 成像方法可以提供三维多模态图像,在乳腺成像上具有一定的优势,有望用于乳腺癌的筛查和诊断。同时由于其使用透过波成像,现有技术的使用对象被限制在乳腺上,较难应用于其他人体器官,其制造成本也高于现有医学超声成像设备。

参 考 文 献

[1] Latest global cancer data: cancer burden rise to 19.3 million new cases and 10.0 million cancer deaths in 2020 [R]. International Agency for Research on Cancer, 2020.

[2] SREE V, NG K, ACHARYA U, et al. Breast imaging: a survey [J]. World J Clin Oncol, 2011, 2 (4): 171-178.

[3] YAFFE J, MITTMANN N, ALAGOZ O, et al. The effect of mammography screening regimen on incidence-based breast cancer mortality [J]. Journal of Medical Screening, 2018, 25 (4): 197-204.

[4] OHUCHI N, SUZUKI A, SOBUE T, et al. Sensitivity and specificity of mammography and adjunctive ultrasonography to screen for breast cancer in the Japan Strategic Anti-cancer Randomized Trial (J-START): a randomised controlled trial [J]. The Lancet, 2016, 387 (10016): 341-348.

[5] DURIC N, PETER Littrup, POULO L, et al. Detection of breast cancer with ultrasound tomography: first results with the Computed Ultrasound Risk Evaluation (CURE) prototype [J]. Medical Physics, 2007, 34 (2): 773-85.

[6] SCHREIMAN J S, GISVOLD J J, GREENLEAF J F. Ultrasound transmission computed tomography of the breast [J]. Radiology, 1984, 150 (2): 523-530.

[7] RUITER N, ZAPF M, HOPP T, et al. Three-dimensional ultrasound computer tomography at Karlsruhe Institute of Technology (KIT) [J]. The Journal of the Acoustical Society of America, 2014, 135 (4): 2155-2167.

[8] DING M, SONG J, ZHOU L, et al. In vitro and in vivo evaluations of breast ultrasound tomography imaging system in HUST [C]. Proceeding of SPIE Medical Imaging, 2018, 10580: 105809P-1-8.

[9] 沈毅, 沈祥立, 冯乃章, 等. 利用秩和条件数分析透射式超声 CT 的数据完备性 [J]. 声学学报, 2012, 37 (2): 181-187.

[10] 赵子健, 常发亮, 李冰清. 改进的最大似然期望最大化超声 CT 重建方法 [J]. 电子

测量与仪器学报，2016，30（9）：1327-1332.
[11] 张值豪. 基于反向传播算法的超声断层成像重建方法研究 [D]. 哈尔滨：哈尔滨工业大学，2016：1~63.
[12] 张培，王浩全，李媛. 超声 CT 层析成像方法 [J]. 信息通信，2011，3：33-34.

20.8　惯性传感器在动物行为分析系统的应用

20.8.1　概述

本系统使用了九轴惯性传感器（IMU），通过整合加速度计、陀螺仪、地磁三种传感器于一体，采用定位融合算法实现姿态的解算，在线获取实验动物的行为参数，包括加速度、角速度、姿态方向等多维参数，为动物行为定量分析提供数据支撑。

动物行为学建立之初，就被定义为生物学的一个分支。因此，对它最恰当的描述就是一门对生物行为研究的学科。它的研究对象是可观察到的生物行为或运动现象，研究方法则为生物学方法。前者意味着动物行为学的出发点是归纳，需要对可观察到的现象进行描述并将之抽象化，归纳出动物行为规律。

早期的行为分析集中于定性描述，往往停留于用文字来记录行为模式，其分类也较为主观。但是从 20 世纪七、八十年代开始，对行为的分析变得越来越量化。具体而言，当观察一个动物的行为时，一个科研人员观察者，不是简单地写下所看到的东西的描述，而是用某些普遍接受的客观量化标准为特定的行为事件打分。这就产生了一个数值，一个表示其状态的量，而不是一个纯粹的书面描述的行为或行为被观察门。最早，这种量化仅仅停留在时间记录，即只记录某种行为持续发生的时间，其记录工具无外乎简单的铅笔、纸和手表。随着时代的发展，记录工具有了翻天覆地的变化。如使用扭矩传感器对飞行过程中的转向行为进行定量分析，它们对果蝇的定向控制和视动反应的研究具有重要价值。而声音记录系统的成熟，使得在鸟类鸣叫研究领域，从这些录音中提取的声波图已经成为对它们进行动物行为学分析的关键定量指标。

姿态识别在动物行为学领域有着广泛而深刻的应用。实验鼠是常用的实验动物，在神经科学、生物科学、药物开发等领域将实验鼠行为的检测与分析作为一种重要的方法进行研究，在药物的毒理、药理研究中具有重要的价值。传统的实验鼠姿态识别主要是通过人眼观察来实现，这种方法对观察者经验要求较高，受主观影响较大且难以进行长时间记录。随着图像处理技术的发展，基于图像方法的生物姿态自动检测方法取得了较大的进步。通过提取图像中实验鼠轮廓进行行为识别。但是，数字图像处理方法的实质是忽略动物体态及其变化，将动物看为质点，仅反映动物运动状态，获得相关的运动参数，对小鼠的姿态细节的捕捉效果不佳，并且该方法成本较高。

针对当前存在的问题，提出了一款基于 IMU 传感器的无线姿态采集系统。相比于其他方法，该系统可通过将传感器安置在实验鼠背部或其他需要采集的位置，对实验鼠的姿态细节进行更为精细定量的行为记录研究。

系统的主要功能是实现三轴加速度、角速度，地磁的实时测量、实时显示。对测量到的数据进行解析得到实验对象的姿态信息，并为后续的算法处理和状态判断做准备。主要任务是针对各种动物行为学实验中的高精度定量连续测量的难点，采用一种可连续测量、低功耗、小体积的装置，解决数据记录易丢失、不连续的问题。

20.8.2 传感器应用情况

小鼠无线姿态采集系统主要由 9 轴惯性测量单元（IMU）模块、无线通信模块、姿态采集模块、STM32L0 主控制器模块以及上位机软件组成。图 20.8.1 为所设计基于 IMU 的小鼠无线姿态采集装置系统图。图 20.8.2 中所示为所设计姿态采集系统硬件模块，模块体积仅为 7mm×7mm×3mm，具有很好的便携性和可穿戴性。

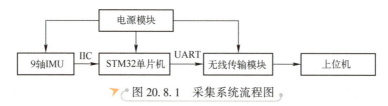

图 20.8.1 采集系统流程图

为实现便携化设计，采集系统通过 3.7V 锂电池供电。IMU 模块采集运动姿态信息，并通过 IIC 通信向主控模块输出加速度、角速度以及地磁等姿态数据。主控模块接收 IMU 模块数据后将数据打包，并通过无线传输模块将数据传至上位机。上位机接收模块上传数据并针对数据进行解析与分析。

系统供电电源为 3.7V 锂电池，但各硬件模块电压需求为 1.8V，为满足各模块电压需求，本文选用 RT9073A-18GQZ 作为电源模块将 3.7V 锂电池电

▼ 图 20.8.2　姿态采集硬件

压转换为系统需要的 1.8V 电压。RT9073A 是台湾立锜推出的一款低压差线性稳压器（LDO），具有体积小，输出电流大等特点，最高可提供 250mA 负载电流。图 20.8.3 所示为电源模块电路原理图。

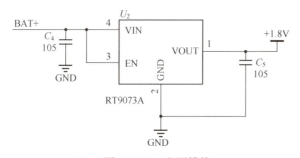

▼ 图 20.8.3　电源模块

作为采集系统中的核心，姿态采集芯片选用 TDK 公司推出的微型 9 轴 MEMS 运动传感器 ICM20948。ICM20948 是一款小体积、低功耗姿态采集芯片。图 20.8.4 所示为姿态采集传感器电路原理图。其内部集成有三轴加速度计、三轴陀螺仪和三轴地磁，且三者测量范围分别可达到 $\pm 16g$、$\pm 2000 dps$ 以及 $\pm 4900 \mu T$。芯片在 9 轴模式下工作时，功耗仅为 2.5mW。芯片支持低至 1.71V 的供电电压，可通过 IIC 或 SPI 通信接口对外通信，本文采用 IIC 通信接口与主控模块进行通信。

为实现对姿态采集芯片数据的读取与处理，在采集系统中需设计有主控模块。

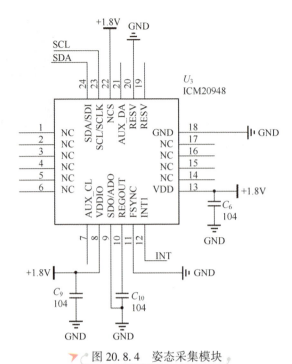

图 20.8.4 姿态采集模块

所设计主控模块在系统中负责接收 9 轴姿态数据并对数据进行初步处理,将处理后的数据通过无线传输模块传送至上位机。本文选用 STM32L011 单片机作为系统主控制器。图 20.8.5 为主控模块电路原理图。STM32L0 系列单片机是意法半导体公司推出的基于 Cortex-M0+ 内核的 32 位低功耗系列单片机,运行时系统功耗低至 $76\mu A/MHz$。芯片内部资源主要有 1 个 IIC、1 个 SPI、7 个定时器、1 个 USART 以及 1 个低功耗 UART 并带有 16M 内部高速时钟。图 20.8.5 所示为主控模块电路原理图,模块供电电压为 1.8V,其中 PA4 引脚为电池电压采集引脚,通过 R_2、R_3 实现对电池电压的采集。PA9、PA10 为与姿态采集模块进行 IIC 通信的 SCL 与 SDA 引脚,所接 R_4、R_5 为上拉电阻。PA0 与 PA1 为串口通信引脚,负责与无线传输模块通信。

为实现数据的无线上传,系统采用 HJ-185 蓝牙设计了无线传输模块。HJ-185 是一款主从一体低功耗蓝牙模块,支持 BLE5.1,模块内置通信距离可达到 10~20m 的高性能天线,模块最大发射功率达到+4dBm,休眠时电流仅 $2\mu A$。系统工作时模块接收主控模块数据,并将数据上传至上位机。模块原理图如图 20.8.6 所示。

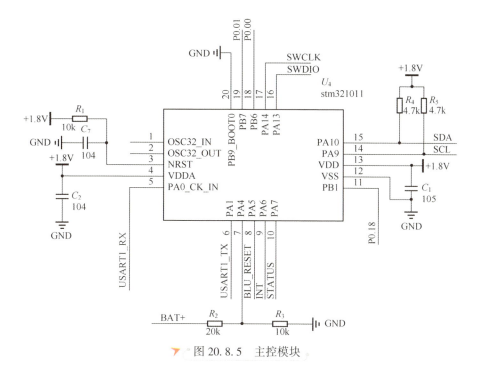

图 20.8.5　主控模块

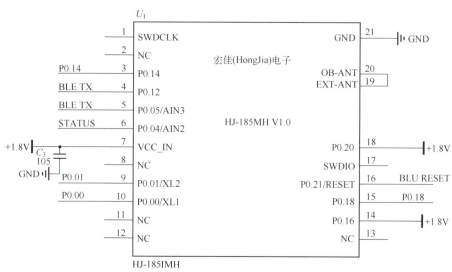

图 20.8.6　无线通信模块

为实现对姿态传感器数据的采集与处理，系统中下位机主控模块工作流程如图 20.8.7 所示，系统上电后模块首先进行系统初始化，再配置姿态传感器寄存器参数并进入低功耗待机状态等待上位机指令。当接收到上位机下发开始采集指令后单片机通过 IIC 通信协议分别读取姿态传感器内各寄存器中加速度计、陀螺仪、地磁数据，同时读取 ADC 所采集当前电池电压值。单片机接收到所需数据后按照传输协议对数据进行打包并以十六进制格式通过串口将打包后数据发送至无线传输模块，由无线传输模块传输至上位机，当上位机下发停止采集指令时，系统重新进入低功耗待机状态。

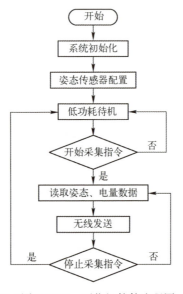

▼ 图 20.8.7　下位机软件流程图

传感器上传数据包括加速度计、陀螺仪以及地磁原始数据，为得到准确的姿态数据，需对数据进行解析以及姿态解算。如图 20.8.8 所示为采集模块所上传姿态数据段，数据段由帧头、姿态数据、帧尾组成。其中数据解析主要将以十六进制补码形式存在的数据转换成十进制数，其转换遵循如下规则，首先将十六进制补码转为二进制数据，如果其最高位（即标志位）为 1 则这个数为负数，转换时最高位保持不变，其他各位取反之后加一，最后将二进制转为十进制数，并标注负号；如果最高位为 0，则这个数为正数，可以直接进行十进制转换并对该数据标记对应时间。图 20.8.9 所示为所解得结果。

在解析得到十进制数据后，需对所得到数据进行进一步姿态解算。本设计选用计算量较少、可全姿态工作的四元数法对数据进行分析，进一步计算得到航向角、俯仰角与滚转角姿态信息以方便后续数据解析。

帧头	数据部分							帧尾
5a09	55e	f31d	ee88	a37	b4f	f99d	ff2a	82 4c	daba
5a09	507	ef79	f622	3f5	e92	f9e1	ff36	91 2f	daba

图 20.8.8　数据帧格式

时间戳	十进制数据								
时间	角速度X	角速度Y	角速度Z	加速度X	加速度Y	加速度Z	地磁X	地磁Y	地磁Z
14:17:16.921	−696	4730	1098	3555	878	2031	−255	−265	418
14:17:16.936	−481	3402	1096	3636	952	2213	−253	−265	418

图 20.8.9　姿态数据解析结果

假设一个四元数 $\boldsymbol{Q} = \cos\left[\dfrac{\theta}{2}\right] + \hat{n} \cdot \sin\left[\dfrac{\theta}{2}\right]$，（其中 $\boldsymbol{Q} = [q_0 \quad q_1 \quad q_2 \quad q_3]^T$，满足 $\hat{n} \cdot \hat{n} = -1$，$\dfrac{d\hat{n}}{dt} = 0$）

对时间微分得：

$$\dfrac{dQ}{dt} = -\dfrac{1}{2}\sin\left[\dfrac{\theta}{2}\right]\dfrac{d\theta}{dt} + \dfrac{d\hat{n}}{dt}\sin\left[\dfrac{\theta}{2}\right] + \hat{n} \cdot \dfrac{1}{2}\cos\left[\dfrac{\theta}{2}\right]\dfrac{d\theta}{dt}$$

$$= \dfrac{1}{2} \cdot \hat{n}\left(\cos\left[\dfrac{\theta}{2}\right] + \hat{n} \cdot \sin\left[\dfrac{\theta}{2}\right]\right)\dfrac{d\theta}{dt} = \dfrac{1}{2} \cdot \hat{n} \cdot \dfrac{d\theta}{dt} \cdot Q \quad (20.8.1)$$

不妨假设：

$$\hat{n} \cdot \dfrac{d\theta}{dt} = \boldsymbol{\omega} = \boldsymbol{\omega}_x \boldsymbol{i} + \boldsymbol{\omega}_y \boldsymbol{j} + \boldsymbol{\omega}_n \quad (20.8.2)$$

$$Q = q_0 + q_1\boldsymbol{i} + q_2\boldsymbol{j} + q_3\boldsymbol{k}$$

进而，式（20.8.1）可以化简得到，

$$\dfrac{dQ}{dt} = \dfrac{1}{2} \cdot (\omega_x\boldsymbol{i} + \omega_y\boldsymbol{j} + \omega_x\boldsymbol{k}) \cdot (q_0 + q_1\boldsymbol{i} + q_2\boldsymbol{j} + q_3\boldsymbol{k})$$

$$= \dfrac{1}{2} \cdot \begin{bmatrix} 0 & -\omega_x & -\omega_y & -\omega_z \\ \omega_x & 0 & \omega_z & -\omega_y \\ \omega_y & -\omega_z & 0 & \omega_x \\ \omega_z & \omega_y & -\omega_x & 0 \end{bmatrix}\begin{bmatrix} q_0 \\ q_1 \\ q_2 \\ q_3 \end{bmatrix} = \dfrac{1}{2} \cdot \begin{bmatrix} -\omega_x q_1 - \omega_y q_2 - \omega_z q_3 \\ \omega_x q_0 + \omega_z q_2 - \omega_y q_3 \\ \omega_y q_0 - \omega_z q_1 + \omega_x q_3 \\ \omega_z q_0 + \omega_y q_1 - \omega_x q_2 \end{bmatrix} \quad (20.8.3)$$

由一阶龙格库塔法 $y_{n+1} = y_n + h \cdot y'$，其中 $y' = f(x_n, y_n)$，可得微分方程 $\dfrac{dQ}{dt} = f(t, Q)$ 的解为 $Q[t + \Delta t] = Q[t] + \Delta t \dfrac{dQ}{dt}$，进而由式（20.8.3）可以推导出：

$$\begin{bmatrix} q_0 \\ q_1 \\ q_2 \\ q_3 \end{bmatrix}_{t+\Delta t} = \begin{bmatrix} q_0 \\ q_1 \\ q_2 \\ q_3 \end{bmatrix} + \frac{\Delta t}{2} \begin{bmatrix} -\omega_x q_1 - \omega_y q_2 - \omega_z q_3 \\ \omega_x q_0 + \omega_z q_2 - \omega_y q_3 \\ \omega_y q_0 - \omega_z q_1 + \omega_x q_3 \\ \omega_x q_0 + \omega_y q_1 - \omega_x q_2 \end{bmatrix} \quad (20.8.4)$$

进行多种数据融合解算姿态时，为保证解算结果的正确性，需要进行误差修正。加速度计、陀螺仪、磁力计三种器件中陀螺仪具有较好的动态特性，但长时间工作时存在着一定的累积误差。加速度计和陀螺仪虽然不存在累积误差，但动态性能较差。通过 Mahony（互补滤波）算法对三种数据进行融合能有效提高数据解算后的精度和动态特性（图 20.8.10 和图 20.8.11）。Mahony 算法具体步骤如下：

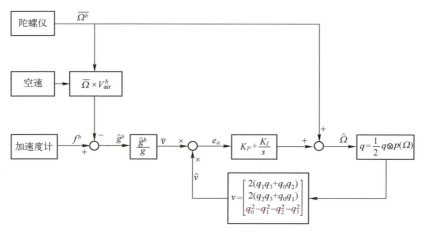

图 20.8.10　Mahony 算法流程图

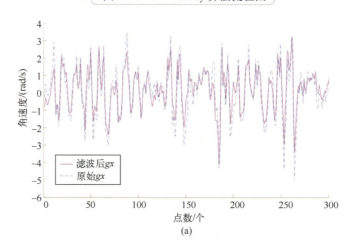

(a)

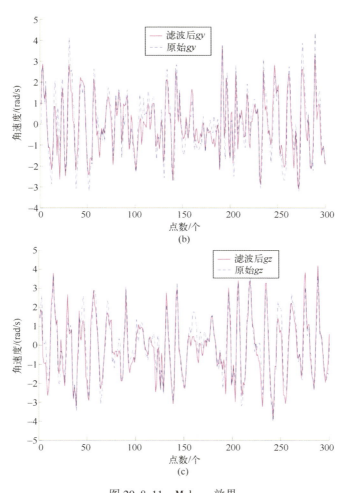

图 20.8.11 Mahony 效果

(a) X 轴角速度互补滤波效果图；(b) Y 轴角速度互补滤波效果图；
(c) Z 轴角速度互补滤波效果图。

设有大地坐标下的重力加速度 g，把 g 通过姿态矩阵（坐标转换矩阵）的逆（意味着从地理坐标系 R 到机体坐标 b 系）转换到机体坐标系，得到其在机体上的理论重力加速度矢量 $\hat{v}$，则两者的转换关系可通过前面给出的姿态矩阵得出：

$$\hat{v}=C_R^b \cdot g=(C_b^R)^{-1} \cdot \begin{bmatrix} 0 \\ 0 \\ 1 \end{bmatrix} = \begin{bmatrix} 2(q_1q_3-q_0q_2) \\ 2(q_2q_3+q_0q_1) \\ 1-2(q_1^2+q_2^2) \end{bmatrix} = \begin{bmatrix} v_x \\ v_y \\ v_z \end{bmatrix} \quad (20.8.5)$$

不难看出，将重力加速度矢量转换至机体坐标系后，恰好是姿态矩阵的最后一列，因此，四元数或者说姿态矩阵是可以和理论重力加速度相互推导的，即姿态矩阵第三列的列矢量就是算法中理论重力加速度矢量。

除了由四元数推导出的理论重力加速度矢量 $\hat{v}$，我们还可以通过加速度计测量出实际重力加速度矢量 $\bar{v}$。

很显然，这里的理论重力加速度矢量 $\hat{v}$ 和实际重力加速度矢量 $\bar{v}$ 之间必然存在偏差，这个偏差很大程度上是由陀螺仪数据产生的角速度误差引起的，所以我们通过消除理论矢量和实际矢量间的偏差，就可以补偿陀螺仪数据的误差，进而解算出较为准确的姿态。

在 Mahony 算法中通过计算外积（即叉乘）来得到矢量方向差值 θ。

$$|\boldsymbol{\rho}| = |\bar{v}| \cdot |\hat{v}| \cdot \sin\theta \qquad (20.8.6)$$

在进行叉乘运算前，应先将理论矢量 $\hat{v}$ 和实际矢量 $\bar{v}$ 做单位化处理，因此上式可化为：

$$|\boldsymbol{\rho}| = \sin\theta \qquad (20.8.7)$$

考虑到实际情况中理论矢量 $\hat{v}$ 和实际矢量 $\bar{v}$ 偏差角不会超过 45°，而当 θ 在 ±45°内时，$\sin\theta$ 与 θ 的值比较接近，因此上式可进一步简化为

$$|\boldsymbol{\rho}| = \boldsymbol{\theta} \qquad (20.8.8)$$

构建 PI 控制器来控制补偿值的大小，陀螺误差定义为 e_g，加速度误差定义为 e_a，公式如（20.8.9）所示：

$$e_g = K_P \cdot e_a + K_I \cdot \int e_a \mathrm{d}t \qquad (20.8.9)$$

式中，比例项用于控制传感器的"可信度"，积分项用于消除静态误差。K_P 越大，意味着通过加速度计得到的误差所对应的补偿越显著，也就是越信任加速度计，反之 K_P 越小时，加速度计对陀螺仪的补偿作用越弱，即越信任陀螺仪。

得到补偿值之后，可将补偿值补偿到角速度上，即得到更准确的角速度数据，接着把补偿后的角速度数据带入通过一阶龙格库塔法得到的四元数微分方程中便可求解当前四元数，在更新四元数后，就得到了新的理论重力加速度矢量，从而可以重复上述过程来持续进行误差补偿。

通过互补滤波后得到了较为准确的角速度，进而获取了较准确的四元数，为获取小鼠运动姿态角，还需通过四元数反解出欧拉角，转换公式如下：

$$\theta = \arcsin[2(q_0q_2 - q_1q_3)]$$

$$\gamma = \arctan\left(\frac{q_{093} + q_{192}}{1 - 2(q_2^2 + q_3^2)}\right) \quad (20.8.10)$$

$$\psi = \arctan\left(\frac{q_0q_1 + q_2q_3}{1 - 2(q_1^2 + q_2^2)}\right)$$

如图 20.8.12 所示为姿态解算结果，包含 300 个数据点。

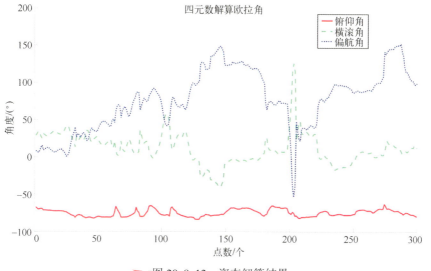

▼ 图 20.8.12　姿态解算结果

为实现数据保存，本文基于 QT 开发了上位机软件系统，用于接收下位机上传的数据。图 20.8.13 所示为上位机软件整体流程图。系统工作时，上位机设定采集频率并下发开始采集指令，采集模块工作并开始向上位机上传数据。上位机接收数据并对数据进行解析，先对数据进行进制转换并对转换后的数据进行姿态解析得到姿态角。图 20.8.14 中两个显示窗口分别提供数值及波形的信息，显示实时接收得到的姿态数据以及解析后的姿态角。

为验证姿态采集装置的有效性，本文将生物实验中常用的跑台实验作为实验平台，做进一步验证。如图 20.8.15（a）所示为实验图，图中小鼠置于实验跑台中，采集装置及其配套微型锂电池固定于小鼠背部，为避免对小鼠的活动产生影响，在实验前对小鼠进行多次佩戴以保证小鼠对装置的适应。实验开始后，小鼠在跑台中自由活动，上位机软件通过蓝牙发送开始采集指令，采集装置开始采集实验数据并实时上传。上位机接收数据后对数据进行

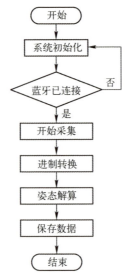

图 20.8.13　上位机软件流程图

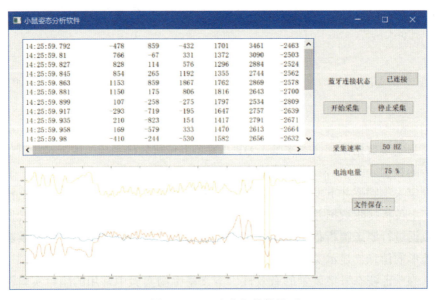

图 20.8.14　上位机软件界面

实时解析，得到姿态数据并将其保存。图 20.8.15（b）中展示了跑台实验中解析得到的小鼠姿态信息片段，3 条曲线分别表示对应采集时间点的航向角、俯仰角以及滚转角。同时，图中虚线将数据划分为 3 个片段，其中 1、3 片段为小鼠运动时装置所采集到的姿态数据，片段 2 为小鼠在跑台中静止时的姿态数据。

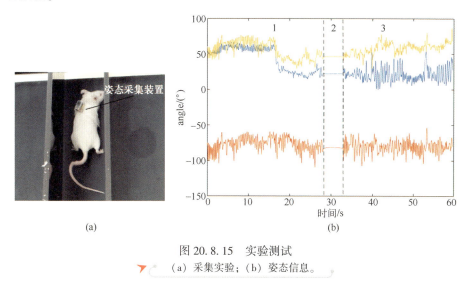

图 20.8.15　实验测试
（a）采集实验；（b）姿态信息。

20.8.3　技术发展展望

动物行为分析系统是现代生物医学、生物制药发展的重要支撑，特别是在神经科学领域有着举足轻重的地位，关系到人民健康水平的不断提高。该分析系统由最初的人工记录到后续的半自动化记录，再到现在的多参数自动测量，正逐步发展到基于智能传感器的高精度多元信息智能分析，可实现定量关联性输出。结合传感器技术的发展，动物行为学传感技术发展可分为以下几个方面：

1. 非接触测量智能传感方向

在动物行为分析实验中，由于实验白鼠的体积小、身体灵活、较为聪明等原因，采用简单的视频监控分析、绑缚性装置、体内植入式装置、固定实验区域等方式均有外部干扰因素影响着实验白鼠的自由行为，造成一定程度的实验数据鲁棒性不强，出现个体性差异较为严重。近年来开始出现的毫米波呼吸、心率测量传感技术有望成为动物行为实验中关键生理信号检测新手段新方法。该技术基于多普勒效应，采用雷达多发多收技术，可实现一定区域内的实验白鼠定位和呼吸心率检测，有望解决当下无法在实验过程中非干扰检测实验动物生理信号难题。

2. 专家行为分析向标准化行为分析

当前，动物行为分析还是主要依靠专业软件、专业人员的经验进行动物行为学分析，通过大量的对比试验完成实验任务，存在着研究人员判断差异、严重依靠经验等问题，需要研究人员付出大量的时间精力。随着智能传感器技术发展，将在线感知技术应用到实验中，如在线姿态、心电、呼吸、肌电等生理行为信号进行实时记录分析，代替只通过实验动物行为表象的判定方式。该技术的不断发展，有望建立基于动物生理信号的定量分析方法，促进动物实验行为学主要由定性判定分析向定量分析发展。

参 考 文 献

[1] 刘涛,杨璐,邵肖伟. 基于PAF的深度图人体姿态估计[J]. 智能计算机与应用,2020,10(1):103-108.

[2] 李松柏,张卫华,胡光亮. 基于轮廓的小鼠悬尾实验行为分析算法研究[J]. 计算机技术与发展,2018,08:6-11.

[3] 巩臣,张炎杰,张檬,等. 一种开源的多功能动物行为学实验系统[J]. 中国比较医学杂志,2020,30(4):92-98.

[4] 马玲玲,洪留荣,胡倩. 应用Log-协方差矩阵距离的实验鼠行为分类方法[J]. 计算机系统应用,2014,23(5):89-94.

[5] 徐涌霞. 基于深度学习的实验鼠行为识别关键技术研究[J]. 佳木斯大学学报,2020,38(2):66-69.

[6] 孙天柱,戴亚文. 基于LoRa的农田信息无线采集方案设计[J]. 计算机测量与控制,2018,26(8):208-212.

[7] 卢艳军,陈雨荻,张太宁,等. 一种实用的四旋翼飞行器姿态融合算法研究[J]. 电光与控制,2020,27(08):84-89.

[8] 洪留荣. 应用轮廓变化信息的实验鼠行为识别[J]. 计算机工程,2014,40(3):213-217,223.

[9] SABATINI A M. Quaternion-based extended Kalman filter for determining orientation by inertial and magnetic sensing[J]. IEEE Transactions on Biomedical Engineering, 2006, 53(7): 1346-56.

[10] 徐涌霞. 基于深度学习的实验鼠行为识别关键技术研究[J]. 佳木斯大学学报（自然科学版）,2020,38(2):66-69.

20.9 非线性弹性敏感元件在航空传感器系统的应用

20.9.1 概述

航空传感器是航空制造工业重要的组成部分，可以有效感知航空器周边环境，决定航空器动作。弹性敏感元件是利用材料弹性变形的特点把测量装置直接感受的压力、温度等被测物理量转换成位移物理量的元件，它是传感器中最主要的部件，决定着传感器的测量范围、灵敏度、精确度和稳定性。弹性敏感元件的发展水平，对航空传感器的可靠性保障、使用寿命的提高、综合技术性能的改善，都起着决定性作用。

非线性弹性敏感元件是指感受物理量与输出物理量呈非线性关系。在航空航天领域，由于高度与大气压力，速度与压力均呈现明显的非线性特性，为准确测试航空器所处高度、飞行速度等物理信息，非线性弹性敏感元件广泛应用于高度传感器及空速传感器中。

根据产品类型，弹性敏感元件可以分为弹簧、膜片、膜盒、波纹管、弹簧管、弹性谐振元件等，其中具有典型非线性特性的主要有膜片、膜盒、波纹管。根据其产品结构特点，膜片又可分为平膜片、凸形膜片、波纹膜片等；膜盒可分为压力膜盒、真空膜盒、填充膜盒等；波纹管可分为金属波纹管、波纹膨胀节、金属软管、焊接波纹管。平膜片在航空、航天及其他领域用于电感式、电容式、压阻式、谐振式等传感器中，作为感受压力或力的敏感元件、隔离密封元件等；凸形膜片在航空、航天及其他领域用于压力开关，仪表中感受压力或力的敏感元件；波纹膜片在航空、航天及其他领域用于电感式、差动变压器式、电位计式等各种压力传感器、信号器、仪表作为感受压力的敏感元件。压力膜盒内腔与被测压力相通的密封盒，用来测量相对压力，这种膜盒用于压力传感器、压力仪表、空速表、升降速度表等；真空膜盒内腔抽成真空的密封盒。用来测量绝对压力，用于高度传感器、信号器、高度表、真空压力表等；填充膜盒是一种内腔充满气体、饱和蒸汽或液体的密封盒。一般填充氮气、乙醚蒸汽或硅油等，用作温度表和温度调节器中的敏感元件。波纹管是一类常用的弹性元件，它在外界载荷（均布力、轴向集中力、横向集中力、弯矩等）作用下改变元件的形状和尺寸，产生相应的位移，当载荷卸除后又恢复到原来的状态。根据这种特性，它们可以实现测量、连接、转换、补偿、隔离、密封、减震等功能。

真空膜盒及真空波纹管等产品具有典型的非线性特点，在进行高度、空速等物理量测试时，其输出位移量呈明显非线性特性。

20.9.2 非线性弹性敏感元件应用情况

根据弹性敏感元件的基本工作原理，本节介绍几种典型产品的应用场景。

一、膜片、膜盒传感器

1. 平膜片

平膜片多用作压力测量元件（可测几毫米水柱至上千大气压），介质隔离及柔性密封元件等，在电感式和电容式压力传感器中应用较广，它既是测压元件又可作衔铁或活动极板，还可以用作谐振元件。

平膜片的周边固定方式如图 20.9.1 所示。

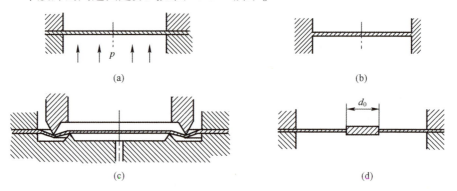

图 20.9.1 平膜片周边的常见固定方式

(a) 周边夹紧式；(b) 整体加工式；(c) 周边张紧式；(d) 周边固定、有硬中心的平膜片。

2. 凸形膜片

如图 20.9.2 所示，将膜片做成球面或锥面凸起，称为凸形膜片，H/h 称为凸形膜片的凸率。当凸率达到一定值时，从膜片凸面加压，开始段具有近似线性的"载荷-位移"关系，当载荷继续有微小增量时，膜片位移突然剧增，发生"突跳"。这种"突跳"特性称为凸形膜片的跳跃特性，具有跳跃特性的凸形膜片称为跳跃膜片，"突跳"时的压力称为"特征压力"。跳跃膜片突跳时常伴随有消耗能量的响声。

膜片具有跳跃特性的条件：

① 膜片呈圆锥形、球面形或虽有波纹但型面有较大倾角，即中面呈明显的凸形或凹形；

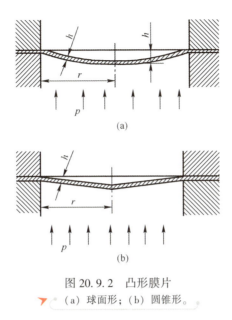

图 20.9.2　凸形膜片
（a）球面形；（b）圆锥形。

② 膜片的厚度较薄；
③ 膜片的材料有很高的弹性；
④ 从膜片的凸面施加载荷。

跳跃膜片的"压力-位移"特性曲线如图 20.9.3 所示。

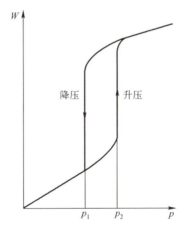

图 20.9.3　跳跃膜片的"压力-位移"特性

图中 p_2 为加压过程中膜片位移产生突跳的压力，p_1 为降压过程中膜片位移产生回跳的压力，$p_1 < p_2$。

p_1 至 p_2 的压力范围称为跳跃膜片的"静带",或称"不工作区"。

凸形膜片的特性方程为

$$\frac{pR^4}{Eh^4} = a\frac{W}{h} \pm b\frac{W^2}{h^2} + c\frac{W^3}{h^3} \quad (20.9.1)$$

式中：p——压力；

$\quad\quad E$——弹性模量；

$\quad\quad W$——位移；

$\quad\quad R$——膜片工作半径；

$\quad\quad h$——膜片厚度；

a、b、c 见表1。

等式右端第2项中负号用于当压力 p 从凸面施加，膜片将产生突跳时；正号用于当压力 p 从凹面施加而使膜片表现出刚性提高，且不会有跳跃特性。

从表20.9.1可看出，系数 a 和 b 与 H/h 关系极大。

表 20.9.1 系数 a、b、c 取值表

类型	a	b	c
球面形膜片	$5.86 + 4.88\frac{H^2}{h^2}$	$7.72\frac{H}{h}$	2.76
圆锥形膜片	$5.86 + 3.45\frac{H^2}{h^2}$	$6.52\frac{H}{h}$	2.76

注：① 表适于 $\mu = 0.3$；

② 表中两种膜片参见图 20.9.2。

3. 波纹膜片

与平膜片相比，波纹膜片的特点为：

① 有比平膜片大得多的位移输出，并可在大的位移范围内保持线性特性。

② 利用不同的波纹型面可以获得需要的多种弹性特性。

③ 有更大的"型面刚度"；型面刚度大的膜片，在生产中其型面参数的一致性好，在使用中其特性参数的稳定性好，这对生产与使用都有利。

④ 产生相同位移时，波纹膜片较平膜片的应力值低。

⑤ 抗振稳定性好。

膜片型面参数对"压力-位移"特性的影响。

1) 膜片厚度 h 的影响

膜片厚度是膜片最重要参数之一，也是生产实践中经常调整的参数，它不但对特性的位移影响极大，而且与膜片的迟滞、后效、应力及疲劳强度等

都有关。

h 的变化会导致膜片刚度与平中心位移的明显改变，这对大直径小厚度膜片尤为明显。

图 20.9.4 为膜片灵敏度 W/P 与 h 的一般关系曲线，图 20.9.5 为一种三角形波纹膜片在不同 h 时的特性曲线。

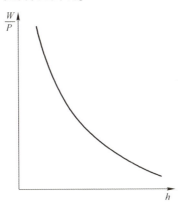

图 20.9.4　膜片 W/P 与 h 的一般关系曲线

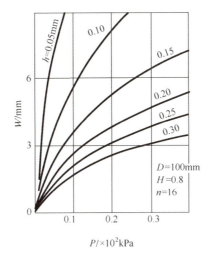

图 20.9.5　一种膜片在不同 h 时的特性曲线

2) 膜片有效直径 D 的影响

膜片有效直径 D 对中心位移影响较大。

D 增大，导致膜片刚度下降，平中心位移增加。但 D 的改变将引起膜片型面尺寸变更，甚至变更传感器外壳尺寸，因此应统一考虑有效直径的影响，不轻易变更其尺寸。

3）波纹深度 H 的影响

波纹深度 H 对膜片特性影响显著，对膜片的应力、疲劳等也有影响。

膜片的型面刚度在很大程度上取决于 H，随着 H 增大，膜片型面刚度增大，起始灵敏度下降，其特性的线性范围增大。

4）波纹数 n 的影响

（1）波纹倾角 θ_0 不变时，波数 n 的影响。

此时，n 改变将使 H 相应改变，n 越小则起始刚度越大，特性越接近直线。一种正弦形波纹膜片特性如图 20.9.6 所示。从图可看出，随着 n 的增加，特性的变化趋缓。当 R/h 值增大时，波数的影响也加大。

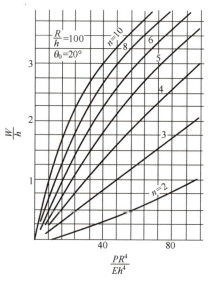

图 20.9.6　θ_0 不变时，波数 n 对膜片特性的影响

（2）H/h 不变时，波数 n 的影响。

此种情况下，n 改变，θ_0 亦随之改变。两者对特性的影响是相反的：n 的增大使膜片刚度下降，而同时 θ_0 的增大使刚度上升。所以此时 n 的变化对特性影响不大，可参见一种正弦形波纹膜片特性图 20.9.7。

5）波纹类型的影响

在膜片的其他参数相同或相当时，一般地说，三角形（锯齿形）波纹膜片的起始灵敏度最高，但只在较小压力范围内保持线性特性；梯形波纹膜片的起始灵敏度较低，可在较大压力范围内保持线性特性；正弦形或圆弧形波

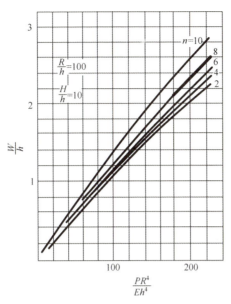

图 20.9.7　H/h 不变时波纹数 n 对膜片特性的影响

纹膜片特性一般介于上两者之间。

6）外波纹的影响

外波纹的形状与尺寸，对膜片特性的影响较为显著，它可以改变膜片刚度而使特性趋于线性。图 20.9.8 画出了三种不同外波纹膜片的特性。由图可见随着外波纹深度的增加，膜片特性线性度得到改善。

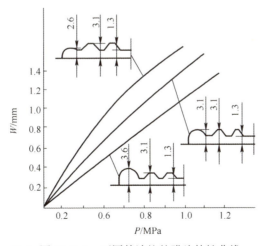

图 20.9.8　不同外波纹的膜片特性曲线

7) 外波纹与相邻波纹相交位置的影响

外波纹与相邻波纹相交点位置对膜片特性也有影响，见表20.9.2。

表20.9.2　交点位置及其对特性的影响

交点及其位移示意图	膜片特性
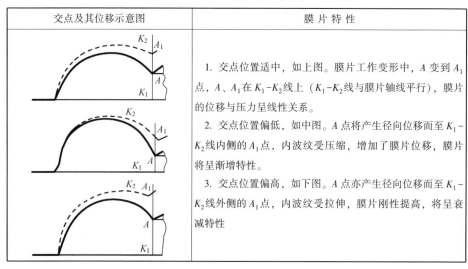	1. 交点位置适中，如上图。膜片工作变形中，A变到A_1点，A、A_1在K_1-K_2线上（K_1-K_2线与膜片轴线平行），膜片的位移与压力呈线性关系。 2. 交点位置偏低，如中图。A点将产生径向位移而至K_1-K_2线内侧的A_1点，内波纹受压缩，增加了膜片位移，膜片将呈渐增特性。 3. 交点位置偏高，如下图。A点亦产生径向位移而至K_1-K_2线外侧的A_1点，内波纹受拉伸，膜片刚性提高，将呈衰减特性

8) 型面锥度（倾角）α的影响

型面锥度使膜片变成凸形膜片，具有完全不同于一般膜片的突跳特性，直径较大、波纹较浅的低刚度膜片在生产中易产生中面上凸或下凹，对特性产生显著影响。

如使膜片适度上凸或下凹则可能获得所期望的非线性特性。

表20.9.3及表中图说明适当锥度对膜片特性的影响及其应用。

表20.9.3　膜片型面锥度及其对特性的影响

有一定锥度的膜片型面图	对特性的影响及其应用
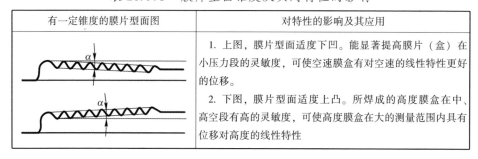	1. 上图，膜片型面适度下凹。能显著提高膜片（盒）在小压力段的灵敏度，可使空速膜盒有对空速的线性特性更好的位移。 2. 下图，膜片型面适度上凸。所焊成的高度膜盒在中、高空段有高的灵敏度，可使高度膜盒在大的测量范围内具有位移对高度的线性特性

4. 真空膜盒

真空膜盒主要应用于高度表及高度传感器要求膜盒的位移W对气压高度

H_0 有较好的非线性特性（图 20.9.9 中画出了大气压力 P_S 对 H_0 的曲线，要求的 H_0-W 特性，及用拟合法画出的 P_S-W 特性曲线）。

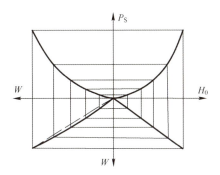

图 20.9.9　H_0、P_S、W 间的关系及拟合

▶ H_0—气压高度；P_S—大气压力；W—膜盒位移。

5. 压力膜盒

压力膜盒主要应用于空速表及空速传感器膜盒 W 对空速 v 应有较好的非线性特性（图 20.9.10 中画出了飞行中全压 P_t 对空速的曲线，要求的 v-W 特性，用拟合法画出的 P_t-W 特性曲线）。

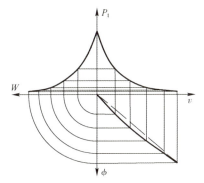

图 20.9.10　v、P_t、W 间的关系及拟合

▶ v—飞行空速；P_t—飞行中的全压；W—膜盒位移；ϕ—仪表刻度盘上刻度角。

二、波纹管式传感器

波纹管组合件常用在与各种型号飞机、发动机配套的传感器、调节器上。表 20.9.4 列举了它的一些应用场合、功能以及结构简图。

表 20.9.4　波纹管组合件在航空器中应用场合、功能及结构简图

序号	应用场合和功能	结　构　图
1	装于某型号涡扇发动机主燃油流量调节器限止器上的压力波纹管组件，当波纹管内腔感受发动机高压压气机的出口压力值大于最大压力 2.43MPa（绝对）时，波纹管伸长，打开放气活门，使压力下降至安全范围内，防止压力超过最大值（即超过发动机压气机机匣的设计应力值）和可能导致的发动机推力超过最大值	
2	装于某型号机座舱绝对压力调节器上的真空波纹管组件和压力波纹管组件，前者为调节器的操纵机构，通过它使前者的内腔保持压力为 0.32±0.02MPa；后者是调节器的执行机构，用它将作用在其端盖上的压力差转变为集中力，从而控制活门的开度，将压气机空气的出口压力由 0.35~0.8MPa（绝对）调节到 0.32±0.02MPa（绝对）后提供给防冰系统	压力波纹管组件　真空波纹管组件 0.32±0.02MPa　0.35~0.8MPa

续表

序号	应用场合和功能	结 构 图
3	装于某型号飞机的飞行供氧系统调节器中的真空波纹管组件能使飞行员头盔内氧气的绝对压力保持一定的数值，并随飞行高度变化而自动调节	
4	装于某型号涡喷发动机叶片调节器的温度传感器是一个充液的波纹管组件，当传感器的温包感受发动机进气道的总温发生改变时，通过敏感工质使充液波纹管组件产生轴向伸缩，与转速传感器一起进行发动机零级叶片转角的自动调节	充液波纹管组件；温包
5	装于某型号飞机燃油涡轮起动机上由焊接波纹管组成的端面密封组件，用它们来密封高温燃气涡轮的热燃气和密封发动机、起动机联接部分的航空滑油	石墨环；上端盖；导向带；壳体；膜片；下端盖
6	装于某型号发动机主燃油泵调节器中的压差波纹管组合件，感受发动机舱压力及发动机高压压气机后空气压力，输出位移，用来控制发动机加减速过程中的供油量	

续表

序号	应用场合和功能	结构图
7	装于某型号飞机雷达系统的绝对压力空气减压器中,波纹管组合件作为敏感元件,它与减压器的有关零部件共同作用,将从起动机压气机后面引来的高压气体减速压后输送到雷达系统	
8	装于某型号飞机管路系统中的金属波纹管补偿器,是由一个或几个波纹管及结构件组成,实现管路的密封连接,传输高温、高压气流;补偿管路之间(或管路与成品之间)由于系统温度变化、振动以及安装误差等引起的轴向和径向补偿,避免压力和振动传递;确保管路系统工作的安全、可靠	
9	金属软管是由波纹管、网套和接头组合而成,装于飞机环控系统,主要起到减小振动及噪声、平衡热膨胀及补偿连接间的相互位移等作用	

20.9.3 技术发展展望

在航空领域,随着新一代军用及民用飞机的快速发展,整机使用环境要求不断提升,也就要求航空传感器需要具备更高的使用温度、更大的使用压力,同时还要求具有与飞机相同的可靠性及寿命,这都对非线性弹性敏感元件类产品的研制技术提出了更高的挑战。

在技术上,非线性弹性敏感元件需朝着高温、高压、高可靠性及长寿命方向发展，要从材料选择、结构设计、制造工艺等方面进行创造性的改进，整体上提升该类产品的综合性能，切实提升该类产品设计工艺质量，保证产品长期稳定性及可靠性，以适应航空传感器的快速发展。

"十四五"期间国内军用飞机、通用飞机和民用飞机的发展迅速，市场需求很大。非线性弹性敏感元件不仅可应用于大型军用飞机，还可逐步拓展至通用、民用飞机，开展适航取证工作。在国产大飞机 C919、MA700 等飞机上可以有力推进国产化替代，形成巨大的产业规模，创造更大的利润。

20.10　湿度传感器在台风追踪探测系统的应用

20.10.1　概述

台风作为世界上最严重的自然灾害之一，具有极强的破坏力，全球年均发生 80 多次，我国年均登陆 7.6 次，位居世界第 1 位。据统计，近年来我国每年仅由台风造成的直接经济损失就高达百亿元以上，造成死亡数百人。2013 年，台风"海燕"先后在菲律宾以及中国大陆登陆，造成 6344 人死亡，1072 多人失踪，将近 2.9 万人受伤，经济损失达到 307.3 亿元人民币。2019 年，台风"利奇马"共造成全国 1402.4 万人受灾，57 人死亡，14 人失踪，直接经济损失 537.2 亿元人民币。2023 年第 5 号台风"杜苏芮"作为一场红色预警级别的强台风一路北上，影响我国十余省份，导致部分地区出现了山洪、水灾、建筑物倒塌等灾害，对人民生命财产造成巨大损失。

加强台风探测研究，提升台风预报精度有助于加强人们对台风的预警和防护，能最大程度保护人民生命财产安全，具有重大的战略意义。据测算，台风路径预报误差每减少 1km，可减少 1 亿元损失；台风强度预报误差每减少 1m/s，可减少 4 亿元损失。台风结构如图 20.10.1 所示，一般情况下，台风整个生命周期的大部分时期都处在海洋上，以往由于观测条件和手段的限制，人们只能在台风登陆前后进行观测，因而对台风的认识不够深刻。但随着近年来飞机、雷达、卫星以及其他高空气象探测仪器等观测手段的发展，对台风的观测已延展到海面上，台风一旦形成，人们就能利用各种手段全程跟踪台风的动向和变化，为台风研究提供更多高精度和高实时度的研究数据。通过各种气象仪器的观测数据对台风进行建模分析，从而加强对台风的认识。对台风的路径预报取决于大尺度环境，近几年随着研究的深入，预报能力进展显著。但对台风强度的预报取决于台风内核区气象结构。由于台风内核区结构复杂且演变剧烈，风速高达50m/s，湍流多，温度低至-90℃，且含有雨雪、冰晶及过冷水，探测极为困难，因此缺乏对台风内核区的认知，预报能力几无进展。

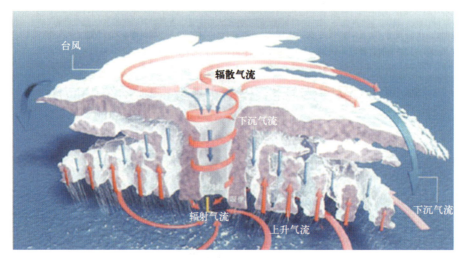

▼ 图 20.10.1　台风结构示意图

为实现对台风这一自然现象的更为本质的科学认知，核心科学问题是台风内核区的结构演化机理，关键技术瓶颈是对台风内核区进行多要素、长过程、精细化、高动态直接探测，获得从台风形成到增强、维持、减弱、登陆的全生命周期的数据。目前的大部分探测手段仅能获得台风外围的数据，探测深度、探测广度、探测精细化程度均有限，制约了台风强度和发展趋势的精确预测。因此，加强对台风内核区精细化探测技术的研究对于进一步认识台风、掌握台风的生成发展机理具有极其重要的意义。

目前台风探测主要包括天基、地基、空基三类仪器。在天基仪器方面，以我国气象卫星风云4为代表。作为全球首个具备垂直探测能力的静止气象卫星，其横向分辨率为0.5km，大气垂直探测仪纵向温、湿度分辨率为1.5km，优势是全天候、大范围，不足是非直接观测、精度不足、要素不全。在对台风"莫兰蒂"登陆前的微波洋面风场扫描时，卫星对于大于50节（约25m/s）的热带气旋无观测能力。地基仪器方面，有地基雷达、自动站、车载观测站等，美国TDWR雷达径向分辨率可达0.15km，虽然相比气象卫星具有更高的精度，更长的观测时间，但由于受限于路基，只能对近海区域即将登陆的台风进行观测，海上监测能力弱，无法对台风在海上形成、增强等阶段进行有效探测，导致预警时间短，而且如果在强风情况下，地基探测系统容易损毁。

利用空基仪器进行观测通常被认为是获得高分辨率台风数据的最佳方法。飞机观测是目前空基探测手段中最常见的方式，多架飞机同时观测台风，可以在短时间内覆盖台风的较大范围。美国对台风的观测始于20世纪40年代中期的几次非正式飞行。每当台风进入影响区，专用飞机起飞，按照设计在预定位置投放探空仪，并将探空仪探测到的气象要素数据通过通信链路传送至应用部门。飞机下投探空仪所获资料同化进入数值模拟后能较明显地改进台风路径的预报能力。然而，为了保证飞机安全飞行，需要对飞机进行改装和维护，其巨大花费令很多国家对定期的飞机探测望而却步，并且由于台风内部环境恶劣，气流紊乱，飞机观测相当危险。每次观测前，飞行员都要留下遗嘱，因此，飞机观测正逐渐被无人机观测取代。

本世纪无人驾驶飞机成为台风探测的新平台。无人驾驶飞机的飞行高度、续航时间都远远高于用于台风探测的有人驾驶飞机，其探测台风的高度、范围和时间等信息均比有人驾驶飞机更为丰富。澳大利亚是世界上较早研发气象无人机的国家，其产品的代表机型"MK-Ⅱ"和"MK-Ⅲ"目前已经被澳大利亚气象局、美国国家海洋大气管理局、国家航空航天局、日本和韩国气象厅、世界卫生组织等多个国家的科研部门和国际组织所使用。美国也已初步形成了以"Aerosonde"进行低空（近水面）飞行和以"GH"及改装后的"HS3"进行高空下投探空载体的无人机探测台风体系。

中国气象局2008年开展了中国大陆首次无人机台风探测试验，使用一款小型长航时气象探测无人机成功地飞入台风"海鸥"，并在台风环流内持续飞行了4h，获取了台风近水面（约500m）的温度、气压、相对湿度、风速、风向及海拔高度等观测资料，而且飞机最终安全回收。2020年8月2日，中国气象局气象探测中心组织国内多家单位基于翼龙大型无人机于万米高空成功投放30枚下投探空仪完成对2020年第3号台风"森拉克"海上外围云系的精细化立体探测，首次获取在台风背景下温、压、湿等下投探廓线、80min高空云系宏观结构和微物理特征的观测数据，并实时回传。2023年9月2日，由中国自主研制的"海燕号-Ⅰ型"无人机在"苏拉""海葵"等多台风背景下，高质量完成了南海台风机动观测作业。在既定时间、区域共陆续投放10枚下投式探空仪，成功获取到多台风背景下的风、温、湿、压等大气基本要素廓线，累计2.2万余条有效观测数据。然而，虽然基于飞机平台下投探空仪的方式可以完成台风部分气象要素测量，但下投探空仪仅沿飞机航线点状分布，只能实现单点短时局部探测，同时由于飞机飞行高度的限制，探空仪也仅能实现台风边界下层的探测。

临近空间飞艇利用平流层大气稳定、20km 高度附近风速较小等条件，采用太阳能和持续动力，能持久驻留在 20km 高度以上平流层空间，自主和遥控升空、降落、定点和巡航飞行，并搭载侦测、通讯、导航等多种任务。作为一种能长时驻空、重复使用、区域覆盖、低成本、多用途的空间平台，临近空间飞行器可执行通信覆盖与中继、对地成像与观测、国土与城市管理、应急救灾保障等多种任务，具有广阔的应用领域和需求空间。美国、欧洲、日本等国都在投入大量经费研制临近空间飞艇，并研制了以 HAA 飞艇、ISIS 飞艇为代表的型号。国内研究单位包括北京航空航天大学、中电科集团第 38 研究所、中科院光电院等，其中北京航空航天大学先后 4 次完成 20km 以上平流层高度飞行验证，并于 2017 年首次基于飞艇平台实现 18km 高度指定区域下投探测仪，获取了原位大气数据，其平台技术指标在世界范围内处于领先水平。

凭借临近空间飞艇的独特优势，通过在台风上空的临近空间布设以临空飞艇为基础的探测平台，将搭载的数百个下投式探空仪从 20km 高空下投探空，可以周期性测量探空仪所处台风立体空间的原位温度、湿度、风场、气压等环境气象数据，通过将实时探测数据以无线方式传输至接收机，实现台风内部的精细化探测。探空仪下落至台风内部之后，漂浮在台风眼及周边不同的地方，可大范围获取台风内部气象参数。同时，因平台的长浮空特性及移动特性，下投探空可以支持跟踪记录台风从形成到增强、维持、减弱、登陆的全生命周期的数据，并且能够抵近直接观测和在海洋上空直接探测，从而实现台风气象要素的长时间大范围网格化探测与定点精细探测。

20.10.2 传感器应用情况

台风内核区湿度是决定台风维持时间的重要参数，由于台风内部环境恶劣，给湿度的测量带来诸多难题：①探空仪从高空到地面，温度跨度大且变化快，对湿度传感器动态性能耦合严重；②传感器穿过含雨云层时，湿度值骤升或骤降，要求传感器具有较短的响应时间和恢复时间；③传感器随风高速运动，必须进行快速测量才能保证较高的湿度探测空间分辨率。因此，为实现对复杂环境低温宽湿度范围且温湿度骤变条件下湿度的高动态测量，必须解决低温环境下湿度传感器输出特性的快速响应难题。

湿度传感器主要包括电容式、电阻式、压阻式、谐振式及光纤式等。其中，电容式湿度传感器具有灵敏度高、响应速度快、产品互换性好、易于集成等优点，是主要的研究对象与商用产品。电容式湿度传感器基于其湿敏介质吸附水分子后引起介电常数改变从而导致电容值变化的原理实现湿度测量，敏感单元的电容结构包括三明治型和叉指型，其中三明治型电容两电极相对，感湿薄膜位于电极之间，灵敏度高，动态响应慢。叉指型电容的电极处于同一平面，电极表面覆盖感湿薄膜，灵敏度低，动态响应快。基于上述优点，叉指电容式湿度传感器常被用于完成对台风内核区湿度的测量。本节将依次阐述叉指电容式湿度传感器的定义、基本原理与基本结构，讨论该类传感器的主要性能指标。在此基础上，介绍几种常见的可用于提高传感器灵敏度及动态响应性能的方法，并以台风追踪探测为例，阐述讨论其在气象探测系统中的应用情况。

1) 叉指电容式湿度传感器原理与结构

平面叉指电容式湿度传感器具有较大的扩散系数，能够加快水分子扩散速度，提升动态特性。传感器受多物理场耦合影响，其敏感结构、尺寸和敏感材料的特性均会影响传感器的湿度敏感性能。通过建立传感器理论敏感模型，可以获得传感器各敏感结构参数、材料及环境特性对系统性能的影响。

图20.10.2展示了叉指电容式湿度传感器的基本结构，一对叉指电极相互交叉构成电极层，感湿层均匀的覆盖在电极层表面。为消除极端环境影响，设置加热层置于电极层和基底层之间。当待测环境相对湿度发生改变时，会引起感湿层介电常数的变化，传感器电场也会因此发生改变，通过检测传感器电容值的变化量可以计算得到待测环境相对湿度。传感器电极层的多个关键

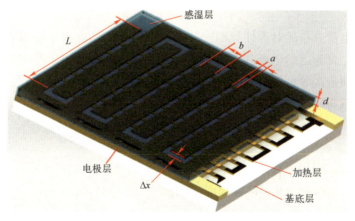

图20.10.2 叉指电容式湿度传感器结构示意图

结构参数影响传感器性能。其中，叉指结构的长度和宽度分别用 L 和 b 表示，两叉指之间的间距表示为 a，叉指的水平位置距离为 Δx，感湿层厚度为 d。

在对传感器电场建模的过程中，为了简化问题，我们假定传感器极板足够薄，忽略极板间电场的影响。同时仅先考虑一对叉指结构的电场，其余结构按照电容并联计算。建立一对叉指电极之间的二维极坐标系，如图 20.10.3 所示。假设两块电极板处于同一平面上，极板电势分别为 U_1 和 U_2，α 为由感湿层电介质厚度引起的角度变化，U_1' 和 U_2' 分别为两极板电介质上表面电势，电势关系满足 $U_1>U_1'>U_2'>U_2$。ε_0 为空气相对介电常数，ε_1 为感湿层感湿材料相对介电常数，ε_2 为电极层材料相对介电常数，ε_3 为基底相对介电常数。

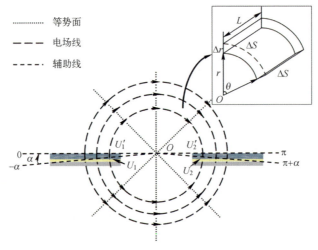

图 20.10.3 二维极坐标系中的传感器电场示意图

根据电荷分布的对称性原则，处于同一平面的两电极中心对称面上各点电势相等，且各点的电场强度均垂直于该平面。同理，由于空间的无限可分性，电极间依次等分的各个角平面均为等势面。空间各点电势只与角度有关，电场强度只与原点到该点的半径矢量 r 有关：

$$U(r,\theta)=U_\theta \tag{20.10.1}$$

$$E(r,\theta)=E_r\boldsymbol{e}_\theta \tag{20.10.2}$$

式中　U_θ——空间中各点电势大小；

E_r——空间中各点电场强度大小；

$\boldsymbol{e}_\theta$——电场强度单位矢量，与方向和夹角 θ 有关。

由于极板间的空区域不存在电荷，空间电势分布应满足拉普拉斯方程，即

$$\nabla^2 U = \frac{\partial^2 U}{\partial r^2} + \frac{1}{r}\frac{\partial U}{\partial r} + \frac{1}{r^2}\frac{\partial^2 U}{\partial \theta^2} = 0 \qquad (20.10.3)$$

又由式（20.10.2）得

$$\frac{\partial^2 U}{\partial r^2} = \frac{1}{r}\frac{\partial U}{\partial r} = 0 \qquad (20.10.4)$$

代入式（20.10.3）得

$$\frac{1}{r^2}\frac{\partial^2 U}{\partial \theta^2} = 0 \qquad (20.10.5)$$

方程（20.10.5）的解可写为

$$U(\theta) = C_1 \theta + C_2 \qquad (20.10.6)$$

其中，C_1、C_2 为常数。

考虑到两叉指电极的上下表面均存在电场，需分开进行求解。首先代入上表面边界条件。当 $U=U_1$ 时，$\theta=-\alpha$；当 $U=U_1'$ 时，$\theta=0$；当 $U=U_2'$ 时，$\theta=\pi$；当 $U=U_2$ 时，$\theta=\pi+\alpha$。根据式（20.10.6）可以得到电极上表面电势与角度关系为

$$U(\theta) = \begin{cases} U_1' + \dfrac{U_1' - U_1}{\alpha}\theta & \theta \in [-\alpha, 0) \\ U_1' + \dfrac{U_2' - U_1'}{\pi}\theta & \theta \in [0, \pi] \\ U_2' - \dfrac{(U_2 - U_2')\pi - (U_2 - U_2')\theta}{\alpha} & \theta \in (\pi, \pi+\alpha] \end{cases} \qquad (20.10.7)$$

其中，当电介质厚度较小时，α 可近似视为 $\alpha = \arctan\dfrac{2d}{a+b}$。

根据电场和电势的关系为

$$\boldsymbol{E} = -\nabla U = -\left(\frac{\partial U}{\partial r}\boldsymbol{e}_r + \frac{1}{r}\frac{\partial U}{\partial \theta}\boldsymbol{e}_\theta\right) \qquad (20.10.8)$$

叉指电极上表面空间中的电场模为

$$E = \begin{cases} \dfrac{U_1 - U_1'}{r\arctan\dfrac{2d}{a+b}} & \theta \in [-\alpha, 0) \\ \dfrac{U_1' - U_2'}{r\pi} & \theta \in [0, \pi] \\ \dfrac{U_2' - U_2}{r\arctan\dfrac{2d}{a+b}} & \theta \in (\pi, \pi+\alpha] \end{cases} \qquad (20.10.9)$$

在极板上表面空间区域内制造一个高斯面,由电力线及距离原点处的两个小面元组成。与电力线组成的侧面垂直。依据高斯定理得到极板平均电荷密度为

$$\sigma_r = \int_0^\pi E d\varepsilon = \left(\frac{U_1 - U_1'}{\mathrm{rarctan}\dfrac{2d}{a+b}} + \frac{U_2' - U_2}{\mathrm{rarctan}\dfrac{2d}{a+b}} \right)\varepsilon + \frac{U_1' - U_2'}{r\pi}\varepsilon_0 \tag{20.10.10}$$

极板上半表面的带电量 Q 为

$$Q = \int_{\frac{a}{2}}^{\frac{a+b}{2}} \sigma_r dS = L \int_{\frac{a}{2}}^{\frac{a+b}{2}} \sigma_r dr \tag{20.10.11}$$

根据电容定义,极板上表面的电容为

$$C_U = \left\{ 2\times \left[\frac{\varepsilon_1(L-\Delta x)}{\arctan\dfrac{2d}{a+b}} \ln\left(1+\dfrac{b}{a}\right) \right]^{-1} + \left[\frac{\varepsilon_0(L-\Delta x)}{\pi}\ln\left(1+\dfrac{b}{a}\right) \right]^{-1} \right\}^{-1} \tag{20.10.12}$$

在对叉指电极下半表面电场的求解中,同样采用上述方案。假定基底厚度足够大,极板下表面的电容表示为

$$C_L = \frac{\varepsilon_3(L-\Delta x)}{\pi}\ln\left(1+\dfrac{b}{a}\right) \tag{20.10.13}$$

因此,叉指电容式湿度传感器电容可表示为

$$C = C_U + C_L \tag{20.10.14}$$

敏感材料也在一定程度上影响着系统的性能。考虑到台风探测对感知节点的大规模需求,需要尽可能选择成本较低、更易获取的敏感材料。聚酰亚胺(PI)具有灵敏度高,线性度、滞回特性好,成本低等优点,同时制作工艺成熟、简单。因此选用聚酰亚胺材料来完成湿度传感器的构建。聚酰亚胺薄膜吸湿后与水汽分子构成混合介质,混合介质的介电常数 ε_{pi} 可以表示为

$$\varepsilon_{pi} = \left[\gamma\left(\varepsilon_2^{\frac{1}{3}} - \varepsilon_1^{\frac{1}{3}}\right) + \varepsilon_1^{\frac{1}{3}} \right]^3 \tag{20.10.15}$$

式中,ε_1 和 ε_2 分别表示 PI 和水的介电常数,与温度值有关。γ 为 PI 中水汽分子的体积百分数,与 RH 值有关。PI 吸水体积百分比可表示为

$$\gamma = \gamma_m [1-\alpha_0(T-T_0)]h^{\psi(T)} \tag{20.10.16}$$

式中,h 表示相对湿度;γ_m 为固体吸附水汽接触系数;α_0 为温度系数;$T_0 = 298.15\mathrm{K}$ 为室温。$\psi(T)$ 代表着依赖于 ε_2 和接触系数的温度值,利用菲克扩散

模型可得：

$$\psi(T)=\psi_0\frac{1-\alpha_1(T-T_0)+\alpha_2(T-T_2)^2}{1+\beta_1\exp\{\beta_2(T-T_0)\}} \quad (20.10.17)$$

式中，α_1、α_2、ψ_0、β_1、β_2 均为常数项系数。

由此可以得到叉指电容式湿度传感器电容表达式为

$$C=f_c(a,b,d,L,\Delta x,T,h)$$

$$=\frac{(L-\Delta x)\ln\left(1+\dfrac{b}{a}\right)}{\dfrac{\pi}{\varepsilon_0}+\dfrac{2\arctan\left(\dfrac{2d}{a+b}\right)}{\left\{\varepsilon_1^{\frac{1}{3}}+\gamma_m[1-\alpha(T-T_0)]\left(\varepsilon_1^{\frac{1}{3}}-\varepsilon_2^{\frac{1}{3}}\right)h^{\psi(T)}\right\}^3}}+\frac{\varepsilon_0(L-\Delta x)\ln\left(1+\dfrac{b}{a}\right)}{\pi}$$

$$(20.10.18)$$

2）叉指电容式湿度传感器重要性能指标

传感器被测量的单位变化量引起的输出变化量称为静态灵敏度，在低温低湿等极端环境下，灵敏度越高，检测到的与测量变化相匹配的输出信号值越大，更有助于信号处理。根据定义，传感器的灵敏度性能可表示为

$$S=\frac{dC}{dh}=f_s(a,b,d,L,\Delta x,T,h)$$

$$=\frac{6\gamma_m(L-\Delta x)[1-\alpha(T-T_0)]\left(\varepsilon_2^{\frac{1}{3}}-\varepsilon_1^{\frac{1}{3}}\right)\psi(T)}{\left\{\varepsilon_1^{\frac{1}{3}}+\gamma_m[1-\alpha(T-T_0)]\left(\varepsilon_1^{\frac{1}{3}}-\varepsilon_2^{\frac{1}{3}}\right)h^{\psi(T)}\right\}^4}$$

$$\times\frac{\arctan\left(\dfrac{2d}{a+b}\right)\ln\left(1+\dfrac{b}{a}\right)}{\left\{\dfrac{\pi}{\varepsilon_0}+\dfrac{2\arctan\left(\dfrac{2d}{a+b}\right)}{\left\{\varepsilon_1^{\frac{1}{3}}+\gamma_m[1-\alpha(T-T_0)]\left(\varepsilon_1^{\frac{1}{3}}-\varepsilon_2^{\frac{1}{3}}\right)h^{\psi(T)}\right\}^3}\right\}^2}$$

$$(20.10.19)$$

动态响应时间是湿度传感器的另一个关键指标。台风风速极强高达 50m/s，探测传感器在台风的作用下高速运动，为了保证获得 50m 空间分辨率的台风高精度气象参数，必须保证低温环境下湿度传感器的动态响应时间小于 1s。动态响应时间实际上反映了水分子在感湿膜的扩散过程，可以通过菲克第二扩散定律来描述。水分子摩尔浓度的变化可表示为

$$\frac{\partial\Delta Q(x,y,z,t)}{\partial t}=D_x\frac{\partial^2\Delta Q}{\partial x^2}+D_y\frac{\partial^2\Delta Q}{\partial y^2}+D_z\frac{\partial^2\Delta Q}{\partial z^2} \quad (20.10.20)$$

式中，D 为水分子扩散率，ΔQ 为感湿层中水分子的摩尔浓度的改变量。

如图 20.10.4 所示，传感器感湿介质由电极板上方区域（electrode plate，EP）和基底上方区域（BASE）组成，需分别考虑这两部分的水分子吸收过程。为了简化模型，不考虑 EP 区域和 BASE 区域之间的水分子的传递与扩散。根据模型的基本假设，水分子摩尔浓度的变化模型初始及边界条件如下表 20.10.1 所列。

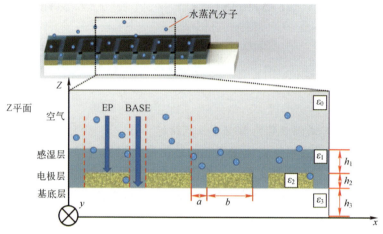

图 20.10.4　湿度传感器水分子吸收示意图

表 20.10.1　水分子摩尔浓度的初始条件和边界条件

时间/s	x	y	z	Q
$t \leq 0$	$(i-1)(a+b) \sim (i-1)a+ib$	$0 \sim L$	$h_2+h_3 \sim h_1+h_2+h_3$	$Q=Q_0$
	$(i-1)a+ib \sim i(a+b)$	$0 \sim L$	$h_2+h_3 \sim h_1+h_2+h_3$	
$t>0$	$0 \sim Nb+(N-1)a$	$0, L$	$h_3 \sim h_1+h_2+h_3$	$\partial \Delta Q/\partial y = 0$
	$(i-1)(a+b),(i-1)(a+b)+b$	$0 \sim L$	$h_3 \sim h_1+h_2+h_3$	$\partial \Delta Q/\partial x = 0$
	$(i-1)(a+b) \sim (i-1)a+ib$	$0 \sim L$	h_2+h_3	$\partial \Delta Q/\partial z = 0$
	$(i-1)a+ib \sim i(a+b)$	$0 \sim L$	h_3	
	$0 \sim Nb+(N-1)a$	$0 \sim L$	$h_1+h_2+h_3$	$\Delta Q = M_{sur}(t)-Q_0$

式中，M_{sur} 为电介质上表面的水分子摩尔体积浓度，可认为与当前电容式湿度传感器处于环境中的水分子体积浓度相同。M_{sur} 可表示为当前环境相对湿度%RH、温度 T、气压 P 以及时间 t 的函数为

$$M_{sur}(t) = f(\mathrm{RH}(t), T(t), P(t), t) \qquad (20.10.21)$$

通过对边界条件的求解，式（20.10.20）的微分方程可简化为一阶形式。对空间进行积分，湿度传感器的动态响应 $h_Q(t)$ 可表示为

$$h_Q(t) = S_\perp \times \frac{2D_{\text{eff}}}{h} \sum_{n=1}^{\infty} \exp\left(\frac{-D_{\text{eff}}(2n-1)^2 \pi^2 t}{4h^2}\right) \quad (20.10.22)$$

式中，$S_\perp$ 是垂直于扩散通量的表面，h 是介质的厚度。带入叉指电容式湿度传感器结构，动态响应可描述为

$$h_Q(t) = L \times a \times (N-1) \times \frac{2D}{h_1 + h_2} \sum_{n=1}^{\infty} \exp\left\{\frac{-D(2n-1)^2 \pi^2 t}{4(h_1 + h_2)^2}\right\}$$

$$+ L \times b \times N \times \frac{2D}{h_1} \sum_{n=1}^{\infty} \exp\left\{\frac{-D(2n-1)^2 \pi^2 t}{4 h_1^2}\right\} \quad (20.10.23)$$

式中：L 为电极板长度；a 为极板间距；b 为极板宽度；N 为极板条数；h_1 为极板上方电介质厚度；h_2 为极板厚度；D 为水分子在聚酰亚胺感湿膜中的有效扩散系数。

吸附在电介质上的水分子的数量 $Q(t)$ 可表示为电介质上表面水分子摩尔体积浓度与湿度传感器动态响应之间的卷积为

$$Q(t) = M_{\text{sur}}(t) \times h_Q(t) = \int_{-\infty}^{+\infty} M_{\text{sur}}(\tau) h_Q(t-\tau) \mathrm{d}\tau \quad (20.10.24)$$

根据 t 时刻吸附在电介质上的水分子数量 $Q(t)$ 可计算电介质吸附水汽的体积百分比 γ 为

$$\gamma(t) = \frac{Q(t) \cdot N_A}{L \times \{[N \cdot b + (N-1)a] \cdot h_1 + (N-1)a \cdot (h_1 + h_2)\}} \times \frac{1}{\rho_{\text{H}_2\text{O}}}$$

$$(20.10.25)$$

式中，$N_A = 6.022 \times 10^{23}$ 为阿伏伽德罗常数，$\rho_{\text{H}_2\text{O}}$ 为水密度。

电介质吸水后的相对介电常数 $\varepsilon_1(t)$ 可表示为

$$\varepsilon_1(t) = \left[\gamma(t) \cdot (\varepsilon_{\text{H}_2\text{O}}^{\frac{1}{3}} - \varepsilon_d^{\frac{1}{3}}) + \varepsilon_d^{\frac{1}{3}}\right]^3 \quad (20.10.26)$$

式中，$\varepsilon_{\text{H}_2\text{O}}$ 为水的相对介电常数，可取 $\varepsilon_{\text{H}_2\text{O}} = 78.54$（室温 25℃ 下）。$\varepsilon_d$ 为干燥状态的敏感材料相对介电常数。

结合式（20.10.18），可得 t 时刻的电容值 $C(t)$。随着时间的改变，感湿层与空气中的水分输送达到动态平衡，电容值也随之达到稳定状态。设达到稳态的调节时间为 t_s，通过分析该时间不仅与极板结构和感湿层厚度有关，还与环境温度、湿度有关。

3）叉指电容式湿度传感器仿真分析

有限元分析方法可以尽可能模拟复杂的工程场景，因其标准化和规范化

的特点，成为研究和设计过程中的首选工具。传统定性分析传感器结构对性能影响的研究工作，多采用有限元仿真分析的办法。使用 COMSOL Multiphysics 6.0 有限元仿真软件对叉指式电容湿度传感器进行仿真建模，得到传感器的空间电场分布。设定仿真过程中研究的物理场为空间静电场。按照传感器常规设计参数构建仿真模型结构。模型由叉指电极、感湿层、基底层和空气域组成，材料分别选择铂、聚酰亚胺、玻璃和空气。

研究将左侧电极设置为接地，右侧电极设置为终端，设定电压为1V。仿真中所有几何结构满足电荷守恒定律，空气域边界条件满足零电荷条件，由高斯定律和法拉第定律组成仿真分析的微分方程组。选择自由四面体对传感器结构进行网格剖分。其中，在叉指电极表面及其边界细致剖分，对影响较小的空气域部分粗略剖分，对不影响仿真结果的叉指电极内部不进行剖分。通过这样的网格剖分设置，在保证模型精度的同时，进一步缩短了仿真时间。选择传感器的空间稳态电场模作为研究对象。通过结构的参数化扫描以及模型的物理场控制，得到各结构参数组合下的传感器空间电场分布情况。图 20.10.5（a）展示了极板间空间电势的整体分布情况。图 20.10.5（b）更细致的展示了电极截面电场分布情况。从图可以发现电极附近大部分电场线近似为半圆形状，可利用理论模型方法对电荷量近似求解。空间电场满足电荷分布的对称性原则，与理论模型相符。

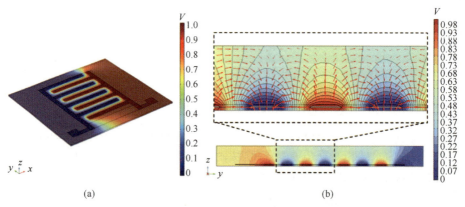

图 20.10.5　叉指电容式湿度传感器有限元仿真示意图
▼ （a）有限元模型电势分布示意图；（b）一个截面上的相邻极板间的电势分布。

基于平面叉指电容式湿度传感器理论敏感模型，可以得到传感器灵敏度S、稳态调节时间t_s与结构参数之间的关系，如图 20.10.6 所示。在传感器所

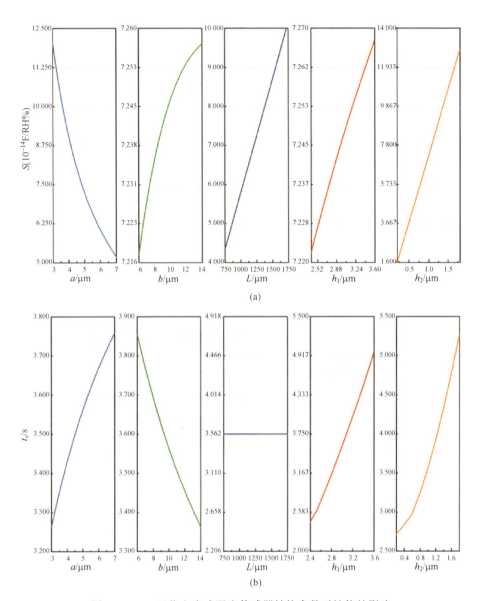

图 20.10.6 叉指电容式湿度传感器结构参数对性能的影响
(a) 结构参数对灵敏度影响示意图;(b) 结构参数对动态响应时间影响示意图。

有结构参数中,叉指长度 L、叉指间距 b、感湿层厚度 h_1、电极层厚度 h_2 越大,传感器灵敏度 S 越大;叉指宽度 a 越小,传感器灵敏度 S 越小。在动态响应时间方面,L 的改变不会影响传感器的调节时间;a、h_1、h_2 越小,调节

时间 t_s 越短，系统动态性能越好；b 越大，调节时间 t_s 越小，系统动态性能越好。

4）高性能大气参数原位探测系统

为实现台风立体空间大气温度、湿度、压力、风速、风向等多参数高精度原位探测，研制大气参数原位探测系统。大气参数原位探测系统由下投式探空仪、自动下投装置和地面无线数据接收机三部分组成，下投式探空仪如图20.10.7所示，主要用来测量大气环境参数。在探空仪的进风口处主要集成了NTC温度传感器与设计的高动态电容式湿度传感器。NTC温度传感器工作温度区间宽、体积小、电阻值大、灵敏度高、传热快，适合在低温环境中稳定工作。系统同时还集成多种环境参数测量传感器，不同类型传感器同步对比测量，实现对环境温度、湿度、压力等参数的高精度、高动态原位测量。此外，探空仪在集成GPS实现高精度定位的同时，首次集成惯导系统，不仅可以通过测量数据定量描述出探空仪的下投运动姿态，还可以将测量数据解算，补偿探测的大气参数，解决因设备运动产生的测量误差。

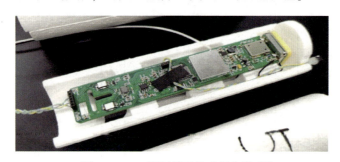

图20.10.7 研制的下投式探空仪系统

自动下投装置主要用来为搭载的探空仪供电并完成仪器投放控制。系统采用插销式弹簧电极对探空仪供电及数据发射控制，下投舱舱门由低温电磁铁控制，可实施倒计时下投或指令下投。系统内部还伴有自动温控模块，可在高空低温环境下加热，保证系统内部不受低温冷凝结露影响，导致探空仪因降落伞凝结而无法下投。地面无线数据接收机主要用来接收并存储探空仪探测发送的实时大气参数。接收机在 400~406MHz 气象专用信道下实现多通道无线数据高灵敏度接收，可实现超远距离数据传输。

20.10.3 技术发展展望

我国是世界上台风灾害最为严重的国家之一。党的二十大报告强调，要提高防灾减灾救灾和重大突发公共事件处置保障能力，加强国家区域应急力量建设。在提高抗御自然灾害能力方面，我们要客观全面总结研究各区域灾害发生规律，为更高水平的防灾减灾救灾提供决策支持。要加快补齐救援力量、作战方法、技术装备、基层防灾等方面的短板，着力布局全国区域应急力量中心和体系，推动构建我国防灾减灾救灾现代化体系。"提升全社会抵御自然灾害的综合防范能力"已经上升为我国国家战略，因此加强台风研究，研制高性能台风探测仪器，获取多要素、长过程、精细化台风原位探测数据，提升台风预报精度具有重要战略意义。

研制专用的台风探测仪器，具体地，在时间上进行连续观测，跟踪记录从台风形成到增强、维持、减弱、登陆的全生命周期的数据；在空间上进行台风内部与外部联合观测，既要进行结构强度变化的抵近跟踪观测，又要进行台风眼内部结构的精细化观测；在测量对象方面要包括温、湿、风、压等多种核心参数。此外，还需要针对多源观测资料，进行针对性的有机融合处理。作为台风探测仪器的核心，下投式探空仪下落至台风内部之后，分布在台风眼及其周边不同的地方，进行温、湿、风、压等参数的采集，它的性能优劣决定了台风探测的成败。

下投式探空仪是实现大气参数原位探测的关键，有着广阔的发展前景，也受到了广泛的关注。与进行日常气象探空的上升式探空仪相比，用下投式探空仪进行台风探测，探测的环境更加恶劣，受到的干扰更多，技术挑战更大。因此，克服当前探空仪的技术瓶颈，研究高性能下投式探空仪及相关技术方法，获取高质量台风探测数据，对于加快台风等极端气象研究具有重要意义。

参 考 文 献

[1] MONDINI A C, CHANG K T, et al. Combining multiple change detection indices for mapping landslides triggered by typhoons [J]. Geomorphology, 2011, 134 (3-4): 440-451.

[2] 陈联寿. 台风预报及其灾害 [M]. 北京：气象出版社, 2012.

[3] YE P, ZHANG X Y, HUAI A, et al. Information detection for the process of typhoon events in microblog text: A spatio-temporal perspective [J]. ISPRS International Journal of Geo-Information, 2021, 10 (3): 174.

[4] WANG L Q, ZHAO Q L, GAO S, et al. A new extreme detection rethod for remote com-

pound extremes in southeast china [J]. Frontiers in Earth Science, 2021, 9: 630192.

[5] HOUZE J R. R A, CHEN S S, SMULL B F, et al. Hurricane intensity and eyewall replacement [J]. Science, 2007, 315 (5816): 1235-1239.

[6] WILLOUGHBY H E. Forecasting hurricane intensity and impacts [J]. Science, 2007, 315 (5816): 1232-1233.

[7] 高拴柱, 吕心艳, 王海平, 等. 热带气旋莫兰蒂（1010）强度的观测研究和增强条件的诊断分析 [J]. 气象, 2012, 38 (7): 834-840.

[8] 陈洪滨, 李兆明, 段树, 等. 天气雷达网络的进展 [J]. 遥感技术与应用, 2012, 27 (004): 487-495.

[9] GAO Y D, XIAO H, JIANG D H, et al. Impacts of thinning aircraft observations on data assimilation and its prediction during typhoon nida (2016) [J]. Atmosphere, 2019, 10 (12): 754.

[10] SANABIA E R, BARRETT B S, CELONE N P, et al. Satellite and aircraft observations of the eyewall replacement cycle in typhoon sinlaku (2008) [J]. Monthly Weather Review, 2015, 143 (9): 3406-3420.

[11] 陈洪滨, 朱彦良. 大气下投探空技术的发展与应用 [J]. 地球科学进展, 2008, 23 (4): 337-341.

[12] HOLLAND G J. Tropical cyclone reconnaissance using aerosonde UAV [J]. WMO Bull, 2002, 51: 241-247.

[13] CHANG K J, TSENG C W, TSENG C M, et al. Application of Unmanned Aerial Vehicle (UAV) -acquired topography for quantifying typhoon-driven landslide volume and its potential topographic impact on rivers in mountainous catchments [J]. Applied Sciences-basel, 2020, 10 (17): 6102.

[14] WU K S, HE Y, CHEN Q, et al. Analysis on the damage and recovery of typhoon disaster based on UAV orthograph [J]. Microelectronics Reliability, 2020, 107: 113337.

[15] 李杨, 马舒庆, 王国荣, 等. 利用无人机探测台风海鸥的气象要素特征 [J]. 应用气象学报, 2009, 20 (5): 579-585.

[16] 李杨, 马舒庆, 王国荣, 等. 无人机探测"海鸥"台风中心附近的资料初步分析 [J]. 地球科学进展, 2009, 24 (6): 675-679.

[17] 姚伟, 李勇, 王文隽, 等. 美国平流层飞艇发展计划和研制进展 [J]. 航天器工程, 2008, 17 (2): 69-75.

[18] 赵达, 刘东旭, 孙康文, 等. 平流层飞艇研制现状、技术难点及发展趋势 [J]. 航空学报, 2016, 37 (1): 45-56.

樊尚春，北京航空航天大学教授、国家双一流A+重点一级学科"仪器科学与技术"博士生导师，国家级教学名师、国务院特殊津贴和宝钢优秀教师特等奖获得者、教育部"航空航天先进传感技术"创新团队负责人。全国高校传感技术研究会副理事长，中国电子学会传感与微系统技术分会副主任委员，中国仪器仪表学会传感器分会副理事长，中国测试计量学会压力专业委员会副主任、流量专业委员会副主任

等。《传感技术学报》副主编、编委会副主任，《测控技术》副主编，《仪器仪表学报》《计测技术》《中国测试》《仪表技术与传感器》等学报编委。